Die pileaten Porlinge Mitteleuropas

Heinrich Dörfelt · Erika Ruske

Die pileaten Porlinge Mitteleuropas

Morphologie, Anatomie, Bestimmung

Heinrich Dörfelt
Seegebiet Mansfelder Land
Deutschland

Erika Ruske
Jena
Deutschland

ISBN 978-3-662-56759-3 ISBN 978-3-662-56760-9 (eBook)
https://doi.org/10.1007/978-3-662-56760-9

Die Deutsche Nationalbibliothek verzeichnet diese Publikation in der Deutschen Nationalbibliografie; detaillierte bibliografische Daten sind im Internet über http://dnb.d-nb.de abrufbar.

Springer Spektrum

Verantwortlich im Verlag: Sarah Koch

Gedruckt auf säurefreiem und chlorfrei gebleichtem Papier

Springer Spektrum ist ein Imprint der eingetragenen Gesellschaft Springer-Verlag GmbH, DE und ist ein Teil von Springer Nature
Die Anschrift der Gesellschaft ist: Heidelberger Platz 3, 14197 Berlin, Germany

Die pileaten Porlinge Mitteleuropas

Inhalt

1 vgl. die folgenden beiden Seiten

Inhalt des Abschnittes „Gattungsdiagnosen, Artenschlüssel und Kurzbeschreibungen der Arten“

Inhalt des Abschnittes „Porlingsportäts“

Vorwort

Große, konsolenförmige Pilze an alten Baumstämmen gehören zu den auffallendsten Erscheinungen der „Pilzwelt“. Manche von ihnen können einen Durchmesser von über 1 m erreichen, können riesige Bäume zu Fall bringen und die Ursache für Unfälle sein. Die auffallenden Wuchsformen, die Farben oder das oft rasante Wachstum mancher Porlinge erregen nicht selten das Interesse von Naturfreunden. Porlinge können aber nicht nur Zierde naturnaher Wälder sein, sondern auch in forstlichen Kulturen verheerende Schäden verursachen. Die meisten von ihnen besitzen an der Unterseite ihrer Hüte eine fein röhrenförmige Fruchtschicht, die eine feinporige Oberfläche bildet. Namen wie „Porling“, „Löcherpilz“, „poroid fungi“ sind populäre Termini für diese Erscheinung.

Im Jahr 1963 hat der Lehrer und Spezialist für Porlinge Hermann Jahn (1911−1987) einen häufig benutzten Bestimmungsschlüssel für Porlinge publiziert, der in vielen Regionen der deutschsprachigen Länder das Interesse an der intensiven Beschäftigung mit diesen Pilzen geweckt oder erfolgreich gefördert hat. Bis heute wird diese Arbeit von Mykologen und autodidaktischen Pilzfreunden gleichermaßen verwendet und geschätzt. Dem Gedenken an Hermann Jahn sei die vorliegende Arbeit gewidmet!

Die Mykologie hat sich seit der Lebenszeit von Hermann Jahn rasant entwickelt. Neue Erkenntnisse durch moderne Methoden der Biochemie, Elektronenmikroskopie oder der Molekularbiologie haben Unklarheiten beseitigt und vor allem neue Probleme aufgeworfen. In zahlreiche Fachzeitschriften, monografischen Darstellungen oder in Abbildungswerken werden Porlinge vorgestellt, systematisiert, experimentell untersucht- oder Details der Ökologie, der Verbreitung und der Ausbreitung oder der Notwendigkeit für ihren Schutz detailliert dargestellt. Die Porlinge haben wie viele andere Pilzgruppen neue Interessenten gefunden, ihre praktische Bedeutung reicht von der Forstwirtschaft, Holzindustrie, der Gebäudesanierung bis hin zur Bauwirtschaft. Es erscheint daher geboten, eine neue Darstellung dieser Pilze vorzulegen, wodurch ihre Bestimmung erleichtert wird.

Wenn unsere neue Bearbeitung der pileaten Porlinge Mitteleuropas dazu beiträgt, allen Interessenten die Bestimmung zu erleichtern, wenn sie das Interesse der Naturfreunde, Naturschützer, Studenten und Praktiker für diese Pilzgruppe erregt, wenn sie dazu führt, dass neue Bearbeiter gewonnen werden und die Bemühungen um den Schutz der gefährdeten Arten unterstützt werden, so erfüllt dies das Anliegen der Autoren.

Für ihre Hilfe bei den Recherchen zu inhaltlichen Details danken wir den Mitarbeitern des Herbariums Haussknecht (Jena), Dieter Weiß (Jena) und Wolfgang Dietrich (Annaberg-Buchholz). Der Hauptanteil der Fotos stammt von den Autoren selbst, Bilder anderer Fotoautoren sind mit deren Namen versehen. Bei der Beschaffung von Natur- und Bildmaterial leisteten Andreas Gminder (Jena), Angela Günther (Jena), Christine Morgner (Bergen), Christoph Olsson (Plauen), Jiři Pošmura (Eger), Thomas Rödel (Sermuth), Lothar Roth (Adorf), Matthias Theiss (Biedenkopf), Gunnar Hensel (Merseburg) und Andreas Vesper (Gera) wertvolle Hilfe, dafür unser Dank. Elfriede Wagner (Netzschkau) danken wir für die orthografische Durchsicht mehrerer Manuskriptteile.

Jena, im November 2017 Heinrich Dörfelt und Erika Ruske

Prolog: Porlinge – ästhetische Formen an sterbenden Bäume

Manche Porlinge erregen durch ihre Erscheinungsweise an Bäumen, in naturnahen Wäldern, Parks, Gärten, auf Friedhöfen oder an Straßenrändern besondere Aufmerksamkeit. Ihre absonderliche Gestalt, Größe oder Farbe sind nicht nur erschreckende Signale der Zerstörung landschaftsprägender Baumgestalten, sondern zugleich durch ihre bewundernswerten, ästhetischen Formen auch Urkunden der Natur von den Kreisläufen zwischen Leben und Tod.

Fomes fomentarius (Zunderschwämme) an Buchenstämmen naturnaher Wälder des nemoralen Zonobioms Mitteleuropas.

Cerrena unicolor (Aschgrauer Wirrling) und *Phellinus nigricans* (Schwarzer Feuerschwamm) an einem lebenden Moorbirkenstamm eines Bruchwaldes.

Fruchtkörpergruppe von *Fistulina hepatica* (Leberpilz) an lebendem Eichenstamm in ca. 2 m Höhe in einer Parkanlage.

Massenaufkommen von *Trametes versicolor* (Schmetterlingstramete) an einem liegenden Erlenstamm eines Auwaldbiotops.

Effusoreflexe Fruchtkörpergruppe von *Gloeoporus dichrous* (Zweifarbiger Porling) an einer toten Moorbirke eines borealen Mischwaldes an der nördlichen Waldgrenze Europas.

In Wachstum begriffener mehrhütiger Fruchtkörper von *Meripilus giganteus* (Riesenporling) in einem Eichen-Hartlaubwald an einem Eichenstumpf in Südeuropa.

Imbricates Fruchtkörperbüschel von *Inonotus cuticularis* (Flacher Schillerporling) an einer lebenden Buche eines mitteleuropäischen Kalk-Buchenwaldes.

Fomitopsis pinicola (Rotrandiger Baumschwamm) an einem lebenden Fichtenstamm eines borealen Nadelwaldes nahe der nördlichen Waldgrenze.

Fruchtkörpergruppe von *Piptoporus betulinus* (Birkenporling) an einem liegenden Moorbirkenstamm eines borealen Nadelmischwaldes.

Mehrere Fruchtkörper von *Inonotus hispidus* (Zottiger Schillerporling) an einem Eschenstamm einer Parkanlage in ca. 4 m Höhe.

Imbricates Fruchtkörperbüschel von *Laetiporus sulphureus* (Schwefelporling) an einem vitalen Weidenstamm einer grundwassernahen, nährstoffreichen Parkanlage.

Fruchtkörpergruppe von *Polyporus squamosus* (Schuppiger Porling) auf einem Eschenstumpf eines Wohngebietes; die gestielten Fruchtkörper erreichen einen Hutdurchmesser von ca. 80 cm.

Fruchtkörpergruppe von *Funalia gallica* (Dunkle Borstentramete) an einem Eschenstumpf in einer innerstädtischen Parkanlage.

Ganoderma lucidum (Glänzender Lackporling) an einem Weidenstumpf eines Auwaldes; Pilzkonsolen und deren Umgebung sind so intensiv von braunem Sporenstaub bedeckt, dass die weinrote, lackartig glänzende Färbung der Farbe der Oberfläche der Fruchtkörper überdeckt wird.

Simultane Sporenabschleuderung von *Inonotus hispidus* (Zottiger Schillerporling) an einem Eschenstamm eines Auwaldbiotops bei schräger Sonneneinstrahlung.

Zum Gebrauch des Buches

Die vorliegende Zusammenstellung der mitteleuropäischen, hutbildenden Porlinge dient im allgemeinen Teil der Information über den Bau, die Lebensweise, die ökologische und die ökonomische Bedeutung dieser Pilze, die vor allem für die Forstwirtschaft und die Holzindustrie praktische Bedeutung haben. Im speziellen Teil stehen Mannigfaltigkeit der Strukturen, der Gattungen und Arten und die Bestimmung im Vordergrund. Über die Gattungsschlüssel und die Bestimmungsschlüssel im Abschnitt „Gattungsdiagnosen, Artenschlüssel und Kurzbeschreibungen der Arten" können alle mitteleuropäischen Arten bestimmt werden, den dichotomen Schlüsseln und der tabellarischen Übersicht der Gattungsmerkmale sind Beschreibungen der Arten nachgestellt, etwa 50 % von ihnen sind durch Farbfotos illustriert. Bei den Bestimmungsschlüsseln wurde Wert darauf gelegt, morphologische Merkmale in den Vordergrund zu stellen. Es ist jedoch zur Absicherung der Bestimmungsergebnisse in vielen Fällen unumgänglich, auch die mikroskopischen Daten abzugleichen. Die Variabilität einzelner Merkmale ist bei vielen Arten sehr groß, und es ist ganz unmöglich, alle extremen Ausbildungsformen in den Beschreibungen zu berücksichtigen. Bei der Geländearbeit ist es notwendig, den Blick für Typisches zu schärfen, um dann mit möglichst wohl ausgebildeten Fruchtkörpern die Determination vornehmen zu können.

Die Beschreibungen der Arten sind zweigeteilt. Von den insgesamt 211 akzeptierten Arten werden mehr als 100 in Pilzporträts auf Doppelseiten (S. 161 ff.) mit fünf bis acht Abbildungen auf je einer Farbtafel und mit einer ausführlichen Beschreibung dargestellt. Diese Porträts sind alphabetisch nach dem wissenschaftlichen Namen geordnet. Die übrigen Arten sind im Abschnitt „Gattungsdiagnosen..." (S. 60 ff.) kurz beschrieben und in einigen Fällen ebenfalls durch Farbfotos illustriert. Sie sind auch nach den wissenschaftlichen Namen alphabetisch geordnet. In den Bestimmungsschlüsseln der einzelnen Gattungen ist auf die Porträts durch rote Schrift verwiesen, so dass durch die Anordnung und die Verweise eine rasche Orientierung möglich ist.

Weitere Zugänge zum Inhalt des Buches sind durch das Register möglich, in dem alle Namen der Pilze, einschließlich der deutschen Bezeichnungen und der Synonyme, mit Verweis auf die Seitenzahlen des Buches aufgelistet sind.

Die unvermeidbaren Fachbegriffe sind im Glossar als Stichwörter in alphabetischer Reihenfolge geordnet und erläutert. Hier wird mitunter auf die erläuternden Abschnitte dieses Buches und dort auf spezielle mykologische Literatur verwiesen. Das ermöglicht den Benutzern, die tiefer in die Materie eindringen möchten, sich über detaillierte Zusammenhänge in der mykologischen Literatur zu informieren.

Das Verzeichnis der verwendeten Literatur ist nach den Autorennamen alphabetisch geordnet. Die aufgenommenen Titel sind zusätzlich nummeriert. In den Texten sind die Nummern der Titel als Literaturzitate in eckigen Klammern angeführt, so dass interessierte Benutzer detailliert nachvollziehen können, welche Arbeiten genutzt wurden.

Durch die Inhaltsübersicht, die alphabetische Anordnung der Abschnitte „Gattungen und Arten", „Pilzporträts" aber auch durch das Glossar und das Namensregister sind den Benutzern mehrere Möglichkeiten geboten, sich den fachlichen Inhalt des Buches zu erschließen. Es sei aber auch darauf hingewiesen, dass es beabsichtigt ist, alle Naturfreunde, Naturschützer – sowohl Laien als auch Fachleute – mit der Ästhetik der Fotodokumente zu erfreuen. Pilze an Holz wurden noch in der Renaissance als Auswüchse überflüssiger Feuchtigkeit der Fäulnis angesehen und sind doch für den modernen Naturfreund, der sich den Details zuwendet, eine Faszination. Im Kampf um den Lebensraum Holz, aber auch im symbiontischen Verbund mit Pflanzen ist eine immense Vielfalt an Farben, an inneren Strukturen und auch an ästhetischen Formen als Zeugnis der Anpassung und Vernetzung von Lebensformen entstanden.

Allgemeiner Teil[1]

1. Porlinge–eine morphologisch-anatomisch definierte Pilzgruppe

Porlinge sind morphologisch-anatomisch definiert, sie sind keine systematische Kategorie. Das Wort „Porling“ wird für Fruchtkörper der Basidiomycota oder Ständerpilze (Basidiomata) benutzt, die röhrenförmige Hymenophore ausbilden und deren Substanz (Trama) eine unmittelbare Fortsetzung der Huttrama oder der dem Substrat anhaftenden Trama (Subiculum) effuser Fruchtkörper darstellt – unabhängig von der natürlichen Verwandtschaft der einzelnen Sippen [39, 43]. Von den ebenfalls röhrenförmigen Hymenophoren der Röhrlinge sind die Porlinge aus anatomischer Sicht in erster Linie durch die Hymenophoraltrama der Dissepimente (Röhrenwände) zu unterscheiden. Bei den Porlingen sind diese Bereiche strukturell nicht oder nicht wesentlich von der übrigen Trama verschieden, während die Röhrlinge stets eine von der Huttrama abweichende, meist bilaterale Hymenophoraltrama aufweisen. Auch die Fruchtkörperentwicklung kann sehr unterschiedlich verlaufen: Porlinge entwickeln sich myzelial, also direkt aus dem Myzel, nur wenige nodulär über Knoten mit primordialen Fruchtkörpern, obgleich die meisten als myzelial entstehende Basidiomata zu verstehen sind [17, 18, 42, 43]. Röhrlinge entwickeln sich hingegen stets nodulär.

Porlinge können effus (flächig ausgebreitet), effusoreflex (ausgebreitet und mit abstehenden Hüten), lateral (seitlich inseriert) oder stipitat (gestielt) strukturiert sein. Alle Porlinge, die Hüte mit steriler Oberseite und einem geotropisch positiv orientierten Hymenophor an deren Unterseite ausbilden, werden als pileate (hutförmige) Porlinge bezeichnet [68]. Die pileaten Porlinge Mitteleuropas sind Gegenstand dieses Buches.

Trotz dieser Definitionen ist der Porlingsbegriff nicht völlig eindeutig. Holzbewohnende Pilze mit konsolenförmigen Fruchtkörpern und polyporoidem Hymenophor, wie *Fomes fomentarius* (Zunderschwamm) oder *Fomitopsis pinicola* (Rotrandiger Baumschwamm), bilden den Kern des Porlingsbegriffes. Die Zugehörigkeit zu dieser morphologischen Gruppe wird jedoch in vielen Randbereichen zunehmend problematisch.

Es kommen zwischen rund- oder eckigporigen, wabenförmigen, radial gestrecktporigen bis hin zu labyrinthischen (daedaleoiden) und regulär derb-lamellenförmigen (lenzitoiden) Hymenophoren alle möglichen Übergänge vor, z.B. in den Gattungen *Gloeophyllum*, *Daedalea*, *Daedaleopsis* und *Trametes.* Mitunter können die Basidiomata einer einzigen Art röhriges, labyrinthisches oder lamellenförmiges Hymenophor ausbilden, z.B. *Daedaleopsis confragosa.* Pileate Arten mit labyrinthischem Hymenophor (Wirrlinge) und die mit lamellenförmigem (lenzitoidem) Hymenophor (Blättlinge) werden meist unter dem Porlingsbegriff subsummiert. Schließlich gibt es auch Beziehungen zu Arten mit glatten (stereoiden), stacheligen (hydnoiden), zahnförmigen (irpicoiden) oder irregulär gewundenen (merulioiden) Hymenophoren, die nicht scharf von polyporoiden Formen getrennt werden können (S. 25, Abb. E 5).

2. Zur Morphologie und Anatomie der Porlinge

Die Formen und der innere Bau der Basidiomata ist sehr komplex und in Lehrbüchern und Übersichtswerken, wie z.B [55, 97, 149, 158, 42, 43] und vielen anderen ausführlich behandelt. So weit es für das Verständnis der Porlinge erforderlich ist, sind im Folgenden einige grundlegende Fakten der Morphologie und Anatomie erörtert.

2.1 Formen der Porlinge

1. Effuse oder krustenförmige Porlinge sind ausschließlich flächig ausgebreitet und mitunter an einigen Stellen punktartig oder auf der gesamten Fläche fest mit dem Myzel im Substrat verbunden. Das Hymenophor kann auf der gesamten Fläche Röhren bilden, die unabhängig von der Lage des Substrates senkrecht zur Oberfläche orientiert sind (Abb. E 1, Fig. 1).

1 einleitende Abschnitte mit 12 Bildgruppen; Abb. E 1–E 12

H. Dörfelt und E. Ruske, *Die pileaten Porlinge Mitteleuropas*,
https://doi.org/10.1007/978-3-662-56760-9_1

In manchen Fällen ist aber auch bei effuser Ausbildung andeutungsweise eine geotropische Orientierung des Hymenophors zu beobachten, und es kommt an senkrechten Substraten zu treppenförmiger Ausbildung der Hymenophore (Fig. 2), wobei mitunter kurze, senkrechte, lamellenähnliche Absätze entstehen können. Aber es gibt keine sterilen Oberseiten wie bei allen folgenden Porlingsformen. Effuse Porlinge sind in diesem Buch nicht aufgenommen.

2. Effusoreflexe Porlinge (Fig. 3, 4) besitzen neben effusen Abschnitten knollige oder abgeflachte, oft konsolenförmige Fruchtkörperteile, die sterile Oberseiten haben. Die Tendenz zur geotropischen Orientierung der Hymenophore verstärkt sich mit fortschreitender Dominanz der Hüte gegenüber den effusen Fruchtkörperteilen.

3. Laterale Porlinge sind seitlich inseriert und bilden knollen-, konsolen-, fächer- oder hufförmige Hüte (Fig. 5–11). Effuse Fruchtkörperanteile fehlen völlig oder beschränken sich auf geringfügig am Substrat herablaufendes Hymenophor mit meist nur dünnen Tramaschichten.

4. Stipitate Porlinge sind seitlich, exzentrisch oder zentral gestielt (Fig. 12–15). Zwischen lateral am Substrat inserierten und lateral gestielten Porlingen kommen Übergangsformen vor, z.B. können fächerförmige Porlinge zur Insertionsfläche hin stielartig verschmälert sein. Auf der Oberseite horizontaler Substrate können Porlinge, die normalerweise konsolenförmige Hüte bilden, rosetten- oder tellerförmige Formen ausbilden, die oft mit kurzem, hymenophorfreiem Abschnitt dem Substrat aufsitzen oder am Hutscheitel mit dem Substrat verwachsen sein können (Abb. E 2). Man bezeichnet Fruchtkörperformen mit verschmälert ansitzenden Hüten aber ohne reguläre Stieltrama als substipitat.

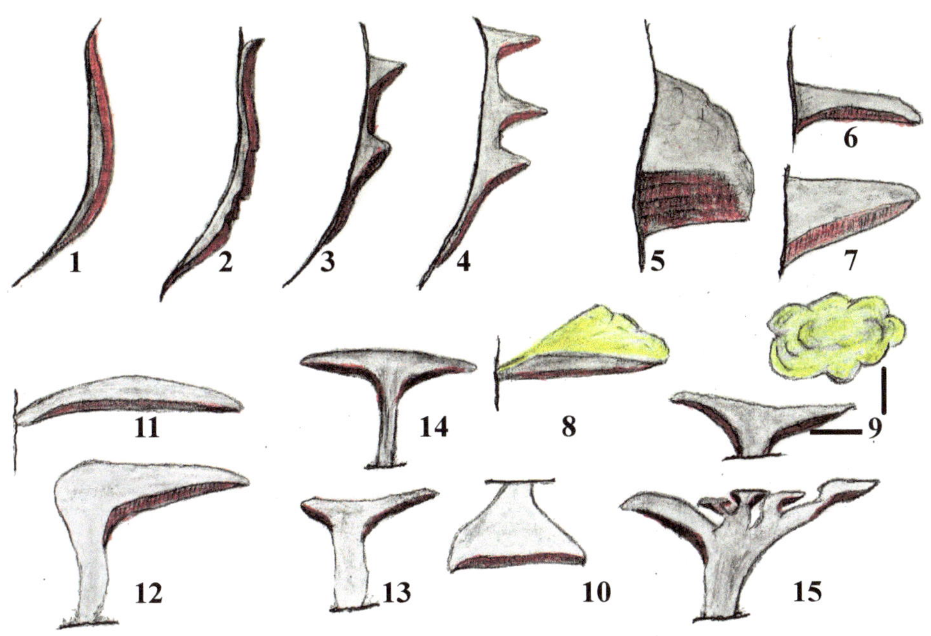

Abb. E 1: schematische Darstellung häufiger Fruchtkörperformen von Porlingen (grau – median aufgeschnittene Hut- und Stieltrama; rot – angeschnittenes Hymenophor; gelb – sterile Oberflächen in Aufsicht); **Fig. 1–2:** effuse Fruchtkörper: 1 – vollständig effus; 2 – mit teilweise knotigem Hymenophor; **Fig. 3–4:** effusoreflexe Fruchtkörper: 3 – mit knotigen Hütchen und ablösendem Rand; 4 – mit imbricaten Hüten; **Fig. 5–11:** laterale Fruchtkörper: 5 – hufförmig, 6 – konsolenförmig; 7 – triquetrisch; 8 – fächerförmig; 9 – teller- bis rosettenförmig, 10 – glockenförmig; 11 – substipitat; **Fig. 12–15:** stipitate Fruchtkörper: 12 – lateral gestielt; 13 – exzentrisch gestielt; 14 – zentral gestielt; 15 – mehrhütig mit Strunk.

2.2 Fruchtkörpertypen

Es bereitet einige Probleme, die Fruchtkörper der Basidiomycota morphologisch zu klassifizieren. Während bei den Ascomycota Termini für die Typen der Fruchtkörper (Ascomata), z.B. Cleistothecien, Perithecien oder Apothecien, fest in der Fachsprache verankert sind, gibt es bei den Basidiomycota keine allgemein benutzte Terminologie für die Typen der Fruchtkörper (Basidiomata). In der vorliegenden Zusammenstellung werden im Wesentlichen die Termini benutzt, die im Lehrbuch *Morphologie der Großpilze* [43] festgeschrieben und erläutert sind. Die meisten Porlinge sind demnach Crustothecien, d.h., sie entwickeln sich myzelial, und ihre Entwicklung vollzieht sich weitgehend durch Spitzenwachstum der Hyphen. Nur wenige sind als Pilothecien (echte Hutpilze) einzustufen, die sich nodulär aus primordial vorgebildeten Pilzen entwickeln. Bei der nodulären Entwicklung dominiert interkalares Wachstum verbunden mit Streckungswachstum der Hyphen in wesentlichen Abschnitten der Fruchtkörperentwicklung, wobei frühzeitig äußere Strukturen gebildet werden, bei denen kein Spitzenwachstum der Hyphen mehr nachweisbar ist.

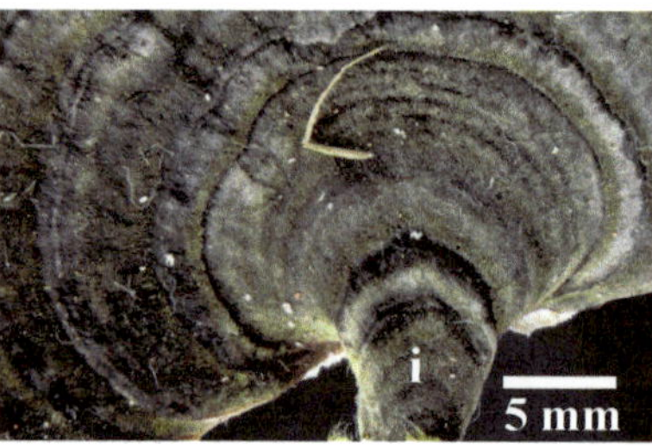

Abb. E 2: untypische, substipitate Fruchtkörper mit sterilen, stielartigen Insertionsflächen; i – Stielende an der Insertionsfläche.
links: *Trametes gibbosa*, normalerweise breit ansitzend; im Bild untypisch lateral substipitat inseriert.
Mitte: *Trametes versicolor*, normalerweise breit ansitzend; im Bild untypisch lateral substipitat inseriert.
rechts: *Piptoporus betulinus*, normalerweise seitlich oder lateral kurzgestielt inseriert; im Bild mit zentralem Stiel am Hutscheitel inseriert.

Übersicht der morphologischen Typen der Basidiomata

(* Der Begriff „dimitat“ beruht auf einem orthografischen Irrtum; Fk. = Fruchtkörper)

Erläuterungen zur Übersicht

– Die gelb unterlegten Fk.-Typen mit polyporoidem Hymenophor werden als Porlinge („poroide fungi“) bezeichnet; die pileaten Porlinge sind Gegenstand dieses Buches.

– Die rot geschriebenen Begriffe werden in den Beschreibungen dieses Buches bevorzugt verwendet.

– Die grau unterlegten Fk.-Typen werden in diesem Buch nicht behandelt, zu ihnen gehören keine Porlinge; Ausnahmen sind die Gattungen *Schizophyllum* und *Fistulina*, die den Agaricales zugeordnet werden, eine noduläre Fk.-Entwicklung aufweisen, aber porlingsähnliche Basidiomata bilden.

– Die blau geschriebenen Begriffe sind Synonyme, die in der Porlingsliteratur benutzt werden.

1. Crustothecien	krustenförmige, (flächig ausgebreitete), seitlich (lateral) inserierte oder gestielt hutförmige Basidiomata mit myzelialer und gymnocarper Fk.-Entwicklung
1.1 Effuse Crustothecien	krustenförmig Basidiomata; ohne Hüte (Krustenpilze, „resupinate" Fk.), meist annuell (einjährig; Hymenophor einfach), selten perennierend (mehrjährig; Hymenophor geschichtet)
1.2 Pileate Crustothecien	Crustothecien mit oberseits sterilen Hüten, z.T. mit obligat effusen Fk.-Teilen, z.T. fakultativ mit effusen Fk.-Teilen, z.T. ohne effuse Fk.-Anteile, z.T. gestielt annuell oder perennierend
1.2.1. Effusoreflexe Crustothecien	krustenförmige Crustothecien mit regulär hutförmigen (pileaten) Fk.-Teilen („halbresupinate", „semiresupinate" Fk.)
1.2.2. Laterale (= pleurale = „dimitate") **Crustothecien**	ungestielte, z.T. fakultativ irregulär kurz gestielte, überwiegend seitlich inserierte und überwiegend hutförmige, vielgestaltige Crustothecien, ohne oder mit geringfügigen, effusen Fk.-Teilen am Substrat herablaufend
Formen lateraler Porlinge	
konsolenförmig (= halbkreisförmig = dimidiat) fächerförmig (= flabellat = spatulat) rosettenförmig tellerförmig	einzeln, verwachsen, in Gruppen oder imbricat (überlappend, dachziegelig)
hufförmig (= ungulat) knollenförmig (= nodulär) glockenförmig (verkehrt tellerförmig, pendant)	einzeln, verwachsen oder in Gruppen
1.2.3. stipitate Crustothecien	regulär oder fakultativ gestielte, pileate Crustothecien (myzeliale, gestielte Hutpilze)
Formen stipitater Porlinge	
zentral gestielt exzentrisch gestielt lateral (seitlich) gestielt	einhütig oder mehrhütig bis vielhütig und mit verzweigtem Strunk
2. Holothecien	noduläre oder myzeliale dreidimensionale (nicht krustenförmige) Basidiomata ohne Hüte (Keulenpilze, Korallenpilze, etc.)
3. Pilothecien	noduläre Basidiomata mit Hüten (Hutpilze ss. str., Echte Hutpilze)

–Während die Pilothecien in der Regel aus einem einzigen Nodulus hervorgehen, also monozentrisch entstehen, kommt bei den Crustothecien neben der monozentrischen auch eine polyzentrische Entwicklung vor, wobei bereits im primordialen Zustand mehrere Bildungszentren des Myzels miteinander verwachsen. Typisch für die monozentrische Entwicklung sind z.B. Porlinge mit Myzelialkern wie *Fomes fomentarius*. Eine typisch polyzentrische Entwicklung ist z.B. bei *Antrodia serialis* zu beobachten, wo die Trama des zunächst effusen Fruchtkörpers noch vor der Ausbildung des Hymenophors aus miteinander verwachsenden Bildungszentren entsteht. Weil die tatsächliche Entwicklung der meisten Porlinge nicht detailliert untersucht ist, beruht die Einordnung in der vorliegenden Darstellung hauptsächlich auf Beobachtungen im Gelände. Vor allem bei effusoreflexen Porlingen kann mitunter nicht entschieden werden, ob Zusammenwachsen monozentrischer Fruchtkörper oder eine polyzentrische Entwicklung vorliegt. Mitunter kommt auch beides fakultativ vor.

2.3 Alter der Fruchtkörper und Sporulationsphasen

Die Fruchtkörper vieler Porlinge entwickeln sich über mehrere Tage oder Wochen meist während der Vegetationsperiode, bilden bei Reife ihr Hymenophor aus und sterben nach meist sukzessiver Sporulationsphase ab. Das im Substrat lebende Myzel bleibt lebensfähig und kann je nach den Bedingungen der Witterung und des Substrates neue Fruchtkörper hervorbringen. Solche Porlinge werden als annuell oder einjährig bezeichnet. Es gibt auch Unterschiede in der Zeit der Fruchtkörperbildung; z.B. kommen manche Arten bevorzugt vom Spätherbst bis zum Frühjahr vor, z.B. *Polyporus brumalis* (Winterporling), und sporulieren im Frühjahr, während der verwandte *Polyporus ciliatus* (Maiporling) mit Beginn der Vegetationsperiode erscheint und im Frühsommer sporuliert. Nach diesem Merkmal werden winter- und sommerannuelle Fruchtkörper unterschieden. Die meisten annuellen Porlinge der temperaten Klimazonen erscheinen in der Vegationsperiode und sporulieren vom Sommer bis zum Herbst.

Andere Porlinge sind in der Lage, nach der Sporulation weiterzuwachsen und neue Hymenophorschichten zu bilden; sie werden als perenn oder perennierend (ausdauernd, mehrjährig) bezeichnet und sind ab dem zweiten Lebensjahr an den geschichteten Hymenophoren zu erkennen. Aber auch hier gibt es Abweichungen. Manche Arten sind meist annuell, können jedoch unter besonderen Umständen im zweiten Lebensjahr weiterwachsen und werden bienn oder bisannuell (zweijährig) genannt; z.B. bildet *Piptoporus betulinus* normalerweise im Herbst sporulierende, annuelle Fruchtkörper, aber mitunter entsteht in geschützten Lagen eine zweite Röhrenschicht im Frühjahr, wobei schon ab Mai Sporen gebildet werden. Perennierende Porlinge können sehr alt werden. Das Alter ist von Klima und Substrat abhängig. Die Fruchtkörper von *Fomes fomentarius* sterben meist nach 4–7 Jahren ab, können aber unter Umständen auch mehrere Jahrzehnte überdauern. Auch einige *Phellinus*-Arten können sehr alt werden. Allerdings sind bei ihnen oft die alten Röhrenschichten von Hyphen so durchwachsen, dass es nicht möglich ist, das Alter zweifelsfrei zu bestimmen.

Die äußere, oberflächliche Zonierung vieler perennierender Porlinge ist für die Altersbestimmung meist nicht geeignet. Sie kann mehrere Wachstumsphasen innerhalb einer Vegetationsperiode dokumentieren, ist aber bei mehrjährigen Porlingen oft wesentlich grober als die Schichtung der Hymenophore.

Die Sporulationsphasen sind stark von den klimatischen Bedingungen und damit von den Wachstumsphasen der Fruchtkörper abhängig. Sie können sich bei einer einzigen Art zwischen Nord- und Südeuropa beträchtlich unterscheiden. Sehr unterschiedlich sind auch die Sporulationsdauer und die Menge der freiwerdenden Sporen. *Ganoderma*-Arten sporulieren z.B. mit Einsetzen der Hymenophorbildung bis zu deren jahreszeitlichem Abschluss sehr reichlich, so dass mitunter die gesamte Umgebung – einschließlich der Hutoberseiten – so intensiv mit kakaobraunem Sporenpulver bedeckt ist, dass die wirkliche Farbe der Hutoberseite überdeckt wird. *Fomes fomentarius* streut mit der Bildung neuen Hymenophors ebenso intensiv weißes Sporenpulver aus. Bei *Polyporus squamosus* wurde sogar simultane Sporenfreisetzung beobachtet, wobei es zur Bildung von Staubwolken kam, ebenso an *Inonotus hispidus* (S. 14).

2.4 Makro- und mikroskopische Merkmale der Porlinge

2.4.1 Trama

Pilze besitzen keine echten Gewebe aus primär aneinanderhaftenden Zellen, wie dies bei höher entwickelten Pflanzen und Tieren der Fall ist. Ihr Organismus besteht aus Sprosszellen oder Hyphen. Auch so komplexe Strukturen wie die Fruchtkörper lassen sich prinzipiell auf das Wachstum filamentöser Hyphen (Pilzfäden) zurückführen. Sie sind aus Flechtgeweben (Plectenchyme) oder Scheingeweben (Pseudoparenchyme) aufgebaut [18, 19, 37, 43, 149].

Als Trama werden in diesem Buch alle zwischen den Oberflächen liegenden Plectenchyme bezeichnet, die in der populären Literatur auch „Pilzfleisch" genannt werden. Bei den pileaten Porlingen kann man demzufolge die Trama in die Huttrama zwischen der sterilen Oberfläche eines Hutes und dem Hymenophor und die Hymenophoraltrama zwischen den Hymenien, also den fertilen, basidienführenden Oberflächen, unterscheiden. Die Hymenophoraltrama ist demnach das Innere („Fleisch") der Röhrenwände (Dissepimente), der Stacheln, Zähnchen oder der Wände labyrinthischer Strukturen. Bei effusen Fruchtkörpern oder Fruchtkörperteilen gehören auch die Plectenchyme zwischen Substrat und Hymenophor zur Trama.

Der Begriff „Trama" (Pl. Tramae) wird jedoch in der Literatur nicht einheitlich benutzt. In manchen Werken wird ausschließlich die Hymenophoraltrama als Trama bezeichnet, und für die übrigen Teile wird der Begriff „Context" für die Huttrama und „Subiculum" für die Trama zwischen Substrat und Hymenophor effuser Fruchtkörper oder Fruchtkörperteile benutzt.

Bei den Porlingen kommen z.T. weiche, saftige, kurzlebige, z.T. auch derbe, über Jahre oder Jahrzehnte lebensfähige Fruchtkörper vor, die sich in der Struktur der Trama beträchtlich unterscheiden können. Es hat sich daher als sinnvoll erwiesen, Hyphensysteme zu definieren, die den Bau der Trama charakterisieren [93, 140]. Man unterscheidet folgende Hyphensysteme:

1. Monomitisches Hyphensystem (aus nur einem Hyphentyp bestehend)
Es besteht ausschließlich aus generativen Hyphen, an denen sich im Hymenium die Basidien entwickeln. Die generativen Hyphen sind meist dünnwandig, ihre Septen besitzen häufig Schnallen.

2. Dimitisches Hyphensystem (aus zwei Hyphentypen bestehend)
Es besteht neben den generativen Hyphen zusätzlich aus Skeletthyphen. Letztere sind meist dickwandig oder bei Reife solide, nicht oder wenig verzweigt, unseptiert und meist ohne Schnallen. In der Regel sind sie festigende Elemente der Trama.

3. Trimitisches Hyphensystem (aus drei Hyphentypen bestehend)
Neben generativen Hyphen und Skeletthyphen kommen zusätzlich Bindehyphen vor. Letztere sind meist knorrig verzweigt, oft unseptiert und verbinden alle Hyphentypen der Trama miteinander.

4. Amphimitisches Hyphensystem (ebenfalls aus zwei Hyphentypen bestehend)
Es kommen generative Hyphen und Bindehyphen vor.

Die Analyse der Hyphensysteme ist in vielen Fällen eine sehr wertvolle Hilfe bei der Charakterisierung einzelner Arten. Verständlicherweise gibt es auch Probleme; z.B. kommen Hyphen vor, die nicht eindeutig als Skelett- oder Bindehyphen definiert werden können, sondern Merkmale beider Typen aufweisen. Sie werden mitunter als Skeletto-Bindehyphen bezeichnet, oder es gibt Hyphen, bei denen sich verästelnde Auszweigungen an einem Skeletthyphenstrang befinden (Bovistatyp) [9, 139]. Schließlich kommen bei manchen Arten neben generativen auch saftführende Hyphen (gloeoplere Hyphen) vor, die zur Bezeichnung gloeodimitisches Hyphensystem geführt haben.

Bei verschiedenen Arten von Porlingen der Hymenochaetales, u.a. bei *Phellinus* und *Inonotus*, kommen in der Trama, auf dem Substrat und besonders im Hymenium (S. 24) zugespitzte, dickwandige, mitunter auch verzweigte, dunkel pigmentierte Abschlusszellen von Hyphen, oft von Skeletthyphen, vor, die als Setae bezeichnet werden; Tramalsetae befinden sich im Inneren der Trama, Substratsetae auf dem vom Myzel durchwachsenen Substrat. Letztere sind meist nadelförmig, die Setae im Tomentum oft verzweigt. Setae im Hymenium werden als Hymenialsetae bezeichnet (S. 24 Hymenium).

Die Huttrama vieler Porlinge kann durch unterschiedliche Struktur während der Wachstumsphasen eine konzentrische Zonierung aufweisen (Abb. E 3), die oft, aber nicht zwangsläufig mit der Zonierung der Hutoberseite korrespondiert. Dieses Merkmal ist mitunter von diagnostischer Bedeutung.

Abb. E 3: Zonierung der Huttrama von *Inonotus dryophilus*; a – teilweise herausgebrochener Myzelialkern; b – scharfe Grenze zwischen Myzelialkern und Huttrama; c – enggezonte, an den Huträndern noch wachsende Huttrama der zwei Hüte; d – noch wachsender, wulstiger, abgerundeter Hutrand; e – Hymenophor; f – Fraßgänge von Insektenlarven mit einwachsenden, weißen, generativen Hyphen.

Bei manchen Porlingen, z.B. bei *Fomes fomentarius* und manchen *Inonotus*-Arten kommen strukurell sehr abweichende und scharf umgrenzte Tramastrukturen an der Insertionfläche vor, die man als Myzelialkern bezeichnet (Abb. E 3). Auch unscharf abgesetzte von der übrigen Huttrama unterscheidbare Strukturen an den Insertionsflächen einiger *Phellinus*-Arten werden von manchen Autoren als Myzelialkerne (*mycelial core*) bezeichnet.

2.4.2 Cortex

Bei allen Basidiomata weicht die Hyphenstruktur steriler Abschluss-Plectenchyme von Hutoberseiten, Stieloberflächen oder von hymeniumfreien Oberflächen effuser Fruchtkörperteile in irgendeiner Form von den Plectenchymen der Trama ab. Im einfachsten Falle bestehen die Plectenchyme nur aus verdichteten, von der Trama wenig verschiedenen Hyphen, die oberflächenparallel, bei konsolenförmigen Hüten meist radial angeordnet sind. In den meisten Fällen kommen aber von der Trama verschiedene Hyphentypen vor, die sich z.B. durch ihre Lage parallel oder senkrecht zur Oberfläche, durch Pigmentierung, durch Ausscheidungsprodukte, Verklebungen oder dergleichen von der Hyphenstrukur der Trama unterscheiden. In Extremfällen werden derbe Krusten gebildet, die äußerlich an sklerenchymartige Pflanzengewebe erinnern. Alle Formen dieser Abschluss-Plectenchyme steriler Oberflächen werden in diesem Buch mit dem allgemeinen Begriff „Cortex" belegt, der in der Mykologie, Lichenologie und Botanik für ganz verschiedene, nicht homologe Abschlussstrukturen an Oberflächen benutzt wird [43, 155].

Die meisten Porlinge sind bzgl. der morphologisch-anatomischen Typisierung polyporoide Crustothecien (S. 19). Die hier behandelten pileaten Sippen dieses Fruchtkörpertyps besitzen als Oberflächenstruktur der Hüte sehr häufig Cortices aus radial geordneten, verdichteten Hyphen, die auch als Cutis bezeichnet werden [43, 108]. Mitunter bilden aber auch senkrecht zur Oberfläche stehende Hyphenenden ein Abschluss-Plectenchym, das einem bei Blätterpilzen häufig vorkommenden Palisadoderm entspricht. Durch verklebende, harzige Ausscheidungen können verkrustende Palisadoderme (Crusto-Palisadoderm), z.B. in der Gattung *Ganoderma*, ausgebildet sein. Krustige Oberflächen kommen aber auch durch Verklebung und Verfestigung oberflächenparalleler Hyphen vor. Bei den noch im Wachstum begriffenen, sterilen Oberflächen sind die Hyphenenden in vielen Fällen noch deutlich nachweisbar, häufig kommen an den Huträndern samtige oder feinfilzige Oberflächen aus abstehenden oder verwobenen Hyphen vor, die – vor allem bei mehrjährigen Fruchtkörpern – später mit den darunterliegenden Hyphen eine Kruste bilden können. Die harten Krusten steriler Oberflächen können glatt oder rissig sein, zudem matt oder glänzend erscheinen. Die Cortices krustenloser Oberflächen sind oft durch meist radial eingewachsene Hyphen charakterisiert und erscheinen glatt und kahl, oder sie besitzen ein Tomentum (Haarkleid; S. 23).

Bezüglich ihrer Topografie sind die sterilen Oberflächen der Hüte glatt, grubig, radial runzelig, wellig oder konzentrisch rillig (sulcat) gezont. Konzentrische Zonen kommen auch durch unterschiedliche Färbung der Cortex oder unterschiedliche Ausbildung eines Tomentums zustande. Die Art und Weise der Zonierung der Hutoberseiten pileater Porlinge ist für viele Arten ein diagnostisch wichtiges Merkmal.

Die Begriffe „Cortex“, „Cutis“, „Cuticula“, „cuticuläre Hyphen“, „Kruste“, „Palisadoderm“, „Tomentum“ werden in der Literatur nicht übereinstimmend definiert, dieses Buch orientiert sich nach Ermessen an der Terminologie einschlägiger Werke [17, 18, 39, 43, 108].

2.4.3 Tomentum

Wenn von den Hyphen der Cortices – also den verdichteten Abschluss-Plectenchymen der Trama – lose, filzig verwobene oder agglutinierte Hyphen gebildet werden, so wird diese haarige äußerste sterile Oberfläche als Tomentum bezeichnet. In den Beschreibungen dieses Buches steht der Begriff „samtig“ (velutinat) für matte Oberflächen, die auch bei Lupenvergrößerungen keine isolierten Haarstrukturen erkennen lassen; fein tomentos für erkennbare Hyphenabschlusszellen bis ca. 100 µm und tomentos (mit Tomentum) für deutlichere Haarstrukturen, wobei als „filzig“ verwobene und als striegelig (striegelhaarig) deutlich abstehende Haarbekleidungen bezeichnet werden. Da diese Bezeichnungen in der Porlingsliteratur nicht einheitlich benutzt werden und die Strukturen artspezifische Eigenheiten aufweisen, mussten mitunter allgemeinsprachlich verständliche Formulierungen verwendet werden.

Im gut ausgebildeten Tomentum mancher Porlinge kommen auffallende, spitz endende, dickwandige und dunkel pigmentierte Hyphenabschlusszellen vor; sie werden als Setae bezeichnet (s.u. [43, 68, 93]).

2.4.4 Hymenophor

Das Hymenium („Fruchthäutchen“) der Basidiomata besteht aus palisadenförmig angeordneten Hyphenenden, von denen die sporentragenden Basidien die wichtigsten Elemente sind. Hymenien bedecken die Oberflächen differenzierter Abschnitte der Trama, die man als Hymenophoraltrama bezeichnet (S. 21 „Trama“) die das Innere der Röhrenwände bzw. das Innere aller Hymenium tragenden Elemente bildet. Hymenien mit der zugehörigen Hymenophoraltrama eines Fruchtkörpers werden als Hymenophor (Hymenienträger) bezeichnet.

Die Elemente des Hymenophors entwickeln sich meist unabhängig von der Wachstumsrichtung der Hüte an dessen Unterseite vom Rand her, sind aber häufig auch entsprechend der Wachstumsrichtung der Huttrama radial orientiert, selten kommen konzentrische randparallele Strukturierungen vor (Abb. E 4). Bei den europäischen Porlingen ist das mitunter bei

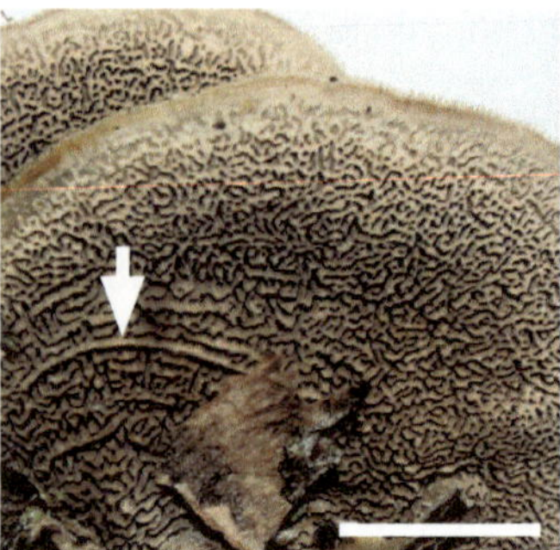

Abb. E 4: radiale und konzentrische Orientierung der Hymenophore; Maßstab je 1 cm.
links: radiale Orientierung der Poren von *Daedaleopsis confragosa*; das Hymenophor dieser Art reicht von polyporoiden über daedaleoide bis zu nahezu lenzitoiden Ausprägungen.
Mitte: konzentrische Orientierung des überwiegend labyrinthischen Hymenophors von *Cerrena unicolor* (Pfeil).
rechts: konzentrisch lamellenförmiges Hymenophor von *Cyclomyces fuscus* Kunze ex Fr. (Foto: T. Rödel)

Cerrena unicolor der Fall, bei tropischen Arten kommt diese Orientierung häufiger vor.

Bei Basidiomata, deren Hymenium an glatten Oberflächen gebildet wird, bezeichnet man das Hymenophor als glatt oder fehlend; es sind keine räumlich differenten Strukturen der Trama vorhanden, die das Hymenium tragen. Die hier behandelten Porlinge besitzen meist ein röhrenförmiges (polyporoides) Hymenophor. Die Röhrenwände bezeichnet man als Dissepimente, die oberflächlichen Öffnungen als Poren, worauf der Begriff „Porling" zurückzuführen ist. Die Poren sind in vielen Fällen rund, können aber auch – je nach der räumlichen Orientierung der Dissepimente – stark abgewandelte Formen aufweisen. Häufig sind sie abgerundet eckig (angular), wabenförmig (hexagonal), radial oder irregulär gestreckt bis labyrinthisch. Es kommen alle Übergangsformen vor. Die Hymenophore werden als polyporoid bezeichnet, wenn kreisförmige oder davon abweichende isodiametrische Porenformen vorliegen. Regulär labyrinthische Hymenophore nennt man daedaleoid – abgeleitet von der Gattung *Daedalea*. Hymenophore mit zahnförmig aufgespaltenen Dissepimenten werden – abgeleitet von der Gattung *Irpex* – als irpicoid, völlig lamellenförmige – nach der Gattung *Lenzites* als lenzitoid bezeichnet. Letztere ähneln äußerlich den agaricoiden Hymenophoren der Blätterpilze. Nach dem Gattungsnamen *Fistulina* nennt man dessen Hymenophor aus isolierten Röhren, deren Wände nicht miteinander verwachsen sind, fistulinoid und das Hymenophor der Gattung *Schizophyllum*, das sich vom glatten Hymenophor cyphelloider Fruchtkörper ableitet, schizophylloid (Abb. E 5; [43, 99, 139, 158]). Die Struktur und Orientierung der Hyphen der Dissepimente ist vielfältig. Durch längsparallelen Hyphenverlauf an den Schneiden kann es zum Effekt des Schillerns des Hymenophors bei seitlichem Lichteinfall kommen (Abb. *Inonotus* 3, S. 97). Am Anfang oder bei fortgeschrittenen Stadien der Bildung der Dissepimente können Hyphenpegs auftreten [91, 140]. Die Hyphensysteme der Hymenophoraltrama können denen der Huttrama identisch oder von ihnen verschieden sein.

2.4.5 Hymenium

Das Hymenium der Porlinge (S. 23 „Hymenophor") besteht oftmals nur aus den sporenbildenden Basidien, die meist keulenförmig (clavat), mitunter auch zylindrisch oder bauchig (subulat) sein können. Es sind palisadenförmig angeordnete Abschlusszellen generativer Hyphen (S.21 „Trama"). Wenn an den Septen der generativen Hyphen Schnallen ausgebildet sind, besitzen die Basidien in der Regel eine Basalschnalle; hiervon gibt es nur selten Abweichungen. In den Basidien findet die Karyogamie eines Dikaryons und nachfolgend die Meiose statt, so dass vier haploide Kerne entstehen, die späteren Basidiosporenkerne. Basidien sind demzufolge

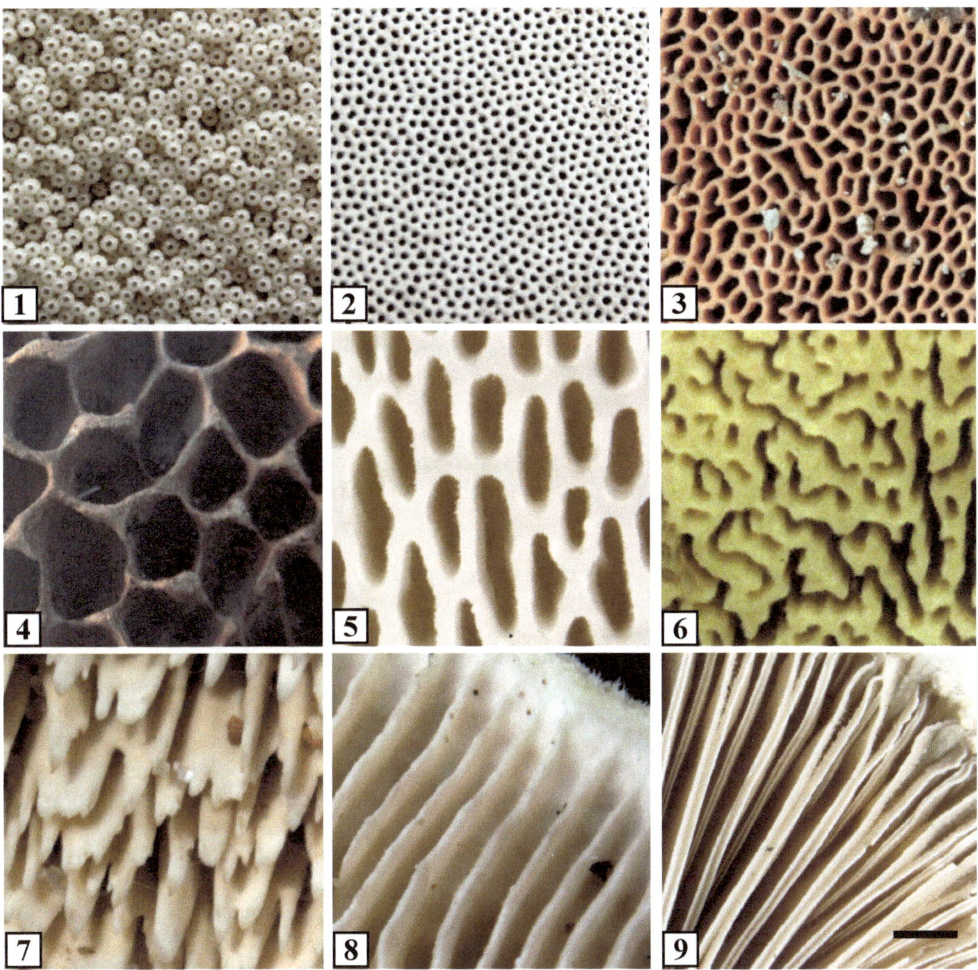

Abb. E 5: Hymenophortypen der Porlinge und porlingsähnlichen Pilze; Bildgröße 5x5 mm in der Natur; Maßstab 1 mm.
1: fistulinoid (isoliert röhrenförmig); Bsp. *Fistulina hepatica*; **2:** polyporoid (derb röhrenförmig, rundporig); Bsp. *Ganoderma applanatum*; **3:** polyporoid (derb röhrenförmig, abgerundet eckigporig); Bsp. *Hapalopilus nidulans*; **4:** polyporoid (derb röhrenförmig, hexagonal, wabenförmig); Bsp. *Hexagonia pobeguinii* Har. (eine tropische Art); **5:** polyporoid (derb röhrenförmig, radial gestrecktporig); Bsp: *Polyporus squamosus*; **6:** daedaleoid (labyrinthisch); Beispiel *Cerrena unicolor*; **7:** irpicoid (zahnförmig); Bsp. *Irpex lacteus*; **8:** lenzitoid (derb lamelllenförmig); Bsp. *Trametes betulina*; **9:** schizophylloid (Lamellen gespalten); Bsp. *Schizophyllum commune*.

meist mit vier Sterigmata versehen, an denen je eine Basidiospore gebildet wird [2, 55, 149, 158, 159]. Aber es gibt auch Abweichungen, z.B. zweisporige Basidien, zweikernige Basidiosporen und vieles andere. Die Sporulation vieler Porlinge erfolgt sukzessiv, nur selten kommen regulär simultane Sporenabwürfe vor (S. 20 „Alter derFruchtkörper und Sporulationsphasen“). Bei der Untersuchung der Merkmale des Hymeniums findet man daher häufig unreife Basidien. Sie werden als Basidiolen bezeichnet, haben meistens die Form der Basidien, sind aber gedrungen und haben noch keine Sterigmata. Es ist in manchen

Fällen problematisch, Basidiolen von basidienähnlichen Cystiden, den Cystidiolen, zu unterscheiden, die ebenfalls am Ende generativer Hyphen in Höhe der Basidien inseriert sind. In den Beschreibungen dieses Buches sind die sterilen Elemente der Hymenien mit folgenden Termini belegt:

Cystiden	in Größe, Form oder Funktion von Basiden abweichende, sterile Elemente des Hymeniums
Cystidiolen	ein von unreifen Basidien in Größe oder Form nur wenig abweichender Cystidentyp; sie sind oft apikal etwas verschmälert oder bauchig und werden als fusoid, fusiform (spindelförmig) oder subulat (apikal verschmälert) beschrieben
Hyphidien	ins Hymenium einwachsende Hyphen, die verzweigt sein können
Pseudocystide	Scheincystide; eine ins Hymenium ragende, cystidenähnliche Endzelle einer Hyphe, die nicht auf der Ebene von Basidien, sondern in der Hymenophoraltrama inseriert ist
Setae	apikal zugespitzte, dickwandige, dunkel pigmentierte Hyphenenden; im Unterschied zu solchen Hyphenenden in der Trama oder im Substrat werden die Setae im Hymenium als Hymenialsetae bezeichnet

2.4.6 Bestimmung der Porendichte des Hymenophors

Die morphologischen Merkmale polyporoider Hymenophore können beträchtliche Unterschiede aufweisen. Der Abstand der Poren voneinander wird oft zur Charakteristik der Arten herangezogen. Um für Vergleiche eine Maßzahl zu erhalten, hat sich die Anzahl der Poren, die in der Aufsicht auf das Hymenophor entlang einer definierten Linie angeschnitten werden, bewährt. Meist wird „die Anzahl der Poren pro Millimeter" als relativ konstantes morphologisches Merkmal von Arten bewertet. Der Anzahl der Poren kommt eine größere Bedeutung zu, als der Porengröße bzw. der Dicke der Dissepimente, die sich im Verlauf des Alterungsprozesses der Fruchtkörper stärker verändern können als die Anzahl entlang einer Linie. Über die Methode der Festlegung der Porenanzahl pro Millimeter findet man in der Literatur nur wenige Hinweise. Meist wird es als selbstverständlich hingenommen, dass der Benutzer mit Lineal und Lupe diesen Wert ermittelt. Es wird auch empfohlen, diesen Wert mit Millimeterpapier unter einer starken Lupe zu bestimmen und aus mehreren Messungen einen Mittelwert zu bilden sowie die Variationsbreite festzustellen. Die Messungen sollten an einer Sekante vorgenommen werden, da sich bei manchen Arten die Poren radial ausdehnen können. Außerdem wird empfohlen, die Messungen an verschiedenen Stellen eines Fruchtkörpers durchzuführen, um die Maße atypischer Ausbildungen des Hymenophors zu eliminieren [70, 138]. Durch diese Methoden ist eine schnelle und in vielen Fällen ausreichende Orientierung möglich. Fehler können jedoch durch zwangsläufig subjektive Betrachtungen entstehen, z.B. durch Weglassen oder Berücksichtigung von nur randlich gestreiften oder nicht ganz angeschnittenen Poren entlang der Linie oder an deren Enden. Da die Dissepimente an der Oberfläche des Hymenophors mehr oder weniger abgerundet oder aufgerissen sein können, entstehen ebenfalls Unsicherheiten. Diese Fehler werden in Kauf genommen und vernachlässigt, sind aber andererseits Grund für z.T. recht große Unterschiede bei den Literaturangaben zu den Porenanzahlen für manche Arten [135]. Das Merkmal der Porendichte wird durch diese subjektiven Komponenten der Datenerhebung nicht in dem Maße genutzt, wie es bei einer genauen Festlegung zur Datenerhebung und -auswertung möglich wäre. Digitalfotografie und computergestützte Methoden ermöglichen eine weitergehende Objektivierung, die für Systematik, die Bestimmungsarbeit, aber auch für Studien zur Entwicklungsgeschichte von Porlingen wichtig erscheint.

Es wurde daher die Ermittlung der Porenanzahl pro Flächeneinheit vorgeschlagen [135], wobei die Anzahl nicht auf eine Linie, sondern auf eine definierte Fläche im Bereich von Quadratmillimetern bezogen wird. Die Behandlung angeschnittener Poren an den Rändern der Fläche muss festgelegt werden, z.B. können angeschnittene Poren auf zwei Seiten eines quadratischen Ausschnittes als volle Poren bewertet werden und auf den gegenüberliegenden Seiten unberücksichtigt bleiben. Die Ermittlung der Anzahl der Poren pro Flächeneinheit lässt sich durch die computergestützte Verarbeitung digitaler Bilder bewerkstelligen, wodurch die Verarbeitung größerer Datenmengen möglich und dadurch ein hohes Maß an Objektivität erreicht wird.

Man fotografiert die Oberfläche des Hymenophors mit einem bekannten Abbildungsmaßstab. Das digitale Bild oder ein Teilbild mit bekannter Fläche wird in einem Bildverarbeitungsprogramm geöffnet (z.B. Image J des NIH – National Institute of Health). Nach Umwandlung in ein Grauwertbild und nach Festlegung eines Schwellenwertes wird eine Segmentierung vorgenommen, wobei verschiedene Algorithmen zur Auswahl stehen, wenn erforderlich auch manuell. Intern ermittelt das Programm ein Histogramm des Grauwertbildes, in welchem die Schwellwertsetzung erfolgt. Die Poren erscheinen danach z.B. schwarz, die Oberfläche der Dissepimente weiß. Mit Hilfe einer Analysefunktion werden die Poren gezählt und das Ergebnis in einem Result-Fenster dargestellt.

Voraussetzungen für dieses Verfahren sind Flächen mit typischer und gleichförmiger Ausbildung des Hymenophors, am besten aus der Fruchtkörpermitte. Ungeeignet sind z.B. Fruchtkörperränder mit noch nicht voll entwickeltem Hymenophor oder Fruchtkörperansätze mit untypisch gestreckten Poren.

Die für die Fotos ausgewählten Flächen müssen frei von Schmutz oder ähnlichen Störungen sein. Die Helligkeit sollte auf der gesamten Fläche des Bildes ausgeglichen und der Bildkontrast hoch genug sein, um eine Segmentierung durchführen zu können. Wenn alle die genannten Maßnahmen nicht zum Ziel führen, bietet sich alternativ eine Zählung mit *tagg and count* an; eine Umwandlung in ein Grauwertbild ist dabei nicht erforderlich. Diese Methode lässt sich in allen Fällen anwenden, auch wenn eine Segmentierung versagt. Besonders bei weißen Hymenophoren mit geringem Kontrast ist diese Methode ratsam.

Als Ergebnis liegt die Anzahl der Poren pro Flächeneinheit als weitgehend objektives Maß vor. Für Vergleichszwecke mit der gängigen Literatur liefert die Wurzelfunktion jeweils die Porenanzahl pro Millimeter. Für radial orientierte Poren ist die Angabe der Porenzahl pro Fläche generell sinnvoller als pro Millimeter, weil sie von der Orientierungsrichtung der Porenstreckung unabhängig ist.

Die Methode der Ermittlung der Porenanzahl pro Flächeneinheit eröffnet neben den genannten Beispielen noch weitere Möglichkeiten der Auswertung, z.B. die Ermittlung der Variabilität dieses Merkmals bei Fruchtkörpern von verschiedenen Substraten, von ökologisch unterschiedlichen Waldtypen oder von unterschiedlichen Lokalitäten innerhalb des Areals. Auch die Darstellung von Veränderungen des Hymenophors während des Alterungsprozesses oder von unterschiedlichen Hymenophoralstrukturen zwischen Fruchtkörperrand, Fruchtkörpermitte oder Fruchtkörperansatz am Substrat ist objektiv darstellbar (Abb. E 6).

Für eine Verallgemeinerung sollten ca. zehn Fruchtkörper einbezogen und an jedem ca. drei Messungen durchgeführt werden, so dass für jede Sippe wenigstens 30 Messwerte vorliegen, aus denen sich der Vertrauensbereich für den Beobachtungswert ermitteln lässt.

Für die beispielhaften Darstellungen der segmentierten Porenbilder der Porlingsporträts dieses Buches wurden die Hymenophore mit gleichem Abbildungsmaßstab aufgenommen, die Fläche des Gesamtbildes beträgt jeweils 10x15 mm^2. Aus dieser Fläche wurden meist drei Teilbilder von 5x5 mm^2, z.B. mit Corel Photo Paint, hergestellt, die dann segmentiert wurden. Auf den Tafeln der Porlingsporträts ist – so weit möglich – ein segmentiertes Bild von 5x5 mm^2 unten rechts wiedergegeben. Die Angabe zur Anzahl der Poren im zugehörigen Bildtext bezieht sich beispielhaft nur auf dieses eine Bild.

Auf den segmentierten Bildern der Porlingsporträts kann es vorkommen, dass die Porengröße nicht in allen Bildteilen korrekt wiedergegeben ist, weil bei der Segmentierung Wert darauf gelegt werden musste, dass die einzelnen Poren getrennt dargestellt werden; das kann bei nicht ganz ausgeglichener Ausleuchtung der Objekte zu Lasten der Darstellung der Porengröße im Verhältnis zur Breite der Dissepimente in manchen Bildteilen führen. Will man dieses Verhältnis korrekter darstellen, ist ein kleinerer Bildausschnitt besser geeignet, da ein gleichmäßig ausgeleuchteter Ausschnitt auf kleinerer Fläche eher zu finden ist.

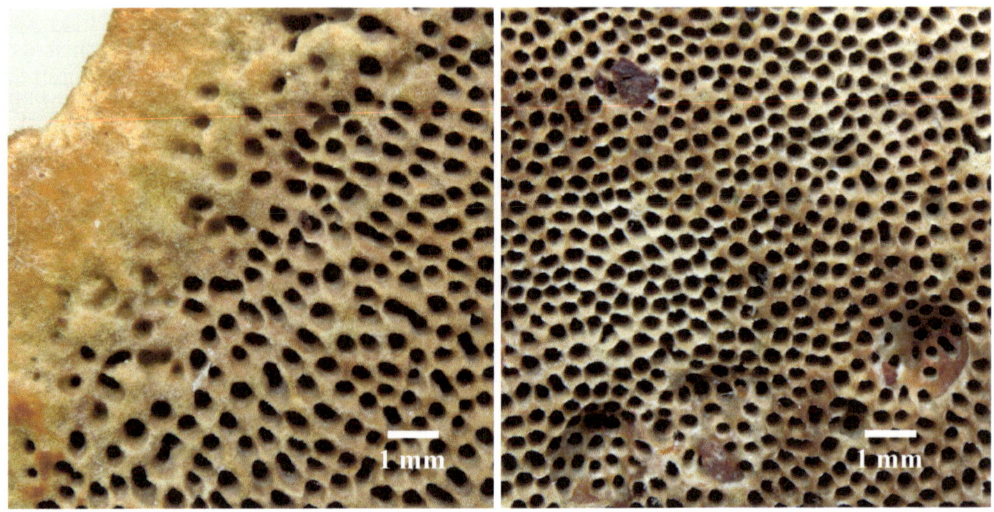

Abb. E 6: Variabilität der Porendichte an einem einzigen Fruchtkörper; am Beispiel von *Gloeophyllum odoratum*, im Randbereich des Hutes (links) ca. 0,5–1,5 Poren/mm; im mittleren Hutbereich (rechts) ca. 2–3 Poren/mm.

In den Beschreibungen der Arten im speziellen Teil dieses Buches ist die Anzahl der Poren pro Millimeter in der herkömmlichen Form angegeben, wobei jeweils eigene Messungen mit den Literaturangaben verglichen und nach Ermessen variiert wurden. Die Anzahl der Poren pro Millimeter, die aus den Zählungen von mindestens 30 Teilflächen der Größe 5x5 mm^2 berechnet wurden, sind in den Beschreibungen in eckigen Klammern mit Dezimalbruchangaben aufgenommen, wobei auch die Anzahl der beprobten Fruchtkörper mitgeteilt wird; Beispiel: [2,1–2,9; 25 Fk.]. Das bedeutet, von 25 Fk.n wurde die Porenzahl aus mindestens 30 Teilflächen von 5x5 mm^2 bestimmt. Daraus wurde der Vertrauensbereich für den Beobachtungswert (95 %-Bereich) zu 2,1–2,9 ermittelt.

Es wurde darauf geachtet, dass zur Ermittlung der Porenzahl möglichst frisches Material verwendet wurde. Nur in Ausnahmefällen liegt der Bestimmung Herbarmaterial zugrunde.Es hat sich herausgestellt, dass in Abhängigkeit von der Pilzart deutliche Unterschiede in der Porenzahl zwischen frischem und getrocknetem Fruchtkörper desselben Exemplars auftreten. Das ist z.B. bei *Ganoderma applanatum* der Fall. Am Herbarexemplar ist die Porenzahl um 27 % höher als im frischen Zustand, bei *Trametes versicolor* lag dieser Wert bei einem Exemplar sogar um 43 % höher. Bei *Piptoporus betulinus* waren die Werte für frisch und trocken gleich. Dieses Verhalten ist möglicherweise eine Ursache für die große Variationsbreite der in der Literatur angegebenen Porenzahlen [135].

Ein Beispiel einer Häufigkeitsverteilung über einer bestimmten Klassenbreite ist für *Fomitopsis pinicola* im Histogramm dargestellt (Abb. E 7).

Interessant ist auch die Untersuchung der Variation der Porenzahl innerhalb eines Fk.s. Das wurde an *Phellinus igniarius* durchgeführt, wobei Randpartien unberücksichtigt blieben. Es wurden 60 Messflächen ausgewertet, die Porenzahl variierte dabei von 4–4,8 Poren/mm (Vertrauensbereich). Im Falle von *Ganoderma applanatum* wurden 39 Messflächen ausgewertet, die Variation (Vertrauensbereich) betrug hier 3,7–5,5 Poren/mm.

Man kann auch den Einfluss des Substrates auf die Porendichte ermitteln. Das ist z.B. für *Heterobasidion annosum* s.l. wünschenswert [139], da sich die beschriebenen Kleinarten morphologisch nur durch die Porenzahl unterscheiden sollen (Abb. E 8).

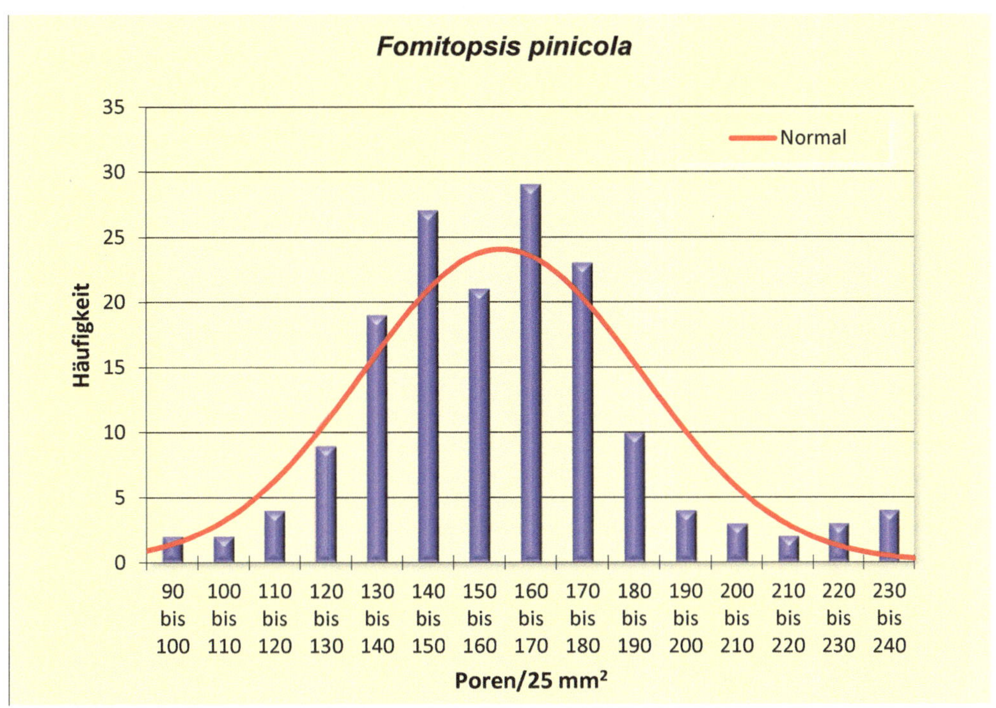

Abb. E 7: Beispielhafte Porenverteilung bei *Fomitopsis pinicola.* Es wurden 33 Fk. und 162 Messflächen von 5x5 mm^2 ausgewertet. Aufgetragen ist die Zahl der Messflächen/ Porenklasse. Die rote Kurve gibt die Normalverteilung an.

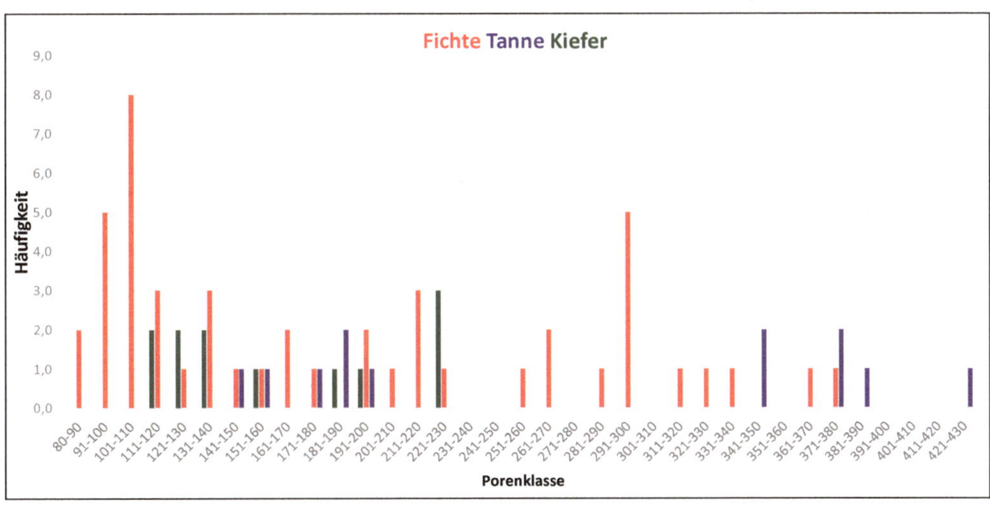

Abb. E 8: Porenverteilung bei *Heterobasidion annosum* in Abhängigkeit vom Substrat Fichte, Tanne, Kiefer. Es wurden 9 Fk. und 48 Messflächen von 5x5 mm^2 an Fichte ausgewertet, 3 Fk. und 12 Messflächen an Kiefer, 4 Fk. und 12 Messflächen an Tanne. Aufgetragen ist die Zahl der Messflächen/Porenklasse. Eine eindeutige Abhängigkeit vom Substrat kann aus den hier dargestellten Messungen nicht getroffen werden.

2.4.7 Sporen

Die wichtigsten Diasporen (Ausbreitungseinheiten) der Pilze sind bei den fruchtkörperbildenden Basidiomycota die Basidiosporen, die als Meiosporen exogen auf Basidien gebildet werden (S 24 „Hymenium"). Sie entwickeln sich an den Sterigmata, mit denen sie zunächst im Hilarbereich (Nabelbereich) verbunden sind und von dem sie bei Reife in der Regel aktiv abgeschleudert werden. Sie besitzen aufgrund dieser Entstehungsweise einen meist deutlichen Hilarappendix, ein Nabelanhängsel, oft bauchseitig eine Vertiefung, eine Hilardepression (vgl. zu den Strukturen der Basidiosporen [17, 18, 43, 48, 149]).

Die meisten Basidioporen der Porlinge sind klein, besitzen eine Länge von unter 10 µm, sind glatt, unpigmentiert, ihre Wände sind dünn und hyalin Aber es kommen auch lichtmikroskopisch feststellbare, zweiwandige Sporen, Sporenornamente oder Keimporen vor. Solche Merkmale sind in den Beschreibungen der Mikromerkmale ausgewiesen. Wichtig ist auch die Farbreaktion der Sporen mit Melzers Reagenz (Jod-Jodkalium + Chloralhydrat). Sie kann negativ sein, oder es kommt eine dextrinoide (Wände rotbraun) oder amyloide (Wände grau- bis dunkelblau) Reaktion vor. Da diese Reaktion meist für ganze Gattungen einheitlich ist, wurde dieses Merkmal im Abschnitt „Gattungsdiagnosen..." (S. 60 ff.) aufgenommen und in den Beschreibungen der einzelnen Arten nur dann erwähnt, wenn es nicht für alle Arten der Gattungen zutrifft. Die Sporenmaße sind bei den Beschreibungen dieses Buches meist für jede Art angegeben. Sie beruhen auf eigenen Messungen, die mit den Literaturangaben abgeglichen wurden. Sporenformen sind nach der in der Polingsliteratur üblichen Bezeichnung charakterisiert. Die meisten Sporen sind rund (globos), nahezu rund (subglobos), breit- oder gestreckt ellipsoid, zylindrisch oder allantoid (zylindrisch und etwas gebogen).

Bei manchen Porlingen kommen neben den Basidiosporen zusätzlich Chlamydosporen vor. Sie können streng genommen gar nicht als „Sporen" bezeichnet werden, weil sie nicht aus einer im Genom verankerten, gesetzmäßigen Sporogenese hervorgehen, sondern mehr oder weniger irregulär aus Zergliederungen von Hyphen entstehen. Sie stehen den Myzelgemmen nahe, die aus kernhaltigen Zusammenballungen von Plasma der Hyphen entstehen, wobei eine meist derbe Wand die freiwerdenden und als Diasporen fungierenden Gebilde umgibt. Chlamydosporen können im Myzel, in der Trama oder in bzw. an fruchtkörperähnlichen, plectenchymatischen Strukturen entstehen. Diese Anamorphen werden in der Porlingsliteratur mitunter als imperfekte Fruchtkörper bezeichnet. Sie kommen z.B. bei *Abortiporus biennis*, *Fistulina hepatica*, und *Laetiporus sulphureus* vor.

3. Porlinge als Lebensraum

Die Fk. von sowohl weichfleischigen, kurzlebigen, als auch mehrjährigen Porlingen werden häufig von Tieren besucht und als Nahrungsquelle genutzt; zu ihnen gehören verschiedene Arten der Gastropoda (Schnecken), Arachnida (Spinnentiere), Isopoda (Asseln), Myriapoda (Tausendfüßler), und Hexapoda (Insekten) [24]. Von den letzteren sind die Coleoptera (Käfer) am eingehendsten untersucht und z.T. auch regional statistisch bewertet worden [7] (Abb. E 9).

Porlinge können den Käfern als Nahrungsquelle und als Schutz gegen Kälte, Nässe, direkte Sonnenbestrahlung und mechanische Angriffe dienen. Die Nahrungsaufnahme reicht von Wasser und anorganischen Salzen bis zu organischen Nährstoffen inkl. der Vitamine. Am wichtigsten für die mycophagen Tiere sind junge, noch lebende Fk.-Teile der Porlinge. Aufgrund der Abhängigkeit der Insekten von der pilzlichen Nahrungsquelle lassen sich drei Gruppen unterscheiden [7]:

1. Mycetobionte Insekten sind als Imagines und Larven oder einer dieser beiden Entwicklungsstufen obligatorisch an Pilze als Nahrungsquelle gebunden. Hierher gehören z.B. *Oxyporus*-, *Gyrophaena*-, *Diaperis*- und *Eledona*-Arten. Imagines und Larven einer Käferart ernähren sich meist beide von derselben Pilzspezies.

2. Mycetophile Insekten sind fakultative Pilzbesucher; sie können sich von Pilzen ernähren, aber auch andere Nahrungsquellen nutzen. Hierzu gehören alle *Bolitobius*-, *Conosoma*-, *Tachinus*- und die Mehrzahl der *Atheta*-Arten.

3. Mycetoxene Insekten nutzen Pilze nur zufällig als Nahrungsquelle (fortuitiver Pilzbesuch), als Beispiele sind sämtliche Carabidae, Hydrophilidae, Chrysomelidae und Curculionidae zu nennen.

Inwieweit die Insekten für die Sporenverbreitung eine Rolle spielen, bleibt weitgehend spekulativ. Untersuchungen zur Fauna von Porlingen beschränken sich meist auf die Erfassung der Diversität und oft auf die zahlenmäßige Erfassung von Individuen. Detaillierte lokale Untersuchungen [7] ergaben beispielhaft, dass 64% aller Käferfunde auf Porlinge und 28% auf Blätterpilze entfielen. Auf *Polyporus squamosus* wurden 53% aller aufgesammelten Individuen registriert; sie gehörten zu 246 Käferarten. Damit ist diese Art der am häufigsten besiedelte Pilz in dieser Studie. Auch die in Europa kleinste Käferart, *Baranowskiella ehnstromi*, gehört zu den Pilzbewohnern [3].

Der Reichtum und die hohe Diversität von Käfern auf Porlingen sind zweifellos die relativ lange Lebensdauer der Fk. im Gegensatz zu den vergänglichen Blätterpilzen. Zahlreiche weitere lokale Untersuchungen, z.B. um Wien [141], aus England [32], aus Franken [45], aus Brandenburg [45] und aus dem Erzgebirge [28, 29] ergaben prinzipiell ähnliche Ergebnisse. Die Käfer können weiches und weitporiges Pilzmaterial mit langer Wuchszeit am besten nutzen. Porlinge wie *Polyporus squamosus*, *Laetiporus sulphureus*, *Meripilus giganteus* und *Fistulina hepatica* sowie mehrere *Inonotus*-Arten gehören zu den am häufigsten befallenen Pilzen. Von den mehrjährigen Porlingen ist *Phellinus igniarius* eine der am häufigsten von Käfern besuchten Arten.

Als Erweiterung der Erfassungsmethoden wird vorgeschlagen, die Substrate detaillierter zu unterscheiden und z.B. den Befall von jungen, sporulierenden und in Fäulnis übergehenden Pilzen getrennt zu registrieren und entsprechende Assoziationen (Zoozönosen) zu ermitteln [141] oder die Faktoren des Auffindens der Pilze durch Duftstoffe zu untersuchen. Auch die kartografische Erfassung zur Verbreitung oder zu Häufungszentren von Pilzinsekten wurde bereits angeregt [22, 28, 29, 111, 142].

Besonders intensiv wurde bezüglich des Entwicklungszyklus, der Verbreitung und der Ernährung die Pilzfliege *Agathomia wankowiczii* untersucht, die an *Ganoderma applanatum* Cecidien (Gallen) hervorruft [160]. Es ist die einzige Bildung von Zoocecidien, die bei Pilzen bekannt ist. Die Larve ernährt sich in einem auswachsenden, zunächst geschlossenen Knöllchen, das im wachsenden Hymenophor entsteht. Sie lebt von den einwachsenden Pilzhyphen, verlässt bei Reife die Galle durch eine Öffnung, die mit der Reifung der Larve entsteht, und verpuppt sich im Detritus unter dem Fruchtkörper; im darauffolgenden Frühjahr schlüpfen die Imagines und legen ihre Eier in die frisch auswachsende Hymenophoraltrama. Eine weitere interessante Erscheinung ist die Biolumineszenz (Eigenleuchten) der Pilzmückenlarve *Ceroplatus testaceus* an *Fomitopsis pinicola* [147].

Ein ebenso weites Feld der Mykologie wie die Arbeit mit pilzbewohnenden Tieren sind die Untersuchungen zu fungicolen Pilzen. Gut untersucht sind z.B. die meist obligat parasitischen *Hypomyces*-Arten, die auf lebenden, deformierten Fk.n von Blätterpilzen wachsen. Abgestorbene oder absterbende Porlinge können Substrate von Anamorphen („Deuteromyceten", „Schimmel") der Ascomycetes sein. Aber auch manche fruchtkörperbildende Asco- und Basidiomyceten vermögen tote oder absterbende Porlinge saprotroph, selten auch parasitisch zu besiedeln [10, 63].

In den letzten Jahrzehnten entstanden mehrere umfassende Übersichten zu dieser Problematik [10, 63] beispielsweise wurden 40 Arten von Corticiaceae auf ca. 20 Arten von Porlingen nachgewiesen, wobei *Sistotrema brinkmannii* (Bres.) J. Erikss. eine der vorderen Plätze in der Liste der fungicolen Porlingsbewohner einnahm. Eine auffallende Erscheinung in der europäischen Pilzflora ist der Bewuchs der Fk. von *Piptoporus betulinus* und von > *Fomitopsis pinicola* durch *Trichoderma pulvinatum*, wobei zunächst weiße, conidiogene Sporodochien auf dem Hymenophor der Porlinge gebildet werden, die sich später am abgestorbenen Wirtspilz zu gelben Stromata mit Perithecien weiterentwickeln. Sehr auffallende Erscheinungen von Basidiomycetenassoziationen bestehen z.B. zwischen manchen meist absterbenden Porlingen der Gattungen *Inonotus*, *Fomes* oder *Trichaptum* und fungicolen Porlingen der Gattung *Antrodiella* (S. 69 ff.); z.B. wachsen die Fk. *Antrodiella serpula* oft an oder bei alten

Fk.n von *Inonotus nodulosus* oder *Inonotus radiatus*, *Antrodiella pallescens* an oder bei *Fomes fomentarius*, *Antrodiella citrinella* an oder bei *Fomitopsis pinicola*.

Abb. E 9: Beispiele für Porlingsbewohner; **links** der Gelbbindige Schwarzkäfer (*Diaperis boleti*) lebt an verschiedenen Baumpilzen, in Mitteleuropa hauptsächlich an den Fk.n des Birkenporlings (*Piptoporus betulinus*) und – wie hier im Bild – am Schwefelporling (*Laetiporus sulphureus*); **rechts** die Insektenlarve von *Agathomyia wankowiczi* verlässt ein Cecidium an der Unterseite des Flachen Lackporlings (*Ganoderma applanatum*).

Abb. E 10: Beispiele für Pilze auf Pilzfruchtkörpern; **links** Stromata von *Trichoderma pulvinatum* auf dem Hymenophor eines abgestorbenen Fk.s von *Piptoporus betulinus*; **rechts** vergrößerte Ansicht; die Ostioli der Perithecien mit austretenden Ascosporen sind zu erkennen (Pfeile).

4. Lebensweise von Porlingen

4.1 Saprotrophie, Parasitismus, Symbiosen

Viele der behandelten Porlinge leben saprotroph, d.h., sie beziehen ihre Nährstoffe von abgestorbenen organischen Bestandteilen der Biosphäre, z.B. von totem Holz oder von Humusbestandteilen. Sie werden auch als Fäulnisbewohner bezeichnet. Die saprotrophen, holzbewohnenden (lignicolen) Arten zersetzen totes Holz, z.B. tote Äste oder liegende Stämme. Wenn totes Kernholz alter lebender Bäume abgebaut wird, erreicht die Lebensweise den Grenzbereich zum Parasitismus. Lebende Bäume können dadurch ihre Standfestigkeit verlieren und zusammenbrechen, obgleich keinerlei Krankheitserscheinungen bemerkbar sind. Alle Funktionen der lebenden Teile im Splintholz, im Kronen- und Wurzelbereich blieben bis zum Zusammenbruch erhalten. In solchen Fällen kann ein Baum durch Bruch geschädigt werden oder absterben, obwohl der Pilz saprotroph lebte und in der Regel am toten Holz noch lange saprotroph weiterleben kann. Die Grenze zum Parasitismus ist erreicht, wenn die Myzelien der Pilze auch lebende Teile der Bäume schädigen; in den meisten Fällen wird vom Kernholz her das lebende Splintholz angegriffen, abgetötet und durchwachsen. Der Pilz lebt dann vom toten Holz, das er vordem abgetötet hat. Diese Form des Parasitismus wird als perthotrophe oder auch nekrotrophe Lebensweise bezeichnet. Dies trifft für viele lignicole Porlinge zu. Sie können z.B. rein saprotroph leben und fakultativ perthotroph Substanzen ihrer Wirte angreifen oder zur Fruchtkörperbildung durchdringen. Biotropher Parasitismus, d.h. Ernährung direkt von den lebenden Substanzen, ist bei lignicolen Pilzen selten. Sie sind äußerlich meist an Deformationen lebender Bäume zu erkennen. Bäume reagieren dann mit tumorartigen Wachstumserscheinungen und der Pilz besiedelt hypertrophierte Zellen des Tumors. Man findet das z.B. bei den südhemisphärischen Cyttariales (Ascomycetes) an *Nothofagus*-(Südbuchen-)Arten. Aber auch bei heimischen Porlingen sind u.U. solche Erscheinungen, z.B. Stammdeformationen, beim Befall von *Inonotus hispidus* oder beim Befall der Wurzeln von Gehölzen durch *Heterobasidium annosum* zu beobachten.

Einige Porlinge, z.B. der Gattungenen *Albatrellus*, *Boletopsis* oder *Coltricia*, sind obligate oder fakultative Mykorrhizapilze. Aber es ist weder aus der Beobachtung im Gelände noch aus experimentellen Ansätzen sicher nachzuweisen, wie eng die Beziehungen zwischen den Symbionten in der Natur sind. Bei den Untersuchungen der letzten Jahrzehnte hat sich herausgestellt, dass die Vielfalt von symbiontischen Interaktionen in der Natur viel größer ist, als man das früher eingeschätzt hat. Myzelien der Mykorrhizapilze wachsen auf Nährmedien saprotroph, und manche in der Natur saprotroph wachsende Arten können auch parasitisch leben, sogar als Humanpathogene auftreten wie *Schizophyllum commune*. Manche normalerweise lignicolen Pilze – wie *Bjerkandera adusta* – können auf Stroh oder Resten krautiger Pflanzen fruktifizieren.

4.2 Porlinge als Holzzerstörer [4, 47, 52, 56, 66, 88, 106, 109, 117, 143]

Die typisch lignicolen Porlinge benötigen in der freien Natur Holz als Nährstoffquelle und sind in der Lage, ihre oft massigen und schnell heranwachsenden Fruchtkörper durch den enzymatischen Abbau von Holz aufzubauen. Holz bildet einen hohen Anteil der lebenden und toten Biomasse unserer Erde. Es besteht aus pflanzlichen Polysacchariden und dem Holzstoff Lignin, zu 40–60 % aus Zellulose, zu 20–30 % aus Hemizellulosen und zu 20–30 % aus Lignin. Die Zellulose ist mengenmäßig der bedeutendste organische Naturstoff der Erde und kommt in den Zellwänden aller Pflanzen vor. Lignin bildet im Holz ein dreidimensionales Netzwerk aus aromatischen Makromolekülen, das ohne Vorzugsrichtung zwischen die Zellulosemoleküle eindringt und die Festigkeit des Holzes bewirkt. Der biochemische Abbau der relativ stabilen Bestandteile des Holzes ist ein ökologisch bedeutsamer Destruktionsprozess, der mit Farb- und Strukturveränderungen des Holzes verbunden ist. Er geschieht durch heterotrophe Organismen, unter denen die Porlinge verschiedener Verwandtschaftskreise eine dominierende Rolle spielen. Man unterscheidet im Wesentlichen drei verschiedene Prozesse des Holzabbaus durch Pilze: die Weißfäule, die Braunfäule und die Moderfäule. Die saprotrophen und perthotrophen Holzbewohner unter den Porlingen gehören zu den Weiß- oder

Braunfäuleerregern (Abb. E 12). Die Unterschiede im Abbau sind durch unterschiedliches Vermögen der Enzymproduktion für die Pilze genetisch festgelegt. Enzyme wirken als Biokatalysatoren. Sie werden von den Pilzhyphen ausgeschieden und spalten die Makromoleküle des Holzes in immer kleinere Bestandteile. Schließlich entstehen lösliche Verbindungen, die von den Pilzen aufgenommen und zum Aufbau körpereigener Substanzen und als Energiequelle genutzt werden können.

Abb. E 11: Durch die parasitische Lebensweise der Tschaga-Anamorphe von *Inonotus obliquus* verursachte Schäden an lebenden *Betula-pubescens*-Stämmen; **links:** bis ins Splintholz reichende Stammwunde (a), aus der sich nach Ablösen einer großen Anamorph-Knolle zwei neue Knollen (b) gebildet haben; der Pilz verursacht eine leichte Stammverdickung am Rande des Befallsbereiches; **Mitte:** bis ins Kernholz reichende Stammwunde (a) mit deutlicher Tumorbildung (b) im Bereich der Meristeme (Kambium, Korkkambium); **rechts:** starker Befall eines Stämmchens, das durch Tumorbildung gegenüber des Befallsherdes (a) gekrümmt wächst; der Pilz hat im Befallsbereich ca. ¾ der Stammbreite abgebaut, durchwächst sowohl Splint- und Kernholz als auch das Tumorgewebe und bildet beständig neue Anamorph-Knollen in der Stammhöhle (b).

Weißfäule

Bei den Weißfäuleerregern werden sowohl Polysaccharide (Zellulose, Hemizellulosen) als auch das Lignin nahezu vollständig abgebaut. Das Holz verliert 80 bis fast 100% des Trockengewichtes. Man bezeichnet deswegen die Weißfäule auch als Korrosionsfäule. Weißfäulepilze sind in der Natur die wichtigsten Organismen, die das Lignin effektiv abzubauen vermögen. Sie sind dadurch für den Stoffhaushalt in allen Lebensräumen der Erde, in denen Holz gebildet wird, von essentieller Bedeutung.

Der Abbau der dreidimensional verketteten Makromoleküle des Lignins wird durch das Enzym Lignin-Peroxydase, auch Ligninase genannt, eingeleitet. Es spaltet die Seitenketten und die Bindungen zwischen den Seitenketten und Ringen. Am Abbau des Lignins sind danach weitere Peroxydasen beteiligt. Die meisten Weißfäulepilze bauen zunächst ausschließlich oder doch verstärkt Lignin ab; dadurch entsteht die typisch weißfaserige Struktur aus Zellulosebestandteilen des Holzes, die in der Bezeichnung „Weißfäule“ zum Ausdruck kommt. Manche Arten bauen auch anfangs verstärkt Zellulose und später erst das Lignin (Sukzetanfäule) ab, wieder andere bauen beide Stoffe nahezu gleichzeitig ab (Simultanfäule). Es kann daher zu Braunfärbung des Holzes durch Lignin kommen, obgleich der enzymatische

Abbauweg einer Weißfäule entspricht.

Eine besondere Form der Weißfäule ist die Lochfäule, auch Weißlochfäule oder Wabenfäule genannt. Durch kleinräumigen, lokal raschen Ligninabbau entstehen dicht stehende, wabenförmige kleine Hohlräume, die zunächst mit weißen Zellulosefasern durchzogen sind und am braunen, sich in Zersetzung befindlichen Holz ein charakteristisches, kontrastreiches Muster verursachen. Lochfäulepilze sind z.B. Arten aus dem Verwandtschaftskreis von *Phellinus pini*. Als Stockfäule bezeichnet man eine weitere besondere Form der Weißfäule, die im unteren Stammbereich von Laub- und Nadelhölzern, insbesondere von Fichten und Kiefern, lokalisiert ist und durch *Heterobasidion annosum* verursacht wird. Der Befall des Holzes geschieht in der Regel vom Wurzelbereich her. Das befallene Kernholz des unteren Stammbereiches verfärbt sich rotbraun, weswegen auch der Begriff „Rotfäule" verwendet wird. Dieses Wort wird jedoch von manchen Autoren als Synonym für Braunfäule benutzt.

Ein sehr aggressiver Abbbau lebenden Holzes geschieht durch die Tschaga- Anamorphe des Weißfäuleerregers *Inonotus obliquus*. Oftmals ohne Fruchtkörperbildung kommt es zur Ausbildung von chlamydosporenbildenden knolligen Anamorphen. Besonders Birken können durch Splint- und Kernholzzerstörung der Stämme absterben. Die effusen Fruchtkörper erscheinen dann in Mitteleuropa sehr selten, in Nordeuropa häufiger am abgestorbenen Holz, bleiben aber meist völlig aus (Abb. E 11).

Durch Weißfäulepilze wird besonders Laubholz, seltener Nadelholz, abgebaut. Wichtige Weißfäulepilze sind z.B. *Fomes fomentarius*, die Arten der Gattungen *Trametes*, *Funalia*, *Ganoderma*, *Spongipellis*, *Polyporus*, *Inonotus*, *Phellinus*, *Pycnoporus* und *Ischnoderma*.

Braunfäule

Bei der Braunfäule werden die Polysaccharide (Zellulose, Hemizellulosen) der Zellwände des Holzes abgebaut, während das Lignin nahezu unverändert zurückbleibt, wodurch eine braune bis rotbraune Verfärbung des Holzes auftritt. Die Enzyme für den Abbau der Zellulose und der Hemizellulosen des Holzes gehören überwiegend zu den Hydrolasen, von denen die Bindungen unter Einbau von Wasser gespalten werden. Die Zellulose wird von den Enzymen Glucanase und Glucosidase abgebaut, die Enzyme Xylanase und Mannase spalten die Hemizellulosen in Xylan und Mannan. Durch den Zelluloseabbau nimmt die Dimensionsstabilität besonders in axialer Richtung stark ab. Es entstehen Quer- und Längsrisse, was sich in einem würfelförmig zerbröckelndem Zerfall äußert, weswegen auch die Begriffe „Würfelbruch" und „Würfelbruchfäule" verwendet werden. Der Name „Destruktionsfäule" nimmt ebenfalls auf diese Form des Holzzerfalles Bezug. Im Endstadium sind die Reste braun und pulverig. Die bedeutendsten Braunfäulepilze sind Porlinge der Ordnung *Polyporales*. Die meisten besiedeln Nadelholz, einige Laubholz, andere sowohl Laub- als auch Nadelholz. Zu den Braunfäuleerregern gehören z.B. die Porlingsgattungen *Antrodia*, *Daedalea*, *Fistulina*, *Fomitopsis*, *Gloeophyllum*, *Laetiporus*, *Phaeolus* und *Piptoporus*. Manche Arten sind auf einzelne Gehölzgattungen spezialisiert; z.B. wächst *Piptoporus betulinus* ausschließlich auf Birkenholz, *Laricifomes officinalis* ausschließlich an Altholz von Lärchen, *Daedalea quercina* und *Fistulina hepatica* kommen an Eichenholz vor. Diese Substratspezifität ist ökologisch begründet; in Reinkultur wachsen die Myzelien dieser Arten auch auf anderen Substraten und die meisten sind problemlos auf einfachen Nährböden wie Malzagar zu kultivieren. In Europa gehören *Fomitopsis pinicola* (Rotrandiger Baumschwamm) und *Laetiporus sulphureus* – beide besiedeln Laub- und Nadelgehölze – zu den auffallendsten und dominierenden Braunfäuleerregern.

Wenn Holz von mehreren lignicolen Pilzen befallen ist, kann es zu dunklen Demarkationslinien kommen, durch die sich im Holz die Myzelien verschiedener Arten voneinander abgrenzen. Ursache dafür ist die Bildung von Melanin. Häufig ist diese Erscheinung zu beobachten, wenn z.B. die Myzelien des Weißfäuleerregers *Fomes fomentarius* und des Braunfäuleerregers *Piptoporus betulinus* auf demselben Birkenstamm wachsen und fruktifizieren. Für Holzabbau mit reichlichen dunklen Grenzlinien wurde der Begriff „Marmorfäule" geprägt.

Beim Abbau von Holz kommt es mitunter zu charakteristischen Sukzessionen der Besiedelung des Holzes durch fruchtkörperbildende, lignicole Pilze. Es werden Initialphase,

Optimalphase und Finalphase der Holzzersetzung mit Hilfe der Abfolge der Diversität und der Dominanz von Fruchtkörpern unterschieden. Manche Autoren fassen charakteristische Artenkombinationen der holzbewohnenden Pilze zu Pilzassoziationen (Pilzgesellschaften, Mykozönosen) zusammen, die nomenklatorisch nach dem Vorbild der Pflanzensoziologie benannt und gegliedert werden [35, 98].

Abb. E 12: Holzabbau lignicoler Porlinge
links: Braunfäule; durch *Fomitopsis pinicola* zerstörtes Holz eines *Picea-abies*-Stammes
rechts: Weißfäule durch *Fomes fomentarius* zerstörtes Holz eines *Fagus-sylvatica*-Stammes

Methoden der Unterscheidung von Weiß- und Braunfäuleeregern
Es sind mehr als 150 Farbreaktionen zum Ligninnachweis bekannt [113]. Sehr verbreitet ist der makroskopische und mikroskopische Nachweis von Lignin nach selektiver Anfärbung mit Phloroglucin/Salzsäure, wobei es zu einer Rotfärbung des lignifizierten Materials kommt. Dieser Effekt ist auch als Wiesner-Reaktion bekannt [162]. Ein weiterer Nachweis von Lignin ist mittels Kaliumpermanganat, Salzsäure und Ammoniak (Mäule-Reaktion) möglich, wobei es zu einer intensiven Rotfärbung der verholzten Zellwände kommt. Allerdings sind diese Farbreaktionen keine absolut sicheren Nachweismethoden für das Lignin [122]. Es stellte sich heraus, dass sowohl die Phloroglucin/Salzsäure-, als auch die Mäule-Reaktion nur mit einem sehr kleinen Teil des Ligninmoleküls positiv verläuft; aber auch wenn beide Reaktionen negativ ausfallen, kann nicht mit völliger Sicherheit auf eine fehlende Verholzung geschlossen werden. Als geeigneter Test hat sich eine Doppelreagenzierung mit Safranin und Astrablau bewährt. Lignifizierte Bereiche werden rot, ligninfreie Teile werden blau gefärbt. Die Methode ist als FSA, die Weiterentwicklung mit den Reagenzien Fuchsin, Chrysoidin und Astrablau als FCA bekannt. Lignifizierte (verholzte) Zellwände färben sich rot, nicht lignifizierte Wände grün [50]. Der Zellulosenachweis gelingt mit Zinkchloridjod. Der Test führt zu einer Blaufärbung der Zellulose.

Aus der Verfärbung befallenen Holzes und den Farbreaktionen zum Nachweis von Zellulose oder Lignin können jedoch nur bedingt Hinweise auf die Aktivität einzelner Arten von Braun- oder Weißfäuleerregern abgeleitet werden; zudem können sich außer dem zu testenden Pilz im Holz auch Myzelien anderer Pilze befinden. Eine sichere Überprüfung des Fäuletyps ist nur experimentell, z.B. mit Hilfe des Bavendamm-Tests, möglich, für den eine

Reinkultur des zu testenden Pilzes erforderlich ist. Von Fruchtkörpern holzzerstörender Porlinge sind im Labor in der Regel problemlos Reinkulturen zu gewinnen. Der Test ermöglicht den Nachweis der vom Pilz ausgeschiedenen Enzyme [6]. Ein Malzagarnährboden wird mit einem Ligninmodellbaustein wie Tannin in einer 0,5 %igen Konzentration versetzt und mit dem Pilz beimpft. Scheidet der Pilz die Phenoloxidase Laccase aus, wird Tannin oxidiert. Wenn sich um die beimpfte Region ein brauner Hof bildet, handelt es sich um einen Weißfäulepilz. Bleibt diese Reaktion aus, ist der lignicole Pilz nicht zum Ligninabbau befähigt, und es handelt sich um einen Braunfäuleerreger. Statt Tannin ist auch Gallussäure geeignet. Schließlich sind weitere Enzyme, die von Weißfäulepilzen gebildet werden, bei diesem Test sicher nachweisbar [146].

Spezieller Teil

5. Die behandelten Arten

Die vorliegende Bearbeitung hält sich bezüglich der Einbeziehung einzelner Arten an die einschlägige Porlingsliteratur, z.B. [9, 30, 31, 33, 68, 124, 138, 139]. Es ist berücksichtigt, was in diesen und einigen anderen Arbeiten in weitgehender Übereinstimmung in der wissenschaftlichen Allgemeinsprache als „Porlinge" („polypores", „poroid fungi") einschließlich der „Wirrlinge" und „Blättlinge" behandelt wird. Dabei sind ausschließlich die pileaten Arten berücksichtigt, also solche Porlinge, die Hüte mit sterilen Oberseiten ausbilden. In wenigen Ausnahmenfällen sind Arten aufgenommen, die nicht als pileate Porlinge definiert werden können:

– *Schizophyllum commune* wurde einbezogen, weil die verwachsenen Fruchtkörperränder als „Pseudolamellen" scheinbar ein lenzitoides Hymenophor bilden.

– *Fistulina hepatica* wurde aufgenommen, weil das isoliert-röhrige Hymenophor äußerlich einem polyporoiden Hymenophor ähnelt.

In den Bestimmungsschlüsseln und bei den Beschreibungen sind einige Arten weggelassen, die nur selten in Randgebieten Europas vorkommen, aber in Mitteleuropa fehlen. In den Textabschnitten zu den „Gattungsdiagnosen ..." (S. 60 ff.) wird jedoch auf diese Sippen aufmerksam gemacht. Über das Register sind somit Informationen über alle europäischen Porlinge zu erschließen.

6. Geschichte[1], systematische Zuordnung und Nomenklatur

Angaben über Porlinge können in der Literatur bis in die Antike zurückverfolgt werden. Plinius und Dioskorides verwenden den Namen *Agaricus* bzw. *Agaricum* für konsolenförmige Porlinge und verstanden darunter hauptsächlich, aber nicht ausschließlich, den Lärchenporling (*Laricifomes officinalis*). Dieser Pilz wurde bereits in der Antike als Heilmittel genutzt und war noch in der Neuzeit bis ins 20. Jh. als „Apothekerschwamm" auch in Deutschland ein in Apotheken erhältliches Medikament. In der Renaissance fußte die Behandlung der Pilze noch auf den Überlieferungen aus der Antike. Viele Autoren der Kräuterbücher des 16. Jh.s erwähnen das *Agaricum* von Dioskorides. Besonders bei Matthiolus wird deutlich, dass konsolenförmige Porlinge im Allgemeinen mit diesem Namen belegt wurden. Bei Caspar Bauhin werden drei Sippen erwähnt, die man als Arten im gegenwärtigen Sinne verstehen kann und deren Namen mit dem Wort *Agaricus* beginnen. Der Lärchenschwamm *Agaricus sive fungus laricis* ist eine von ihnen. Im Jahr 1694 schuf Tournefort schließlich die Gattung *Agaricus* für konsolenförmige Porlinge und unterscheidet sechs Arten. In einer Neufassung [1]seines Werkes im Jahr 1700 umfasst diese Gattung bereits 17 Arten. Die Röhrlinge bleiben ausgeschlossen; sie gehören bei ihm gemeinsam mit den Blätterpilzen zur Gattung *Fungus*. Im 18. Jh. gliedert Dillenius die Gattung *Agaricus*, in die er alle konsolenförmigen Frucht-

[1] Die erwähnte Literatur zur Geschichte der Mykologie wurde im Literaturverzeichnis nicht aufgenommmen. Sie ist über die gut verfügbaren Standardwerke, z.B [53], oder über detaillierte Abhandlungen zur Geschichte der Mykologie, z.B. [38], zu erschließen.

körper – auch solche mit stereoidem (glattem) Hymenophor – stellt, in fünf Gruppen, wobei die Porlinge als *Porosi* zusammengefasst werden. Im gleichen Sinne behandelt nach ihm Micheli die Gattung *Agaricus* und unterscheidet 101 Arten überwiegend konsolenförmiger, holzbewohnender Pilze; die meisten von ihnen sind Porlinge. Zudem schuf er die Gattung *Polyporus* ausschließlich für zentral gestielte Porlinge. Linné gliedert schließlich streng nach dem Hymenophor und fasst die Pilze mit röhrigem Hymenophor – also Porlinge und Röhrlinge – zur Gattung *Boletus* zusammen. Auch Persoon vereint zu Beginn des 19. Jh.s die nunmehr zahlreicheren Gattungen von Porlingen und Röhrlingen aufgrund des röhrigen Hymenophors als *Boletoidei*. Bei Fries umfasst die Gattung *Polyporus* ausschließlich Arten mit derb röhrigem Hymenophor. Die Röhrlinge bleiben ausgeschlossen. Arten mit mehr oder weniger labyrinthischem Hymenophor wie *Phellinus pini*, *Daedaleopsis confragosa* gehören bei ihm zur Gattung *Daedalea*. Diese Gattung trennt er in seinem „Systema mycologicum" von der Gattung *Lenzites* mit derblamelligem (lenzitoidem) von der Gattung *Polyporus* mit derbröhrigem (polyporoidem) Hymenophor. Das führte im deutschen Sprachraum zu den Bezeichnungen „Wirrlinge", „Blättlinge" und „Porlinge".

Die Systematik in der zweiten Hälfte des 19. Jh.s und im 20. Jh. ist schließlich durch die Erkenntnisse über die Evolution der Organismen geprägt. Mit verfeinerten Methoden der Lichtmikroskopie, der Biochemie, Elektronenmikroskopie sowie durch die Möglichkeit von Reinkulturen und letztlich durch molekularbiologische Methoden können natürliche Verwandtschaftsverhältnisse immer besser nachvollzogen werden. Es werden aber zunehmend auch die Probleme erkannt, die durch Gentransfer zwischen heterogenetischen Organismen in Fusionssymbiosen vorkommen. Diese führen bis hin zur Synthese neuer Lebensformen und zu Rückschlüssen auf die Organismenentwicklung, die Auswirkungen auf deren Stellung im Organismensystem haben. Im Rahmen des andauernden Erkenntnisprozesses über die Phylogenie der Pilze erwies sich zweifelsfrei, dass Porlinge in ganz verschiedenen Verwandtschaftskreisen der Basidiomycota vorkommen und dass viele Arten ohne polyporoides Hymenophor mit manchen Porlingen näher verwandt sind als die Porlinge in ihrer Gesamtheit untereinander. Der Porlingsbegriff hat so wenig mit einer systematischen Kategorie im aktuellen Sinne zu tun wie der Begriff „Baum" oder „Strauch" in der Pflanzensystematik. Nach dem derzeitigen Stand der systematischen Kategorisierung gehören die in diesem Buch aufgenommenen Gattungen in folgende Familien bzw. Ordnungen:

Abortiporus (Meruliaceae, Polyporales), ***Albatrellus*** (Albatrellaceae, Russulales), ***Amylocystis*** (Fomitopsidaceae, Polyporales) ***Antrodia*** (Fomitopsidaceae, Polyporales), ***Antrodiella*** (Phanerochaetaceae, Polyporales), ***Bjerkandera*** (Meruliaceae, Polyporales), ***Boletopsis*** (Bankeraceae, Thelephorales), ***Bondarzewia*** (Bondarzewiaceae, Russulales), ***Cerrena*** (Polyporaceae, Polyporales), ***Climacocystis*** (Fomitopsidaceae, Polyporales), ***Coltricia*** (Hymenochaetaceae, Hymenochaetales), ***Daedalea*** (Fomitopsidaceae, Polyporales), ***Daedaleopsis*** (Polyporaceae, Polyporales), ***Datronia*** (Polyporaceae, Polyporales), ***Dichomitus*** (Polyporaceae, Polyporales), ***Diplomitoporus*** (Polyporaceae, Polyporales), ***Fistulina*** (Fistulinaceae, Agaricales), ***Fomes*** (Polyporaceae, Polyporales), ***Fomitopsis*** (Fomitopsidaceae, Polyporales), ***Funalia*** (Polyporaceae, Polyporales) ***Ganoderma*** (Ganodermataceae, Polyporales), ***Gloeophyllum*** (Gloeophyllaceae, Gloeophyllales), ***Gloeoporus*** (Meruliaceae, Polyporales), ***Grifola*** (Meripilaceae, Polyporales), ***Hapalopilus*** (Polyporaceae, Polyporales), ***Haploporus*** (Polyporaceae, Polyporales), ***Heterobasidion*** (Bondarzewiaceae, Russulales), ***Hexagonia*** (Polyporaceae, Polyporales,) ***Inonotus*** (Hymenochaetaceae, Hymenochaetales), ***Irpex*** (Meruliaceae, Polyporales), ***Ischnoderma*** (Fomitopsidaceae, Polyporales), ***Jahnoporus*** (Albatrellaceae,Russulales), ***Junghuhnia*** (Meruliaceae, Polyporales), ***Laetiporus*** (Polyporaceae. Polyporales), ***Laricifomes*** (Fomitopsidaceae, Polyporales), ***Leptoporus*** (Polyporaceae, Polyporales), ***Lenzitopsis*** (Thelephoraceae, Thelephorales), ***Meripilus*** (Meripilaceae, Polyporales), ***Oligoporus*** (Polyporaceae, Polyporales), ***Osteina*** (Fomitopsidaceae, Polyporales) ***Oxyporus*** (Schizoporaceae, Zuordnung unklar), ***Perenniporia*** (Polyporaceae, Polyporales), ***Phaeolus*** (Fomitopsidaceae, Polyporales), ***Phellinus*** (Hymenochaetaceae, Hymenochaetales), ***Phylloporia*** (Hymenochaetaceae, Hymenochaetales), ***Piloporia*** (Polyporaceae, Polyporales), ***Piptoporus*** (Fomitopsidaceae, Polyporales), ***Podofomes*** (Polyporaceae, Polyporales), ***Polyporus*** (Polyporaceae, Polyporales), ***Postia*** (Fomitopsidaceae, Polyporales) ***Pycnoporellus*** (Fomitopsidaceae, Polyporales), ***Pycnoporus*** (Polyporaceae, Polyporales), ***Pyrofomes*** (Polyporaceae, Polyporales), ***Rigidoporus*** (Meripilaceae, Polyporales), ***Sarcoporia*** *(Polyporaceae, Polyporales);* ***Schizophyllum*** (Schizophyllaceae, Agaricales), ***Sistotrema*** (Hydnaceae, Cantharelles), ***Skeletocutis*** (Polyporaceae, Polyporales), ***Trametes*** (Polyporaceae, Polyporales), ***Spongipellis*** (Polyporaceae, Polyporales), ***Trichaptum*** (Polyporaceae, Polyporales), ***Tyromyces*** (Polyporaceae, Polyporales).

Die Zuordnung und Umgrenzung der Gattungen, die Artkonzepte und die Nomenklatur der Arten richten sich im Wesentlichen nach [9, 94, 139] und den derzeitigen Einträgen in den Internetplattformen „Index fungorum“ und MycoBank Database, wobei auch andere, z.T. ältere Arbeiten zu Rate gezogen wurden, z.B. [13, 15, 25, 33, 68, 92, 93, 97, 100, 101, 124, 137, 138] Die Zuordnungen sind bei den einzelnen Autoren und in den zusammenfassenden Übersichten nicht einheitlich.

Da sich in den nächsten Jahren weitere Veränderungen und Korrekturen der Gattungs- und Artkonzepte sowie der Nomenklatur durch neue Erkenntnisse ergeben werden, sind in der vorliegenden Übersicht einige der neuesten, noch wenig gefestigten Forschungsergebnisse, die Auswirkungen auf die Nomenklatur haben, nicht berücksichtigt worden, um für die Benutzer der etablierten Bestimmungsliteratur und Fotobücher verständlich zu bleiben. Um Irrtümer bezüglich Zuordnung und Umgrenzung der behandelten Sippen beim Vergleich der vorliegenden Darstellung mit anderen Werken zu vermeiden, wurden bei den Beschreibungen der Arten ausgewählte Synonyme aufgenommen – vor allem die Basionyme und die in der zeitnahen pilzfloristischen und ökologischen Literatur häufig akzeptierten Namen. Es wurden nach Ermessen die Namen benutzt, die unter Berücksichtigung neuer Forschungsergebnisse, aber auch im Hinblick auf die Verständigung, angemessen erschienen.

Die derzeit in vielen Werken vertretenen engen Gattungskonzepte führen zu immer mehr monotypischen Gattungen. Von den 62 Gattungen der hier vorliegenden Übersicht werden aufgrund der allgemein akzeptierten Literatur ca. 20 % als monotypische Gattungen geführt bzw. als Gattungen mit wenigen eng verwandten Kleinarten, die besser als infraspezifische Sippen bewertet werden sollten. Besonders für praxisnahe Arbeitsbereiche der Mykologie, wie der Phytopathologie, der medizinischen Mykologie oder der Forstwirtschaft, kann die Instabilität der Nomenklatur zu Missverständnissen führen. Die Aufspaltung der Taxa, die notwendigerweise zu Neukombinationen führt und die im ICBN festgeschriebene Notwendigkeit, Kombinationsautoren namentlich festzuschreiben, dürfte auch ein Anreiz für manche überflüssige Gliederung gewesen sein.

7. Hinweise zu Bestimmungsschlüsseln und Beschreibungen

7.1 Beschreibungen der Gattungen, Arten und Porlingsporträts

Dem Abschnitt „Geschichte, systematische Zuordnung und Nomenklatur der Porlinge“ (S. 37 ff.) ist zu entnehmen, welche Gattungen in diesem Buch als Porlinge aufgefasst und behandelt werden.

Der Abschnitt „Gattungsdiagnosen...“ (S. 60 ff.) enthält eine kurze Beschreibung jeder aufgenommen Gattung, aus der auch hervorgeht, welches Gattungskonzept der Arbeit zugrunde liegt. Die Gattungen sind alphabetisch nach dem Gattungsnamen geordnet. Bei Gattungen mit mehr als nur einer behandelten Art folgt ein dichotomer Schlüssel zur Bestimmung der aufgenommenen pileaten Arten. Im Anschluss sind Kurzbeschreibungen, teils auch Illustrationen von den Arten angebracht, die im folgenden Abschnitt „Porlingsporträts“ nicht berücksichtigt sind. In den Kurzbeschreibungen der Arten werden Merkmale weggelassen, die für die gesamte Gattung zutreffen und der Gattungsdiagnose zu entnehmen sind. Besonders bei den monotypischen Gattungen beinhaltet die Gattungsbeschreibung wesentliche Merkmale der Beschreibung der Typusart.

Bei den ebenfalls alphabetisch geordneten Porlingsporträts wurde angestrebt, von den meisten Gattungen eine für die Gattung charakteristische oder mehrere einander ähnliche, pileate Porlinge ausführlich in Wort und Bild durch Übersichtsbilder und Detailfotos vorzustellen, wobei Beschreibungen und die zugehörigen Fotos auf je einer Doppelseite direkt gegenüber gestellt sind. Jede Bildtafel enthält neben einer Naturaufnahme in der Regel detaillierte Bilder der sterilen Oberflächen, des Hymenophors, des aufgeschnittenen Fruchtkörpers und ein segmentiertes Bild der Aufsicht auf das Hymenophor als Beispiel für die Berechnung der Porendichte, wie sie im Abschnitt „Bestimmung der Porendichte des Hymenophors" (S. 26 ff.) beschrieben ist. Die auf den über100 Porträts vorgestellten Arten sind geeignet, normal ausgebildete Belege zweifelsfrei zu identifizieren.

Die Beschreibungen der Porträts enthalten neben den wissenschaftlichen Namen inkl. der Autornamen wichtige Synonyme, volkstümliche deutsche Namen, den Fruchtkörpertyp („Fruchtkörpertypen" S. 18), die Wuchsorte (Habitate), insbesondere die Substratgehölzgattungen der Holzbewohner und schließlich die makroskopischen und mikroskopischen Merkmale. Den Beschreibungen ist ein Fließtext nachgestellt, in dem auf die geografische Verbreitung und gegebenenfalls auf diagnostisch wichtige Merkmale und auf die Verwechslungsgefahr mit ähnlichen Arten aufmerksam gemacht wird. Den geografischen Angaben liegen die allgemein üblichen Bezeichnungen der Klimazonen bzw. Vegetationszonen der Erde (z.B. [134]), der Florenreiche (z.B. [149]) und der Zonobiome [42, 110, 157] zugrunde.

Diese Pilzporträts (S. 161 ff.) sind alphabetisch nach den wissenschaftlichen Namen angeordnet. Sie sind über die Auflistung (S. 3) und über die Schlüssel des Abschnittes „Gattungsdiagnosen... " (S. 60 ff) zu erreichen und können auch zum direkten Vergleich mit Naturmaterial benutzt werden.

7.2 Hinweise zum Gebrauch der Schlüssel

Es wurde versucht, einen dichotomen Gattungsschlüssel zusammenzustellen, der wesentlich auf makroskopischen Merkmalen aufgebaut ist. Da die Porlinge keine systematische Kategorie darstellen und diese Pilze z.T. Verwandtschaftskreisen zugeordnet werden, zu denen auch Arten ohne polyporoide Merkmale gehören, ist ein Schlüssel, der die Verwandtschaft widerspiegelt, unmöglich. Es ist notwendig, aufgrund der akzeptierten Gattungskonzepte für Porlinge, der Variabilität der Arten und der Unsicherheiten der Umgrenzung vieler Taxa Kompromisse bei der Auswahl von Schlüsselmerkmalen einzugehen. Je nach der Wahl der differenzierenden Merkmale sind daher die meisten Gattungen mehrfach verschlüsselt, oft führt der Schlüssel auch zwangsläufig nur zu einzelnen Arten einer Gattung. Die Bestimmungsergebnisse des Gattungsschlüssels sollten mit der tabellarischen Merkmalsübersicht der Gattungen, bei der auf Feinheiten der Merkmale verzichtet werden musste, noch einmal verglichen werden. Diese Tabellen sind auch als Einstieg in die Bestimmung geeignet. Im Abschnitt „Gattungsdiagnosen, Artenschlüssel und Kurzbeschreibungen der Arten" sind schließlich die Arten aufgeschlüsselt. Mit roter Schrift ist auf die Arten verwiesen, von denen Pilzporträts vorhanden sind. Von allen anderen Arten folgen der Gattungsdiagnose Kurzbeschreibungen. Es ist jedoch unumgänglich, dass u.U. in Zweifelsfällen die Spezialliteratur, die bei den Gattungen zitiert wird, oder auch weitere Literatur, wie die Originalbeschreibungen der Typusarten, herangezogen werden müssen, um kritische Kollektionen beurteilen zu können.

7.3 Abkürzungen in den Bestimmungsschlüsseln und Beschreibungen

Fk.	= Fruchtkörper (mit den Deklinationsendungen z.B des Fk.s, den Fk.n)
JKJ	= Jod-Jodkalium, Kaliumjodid
KOH	= Kalilauge
s.l.	= sensu lato (im weiten Sinne)
p.p.	= pro parte (zum Teil)
Sp.	= Sporen (S. 60 ff.)
Spp.	= Sporenpulver

8. Gattungsschlüssel
8.1 Dichotomer Gattungsschlüssel

Gattungsschlüssel für pileate (effusoreflexe, laterale und stipitate) Porlinge

1 Hüte zentral, exzentrisch oder seitlich gestielt oder mit stielartig verschmälertem Insertionsbereich (stipitate Crustothecien oder Pilothecien)
Schlüssel 1, S. 41

1* Hüte an effusen (flächig dem Sustrat aufsitzenden) Fk.-Teilen entstehend oder seitlich inseriert (effusoreflexe und laterale Crustothecien)
2

2 Huttrama reinweiß oder mit weißlichen Farbtönen (hellgrau, hell cremefarben, hell holzfarben, weiß-bräunlich, weiß-ockerlich, weiß-gelblich, weiß-bläulich etc.)
Schlüssel 2, S. 43

2* Huttrama farbig, mit gelben, braunen, orange, roten, blauen Farben
Schlüssel 3, S. 50

Schlüssel 1
Fk. stipitat (gestielt) oder substipitat (stielähnliche Insertionsfläche)

1 Fk. vielhütig, gestielte Hüte regulär an einem verzweigten Strunk entstehend
2

1* Fk. einhütig, mitunter zwei oder mehrere Stiele basal irregulär miteinander verwachsen
8

2 Hüte zentral oder exzentrisch gestielt, Stiele, Hymenophor und Trama weiß; Hüte ± kreisrund
3

2* Hüte seitlich gestielt, spatel- bis fächerförmig; Stiele, Hymenophor und Trama weiß, cremefarben, blassbraun oder braun
4

3 Hüte oberseits braun; oft aus Sklerotien hervorbrechend; Fk. zäh
Polyporus (→ *P. umbellatus*)

3* Hüte oberseits weiß bis cremefarben, nicht aus Sklerotien hervorbrechend; jung weichfleischig, später sehr hart
Osteina (→ *O. obducta*)

4 Fk. in allen Teilen bräunend; anfangs weich und wässerig; Hüte oberseits stark filzig, braun, Ränder gelb; Hymenophor olivgrün, später braun (vgl. auch die tropische, in Europa nur aus Südspanien bekannte Art *Laetiporus persicinus*)
Phaeolus (→ *P. schweinitzii*)

4* Trama weiß, cremefarben oder weiß-bräunlich; Hüte oberseits samtig oder kahl, nicht filzig
5

5 Hymenophor und Hutränder an Druckstellen schwärzend, Hutoberseite zunächst gelblich, später mit Brauntönen, deutlich gezont, an Laubholz
Meripilus (→ *M. giganteus*)

5* Hymenophor nicht schwärzend, weiß; Hutoberfläche nicht oder undeutlich gezont, an Laub- oder Nadelholz
6

6 an Nadelholz, bevorzugt an Tanne; Hüte groß, weißlich bis gelbbraun, Sporen mit amyloidem Ornament

Bondarzewia (*B. mesenterica*)

6* an Laubholz oder über Laubbaumwurzeln; Sporen ohne amyloides Ornament

7

7 Fk. groß; blumenkohlartig, mit sehr zahlreichen bis 8 cm breiten, oberseits graubraunen Hüten; Sporen ellipsoid, 5–7×3,5–5 µm; auf Waldboden über Laubbaumwurzeln

Grifola (→ *G. frondosa*)

7* Fk. kleiner, mit wenigen 1–6 cm breiten, weißlichen Hüten. Sporen glatt, cyanophil, fast kugelig, 4,5–6×3,7–5 µm; Trama zweischichtig, oben weich, unten fest; auf Laubholz in Bodennähe (wenn Fk. unförmig knollig verwachsen, oberseits semmelgelb vgl. *Albatrellus confluens*)

Abortiporus (*A. fractipes*)

8 Trama mit rötlichem Saft; Hymenophor aus isolierten Röhren bestehend; Fk. seitlich gestielt oder stielartig verjüngt

Fistulina (→ *F. hepatica*)

8* Trama ohne rötlichen Saft; Hymenophor röhrig, labyrinthisch, lamellenförmig oder zahnförmig (polyporoid, daedaleoid, lenzitod bis irpicoid)

9

9 Trama weiß bis hell cremefarben

10

9* Trama beige, ocker oder braun

16

10 Fk. terricol, Trama weichfleischig bleibend, Hyphensystem monomitisch, Mykorrhizapilze
(wenn auf Detritus und sehr morschem Holz sowie nur anfangs polyporoidem aber bald irpicoid aufgelöstem Hymenophor → *Sistotrema confluens*)

11

10* Fk. lignicol, Trama bei Reife zäh, meist di- oder trimitisch, keine Mykorrhizapilze

12

11 Sporen ornamentiert, nicht amyloid, generative Hyphen mit Schnallen

Boletopsis

11* Sporen glatt, amyloid oder nicht amyloid, Hyphen ohne Schnallen

Albatrellus

12 Hutoberseite und Stieloberfläche mit glatter, glänzender, roter bis nahezu schwarzer, lackartiger Kruste

Ganoderma (→ *G. carnosum*)

12* Hutoberseite und Stieloberfläche ohne derartige Kruste

13

13 Stiel deutlich ausgebildet; Fk. zentral, exzentrisch oder seitlich gestielt

14

13* Stiel undeutlich ausgebildet; Fk. fächer-, spatel- oder zungenförmig; seitlich (selten auch am Hutscheitel) stielähnlich verschmälert und mit dem Substrat verwachsen

15

14 Hutoberseite ungezont, grau bis hell purpur-bräunlich; anfangs samtig feinhaarig bis tomentos, verkahlend, weitporig; Poren 1–2/mm; an der Stammbasis oder über Wurzelholz von Nadelgehölzen, oft bei *Abies*; Sporen fusiform; Geschmack bitter

Jahnoporus (*J. hirtus*)

14* nicht mit dieser Merkmalskombination; an Laubholz, Geschmack mild

Polyporus

15 Hut- und Stieloberfläche reinweiß bis hellgelblich, wollig-filzig, ohne differenzierte Cortex; an Nadelholz, oft in imbricaten Fk.-Matten, mit Duplextrama

Climacocystis (→ *C. borealis*)

15* Hutoberseite mit feinem, glattem, pergamentartigem, weiß-ockerlichem Häutchen, an Laubholz, Fk. monozentrisch, einzeln wachsend, Trama homogen (wenn mit oberseits grobschuppigem Hut → *Polyporus squamosus*; mit oberseits braunem, feinschuppig aufreißendem Hut vgl. *Neolentiporus*; wenn mit rosettenförmigen Fk.n und kurzem, basalem Stiel, vgl. *Trametes*)

Piptoporus

16 Hutoberseite und Stieloberfläche mit glatter, glänzend roter bis nahezu schwarzer, lackartiger Kruste

Ganoderma

16* Hutoberseite und Stieloberfläche ohne derartige Kruste

17

17 Fk. terricol, nicht an Wurzelholz gebunden (fakultative Mykorrhizapilze); meist zentral, selten etwas exzentrisch gestielt; Hutoberseite gezont

Coltricia

17* Fk. holzbewohnend; terricol über Wurzelholz oder lignicol; zentral bis seitlich gestielt; Hutoberseite nicht oder undeutlich gezont

18

18 Fk. oberseits mit harziger Kruste; Hymenium ohne Setae

Podofomes (*P. trogii*)

18* Fk. oberseits filzig-haarig, ohne Kruste, mit Hymenialsetae

Inonotus

Schlüssel 2
Fk. ungestielt; effusoreflex oder lateral inseriert, Trama weiß bis weißlich-hellfarben

1 Hymenophor vollkommen oder überwiegend regulär polyporoid (mit runden, abgerundet eckigen, eckigen, hexagonalen bis radial etwas gestreckten Poren)

Schlüssel 2a, S. 43

1* Hymenophor vollkommen oder überwiegend daedaleoid (labyrinthisch), lenzitoid (lamellenförmig) oder irpicoid (zahnförmig) bis hydnoid (stachelförmig)

Schlüssel 2b, S. 49

Schlüssel 2a
Fk. ungestielt, Trama hell; Hymenophor vollkommen oder überwiegend polyporoid

(mit runden, abgerundet eckigen, hexagonalen bis radial etwas gestreckten Poren)

1 Fk. weiß oder nahezu weiß; bei Druck, aber auch beim Altern braun-rötlich verfärbend

2

1* Fk. nicht braun-rötlich verfärbend

4

2 Hymenium mit deutlich amyloiden Cystiden

Amylocystis

2* Cystiden fehlend oder nicht amyloid

3

3 Fk. überwiegend pileat

(wenn an *Salix* mit Anisgeruch und mit warzigen Sporen, vgl. *Haploporus odorus*; vgl. auch *Abortiporus*)

Postia (→ *P. fragilis*)

3* Fk. überwiegend effus, Hütchen oft nur am oberen Rand der Krusten

Sarcoporia (→ *S. polyspora*)

4 Hüte verschmälert bis substipitat ansitzend (vgl. auch Schlüssel 1)

5

4* Fk. effusoreflex oder lateral, Hüte breit ansitzend, zur Insertionsfläche hin nicht verschmälert, nicht substipitat

11

5 Hutoberseite weiß, filzig bis wollig behaart

Climacocystis (→ *C. borealis*)

5 * Hutoberseite nicht filzig, fein tomentos bis glatt; gefärbt: mit hellbraunen, gelbbraunen, braunen Farbtönen, braun- bis schwarzschuppig oder mit lackartiger, glänzender, rotbrauner Kruste

6

6 Hutoberseite mit lackartiger, rotbrauner bis schwarzbrauner, glänzender Kruste, Trama nur selten durchgehend weiß, meist etwas hellbräunlich oder braun

Ganoderma (→ *G. carnosum*)

6* Hüte ohne lackartig glänzende, rotbraune Kruste

7

7 Hüte einzeln dem Substrat anhaftend, nie imbricat

8

7* Hüte selten einzeln; meist substipitat und mehrhütig (normale Ausbildungsformen besitzen einen Strunk und sind mehrhütig, oft scheinbar terricol über Wurzelholz; vgl. Schlüssel 1)

10

8 Fk. charakteristisch zungenförmig, seitlich dick und kurzgestielt bis substipitat oder mit den Hutoberseiten inseriert, Huttrama mehrere cm dick, dicker als das Hymenophor und breit in die verschmälerte Insertionsfläche übergehend; tomentos oder mit pergamentartiger, hellbrauner Cortex, Braunfäuleerreger

Piptoporus

8* Fk. fächer bis zungenfömig (substitpitate Formen von meist gestielten Fk.n), Huttrama wenige mm dick, dünner als die Hymenophoraltrama

9

9 Hymenophor weitporig, Poren um 1 mm Ø, Weißfäuleerreger

Polyporus (*P. alveolaris*)

9* Hymenophor dichtporiger, um 2–3 Poren/mm

Neolentiporus (*N. squamosellus*)

10 Fk. auf Druck, aber auch im Alter schwärzend, an Laubholz weit verbreitete Art

Meripilus (→ *M. giganteus*)

10* Fk. nicht schwärzend, an Nadelholz, besonders an *Abies,* aber auch an *Picea*, seltene Art in Gebirgswäldern

Bondarzewia (*B. montana*)

11 Hutoberseite hinter den meist tomentosen Rändern an ausgereiften und älteren Fk.-Teilen mit einer festen, glatten Kruste

12

11* Hut oberseits ohne feste Kruste

15

12 Kruste der Hutoberseite lackartig glänzend, rotbraun bis schwarz, Fk. annuell, Weißfäuleerreger, an Nadelholz

Ganoderma (→ *G. carnosum*)

12* Fk. perennierend, Konsistenz hart, Kruste der Hutoberseite nicht lackartig, mit orange-rötlichen, grauen bis schwarzen Farben, an Laub- und/oder Nadelholz

13

13 Zuwachszonen an der Hutoberseite weiß, dahinter eine rotorange, harzige, alt schwarzgraue, matte Kruste, die in einer Flamme schmilzt; Fk. groß, im Extrem bis 1 m breit (→ Fomitopsis pinicola) oder Zuwachszone rosa, Kruste schwarzgrau, miunter undeutlich, Fk. kleiner, Verwandtschaftskreis *Rhodofomes*)

Fomitopsis

13* Kruste nicht harzig, Zuwachszone weiß, bald mit dünner, schwärzlich-brauner oder rötlich-brauner Kruste

14

14 Kruste schmutzig rötlich, bald schwärzlich-rötlich braun; unter anfänglichem Tomentum entstehend; Fk. oft erdnah an Stammfüßen, sehr polymorph, Hüte oft imbricat, oft völlig effus, auch effus auf dem Erdboden über Wurzelholz, Huttrama um 1 cm dick; Hutrand scharf

Heterobasidion (→ *H. annosum*)

14* Kruste grau, grau-schwärzlich oder schwarzbraun, dünn, < 1mm dick, ohne rote oder rotbraune Farbtöne, Hymenophor mit 5–6 Poren/mm; Huttrama bis über 3 cm dick

Perenniporia (*P. fraxinea*)

15 Hymenophor in Aufsicht mit gelben, rosagelben, rosa-rötlichen bis roten oder blauen bis violetten Farbtönen

16

15* Hymenophor in Aufsicht weiß, hell cremefarben, weiß-bräunlich, hell holzfarben

23

16 Hymenophor in Aufsicht gelb bis rosagelb

17

16* Hymenophor in Aufsicht mit rosa bis roten oder mit blauen bis violetten Farbtönen

18

17 Fk. groß, mehrhütig in allen Teilen schwefelgelb, Trama jung weißlich-gelb, annuell, schnellwüchsig; Hüte oberseits mit orange Farbton, samtig weichfleischig, alt weiß bis ockerfarben; bröckelig, intensive Braunfäule erregend (der tropische, in Europa nur aus Südspanien bekannte *Laetiporus persicinus* ist gestielt und besitzt rosa-gelbliche bis rosa-bräunliche Farben)

Laetiporus

17* Fk. polymorph, mitunter knollig an verarbeitetem Holz in Bergwerken, Trama jung weißlich-braun, weich aber zäh, Weißfäuleerreger

Junghuhnia (*J. brownei*)

18 Hymenophor in Aufsicht mit violetten oder blauen Farbtönen

19

18* Hymenophor in Aufsicht mit rosa, rötlichen oder orangen Farbtönen

21

19 Hymenophor in Aufsicht mit weiß-bläulichen Farbtönen

Postia

19* Hymenophor in Aufsicht intensiv violett, im Alter violett-bräunlich

20

20 Hymenophor und darüberliegende Huttrama gelatinös, scharf von der oberen wollig-weißen Huttrama getrennt; Röhren sehr kurz, Schneiden der Dissepimente mit Hymenium überkleidet

Gloeoporus (→ *G. dichrous*)

20* Hymenophor nicht gelatinös, frisch in Aufsicht stets mit violettem Farbton, Huttrama schmutzig weiß, grau
(vgl. auch die überwiegend effuse *Skeleletocutis lilacina*)

Trichaptum

21 Hymenophor und Hutoberseite in Aufsicht anfangs weiß, bald mit deutlich rosafarbenem Schimmer; Fk. effusoreflex, saftig, weichfleischig, annuell

(vgl. auch *Skeletocutis amorpha* und *Skeletocutis carneogrisea*)

Leptoporus (*L. mollis*)

21* Hymenophor in Aufsicht von Anfang an mit rosa oder orange Farbtönen, Fk. mehrjährig, groß, konsolen- bis hufförmig (wenn einjährig und überwiegend effus bis effusoreflex, vgl. annuelle *Fomitopsis*, *Junghuhnia* und *Rigidoporus* spp.)

22

22 Fk. mit intensiv rosa gefärbtem Hymenophor und rosa Zuwachszonen, Hutoberseite verkrustend, im Alter schwarzgrau

Fomitopsis (*Rhodofomes*-Verwandtschaftskreis)

22* Hymenophor mit orangen Farbtönen; oberseits tomentos bis glatt, aber nicht verkrustend, Fk. bis über 30 cm breit, bis 25 cm vom Substrat abstehend, in der Hutmitte bis über 5 cm dick, an der Insertionsfläche bis über 20 cm; Fk. groß, bis 30 cm breit

Rigidoporus (*R. ulmarius*)

23 Fk. überwiegend effus, nur selten effusoreflex mit kleinen Hütchen oder Knollen, die eine sterile Oberseite bilden

24

23* Fk. regulär effusoreflex bis lateral, bei Reife stets mit wohlausgebildeten Hüten

26

24 Fk. mit Chlamydosporen-Anamorphe im Fk.-Kontakt (am Fk.-Rand) oder als isolierte Sporodochien

Oligoporus

24* Fk. ohne derartige Chlamydosporen-Anamorphe

25

25 Sporen bis 4 µm lang, allantoid, Hüte bis 3 cm vom Substrat abstehend, Fk. annuell; Hutoberseite tomentos, dunkelbraun, im Schnitt mit schwarzer Linie des dunklen Corticalgeflechtes zwischen der zunächst hell korkfarbenen, später hellbraunen Trama und dem Tomentum; Aufsicht auf das Hymenophor erst weiß, später graubräunlich

Piloporia

25* Sporen über 7 µm lang, zylindrisch; Fk. perennierend, kissenförmig ohne echte Hutbildung oder annuell und überwiegend effusoreflex, Aufsicht auf das Hymenphor jung weiß, später cremefarben

Dichomitus

26 Fk. frisch weich und saftig, trocken hart und bröckelig (Saftporlinge)

41

26* Fk. zäh, korkig, ledrig bis holzartig

27

27 Fk. mehrjährig, Röhren deutlich geschichtet

29

27* Fk. annuell oder zwei bis mehrere Jahre weiterwachsend, aber Hymenophor nicht oder sehr undeutlich geschichtet

28

28 Hymenophor weitporig mit dicken Dissepimenten; Poren meist ≥ 1 mm weit, Dissepimente ≥ 1 mm dick, Trama nie reinweiß, hellockerfarben
(poroide Exemplare mit normalerweise daedaleoidem Hymenophor)

Daedalea (→ *D. quercina*)

28* nicht mit dieser Merkmalskombinaton; Hymenophor mit höherer Porendichte, Dissepimente dünner

32

29 Trama weiß-bräunlich, Geschmack sehr bitter, an *Larix*

Laricifomes (→ *L. officinalis*)

29* Fk. an Laubholz; Trama nicht reinweiß, Geschmack nicht stark bitter

30

30 Sporen 3–4 µm Ø; hyalin, glatt, subglobos bis kugelig, Hymenium mit zahlreichen dünnwandigen, apikal etwas angeschwollenen Cystiden, diese mit einem charakteristischen Schopf von eckigen Kristallen

Oxyporus (→ *O. populinus*)

30* nicht mit dieser Merkmalskombination, Sporen größer, Hymenium ohne Kristallcystiden; ältere Fk.-Teile bilden ein Kruste (vgl. oben 11 und 11*)

31

31 Sporen 5–6×4–5 µm, subglobos bis ovoid, feinwarzig; Hymenium ohne sterile Elemente

Heterobasidion (→ *H. annosum*)

31* Sporen hyalin, 5–7,5×5–6 µm, breit ellipsoid, dickwandig, mit Keimporus

Perenniporia (*P. fraxinea*)

32 Trama zweifarbig; Hymenophoraltrama deutlich heller oder deutlich dunkler als die Huttrama, beide im Schnitt durch eine dunkle Linie getrennt

Bjerkandera

32* Huttrama der Hymenophoraltrama etwa gleichfarben

33

33 Hutoberseite wenigstens jung abstehend borstig behaart

34

33* Hutoberseite tomentos, kahl oder fein behaart, aber nicht borstig

36

34 Trama reinweiß

Trametes (→ *T. hirsuta*)

34* Trama jung weiß-bräunlich, bald mit überwiegend braunen Farbtönen

35

35 Hymenophor nur jung und randlich polyporoid, bald daedaleoid

Cerrena (→ *C. unicolor*)

35* Hymenophor durchgehend polyporoid

Funalia

36 Fk. mit deutlichem Anisgeruch, auch an trockenen Exemplaren noch lange nachweisbar; an *Salix* fruktifizierend

37

36* Fk. ohne Anisgeruch

38

37 Sporen dickwandig, ovoid bis ellipsoid, warzig; Hymenophor mit 4–5 Poren/mm

Haploporus (*H. odorus*)

37* Sporen dünnwandig, zylindrisch, glatt, Hymenophor mit 2–3 Poren/mm

Trametes (→ *T. suaveolens*)

38 Fk. überwiegend lateral; Huttrama reinweiß, so bleibend, Aufsicht auf das Hymenophor jung weiß, so bleibend oder später cremefarben bis hellocker, polyporoid bis lenzitoid, Hüte flach, wenn ausgereift, über 3 cm vom Substrat abstehend, Hutoberseite tomentos, samtig, kurzhaarig oder striegelhaarig, gezont, Hyphensystem trimitisch
(vgl. auch *Lenzitopsis oxycedri* mit monomitischer Trama und warzigen, globosen Sporen)

Trametes

38* Fk. überwiegend effus bis effusoreflex; Trama anfangs weiß, bald cremefarben, Hüte klein, nicht über 3 cm vom Substrat abstehend

39

39 Fk. in allen Teilen weiß-gelblich; Aufsicht auf das Hymenophor cremefarben bis gelblich

Diplomitoporus (→ *D. flavescens*)

39* Fk. nicht in allen Teilen gelblich-weiß; Aufsicht auf das Hymenophor anfangs weiß, bald hellocker

40

40 Sporen allantoid, zylindrisch, bei den pileaten Arten stets → 5 µm lang, Fk. ausschließlich lignicol; Hyphensystem dimitisch, Braunfäuleerreger

Antrodia

40* Sporen subglobos, ellipsoid bis zylindrisch, bei den pileaten Arten stets < 5 µm lang, lignicol oder fungicol; Hyphensystem di- oder trimitisch; auf Holz Weißfäuleerreger

Antrodiella

41 Fk. nur anfangs sehr weich und saftig mit reichlichen Guttationstropfen (leptoporoide Phase), später weich korkig (fomitoide Phase), trocken hart; Hüte bis 5 cm vom Substrat abstehend, oberseits mit feinwarziger, harziger Kruste mit dunkelbraunen Farbtönen, alt schwarz

Ischnoderma

41* Fk. kleiner, Hutoberseite überwiegend mit hellen, anfangs weißlichen Farben, Hutoberseite nicht verkrustend

42

42 Hymenium mit Cystiden

43

42* Hymenium ohne die Basidien überragende Cystiden, Arten mit Cystidiolen oder Hyphenpegs

44

43 Hymenium mit reichlich dickwandigen, kristalltragenden, die Basidien um ca. 20 µm überragenden Cystiden von bis zu 50 µm Länge; Fk. groß, bis 10 cm vom Substrat abstehend, Hutoberseite zunächst weiß, bald hellgelb bis strohfarben, Trama zweischichtig

Climacocystis (→ *C. borealis*)

43* Hymenium mit Cystiden von 11–22 µm mit Kristallen oder mit gelblichen Gloeocystiden von 10–30 µm Länge; Fk. klein, bis 3 cm vom Substrat abstehend

Postia

44 Hutoberseite, zunächst weiß, bald mit rosa Farbtönen, alt rotbraun

Leptoporus (*L. mollis*)

44* Fk. ohne rosa Farbtöne, allenfalls Hymenophor etwas gelblich-orange schimmernd

45

45 Skeletthyphen an der Schneide der Dissepimente inkrustiert, Sporen < 2 µm breit, zylindrisch bis allantoid,

Skeletocutis

45* Dissepimente ohne inkrustierte Skeletthyphen, Sporen → 2 µm breit, zylindrisch bis gestreckt ellipsoid oder ellipsoid bis subglobos, nicht allantoid

46

46 Fk. groß, annuell, schnellwüchsig; überwiegend lateral, Hut abgeflacht, jung weiß-bräunlich, später ocker, bis 20 cm breit und bis 10 cm vom Substrat abstehend, Hutoberseite tomentos bis fein behaart, Trama zweischichtig, Poren rund, 1–3 Poren/mm, Sporen 6–7×5–6 µm, subglobos bis breit ellipsoid

Spongipellis (*S. spumeus*)

46* Fk. kleiner (Ausnahme → *Tyromyces fissilis*), lateral oder effusoreflex, Hüte abgeflacht bis triquetrisch, mit blauen Farbtönen, Hyphensystem mono- bis dimitisch; Weiß- oder Braunfäuleerreger

47

47 Hyphensystem mono- oder dimitisch; Hyphen in Kresylblau nicht anfärbbar; Sporen ovoid oder zylindrisch bis allantoid; Hüte anfangs weiß, später mit bräunlichen, gelblichen, orange Farbtönen

Tyromyces

47* Hyphensystem monomitisch; Hyphen in Kresylblau anfärbbar; Sporen gestreckt ellipsoid bis zylindrisch, Hüte weiß, später mit grauen, gelben oder bräunlichen Farbtönen

Postia

Schlüssel 2b

Fk. ungestielt, Trama hell; Hymenophor vollkommen oder überwiegend daedaleoid (labyrinthisch), lenzitoid (lamellenförmig), irpicoid (zahnförmig), hydnoid (stachelförmig)

1 Hymenophor überwiegend lamellenförmig
2

1* Hymenophor überwiegend daedaleoid bis irpicoid
5

2 Hymenophor aus aderigen Auffaltungen bestehend, ohne reguläre Lamellenstruktur (nicht aufgenommene Gattung der Agaricales)
(*Plicatura*)

2* Hymenophor nicht aderig, sondern regulär derblamellig oder wenigstens mit größeren Abschnitten lamellenförmig angeordneter Poren
3

3 Lamellen mit hygroskopischem Längsspalt (Pseudolamellen)
Schizophyllum (→ *S. commune*)

3* Lamellen ohne Längsspalt
4

4 Lamellenabstand um 1 mm, Trama weißlich-braun (vgl. auch *Daedaleopsis* und *Lenzitopsis*)
Daedalea (→ *D. quercina*)

4* Lamellenabstand < 0,5 mm; Trama reinweiß
Trametes (→ *T. betulina*)

5 Hymenophor überwiegend daedaeoid
6

5* Hymenophor überwiegend irpicoid bis hydnoid
11

6 Fk. rötend, meist substipitat, kreiselförmig
Abortiporus (→ *A. biennis*)

6* Fk. nicht rötend, meist regulär konsolenförmig
7

7 Hutoberseite stark striegelhaarig
8

7* Hutoberseite tomentos, glatt oder feinfilzig, aber nicht striegelhaarig
11

8 Trama anfangs weißlich, bald hellgrau bis hellbraun; Hymenophor daedaleoid, im Alter etwas irpicoid aufspaltend
Cerrena (→ *C. unicolor*)

8* Trama reinweiß, Hymenophor mit regulären Poren, im Alter daedaleoid aufspaltend
Trametes (→ *T. hirsuta*)

9 Konsistenz korkig, zäh, lignicol
10

9* Konsistenz weich, zerbrechlich, Fk. klein auf Detritus oder sehr morschem Holz
Sistotrema (→ *S. confluens*)

10 Hymenophor polyporoid, bald daedaleoid zerklüftend, 2–6 Poren/mm; Trama weißlich-gelb, hell cremefarben etc. (vgl. auch die annuellen *Fomitopsis* spp., S. 45)
Antrodiella

10* Hymenophor weitporiger, grob daedaleoid bis nahezu lenzitoid; 1 Porus/mm bzw. Abstand der Lamellen ca. 1 mm, Trama jung weißlich-braun, bald überwiegend mit braunen Farben
Daedalea (→ *D. quercina*)

11 Fk. effus, effusoreflex, selten lateral; Hymenophor allenfalls anfangs etwas polyporoid, dann irpicoid oder irpicoid bis hydnoid **12**

11* Fk. lateral bis stipitat, weich und zerbrechlich; Hymenophor anfangs etwas eckigporig, bald daedaleoid bis irpicoid aufspaltend ***Sistotrema*** (→ *S. confluens*)

12 Fk. in allen Teilen weiß bis cremefarben, so bleibend, Sporen zylindrisch, 5–7×2–3 µm ***Irpex*** (*I. lacteus*)

12* Fk, anfangs weißlich, bald mit braunen Farbtönen, Sporen subglobos, 6–7×5–6 µm ***Spongipellis*** (*S. pachyodon*)

Schlüssel 3
Fk. ungestielt, Trama gefärbt

1 Trama mit rosa, roten, purpurroten, orangen oder blauen bis violetten Farbtönen **Schlüssel 3a, S. 50**

1* Trama mit braunen Farbtönen **2**

2 Trama hellbraun, gelbbraun bis ocker **Schlüssel 3b, S. 51**

2* Trama mit dunkelbraunen Farben **Schlüssel 3c, S. 53**

Schlüssel 3a
Fk. ungestielt, Trama mit rosa, roten bis purpurroten oder blauen bis violetten Farbtönen

1 Fk. in allen Teilen mit leuchtend roten Farben **2**

1* Fk. nicht in allen Teilen leuchtend rot **3**

2 Fk. effus bis lateral; frisch saftig, trocken brüchig; Poren eckig, bald labyrinthisch bis zahnförmig aufgelöst, 1–2 Poren/mm ***Pycnoporellus*** (→ *P. fulgens*)

2* Fk. überwiegend lateral, zähfaserig; Poren rund, ≥ 3 Poren/mm ***Pycnoporus***

3 Aufsicht auf das Hymenophor und Huttrama mit violetten bis violett-bräunlichen oder mit blauen Farbtönen **4**

3* Huttrama und Aufsicht auf das Hymenophor mit rosa, rötlichen, purpurfarbenen Tönen aber ohne blaue oder violette Töne **6**

4 Fk. oberseits mit blauen Farbtönen ***Postia***

4* Fk. oberseits weiß, Hymenophor frisch violett, alt violett-bräunlich, Trama zweischichtig **5**

5 Hymenium mit inkrustierten Cystiden; Hymenophor polyporoid mit 3–5 Poren/mm oder daedaleoid bis lenzitoid ***Trichaptum***

5* Hymenium ohne sterile Elemente, Hymenophoraltrama und darüberliegende Schicht violett und gelatinös, obere Trama weißfaserig, Hymenophor polyporoid, rund- bis eckigporig, 4–6 Poren/mm
Gloeoporus (→ *G. dichrous*)

6 Fk. jung saftig, weich
7

6* Fk. auch jung festfleischig, faserig, zäh oder hart, perennierend, Hutoberseite mit Kruste; Röhren geschichtet
12

7 Hymenium mit amyloiden Cystiden; Trama jung weißlich, später rötlich-braun, unter dem Tomentum rötlich; Aufsicht auf das Hymenophor zunächst weiß, auf Druck und trocknend rötlich-braun
Amylocystis (*A. lapponicus*)

7* Cystiden fehlend oder nicht amyloid
8

8 Fk. überwiegend effus, nur selten mit kleinen Hüten, annuell; Aufsicht auf das Hymenophor zunächst hellfarben, weißlich, feinporig; mit dickwandigen, kristalltragenden Cystiden; Aufsicht auf das Hymenophor cremefarben, rosa oder gelblich
Junghuhnia

8* Fk. überwiegend lateral bis effusoreflex, mit gut ausgebildeten Hüten
9

9 Trama weißlich, cremefarben, hellgelb oder weiß mit rosafarbenem Einschlag
10

9* Trama orange-zimtfarben; oder weißlich/blutrot gemasert und rot milchend
11

10 Hutoberseite erst weiß, dann leuchtend rosarot, im Alter bräunlich
Leptoporus

10* Hutoberseite schwefelgelb, zum Rand hin etwas orange-rötlich (die tropische, in Europa nur aus Südspanien bekannte Art *Laetiporus persicinus* ist gestielt und besitzt rosagelbe bis rosa-bräunliche Farben)
Laetiporus

11 Hymenophor fistulinoid, scharf von der blutrötlichen, saftigen Huttrama abgesetzt, Aufsicht auf das Hymenophor anfangs weiß-rötlich, reif etwas heller
Fistulina

11* Hymenophor rund- bis eckigporig bis etwas daedaleoid; Trama orange bis orangezimtfarben; Fk. in allen Teilen mit KOH leuchtend purpurrot bis violett
Hapalopilus

12 Trama dunkel, orangebraun, Röhren deutlich geschichtet
Pyrofomes (*P. demidoffii*)

12* Trama heller und mit rosa Farbton
13

13 Aufsicht auf das Hymenophor und Zuwachszone der Hutoberseite leuchtend rosa
Fomitopsis

13* Aufsicht auf das Hymenophor und Hymenophoraltrama ocker mit Rosaton, Hymenophoraltrama orangebraun
Rigidoporus

Schlüssel 3b
Fk. ungestielt, Trama strohgelb, hellbraun, gelbbraun, ocker

1 Hymenophor überwiegend rund- bis eckigporig, Poren mitunter etwas radial gestreckt, allenfalls in Richtung der Insertionsfläche aufspaltend und kleinflächig, etwas daedaleoid

2

1* Hymenophor daedaleoid bis lenzitoid oder irpicoid

13

2 Fk. mehrjährig, Hymenophor geschichtet, Hut oberseits mit glatter harter Kruste

3

2* Fk. annuell oder bienn, nicht holzig, ohne geschichtetes Hymenophor, ohne Kruste oder Fk. mit rauer, dunkler, im Alter schwarzer, harziger Kruste (annuelle Harzporlinge) oder Fk. mit glatter, lackartig glänzender Kruste (einjährige, trocken sehr leichte Lackporlinge)

5

3 Kruste hinter der weißen Zuwachszone mit einer roten Zone, alte Krusten grauschwarz; mit einer Harzschicht überdeckt, die in einer Flamme schmilzt (wenn Zuwachszone orange bis gelb und Trama mit dunkler braunen Farben, → *Ganoderma pfeifferi*, wenn Röhren nicht deutlich geschichtet → *Ganoderma resinaceum*, wenn rote Zone undeutlich ausgebildet und Zuwachszone unter der Kuste etwas haarig, Sporen subglobos und warzig → *Heterobasidion annosum*)

Fomitopsis (→ *F. pinicola*)

3* Kruste ohne rote, harzige Zone; Fk. mit rosa Farbtönen

4

4 Kruste dünn, grau bis nahezu schwarz, Zuwachszone weiß; Sporen breit ellipsoid, dickwandig, mit Keimporus, Trama mit bräunlich rosa Farbton (vgl. auch *Rigidiporus ulmarius* mit hellerer Trama und rosa Farbtönen im Hymenophor)

Perenniporia (*P. fraxinea*)

4* Fk. mit auffallenden leuchtend rosa Farbtönen im Hymenophor, in der Trama und der Zuwachszone der Oberseite, Kruste grauschwarz, Sporen ellipsoid, zylindrisch bis allantoid

Fomitopsis

5 Hutoberseite samtig, tomentos, angedrückt feinfaserig, feinfilzig, aber nicht borstig behaart und ohne Kruste, generative Hyphen mit Schnallen

6

5* Hutoberseite borstig behaart oder nach einer saftig, faserigen Phase mit einer harzigen, rauwarzigen, im Alter schwarzen Kruste oder mit einer glatten, lackartig glänzenden Kruste; generative Hyphen mit oder ohne Schnallen

10

6 Sporen → 5 µm lang

7

6* Sporen < 5 µm lang

9

7 Poren hexagonal, 1–3 mm Ø, Sporen zylindrisch über 11 µm lang

Hexagonia (*H. nidita*)

7* Poren < 1 mm Ø , Sporen ≤ 11 µm lang

8

8 Sporen subglobos, Huttrama zweischichtig, Fk. jung weich und saftig, schwammig

Spongipellis

8* Sporen zylindrisch, Huttrama und Hymenophoraltrama homogen und gleichfarben, Huttrama im mittleren Hutbereich dünner als das Hymenophor

Daedaleopsis

9 Fk. überwiegend pileat; Sporen subglobos, ellipsoid bis zylindrisch; Hutoberseite hellfarbig

Antrodiella

9* Fk. überwiegend effus mit abstehenden, kleinen Hütchen; Sporen allantoid, Hutoberseite dunkelbraun, Huttrama im Schnitt mit schwarzer Linie unter dem Tomentum

Piloporia (*P. sajanensis*)

10 Hutoberseite mit Kruste; Fk. trocken sehr leicht **11**

10* Hutoberseite borstig behaart **12**

11 Fk. nach einer saftigen (leptoporoiden) Phase oberseits mit einer rauwarzigen, harzigen, dunkelbraunen, trocken schwarzen Kruste, beim Trocknen stark schrumpfend ***Ischnoderma***

11* Fk. ohne saftige Phase; hinter der weißen Zuwachszone sofort mit einer roten bis rotbraunen, lackartig glänzenden Kruste, beim Trocknen nicht schrumpfend ***Ganoderma***

12 Hyphensystem mono- bis dimitisch; generative Hyphen ohne Schnallen; Trama rotbraun, Hymenium meist mit Setae ***Inonotus***

12* Hyphensystem trimitisch, generative Hyphen mit Schnallen; Trama haselbraun, Hymenium, ohne Setae ***Funalia***

13 Hymenophor irpicoid aufgelöst, mit Duplextrama, ohne scharfe Trennlinie zwischen den Schichten ***Spongipellis*** (*S. pachyodon*)

13* Trama homogen; Hymenophor daedaleoid bis abschnittsweise oder nahezu vollkommen lenzitoid **14**

14 Hutoberseite borstig behaart ***Cerrena*** (→ *C. unicolor*)

14* Hutoberseite tomentos, eingewachsen faserig bis glatt **15**

15 Fk. überwiegend effus, mit einer schwarzen Linie zwischen Tomentum und Huttrama bzw. zwischen Trama und Substrat effuser Fk.-Teile ***Datronia***

15* Fk. lateral oder etwas effusoreflex, stets mit wohlausgebildeten Hüten (vgl. auch die annuellen *Fomitopsis* spp., S. 45) **16**

16 Hymenophor grob daedaleoid, im sekantialen Schnitt ca. 5 Dissepimente/cm, überwiegend an *Quercus* ***Daedalea*** (→ *D. quercina*)

16* Hymenophor feiner, im sekantialen Schnitt mit 10–30 Dissepimenten/cm, überwiegend an Weichholz (vgl. auch *Lenzitopsis oxycedri*) ***Daedaleopsis***

Schlüssel 3c
Fk. ungestielt, Huttrama dunkelbraun

1 Huttrama an der Insertionsfläche mit einem, von der faserigen Huttrama scharf abgesetzten, bröckeligen, weißlich/braun gemasertem Myzelialkern **2**

1* Myzelialkern fehlend oder nicht scharf abgesetzt **3**

2 Fk. annuell, Hutoberseite tomentos bis feinhaarig, ohne feste Kruste ***Inonotus***

2* Fk. perennierend, mit fester, grauer, brauner bis schwarzer Kruste, stets ohne Setae, Hymenophor polyporoid, rundporig, Spp. weiß

Fomes (→ *F. fomentarius*)

3 Fk. annuell, Hutoberseite mit roter, glänzender, lackartiger Kruste; Sporenpulver braun

Ganoderma

3* Hutoberseite ohne derartige Kruste, annuell oder perenniend

4

4 Hutoberseite mit fester, matter oder harziger, rötlicher oder grauer bis schwarzer, oft rissiger Kruste, perennierend; Hymenophor rundporig

5

4* Fk. ohne Kruste, Hutoberseite samtig, tomentos, striegelhaarig; annuell oder perennierend; Hymenophor polyporoid oder daedaleoid

8

5 Kruste glatt, mit einer Harzschicht überdeckt, die in einer Flamme schmilzt; dunkelrot bis schwarz; Zuwachszonen auch orange; Hymenophor in Aufsicht cremefarben bis gelb

Ganoderma (→ *G. pfeifferi*)

5* Kruste ohne derartige Harzschicht, grau, braun oder schwarz

6

6 Kruste glatt, grau bis braun, Sporenpulver braun, Hymenophor in Aufsicht anfangs reinweiß, später hell cremefarben

Ganoderma

6* Kruste grau bis schwarz, alt oft schwarz und radial rissig; Aufsicht auf das Hymenophor und Zuwachszonen der Hutoberseite gelbbraun, zimtfarben

7

7 Trama mit rotorange Farbton, generative Hyphen mit Schnallen

Pyrofomes (*P. demidoffii*)

7* Trama dunkelbraun ohne orange Farbton, generative Hyphen ohne Schnallen

Phellinus

8 Fk. jung saftig, weichfleischig, annuell

9

8* Fk. derbfleischig, zäh, korkartig oder holzig, annuell oder perennierend

10

9 Fk. schwammig, oberseits jung goldgelb, wollig behaart, Hymenium mit großen Pseudocystiden und Gloeocystiden, ohne Setae

Phaeolus

9* Fk. jung weich, aber zäh, Hymenium mit Hymenialsetae, bei seitlicher Ansicht schillernd

Inonotus

10 Hymenophor polyporoid, überwiegend rundporig oder hexagonal

11

10* Hymenophor überwiegend daedaleoid oder nahezu lenzitoid

Gloeophyllum

11 Hymenophor überwiegend hexagonal, Trama dunkel haselbraun

Hexagonia (*H. nitida*)

11* Hymenophor überwiegend rundporig

12

12 Fk. mit Anisgeruch, grobporig, 1–2 Poren/mm

Gloeophyllum (→ *G. odoratum*)

12* Fk. ohne Anisgeruch, feinporig, 6–7 Poren/mm

Phylloporia (→ *P. ribis*)

8.2 Synoptische Darstellung der Gattungsmerkmale

Auf den folgenden vier Seiten sind die diagnostisch wichtigen Merkmale der hier akzeptierten Gattungen pileater Porlinge Mitteleuropas in tabellarischer Form zusammengestellt. Damit wird dem Benutzer die Möglichkeit geboten, unabhängig von der im dichotomen Gattungsschlüssel vorgegebenen Reihenfolge nach Merkmalskombinationen zu suchen, die für einzelne Gattungen charakteristisch sind. In gedruckter Form ist es aber nur möglich, die Merkmale in der Tabelle so weit aufzuspalten, dass ein noch überschaubares Produkt als Bestimmungshilfe entsteht. Es kann aber dennoch hilfreich sein, die Merkmale von Pilzfunden mit den Tabellen zu vergleichen und damit die in Frage kommenden Gattungen direkt zu ermitteln oder wenigstens einzuengen. Außerdem können Bestimmungsergebnisse vom dichotomen Gattungsschlüssel im Überblick nochmals geprüft werden. In der Übersicht ist die Rubrik „Besonderheiten“ eingerichtet, in der auf markante Gattungsmerkmale hingewiesen wird. Man kann sich beispielsweise rasch orientieren, welche Gattungen warzige oder dextrinoide Sporen aufweisen oder wo glänzende Krusten vorkommen.

Bei Hinterlegung der Merkmale in Datenbanken und die Nutzung von Filtermöglichkeiten elektronischer Medien ließe sich bei noch feinerer Aufspaltung diagnostisch wichtiger Merkmale die Bestimmungsarbeit noch weitergehend erleichtern. Die Darstellung sei daher auch eine Anregung, aus detaillierten Beschreibungen in der einschlägigen Literatur derartige Übersichten zusammenzustellen, z.B. für Arten von verwandten Gattungsgruppen oder für artenreiche Gattungen.

	Fk.-Form				Ausdauer		Substrat			Fäule		Fk.-Konsist.			Hymenophor									Hutoberseite									Tramafarbe					
															Form				Farbe					Farbe					Tomentum		Konsist.							
	stipitat	lateral	effusoreflex	effus	annuell	perennierend	terricol	Laubholz	Nadelholz	Weißfäule	Braunfäule	saftig -weich	zäh	hart	polyporoid	daedaleoid	lamellig	irpicoid	weiß bis creme	ocker bis braun	rot/rötlich/rosa	purpur bis violett	grau	weiß bis creme	bräunlich bis braun	rötlich/rot, orange	blaugrau	bis schwarz	ja	nein	Kruste	ohne Kruste	weiß bis creme	gelblich	ocker bis braun	rötlich bis braun	rosa, orange	blaugrau (braun) bis schwarz
Abortiporus	x	x			x			x	(x)	x		x	x		x	(x)	(x)	(x)	x		x			x	x				x			x	x		x			
Albatrellus	x	(x)			x		x					x			x				x					x	x	x			x			x	x				x	
Amylocystis		x	x		x				x		x	x	x		x	x			x					x	x	x			x			x	x			x		
Antrodia		x	x	x	x	x		x	x		x	x	x		x	x			x					x	x		x		x			x	x		x			
Antrodiella			(x)	x	x	(x)		x	x	x		x	x		x	(x)			x	x				x					x			x	x		x			
Bjerkandera		(x)	x	x	x			x	x	x		x	x		x	(x)			x	x			x	x	x				x			x	x					x
Boletopsis	x				x		x					x			x				x	x							x	x		x		x	x					x
Bondarzewia	x	(x)			x			x	x	x			x		x				x					x	x		x		x			x	x					
Cerrena		x	x	x	x			x		x			x		x	x		x		x			x				x		x			x			x			x
Climacocystis	(x)	x			x			(x)	x	x		x			x				x					x					x			x	x					
Coltricia	x				x		x			x			x		x					x			x		x	x			x			x			x			
Daedalea		x		(x)	x	x		x			x		x		(x)	x		(x)	x	x					x		x		x			x	x		x			
Daedaleopsis		x			x			x		x			x		x	x	x		x	x					x	x	x			x		x	x		x			
Datronia			x	x	x			x	(x)	x			x		x	x				x					x			x	x			x	x		x			
Dichomitus		x	x	x	x	x		x	x	x			x		x				x					x	x			x	x			x	x					
Diplomitoporus			x	x	x			x	x	x			x	x	x				x					x					x			x	x					
Fistulina	(x)	x			x			x			x	x							x		x					x				x		x				x		
Fomes		x				x		x	(x)	x				x	x					x					x		x	x		x	x				x			
Fomitopsis		x	x		x	x		x	x		x		x	x	x	x			x		x				x			x	(x)		x		x	x	x			
Funalia		x	(x)	(x)	x	(x)		x		x			x		x					x			x		x				x			x	x	x	x			
Ganoderma	(x)	x			(x)	x		x	(x)	x			x	x	x					x					x	x		x		x	x		x		x			
Gloeophyllum		x	(x)	(x)	x	x		x	x		x		x		x	x	x			x					x	x			x			x			x			
Gloeoporus		(x)	x	x	x			x	x	x		x			x							x		x					x			x	x	x		x		
Grifola	x	x			x			x	(x)	x			x		x				x						x		x		x			x	x					
Hapalopilus		x	x	x	x			x		x		x			x						x					x				x		x				x	x	
Haploporus		x	x			x		x				x	x		x				x					x						x		x		x	x			
Heterobasidion		x	x	x		x	(x)	x	x	x			x		x				x							x		x	x		x		x					
Hexagonia		x			x	x		x		x			x		x					x								x	x						x			
Inonotus	x	x	x	x	x			x	x	x		x	x		x					x					x				x			x				x		
Irpex		(x)	x	x	x			x	(x)	x			x					x	x					x					x				x	x	x			
Ischnoderma		x	x		x			x	x	x		x			x			x	x						x			x	x		x		x		x			

x trifft zu
(x) trifft selten zu

	Mikromerkmale																					
	Sporen													sterile El.			Hyphensyst.			gen. Hy.		Besonderheit
	Spp.			Form						JKJ												
	weiß	gelblich bis hellbräunlich	braun	zylindrisch	allantoid	schmal- bis breitellipsoid	globos/subglobos	spindelförmig	unregelmäßig eckig	warziges Ornament	positiv	negativ	dextrinoid	Seten	Cystiden	ohne Cystiden	monomitisch	dimitisch	trimitisch	mit Schnallen	ohne Schnallen	
Abortiporus	x					(x)	x					x			x		x	(x)		x		Duplextrama, mitunter Clamydosporen, Poren bei Verletzung rötend, Gloeocystiden
Albatrellus	x					x	x				x	x				x	x			x	x	Hyphen etwas cyanophil, ektotrophe Mykorrhizapilze
Amylocystis	x			x		x						x			x		x			x		Hymenophor auf Druck leicht braun-rötlich
Antrodia	x			x	(x)							x				x		x	(x)	x		
Antrodiella	x			x	x	x	x					x				x		x		x	x	an Fk.n holzbewohnender Pilze, Sporen unter 5 µm lang
Bjerkandera	x					x						x				x	x			x	(x)	Hut- und Hymenophoraltrama durch eine dunkle Zone voneinander getrennt
Boletopsis		x							x	x		x				x	x			x		ektotrophe Mykorrhizapilze bei Nadelgehölzen, Hyphen oft inflat angeschwollen
Bondarzewia	x						x			x	x					x		x			x	oft mehrhütig, Sporenornament stark amyloid
Cerrena	x			x		x						x				x			x	x		Duplextrama
Climacocystis	x					x						x			x		x			x		Duplextrama
Coltricia		x		x		x				(x)			x			x	x	(x)			x	terricole Mykorrhizapilze, Trama mit KOH schwarz
Daedalea	x			x		x						x				x			x	x		einige Arten mit Clamydosporen
Daedaleopsis	x			x	x	x						x				x			x	x		
Datronia	x			x								x				x		x	x	x		Trama durch eine dunkelbraune bis schwarze Linie vom Tomentum abgesetzt
Dichomitus	x			x		x						x				x		x		x		
Diplomitoporus	x				x	x						x			x	x		x		x		europäische Arten nur auf Nadelholz
Fistulina	x					x						x				x	x			x	x	Hymenophor hohlstachelig, häufig an *Quercus*, blutähnlicher Saft, gloeoplere Hyphen
Fomes	x			x		x						x				x			x	x		Myzelialkern, Trama in KOH dunkelbraun
Fomitopsis	x			x		x						x			x	x		x	x	x		Trama nie dunkelbraun, annuelle Arten mit Tomentum
Funalia	x			x								x				x			x	x		
Ganoderma			x			x						x				x			x	x		Kruste teils glänzend, Sporen mit doppelter Wandschicht
Gloeophyllum	x			x		x						x			x			x	x	x		Trama in KOH schwarz
Gloeoporus	x			x	x							x			x	x	x			x		Duplextrama, Hymenophor ablösbar, Schneiden der Dissepimente mit Basidien
Grifola	x					x						x				x	x	x		x	x	
Hapalopilus	x			x		x						x				x	x			x		Hutoberseite mit Laugen violett oder karminrot
Haploporus	x	x				x				x			x			x			x	x		Anisgeruch, in Europa ausschließlich an Salix
Heterobasidion	x						x			x		x				x		x			x	Trama mit Melzers Reagens dunkel rotbraun, Skeletthyphen dextrinoid
Hexagonia	x			x								x				x			x	x		Poren wabenförmig, Sporen > 10 µm, Trama in KOH schwarz
Inonotus	x	x				x	x					x		x		x	x				x	Trama mit KOH schwarz, Hymenium oft mit Hymenialsetae, Schillern
Irpex	x			x		x						x			x			x			x	
Ischnoderma	x			x								x				x		x		x		Guttationstropfen, Hymenophor auf Druck fleckend

x trifft zu
(x) trifft selten zu

	Fk.-Form				Ausdauer		Substrat			Fäule		Fk.-Konsist.			Hymenophor									Hutoberseite									Tramafarbe					
															Form				Farbe					Farbe					Tomentum		Konsist.							
	stipitat	lateral	effusoreflex	effus	annuell	perennierend	terricol	Laubholz	Nadelholz	Weißfäule	Braunfäule	saftig, weich	zäh	hart	polyporoid	daedaleoid	lamellig	irpicoid	weiß bis creme	ocker bis braun	rot/rötlich/rosa	purpur bis violett	grau	weiß bis creme	bräunlich bis braun	rötlich/rot, orange	blaugrau	bis schwarz	ja	nein	Kruste	ohne Kruste	weiß bis creme	gelblich	ocker bis braun	rötlich bis braun	rosa, orange	blaugrau (braun) bis schwarz
Jahnoporus	x				x		x		x	(x)		x	x		x				x						x				x			x	x					
Junghuhnia		(x)	(x)	x	x	x		x	x	x		x			x				x	x				x	x				x			x	x					
Laetiporus	(x)	x			x			x	x		x	x			x				x	x						x			x			x	x	x				
Laricifomes		x				x			x		x	x			x				x					x			x		x		x		x					
Lenzitopsis		x	x	x	x	x			x	x			x				x	x		x			x		x				x			x			x			
Leptoporus		x	x	(x)	x			x	x		x	x			x				x		x			x		x			x			x	x	x				
Meripilus	x				x			x	x	x		x			x				x						x					x		x	x					
Neolentiporus	x				x				x		x		x		x				x						x					x		x	x					
Oligoporus		(x)	(x)	x	x				x		x	x			x				x											x		x	x					
Osteina	x				x				x		x	x		x	x				x					x					x			x	x					
Oxyporus		x	x	x	x	x		x	(x)	x		x	x		x				x	x				x			x		x			x	x					
Perenniporia		(x)	(x)	x	x	x		x	x	x			x	x	x				x						x				x		(x)	x	x					
Phaeolus	x	x			x		(x)	(x)	x		x	x	x		x	(x)				x					x				x			x		x	x			
Phellinus		x	x	x		x		x	x	x				x	x					x					x		x	x		x	x				x			
Phylloporia		x	(x)	(x)	x	x		x		x			x	x	x					x					x				x			x			x			
Piloporia			x	x	x			x	x	x		x			x	x			x						x				x			x			x			
Piptoporus	(x)	x			x	(x)		x			x	x	x		x				x	x				x	x					x		x	x					
Podofomes	x	x			x		x		x	x		x			x				x	x					x	x		x	x		x			x	x			
Polyporus	x	x			x			x	(x)	x		x	x		x				x						x			x		x		x	x	x				
Postia	(x)	x	x	x	x			x	x		x	x			x				x					x	x		x		x	x		x	x					x
Pycnoporellus		x	x	x	x			(x)	x		x	x			x			x			x					x			x	x		x			x	x	x	
Pycnoporus		x		(x)	x			x	(x)	x			x		x						x					x			x				x			x	x	
Pyrofomes		x	x	x	x	x		x	x	x				x	x						x				x				x		x						x	
Rigidoporus		x	x	x	x	x		x	(x)	x			x		x				x		x					x			(x)		x					x	x	
Sarcoporia		(x)	x	x	x			x	x		x	x	x		x				x					x					x			x	x					
Schizophyllum		x			x			x	x	x			x				x						x	x			x		x			x			x			x
Sistotrema	(x)	(x)	(x)	x	x		x	x	x	x		x			(x)			x	x					x						x		x	x					
Skeletocutis		x	x	x	x	x		x	x	x		x			x				x			x		x					x			x	x					
Spongipellis		x	(x)		x			x		x		x			x			x	x	x				x	x				x			x	x					
Trametes		x	x		x	(x)		x	(x)	x			x		x	x	x		x					x	x		x	x	x			x	x					
Trichaptum		x	x	x	x			x	x	x			x		x		x	x		x		x		x		x			x			x	x	x				
Tyromyces	(x)	x	(x)	(x)	x			x	x	x		x			x				x					x						x		x	x					

x trifft zu
(x) trifft selten zu

	Mikromerkmale																					Besonderheit
	Sporen													sterile El.			Hyphensyst.			gen. Hy.		
	Spp.			Form							JKJ											
	weiß	gelblich bis hellbräunlich	braun	zylindrisch	allantoid	schmal- bis breitellipsoid	globos/subglobos	spindelförmig	unregelmäßig eckig	warziges Ornament	positiv	negativ	dextrinoid	Seten	Cystiden	ohne Cystiden	monomitisch	dimitisch	trimitisch	mit Schnallen	ohne Schnallen	
Jahnoporus	x							x				x				x	x			x		
Junghuhnia	x			x		x						x			x			x		x		auch auf abgestorbenen Porlingen
Laetiporus	x					x	x					x				x		x			x	Guttationstropfen,
Laricifomes	x			x		x						x				x			x	x		fast ausschließlich auf Larix, gloeoplere Hyphen, Geschmack sehr bitter
Lenzitopsis			x				x			x		x				x	x			x		
Leptoporus	x			x	x							x				x	x				x	Hymenophor auf Druck rot bis violett
Meripilus	x						x					x				x	x				x	Hutoberseite an Druckstellen schwärzend
Neolentiporus	x					x						x			x			x		x		
Oligoporus	x					x						x				x	x			x		Trama mit dickwandigen Chlamydosporen
Osteina	x			x		x						x				x	x			x		in Eurasien auf *Larix*
Oxyporus	x						x					x			x		x				x	
Perenniporia	x	x				x	x						(x)			x		x	x	x		Trama in Melzers Reagenz dunkelbraun
Phaeolus	x					x						x			x		x				x	Trama in KOH braun, gloeoplere Hyphen, Hymenophor auf Druck bräunend
Phellinus		x		x		x	x					x	(x)	x		x		x			x	Trama und Hymenophor in KOH schwarz
Phylloporia		x				x	x					x				x	x				x	Trama und Hymenophor in KOH schwarz
Piloporia	x				x							x				x		x		x		Duplextrama mit dunkler Trennlinie zwischen den Schichten
Piptoporus	x				x	x						x				x		x	x	x		Hymenophoraltrama auch monomitisch, pergamentartige Cortex
Podofomes	x					x						x				x		x	x	x		auf *Abies,* terricol auf Wurzelholz, Stiel tomentos, Hymenophor auf Druck braun fleckend
Polyporus	x			x								x				x		x		x	x	teils aus Sklerotien wachsend, Hutoberseite oft schuppig, Skelett-Bindehyphen oft verzweigt
Postia	x			x	x	x					x	x			x	x	x			x		Hyphen in Kresylblau anfärbbar, Sporen JKJ pos. und neg.; mitunter Guttationstropfen
Pycnoporellus	x			x		x						x			x		x				x	Trama und Hyphen in KOH rot
Pycnoporus	x			x								x				x			x	x		Trama in KOH dunkelbraun
Pyrofomes		x				x							(x)			x		x		x		
Rigidoporus	x	x					x					x			x		x				x	
Sarcoporia	x			x		x							x			x	x			x		Duplextrama mit dunkler, gelatinöser Schicht; Hymenophor auf Druck bräunlich
Schizophyllum	x			x	x							x				x	x			x	x	Duplextrama, Fk. selten herbicol oder zoocol; hygroskopisch
Sistotrema	x			x								x			(x)	x	x			x		Basidien 2 - 8-sporig
Skeletocutis	x			x		x						x				x		x	x	x		auch fungicol, Hyphen oft inkrustiert
Spongipellis	x					x	x					x				x	x			x		Duplextrama
Trametes	x				x	x						x			x	x		x	x	x		
Trichaptum	x			x								x			x			x	x	x		
Tyromyces	x			x	x	x						x				x	x	x		x		Hyphen in Kresylblau nicht anfärbbar

x trifft zu
(x) trifft selten zu

9. Gattungsdiagnosen, Artenschlüssel und Kurzbeschreibung der Arten

[Rot geschriebene Artnamen verweisen auf die Pilzporträts (S. 161 ff.); mit * versehene Merkmale in den Gattungsdiagnosen sind nicht für alle Arten der Gattung geprüft; Abbildungen sind nach Gattungsnamen geordnet]

Die Gattung *Abortiporus* Murrill
[= *Irpicium* Bref. = *Heteroporus* Lázaro Ibiza]
Typusart: *Daedalea biennis* Bull. ≡ *Abortiporus biennis* (Bull.) Singer
Fk.-Typen: laterale bis stipitate, meist monozentrische, annuelle Crustothecien mit polyporoidem bis irpicoidem Hymenophor; manchmal mit nahezu strunkartig verwachsenen Stielen.
Habitat: lignicol oder terrestrisch über Holz; saprotroph auf Laub-, selten auf Nadelholz; Weißfäuleerreger.
Konsistenz: jung saftig, weich, aber zäh, alt verhärtend, brüchig; Stiele fester als die Hüte.
Trama: weiß bis blass cremefarben, Duplextrama; unter der Cortex schwammig, hier mit oder ohne Chlamydosporen, über dem Hymenophor fest und faserig; Hyphensystem mono- oder undeutlich dimitisch; Septen mit Schnallen.
Hutoberseite: weiß bis braun; ohne Kruste, jung feinsamtig bis filzig behaart, alt verkahlend.
Hymenophor: in Aufsicht weiß bis blassrosa oder cremefarben, bei Verletzung rötend; polyporoid, gestrecktporig mit lenzitoiden bis daedaleoiden Abschnitten, stellenweise nahezu irpicoid, meist mit Gloeocystiden.
Basidiosporen: Spp. weiß; Sp. nahezu rund bis breit ellipsoid, glatt, hyalin, etwas dickwandig; JKJ negativ.
Lit.: 9, 15, 33, 93, 138, 139
Aufgrund der Duplextrama hat *Abortiporus* eine gewisse Ähnlichkeit mit der Gattung *Spongipellis*, unterscheidet sich aber durch Gloeocystiden und Chlamydosporenbildung in der oberen Trama und auf der Hutoberseite. Die Gattung umfasst weltweit drei Arten. In Europa kommen nur zwei vor, wobei die Stellung des in Europa sehr seltenen *Abortiporus fractipes* unsicher ist.

Schlüssel der europäischen *Abortiporus*-Arten

1 Fk. stets ausschließlich pileat, bis über 15 cm breit und ebenso hoch, Hymenophor weitporig, bis labyrinthisch, 1–3 Poren/mm, Gloeocystiden meist vorhanden
→ ***Abortiporus biennis***

1* Fk. stipitat, lateral bis effusoreflex, mitunter mehrhütig, selten über 4 cm breit, Hymenophor dichtporig mit runden bis eckigen Poren, 4–5 Poren/mm, ohne Gloeocystiden
Abortiporus fractipes

Abortiporus fractipes (Berk. & M.A. Curtis) Bondartsev
[≡ *Polyporus fractipes* Berk. & M.A. Curtis ≡ *Loweomyces fractipes* (Berk. & M.A. Curtis) Jülich ≡ *Spongipellis fractipes* (Berk. & M.A. Curtis) Komarova]
Fk.-Typ: stipitate, selten laterale bis effusoreflexe, weichfleischige Crustothecien.
Habitat: lignicol; saprotroph auf Laubholz in Feuchtbiotopen, u.a. an *Alnus, Carpinus, Fraxinus.*
Makromerkmale: Fk. einzeln oder in kleinen Gruppen, sehr variabel, selten zentral, oft exzentrisch bis seitlich gestielt, auch lateral inseriert und konsolen- bis fächerförmig, selten effusoreflex; Hüte bis 4 cm breit, in der Mitte bis 5 mm dick; jung weiß, später stroh- bis ockerfarben; anfangs fein tomentos, später angepresst haarig bis glatt, ungezont; Stiel bis 4 cm lang, zylindrisch bis polymorph gebogen; Trama weiß bis cremefarben; Hymenophoraltrama gleichfarben; Poren rund bis eckig, 4–5 Poren/mm, Röhren bis 3 mm lang.

Mikromerkmale: Sp. 4,5–6×4–5 µm; Basidien clavat, viersporig, mit Basalschnalle; Cystidiolen im Hymenium selten; Hyphensystem monomitisch; Hyphen hyalin, bis 5 µm Ø.
Die Art ist in Europa selten und nur durch wenige Fundorte aus Süd-, Zentral- und Osteuropa bekannt. Sie kommt auch in Westasien und Nordamerika vor. Die Stellung der Art in der Gattung *Abortiporus* ist umstritten.

Die Gattung *Albatrellus* Gray
[= *Caloporus* Quél. = *Ovinus* (Lloyd) Torrend = *Scutiger* Paulet ex Murrill]
Schafporlinge, Semmelporlinge, Kammporlinge
Typusart: *Boletus albidus* Pers. ≡ *Albatrellus albidus* Gray = *Boletus ovinus* Schaeff. ≡ *Polyporus ovinus* (Schaeff.) Fr. ≡ *Albatrellus ovinus* (Schaeff.) Kotl. & Pouzar
Fk.-Typen: stipitate, annuelle Pilothecien mit polyporoidem Hymenophor.
Habitat: terriciol; saprotroph und symbiontisch; ektotrophe Mykorrhizapilze.
Konsistenz: frisch weichfleischig, trocken brüchig.
Trama: jung weiß, später cremefarben bis ocker, gelblich oder rosa; Hyphensystem monomitisch; Hyphen hyalin, z.T. etwas cyanophil; Septen mit oder ohne Schnallen.
Hutoberseite: weiß, gelb, ocker, orange, grünlich oder braun, feinfilzig; ungezont.
Stiel: zentral bis exzentrisch, selten lateral.
Hymenophor: in Aufsicht jung weiß, später cremefarben, gelb bis bräunlich; Hymenium ohne Cystiden, Basidien clavat, mit oder ohne Basalschnalle, viersporig.
Basidiosporen: Spp. weiß; Sp. hyalin, breit ellipsoid bis subglobos, dünnwandig, glatt; JKJ amyloid p.p.
Lit.: 9, 15, 33, 58, 81, 93, 136, 138, 139, 164
Die Gattung umfasst weltweit 16 Arten, in Europa kommen sieben Arten vor, wobei die überwiegend bei Nadelgehölzen wachsenden Mykorrhizapilze *Albatrellus ovinus*, *A. subrubescens* und → *A. citrinus* sich sehr nahestehen und von manchen Autoren nicht getrennt werden. Als Pigmente sind chinoide Verbindungen (Atromentin), Pulvinsäuren (Gyroporin), Pyrone (Aurovertine) und Vanilloide (Scutigeral) nachgewiesen*.

Schlüssel der europäischen *Albatrellus*-Arten

1 Hut hellfarben: weiß, hellgelb, hell orangegelb bis hellorange **2**

1* Hut dunkler: dunkelbraun oder düster grünlich-braun **6**

2 Hut weiß, später mit gelblichen, gelblich- oder hell rötlich-braunen, aber ohne orange Farbtöne **3**

2* Hut mit orange Farbtönen (wenn reichliche Schnallen in der Huttrama; Sporen 4–7 µm lang, vorwiegend auf Kalkböden bei rauhaariger Hutoberseite und Vorkommen an Nadelholzstümpfen oder über Wurzelholz von Nadelgehölzen vgl. *Jahnoporus hirtus*) **5**

3 Sp. inamyloid; Hut hell cremefarben bis hellgrau ***Albatrellus ovinus***

3* Sp. amyloid; gesamter Fk. jung weiß; später diskontinuierlich mit gelblichen bis rötlich-braunen Tönen **4**

4 Hutoberseite, Hymenophor und Stiel jung weiß, später diskontinuierlich mit rosa- bis rötlich-braunen Farbtönen, überwiegend bei *Pinus* auf sauren Böden ***Albatrellus subrubescens***

4* Hutoberseite, Hymenophor und Stiel jung weiß, später diskontinuierlich mit weißlich-gelben bis zitronengelben Farbtönen; überwiegend bei *Picea* auf Kalkböden **→ *Albatrellus citrinus***

5 Stiel und Hut hellorange bis aprikosenfarben, Hymenophor in Aufsicht gelb, Trama cremefarben, trocken mit Rottönen, Sp. inamyloid

Albatrellus syringae

5* Stiel und Hut gelb bis hellorange; Hymenophor in Aufsicht weiß, Trama gelb, trocken ohne Rottöne, Sp. amyloid

Albatrellus confluens

6 Hut braun, braungrün, oliv; fein tomentos; Septen ohne oder sehr selten mit einzelnen Schnallen; Sp. 6–8 µm lang

Albatrellus cristatus

6* Hut dunkelbraun; feinschuppig, Septen der Huttrama meist mit Schnallen; Sp. 8–11 µm lang

→ Albatrellus pes-caprae

Albatrellus confluens (Alb. & Schwein.) Kotl. & Pouzar
[≡ *Boletus confluens* Alb. & Schwein. ≡ *Polyporus confluens* (Alb. & Schwein.) Fr. ≡ *Scutiger confluens* (Alb. & Schwein.) Bondartsev & Singer]
Semmelporling
Habitat: Mykorrhizapilz mit breiter ökologischer Amplitude, meist bei Nadelholz, auch in Laubgehölzen mit unbekannten Mykorrhizapartnern.
Makromerkmale: Fk. einzeln oder in Gruppen, oft miteinander verwachsen und bis 50 cm große Fk.-Klumpen bildend; Hüte 3–10 cm Ø, verwachsen auch größer, 1–4 cm dick, rund bis fächerförmig, gewölbt bis leicht vertieft, Hutoberseite cremefarben bis rötlich-orange, Hutrand meist gelappt, mit KOH kirschrot; Stiele 3–8 cm lang, 1–4 cm Ø; frisch cremefarben bis rosa, basal oft dunkler rosafleckig, glatt; trocken dunkler rosa und runzelig, Hymenophor in Aufsicht weiß bis cremefarben, trocken rosa bis lachsrot; Poren rund bis eckig, 3–5 Poren/mm, Dissepimente besonders im Alter faserig eingerissen.
Mikromerkmale: Sp. 4–5×3–4 µm; Hyphen mit Schnallen, 2–9 µm Ø.
Die Art ist circumpolar in der borealen und temperaten Klimazone in naturnahenWäldern und Forsten mit Nadelgehölzen verbreitet.

Albatrellus cristatus (Schaeff.) Kotl. & Pouzar
[≡ *Boletus cristatus* Schaeff. ≡ *Polyporus cristatus* (Schaeff.) Fr. ≡ *Scutiger cristatus* (Schaeff.) Bondartsev & Singer ≡ *Laeticutis cristata* (Schaeff.) Audet]
Kammporling
Habitat: in Laub- und Mischwäldern, oft bei *Fagus* oder *Quercus.*
Makromerkmale: Fk. einzeln oder in Gruppen, zentral bis exzentrisch gestielt, Hüte meist 5–10 cm Ø, verwachsen auch größer, im mittleren Bereich zwischen Hutrand und Stiel 3–10 mm dick, am Rand meist gelappt, flach gewölbt oder etwas vertieft; Hutoberseite fein tomentos, später irregulär schuppig aufreißend; gelblich grün bis olivgrün, alt mit rötlichen oder bräunlichen Farbtönen, aber randlich grün bleibend, Stiel bis 3 cm lang und bis 1 cm Ø; Huttrama bis 5 mm dick; Aufsicht auf das Hymenophor jung weiß, später hellocker, 1–4 Poren/mm, Röhren 1-4 mm lang.
Mikromerkmale: Sp. 6–8×4–6 µm, in JKJ schwach amyloid; Hyphen ohne Schnallen, 3–8 µm Ø.
Die Art ist circumpolar in der temperaten Klimazone verbreitet. In Europa kommt sie im gesamten Buchen- und Eichenareal vor.

Albatrellus ovinus (Schaeff.) Kotl. & Pouzar
[≡ *Boletus ovinus* Schaeff. ≡ *Polyporus ovinus* (Schaeff.) Fr. ≡ *Scutiger ovinus* (Schaeff.) Murrill = *Boletus albidus* Pers. ≡ *Albatrellus albidus* Gray]
Schafporling
Habitat: in Nadel- und Mischwäldern bei *Picea*, selten bei *Pinus*.
Makromerkmale: Fk. einzeln oder miteinander verwachsen, zentral bis exzentrisch gestielt; Hüte bis über 15 cm Ø und bis 4 cm dick, rund, am Rand meist gelappt; flach gewölbt bis

vertieft, jung nahezu weiß bis cremefarben, oft mit irregulär bräunlichen, grünlichen oder rötlichen Flecken, alt gelblich, oliv; Stiele bis 8 cm lang und 1–4 cm dick, mit herablaufendem Hymenophor; Aufsicht auf das Hymenophor frisch weiß, später cremefarben, trocken dunkler; 2–4 Poren/mm.

Abb. *Albatrellus* 1: *A. ovinus* in einem bodensauren, naturnahen Nadelwald. Der Pilz ist in Europa nahezu ausschließlich mit *Picea abies* und *Picea obovata* assoziiert.
(Foto: Jiří Pošmura)
Abb. *Albatrellus* 2: *A. confluens*, charakteristisch miteinander zu einem Büschel verwachsene Fk. in einem bodensauren, naturnahen Nadelwald. Der Pilz ist an diesem Wuchsort Mykorrhiza-Partner von *Picea abies*.
Foto: Jiří Pošmura

Mikromerkmale: Sp. 4–5×3–4,5 µm; Hyphen ohne Schnallen, mit gloeopleren Hyphen.
Die Art ist in der temperaten Klimazone circumpolar in Wäldern mit Nadelgehölzen verbreitet.

Albatrellus subrubescens (Murrill) Pouzar
[≡ *Scutiger subrubescens* Murrill ≡ *Polyporus subrubescens* (Murrill) Murrill ≡ *Albatrellus ovinus* var. *subrubescens* (Murrill) L.G. Krieglst.≡ *Scutiger ovinus* var. *subrubescens* (Murrill) Krieglst.]
Rötender Schafporling, Rötendes Schafeuter
Habitat: assoziiert mit *Pinus*, selten mit *Picea*; auch in Forstgesellschaften.
Makromerkmale: Fk. meist einzeln, aber auch miteinander verwachsend, zentral bis exzentrisch gestielt; Hüte 5–10, selten bis 15 cm Ø und bis 4 cm dick, rund, am Rand meist gelappt; flach gewölbt bis vertieft; jung hellocker, alt ockerbraun, schuppig aufreißend, die Schuppen mit orange oder orangebraunem Farbton; Stiel 2–7 cm lang, 1–2 cm Ø; zylindrisch, glatt, weiß, alt gelblich, basal mit rötlich-braunen bis violett-bräunlichen Flecken; Hymenophor in Aufsicht frisch weiß, später cremefarben, bis gelblich-braun, nicht oder geringfügig am Stiel herablaufend; Röhren 2–5 mm lang; 2–4 Poren/mm.
Mikromerkmale: Sp. 3–5×2,5–3,5 µm, mit JKJ amyloid; Hyphen ohne oder selten mit wenigen Schnallen, 2–6 µm, an Anschwellungen bis über 15 µm Ø .
Die Art ist im *Pinus*-Areal des holarktischen Florenreiches circumpolar verbreitet. In ozeanischen Gebieten ist sie selten.

Albatrellus syringae (Parmasto) Pouzar
[≡ *Scutiger syringae* Parmasto ≡ *Xanthoporus syringae* (Parmasto) Audet]
Fliederschafporling
Habitat: bei Laubgehölzen, oft in Parks und Gärten, z.B. bei *Alnus*, *Tilia* und *Salix*, aber auch bei *Picea* nachgewiesen.
Makromerkmale: Fk. einzeln, in Gruppen, oft zusammengewachsen; Hüte flach, im Alter zentral vertieft; Hüte bis 10 cm Ø, Hutoberseite frisch gelblich-braun, später dunkler braun, fein zoniert; Stiel 1–3 cm lang, ca. 1 cm Ø; Hymenophor in Aufsicht gelblich mit bräunlichem Ton, 3–5 Poren/mm.
Mikromerkmale: Sporen 4–5×3–4 µm, JKJ negativ; Hyphen mit Schnallen, in der Hymenophoraltrama 3–5, in der Huttrama 4–8, an inflaten Anschwellungen bis über 20 µm Ø, mit gloeopleren Hyphen.
Albatrellus syringae ist eine seltene, in Europa hauptsächlich östliche, kontinental verbreitete Art, die bis in die boreale Klimazone vorkommt. Das Epitheton *syringae* beruht auf Funden in der Kulturlandschaft. Die meisten Meldungen stammen aus den letzten Jahrzehnten, evtl. ist die Art in Ausbreitung begriffen.

Die Gattung *Amylocystis* (Romell) Bondartsev & Singer
Typusart: *Polyporus lapponicus* Romell ≡ *Amylocystis lapponicus* (Romell) Bondartsev & Singer
Fk.-Typen: effusoreflexe bis laterale, annuelle, mono- bis polyzentrische Crustothecien mit polyporoidem bis daedaleoidem Hymenophor.
Habitat: lignicol; saprotroph auf Nadelholz; Braunfäuleerreger.
Konsistenz: frisch saftig, weich, dann korkig, trocken hart.
Trama: weiß, später rötlich-braun, unter dem Tomentum rötlich; Hymenophoraltrama etwas dunkler als die Huttrama; Hyphensystem monomitisch; Hyphen hyalin, meist etwas dickwandig, mit Schnallen.
Hutoberseite: feinsamtig bis filzig; zunächst weiß bis hellbräunlich, später rötlich-braun.
Hymenophor: in Aufsicht weiß, auf Druck leicht braun-rötlich verfärbend; Hymenium mit dickwandigen, amyloiden Cystiden, diese meist mit wenigen apikalen Kristallen; Basidien

clavat, viersporig, mit Basalschnalle.
Basidiosporen: Spp. weiß; Sp. hyalin, dünnwandig, glatt, zylindrisch bis schmal ellipsoid; JKJ negativ.
Lit.: 9, 33, 93, 138, 139
Die monotypische Gattung *Amylocystis* unterscheidet sich von anderen weichfleischigen Gattungen wie *Postia*, *Tyromyces* und *Oligoporus* besonders durch die dickwandigen, amyloiden Cystiden.

Weltweit einzige *Amylocystis*-Art:

Amylocystis lapponicus

Amylocystis lapponicus (Romell) Bondartsev & Singer
Habitat: an Totholz von *Picea*, auch an *Larix* und *Abies* nachgewiesen.
Makromerkmale: Fk. meist konsolenförmig, breit inseriert, selten effusoreflex; Hut bis 15, selten bis 20 cm breit und bis 10 cm vom Substrat abstehend, Hutoberseite ungezont; Hutrand abgerundet bis scharf; Trama in der Mitte zwischen Hutrand und Insertionsfläche um 1 cm dick, Hymenophor von der Huttrama deutlich abgesetzt, Röhren um 4 mm lang, 3–4 Poren/mm.
Mikromerkmale: Sporen 8–11×2,5–3,5 µm; Hyphen meist etwas dickwandig, reich septiert, in JKJ leicht bis deutlich amyloid.
Amylocystis lapponicus ist eine typisch holarktische Art der borealen Nadelwaldzone. In Süd- und Osteuropa ist der Pilz selten und montan verbreitet. Die Art kann leicht mit → *Postia fragilis* verwechselt werden und ist von dieser Art in erster Linie durch die Amyloidität der Hyphen, Cystiden und Sporen zu unterscheiden.

Die Gattung *Antrodia* P. Karst.

[= *Amyloporia* Singer (= *Amyloporiella* A. David & Tortič nom. illeg.) = *Cartilosoma* Kotl. & Pouzar = *Coriolellus* Murrill = *Fibroporia* Parm.]
Typusart: *Polyporus serpens* Fr. ≡ *Antrodia serpens* (Fr.) P. Karst. = *Daedalea albida* Fr. ≡ *Antrodia albida* (Fr.) Donk
Fk.-Typen: meist effuse, oft auch effusoreflexe oder laterale, annuelle bis perennierende Crustothecien mit polyporoidem bis daedaleoidem Hymenophor.
Habitat: lignicol; saprotroph, selten perthotroph an Laub- oder Nadelgehölzen; Braunfäuleerreger.
Konsistenz: jung weich und zäh, alt verhärtend und meist brüchig.
Trama: schmutzig weiß bis blass cremefarben, blassgelb bis blass bräunlich; dimitisch oder selten trimitisch; generative Hyphen dominierend, diese meist farblos, dünnwandig, mit Schnallen; Skeletthyphen meist dickwandig, glatt.
Hutoberseite: meist hellfarben, weiß, grau, gelblich, bräunlich etc., jung stets ohne Kruste, feinsamtig, tomentos bis filzig behaart, alt verkahlend, selten verkrustend.
Hymenophor: in Aufsicht mit hellen, blassen Farbtönen; Poren meist rund bis eckig bis irregulär gestreckt, auch nahezu daedaleoid; Hymenium oft mit Cystidiolen.
Basidiosporen: Spp. weiß; Sp. dünnwandig, hyalin zylindrisch bis gestreckt ellipsoid, z.T. allantoid; JKJ negativ.
Lit.: 9, 33, 40, 44, 58, 85, 93, 119, 138, 139
Die Gattung *Antrodia* umfasst Braunfäuleerreger, während manche, mitunter morphologisch ähnlich Arten der Gattungen *Antrodiella* und *Trametes* Weißfäule erregen. Da der Fäuletyp nicht immer eindeutig geklärt ist, kann die Gattungsgrenze zwischen *Antrodia* und *Antrodiella* nicht bei allen Arten sicher nachvollzogen werden, ist aber bei den pileaten Arten meist unproblematisch. Die Gattung *Antrodia* umfasst weltweit ca. 50 Arten, die meisten mit effusen Fk.n. Von den ca. 30 in Europa vorkommenden Arten bilden zehn pileate Fk. Als Inhaltsstoffe sind Tetraketide nachgewiesen*.

Schlüssel der pileaten *Antrodia*-Arten Europas

1 sehr weitporig, < 0,5–2 Poren/mm, allenfalls randlich rund- bis eckigporig, sonst gestreckt-porig bis daedaleoid oder kurzlamellig
Schlüssel A

1* Poren dichter und kleiner, 2–5 Poren/mm, überwiegend rund- bis eckigporig, mitunter etwas gestreckt
2

2 2–3 Poren/mm, rund- bis eckig-porig, mitunter etwas irregulär gestrecktporig, in Mitteleuropa weit verbreitete Arten
Schlüssel B

2* Poren dichter, 3–5 Poren/mm, überwiegend eckigporig; in Europa nur vom westlichen Russland bekannte, in Mitteleuropa nicht nachgewiesene Arten
Schlüssel C

Schlüssel A

1 0,5–1,5 Poren/mm; Dissepimente um 0,5 mm dick, an *Juniperus*
Antrodia juniperina

1* Poren dichter, Dissepimente dünner
2

2 Hutoberseite jung weiß, alt weißlich-cremefarben, weißlich-ocker etc.
3

2* Hutoberseite zimtbraun; auf Nadelholz, Sp. 8–12 µm lang
(wenn Sporen signifikant unter 10 µm, vgl. → *A. serialis* auf Nadelholz und *A. malicola* auf Laubholz)
Antrodia variiformis

3 Poren überwiegend rund, abgerundet eckig bis etwas irregulär gestreckt; Sporen unter 10 µm lang
Antrodia pseudosinuosa

3* Poren überwiegend gestreckt bis daedaleoid oder lamellig; allenfalls randlich teilweise rund; Sporen über 10 µm lang
4

4 überwiegend an Laubholz; Sporen zylindrisch bis 5 µm breit
Antrodia albida

4* überwiegend an Nadelholz; Sporen gestreckt-ellipsoid über 5 µm breit
→ *Antrodia heteromorpha*

Schlüssel B

1 überwiegend an Nadelholz; Hutoberseite ocker bis zimtbraun; Hymenophor weiß
→ *Antrodia serialis*

1* überwiegend an Laubholz; Hutoberseite jung weißlich, bald cremefarben bis hellocker; Aufsicht auf das Hymenophor nur jung weiß, bald ocker oder zimtbraun
2

2 an *Salix* oder *Populus*, Aufsicht auf das Hymenophor jung weiß, bald hellocker, Hütchen, wenn vorhanden, allenfalls nodulos
Antrodia macra

2* an vielen Laubgehölzen; Aufsicht auf das Hymenophor zimtfarben;
Antrodia malicola

Schlüssel C

1 auf Nadelholz; Fk. sehr klein; Hüte 3–13 mm breit, 1–3 mm dick
Antrodia minuta

1* auf Laubholz; Fk. größer; Hüte bis 5 cm breit und bis 1,5 cm vom Substrat abstehend ***Antrodia bondartsevae***

Antrodia albida (Fr.) Donk
[≡ *Daedalea albida* Fr. ≡ *Trametes albida* (Fr.) Fr. = *Polyporus serpens* Fr. ≡ *Trametes serpens* (Fr.) Fr ≡ *Coriolellus serpens* (Fr.) Bondartsev ≡ *Antrodia serpens* (Fr.) P. Karst.]
Habitat: lignicol; saprotroph, an zahlreichen Laubgehölzen, z.B. an *Acer*, *Alnus*, *Betula*, *Corylus*, *Fagus*, *Fraxinus*, *Malus*, *Populus*, *Quercus*.
Makromerkmale: Fk. annuell; effus bis lateral, meist effusoreflex; mit randlichen, aber auch mit imbricaten Hüten an effusen, hymenophortragenden Fk.-Matten, diese bis über 10 cm Ø; Hüte bis 3 cm breit, bis 2 cm vom Substrat abstehend; scharfrandig; Hutoberseite weiß bis cremefarben, zonenweise verkahlend, angepresst faserig, glatt, später mitunter rillig gezont; Aufsicht auf das Hymenophor weiß bis cremefarben; Poren sehr polymorph an der Unterseite horizontaler Substrate und an der Unterseite der Hütchen stellenweise eckigporig, meist aber irregulär gestreckt-porig, an vertikalen Substraten auch abgesetzt gestrecktporig bis nahezu lamellig; Trama weiß, nahe der Insertionsfläche bis 3 mm dick, Röhren 2 mm bis über 1 cm lang.
Mikromerkmale: Sp. 9–15×3–5 µm, Cystidiolen meist vorhanden; Basidien clavat, zwei- bis viersporig, mit Basalschnalle; Hyphensystem dimitisch; Hyphen hyalin; generative Hyphen dünn- bis dickwandig, bis 5 µm Ø, mit Schnallen; Skeletthyphen dickwandig bis solide; unverzweigt, bis 7 µm Ø.
Die Art ist in der borealen und temperaten Klimazone des holarktischen Florenreiches circumpolar verbreitet.

Antrodia bondartsevae Spirin
[≡ *Pilatoporus bondartsevae* (Spirin) Spirin]
Habitat: lignicol; saprotroph, in Europa nur von *Tilia cordata* bekannt.
Makromerkmale: Fk. annuell; effusoreflex bis lateral ansitzend, oft einzeln, mitunter auch imbricat, bis 1,5 cm breit und ebenso weit vom Substrat abstehend; bis 1 cm dick, Hutoberseite glatt, alt etwas verkrustend, ungezont, cremefarben, alt ocker; Hymenophor in Aufsicht frisch cremefarben, später ocker; eckigporig; Trama weiß bis cremefarben, alt grau; Hymenophoraltrama etwas dunkler als die Huttrama.
Mikromerkmale: Sp. zylindrisch, 5–8×2–3 µm; Basidien clavat, viersporig, mit Basalschnalle; Hymenium mit flaschenförmigen Cystidiolen; Hyphensystem dimitisch, Hyphen bis 4 µm Ø; generative Hyphen dünn- bis dickwandig, mit Schnallen; verzweigte Skeletthyphen in der Huttrama, wenige unverzweigte in der Hymenophoraltrama.
Die Art ist nur aus dem westlichen Russland und aus China bekannt.

Antrodia juniperina (Murrill) Niemelä & Ryvarden
[≡ *Agaricus juniperinus* Murrill ≡ *Daedalea juniperina* (Murrill) P. Syd.]
Habitat: lignicol; saprotroph an *Juniperus*-Holz.
Makromerkmale: Fk. perennierend, überwiegend effus mit knotigen bis knotig-kantigen Hüten; Konsistenz zäh bis holzig, Hutoberseite grau, korkfarben bis hellbraun, zunächst samtig, verkahlend und verkrustend; bis 4 cm vom Substrat abstehend; Hymenophor in Aufsicht weißlich bis hellocker; Poren unregelmäßig abgerundet eckig, irregulär gestreckt bis deaedaleoid; 0,5–1,5 Poren/mm, Röhren bis 4 cm lang; Huttrama cremefarben, bis 2 cm dick.
Mikromerkmale: Sp. schmal ellipsoid, 6–8×2–3 µm; Hymenium mit Cystidiolen; Basidien clavat, viersporig, mit Basalschnalle; Hyphensystem dimitisch; generative Hyphen dünnwandig, bis 4 µm Ø, mit Schnallen; Skeletthyphen dickwandig, unverzweigt, bis 5 µm Ø.
Die Art ist in Europa sehr selten. Sie ist aus Südeuropa, Südosteuropa, Afrika und Nordamerika bekannt. Als Inhaltsstoffe kommenTetraketide mit antibiotischen Eigenschaften vor.

Antrodia macra (Sommerf.) Niemelä
[≡ *Polyporus macer* Sommerf. = *Trametes salicina* Bres. = *Trametes serpens* subsp. *salicina* (Bres.) Bourdot & Galzin ≡ *Antrodia salicina* (Bres.) H. Jahn]

Habitat: lignicol; saprotroph auf *Salix* und *Populus tremula.*
Makromerkmale: Fk. annuell, effus bis effusoreflex, mit knotigen Hütchen an effusen Fk.-Matten; Oberseite der Hütchen glatt bis feinwarzig, mitunter radial streifig, jung weiß, später creme- bis korkfarben, um 1 cm vom Substrat abstehend; Hymenophor in Aufsicht weiß bis ockerfarben, Poren regulär rund bis eckig, 2–3 Poren/mm, Röhren bis 1 cm lang; Trama weiß, Huttrama 1–3 mm dick.
Mikromerkmale: Sp. zylindrisch, 6,5–11×2–4 µm; Basidien clavat, mitunter etwas bauchig, viersporig, mit Basalschnalle; Cystidiolen zerstreut im Hymenium vorhanden; Hyphensystem dimitisch; generative Hyphen dünnwandig, bis 3 µm Ø, mit Schnallen; Skeletthyphen dickwandig bis solide, bis 4 µm Ø.
Die Art ist in Europa weit verbreitet und kommt auch in Sibirien und in China vor.

Antrodia malicola (Berk. & M.A. Curtis) Donk
[≡ *Trametes malicola* Berk. & M.A. Curtis ≡ *Daedalea malicola* (Berk. & M.A. Curtis) Aoshima]
Habitat: lignicol; an vielen Laubgehölzen, oft an *Malus*, aber auch an *Acer*, *Alnus*, *Carpinus*, *Fagus*, *Fraxinus*, *Populus*, *Prunus*, *Quercus*, *Salix*, *Sorbus*, *Tilia* u.a.
Makromerkmale: Fk. annuell bis zweijährig; Hüte oft an der Oberseite effuser Fk.-Matten, aber auch einzeln oder in imbricaten Gruppen; Konsistenz frisch ledrig, trocken hart und brüchig; Hüte bis 5 cm breit und bis 1,5 cm vom Substrat abstehend, an der Insertionsfläche bis über 1 cm hoch, Rand scharf oder abgerundet; Oberseite zunächst fein tomentos, bald glatt, aber warzig; zunächst cremefarben, bald hellocker, alt dunkler braun bis schwärzend; Aufsicht auf das Hymenophor nur jung weißlich, bald ocker bis zimtfarben; Poren rund, eckig bis irregulär gestreckt, in Teilen daedaleoid; 2–3 Poren/mm; Röhren bis 5 mm lang; Trama weißlich-braun bis ocker; Huttrama bis 2 mm dick.
Mikromerkmale: Sp. zylindrisch, 7–9×2,5–4 µm; Hyphensystem di- bis trimitisch; generative Hyphen mit Schnallen, bis 3 µm Ø; Skeletthyphen hyalin bis bräunlich, wenig verzweigt, bis 6 µm Ø; Bindehyphen verzweigt dickwandig, nur in der Huttrama vorhanden oder fehlend, bis 4 µm Ø.
Die Art ist in Europa besonders im Mediterrangebiet verbreitet. Sie kommt auch in Japan, Nordamerika und Afrika vor.

Antrodia minuta Spirin
Habitat: lignicol; nur von *Populus tremula* und *Quercus robur* bekannt.
Makromerkmale: Fk. annuell; selten effus bis effusoreflex, meist seitlich inseriert, einzeln oder in kleinen imbricaten Gruppen; sehr kleine Hüte, 3–13 mm breit, bis 5 mm dick; oberseits fein tomentos; frisch ledrig weich, trocken korkig; Hutoberseite und Aufsicht auf das Hymenophor ocker bis bräunlich; Poren erst rund, später abgerundet eckig; Röhren bis 3 mm lang; Huttrama 1–2 mm dick, cremfarben bis hellocker, frisch mit phenolischem Geruch.
Mikromerkmale: Sp. zylindrisch, 6,5–10×2,5–3,5 µm; Basidien clavat, viersporig, mit Basalschnalle; Hyphensystem dimitisch; generative Hyphen bis 3,5 µm Ø, mit Schnallen; Skeletthyphen bis 5,5 µm Ø.
Die Art ist bisher nur aus Osteuropa (Westrussland) bekannt.

Antrodia pseudosinuosa A. Henrici & Ryvarden
Habitat: lignicol auf Laubholz; meist auf *Fagus sylvatica*, aber auch von *Aesculus*, *Ulmus* und *Laurus* bekannt.
Makromerkmale: Fk. annuell; meist effusoreflex, bis 50 cm weite Fk.-Matten mit imbricat angeordneten Hüten; Hüte bis 3 cm breit, bis 1 cm vom Substrat abstehend und bis 1 cm dick; Hutoberseite jung weiß, später ockerfarben, scharfrandig, ungezont, glatt mit warzigen Auswüchsen; Aufsicht auf das Hymenophor zunächst weiß, später ockerfarben; Poren eckig bis irregulär gestreckt oder geweitet, Dissepimente auch zahnfömig aufgespalten, 1–2 Poren/mm, Röhren bis 6 mm lang; Trama weiß, baumwollartig faserig; Huttrama bis 4 mm dick.
Mikromerkmale: Sp. zylindrisch bis allantoid, 6–8×2 µm; Basidien clavat, viersporig, mit

Basalschnalle; Hyphensystem dimitisch; generative Hyphen mit Schnallen, bis 3 µm Ø; Skeletthyphen dickwandig, bis 5 µm Ø.
Die Art ist nur aus der ozeanischen Region Europas bekannt.

Antrodia variiformis (Peck) Donk
[≡ *Polyporus variiformis* Peck ≡ *Trametes variiformis* (Peck) Peck ≡ *Polystictus variiformis* (Peck) Sacc. ≡ *Coriolus variiformis* (Peck) Pat.]
Habitat: lignicol; saprotroph auf Nadelholz, besonders auf *Abies* und *Picea*.
Makromerkmale: Fk. überwiegend effus bis effusoreflex, selten auch einzelne, lateral inserierte Hüte; Konsistenz zäh, trocken hart; Hüte bis 1 cm vom Substrat abstehend; meist langgestreckt am oberen Rand effuser Fk.-Matten; Hutoberseite zimtfarben, bis hellbraun, fein tomentos, alt graubraun und kahl; Hymenophor in Aufsicht bräunlich-weiß, im Alter zimt- bis tabakbraun; Poren der Hutunterseite rund bis eckig, im krustigen Bereich irregulär gestreckt bis nahezu daedaeoid; 1–2 Poren/mm; Röhren bis 3 mm lang; Trama bräunlich-weiß bis hellbraun, zur Insertionsfläche hin dunkler, meist zweischichtig.
Mikromerkmale: Sp. zylindrisch, 8–12×3–4 µm; Basidien clavat, viersporig, mit Basalschnalle; Hymenium mit Cystidiolen; Hyphensystem di- bis trimitisch; generative Hyphen mit Schnallen, dünnwandig, in der Huttrama auch etwas dickwandig, bis 4 µm Ø; Skeletthyphen dickwandig bis solide, verzweigt, bis 6 µm Ø.

Die Art ist in Europa sehr selten und kommt besonders in montanen Nadelwäldern vor. In Nordamerika wird sie auch auf Laubholz angegeben. Von → *Antrodia serialis* ist sie in erster Linie durch die größeren Sporen zu unterscheiden.

Die Gattung *Antrodiella* Ryvarden & I. Johans.
Typusart: *Polyporus semisupinus* Berk. & M.A. Curtis ≡ *Antrodiella semisupina* (Berk. & Curt.) Ryvarden
Fk.-Typen: meist effuse, selten auch effusoreflexe, annuelle oder fakultativ perennierende, mono- bis polyzentrische Crustothecien mit polyporoidem bis daedaleoidem Hymenophor.
Habitat: lignicol oder fungicol; saprotroph an Laub- oder Nadelgehölzen oder an abgestorbenen bzw. absterbenden Fk.n holzbewohnender Pilze; Weißfäuleerreger.
Konsistenz: jung meist weich, wachsartig und zäh, membranös, oft ledrig, selten fragil; alt verhärtend, trocken hart, oft brüchig.
Trama: weiß bis blass cremefarben, blassgelb bis ockerfarben; dimitisch, generative Hyphen farblos, dünnwandig, Schnallen teils vorhanden, teils fehlend; Skeletthyphen dickwandig, farblos.
Hutoberseite: hellfarben, ohne Kruste, jung fein filzig bis filzig behaart, alt verkahlend.
Hymenophor: meist regulär polyporoid; in Aufsicht nahezu weiß bis ockerfarben; Poren rund bis eckig, selten fast daedaleoid; Basidien relativ klein.
Basidiosporen: Spp. weiß; Sp. nahezu rund bis ellipsoid, z.T zylindrisch bis allantoid, hyalin; dünnwandig, glatt, unter 5 µm lang; JKJ negativ.
Lit.: 9, 15, 33, 93, 60, 138, 139
Die morphologisch ähnlichen *Antrodia*-Arten verursachen Braunfäule. Da der Fäuletyp nicht immer eindeutig geklärt ist, kann die Gattungsgrenze zwischen *Antrodia* und *Antrodiella* nicht bei allen Arten sicher vollzogen werden, ist aber bei den pileaten Arten kaum problematisch. Auffallend ist, dass mehrere *Antrodiella* spp. mit anderen holzbewohnenden Pilzen vergesellschaftet sind oder deren Fk. saprotroph oder auch parasitisch überwachsen.

Die Gattung umfasst weltweit ca. 50 Arten; von den ca. 17 europäischen Arten bilden zehn pileate Fk. Nicht aufgenommen wurden einige effuse, nur selten etwas hutförmig ablösende Arten, von denen Hutoberseiten nicht definitiv beschrieben sind, z.B. *Antrodiella pirumspora* Rivoire & Gannaz.

Schlüssel der pileaten *Antrodiella*-Arten Europas

1 Fk. assoziiert mit toten oder absterbenden Fk.n holzbewohnender Pilze; entweder diesen Substraten aufsitzend oder in deren Nähe auf Holz erscheinend **2**

1* Fk. lignicol, ohne erkennbare Assoziation mit anderen holzbewohnenden Pilzen **6**

2 Fk. auf oder bei diversen Hymenochaetaceae, meist auf *Phellinus*-, *Inonotus*-, oder *Hymenochaete*-Arten **3**

2* Fk. auf oder bei anderen lignicolen Pilzen **4**

3 Fk. effus bis effusoreflex, selten etwas hutförmig abstehend; meist auf oder bei *Phellinus*, *Hymenochaete* oder *Inonotus* spp. ***Antrodiella faginea***

3* Fk. effusoreflex oder lateral, oft imbricat auf Laubholz, an *Fagus* mit *Inonotus nodulosus* oder an *Alnus* mit *Inonotus radiatus* → ***Antrodiella serpula***

4 Fk. an toten oder absterbenden *Trichaptum-abietinum*-Fk.n ***Antrodiella pallasii***

4* Fk. an oder bei toten oder absterbenden *Fomes*- oder *Fomitopsis*-Fk.n **5**

5 an oder bei *Fomes fomentarius* ***Antrodiella pallescens***

5* an oder bei *Fomitopsis pinicola* ***Antrodiella citrinella***

6 Hymenophor allenfalls randlich und jung rund bis eckig, bald irregulär zerklüftend bis nahezu daedaleoid **7**

6* Hymenophor rund- bis abgerundet eckigporig, nicht zerklüftend **8**

7 Hymenophor mit 2–3 Poren/mm ***Antrodiella foliaceodentata***

7* Hymenophor mit 3–6 Poren/mm → ***Antrodiella serpula***

8 Hyphen ohne Schnallen, Basidien ohne Basalschnalle ***Antrodiella onychoides***

8* generative Hyphen mit Schnallen, Basidien mit Basalschnalle **9**

9 Fk. zur Insertionsfläche hin nahezu pseudostipitat zusammengezogen, seltene Art nur vom *locus typi* in Italien bekannt ***Antrodiella semistipitata***

9* Fk. effusoreflex oder lateral sitzend, nicht pseudostipitat, weit verbreitete Arten **10**

10 Fk. mit Kumaringeruch ***Antrodiella fragrans***

10* Fk. ohne Kumaringeruch **11**

11 Sporen zylindrisch, um 3–5×1–2 µm **12**

11* Sporen ellipsoid bis ovoid, 2,5–3×2–2,5 µm ***Antrodiella canadensis***

12 Hüte bis 2 cm breit, Röhren bis 1 mm lang, südeuropäische Art ***Antrodiella leucoxantha***

12* Hüte bis 6 cm breit, Röhren bis 1 cm lang, zentraleuropäische Art ***Antrodiella mentschulensis***

Antrodiella canadensis (Overh.) Niemelä
[≡ *Polyporus canadensis* Overh. ≡ *Tyromyces canadensis* (Overh.) J. Lowe = *Antrodiella overholtsii* Ryvarden & Gilb.]
Habitat: lignicol; in Europa saprotroph auf *Picea* und *Pinus*.
Makromerkmale: Fk. annuell; konsolen- bis fächerförmig, oft imbricat; Konsistenz frisch saftig, weich, zäh; trocken hart, Geschmack süßlich; Hüte bis 6 cm breit und ebenso weit vom Substrat abstehend, an der Insertionsfläche bis 8 mm hoch; oft miteinander verwachsen, Hutoberseite samtig bis tomentos, durch agglutinierte Hyphen radial faserig bis feinwarzig; Rand scharf, erst grau-weißlich, später braungrau; Aufsicht auf das Hymenophor erst weiß, später strohgelb bis ockergrau; Poren eckig, 5–6 Poren/mm; Trama erst weiß, dann strohfarben, gezont, Hymenophoraltrama dunkler als die Huttrama.
Mikromerkmale: Sp. ellipsoid bis ovoid, 2,5–3×2–2,5 µm; Basidien clavat, viersporig, mit Basalschnalle; Hyphensystem dimitisch; Hyphen bis 5 µm Ø; generative Hyphen dünn- bis dickwandig, mit Schnallen; Skeletthyphen dickwandig bis solide.
Die Art ist in Europa sehr selten, nur durch wenige Funde bekannt und wahrscheinlich borealmontan verbreitet, in Nordamerika kommt sie in borealen Fichtenwäldern vor.

Antrodiella citrinella Niemelä & Ryvarden
[≡ *Flaviporus citrinellus* (Niemelä & Ryvarden) Ginns]
Habitat: meist fungicol; auf oder neben abgestorbenen Fk.n von *Fomitopsis pinicola* in feuchten Wäldern.
Makromerkmale: Fk. annuell; effus, sehr selten effusoreflex; Konsistenz frisch weich und zäh, trocken hart; Hüte bis 2 mm breit und ebenso weit vom Substrat abstehend, scharfrandig; Oberseite matt, samtig, weiß bis blass zitronengelb, später hellocker; Aufsicht auf das Hymenophor blass zitronengelb; Poren rund bis etwas gestreckt, 3–4 Poren/mm, Röhren bis 1 mm lang, Dissepimente fein gezähnt; Trama zähfaserig, weiß bis hellocker, um 1 mm dick.
Mikromerkmale: Sp. subglobos, 3–3,5×2–2,5 µm; Basidien clavat, viersporig, mit Basalschnalle; Hymenium ohne sterile Elemente; Hyphensystem dimitisch; Hyphen hyalin, bis 5 µm Ø; generative Hyphen mit Schnallen; Skeletthyphen dickwandig bis solide, unverzweigt.
Die Art kommt in Europa in borealen und montanen, naturnahen Fichtenwäldern vor.

Antrodiella faginea Vampola & Pouzar
Habitat: meist fungicol; auf Fk.n von diversen holzbewohnenden Pilzen; insbesondere von Hymenochaetaceae, z.B. auf *Phellinus*, *Inonotus* und *Hymenochaete* spp.
Makromerkmale: Fk. annuell, effus bis effusoreflex, selten etwas hutförmig abstehend; Konsistenz frisch zäh, trocken hart, korkig; Hütchen bis 3 mm breit und ebenso weit vom Substrat abstehend, weiß bis hell gelblich-braun; Aufsicht auf das Hymenophor gleichfarben; Poren rund, 5–7 Poren/mm; Trama weiß bis hell gelblich-braun, zähfaserig, um 1 mm dick.
Mikromerkmale: Sp. ellipsoid, 3–3,5×2–2,5 µm; Basidien clavat, viersporig, mit Basalschnalle; Gloeocystiden oft vorhanden, mitunter fehlend; Hyphensystem trimitisch; generative Hyphen dünnwandig bis etwas dickwandig, mit Schnallen, bis 3 µm Ø; Skeletthyphen reichlich vorhanden, dickwandig bis solide, oft wellig gewunden, nicht oder wenig verzweigt, bis 5 µm Ø, Bindehyphen reich verzweigt, dickwandig, bis 3 µm Ø.
Die nur aus Europa bekannte Art kommt hauptsächlich in Skandinavien vor.

Antrodiella foliaceodentata (Nikol.) Gilb. & Ryvarden
[≡ *Irpex foliaceodentatus* Nikol. ≡ *Trametes foliaceodentata* (Nikol.) Domański ≡ *Coriolus foliaceodentatus* (Nikol.) Domański]
Habitat: lignicol; saprotroph auf Laubholz.
Makromerkmale: Fk. annuell, stets mit Hüten, breit angewachsen bis fächerförmig und mit stielartig verjüngter Insertionsfläche, mitunter imbricat an effusen Fk.-Matten; Konsistenz festfleischig, trocken hart; Hüte bis 5 cm breit und ebenso weit vom Substrat abstehend; Hutoberseite weiß bis cremefarben, strohgelb bis hellocker; erst glatt, dann radial

gefurcht, runzelig und etwas fibrillos; Rand scharf; Aufsicht auf das Hymenophor weiß bis cremefarben; Hymenophor irregulär poroid, daedaleoid bis irpicoid, 2−3 Poren/mm, Dissepimente meist radial orientiert, bis 5 mm tief; Trama dichtfaserig, weiß bis gelbbräunlich, Huttrama 1−2 mm dick.
Mikromerkmale: Sp. zylindrisch bis leicht allantoid, 3 − 4×1−1,5 µm; Basidien clavat, viersporig, mit Basalschnalle; Hyphensystem trimitisch; generative Hyphen dünnwandig bis etwas dickwandig, mit Schnallen, bis 3 µm Ø; Skeletthyphen dickwandig, oft wellig, bis 6 µm Ø; Bindehyphen besonders nahe der Insertionsfläche vorhanden, dickwandig bis nahezu solide, um 3 µm Ø.

Die Art ist nur von wenigen Fundorten im Kaukasus und aus Ostpolen bekannt.

Antrodiella fragrans (A. David & Tortič) A. David & Tortič
[≡ *Trametes fragrans* A. David & Tortič ≡ *Metuloidea fragrans* (A. David & Tortic) Miettinen]
Habitat: lignicol; saprotroph auf Laubholz z.B. auf *Corylus*, *Carpinus*, *Fagus*, *Fraxinus*, *Populus*, *Prunus*, *Salix*.
Makromerkmale: Fk. annuell, stets mit Hüten, selten effusoreflex; Konsistenz frisch zäh und biegsam, trocken hart und brüchig; mit aromatischem Kumaringeruch, ähnlich dem Ruchgras; Hüte bis 4 cm breit, bis 2 cm vom Substrat abstehend und an der Insertionsfläche bis 1 cm dick, Hutoberseite samtig, gezont, zimtfarben bis hellbraun, im Alter mit Grautönen; Aufsicht auf das Hymenophor hellorange bis hellbraun; Poren rund, 6−7 Poren/mm; Röhren bis 5 mm lang; Trama weißlich bis hell bräunlich; Huttrama bis 5 mm dick.
Mikromerkmale: Sp. ovoid, 3−4×2−3 µm; Basidien gestaucht clavat, viersporig, mit Basalschnalle; Hyphensystem trimitisch; generative Hyphen dünnwandig, mit Schnallen, bis 4 µm Ø; Skeletthyphen dickwandig, unseptiert, bräunlich, in der Hymenophoraltrama oft mit Kristallen, bis 5 µm Ø; Bindehyphen dickwandig, reich verzweigt, bis 3 µm Ø.
Die seltene Art ist nur aus Europa, insbesondere aus Südosteuropa bekannt. Der markante Geruch bleibt auch nach dem Tocknen noch lange erhalten.

Antrodiella leucoxantha (Bres.) Miettinen & Niemelä
[≡ *Polyporus leucoxanthus* Bres. = *Coriolus genistae* Bourdot & Galzin ≡ *Antrodiella genistae* (Bourdot & Galzin) A. David]
Habitat: lignicol; saprotroph an Laubholz, nachgewiesen u.a. an *Calluna*, *Corylus*, *Genista*, *Juglans* und *Quercus*.
Makromerkmale: Fk. annuell; stets mit Hüten, konsolen- bis fächerförmig, oft imbricat; Konsistenz frisch zäh, trocken hart und brüchig; Hüte bis 2 cm breit und ebenso weit vom Substrat abstehend, bis 2 mm dick; Hutoberseite glatt, weiß, cremefarben bis hell orangebraun, von der Insertionsfläche her im Alter hellgrau; Aufsicht auf das Hymenophor jung weiß, später gelblich-cremefarben; Poren rund bis abgerundet eckig, getrocknet stärker irregulär, 4−7 Poren/mm; Röhren bis 1 mm lang; Trama weiß, Huttrama bis 0,5 mm dick.
Mikromerkmale: Sp. zylindrisch, mitunter etwas allantoid bis gestreckt ellipsoid, 3,5−4,5x1,5−2 µm; Basidien clavat, viersporig, mit Basalschnalle; Hyphensystem trimitisch; generative Hyphen dünnwandig, mit Schnallen, bis 3 µm Ø; Skeletthyphen dickwandig, bis 5 µm Ø; Bindehyphen besonders in der Hymenophoraltrama vorhanden, reich verzweigt, bis 3 µm Ø.
Die nur aus Europa bekannte Art ist hauptsächlich südlich verbreitet.

Antrodiella mentschulensis (Pilát) Melo & Ryvarden
[≡ *Poria mentschulensis* Pilát ≡ *Frantisekia mentschulensis* (Pilát) Spirin]
Habitat: lignicol; saprotroph auf Laubholz, nachgewiesen u.a. auf *Acer*, *Carpinus*, *Fagus*, *Populus* und *Tilia*.
Makromerkmale: Fk. annuell; selten effus bis effusoreflex, meist mit Hüten; Konsistenz frisch saftig und zäh, trocken hart und stark geschrumpft; Hüte bis 5 cm breit und bis 6 mm dick, oberseits fein tomentos, weiß bis cremefarben, weißlich-orange, später glatt, verklebt-

faserig, orange bis ockerfarben; Rand stumpf, trocken eingerollt; Aufsicht auf das Hymenophor erst weiß bis cremefarben, später dunkler, ocker-orangefarben bis rotbraun; Poren rund, 6–7 Poren/mm; Röhren bis 1 cm lang; Huttrama weiß bis cremefarben, bis 5 mm dick; Hymenophoraltrama dunkler als die Huttrama.
Mikromerkmale: Sporen zylindrisch, 3,5–5×1,5–2 µm; Basidien clavat, viersporig, mit Basalschnalle; Hyphensystem dimitisch; generative Hyphen dünnwandig, mit Schnallen, bis 6 µm Ø, Skeletthyphen bis 5 µm Ø, unverzweigt.
Die nur aus Europa bekannte Art ist nördlich bis Dänemark und Südschweden verbreitet.

Antrodiella onychoides (Egeland) Niemelä
[≡ *Polyporus onychoides* Egeland ≡ *Antrodia onychoides* (Egeland) Ryvarden ≡ *Tyromyces onychoides* (Egeland) Ryvarden ≡ *Flaviporus onychoides* (Egeland) Ginns]
Habitat: lignicol; meist von lebenden Laubhölzern bekannt, u.a. von *Acer*, *Alnus*, *Corylus*, *Crataegus*, *Fagus*, *Fraxinus*, *Populus* und *Salix*.
Makromerkmale: Fk. annuell; stets mit Hüten, Konsistenz frisch zäh, trocken hart und brüchig; Hüte abgeflacht, konsolenförmig bis 1,5 cm breit und ebenso weit vom Substrat abstehend, bis 2 mm dick; Hutoberseite glatt, weiß, zur Insertionsfläche hin oder vom Rand her im Alter grau; Aufsicht auf das Hymenophor frisch weiß, später cremefarben, Poren abgerundet eckig, 4–6 Poren/mm, Röhren bis 1,5 mm lang; Trama weiß, Huttrama 0,2–0,5 mm dick.
Mikromerkmale: Sp. zylindrisch bis leicht allantoid, 3,5–4,5×1,5–2 µm; Basidien gestaucht clavat, viersporig, ohne Basalschnalle; Hyphensystem dimitisch; generative Hyphen dünnwandig, bis 3 µm Ø, mit schnallenlosen Septen; Skeletthyphen dickwandig, oft wellig, bis 5 µm Ø.
Die Art ist in Europa weit verbreitet, nördlich kommt sie bis Südskandinavien vor.

Antrodiella pallasii Renvall, Johann. & Stenlid
Habitat: fungicol; ausschließlich auf toten Fk.n von *Trichaptum abietinum,* möglicherweise auch auf anderen *Trichaptum* spp.
Makromerkmale: Fk. annuell, effus, meist effusoreflex mit oft reihenförmig aneinandenliegenden Hüten, selten rein lateral mit Einzelhüten; Konsistenz jung weich und fragil, trocken hart; Hüte konsolenförmig, bis 2 cm breit, verwachsen, bis zu 20 cm breite Reihen bildend, bis 1 cm vom Substrat abstehend und bis 2 mm dick, Rand schmal, weiß; Aufsicht auf das Hymenophor weiß bis cremefarben; Poren rund, 6–8 Poren/mm, Röhren bis 2 mm lang; Dissepimente fein gezähnelt; Trama weiß bis cremefarben, dichtfaserig; Huttrama bis 1 mm dick.
Mikromerkmale: Sp. ellipsoid, 3–4×1,5–2 µm; Basidien clavat, viersporig, mit Basalschnalle; Hyphensystem dimitisch; generative Hyphen dünnwandig, bis 2,5 µm Ø, mit Schnallen, Skeletthyphen dickwandig, bis 3 µm Ø.
Die Art ist im borealen Zonobiom Europas verbreitet. *Androtiella parasitica* Vampola kommt ebenfalls auf Fk.n von *Trichaptum abietinum* vor. Diese Art bildet aber keine Hüte aus, hat breitere Sporen (3–4×2–3 µm) und eine geringere Porendichte (3–6 Poren/mm).

Antrodiella pallescens (Pilát) Niemelä & Miettinen
[≡ *Coriolus pallescens* Pilát ≡ *Polyporus pallescens* Romell]
Habitat: an oder bei toten Fk.n von *Fomes fomentarius.*
Makromerkmale: Fk. selten ausschließlich effus, meist effusoreflex, oft auch mit vielen kleinen imbricaten Hütchen; Konsistenz frisch saftig, weich, sehr zäh, trocken fest und hart; Hüte meist am oberen Rand effuser Fk.-Matten, bis 2 cm breit und ebenso weit vom Substrat abstehend, bis 4 mm dick; effuse Fk. oder Fk.-Teile bis 5 mm dick, etwas durchscheinend, trocken randlich sich vom Substrat lösend; Hutoberseite weiß, ungezont, velutinos, später glatt, angedrückt radial faserig, weißlich-ocker bis ocker; Rand scharf, trocken eingerollt; Aufsicht auf das Hymenophor cremefarben bis hellocker, im Alter hellbraun bis rot-bräunlich, Poren rund bis abgerundet eckig, 5–7 Poren/mm, an vertikalen und schrägen Substraten auch gestreckt und weniger dicht, um 2–3 Poren/mm; Röhren bis 3 mm lang; Huttrama ungezont, weiß bis hell cremefarben, bis 2 mm dick; Hymenophoraltrama der Huttrama gleichfarben.

Mikromerkmale: Sp. gestreckt ellipsoid, 3–4×2 µm; Basidien clavat, viersporig, mit Basalschnalle; Hymenium mit fusoiden Cystidiolen; Hyphensystem trimitisch; generative Hyphen bis 4 µm Ø, dünnwandig, mit Schnallen, Skeletthyphen dickwandig, unseptiert, bis 5 µm Ø, Bindehyphen reich verzweigt, dickwandig, bis 3 µm Ø.
Die Art kommt mit Lücken im Areal von → *Fomes fomentarius* vor.

Antrodiella semistipitata Bernicchia & Ryvarden
Habitat: lignicol an Laubholz.
Makromerkmale: Fk. annuell; spatelförmig, einzeln oder verwachsen; Konsistenz frisch weich, trocken fragil, in allen Teilen weißlich bis cremefarben; Hüte bis 2 cm breit und ebenso weit vom Substrat abstehend, Rand scharf, eingekrümmt, zur Insertionsfläche hin stielartig verschmälert; Poren regulär rund, 4–7 Poren/mm, Röhren bis 0,5 mm lang; Huttrama sehr dünn.
Mikromerkmale: Sp. zylindrisch bis etwas allantoid, 3–4×2 µm; Basidien clavat, viersporig, mit Basalschnalle; Hymenium mit Cystidiolen; Hyphensystem dimitisch; generative Hyphen mit Schnallen, bis 2,5 µm Ø; Skeletthyphen dickwandig, bis 4 µm Ø.
Die Art ist nur vom *locus typi* in Italien bekannt.

Die Gattung *Bjerkandera* P. Karst.
[= *Myriadoporus* Peck]
Typusart: *Boletus adustus* Willd. ≡ *Polyporus adustus* (Willd.) Fr. ≡ *Bjerkandera adusta* (Willd.) P. Karst.
Fk.-Typen: effuse bis effusoreflexe, selten rein laterale, mono- oder polyzentrische, annuelle Crustothecien mit polyporoidem Hymenophor.
Habitat: meist lignicol; selten auch an anderen zellulosereichen Substraten; meist saprotroph an Laub- und Nadelholz; Weißfäuleerreger.
Konsistenz: frisch saftig, weich, aber ledrig, zäh, trocken hart.
Trama: weiß bis grau, monomitisch; Hyphen hyalin, Septen häufig mit Schnallen; Hut- und Hymenophoraltrama unterschiedlich gefärbt und durch eine dunkle Zone voneinander getrennt.
Hutoberseite: weiß bis braun, jung feinfilzig bis filzig, verkahlend.
Hymenophor: in Aufsicht anfangs weiß, später cremefarben bis hellbraun, braungelb oder rauchgrau; Hymenium ohne Cystiden, Basidien mit Basalschnalle.
Basidiosporen: Spp. weiß; Sp. schmal ellipsoid, hyalin, glatt, dünnwandig; JKJ negativ.
Lit.: 9, 15, 23, 33, 51, 58, 93, 138, 139
Die Zusammengehörigkeit der weltweit nur zwei Arten umfassenden Gattung ist nicht sicher. Während die Konsolen von → *Bjerkandera adusta* stets aus effusen Fk.-Teilen entstehen, können die Fk. von → *Bjerkandera fumosa* auch monozentrisch als laterale Crustothecien ausgebildet sein. Als Pigmente sind chinoide Verbindungen (Thermophillin) nachgewiesen*. Beide *Bjerkandera*-Arten kommen in Europa vor. *B. adusta* gehört hier zu den häufigsten Porlingen. Durch die dunkle Hymenophoraltrama sind auch effuse Fk. im Gelände meist gut zu identifizieren.

Schlüssel der *Bjerkandera*-Arten

1 Hymenophor in Aufsicht und Röhrentrama cremefarben, isabellfarben bis hell lederbraun, Huttrama bis 15 mm dick, meist etwas dunkler als die Hymenophoraltrama, von dieser durch eine braune Zone getrennt, Fk. nicht schwärzend
→ ***Bjerkandera fumosa***

1* Hymenophor in Aufsicht und Röhrentrama dunkel rauchgrau, Huttrama um 5 mm dick, stets heller als die Hymenophoraltrama, von dieser durch eine grauschwarze Zone getrennt, Fk. bei Verletzung und alt schwärzend
→ ***Bjerkandera adusta***

Die Gattung *Boletopsis* Fayod
Typusart: *Polyporus leucomelas* (Pers.) Pers. ≡ *Boletopsis leucomelaena* (Pers.) Fayod
Fk.-Typen: stipitate, annuelle, noduläre Pilothecien mit polyporoidem Hymenophor.
Habitat: terriciol; saprotroph und symbiontisch; ektotrophe Mykorrhizapilze bei Nadelgehölzen.
Konsistenz: frisch weichfleischig, trocken brüchig.
Trama: jung weiß, später mit grauen Farbtönen; Hyphensystem monomitisch; Hyphen hyalin, dünnwandig, mit Schnallen; oft inflat angeschwollen und mittig bis 15 µm Ø erreichend.
Hutoberseite: grau bis nahezu schwarz oder braun; glatt, z.T. schuppig aufreißend.
Stiele: zentral bis exzentrisch, selten auch lateral; grau oder hellbraun.
Hymenophor: in Aufsicht jung weiß, später cremefarben, gelb bis bräunlich; Hymenium ohne Cystiden oder andere sterile Elemente; Basidien mit Basalschnalle, viersporig.
Basidiosporen: Spp. gelblich bis hellbräunlich; Sp. hyalin bis gelb-bräunlich, eckig-kantig, fast sternförmig und unregelmäßig warzig; JKJ negativ.
Lit.: 9, 15, 33, 51, 57, 58, 93, 138, 139
Von den weltweit sechs *Boletopsis*-Arten kommen drei in Europa vor, wobei die exakte Umgrenzung dieser Sippen unsicher ist. Als Pigmente sind chinoide Verbindungen (Cycloleucomelone, Thelephorsäure, Thermophillin) nachgewiesen*. In Mitteleuropa ist ausschließlich die Typusart weit verbreitet, aber selten. Ihre Bestandsentwicklung ist – wie bei vielen Mykorrhizapilzen oligotropher Nadelwälder – rückläufig.

Schlüssel der europäischen *Boletopsis*-Arten

1 Hutoberseite grau bis nahezu schwarz, Hüte nicht auffallend radial aufreißend, Geschmack mild oder seifenartig
2

1* Hutoberseite hellgrau bis bräunlich, auffallend radial aufreißend, auf sauren, trockenen, nährstoffarmen Sandböden unter *Pinus*, besonders in Nordeuropa, Geschmack bitter
Boletopsis grisea

2 in Nadelwäldern besonders auf Kalkböden; Sporen über 5 µm lang, weit verbreitet in Mitteleuropa und im Süden Nordeuropas, Geschmack mild
→ ***Boletopsis leucomelaena***

2* unter *Pinus* auf armen Sandböden; Sporen bis 5 µm lang, nur in Schottland nachgewiesen, Geschmack seifenartig
Boletopsis perplexa

Boletopsis grisea (Peck) Bondartsev & Singer
[≡ *Polyporus griseus* Peck ≡ *Scutiger griseus* (Peck) Murrill]
Habitat: Mykorrhizapilze bei *Pinus* auf nährstoffarmen, relativ trockenen und sandigen, meist sauren Böden.
Makromerkmale: Fk. einzeln oder in Gruppen; Hüte zentral bis exzentrisch gestielt, 5–15 cm Ø; erst gewölbt, später über dem Stielansatz vertieft, oberseits anfangs glatt und kahl, grau bis graubraun, später kleinschuppig aufreißend; Aufsicht auf das Hymenophor anfangs weiß, später rosa-bräunlich bis grau; Poren rund bis abgestumpft eckig, alt oft etwas radial gestreckt, 2–3 Poren/mm; Stiel zylindrisch bis knollig, bis 6 cm lang und bis 2 cm Ø, ähnlich der Hutoberseite strukturiert, Hymenophor etwas herablaufend; Trama jung weiß, später hell violettgrau.
Mikromerkmale: Sp 5–6×4–5 µm.
Die Art ist im *Pinus*-Areal Europas verbreitet; Aufgrund von Verwechslung mit → *Boletopsis leucomelaena* ist das Areal nicht korrekt erfassbar.

Boletopsis perplexa Watling & J. Milne
Habitat: Mykrorrhizapilz bei *Pinus*.

Makromerkmale: Fk. einzeln oder in Gruppen; Hüte bis 10 cm Ø und bis 3 cm dick, erst halbkugelig, dann abgeflacht konvex, später flach, im Alter auch über dem Stiel etwas vertieft, Rand nach unten umgeschlagen, irregulär wellig; Hutoberseite dunkelbraun, mit olivfarbenen, grauen, gelben und rosa Farbeinschlägen, fein tomentos bis glatt, später feinschuppig aufreißend und radial rissig; Stiel zylindrisch bis knollig, bis 6 cm lang und bis 3 cm Ø, glatt bis tomentos, ähnlich wie die Hutoberseite strukturiert, an der Basis oft etwas orange-tomentos; Aufsicht auf das Hymenophor jung weiß, später violettgrau, rauchgrau bis schwärzlichgrau; Poren irregulär abgerundet eckig, 1–3 Poren/mm; Trama anfangs weiß, später violettgrau bis schwärzlich-grau.
Mikromerkmale: Sp. 4,5–5×3,5–4,5 µm.
Die Art ist nur aus Schottland bekannt.

Die Gattung *Bondarzewia* Singer
Typusart: *Cerioporus montanus* Quél. = *Bondarzewia mesenterica* (Schaeff.) Kreisel
Fk.-Typen: stipitate, seitlich exzentrisch bis zentral gestielte, selten auch laterale, meist mehrhütige, monozentrische, annuelle Crustothecien mit polyporoidem Hymenophor.
Habitat: saprotroph oder perthotroph an Laub- und/oder Nadelholz, Weißfäuleerreger.
Konsistenz: frisch zähfleischig bis ledrig, trocken hart.
Trama: anfangs fast weiß, bald cremefarben, dimitisch; generative Hyphen hyalin, ohne Schnallen; Skeletthyphen weitgehend unseptiert, dickwandig mit Seitenzweigen.
Hutoberseite: anfangs nahezu weiß, bald grau, graubraun oder gelb bis gelbbraun; jung fein tomentos, bald deutlich filzig, verkahlend.
Hymenophor: in Aufsicht anfangs nahezu weiß, später cremefarben, hellgrau bis hellocker, Basidien relativ groß; Hymenium ohne sterile Elemente.
Basidiosporen: Spp. weiß; Sp. rund bis subglobos; farblos bis blassgelb mit amyloidem, warzenförmigem Ornament, cyanophil.
Lit.: 9, 15, 20, 33, 57, 93, 138, 139
Die nur drei Arten umfassende Gattung *Bondarzewia* gehört trotz ihrer Porlingsmorphologie zur Ordnung der Russulales, was besonders durch die Sporen mit amyloiden Ornamenten zum Ausdruck kommt. Als Pigmente sind Vanilloide (Montadial) nachgewiesen*. Äußerliche Ähnlichkeit besteht mit der Gattung *Meripilus*, deren Sporen jedoch inamyloid sind und deren Hüte bei Verletzung charakteristische Schwärzungen aufweisen.

Einzige europäische *Bondarzewia*-Art:

Bodarzewia mesenterica

Bondarzewia mesenterica (Schaeff.) Kreisel
[≡ *Boletus mesentericus* Schaeff. = *Polyporus montanus* (Quél.) Ferry ≡ *Bondarzewia montana* (Quél.) Singer]
Bergporling
Habitat: saprotroph oder perthotroph am Grunde von *Abies*- oder *Picea*-Stämmen; auch scheinbar terrestrisch auf Wurzelholz.
Makromerkmale: Fk. mehrhütig auf gemeinsamem Strunk, selten einhütig und lateral gestielt bis nahezu stiellos ansitzend; bis 50 cm Ø erreichend; Einzelhüte meist fächerförmig, 10–20 cm breit, Hutoberseite oft radial gefurcht, höckerig, meist undeutlich gezont, ohne scharfe Begrenzung der Zonen, fein tomentos, oft etwas schuppig aufreißend; verkahlend, weißlich-braun, hellbraun, haselbraun, Strunk bis zur Abzweigung der Hutstiele bis 10 cm lang, basal bis über 5 cm Ø; Oberfläche ähnlich der Hutoberseite strukturiert; Aufsicht auf das Hymenophor anfangs weiß, bald cremefarben, im Alter hellocker; Poren abgerundet eckig, Dissepimente oft etwas zerschlitzt, 1–2 Poren/mm; Röhren bis 8 mm lang; Trama anfangs weiß, später cremefarben.
Mikromerkmale: Sp. globos, mit amyloidem Ornament, 8–9 µm Ø; breitwarzig, Warzen

gratig verbunden, 0,5–2 µm lang.

Bondarzewia mesenteria ist im *Abies*-Areal Europas und aus Nordamerika bekannt. Die Art fehlt in der borealen Klimazone. Ähnliche Fk. bildet → *Meripilus giganteus*, die aber durch ihre Schwärzung an Druckstellen bereits im Gelände unterschieden werden können. Die ebenfalls mehrhütigen Fk. von *Polyporus umbellatus* und → *Grifola frondosa* haben wesentlich kleinere Hüte.

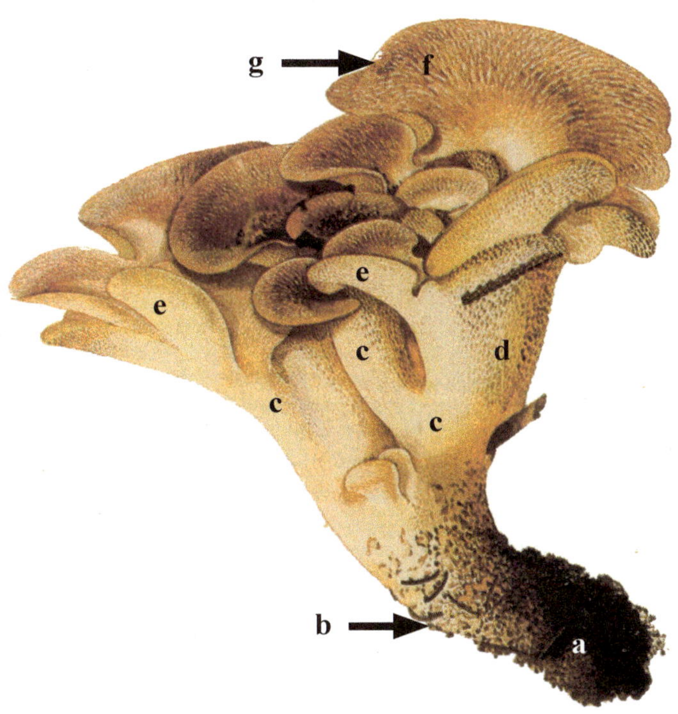

Abb. *Bondarzewia*:
B. mesenterica; noch wachsender Fk. vom Grund eines *Picea-abies*-Stumpfes; a – Basis des Strunkes nahe der Insertionsfläche mit anhaftenden Humusteilen; b – tomentose bis feinschuppige Oberfläche des Strunkes; c – Verzweigungen des Strunkes bis zu den huttragenden Stielen; d – an den Stielen herablaufendes Hymenophor; e – junge, noch nicht voll entfaltete Hüte; f – Oberseite eines nahezu ausgereiften, anfangs tomentosen, dann feinschuppigen, undeutlich gezonten und verkahlenden Hutes; g – scharfer Hutrand. (Quelle : [20])

Die Gattung *Cerrena* Gray
[= *Bulliardia* Lázaro Ibiza = *Phyllodontia* P. Karst. = *Sistotrema* Pers. non Fr.]
Typusart: *Boletus unicolor* Bull. ≡ *Daedalea unicolor* (Bull.) Fr. ≡ *Cerrena unicolor* (Bull.) Murrill
Fk.-Typen: meist laterale, konsolenförmige, aber auch effuse bis effusoreflexe, annuelle, mono- bis polyzentrische Crustothecien mit polyporoidem, daedaleoidem bis irpicoidem Hymenophor.
Habitat: lignicol; saprotroph auf vielen Laubgehölzen, auch perthotroph an lebenden Gehölzen; Weißfäuleerreger.
Konsistenz: zäh, ledrig, trocken hart, etwas biegsam.
Trama: jung hellocker bis grau; zweischichtig, Hyphensystem trimitisch, generative Hyphen mit Schnallen; alle Hyphentypen hyalin.

Hutoberseite: grau bis graubraun, mit striegelhaarigem Tomentum, oft durch Algen grün, konzentrisch gezont durch Furchen und unterschiedliche Grautöne.
Hymenophor: in Aufsicht hellgelblich bis grau, später graubraun, weitporig; Hymenium ohne Cystiden, gealtert mit einwachsenden Hyphenenden der Hymenophoraltrama; Basidien viersporig mit Basalschnalle.
Basidiosporen: Spp. weiß; Sp. zylindrisch bis schmal ellipsoid; glatt, hyalin, dünnwandig; JKJ negativ.
Lit.: 9, 15, 33, 93, 138, 139
Die Gattung *Cerrena* steht der Gattung *Trametes* nahe. Sie ist jedoch sexuell bipolar, *Trametes* hingegen tetrapolar; zudem umfasst *Trametes* im Wesentlichen Arten mit reinweißer Trama. Zu *Cerrena* gehören weltweit vier Arten, in Europa kommt ausschließlich die Typusart vor. Sie ist im holarktischen Florenreich von der mediterranen bis in die boreale Klimazone eine weit verbreitete Art.

Einzige europäische *Cerrena*-Art:

→ ***Cerrena unicolor***

Die Gattung *Climacocystis* Kotl. & Pouz.
Typusart: *Polyporus borealis* Fr. ≡ *Climacocystis borealis* (Fr.) Kotl. & Pouz.
Fk.-Typen: laterale, mitunter undeutlich gestielte, annuelle, mono- bis polyzentrische Crustothecien mit weitporigem, polyporoidem Hymenophor.
Habitat: lignicol; saprotroph auf Nadelholz, selten auf Laubholz; Weißfäuleerreger.
Konsistenz: frisch weich, wässrig, trocken hart, brüchig und sehr leicht.
Trama: weiß, Huttrama zweischichtig, oben watteartig, über dem Hymenophor faserig; monomitisch, Hyphen hyalin, dünnwandig oder etwas dickwandig, mit Schnallen.
Hutoberseite: weiß, im Alter etwas gelblich, feinfaserig bis wollig-filzig.
Hymenophor: in Aufsicht weiß, trocken hellgelblich; Hymenium mit zahlreichen dickwandigen, apikal meist inkrustierten Cystiden, Basidien viersporig mit Basalschnalle.
Basidiosporen: Spp. weiß; Sp. hyalin, breit ellipsoid, dünnwandig, glatt; JKJ negativ.
Lit.: 9, 15, 33, 44, 87, 93, 138, 139
Die Gattung *Climacocystis* unterscheidet sich als Weißfäuleerreger von *Postia* und *Oligoporus* durch den Typ des Holzabbaus. Sie ist im Wesentlichen durch den Cystidentyp festgelegt, durch den sie auch von den *Spongipellis*-Arten mit polyporoidem Hymenophor getrennt werden kann. Die Gattung umfasst weltweit zwei Arten. In Europa kommt nur die Typusart vor.

Einzige europäische *Climacocystis*-Art:

→ ***Climacocystis borealis***

Die Gattung *Coltricia* Gray
[= *Pelloporus* Quél = *Cycloporus* Murrill = *Coltriciella* Murrill]
Typusart: *Boletus perennis* L. ≡ *Polyporus perennis* (L.) Fries ≡ *Coltricia perennis* (L.) Murrill
Dauerporlinge, Schillerporlinge
Fk.-Typen: terrestrische, annuelle, monozentrische, stipitate, meist zentral gestielte Crustothecien mit polyporoidem Hymenophor.
Habitat: terricole Mykorrhizapilze oder/und lignicole Weißfäuleerreger.
Konsistenz: zäh, ledrig, trocken hart, etwas biegsam.
Trama: braun; in KOH schwarz; Hyphensystem monomitisch, in der Hymenophoraltrama mono- oder dimitisch; Hyphen ohne Schnallen.
Hutoberseite: mit gelben, braunen bis rötlich-braunen Farbtönen; feinfilzig, meist gezont, Tomentum ockergelb, ockerbraun, im Alter braun.
Stiel: gelb bis dunkelbraun; den Farben der Hutoberseite ähnlich.
Hymenophor: in Aufsicht braun bis grau, später oft graubraun; weitporig; Hymenium der europäischen Sippen ohne Setae; Basidien viersporig ohne Basalschnalle, gestaucht clavat

bis zylindrisch.
Basidiosporen: Spp. gelblich bis hellbraun; Sp. hyalin bis hellgelb; zylindrisch bis ellipsoid, glatt oder feinwarzig; JKJ schwach dextrinoid.
Lit.: 9, 15, 33, 87, 93, 138, 139
Die Gattung *Coltricia* steht der Gattung *Inonotus* nahe. Von den gestielten *Inonotus*-Sippen, die früher als *Onnia* spp. geführt wurden und cyanophile Sporen aufweisen, unterscheiden sich die *Coltricia*-Arten in erster Linie durch das Fehlen von Setae und durch acyanophile Sporen. Mit KOH färben sich alle Fk.-Teile schwarz. Weltweit umfasst die Gattung *Coltricia* ca. 20 Arten, in Europa kommen davon drei vor. Eine vierte als *Coltrica confluens* P. C. Keizer beschriebene Art ist nur aus den Niederlanden und Dänemark bekannt. Sie steht *C. perennis* nahe und bedarf weiterer Klärung; *Coltricia focicola* (Berk. & M.A. Curtis) Murrill – eine sibirische und nordamerikanische Sippe – wird von manchen Autoren nur als infraspezifisches Taxon von *Coltricia perennis* behandelt und in Europa nur aus den östlichen Karpaten angegeben. Auch diese Vorkommen bedürfen weiterer Klärung.

Schlüssel der europäischen *Coltricia*-Arten:

1 Hut im mittleren Bereich zwischen Rand und Stiel 1–3 mm dick, Hutoberseite gezont, Röhrentrama dimitisch
2

1* Hut im mittleren Bereich zwischen Rand und Stiel 5–10 mm dick, Hutoberseite ohne oder mit undeutlichen Zonen; Trama durchgehend monomitisch
Coltricia montagnei

2 Zonen scharf getrennt, die Zonierung reicht bis in die Vertiefung über dem Stiel; Aufsicht auf das Hymenophor gelb; Länge/Breite der Sporen > 1,5; Tomentum mit unverzweigten Haaren
→ *Coltricia perennis*

2* ungezont oder mit unscharfen Zonen, im Zentrum stets ungezont; Aufsicht auf das Hymenophor rotbraun, Länge/Breite der Sporen < 1,5; Tomentum mit dichotom verzweigten Haaren
Coltricia cinnamomea

Coltricia cinnamomea (Jacq.) Murrill
[≡ *Boletus cinnamomeus* Jacq. ≡ *Polyporus cinnamomeus* (Jacq.) Pers. ≡ *Xanthochrous cinnamomeus* (Jacq.) Pat. = *Polyporus bulbipes* Fr.]
Zimtfarbener Dauerporling
Habitat: in Laub- und Mischwäldern, bei Laubgehölzen, terricol oder auf morschem Holz; vorwiegend bei *Fagus*.
Makromerkmale: Fk. selten einzeln, meist in Gruppen, oft miteinander verwachsen; Hüte klein, selten über 4 cm Ø, Rand oft gelappt; Hüte über dem Stiel flach bis vertieft; Oberseite mit braunen bis rotbraunen Farben, feinsamtig, glänzend, undeutlich gezont oder ungezont, in der Mitte stets ohne Zonen; Stiel bis 4 cm lang, bis 5 mm Ø; Aufsicht auf das Hymenophor rotbraun, 2–4 Poren/mm, Röhren 1–2 mm lang; Huttrama um 1 mm dick, rost- bis rotbraun.
Mikromerkmale: Sp. hyalin bis hellgelblich, etwas dickwandig, ellipsoid, cyanophil, 6,5–8×5–6 µm, Länge/Breite < 1,5; Hyphensystem monomitisch; Hyphen hyalin bis hellbraun, dünnwandig bis etwas dickwandig, bis 10 µm Ø.
Die kosmopolitisch verbreitete Art unterscheidet sich von typischen *Coltricia-perennis*-Exemplaren neben den zierlicheren Fk.n durch die fehlenden oder weniger bunt gebänderten Zonen. Am sichersten sind die Unterschiede des Längen-Breiten-Verhältnisses der Sporen und der Struktur der Haare der Hutoberseite (vgl. Schlüssel).

Coltricia montagnei (Fr.) Murrill
[≡ *Polyporus montagnei* Fr: ≡ *Polystictus perennis* f. *montagnei* (Fr.) Pilát ≡ *Xanthochrous montagnei* (Fr.) Pat. = *Cyclomyces greeni* Berk. = *Polyporus saxatilis* Britzelm.]
Habitat: bei Nadelgehölzen, oft auf Brandstellen.

Makromerkmale: Fk. relativ groß; Hüte bis über 12 cm Ø und 5–10 mm dick, oberseits nicht oder sehr undeutlich gezont, anfangs behaart, verkahlend, gelb- bis rotbraun, Mitte dunkler; Stiel bis 5 cm lang, 5 mm bis 2 cm Ø, zimtbraun, behaart; Aufsicht auf das Hymenophor rotbraun bis ocker, weitporig, Poren rund bis eckig, irregulär gestreckt, mitunter nahezu lamellig, Poren dann bis über 1 cm lang und über 5 mm breit, aber auch Partien mit konzentrisch lamelliger Ausrichtung kommen vor; Huttrama bis 2 cm dick; Hymenophor 1–4 mm tief, nahe des Stieles sogar bis 8 mm.
Mikromerkmale: Spp. gelblich bis gelbbraun; Sp. breitellipsoid, dickwandig, 8,5–13×5,5–7 µm, Länge/Breite >1,5; Hymenium ohne sterile Elemente; Hyphensystem monomitisch; Hyphen hyalin bis gelbbraun, bis über 10 µm Ø.
Die Art ist in Europa selten. Sie kommt auch in Ostasien und Nordamerika vor. Die Fk. sind im Gelände vor allem durch die dickeren Hüte kenntlich. Verwechslungen können mit *Inonotus tomentosus* oder *Phaeolus schweinitzii* vorkommen; diese beiden Arten sind jedoch durch das Vorkommen von Setae bzw. charakteristischen Cystiden problemlos zu trennen.

Die Gattung *Daedalea* Pers.
[= *Xylostroma* Tode]
Wirrlinge
Typusart: *Agaricus quercinus* L. ≡ *Daedalea quercina* (L.) Pers.
Fk.-Typen: laterale, knollige bis konsolenförmige, mono- bis polyzentrische, oft miteinander verwachsende, annuelle bis perennierende Crustothecien mit daedaleoidem, selten polyporoidem oder irpicoidem Hymenophor, nur selten mit unbedeutenden effusen Fk.-Anteilen.
Habitat: meist saprotroph, aber auch perthotroph (auch biotroph?) auf Laubholz; Braunfäuleerreger.
Konsistenz: korkig zäh.
Trama: schmutzig weiß bis blass cremefarben, blassgelb bis blass bräunlich; trimitisch; generative Hyphen farblos, dünnwandig, mit Schnallen; Skeletthyphen dominierend, dickwandig, cremefarben bis hellbraun; Bindehyphen ebenso gefärbt, dickwandig, knorrig mit kurzen Seitenästen.
Hutoberseite: mit hellen Grau- und Brauntönen; ohne feste Kruste, feinsamtig behaart, verkahlend, meist konzentrisch rillig gezont und oft zusätzlich grob radial grubig.
Hymenophor: in Aufsicht cremefarben bis hellbraun, ohne Cystiden, aber Skelett- und Bindehyphen oft in das Hymenium einwachsend; Basidien mit Basalschnalle.
Basidiosporen: Spp. weiß; Sp. zylindrisch bis ellipsoid, hyalin, dünnwandig, glatt; JKJ negativ; einige Arten mit Chlamydosporen.
Lit.: 9, 15, 33, 93, 138, 139
Zu den Gattungen *Daedaleopsis* und *Trametes*, die mit *Daedalea* einige gemeinsame morphologische Merkmale aufweisen, gehören ausschließlich Weißfäuleerreger. Die Gattung *Daedalea* umfasst weltweit sieben Arten, von denen nur eine in Europa vorkommt.

Einzige europäische *Daedalea*-Art:

→ ***Daedalea quercina***

Die Gattung *Daedaleopsis* J. Schröt.
Typusart: *Boletus confragosus* Bolton ≡ *Daedaleopsis confragosa* (Bolton) J. Schröt.
Fk.-Typen: laterale, monozentrische, annuelle Crustothecien mit polyporoidem, daedaleoidem bis lenzitoidem Hymenophor.
Habitat: saprotroph auf Laubholz; Weißfäuleerreger.
Konsistenz: zäh, korkig, trocken etwas biegsam.
Trama: anfangs nahezu weißlich-ocker, bald ockerfarben bis dunkelbraun; trimitisch, generative Hyphen hyalin, mit Schnallen; Skeletthyphen dickwandig, hyalin bis hellbraun, Bindehyphen hyalin bis braun, mit verzweigten Seitenästen.
Hutoberseite: hell mit gelblichen, grauen bis graubraunen oder rotbraunen Farbtönen; angedrückt feinhaarig bis glatt; konzentrisch gefurcht-gezont, radial runzelig.

Hymenophor: in Aufsicht jung nahezu weiß, bald hell grau-bräunlich bis hellbraun; Basidien mit Basalschnalle; Hymenium ohne sterile Elemente.
Basidiosporen: Spp. weiß; Sp. hyalin, zylindrisch, gestreckt ellipsoid bis allantoid, dünnwandig, glatt, relativ lang; JKJ negativ.
Lit.: 9, 15, 33, 58, 93, 138, 139
Im Unterschied zu den dünnen und scharfkantigeren *Daedaleopsis*-Fk.n sind die mitunter ähnlichen Fk. von *Daedalea* breit angewachsen und dicker, die mitunter ähnlichen *Gloeophyllum*-Fk. haben dunkel gefärbte Trama und orangegelbes Hymenophor. → *Daedaleopsis confragosa* und → *D. tricolor* werden von manchen Autoren nur auf dem Rang von Varietäten getrennt. Die beiden Sippen sind jedoch stets gut zu unterscheiden. Aus Nordeuropa wurde zusätzlich *Daedaleopsis septentrionales* (P. Karst.) Niemelä mit stets lenzitoidem Hymenophor und ausschließlichem Vorkommen auf *Betula*-Holz beschrieben. Da auch in Mitteleuropa rein lamellige Formen von *Daedaleopsis confragosa* in allen Übergangsvarianten zu Fk.n mit polyporoiden und daedaleoiden Hymenophoren vorkommen, ist eine Trennung dieser nordeuropäischen Formen auf Artrang nicht nachvollziehbar. Als Inhaltsstoffe sind N-haltige Verbindungen (Tyrosin/Tyrisinase) nachgewiesen*, die das Röten nach Verletzungen verursachen. Die Gattung *Daedaleopsis* umfasst weltweit sechs Arten, von denen zwei in Europa vorkommen.

Schlüssel der pileaten *Daedaleopsis*-Arten Europas

1 Hymenophor vollständig oder überwiegend lamellenartig (lenzitoid) **2**

1* Hymenophor porig (polyporoid) oder labyrinthisch (daedaleoid) **3**

2 Trama hellgrau; Fk. oberseits fein striegelhaarig und eng gezont vgl. → *Trametes betulina*

2* Trama hell- bis dunkelbraun, oberseits kahl oder verklebt-haarig, grob gezont **4**

3 Hymenophor grob daedaleoid, Dissepimente radial orientiert, Abstand durchschnittlich über 1 mm, Fk. in der Mitte über 2 cm dick, Rand wulstig abgerundet vgl. → *Daedalea quercina*

3* Hymenophor feiner, polyporoid oder daedaleoid, mitunter beides an einem einzigen Fk. und zusätzlich mit lenzitoiden Abschnitten versehen; Abstand der Dissepimente durchschnittlich um 0,5 mm, Fk. in der Mitte unter 2 cm dick, Rand scharf **→ *Daedaleopsis confragosa***

4 Trama dunkelbraun, Zuwachszonen der Fk. mit gelben Farbtönen, Abstand der Lamellen →1 mm vgl. *Gloeophyllum*

4* Trama hellbraun, Zuwachszonen der Fk. weiß, Abstand der Lamellen < 1 mm **5**

5 Oberseite der Fk. mit hellbraunen Farbtönen, ohne krasse Unterschiede **→ *Daedaleopsis confragosa***

5* Oberseite der Fk. an der Insertionsstelle dunkel rotbraun, mitunter nahezu schwarz, zum Rand hin hellbraune, oft auch gelbliche Farbtöne, Rand nahezu weiß **→ *Daedaleopsis tricolor***

Die Gattung *Datronia* Donk
Typusart: *Polyporus mollis* Sommerf. ≡ *Datronia mollis* (Sommerf.) Donk
Fk.-Typen: meist effuse, mitunter effusoreflexe, annuelle, polyzentrische Crustothecien mit polyporoidem bis daedaleoidem Hymenophor.
Habitat: lignicol; saprotroph auf Laubgehölzen, selten auf Nadelholz; Weißfäuleerreger.
Konsistenz: zäh, faserig oder korkig; trocken etwas biegsam oder hart.
Trama: weißlich-braun bis hellbraun, ockerbraun, angeschnitten stets durch eine dunkel-

braune bis schwarze Linie vom Tomentum abgesetzt; Hyphensystem di- bis trimitisch, generative Hyphen mit Schnallen, Skeletthyphen hyalin bis hellbraun.
Hutoberseite: nur jung mitunter weißlich, später hellbraun, braun bis schwarz; glatt oder mit persistentem Tomentum.
Hymenophor: in Aufsicht hellbraun; Ränder der Dissepimente mit dendroiden, dunklen Hyphen; Hymenium mit oder ohne Cystidiolen, Basidien viersporig mit Basalschnalle.
Basidiosporen: Spp. weiß; Sp. zylindrisch, 8–12 µm lang, glatt, hyalin, dünnwandig; JKJ negativ.
Lit.: 9, 15, 33, 68, 93, 138, 139
Makroskopisch ähnliche Arten der Gattung *Antrodia* unterscheiden sich von *Datronia* durch eine hellere Trama mit hyalinen Skeletthyphen und verursachen Braunfäule. Die Gattung *Datronia* umfasst weltweit fünf Arten, in Europa kommen drei vor, wobei nur die kosmopolitische Typusart relativ häufig und in allen Klimazonen weit verbreitet ist.

Schlüssel der europäischen *Datronia*-Arten:

1 Konsistenz derbkorkig, trocken hart; Hutoberseite unbehaart, dunkelbraun bis schwarz, nur in den Alpen auf *Alnus* nachgewiesen
Datronia scutellata

1* Konsistenz zäh, trocken etwas biegsam; Hutoberseite mit persistentem Tomentum, dunkelbraun; in Europa weit verbreitet, hauptsächlich auf Laubholz (wenn auf Nadelholz, vgl. auch *Piloporia sajanensis*)
2

2 Hymenophor weitporig, polyporoid bis daedaleoid; 1–2 Poren/mm; in Europa relativ häufige Art
→ ***Datronia mollis***

2* Hymenophor dichtporig, polyporoid; 4–5 Poren/mm; in Europa selten, aber weit verbreitet
Datronia stereoides

Datronia scutellata (Schwein.) Gilb. & Ryvarden
[≡ *Polyporus scutellatus* Schwein. ≡ *Trametes scutellata* (Schwein.) G. Cunn. ≡ *Fomitopsis scutellata* (Schwein.) Bondartsev & Singer ≡ *Hexagonia scutellata* (Schwein.) A. Roy & A.B. De ≡ *Datroniella scutellata* (Schwein.) B.K. Cui, Hai J. Li & Y.C. Dai = *Trametes nigrescens* Bres.]
Habitat: lignicol; in Europa selten; nur auf *Alnus*.
Makromerkmale: Fk. lateral bis effusoreflex, Hüte meist konsolenförmig, breit angewachsen, an der Unterseite horizontaler Substrate auch resupinat (hängend) mit freien Rändern; Hutoberseite unbehaart, glatt, jung weißlich, dann dunkelbraun bis schwarz; Aufsicht auf das Hymenophor weiß bis blassbraun, Poren rund, 4–5 Poren/mm, Röhren bis 7 mm lang; Huttrama weißlich-braun, 1–3 mm dick.
Mikromerkmale: Sp. 8–12×3–4,5 µm; Basidien gestaucht clavat, viersporig, mit Basalschnalle; Hymenium mit Cystidiolen.
Die Art ist in den Tropen verbreitet und wurde in Europa nur in den Alpen nachgewiesen.

Datronia stereoides (Fr.) Ryvarden
[≡ *Polyporus stereoides* Fr. ≡ *Trametes stereoides* (Fr.) Bres. = *Antrodia stereoides* (Fr.) Bondartsev & Singer = *Trametes epilobii* P. Karst. ≡ *Datronia epilobii* (P. Karst.) Donk]
Habitat: lignicol; saprotroph auf Laubgehölzen, in Europa nachgewiesen u.a. auf *Acer*, *Alnus*, *Betula*, *Fagus*, *Padus*, *Populus*, *Quercus*, *Salix*, *Sorbus* und *Tilia*.
Makromerkmale: Fk. meist effus, aus wenigen Zentimeter langen Krusten bestehend und nur selten wenige Millimeter abstehende Hütchen bildend, diese ledrig, braun, oberseits fein behaart, Trama ockerbraun, bis 1 mm dick; Aufsicht auf das Hymenophor erst ockerfarben, später dunkler graubraun; Poren eckig bis rund; 4–6 Poren/mm; Röhren bis 2 mm lang.

Mikromerkmale: Sp. 9–11×3–4 µm; Basidien gestaucht clavat, viersporig, mit Basalschnalle; Hyphensystem trimitisch; generative Hyphen dünnwandig, hyalin, mit Schnallen, bis 2,5 µm Ø; Skeletthyphen dickwandig, unseptiert, dunkelbraun in KOH, bis 4 µm Ø; Bindehyphen reich verzweigt, hyalin, dickwandig.
Datronia stereoides ist im holarktischen Florenreich circumpolar verbreitet, in Europa wurde die Art noch nie auf Nadelholz gefunden. (vgl. *Piloporia*). Das Synonym *D. epilopii* basiert auf einem Fund an abgestorbenem, verholztem *Epilobium-angustifolium*-Stängel.

Die Gattung *Dichomitus* D.A. Reid
Typusart: *Trametes squalens* P. Karst. ≡ *Dichomitus squalens* (P. Karst.) D. A. Reid
Fk.-Typen: effuse, effusoreflexe bis laterale, kissen- bis knollenförmig ansitzende, annuelle bis perennierende, mono- bis polyzentrische Crustothecien mit polyporoidem Hymenophor.
Habitat: lignicol; saprotroph an Laub- oder Nadelholz; Weißfäuleerreger.
Konsistenz: jung korkig, zäh, trocken hart.
Trama: weiß bis cremefarben; Hymenophoraltrama der übrigen Trama etwa gleichfarben; Hyphensystem dimitisch; generative Hyphen hyalin, mit Schnallen (bei *D. efibulatus* fehlend); Skeletthyphen dickwandig, verzweigt, mit verschmälerten bis peitschenähnlich ausgedünnten Enden (arboriforme Hyphen, infolge der Verzweigungen auch als Bindehyphen definiert).
Hutoberseite bzw. sterile Oberflächen: weiß, bräunlich bis schwarz an den Insertionsflächen; jung feinfilzig, später glatt.
Hymenophor: in Aufsicht jung weiß, später cremefarben; Hymenium ohne Cystiden, mit Cystidiolen; Basidien viersporig, mit Basalschnalle (bei *D. efibulatus* fehlend).
Basidiosporen: Spp. weiß; Sp. gestreckt ellipsoid bis zylindisch, hyalin, dünnwandig, glatt; JKJ negativ.
Lit.: 9, 33, 93, 138, 139
Die Gattung *Dichomitus* steht der Gattung *Polyporus* nahe. Sie umfasst weltweit nur drei holarktische Arten, die auch in Europa vorkommen. *Dichomitus albidofuscus* (Domański) Domański, eine ausschließlich effuse Art, wird gegenwärtig meist als *Donkioporia albidofusca* (Domański) Vlasák & Kout geführt.

Schlüssel der europäischen *Dichomitus*-Arten:

1 Fk. kissenförmig, ohne Hutkanten, mit sterilen, zunächst weißen, später schwarzen Oberseiten und teilweise auch ebensolchen Randflächen; Hymenophor mit 2–3 Poren/mm, Sporen 13–17 µm lang
Dichomitus campestris

1* Fk. effus oder effusoreflex, fakultativ mit kleinen, bis 3 cm vom Substrat abstehenden und 3–15 mm dicken Hütchen; Hymenophor mit 4–5 Poren/mm; Sporen kürzer; in Europa sehr seltene Arten
2

2 an Nadelholz, Hüte bis 3 mm vom Substrat abstehend, generative Hyphen mit Schnallen, Sporen 7–10 µm lang
Dichomitus squalens

2* an Laubholz, Hüte bis 3 cm vom Substrat abstehend, generative Hyphen ohne Schnallen, Sporen über 10 µm lang
Dichomitus efibulatus

Dichomitus campestris (Quél.) Domański & Orlicz
[≡ *Trametes campestris* Quél. ≡ *Antrodia campestris* (Quél.) P. Karst. ≡ *Polyporus campestris* (Quél.) Krieglst.]
Habitat: lignicol; saprotroph an toten Stämmen und oft noch ansitzenden toten Ästen von Laubholz, nachgewiesen an *Acer*, *Carpinus*, *Castanea*, *Fagus*, *Fraxinus*, *Populus*, *Prunus*, *Quercus* und *Ulmus*; auch an zahlreichen Sträuchern wie *Corylus*, *Crataegus* und *Tamarix*.
Makromerkmale: Fk. kissenförmig oder unregelmäßige Polster bildend; abgerundet, ohne

Hutkante, meist schräg am Substrat herablaufend, bis 2 cm dick, 8 cm breit und über 10 cm lang; Oberseite und mitunter auch Außenseite der Knollen steril, anfangs weiß, dann braun, später schwarz; Hymenophor weiß bis cremefarben, 1–3 Poren/mm.
Mikromerkmale: Sporen zylindrisch, 13–17×4–4,5 µm; Hymenium ohne sterile Elemente.
Die Schwärzung der substratnahen, sterilen Oberflächen der Fk. erinnert an das Schwärzen der Stielbasis von → *Polyporus squamosus*. Auch die völlige Übereinstimmung mikroskopischer Merkmale zwischen *Dichomitus campestris* und *Polyporus squamosus*, z.B. die großen Basidiosporen, zeigen, dass sich die beiden Arten sehr nahestehen.

Dichomitus squalens (P. Karst.) D.A. Reid
[≡ *Trametes squalens* P. Karst ≡ *Bjerkandera squalens* (P. Karst.) P. Karst. = *Coriolellus anceps* (Peck) Parmasto]
Habitat: lignicol; in Europa nur auf *Pinus* nachgewiesen.
Makromerkmale: Fk. effusoreflex bis lateral; Hüte bis 3 cm vom Substrat abstehend, bis 7 cm breit und bis 15 mm hoch; Oberseite erst fein tomentos, dann kahl, cremefarben; Trama cremefarben bis ocker, Trama der effusen Fk. bzw. Fk.-Teile bis 2 mm dick; Aufsicht auf das Hymenophor hell cremefarben, alt bräunlich, 4–5 Poren/mm, Röhrenlänge bis 10 mm.
Mikromerkmale: Sp. 7–10×2,5–3,5 µm, schmal ellipsoid bis zylindrisch; Hymenium mitunter mit fusoiden Cystidiolen.
Makroskopisch könnte die in Europa seltene Art *Dichomitus squalens* bei flüchtiger Betrachtung mit → *Antrodia serialis* verwechselt werden, die jedoch Braunfäule verursacht. Mikroskopisch sind die verzweigten Skeletthyphen von *D. squalens* ein sicheres, differenzierendes Merkmal.

Dichomitus efibulatus A.M. Ainsw. & Ryvarden
Habitat: lignicol; saprotroph auf Laubgehölzen, nachgewiesen auf *Carpinus*, *Corylus*, *Malus*, *Prunus*, *Rubus*, *Salix* und *Ulex*.
Makromerkmale: Fk. annuell; überwiegend effus, nur selten mit bis 5 mm abstehenden Hütchen, diese oberseits glatt, unbehaart, weiß bis hellocker; Aufsicht auf das Hymenophor weiß bis cremefarben mit sterilem Rand; Poren irregulär eckig, 2–3 Poren/mm, Röhren bis 2 mm lang; Trama zäh-faserig, ungezont, 1–2 mm dick; Hymenophoraltrama der Huttrama gleichfarben.
Mikromerkmale: Sporen 10–13×5–6 µm, zylindrisch; Hymenium mit Cystidiolen.
Die Art ist nur von atlantisch geprägten Regionen im Süden Frankreichs bekannt.

Die Gattung *Diplomitoporus* Domański
Typusart: *Trametes flavescens* Bres. ≡ *Diplomitoporus flavescens* (Bres.) Domański
Fk.-Typen: effuse bis effusoreflexe, mono- bis polyzentrische annuelle, weiße oder hellfarbene Crustothecien mit polyporoidem Hymenophor.
Habitat: lignicol; auf totem Nadel- oder Laubholz; die beiden europäischen Arten nur auf Nadelholz; Weißfäuleerreger.
Konsistenz: ledrig bis hart.
Trama: weiß bis cremefarben, Hyphensystem dimitisch, generative Hyphen mit Schnallen.
Hutoberseite: sofern vorhanden, feinsamtig bis behaart, weiß, später hellocker.
Hymenophor: in Aufsicht frisch weiß bis cremefarben, später ocker; Hymenium mit oder ohne Cystiden.
Basidiosporen: Spp. weiß; Sp. allantoid bis ellipsoid, dünnwandig, hyalin, glatt; JKJ negativ.
Lit.: 9, 93, 138, 139
Die Gattung *Diplomitoporus* umfasst weltweit elf Arten; in Europa kommen nur zwei Nadelholzbewohner vor, von denen eine *Diplomitoporus crustulinus* (Bres.) Domański ausschließlich effuse Fk. bildet. *Diplomitoporus* steht der Gattung *Antrodia* nahe, jedoch gehören zu ihr ausschließlich Braunfäuleerreger.

Einzige pileate *Diplomitoporus*-Art in Europa:
→ *Diplomitoporus flavescens*

Die Gattung *Fistulina* Bull.
[= *Buglossus* Wahlenb. = *Hypodrys* Pers.]
Typusart: *Boletus hepaticus* Schaeff. ≡ *Fistulina hepatica* (Schaeff.) With.
Fk.-Typen: laterale, fächer- bis konsolenförmige oder seitlich undeutlich gestielte, annuelle, noduläre Fk. mit fistulinoidem („hohlstacheligem") Hymenophor.
Habitat: lignicol; an Laubholz, zunächst perthotroph, nach Absterben des Wirtes saprotroph weiterwachsend; Braunfäuleerreger.
Konsistenz: frisch weich, saftig, trocken stark schrumpfend, brüchig.
Trama: fleischrot, trübrot; irregulär in weißlichen, beigen bis rot-bräunlichen Farben gemasert, mit rölichem bis rot-bräunlichem, blutähnlichem Saft, Hyphensystem monomitisch, mit oder ohne Schnallen, mit gloeopleren Hyphen; generative Hyphen hyalin, dünnwandig.
Hutoberseite: trübrot oder rotbraun; rau durch Pusteln aus zusammenneigenden, verklebten Hyphen.
Hymenophor: in Aufsicht jung rötlich bis nahezu weiß, trocken gelblich bis beige; aus isoliert wachsenden Röhren bestehend, an deren innerer Oberfläche das Hymenium ausgebildet ist, Hymenium ohne Cystiden; cystidenähnliche Hyphen („Trichocysten") an den Schneiden der Dissepimente.
Basidiosporen: Spp. weiß; Sp. hyalin, eiförmig, dünnwandig, glatt; JKJ negativ.
Lit.: 9, 15, 33, 82, 93, 138, 139
Das fistuline Hymenophor kommt ausschließlich bei der Gattung *Fistulina* vor. Die am wachsenden Fk.-Rand entstehenden Zäpfchen differenzieren sich oberseits zu Pusteln und unterseits zu den charakteristischen Röhren, die zunächst isoliert stehen, sich bei Reife berühren, aber nicht miteinander verwachsen. Die Röhren reifen unabhängig voneinander durch Wachstum der Röhrenränder. Sie werden von manchen Autoren als dicht stehende, cyphelloide (verkehrt-becherförmige) Einzel-Fk. aufgefasst, die unterseits an einem fleischigen „Subiculum" gebildet werden. Nach molekularbiologischen Befunden gehört *Fistulina* zu den Agaricales, deren Fk.-Entwicklung nodulär abläuft. Jedoch fehlen detaillierte Studien zur Entwicklungsgeschichte. Nach dem Erscheinungsbild entsteht der gesamte Fk. nodulär. Die Fk. enthalten reichlich Gerbsäure. Die Gattung *Fistulina* umfasst weltweit acht Arten; in Europa kommt ausschließlich die Typusart besonders an *Quercus*- und *Castanea*-Holz, sehr selten an anderen Laubhölzern vor. Die südhemisphärischen Arten besiedeln insbesondere *Eucalyptus*- und *Nothofagus*-Arten.

Einzige *Fistulina*-Art in Europa:

→ ***Fistulina hepatica***

Die Gattung *Fomes* (Fr.) Fr.
[= *Elfvingiella* Murrill = *Placodes* Quél. = *Ungulina* Pat. = *Xylopilus* P. Karst.]
Typusart: *Boletus fomentarius* L. ≡ *Polyporus fomentarius* (L.) Fr. ≡ *Fomes fomentarius* (L.) Fr.
Fk.-Typen: laterale, knollige bis hufförmige, monozentrische, perennierende Crustothecien mit regulär polyporoidem Hymenophor.
Habitat: lignicol; saprotroph und perthotroph auf Laubholz, selten auf Nadelholz; Weißfäuleerreger.
Konsistenz: hart, Myzelialkern bröckelig, Huttrama zähfaserig.
Trama: braun, dunkelbraun in KOH, mit Myzelialkern, Hyphensystem trimitisch, generative Hyphen hyalin, mit Schnallen; Skeletthyphen und Bindehyphen gelbbraun, dickwandig.
Hutoberseite: mit grauer, graubrauner, brauner bis schwarzer, harter, glatter Kruste; Zuwachszonen feinsamtig.
Hymenophor: in Aufsicht braun, Hymenium oft mit fusoiden Cystidiolen, Basidien mit Basalschnalle.
Basidiosporen: Spp. weiß; Sp. hyalin, zylindrisch, gestreckt ellipsoid, glatt, dünnwandig, relativ groß; JKJ negativ.
Lit.: 9, 15, 31, 33, 58, 62, 68, 69, 82, 93, 102, 133, 138, 139

Die Gattung *Fomes* umfasst weltweit zwei Arten, in Europa kommt ausschließlich die Typusart vor. Als Inhaltsstoffe in *F. fomentarius* sind Fomentariol und Fomentarin nachgewiesen.

Einzige *Fomes*-Art in Europa:

→ ***Fomes fomentarius***

Die Gattung *Fomitopsis* P. Karst.
Typusart: *Polyporus pinicola* Sw.: Fr. ≡ *Fomitopsis pinicola* (Sw.: Fr.) P. Karst.
Fk.-Typen: laterale bis effusoreflexe, mono- bis polyzentrische, annuelle oder perennierende Crustothecien mit polyporoidem bis daedaleoidem Hymenophor.
Habitat: lignicol; saprotroph oder perthotroph auf Laub- und/oder Nadelholz; Braunfäuleerreger.
Konsistenz: korkig, zäh oder fast holzig, trocken hart.
Trama: blass cremefarben, gelblich bis hell gelbbraun oder rosa, niemals dunkelbraun; di- oder trimitisch; generative Hyphen hyalin, dünnwandig, mit Schnallen; Skelett- und Bindehyphen hyalin bis gelblich, dickwandig; Bindehyphen verzweigt.
Hutoberseite: verschiedene helle bis schwarze Farbtöne; perennierende Arten mit Kruste, annuelle mit Tomentum.
Hymenophor: in Aufsicht jung weiß, hellbeige oder rosa, später hell graubraun, bräunlich rosa oder graurosa; Hymenium mit oder ohne Cystiden; Basidien clavat, viersporig mit Basalschnalle.
Basidiosporen: Spp. weiß; Sp. hyalin, zylindrisch bis ellipsoid, dünnwandig, glatt; JKJ negativ.
Lit.: 9, 15, 33, 59, 64, 82, 93, 112, 129, 138, 139
Die häufigen mitteleuropäischen *Fomitopsis*-Sippen besitzen alle perennierende Fk. und ein polyporoides Hymenophor mit runden Poren und eine derbe, feste Kruste. Einige in Europa sehr selten nachgewiesene Arten mit einjährigen Fk.n und ungewisser Stellung werden von Gilbertson und Ryvarden [56], Ryvarden und Gilbertson [138] oder Ryvarden und Melo [139] in die Gattung *Fomitopsis* gestellt. Es sind dies:
– *Fomitopsis labyrinthica* Bernicchia & Ryvarden (bekannt aus Norditalien)
– *Fomitopsis iberica* Melo & Ryvarden (bekannt vom Mittelmeergebiet und Österreich)
– *Fomitopsis spraguei* (Berk. & M.A. Curtis) Gilb. & Ryvarden ≡ *Tyromyces spranguei* (Berk. & M.A. Curtis) Murrill (bekannt aus Südeuropa und Nordamerika) und
– *Fomitopsis epileucina* (Pilát) Ryvarden & Gilb. ≡ *Pilatoporus epileucinus* (Pilát) Kotlaba & Pouzar (bekannt aus den Karpaten der Ukraine und Nordamerika).
Da einige dieser Sippen äußerliche Ähnlichkeiten mit anderen annuellen Porlingen mit heller Trama aufweisen können, z.B. mit → *Cerrena unicolor* oder → *Antrodia serialis*, ist auf diese Arten besonders zu achten. Die Gattung *Fomitopsis* umfasst weltweit ca. 30 Arten. In Mittel- und Osteuropa sind vier perennierende Arten bekannt.

Schlüssel der europäischen *Fomitopsis*-Arten mit Kruste und perennierenden Fk.n

1 Kruste der Hutoberseite harzig, in einer Flamme schmelzend, jung stets mit orange bis roten Farbtönen, alt schwarz, Trama cremefarben, hellbräunlich, ohne rosa Farbton, an Laub- und Nadelholz
→ ***Fomitopsis pinicola***

1* Kruste der Hutoberseite nicht harzig; jung graurosa, braunrosa oder graubraun, alt schwarz
2

2 Hutoberseite, Hymenophor und Trama mit auffallend purpurrosa Farbtönen
3

2* Hutoberseite und Hymenophor ohne purpurrosa Farbtöne, allenfalls orangebraun, Trama hell, gelblich bis beige, große, perennierende Fk., Breite bis über 40 cm, bis über 25 cm vom Substrat abstehend, an Laubholz

vgl. *Rigidoporus*, *Fomitopsis*

3 Fk. stumpfrandig, Huttrama in der Mitte bis 2 cm dick, Kruste jung graurosa, alt schwarz; Huttrama und Hymenophor jung hellrosa, alt graurosa, Verbreitung in Europa alpisch-montan, auf Nadelholz, besonders auf *Abies* und *Picea*

→ ***Fomitopsis rosea***

3* Fk. scharfrandig, Huttrama in der Mitte bis 1 cm dick, Kruste jung braunrosa, alt grauschwarz; Huttrama und Hymenophor jung rosa, alt bräunlich-rosa, Verbreitung in Europa kontinental, besonders auf *Picea* und *Larix*

→ ***Fomitopsis cajanderi***

Hinweise auf die sehr seltenen *Fomitopsis*-Arten mit annuellen Fk.n und ohne Kruste (diagniostisch wichtige Merkmale sind unterstrichen)

Fk. annuell, effusoreflex oder lateral und breit ansitzend, Hüte einzeln oder dachziegelig, Oberseite braun, mit Tomentum, oft durch Algen grün, Sporen zylindrisch, Hymenophor labyrinthisch bis irpicoid, auf totem *Abies*-Holz, nur aus Norditalien bekannt. Die Art könnte mit *Cerrena unicolor* verwechselt werden

Fomitopsis labyrinthica

Fk. annuell aber persistent, effusoreflex oder lateral, breit ansitzend, Hüte einzeln oder dachziegelig, Hutoberseite und Trama weiß bis gelblich, Hüte abgeflacht, Sporen ovoid bis breit ellipsoid, Hymenophor polyporoid, an *Castanea* und *Quercus* in Südeuropa nachgewiesen

Fomitopsis spraguei

Fk. annuell, einzeln oder dachziegelig, in allen Teilen braun bis strohfarben; Hüte abgeflacht, Hymenophor polyporoid bis nahezu daedaleoid, Poren am Rand rund, sonst rund bis gestreckt; Sporen zylindrisch bis fusiform, an *Quercus* und *Pinus* im Mittelmeergebiet

Fomitopsis iberica

Fk. annuell, lateral, Hüte einzeln oder dachziegelig, Hutoberseite und Aufsicht auf das Hymenophor cremefarben, trocken ocker, Sp. zylindrisch bis allantoid; nordamerikanische Art, in Europa nur in den Karpaten der Ukraine an *Fagus* nachgewiesen

Fomitopsis epileucina

Die Gattung *Funalia* Pat.

[= *Trametella* Pino-Lopes]

Typusart: *Polyporus funalis* Fr. ≡ *Funalia funalis* (Fr.) Pat.

Fk.-Typen: laterale, annuelle, selten mehrjährige Crustothecien, selten mit resupinaten Fk.-Teilen; mit polyporoidem Hymenophor.

Habitat: lignicol; saprotroph auf Laubholz; Weißfäuleerreger.

Konsistenz: frisch ledrig, zäh, trocken hart.

Trama: nahezu weiß bis gelblich, gelbbraun, hellbraun, graubraun bis dunkel zimtbraun, dunkelbraun; trimitisch; generative Hyphen hyalin, dünnwandig, mit Schnallen; Skeletthyphen und Bindehyphen hyalin oder gelbbraun.

Hutoberseite: hell graubraun bis zimtbraun mit grob striegeligem, hell- bis dunkelbraunem, der Trama etwa gleichfarbigem Tomentum aus agglutinierten Haaren.

Hymenophor: in Aufsicht frisch weißlich, später hell bis dunkelgrau, hellbraun oder zimtbraun; Basidien mit Basalschnalle, ohne Cystiden.

Basidiosporen: Spp. weiß; Sp. hyalin, dünnwandig, zylindrisch, glatt; JKJ negativ.

Lit.: 9, 15, 23, 33, 54, 93, 138, 139

Das hier akzeptierte Gattungskonzept bezieht sich auf [33] bzw. [93]. Es gibt zahlreiche andere Meinungen zur Stellung der beiden europäischen Borstentrameten. Sie werden auch als *Coriolopsis*- oder *Trametes*-Arten oder in diesen beiden Gattungen getrennt geführt. Je nach Auffassung und Zugehörigkeit umfasst die Gattung *Funalia* weltweit acht bis zehn Arten. In Europa kommen zwei Arten vor, die aufgrund der Variabilität der Merkmale miteinander verwechselt werden können. Durch die Tramafarbe und KOH-Reaktion der Trama sind sie gut voneinander zu trennen.

Schlüssel der europäischen *Funalia*-Arten:

1 Trama nahezu weiß bis gelblich oder hell graubraun, mit KOH dunkler, aber nicht schwarz; Hymenophoraltrama meist etwas dunkler als die Huttrama, diese in der Mitte bis 2 cm dick, dicker als die Röhrenschicht; Hutoberseite nicht oder undeutlich gezont

→ ***Funalia trogii***

1* Trama zimt-braun bis dunkelbraun, mit KOH schwarz; Hymenophoraltrama der Huttrama gleichfarben; Huttrama in der Mitte bis 1 cm dick, dünner als die Röhrenschicht; Hutoberseite meist deutlich gezont

→ ***Funalia gallica***

Die Gattung *Ganoderma* P. Karst.
[= *Elfvingia* P. Karst. = *Dendrophagus* Murrill = *Tomophagus* Murrill = *Friesia* Lázaro Ibiza = *Trachyderma* (Imazeki) Imazeki]
Typusart: *Polyporus lucidus* Curtis: Fr. ≡ *Ganoderma lucidum* (Curtis: Fr.) P. Karst.
Fk.-Typen: laterale bis stipitate, monozentrische, meist perennierende, aber auch annuelle Crustothecien mit polyporoidem Hymenophor.
Habitat: lignicol; saprotroph bis perthotroph auf Laub − selten auf Nadelholz oder terrestrisch über Holz; Weißfäuleerreger.
Konsistenz: kork- bis holzartig, trocken hart.
Trama: nahezu weiß bis dunkelbraun; trimitisch, generative Hyphen hyalin, mit Schnallen; Skeletthyphen selten hyalin, meist hell- bis dunkelbraun, dickwandig bis nahezu massiv, meist weitgehend unverzweigt; Bindehyphen hyalin bis braun, dickwandig, verzweigt.
Hutoberseite: mit hellgelben, gelben, roten, trübroten, rotbraunen, braunen, schwarzbraunen oder schwarzen Farbtönen; mit massiver Kruste, diese teilweise glänzend, teilweise mit Harzschicht, unregelmäßig konzentrisch gefurcht und oft radial runzelig; Cortices aus palisadenartig angeordneten, teils keuligen Hyphenenden bestehend.
Hymenophor: in Aufsicht ocker bis braun, Zuwachsschichten bei manchen Arten reinweiß; engporig, Poren meist nahezu rund; Hymenium ohne Cystiden; Basidien mit Basalschnalle.
Basidiosporen: Spp. braun; Sp. braun, ellipsoid, apikal meist truncat, mit doppelter Wandschicht, mit warzig oder kurzstacheliger Struktur zwischen den Wandschichten; JKJ negativ.
Lit.: 1, 9, 14, 15, 23, 31, 33, 46, 58, 65, 68, 82, 93, 107, 116, 121, 138, 139, 144, 145, 148
Die deutsche Bezeichnung „Lackporlinge" bezieht sich auf die glänzenden, sterilen Oberflächen (Krusten) der Fk. des Verwandtschaftskreises von → *Ganoderma lucidum.* Die Gattung *Ganoderma* umfasst weltweit ca. 80 überwiegend tropisch verbreitete Arten, von denen sechs in Europa vorkommen. Der Name *Ganoderma valesiaca* Boud. bezieht sich auf Funde von → *Ganoderma carnosum* auf Lärchenholz in den Alpen. Die in [14] angegebenen Merkmale passen vollständig in den Variationsbereich von *Ganoderma carnosum*. Als Inhaltsstoffe sind Chinoide Verbindungen (Banomycin) nachgewiesen*.

Schlüssel der *Ganoderma*-Arten Mitteleuropas:
(Alle Arten sind während und nach der Sporulationsphase auf den Hutoberseiten oft mit braunem Sporenpulver bedeckt, so dass die eigentliche Farbe erst nach Abwischen oder Abschwemmen des Sporenpulvers zu ermitteln ist.)

1 Trama nahezu weiß, hellocker bis hellbraun; Fk. meist einjährig, gestielt oder fächer- bis konsolenförmig; sterile Oberflächen mit glatter, lackartig glänzender oder klebrig harzartiger Kruste mit gelbbraunen, rotbraunen oder rotschwarzen Farbtönen

2

1* Trama dunkler braun; Fk. meist perennierend, stets ungestielt, konsolenförmig; sterile Oberflächen mit dicker, glatter oder klebrig harzartiger, aber nicht glänzend lackartiger Kruste mit braunen, grauen, rotbraunen bis schwarzbraunen Farbtönen **3**

2 Fk. einjährig, selten perennierend, kurzgestielt oder konsolenförmig, mit wulstigem Rand, Huttrama in der Hutmitte 4 bis über 10 cm dick, ockerfarben bis hellbraun, am Rand zunächst weiß, dann rotbraun bis tief dunkelrot, mit einer dünnen Kruste, diese mit einer hyalinen, klebrig harzartigen Schicht bedeckt, die in einer Flamme schmilzt **→ *Ganoderma resinaceum***

2* Fk. stets einjährig, meist gestielt, selten lateral ansitzend und fächer- bis konsolenförmig, Hutoberseite und Stiel mit glatter glänzender, lackartiger, dünner Kruste ohne klebrig harzartige Schicht, Huttrama in der Hutmitte um 1 cm dick, Rand abgeflacht **4**

3 Hutoberseite über der rot- bis schwarzbraunen Cortex mit einer dicken Harzkruste, die in einer Flamme schmilzt, Fk. ungestielt, konsolenförmig, Huttrama in der Hutmitte bis 5 cm dick **→ *Ganoderma pfeifferi***

3* Hutoberseite ohne Harzkruste, braun, graubraun bis schwarz, stets ohne rote Farbtöne, mit einer glatten Kruste **5**

4 Trama hellbraun, sterile Oberflächen lackartig glänzend, gelb- bis rotbraun, an Laubgehölzen, selten an Fichte, Sporen 7–11×6–8 µm **→ *Ganoderma lucidum***

4* Trama nahezu weiß bis hellbraun, sterile Oberflächen lackartig glänzend, rotbraun, an den Insertionsflächen sehr dunkel, fast schwarz, an Nadelgehölzen, überwiegend im Gebirge, Sporen 10–13×7–8,5 µm **→ *Ganoderma carnosum***

5 Trama dunkel rotbraun, auch unter der Kruste nicht aufgehellt, ohne oder mit minimal weiß ausgeblichenen Partien, Kruste über 0,5 mm dick; reife Konsolen nicht extrem abgeflacht, Rand wulstig **→ *Ganoderma australe***

5* Trama dunkelbraun, direkt unter der Kruste etwas heller, z.T. mit weißen, ausgeblichenen Partien, Kruste unter 0,5 mm dick, reife Konsolen meist extrem abgeflacht und scharfrandig **→ *Ganoderma applanatum***

Die Gattung *Gloeophyllum* P. Karst.

[= *Osmoporus* Singer = *Pleurocoriellus* Kotlaba & Pouzar]

Typusart: *Agaricus sepiarius* Wulfen ≡ *Daedalea sepiaria* Wulfen.: Fr. ≡ *Gloeophyllum sepiarium* (Wulfen: Fr.) P. Karst.

Fk.-Typen: laterale, selten effusoreflexe bis rein effuse, meist konsolen-, fächer-, rosettenförmige, mono- bis polyzentrische, annuelle bis perennierende Crustothecien mit polyporoidem, daedaleoidem bis lenzitoidem Hymenophor.

Habitat: lignicol; saprotroph auf Laub- und/oder Nadelholz; Braunfäuleerreger.

Konsistenz: ledrig, zäh, korkig oder holzartig.

Trama: dunkelbraun, in KOH schwarz, di- oder trimitisch, generative Hyphen hyalin, mit Schnallen; Skeletthyphen braun und dickwandig, wenig verzweigt; Bindehyphen ebenfalls braun und dickwandig, verzweigt.

Hymenophor: in Aufsicht orangebraun, gelbbraun bis braun; Hymenium häufig mit Cystiden; Basidien mit Basalschnalle.

Hutoberseite: jung orangebraun, mit feinsamtigem bis haarigem Tomentum, später verkahlend, braun bis schwarz; konzentrisch rillig gezont.

Basidiosporen: Spp. weiß; Sp. hyalin, zylindrisch bis gestreckt ellipsoid, dünnwandig, glatt;

JKJ negativ.
Lit.: 9, 15, 58, 93, 138, 139

Die *Gloeophyllum*-Arten besiedeln überwiegend Nadelholz. Die meisten von ihnen sind relativ resistent gegen Trockenheit der Substrate und verursachen auch an verbautem Holz Schäden, worauf z.B. die deutsche Bezeichnung „Zaunblättling" für → *Gloeophyllum sepiarium* hinweist. Als Pigmente sind Pyrone (Trametin) und chinoide Verbindungen (Thermophillin) nachgewiesen*. Die Gattung *Gloeophyllum* umfasst weltweit 13 Arten; davon kommen sechs in Europa vor, die alle – wenigstens fakultativ – Hüte ausbilden können.

Schlüssel der europäischen *Gloeophyllum*-Arten

1 Hymenophor polyporoid mit runden bis eckigen oder etwas gestreckten Poren **2**

1* Hymenophor daedaleoid oder lenzitoid, z.T. vermischt mit runden Poren **3**

2 frisch mit deutlichem Anisgeruch, Fk. zäh, meist pileat, mitunter effusoreflex, selten ausschließlich effus, Oberseite mit orangebraunen Zuwachszonen, alt dunkelbraun bis schwarz, an Nadelholz, bevorzugt an *Picea,* annuell oder zwei- bis dreijährig, in Europa sehr häufige Art **→ *Gloeophyllum odoratum***

2* ohne Anisgeruch; Fk. effusoreflex oder lateral, in Europa nur in Skandinavien nachgewiesene, seltene Arten, bevorzugt an *Pinus* **4**

3 Hymenophor überweigend lenzitoid; sekantal 3–4 Lamellen pro mm, Oberseite feinsamtig bis glatt, mitunter mit weiten, wenig gekerbten Zonen **→ *Gloeophyllum trabeum***

3* 0,5–2 Lamellen pro mm, Oberseite rau bis haarig, mit gekerbten und farblich meist scharf kontrastierten Zonen **5**

4 Fk. meist lateral, konsolenförmig, mit runden bis gestreckten Poren, Hyphensystem trimitisch ***Gloephyllumn protractum***

4* Fk. meist effus, selten effusoreflex mit eckigen Poren, Hyphensystem dimitisch ***Gloeophyllum carbonarium***

5 ca. 20 Dissepimente (meist Lamellen) pro cm am Fk.-Rand; Oberseite rostbraun, alt graubraun bis schwarz **→ *Gloeophyllum sepiarium***

5* ca. zehn Dissepimente (meist Lamellen) pro cm am Fk.-Rand; Oberseite zimt- bis tabakbraun, alt graubraun bis schwarz **→ *Gloeophyllum abietinum***

Gloeophyllum carbonarium (Berk. & M.A. Curtis) Ryvarden
[≡ *Hexagonia carbonaria* Berk. & M.A. Curtis ≡ *Antrodia carbonaria* (Berk. & M.A. Curtis) Bondartseva & S. Herrera ≡ *Coriolellus carbonarius* (Berk. & M.A. Curtis) Bondartsev & Singer ≡ *Daedalea carbonaria* (Berk. & M.A. Curtis) Aoshima ≡ *Trametes carbonaria* (Berk. & M.A. Curtis) Overh.]
Fk.-Typ: effuse bis effusoreflexe, annuelle, selten ausschließlich laterale, monozentrische Crustothecien mit polyporoidem Hymenophor.
Makromerkmale: Fk. meist effus, selten effusoreflex; Konsistenz weich und biegsam; bis 5 mm dicke, an der Unterseite horizontaler Substrate auch weit ausgedehnte Krusten bildend; mitunter bis 1 cm vom Substrat abstehende, oberseits tomentose, braune, fein gezonte Hütchen am oberen Rand von Krusten an senkrechten Substraten, z.B. an aufrechten, angekohlten Kiefernstämmen nach Bränden in den Taigawäldern; Aufsicht auf das Hymenophor grau- bis dunkelbraun; Poren rund bis eckig, oft hexagonal; 1–2 Poren/mm; Dissepimente

dünn; Röhren bis 5 mm lang; Trama dünn, meist weniger als 2 mm dick, faserig, ungezont, dunkelbraun. Hymenophoraltrama der Huttrama gleichfarben.
Mikromerkmale: Sporen 7–10,5×2,5–3,5 µm; Hyphensystem dimitisch; generative Hyphen bis 4 µm Ø, mit Schnallen, Skeletthyphen dickwandig, hell- bis dunkelbraun, selten verzweigt, bis 4 µm Ø; Hymenium ohne sterile Elemente.

Die im holarktischen Florenreich circumpolar verbreitete Art ist in Europa nur aus Skandinavien bekannt und wächst dort an angebranntem Holz von Kiefernstämmen.

Gloeophyllum protractum (Fr.) Imazeki
[≡ *Trametes protracta* Fr. ≡ *Fomes protractus* (Fr.) P. Karst. ≡ *Osmoporus protractus* (Fr.) Bondartsev]
Fk.-Typ: laterale, annuelle bis perennierende, mono- bis polyzentrische Crustothecien mit polyporoidem Hymenophor.
Makromerkmale: Fk. mitunter halbkreisförmig, breit angewachsen, öfter aber in langen Reihen an liegenden Stämmen; im Radialschnitt oft dreieckig; Konsistenz zäh, ledrig; Hüte bis 10 cm breit, flach, bis 4 cm vom Substrat abstehend, im mittleren Hutbereich um 1,5 cm dick; oberseits unbehaart, glatt, ockerfarben bis braun, alt grau, grauschwarz bis schwarz, verkrustend, rillig gezont; Aufsicht auf das Hymenophor ocker bis fuchsbraun, auf Druck dunkler; Poren rund bis eckig, oft im Alter etwas radial gestreckt; 1–2 Poren/mm; Röhren bis 1 cm lang; Trama dunkelbraun, 2–10 mm dick.
Mikromerkmale: Sp. 8,5–12×3–4 µm; Hyphensystem trimitisch; generative Hyphen bis 3 µm Ø; Skeletthyphen dickwandig, gelblich bis braun, bis 5 µm Ø; Bindehyphen selten vorhanden, dickwandig bis solide, 2–3 µm Ø; Hymenium mit Cystidiolen.

Die im holarktischen Florenreich circumpolar verbreiteteArt ist in Europa nur aus Skandinavien bekannt.

Die Gattung *Gloeoporus* Mont.

Typusart: *Gloeoporus conchoides* Mont. = *Boletus thelephoroides* Hook. ≡ *Gloeoporus telephoroides* (Hook.) G. Cunn.
Fk.-Typen: effuse und effusoreflexe, selten auch laterale, polyzentrische, annuelle Crustothecien mit polyporoidem Hymenophor.
Habitat: lignicol; saprotroph auf Nadel- oder Laubholz; Weißfäuleerreger.
Konsistenz: jung saftig, später harzig, dann hart.
Trama: schmutzig weiß oder gelblich, grünlich, hell purpurfarben; zweischichtig, mit einer dunkleren, schwammigen, gelatinösen Schicht über dem Hymenophor; Hymenophor in frischem Zustand daher ablösbar; Hyphensystem monomitisch, Hyphen mit Schnallen.
Hutoberseite: kurz behaart bis filzig, nicht oder undeutlich gezont, weiß bis hell cremefarben.
Hymenophor: wachsartig, durch gelatinisierte Hyphen von der Huttrama getrennt, in Aufsicht violett, purpurfarben, gelb-grünlich; Hymenium mit oder ohne Cystiden; Basidien viersporig, mit Basalschnalle.
Basidiosporen: Spp. weiß; Sp. hyalin, zylindrisch bis allantoid; glatt, dünnwandig; JKJ negativ; Schneiden der Dissepimente fertil (mit Basidien).
Lit.: 9, 33, 72, 82, 93, 138, 139

Die Umgrenzung und Zuordnung der Gattung zu den Meruliaceae oder Phanerochaetaceae geschieht in der Literatur nicht einheitlich; die Gattung *Meruliopsis* Bondartsev wird teils als Synonym angesehen, teils von *Gloeoporus* auf Gattungsrang getrennt. Zu *Meruliopsis* gehören Braunfäuleerreger mit glatten bis merulioiden Hymenophoren und schnallenlosen Septen. In der hier akzeptierten Umgrenzung werden nur Arten mit polyporoidem Hymenophor und Schnallen zu *Gloeoporus* gestellt. Die Gattung ist kosmopolitisch verbreitet und umfasst weltweit ca. 25 Arten.

Einzige europäische pileate *Gloeoporus*-Art mit polyporoidem Hymenophor:
→ ***Gloeoporus dichrous***

Die Gattung *Grifola* Gray
[= *Cladodendron* Lázaro Ibiza = *Cladomeris* Quél. = *Polypilus* P. Karst. = *Merisma* (Fr.) Gillet]
Typusart: *Boletus frondosus* Dicks. ≡ *Grifola frondosa* (Dicks.) Gray
Fk.-Typen: stipitate oder laterale, basal stielartig verschmälerte, monozentrische, annuelle Crustothecien mit polyporoidem Hymenophor.
Habitat: lignicol; perthotroph und saprotroph an Laub- seltener an Nadelholz; Weißfäuleerreger.
Konsistenz: frisch zähfleischig bis ledrig, trocken hart.
Trama: weiß bis cremefarben; Hyphensystem monomitisch bis dimitisch; Hyphen hyalin, teilweise mit Schnallen.
Hutoberseite: grau, graubraun, braun; im Alter dunkler; feinfilzig bis glatt.
Hymenophor: in Aufsicht anfangs weiß, später cremefarben; Hymenium ohne sterile Elemente, Septen teilweise mit Schnallen; Hyphensystem monomitisch bis dimitisch.
Basidiosporen: Spp. weiß; Sp. dünnwandig, glatt, hyalin, ovoid bis ellipsoid; JKJ negativ.
Lit.: 9, 15, 23, 33, 138, 139
Die Gattung *Grifola* kommt in der nemoralen Klimazone der Nordhemisphäre vor. Sie umfasst weltweit fünf Arten und steht der Gattung *Meripilus* nahe, deren Septen jedoch stets schnallenlos sind. In Europa kommt ausschließlich die Typusart vor.

Einzige *Grifola*-Art in Europa:

→ ***Grifola frondosa***

Die Gattung *Hapalopilus* P. Karst.
Typusart: *Polyporus nidulans* Fr. ≡ *Hapalopilus nidulans* (Fr.) P. Karst.
Fk.-Typen: effuse, nodulose, effusoreflexe bis laterale, annuelle, mono- bis polyzentrische Crustothecien.
Habitat: lignicol; saprotroph an Laubgehölzen, hauptsächlich in der Optimalphase des Holzabbaus; Weißfäuleerreger.
Konsistenz: saftig, weich oder wachsartig; trockene Fk. bröckelig, mürbe oder hart.
Trama: wie alle Teile der Fk. mit leuchtend orange bis rötlich-zimtbraunen Farbtönen; Hyphensystem monomitisch, Hyphen mit Schnallen.
Hutoberseite: jung der Trama gleichfarben, alt mitunter mit mehr Brauntönen.
Hymenophor: in Aufsicht der Trama gleichfarben, mitunter etwas heller als die Hutoberseite, Hymenium ohne Cystiden.
Basidiosporen: Spp. weiß; Sp. zylindrisch bis ellipsoid, hyalin, glatt, dünnwandig; JKJ negativ.
Lit.: 9, 15, 33, 51, 58, 71, 93, 131, 133, 138, 139
Die Gattung *Hapalopilus* umfasst weltweit weniger als zehn Arten, fünf kommen in Europa vor, zwei davon bilden pileate Fk. mit polyporoidem Hymenophor. Eine der effusen Sippen, *Hapalopilus aurantiacus* (Rostk.) Bondartsev & Singer, ist Nadelholzbewohner und kann nodulose („pseudopileate") Formen bilden, es entstehen aber keine Hüte mit steriler Oberseite. Mit Laugen (KOH, NaOH etc.) färben sich alle violett oder karminrot, bedingt durch die chinoiden Verbindungen* Polyporsäure und Atromentin.

Schlüssel der europäischen pileaten *Hapalopilus*-Arten:

1 Fk. bis 12 cm breit; Geschmack mild; in allen Teilen zimtbraun bis orange, so bleibend; Sporen schmal ellipsoid, in Europa häufig, an nahezu allen Laubbaumgattungen nachgewiesen; trockene Fk. bröckelig

→ ***Hapalopilus nidulans***

1* Fk. größer, bis 20 cm breit; Geschmack bitter; Hutoberseite zunächst glänzend orange, später pubescent und braun, Hymenophor rotorange, im Alter braun; Sporen breit ellipsoid, in Europa sehr selten, nur an *Quercus* und *Castanea* nachgewiesen; trockene Fk. hart

Hapalopilus croceus

Hapalopilus croceus (Pers.) Donk
[*Boletus croceus* Pers. ≡ *Polyporus croceus* (Pers.) Fr. ≡ *Aurantiporus croceus* (Pers.) Murrill ≡ *Inonotus croceus* (Pers.) P. Karst. ≡ *Phaeolus croceus* (Pers.) Pat. ≡ *Tyromyces croceus* (Pers.) J. Lowe]
Safranfarbener Weichporling
Fk.-Typ: laterale, monozentrische, breit ansitzende, annuelle Crustothecien mit polyporoidem Hymenophor.
Habitat: lignicol, meist an *Quercus*, selten an *Castanea*.
Makromerkmale: Fk. groß, meist konsolenförmig, Konsistenz saftig, weich, beim Trocknen stark schrumpfend, trocken harzig, hart; Hüte bis 20 cm breit, bis 15 cm vom Substrat abstehend und in der Hutmitte bis über 5 cm dick; Rand abgerundet; Oberseite orangefarben, fein velutinos bis pubescent, später bräunlich-orange und glatt; Aufsicht auf das Hymenophor leuchtend rötlich-orange, safranfarben, im Alter und trocken dunkler orange bis grau; Poren meist abgerundet eckig, 2–3 Poren/mm; Röhren bis 12 mm lang; Trama leuchtend orange, schwammig, wässrig, später dunkler orange bis bräunlich; Hymenophoraltrama der Huttrama gleichfarben.
Mikromerkmale: Sp. breit ellipsoid, hyalin, dünnwandig, 4–7×3–5 µm; Basidien viersporig, mit Basalschnalle; Hymenium ohne sterile Elemente; Hyphensystem monomitisch; Hyphen bis 4 µm Ø, agglutiniert, inkrustiert mit rötlichen, klumpig-unförmigen Kristallen.
Hapalopilus croceus ist eine seltene Art, die im *Quercus*-Areal Europas bis an dessen Nordgrenze verbreitet ist und auch in Nordamerika nachgewiesen wurde.

Die Gattung *Haploporus* Singer

Typusart: *Polyporus odorus* Sommerf. ≡ *Haploporus odorus* (Sommerf.) Bondartsev & Singer = *Haploporus suaveolens* (L.) Donk ss. Donk = *Fomitopsis odoratissima* Bondartsev
Fk.-Typen: perennierende, laterale bis effusoreflexe, mono- bis polyzentrische Crustothecien mit Anisgeruch, mit polyporoidem Hymenophor.
Habitat: lignicol; perthotroph an Laubholz, in Europa nur an *Salix*; Weißfäuleerreger.
Konsistenz: weich, korkig, trocken holzig hart.
Trama: hell gelb-bräunlich; Hyphensystem trimitisch, alle Hyphen hyalin; generative Hyphen mit Schnallen.
Hutoberseite: weißlich; flach bis gewölbt, glatt, ohne Kruste.
Hymenophor: in Aufsicht weiß bis gelblich; Hymenium ohne sterile Elemente; Basidien clavat, mit Basalschnalle.
Basidiosporen: Spp. weiß bis gelblich-weiß; Sp. dickwandig, ovoid bis breit ellipsoid, hyalin bis gelblich, grobwarzig; JKJ dextrinoid.
Lit.: 138, 139
Haploporus ist eine monotypische Gattung der borealen Zone Nordeuropas. Die Mehrjährigkeit der Fk. in Verbindung mit der trimitischen Trama und vor allem die breit ellipsoiden, dickwandigen und auffallend grobwarzigen Sporen sind neben dem Anisgeruch Merkmale, die *Haploporus* als eine eigenständige Gattung kennzeichnen.

Weltweit einzige *Haploporus*-Art:

Haploporus odorus

Haploporus odorus (Sommerf.) Bondartsev & Singer
Makromerkmale: Fk. meist sitzend oder etwas am Substrat herablaufend; konsolen- bis hufförmig; Hüte oberseits jung weiß, bald gelblich bis hellbraun oder graubraun; zunächst feinfilzig, bald glatt, ohne feste Kruste, mehrjährige Oberseiten etwas verkrustend; ungezont oder

mit rilligen Zuwachszonen; bis 15, meist um 5–10 cm breit, 3–7 cm vom Substrat abstehend, an der Insertionsfläche 3–7 cm hoch, im Querschnitt dreieckig, Rand wulstig abgerundet; Hymenophor in Aufsicht jung weiß, bald gelblich, auf Druck etwas bräunend; Poren rund, 3–5 Poren/mm; Röhren bei mehrjährigen Exemplaren geschichtet, pro Schicht 1–5 mm lang; Huttrama weiß bis gelblich, fein gezont; Hymenophoraltrama der Huttrama gleichfarben.
Mikromerkmale: Spp. weiß bis hellgelb; Sp. auffallend grobwarzig, dickwandig, Wände zum Hilarappendix hin dünner; 5–6,5×4–5,5 µm; ellipsoid; Basidien breit keulig (clavat), mitunter fast zylindrisch; mit henkelförmiger Basalschnalle; Hyphensystem trimitisch; generative Hyphen mit Schnallen, diese oft henkelförmig, dünnwandig, oft mit knorrigen Auszweigungen, 2–4 µm Ø; Skeletthyphen dickwandig, weitgehend unverzweigt, mitunter wellig, z.T. nahezu solide, bis 5 µm Ø; Bindehyphen dickwandig, stark verzweigt, unseptiert, 2–3 µm Ø.
Die seltene Art kommt in borealen Nadelwäldern circumpolar hauptsächlich perthotroph an lebenden Weidenstämmen vor. *Haploporus odorus* kann makroskopisch und auch wegen des Anisgeruches mit → *Trametes suaveolens* verwechselt werden, die ebenfalls häufig an *Salix*-Stämmen vorkommt, was auch bei der Deutung alter Angaben Probleme bereitet. *Trametes suaveolens* hat schmale, dünnwandige und glatte Sporen, und die Fk. bleiben annuell.

Die Gattung *Heterobasidion* Bref.
Typusart: *Polyporus annosus* Fr. ≡ *Heterobasidion annosum* (Fr.) Bref.
Fk.-Typen: effuse bis laterale, meist monozentrische, perennierende Crustothecien mit polyporoidem Hymenophor.
Habitat: lignicol; mitunter terrestrisch über Holz; perthotroph (auch biotroph?) am Grunde lebender Laub- und Nadelholz-Bäume; saprotroph in der Initialphase der Holzzerstörung weiterwachsend; Erreger von Stockfäule, einer spezifischen Form der Weißfäule.
Konsistenz: frisch elastisch, zäh, trocken hart und holzig.
Trama: weiß bis blass cremefarben, mit Melzers Reagenz dunkel rotbraun; Hyphensystem dimitisch, dickwandige, mitunter solide Skeletthyphen dominieren in der Trama, dünnwandige, generative Hyphen mit schnallenlosen Septen in den Fk.n schwer nachweisbar; in Kulturen kommen jedoch Schnallen vor; Skeletthyphen dextrinoid.
Hutoberseite: anfangs hell rotbraun und fein tomentos, später glatt mit dünner, rotbrauner, zuletzt schwarzer Kruste, die beim Biegen der Fk. knisternd aufbricht; Zuwachszonen weiß.
Hymenophor: in Aufsicht weiß bis blass cremefarben, regulär bis irregulär polyporoid mit runden, gestreckten oder winkelig-gestreckten Poren; Hymenium ohne sterile Elemente.
Basidiosporen: Spp. weiß; Sp. breit ellipsoid bis rund; hyalin, dünn- bis etwas dickwandig, mit feinem, warzigem Ornament; JKJ negativ.
Lit.: 5, 9, 15, 26, 33, 82, 93, 105, 115, 138, 139
Die Gattung *Heterobasidion* wurde lange Zeit von den Mykologen übereinstimmend als monotypische Sippe angesehen. Neue Untersuchungen zeigen jedoch, dass es substratspezifische Ökotypen gibt, die sich auch morphologisch in der Porengröße des Hymenophors widerspiegeln und statistisch fassbar sein sollen (S. 29). Aus Europa werden daher neben → *Heterobasidion annosum* noch zwei weitere Arten angegeben: *Heterobasidion parviporum* Niemelä & Korhonen, die hauptsächlich *Picea* besiedelt, und *Heterobasidion abietinum* Niemelä & Korhonen, die hauptsächlich an *Abies* vorkommt. Da das polyphage *Heterobasidion annosum* an zahlreichen Koniferen, einschließlich *Abies* und *Picea*, und an zahlreichen Laubgehölzen vorkommt und da sich die drei Sippen auch mikroskopisch nicht trennen lassen, wird hier weiterhin die Auffassung vertreten, dass die beiden Sippen als Ökotypen behandelt und nicht auf Artrang getrennt werden sollten. Als Pigment ist eine chinoide Verbindungen (substituiertes Naphtochinon) nachgewiesen.

Einzige *Heterobasidion*-Art in Europa:

→ *Heterobasidion annosum*

Die Gattung *Hexagonia* Fr.
[= *Apoxona* Donk = *Pogonomyces* Murrill]
Typusart: *Hexagonia crinigera* Fr.
Fk.-Typen: annuelle oder perennierende, laterale, monozentrische Crustothecien mit polyporoidem Hymenophor.
Habitat: lignicol; an Laubgehölzen; Weißfäuleerreger.
Konsistenz: korkig bis holzig.
Trama: braun, in KOH schwarz; Hyphensystem trimitisch mit gelb- bis goldbraunen, dickwandigen Skeletthyphen; Huttrama dünn; generative Hyphen dünnwandig, hyalin mit Schnallen, Bindehyphen dickwandig bis solide.
Hutoberseite: glatt, fein tomentos bis striegelhaarig, mit braunen Farbtönen.
Hymenophor: polyporoid, meist mit großen, wabenförmigen, hexagonalen Poren; Aufsicht auf das Hymenophor mit braunen Farbtönen; Hymenium ohne Cystiden.
Basidiosporen: Spp. weiß; Sp. groß, → 10 µm lang, hyalin, zylindrisch, dünnwandig; JKJ negativ.
Lit.: 9, 138, 139
Die Gattung *Hexagonia* umfasst weltweit ca. 15 Arten und ist überwiegend tropisch verbreitet.

Einzige *Hexagonia*-Art in Europa:

Hexagonia nitida

Hexagonia nitida Durieu & Mont.
[≡ *Apoxona nitida* (Durieu & Mont.) Donk ≡ *Fomes nitidus* (Durieu & Mont.) Zmitr. ≡ *Daedaleopsis nitida* (Durieu & Mont.) Zmitr. & Malysheva]
Makromerkmale: Fk. perennierend, einzeln oder in kleinen Gruppen, Konsistenz holzig; Hüte abgeflacht, halbkreisförmig; bis 10 cm breit, bis 7 cm vom Substrat abstehend und bis 4 cm dick; Hutoberseite schwarz, glatt und glänzend, im Alter mitunter radial rissig, am abgerundeten Hutrand grau; Aufsicht auf das Hymenophor grau- bis dunkelbraun; Poren eckig, wabenförmig, 1–3 mm Ø, Röhren bis 3 cm lang; Trama dunkelbraun, Huttrama bis 5 mm dick, hartfaserig.
Mikromerkmale: Sp. zylindrisch, 11–15×3–5 µm; Basidien clavat, viersporig, mit Basalschnalle; generative Hyphen 2–5 µm Ø; Skeletthyphen dickwandig bis solide, braun, unseptiert, bis 6 µm Ø; Bindehyphen knorrig verzweigt, solide, braun, bis 5 µm Ø.
Hexagonia nitida kommt in Europa nur im Mittelmeergebiet an mediterranen *Quercus*-Arten vor. Die Art ist auch aus Nordafrika bekannt. Sie ist im Gelände durch die glatte, schwarze und im Alter rissige Hutoberseite, die großen, hexagonalen Poren und die dunkle Trama unverkennbar.

Die Gattung *Inonotus* P. Karst.
[= *Cerrenella* Murrill = *Flaviporellus* Murrill = *Inocutis* Fiass. & Niemäla = *Inoderma* P. Karst. = *Inodermus* Quél. = *Inonotopsis* Parm. = *Mensularia* Lázaro Ibiza = *Mucronoporus* Ellis & Everh. = *Onnia* P. Karst. = *Phaeoporus* J. Schroet. = *Polystictoides* Lázaro Ibiza = *Xanthoporia* Murrill]
Schillerporlinge
Typusart: *Polyporus cuticularis* Bull.: Fr. ≡ *Inonotus cuticularis* (Bull.: Fr.) P. Karst.
Fk.-Typen: effuse, effusoreflexe, laterale oder stipitate, annuelle Crustothecien mit polyporoidem Hymenophor.
Habitat: lignicol; sapro- oder perthotroph an Laub- oder Nadelgehölzen; Weißfäuleerreger.
Konsistenz: jung weich und zäh, alt verhärtend, brüchig.
Trama: rost- bis dunkelbraun, mit KOH schwarz; Hyphensystem monomitisch oder pseudodimitisch durch Setae in der Trama (setale Hyphen); Hyphen anfangs farblos, später gelblich bis hellbraun und leicht wandverdickt, ohne Schnallen; einige Arten mit Myzelialkern.
Hutoberseite: gelblich, hell- bis dunkelbraun; ohne Kruste, jung feinfilzig bis zottig behaart, alt mitunter verkahlend, verhärtend.
Hymenophor: in Aufsicht bei Reife gelbbraun, braun bis olivbraun; meist regulär polyporo-

id; Poren rund bis eckig, selten aufspaltend; Hymenium meist mit Hymenialsetae.
Basidiosporen: Spp. weiß, cremefarben gelb bis hell rostbraun; Sp. ellipsoid bis subglobos, hyalin, hellgelb bis gelbbraun, dünn- bis dickwandig, glatt; JKJ negativ.
Lit.: 8, 9, 15, 16, 23, 33, 36, 51, 57, 58, 62, 78, 80, 82, 128, 130, 138, 139, 156, 164
Die Gattung *Inonotus* wird von manchen Autoren in mehrere Gattungen aufgegliedert; z.B. werden wegen der stets dünnwandigen Sporen *Inonotopsis* und *Onnia* als eigene Gattungen geführt; *Onnia* besitzt zudem eine Duplexstruktur der Huttrama und kommt ausschließlich auf oder bei Nadelholz vor; *Inonotopsis* hat nur sehr dünne effuse Fk.; *Inocutis* wird wegen der stets fehlenden Hymenialsetae von *Inonotus* getrennt. Da nicht alle *Inonotus* spp. bzgl. der neuen Gattungskonzepte hinreichend geprüft sind, wurde in der vorliegenden Übersicht die Gattung *Inonotus* s.l. im Sinne von [139] beibehalten.

Von der Gattung *Phellinus* unterscheidet sich *Inonotus* in erster Linie durch die weicheren, stets annuellen Fk. Die pileaten Arten besitzen zudem keine von der Trama scharf differenzierten Cortexstrukturen. Als Pigmente sind Pyrone (Hypholomin B, Inoscavin A, Phelligridin) nachgewiesen*.

Die deutsche Bezeichnung „Schillerporlinge" geht auf das teils gerichtete, teils diffus von der Oberseite des Hymenophors reflektierte Licht zurück, das eine Vorzugsrichtung aufweist, so dass der Farbeindruck vom Betrachtungswinkel abhängt. Der Effekt ist ein silberhelles Schillern bei schräger Betrachtung (Abb. *Inonotus* 1 u. 2). Ursache dafür ist die Struktur der glatten Hyphenenden der Dissepimente, die in der Gattung *Inonotus* linear (parallel) ausgerichtet, dicht gepackt, relativ lang, hyalin und kaum verzweigt sind (Abb. *Inonotus* 3). Dieser Effekt ist bei der Gattung *Inonotus,* aber auch bei *Coltricia,* so intensiv, dass er als Merkmal bei der Gattungsbestimmung im Gelände herangezogen werden kann. In vielen Fotobüchern sind aufgrund dieses Phänomens die braunen Farbtöne des Hymenophors silberhell überstrahlt und nicht erkennbar.

Die Gattung *Inonotus* umfasst weltweit ca. 80 Arten; viele haben ausschließlich effuse Fk. Von den ca. 19 europäischen Arten bilden 13 pileate Fk., drei von ihnen sind ausschließlich im Mittelmeergebiet gefunden worden: *Inonotus euphoriae* (Pat.) Ryvarden, *Inonotus rickii* (Pat.) D.A. Reid und *Inonotus tamaricis* (Pat.) Maire. Zu den Arten mit effusen Fk.n gehört *Inonotus obliquus* mit der augenscheinlichen Čaga-Anamorphe. Ähnliche Anamorphen und ausschließlich effuse Fk. bildet auch *Inonotus nidus-pici* Pilát.

Schlüssel der pileaten *Inonotus*-Arten Mitteleuropas

1	Huttrama zweischichtig; über dem Hymenophor fester als unter der Cortex (→ *Inonotus leporinus,* Abb. 3) und/oder Huttrama mit Myzelialkern (Abb. *Inonotus* 4)	**2**
1*	Huttrama uniform; nicht zweischichtig und ohne Myzelialkern	**7**
2	mit Myzelialkern; stets ungestielt dem Substrat ansitzend, an Laubholz	**3**
2*	ohne Myzelialkern; Trama zweischichtig; Fk. stipitat oder substipitat oder stielartig verschmälert dem Substrat ansitzend; über Wurzelholz von oder an Nadelhölzern	**4**
3	Hut oberseits braungelb; meist an *Quercus*; Sporen $\geq$ 6 µm lang	***Inonotus dryophilus***
3*	Hut oberseits fuchsrot; meist an *Populus*; Trama meist zweischichtig; Sporen $\leq$ 6 µm lang	***Inonotus rheades***
4	Fk. gestielt oder substipitat; oft scheinbar terrestrisch über Wurzelholz	**5**
4*	Fk. breit ansitzend, konsolenförmig, oder undeutlich stielähnlich verschmälert	**6**
5	Fk. meist zentral gestielt, meist terrestrisch über Wurzelholz; Hymenialsetae gerade	

Inonotus tomentosus

5* Fk. lateral oder selten nahezu zentral gestielt, Hymenialsetae gebogen ***Inonotus triqueter***

6 Hüte abgeflacht; Fk. meist perthotroph am Grunde lebender *Picea*-Stämme → ***Inonotus leporinus***

6* Hüte im Radialschnitt dreieckig, lignicol an *Pinus* oder terricol über *Pinus*-Wurzelholz ***Inonotus triqueter***

7 Fk. groß, bei Wachstum regelmäßig mit auffallenden Guttationstropfen, die charakteristische Gruben hinterlassen **8**

7 * Fk. ohne reguläre Guttationstropfen und ohne charakteristische Guttationsgruben **9**

8 gesamte Hutoberseite stark stiegelhaarig filzig, ohne Kruste → ***Inonotus hispidus***

8* Hutoberseite jung samtig feinfilzig, später verkrustend → ***Inonotus dryadeus***

9 Hutoberseite typisch radial runzelig-furchig **10**

9* Hutoberseite nicht auffallend radial runzelig-furchig, Hutoberseits bei Reife braunfilzig, mit verzweigten Setae (Ankersetae) imTomentum → ***Inonotus cuticularis***

10 Hüte flach scharfrandig, im Radialschnitt langgestreckt, bevorzugt bodennah an *Alnus*, Hymenialsetae meist hakig gebogen; Sporen um 5–6 µm lang → ***Inonotus radiatus***

10* Hüte zunächst nodulos, später stumpfrandig, im Radiaschnitt dreieckig, bevorzugt bodenfern an *Fagus*; Hymenialsetae gerade zugespitzt; Sporen um 4–5 µm lang → ***Inonotus nodulosus***

Inonotus dryophilus (Berk.) Murrill
[≡ *Polyporus dryophilus* Berk ≡ *Inocutis dryophila* (Berk.) Fiasson & Niemelä ≡ *Inocutis dryophila* (Berk.) Fiasson & Niemelä = *Polyporus friesii* Bres.]
Eichen-Schillerporling
Habitat: lignicol; in Europa nahezu ausschließlich an lebenden *Quercus*-Stämmen, selten an *Fagus*, *Fraxinus* und *Salix*.
Makromerkmale: Fk. meist einzeln, hufförmig bis über 15 cm breit und ebenso weit vom Substrat abstehend und bis 10 cm dick; Oberseite braungelb bis rötlich-braun, tomentos bis glatt; Rand abgerundet; Aufsicht auf das Hymenophor gelbbraun, alt ocker bis rötlich-braun; Poren abgerundet eckig, 1–3 Poren/mm; Röhren bis 3 cm lang; Trama ocker- bis rostbraun; gezont, mit weißbraun gemasertem Myzelialkern.
Mikromerkmale: Spp. weißbraun bis braun; Sporen hell bräunlich, dickwandig, ellipsoid bis ovoid, 6–8×4,5–6 µm; Basidien clavat oder mit angeschwollener Basis, ohne Basalschnalle, viersporig; Hymenium ohne Setae oder andere sterile Elemente; Hyphensystem monomitisch; Hyphen der Trama ohne Schnallen, bis 4 µm Ø; Huttrama mit gloeopleren Hyphen, diese bis 10 µm dick.
Inonotus dryophilus ist im holarktischen Florenreich circumpolar verbreitet. In Europa kommt die Art besonders im Süden vor; in Mitteleuropa verhält sie sich thermophil.

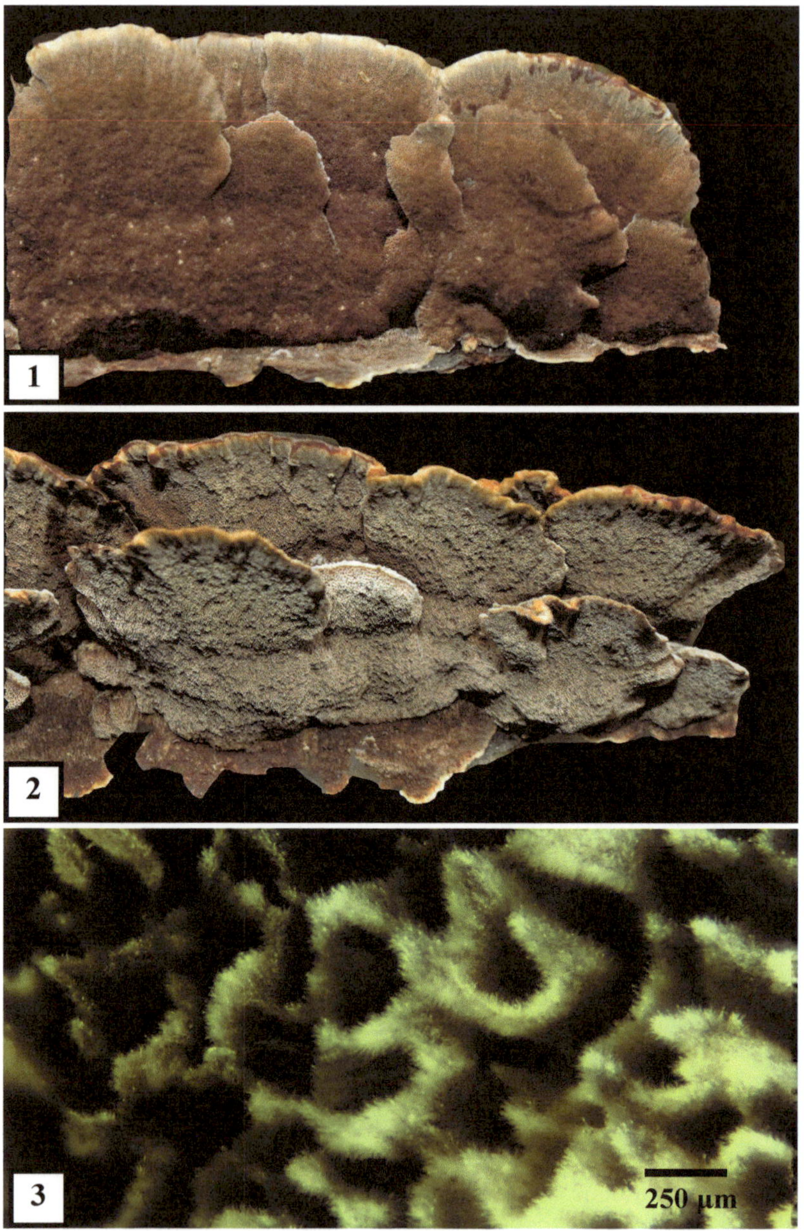

Abb. *Inonotus* 1–3: Schiller-Effekt bei mehreren Gattungen der Hymenochaetales (*Inonotus*, *Coltrica* u.a.) am Beispiel von *Inonotus radiatus*.
Abb. *Inonotus* 1: senkrechte Aufsicht auf das Hymenophor mehrerer miteinander verwachsener Fk. – die Oberfläche erscheint braun.
Abb. *Inonotus* 2: schräge Aufsicht auf dieselben Fk. der Abb. 1; die Fk. wurden um ca. 45° gedreht; die Oberfläche zeigt einen hellen, schillernden Silberglanz.
Abb. *Inonotus* 3: mikroskopische Ansicht der relativ langen, parallel orientierten Hyphenenden an den Schneiden der Dissepimente.

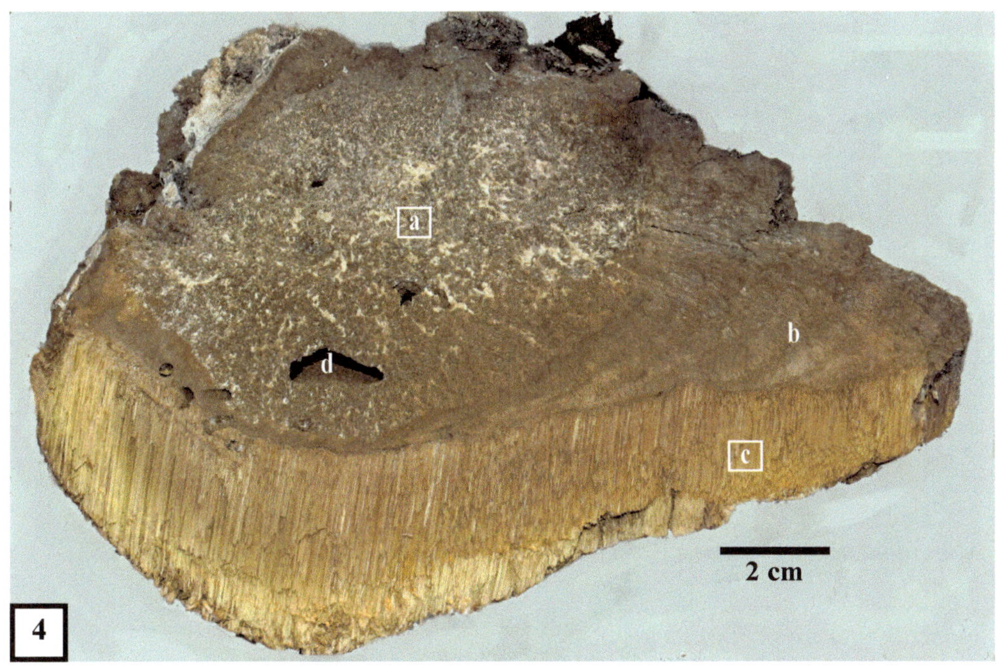

Abb. ***Inonotus* 4:** *I. dryophilus*; großer, am Wuchsort getrockneter Fk. von einem *Populus*-Stamm in ca. 2,50 m Höhe eines Auwaldes im kontinentalen Zonobiom Osteuropas; a – Myzelialkern; b – gezonte, faserige Trama; c – Hymenophor mit bis 5 cm langen Röhren, d – Fraßhöhlen von Insektenlarven.

Inonotus rheades (Pers.) Bondartsev & Singer
[≡ *Polyporus rheades* Pers. ≡ *Inocutis rheades* (Pers.) Fiasson & Niemelä = *Inonotus vulpinus* (Link) P. Karst.]
Fuchsroter Schillerporling
Habitat: in Europa meist an *Populus tremula*, selten auch an *Fagus*, *Quercus*, *Salix* und *Sorbus*.
Makromerkmale: Fk. konsolenfömig abgeflacht, breit ansitzend, oft imbricat, gelegentlich effusoreflex mit am Substrat herablaufenden, effusen Fk.-Anteilen; Hüte bis 8 cm breit, bis 5 cm vom Substrat abstehend und im mittleren Hutbereich um 2 cm dick; Hutoberseite gelbbraun mit roten Farbtönen, fuchsrot, manchmal durch Sporenpulver hell goldbraun überstäubt; undeutlich farblich gezont; Rand scharf, filzig behaart; Aufsicht auf das Hymenophor hell gelblich-braun im Alter dunkler rötlich-braun; Poren abgerundet eckig, 2–4 Poren/mm; Röhren bis 1 cm lang; Trama gelbbraun, im Alter dunkler rostbraun, Huttrama fein zoniert, bis 2 cm dick, gelegentlich deutlich zweischichtig durch eine dichtere untere und eine lockere obere Huttrama.
Mikromerkmale: Spp. hell goldbraun; Sp. gelblich, ovoid bis breit ellipsoid, 5–6×3–4 µm; Basidien clavat, viersporig, ohne Basalschnalle; Hymenium ohne Setae oder andere sterile Elemente; Hyphensystem monomitisch; Septen ohne Schnallen; Hyphen polymorph, teils dickwandig, rötlich-braun, teils dünnwandig, gelbbraun, bis 10 µm Ø.
Inonotus rheades ist im holarktischen Florenreich circumpolar im nemoralen und mediterranen Zonobiom verbreitet. In Europa besiedelt die Art die Regionen des *Fagus*- und *Quercus*-Areals.

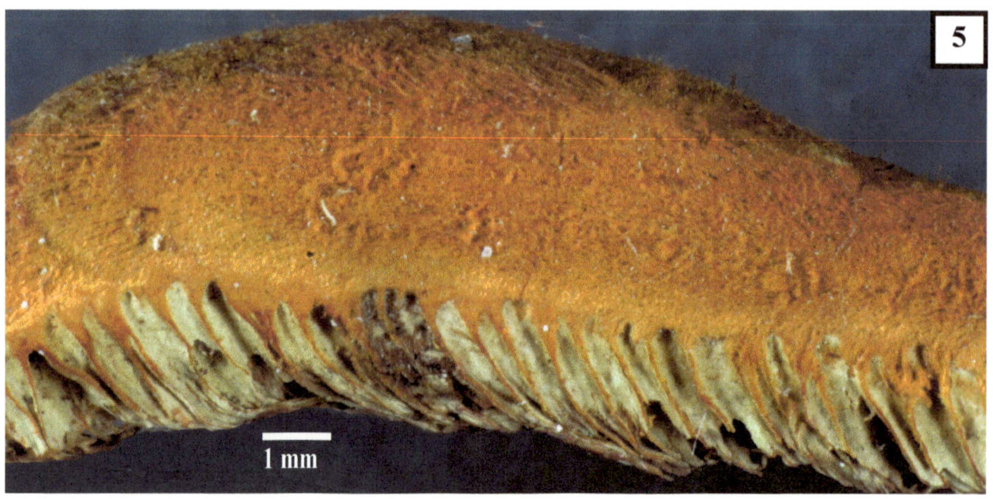

Abb. ***Inonotus*** **5:** *I. rheades*; Rand eines radial aufgebrochenen, exsikkierten Fk.s.

Inonotus tomentosus (Fr.) Teng
[≡ *Polyporus tomentosus* Fr ≡ *Onnia tomentosa* (Fr.) P. Karst. ≡ *Coltricia tomentosa* (Fr.) Murrill]
Gestielter Schillerporling, Gestielter Filzporling, Gestielter Borstenporling
Habitat: überwiegend an *Pinus* oder über *Pinus*-Wurzelholz, selten an anderen Nadelgehölzen, z.B. *Abies*, *Larix* und *Picea*.
Makromerkmale: Fk. in Gruppen, oft seitlich verwachsen, zentral bis exzentrisch, auch lateral gestielt oder substipitat dem Substrat ansitzend; Hüte kreiselförmig, rund, oval, nieren- oder fächerförmig zum Stiel hin verschmälert, 3 bis über 10 cm Ø, flach gewölbt bis zentral etwas vertieft, im mittleren Bereich zwischen dem scharfen Rand um 1–2 cm dick; Oberseite oft etwas höckerig, zimt- bis rostbraun, ungezont oder undeutlich gezont, borstig-filzig; Stiel konisch oder fast zylindrisch; 3–4 cm lang, 1–2 cm Ø; rotbraun, filzig, meist dunkler als die Hutoberseite; Aufsicht auf das Hymenophor grau bis graubraun; Hymenophor etwas am Stiel herablaufend, dann scharf von der Stieloberfläche abgegrenzt; Poren größtenteils abgerundet eckig, 2–4 Poren/mm, Dissepimente im Alter oft aufreißend, Röhren bis 4 mm lang; Trama gelbbraun, Huttrama bis 4 mm dick, deutlich zweischichtig, oben locker, über dem Hymenophor filzig.
Mikromerkmale: Spp. gelbbraun; Sp. ellipsoid, glatt, gelblich, 4–6×3–4 µm; Hyphen dünn- bis etwas dickwandig, hyalin bis bräunlich, ohne Schnallen, bis 6 µm Ø; Hymenialsetae reichlich vorhanden, meist gerade, mitunter an der Basis etwas abgewinkelt, dunkelbraun, apikal stumpf abgerundet, die Basidien z.T bis 100 µm überragend.
Inonotus tomentosus ist eine circumpolar verbreitete Art der Holarktis, die in diversen Wäldern mit Nadelgehölzen vorkommt; von den nahestehenden Arten → *Inonotus leporinus* und *Inonotus triqueter* mit meist gebogenen Setae ist sie durch ihre großen, geraden Setae und das überwiegend terrestrische Vorkommen über Wurzelholz gut zu unterscheiden. In Mitteleuropa ist die Art selten.

Inonotus triqueter (Fr.) P. Karst.
[≡ *Polyporus triqueter* Fr. = *Boletus triqueter* Alb. & Schwein.]
Kiefernfilzporling, Kiefern-Schillerporling, Kiefern-Borstenporling
Habitat: Fk. lignicol; lateral gestielt oder substipitat dem Substrat ansitzend, selten lateral breit ansitzend, selten auch in Stammnähe, scheinbar terrestrisch über Wurzelholz.

Abb. *Inonotus* 6: *I. tomentosus*; Fk. mit zwei, an der Stielbasis verwachsenen Hüten (links); Hutoberseite (rechts oben) und Hymenophor (rechts unten).

Makromerkmale: Hüte 3 bis über 10 cm Ø; im mittleren Bereich zwischen dem scharfen Hutrand und dem Stiel 1–2 cm dick; im Radialschnitt dreieckig; Hutoberseite flach, tomentos, wollig-filzig; zimt- bis rostbraun, im Alter mit agglutinierten Hyphen, glatt bis radial faserig; Stiel basal verjüngt, bis 2 cm dick und ebenso lang, Struktur der Hutoberseite ähnlich; Aufsicht auf das Hymenophor hell gelbbraun, Poren abgerundet eckig, 2–4 Poren/mm, Röhren 1–3, selten auch bis 5 mm lang; Hymenophor am Stiel herablaufend; Huttrama gelbbraun, goldbraun, bis 2 cm dick, deutlich zweischichtig, oben schwammig-faserig, über dem Hymenophor korkig, Hymenophoraltrama der Huttrama gleichfarben.
Mikromerkmale: Spp. gelbbraun; Sp. 5–7×3–5 µm ellipsoid, ventral abgeflacht, leicht wandverdickt, hellgelb bis bräunlich; Hyphen dünn- bis etwas dickwandig, hyalin bis hellbraun bis 8 µm Ø; Hymenialsetae braun, apikal zugespitzt und hakenförmig umgebogen, mitunter verzweigt, die Basidien nur teilweise überragend.

Inonotus triqueter ist eine seltene, zentral- bis südeuropäisch verbreitete Art. Sie kommt nördlich bis Südschweden, östlich bis Russland vor.

Hiweise auf seltene mediterrane, in Mitteleuropa fehlende Arten

Inonotus euphoriae (Pat.) Ryvarden
[≡ *Polyporus euphoriae* Pat. = *Polyporus indicus* Massee ≡ *Inonotus indicus* (Massee) M. Pieri & B. Rivoire]
Habitat: lignicol; an toten und lebenden laubabwerfenden Gehölzen.
Makromerkmale: Fk. einzeln oder zu wenigen in imbricaten Gruppen; sitzend, substipitat oder gestaucht stipitat; Hüte bis über 15 cm breit, bis 10 cm vom Substrat abstehend; Oberseite fuchsfarben, grau- bis dunkelbraun, radial runzelig, Rand fein tomentos; Stiel bis 4 cm lang und bis 3 cm Ø; Aufsicht auf das Hymenophor gelblich-braun bis dunkelbraun; Poren rund, 4–6 Poren/mm; Röhren bis 1,5 cm lang, Trama zimt- bis dunkelbraun, Hymenophoraltrama der Huttrama gleichfarben.
Mikromerkmale: Sporen breit ellipsoid bis subglobos, 4–7×4–6 µm.
Inonotus euphoriae ist in Asien und Afrika weit verbreitet, in Europa nur von Malta und Südfrankreich bekannt.

Inonotus rickii (Pat.) D.A. Reid
[= *Xanthochrous rickii* Pat.]
Habitat: lignicol; auf Laubgehölzen, z.B. *Acer*, *Sambucus* und mehreren mediterranen Gehölzen, z.B. *Celtis*.
Makromerkmale: Fk. einzeln oder in Gruppen, konsolenförmig, abgeflacht bis hufförmig, bis über 40 cm breit und bis 10 cm dick; Hutoberseite tomentos, gelb- bis rotbraun; Aufsicht auf das Hymenophor braun, Poren rund bis eckig, 2–3 Poren/mm; Röhren bis 2,5 cm lang; Trama rötlich-braun, gezont, bis 8 cm dick.
Anamorphe: Chlamydosporen bildende, zunächst helle, später harte, zerfallende kissen- bis polsterförmige, braune Gebilde (s.u.).
Mikromerkmale: Sp. ellipsoid bis ovoid, braun, 6–9×4–6 µm, dünn- bis dickwandig, in KOH rotbraun; Hymenialsetae häufig, die Basidien nur geringfügig überragend; Chlamydosporen irregulär rund bis ellipsoid, braun, dickwandig, um 10–30 µm Ø.

Inonotus rickii ist eine tropische Art, die bis ins Mittelmeergebiet Europas vorkommt. An der nördlichen Arealgrenze kommt die Anamorphe häufiger vor als die polyporoiden Fk.

Inonotus tamaricis (Pat.) Maire
Habitat: lignicol, ausschließlich an lebendem Holz von *Tamarix*.
Makromerkmale: Fk. konsolenförmig bis nahezu halbkugelig; Hüte bis 9 cm breit, bis 5 cm dick, oberseits zunächst gelbbraun und behaart, später dunkler und verkahlend; Aufsicht auf das Hymenophor braun, Poren rund, alt aufspaltend, 1–2 Poren/mm, Röhren bis 3 cm lang; Huttrama hell bis dunkelbraun, gezont, bis 4 cm dick, mit Myzelialkern.
Mikromerkmale: Sp. breit ellipsoid, 7–10×5–7 µm, braun, dickwandig; Hymenium ohne Hymenialsetae.
Inonotus tamaricis ist in Südeuropa, Nordafrika und Asien verbreitet. Durch das Substrat und den Myzelialkern kann die Art bereits im Gelände bestimmt werden.

Hinweise auf relativ eigenständige, fruchtkörperähnliche Anamorphen („imperfekte Fk.") der Gattung *Inonotus*

1 Anamorphe irregulär halbkugelig bis polymorph knollig; bei Reife außen schwarz, innen irregulär dunkelbraun/goldgelb bis weiß gemasert, in Europa weit verbreitete Arten **2**

1* Anamorphe: kissen- bis polsterförmige, braune Plectenchymmasse von bis zu 20 cm Ø, anfangs saftig weich mit Guttationstropfen; innen mit einem Fk.-ähnlichen, dem Substrat ansitzenden Kern ohne Hymenophor; später trocken, fest und hart, infolge von Chlamydosporenbildung in krümelige Stücke zerbrechend ***Inonotus rickii***

2 Anamorphe etwa halbkugelig, um 5 cm Ø, jung gelblich, weich mit Guttationstropfen, im Alter hart und schwarz rinnig-rissig, innen braun mit weißer Maserung; Chlamydosporenpulver olivgrau; Chlamydosporen ein- bis vierzellig, 5–20×3–6 µm; Basidiomata (Fk.) ausschließlich effus in Spechthöhlen; Anamorphe außen an den Spechthöhlen, die im Inneren mit den effusen Fk.n ausgekleidet sind ***Inonotus nidus-pici***

2* Anamorphe (Čaga-, Tschaga-Pilz) unregelmäßig knollig bis über 20 cm Ø, außen schwarz glänzend, tiefrissig, innen gelbschwarz gemustert; Chlamydosporen polymorph, 10x6 µm Basidiomata (Fk.) ausschließlich effus; Anamorphe meist unabhängig von den Fk.n wachsend; tiefe Holzwunden verursachend ***Inonotus obliquus***

Die Gattung *Irpex* Fr.
[= *Flavodon* Ryvarden]
Typusart: *Sistotrema lacteum* Fr. ≡ *Hydnum lacteum* (Fr.) Fr. ≡ *Irpex lacteus* (Fr.) Fr.
Fk.-Typen: effuse bis laterale, annuelle Crustothecien mit irpicoidem bis hydnoidem Hymenophor.
Habitat: lignicol; saprotroph hauptsächlich auf Laubgehölzen; Weißfäuleerreger.
Konsistenz: ledrig, trocken hart.
Trama: weiß bis blass gelbbraun; Hyphensystem dimitisch mit hyalinen Skeletthyphen, ohne Schnallen.
Hutoberseite: weiß bis cremeweiß, behaart.
Hymenophor: in Aufsicht weiß bis cremefarben; überwiegend irpicoid; Hymenuim mit inkrustierten Pseudocystiden.
Basidiosporen: Spp. weiß; Sp. hyalin, zylindrisch bis gestreckt ellipsoid; JKJ negativ.
Lit.: 9, 33, 138, 139
Irpex wird als monotypische Gattung angesehen bzw. werden von manchen Autoren einige nahe verwandte Taxa als Kleinarten geführt. In der Vergangenheit wurde die Gattung weiter gefasst und alle lignicolen Arten mit irpicoidem oder hydnoidem Hymenophor als *Irpex*-Sippen eingestuft. *Irpex* steht den Gattungen *Steccherinum* und *Junghuhnia* nahe, bei denen jedoch Septen mit Schnallen vorkommen.

Einzige *Irpex*-Art in Europa:

Irpex lacteus

Irpex lacteus (Fr.) Fr.
[= *Irpex sinuosus* Fr. = *Irpex canescens* Fr. = *Irpex hirsutus* Kalchbr. = *Irpex raduloides* Pilát]
Milchweißer Eggenpilz
Fk.-Typ: meist effuse bis effusoreflexe, selten laterale, annuelle, mono- bis polyzentrische Crustothecien mit irpicoidem bis hydnoidem, randlich mitunter auch etwas polyporoidem Hymenophor.
Habitat: lignicol; saprotroph an vielen Laubgehölzen, in Europa u.a. an *Acer*, *Alnus*, *Betula*, *Fagus*, *Frangula*, *Populus*, *Prunus*, *Sorbus* und *Tilia*, selten auch an totem Nadelholz, nachgewiesen auf *Picea* und *Pinus*; Weißfäuleerreger.
Makromerkmale: Fk. meist konsolenförmig, selten einzeln, meist in Gruppen, oft imbricat; Konsistenz ledrig, trocken hart; Hüte 2–5 cm breit, verwachsen auch breiter; im mittleren Hutbereich inkl. der Zähne bis 1 cm dick; Hutoberseite weiß bis cremefarben, behaart; Hymenophor in Aufsicht weiß bis cremefarben, Hymenophor überwiegend irpicoid bis hydnoid, am Hutrand etwas polyporoid, hier Poren abgerundet eckig, 2–3 Poren/mm; Dissepimente dünn, rasch aufspaltend; Huttrama bis 2 mm dick, weiß bis blass gelb-bräunlich; Hymenophoraltrama der Huttrama gleichfarben.
Mikromerkmale: Spp. weiß; Sp. hyalin, dünnwandig, glatt, zylindrisch bis gestreckt ellipsoid 5–6×2–3 µm; Hyphensystem dimitisch; alle Hyphen hyalin; generative Hyphen bis 5 µm Ø, dünnwandig, ohne Schnallen; Skeletthyphen dickwandig, bis 7 µm Ø; Basidien clavat, viersporig; Pseudocystiden in der Hymenophoraltrama inseriert, die Basidien um 20 bis zu über 50 µm überragend, dickwandig, apikal inkrustiert.

Irpex lacteus ist eine kosmopolitische Art, die auch in den Tropen weit verbreitet ist. Sie wird wegen des randlich polyporoiden Hymenophors häufig in der Porlingsliteratur behandelt und kann mit mehreren lignicolen effusen bis effusoreflexen Pilzen mit irpicoidem bzw. hydnoidem Hymenophor verwechselt werden. Diagnostisch wichtige Merkmale sind die reichlich vorhandenen, apikal inkrustierten, die Basidien um ca. 20 µm überragenden Pseudocystiden und die stets schnallenlosen Septen der generativen Hyphen.

7
a
b
c
8
a
b
5 cm
9
a
b
c
2 cm
10
2 mm
11
a
b
b
2 mm
12
a
b
2 mm

Abb. *Inonotus* 7–12: *I. obliquus*; Befallsbild und Details der Ana- und Teleomorphe
Abb. *Inonotus* 7: durch *Inonotus-obliquus*-Befall abgestorbener Stamm von *Betula pubescens* ssp. *tortuosa* in einem borealen Birkengrenzwald in Nordeuropa; a – charakteristisch grobschollig vom Splintholz abgelöste Rinde und Borke; b – Reste des Porlings (der Teleomorphe) auf dem gebräunten Splintholz; c – Reste einer Anamorph-Knolle.
Abb. *Inonotus* 8: frische, die Borke durchbrechende Anamorph-Knolle; a – anhaftende Birken-Borke; b – Risse an der Basis der Knolle mit tiefer liegenden, goldgelben Hyphen.
Abb. *Inonotus* 9: Schnitt durch eine Anamorph-Knolle; a – basaler Teil nahe des weichen Kernes mit reichlich hellen Hyphen; b – Mitte mit ausschließlich dunkelbraunen Hyphen; c – äußerer Teil mit schwarzer, bröckeliger Kruste.
Abb. *Inonotus* 10: Aufsicht auf die Bruchstelle an der Basis einer Knolle nahe des weichen Kernes.
Abb. *Inonotus* 11: bereits abgestorbener, krustiger Fk.; a – Aufsicht auf das braune, bereits etwas rissige Hymenophor; b – Stemmleisten.
Abb. *Inonotus* 12: Teil eines aufgebrochenen Fk.s; a – Aufsicht auf das Hymenophor; b – Röhren.

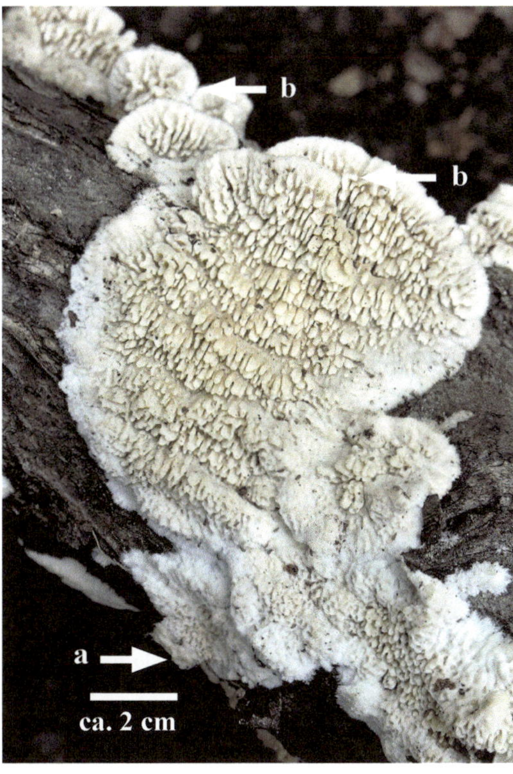

Abb. *Irpex*: *I. lacteus*, Unterseite einer Fk.-Gruppe an einem toten Laubholzast. (Foto: M. Theiss)

Die Fk. von *I. lacteus* entwickeln sich oft ausschließlich effus. An kleinen, abstehenden Hütchen ist das Hymenophor polyporoid (a). Oft kommen auch am Rand ausschließlich hydnoide bis kurzlamellenförmige Hymenophore vor (b).

Die Gattung *Ischnoderma* P. Karst.
Typusart: *Boletus resinosus* Schrad. ≡ *Polyporus resinosus* (Schrad.) Fr. ≡ *Ischnoderma resinosum* (Schrad.) P. Karst.
Harzporlinge
Fk.-Typen: effusoreflexe oder laterale, annuelle, mono- bis polyzentrische Crustothecien mit polyporoidem bis irpicoidem Hymenophor.
Habitat: lignicol; saprotroph auf Laub- oder Nadelholz; Weißfäuleerreger.
Konsistenz: frisch weich, saftig, häufig mit Guttationstropfen (leptoporoide Phase), später trocken, persistent („fomitoide Phase“), trocken stark geschrumpft und hart, oft mit deutli-

chen Guttationsgruben.
Trama: anfangs hell, wässrig-weiß, saftig, später hell- oder dunkelbraun; Hyphensystem dimitisch, generative Hyphen hyalin, mit Schnallen; Skeletthyphen hyalin bis gelblich, dickwandig, in der Cortex auch dunkelbraun.
Hutoberseite: jung fein behaart, anfangs hellocker, dann dunkel rotbraun bis schwarz durch eine braune bis schwärzliche, harzige, verkrustende, papillose Cortex; konzentrisch wellig und farblich gezont, radial runzelig.
Hymenophor: in Aufsicht jung nahezu weiß, bald hell gelbbraun, auf Druck braun fleckend; regulär polyporoid, Fk. in der „leptoporoiden Phase" noch ohne Hymenophor, danach mit weichen, kollabierenden Röhren, in der „fomitoiden Phase" mit persistenten Röhren; engporig, Dissepimente im Alter oft zahnförmig aufreißend, Hymenium ohne Cystiden, Basidien mit Basalschnalle.
Basidiosporen: Spp. weiß; Sp. hyalin, zylindrisch, dünnwandig, glatt; JKJ negativ.
Lit.: 9, 33, 68, 82, 93, 138, 139
In die Gattung *Ischnoderma* wird von manchen Autoren auch die monotypische Gattung *Podofomes* gestellt; sie unterscheidet sich durch die gestielten Fk., das di- bis trimitische Hyphensystem und die ellipsoiden Sporen. Die Gattung *Ischnoderma* umfasst weltweit etwa zehn Arten, zwei kommen in Europa vor.

Schlüssel der europäischen *Ischnoderma*-Arten:

1 Fk. ungestielt, lateral, überwiegend konsolenförmig, fächerförmig, mitunter zur Insertionsfläche hin stark verjüngt, aber nicht gestielt; z.T. mit effusen Fk.-Teilen, saprotroph an Laub- oder Nadelholz
2

1* Fk. seitlich, exzentrisch oder zentral gestielt, auf Wurzelholz oder an der Basis von *Abies alba*
vgl. *Podofomes*

2 Trama weiß bis gelblich; in der Endphase der Entwicklung (fomitoide Phase) gelbbraun und nahe der Insertionsfläche hellbraun, Huttrama in der Mitte bis über 2 cm dick, auf Laubholz
→ *Ischnoderma resinosum*

2* Trama weiß bis gelblich; in der Endphase der Entwicklung dunkelbraun und nahe der Insertionsfläche dunkler, Huttrama in der Mitte bis 1 cm dick, auf Nadelholz
→ *Ischnoderma benzoinum*

Die Gattung *Jahnoporus* (Cooke) Nuss
Typusart: *Fomes hirtus* Cooke ≡ *Jahnoporus hirtus* (Cooke) Nuss
Fk.-Typen: stipitate, annuelle, monozentrische Pilothecien mit polyporoidem Hymenophor.
Habitat: terricol über Wurzelholz von Nadelbäumen oder am Grund von Nadelholzstämmen; auch auf unterirdischem Holz, möglicherweise Mykorrhizapilze, an Holz wahrscheinlich Weißfäuleerreger.
Konsistenz: weich, korkig.
Trama: weiß bis cremefarben, Hyphensystem monomitisch, Hyphen mit Schnallen.
Hutoberseite: mit gelbbraunen Farbtönen, tomentos.
Hymenophor: in Aufsicht weiß; Hymenium ohne sterile Elemente; Hyphensystem monomitisch, mit Schnallen.
Basidiosporen: Spp. weiß; Sp. hyalin, schmal spindelförmig; JKJ negativ.
Lit.: 9, 81, 138, 139, 152
Die schmalen, spindelförmigen Sporen, die weiten Poren und die raue Hutoberseite sind differenzierende Merkmale gegen die Gattung *Albatrellus*, die der monotypischen Gattung *Jahnoporus* nahesteht.

Weltweit einzige *Jahnoporus*-Art: ***Jahnoporus hirtus***

Jahnoporus hirtus (Cooke) Nuss
[≡ *Albatrellus hirtus* (Cooke) Donk = *Polyporus hispidellus* Peck]
Brauner Haarstielporling
Makromerkmale: Fk. zentral, exzentrisch oder lateral gestielt, bis 10 cm hoch; Stiel mitunter basal verzweigt; Konsistenz weich, korkig; Hüte gewölbt, bis über 10 cm Ø; lateral gestielte Hüte nierenförmig, oberseits graugelb bis hell purpurgelb, ockergelb, ungezont, tomentos bis feinschuppig, mit scharfem Rand; Stiele bis über 5 cm lang und bis 2 cm Ø; Hymenophor in Aufsicht weiß bis cremefarben, am Stiel herablaufend; Poren rund bis eckig, in Stielnähe längsgestreckt; Röhren bis 6 mm, selten bis 1 cm lang; sterile Stielteile oberflächlich wie die Hutoberseite strukturiert; im mittleren Hutbereich 1–2 Poren/mm; Trama weiß bis cremefarben; Hymenophoraltrama der Huttrama gleichfarben.
Mikromerkmale: Spp. weiß; Sp. hyalin, schmal spindelförmig 12–17×4–6 µm; Hyphensystem monomitisch, mit Schnallen; Hyphen z.T. inflat angeschwollen; Basidien clavat, viersporig, mit Basalschnalle, Sterigmata angeschwollen.
Jahnoporus hirtus ist von Europa, Nordamerika und Japan bekannt. In Europa ist die Art in Gemeinschaft mit *Picea* und *Abies* nachgewiesen.

Die Gattung *Junghuhnia* Corda
[= *Laschia* Jungh. non Fr. = *Aschersonia* Endl. = *Chaetoporus* P. Karst.]
Typusart: *Laschia crustacea* Jungh. ≡ *Junghuhnia crustacea* (Jungh.) Ryvarden
Fk.-Typen: meist effuse, selten effusoreflexe oder laterale, meist polyzentrische, annuelle bis perennierende Crustothecien mit polyporoidem Hymenophor.
Habitat: saprotroph; lignicol auf Laub- oder Nadelholz oder fungicol auf diversen abgestorbenen Porlingen; auf Holz Weißfäuleerreger.
Konsistenz: frisch relativ weich, fleischig-ledrig, trocken hart, brüchig.
Trama: hellfarben; weiß bis ockerfarben; Hyphensystem dimitisch, generative Hyphen mit Schnallen.
Hutoberseite: cremefarben, hellocker, gelblich-rosa bis bräunlich-rosa, ungezont oder gezont; feinfilzig bis glatt.
Hymenophor: in Aufsicht cremefarben bis bräunlich-rosa oder hell zimtfarben; sehr dichtporig bis weitporig, mit schmalen Dissepimenten; Hymenium mit hymenial oder tramal inserierten, dickwandigen, inkrustierten Cystiden, Basidien clavat, viersporig, mit Basalschnalle.
Basidiosporen: Spp. weiß; Sp. hyalin, dünnwandig, glatt, ovoid, ellipsoid bis zylindrisch oder etwas gekrümmt („suballantoid"); JKJ negativ.
Lit.: 9, 21, 93, 95, 138, 139
Von *Steccherinum* und *Irpex* ist *Junghuhnia* durch das polyporoide Hymenophor unterschieden, von *Antrodiella* durch das Vorkommen inkrustierter, dickwandiger Cystiden. Die Gattung *Junghuhnia* umfasst weltweit ca. 20 Arten; davon kommen elf in Europa vor, von denen fünf als pileate Arten angesehen werden können, weil sie wenigstens fakultativ Knollen oder Hütchen mit sterilen Oberseiten ausbilden. Zwei Arten, die 2007 an *Populus tremula* aus Russland beschriebene *Junhuhnia imbricata* und die zunächst aus Bergwerken beschriebene *Junghuhnia brownei* bilden mitunter reguläre, oft imbricat angeordnete Hüte.

Schlüssel der europäischen, pileaten *Junghuhnia*-Arten

1 Fk. effusoreflex bis lateral, Hüte fächerförmig, mitunter als imbricate Rasen wachsend, auch substipitat **2**

1* Fk. überwiegend effus, selten effusoreflex mit kleinen Hüten **3**

2 Trama weiß bis hell cremefarben, Hutoberseite creme mit ockerfarbenen Zonen; 6–9 Poren/mm ***Junghuhnia imbricata***

2* Trama lederfarben bis ockerbraun, Hutoberseite dunkelbraun bis purpurschwarz; Poren sehr klein und dicht, 8–11 Poren/mm (Abb. Junghuhnia 1 u. 2)

Junghuhnia brownei

3 Hymenophor in Aufsicht mit rötlichen oder orange Farbtönen

Junghuhnia aurantilaeta

3* Hymenophor in Aufsicht weiß, chrom- bis schwefelgelb oder mit stroh- bis ockerfarbenen Tönen

4

4 Hutoberseite dunkelbraun bis purpurschwarz, Trama lederfarben bis ockerbraun, Hymenophor chrom- bis schwefelgelb; Poren sehr dicht und klein, 8–11 Poren/mm

Junghuhnia brownei

4* Hutoberseite heller, gelblich, creme-ockerfarben, strohfarben

5

5 Hymenophor weitporig, 2–3 Poren/mm; in Aufsicht strohfarben, trocken ockerfarben

Junghuhnia pseudozillingiana

5* Hymenophor engporig, 5–7 Poren/mm, in Aufsicht gelblich, hellocker, trocken rötlichbraun

Junghuhnia autumnale

Übersicht der spezifischen Merkmale der europäischen, pileaten *Junghuhnia*-Arten

Junghuhnia aurantilaeta (Corner) Spirin
Fk.-Typ: effuse, selten effusoreflexe Crustothecien.
Habitat: lignicol; an Laubgehölzen, seltene Art, in Europa nur aus Russland bekannt.
Hüte: bis 1,5 cm breit und ebenso weit vom Substrat abstehend, bis 6 mm dick.
Hutoberseite: hellgelb bis strohfarben mit rotbraunen Zonen, pubeszent, Hutrand scharf.
Hymenophor: in Aufsicht mit dottergelben bis orangen Farbtönen; weitporig, 2-3 Poren/mm.
Trama: gelb- bis hellbraun, Duplextrama, oben weich, unten dichter, dazwischen eine dunkle Linie.
Basidiosporen: 3,5–4,5×2 µm, zylindrisch bis gekrümmt.
Die in Osteuropa seltene Art ist nur aus Russland und China bekannt.

Junghuhnia autumnale Spirin
Fk.-Typ: selten effuse, meist effusoreflexe oder laterale Crustothecien.
Habitat: lignicol; an Holz von *Populus tremula*, seltene Art, in Europa nur aus Russland bekannt.
Hüte: bis über 1 cm breit, bis 1 cm vom Substrat abstehend, um 5 mm dick.
Hutoberseite: cremefarben, gelb bis ocker, fein pubeszent bis glatt, scharfrandig.
Hymenophor: in Aufsicht creme-gelblich bis hellocker, später rötlich-braun; engporig, 5–7 Poren/mm, später auch aufreißend bis auf 2 Poren/mm.
Trama: cremefarben bis hellocker.
Basidiosporen: 3–4×2–3 µm, breit ellipsoid.
Die in Osteuropa seltene Art ist nur aus Russland bekannt.

Junghuhnia brownei (Humb.) Niemelä
[≡ *Flaviporus brownei* (Humb.) Donk = *Polyporus lucens* Wettst. = *Polyporus engleri* Harz]
Fk.-Typ: effuse, effusoreflexe bis laterale, mitunter stielartig verschmälert ansitzende (pseudostipitate) annuelle bis perennierende Crustothecien; Hüte mitunter imbricat; in Bergwerken auch koralloide Missbildungen.
Habitat: lignicol; an verbautem Laubholz.
Hüte: bis 4 cm breit, bis 3 cm vom Substrat abstehend und bis 4 mm dick.
Hutoberseite: dunkelbraun mit rotem Farbeinschlag bis purpurschwarz, konzentrisch gezont, glatt mit dünner Cortex.
Hymenophor: in Aufsicht chrom- bis schwefelgelb, sehr dichtporig, 8–11 Poren/mm.

Trama: gelb- bis hellbraun; in KOH rot.
Basidiosporen: 2,5–3x2 µm, breit ellipsoid.
Die in Europa seltene, südlich verbreitete Art ist in Mitteleuropa nur aus der Kulturlandschaft an verbautem Holz in Bergwerken und Gewächshäusern bekannt. Hauptverbreitungsgebiet ist das tropische Amerika.

Abb. *Junghuhnia* 1 u. 2: *J. brownei*; mehrhütiger effusoreflexer Fk. aus einem Bergwerk in ca. 300 m Tiefe an verbautem Laubholzstamm.
Abb. *Junghuhnia* 1: Frontalansicht; a – Hutoberseite; b – Aufsicht auf das feinporige Hymenophor; c – effuser Fk.-Teil.
Abb. *Junghuhnia* 2: Radialschnitt (Quelle [21].

Junghuhnia imbricata Spirin
Fk.-Typ: effusoreflexe bis laterale, annuelle Crustothecien, Hüte fächerförmig, oft als imbricate Rasen wachsend.
Habitat: lignicol, an Holz von *Populus tremula.*
Hüte: bis 2 cm breit, bis 1 cm vom Substrat abstehend, bis 4 mm dick.
Hutoberseite: cremefarben mit ockerfarbenen Zonen, radial faserig, scharfrandig.
Hymenophor in Aufsicht weiß bis hell cremefarben bis hellocker; dichtporig, Poren eckig bis gestreckt, 6–9 Poren/mm.
Trama: weiß bis hell cremefarben; Duplextrama, oben weiß, über dem Hymenophor grau bis ocker.
Basidiosporen: 3–3,5×2–2,5 µm, ellipsoid.
Die seltene Art ist nur aus Russland bekannt.

Junghuhnia pseudozillingiana (Parmasto) Ryvarden
Fk.-Typ: effuse, selten effusoreflexe, annuelle Crustothecien.
Habitat: lignicol; an Laubholz, nachgewiesen an *Alnus, Betula* und *Populus*; oder fungicol an toten Fk.n von *Inonotus* und *Phellinus* spp.
Hüte: bis über 1 cm breit, bis 1 cm vom Substrat abstehend, bis 4 mm dick.
Hutoberseite: ockerfarben, glatt, Rand relativ dick.
Hymenophor in Aufsicht stroh- bis ockerfarben, trocken dunkler ockerfarben; weitporig, 2–3 Poren/mm.
Trama: cremefarben bis hellocker.
Basidiosporen: 3,5–4,5×2–2,4 µm, ellipsoid.
Die seltene Art ist in Europa wahrscheinlich boreal-montan und kontinental verbreitet.

Die Gattung *Laetiporus* Murrill
Schwefeporlinge
Typusart: *Agaricus speciosus* Battarra = *Boletus sulphureus* Bull. ≡ *Laetiporus sulphureus* (Bull.) Murrill
Fk.-Typen: laterale, fächer- bis konsolenförmige oder fakultativ stipitate, meist imbricate annuelle, kurzlebige Crustothecien mit polyporoidem Hymenophor.
Habitat: lignicol; an Laub- und Nadelholz; perthotroph, nach Absterben des Wirtes saprotroph weiterwachsend; Braunfäuleerreger.
Konsistenz: jung weich, saftig, oft mit Guttationströpfchen, bald trocken und brüchig, alt bröckelig.
Trama: hell, anfangs nahezu weiß, gelblich-weiß oder rosa-gelblich später schmutzig weiß oder bräunlich; Hyphensystem amphimitisch, Hyphen ohne Schnallen, hyalin; Bindehyphen mit knorrigen Auszweigungen.
Hutoberseite: schwefelgelb, zitronengelb, orangegelb, bräunlich-rosa, nicht oder undeutlich durch Farbunterschiede gezont; im Alter hellbräunlich; jung feinsamtig, im Alter krümelig.
Hymenophor: in Aufsicht jung schwefelgelb oder rosa-gelblich, im Alter gelblich-weiß, Basidien viersporig ohne Basalschnalle; Hymenium ohne sterile Elemente.
Basidiosporen: Spp. weiß; Sp. hyalin, glatt, subglobos, breit ellipsoid bis ovoid; dünnwandig; JKJ negativ.
Lit.: 9, 15, 33, 58, 93, 138, 139, 164

Die *Laetiporus* spp. erregen eine intensive Braunfäule, wobei vom befallenen Kernholz ausgehend das Splintholz abgetötet wird. Der häufige → *Laetiporus sulphureus* gehört in Europa zu den gefürchteten Schadpilzen, insbesondere an Eichen und Obstgehölzen. In der borealen Zone ist die Art in den Nadelwäldern Osteuropas und Asiens auf den *Larix* spp. der Taigawälder eine häufige Art. Die von manchen Autoren als *Laetiporus montanus* von *L. sulphureus* abgetrennten Populationen auf Nadelgehölzen der Alpen korrespondieren zu den Populationen auf *Larix* spp. der borealen Zone Nordeuropas und Asiens, und können allenfalls auf Populationsebene getrennt werden. Als Pigmente wurden Polyene, (Laetiporaxanthin) und Pyrone (Laetiporussäure A) nachgewiesen. Die Gattung umfasst weltweit fünf Arten; in Europa kommen zwei von ihnen vor.

Schlüssel der europäischen *Laetiporus*-Arten:

1 Hutoberseite gelb bis orangegelb, Hymenophor in Aufsicht schwefelgelb, sehr häufige Art in der nemoralen und borealen Klimazone Europas
→ ***Laetiporus sulphureus***

1* Hutoberseite rosabraun, Hymenophor in Aufsicht rosa-cremefarben, häufige Art der Tropen, sehr selten in der mediterranen Zone Europas
Laetiporus persicinus

Laetiporus persicinus (Berk. & M.A. Curtis) Gilb.
[≡ *Polyporus persicinus* Berk. & M.A. Curtis ≡ *Meripilus persicinus* (Berk. & M.A. Curtis) Ryvarden]
Fk.-Typ: stipitate, annuelle, monozentrische Crustothecien mit polyporoidem Hymenophor.
Habitat: terrestrisch; auf Wurzelholz lebender Bäume.
Makromerkmale: Fk. zentral gestielt; Konsistenz weich, leicht zerrreißbar, trocken sehr leicht und bröckelig; Geruch frisch schinkenartig; Hüte einzeln oder mehrere auf einem verzweigten Stiel, rund, bis zu 25 cm Ø, oberseits rosabraun, randlich mit dunkelbrauner Maserung, tomentos bis fein striegelig haarig; fein gezont oder ungezont; Stiel einfach oder basal verzweigt, bis 7 cm lang und bis 3 cm dick; Trama rosa bis hellocker, Huttrama bis 2 cm dick; Aufsicht auf das Hymenophor frisch rosa-cremefarben, später hellbraun alt dunkelbraun; an den oberen Stielteilen herablaufend; Poren rund, 3-4 Poren/mm; Röhren bis 8 mm lang.
Mikromerkmale: Spp. weiß; Basidiosporen ellipsoid bis ovoid, 7−8×4−5 µm; Trama am-

phimitisch; Bindehyphen bis 12 µm dick; gloeoplere Hyphen kommen vor; Septen ohne Schnallen.
Laetiporus persicinus stimmt mikroskopisch weitgehend mit *Laetiporus sulphureus* überein. Die Art ist tropisch verbreitet und in Europa nur von Südspanien bekannt.

Die Gattung *Laricifomes* Kotl. & Pouzar
Typusart: *Boletus officinalis* Vill. ≡ *Laricifomes officinalis* (Vill.) Kotl. & Pouzar
Fk.-Typen: laterale, hufförmige, monozentrische, perennierende Crustothecien mit polyporoidem Hymenophor.
Habitat: lignicol; perthotroph und saprotroph nahezu ausschließlich auf *Larix*; Braunfäuleerreger.
Konsistenz: frisch weich, trocken brüchig, bröckelig.
Trama: weiß; trimitisch mit gloeopleren Hyphen, alle Hyphentypen hyalin, generative Hyphen mit Schnallen, wenig verzweigt, Skeletthyphen dickwandig; Geschmack sehr bitter.
Hutoberseite: anfangs feinfilzig, weiß; ältere Schichten mit dünner Kruste, grau, rissig.
Hymenophor: in Aufsicht weiß; trocken cremeocker.
Basidiosporen: Spp. weiß; Sp. hyalin, dünnwandig, glatt, relativ lang, zylindrisch bis ellipsoid; JKJ negativ.
Lit.: 9, 15, 82, 93, 138, 139
Laricifomes officinalis wird oft als *Fomitopsis*-Art geführt. Die Stellung der Art als monotypische Gattung ist aufgrund der stark abweichenden Konsistenz der Trama und der Wuchsform gerechtfertigt. Ebenfalls an Lärchen vorkommende → *Laetiporus-sulphureus*-Fk. können vor allem in der Zerfallsphase mit *Laricifomes officinalis* verwechselt werden, da beide als käsig-bröckelige Fk.-Reste an lebenden Lärchenstämmen zu finden sind.

Weltweit einzige *Lariciformes*-Art:

→ *Laricifomes officinalis*

Die Gattung *Lenzitopsis* Malençon & Bertault
[= *Lenzitella* Ryvarden]
Typusart: *Lenzitopsis oxycedri* Malençon & Bertault
Fk.-Typen: effuse bis effusoreflexe oder laterale, annuelle bis perennierende mono- bis polyzentrische Crustothecien mit lenzitoidem bis irpicoidem Hymenophor.
Habitat: lignicol; saprotroph auf *Juniperus*; Weißfäuleerreger.
Konsistenz: knorpelig, biegsam.
Trama: blassbraun, dünn, Hyphensystem monomitisch; Hyphen bräunlich, mit Schnallen, 3–5 µm Ø, dünn- bis dickwandig.
Hutoberseite: braun, fein tomentos bis kahl
Hymenophor: in Aufsicht hell grau-bräunlich, irregulär irpicoid bis lenzitoid; Hymenium mitunter mit Cystidiolen; Basidien gestreckt clavat, meist viersporig, mit Basalschnalle.
Basidiosporen: Spp. braun; Sp. globos bis breit ellipsoid, dickwandig, warzig; JKJ negativ.
Lit.: 9, 138, 139
Die Gattung umfasst weltweit zwei Arten. Die Fk. könnten morphologisch mit → *Daedaleopsis tricolor* oder mit *Gloeophyllum*-Arten verwechselt werden.

Einzige *Lenzitopsis*-Art in Europa:

Lenzitopsis oxycedri

Lenzitopsis oxycedri Malençon & Bertault
[= *Lenzitella malenconii* Ryvarden]
Makromerkmale: Fk. einzeln oder in Gruppen, mitunter imbricat oder seitlich verwachsend, mehrjährig; Hüte bis 3 cm, verwachsen bis 8 cm breit, bis 2 cm vom Substrat abstehend und um 0,5–1,5 cm dick; Hutoberseite dunkel rotbraun, mitunter nahezu schwarz, gezont, Zuwachszone am scharfen Hutrand heller, cremefarben, jung tomentos, fein behaart,

verkahlend; Aufsicht auf das Hymenophor jung weißlich, bald hellocker mit rosa Farbton; Hymenophor irregulär lenzitoid bis irpicoid; aus kurzen, meist gewundenen Lamellen und Zähnchen bestehend; Abstand der Lamellen oder Zähnchen um 0,5–1 mm; Trama weißlich bis hell graubraun, im Schnitt mit schwarzer Linie zwischen Trama und Tomentum; Hymenophoraltrama der Huttrama gleichfarben.
Mikromerkmale: Sp. hellbraun, dickwandig, warzig, subglobos bis breit ellipsoid, 5,5–7,5×4,5–6 µm, JKJ negativ; Basidien gestreckt clavat bis zylindrisch, viersporig, mit Basalschnalle; Hymenium mit gestreckten Cystidiolen, diese mit Basalschnalle; Hyphen bräunlich, etwas dickwandig, 3–5 µm Ø, mit Schnallen, fein inkrustiert, Kristalle grünlich in KOH infolge des Gehaltes an Thelephorsäure.
Lenzitopsis oxycedri ist aus Südeuropa, Nordafrika und Asien bekannt. In Europa wurde die Art auf *Juniperus foetidissima*, *J. oxycedrus* und *J. thurifera* im mediterranen Zonobiom nachgewiesen, in Asien auf *J. chinensis*.

Die Gattung *Leptoporus* Quél.
Typusart: *Boletus mollis* Pers. ≡ *Polyporus mollis* (Pers.) Fr. ≡ *Leptoporus mollis* (Pers.) Quél.
Fk.-Typen: annuelle, effusoreflexe bis laterale, sehr selten auch effuse Crustothecien mit polyporoidem Hymenophor.
Habitat: lignicol; auf Nadel- und Laubholz; circumpolar in Nadelholzregionen der Holarktis verbreitet; Braunfäuleerreger.
Konsistenz: weich, fleischig, saftig, trocken hart und spröde.
Trama: weißlich cremefarben, hellgelb mit rosafarbenem Einschlag, gezont; Hyphensystem monomitisch; Septen ohne Schnallen.
Hutoberseite: erst weiß, dann purpurrötlich, zuletzt rotbraun; behaart, verkahlend im Alter glatt.
Hymenophor: in Aufsicht frisch weiß mit rosa-purpurfarbenem Schimmer, auf Druck und trocken rot bis violett; Hymenophoraltrama der Huttrama gleichfarben.
Basidiosporen: Spp. weiß; Sp. hyalin, glatt, zylindrisch bis allantoid, 5–7,5×1,5–2 µm; JKJ negativ.
Lit.: 9, 15, 93, 138, 139
Die monotypische Gattung *Leptoporus* steht *Oligoporus* und *Postia* nahe, mit denen das Hyphensystem, der Sporentyp und die Braunfäule überein stimmt. Die schnallenlosen Septen in Verbindung mit den Fk.-Farben sind die ausschlaggebenden Merkmale für die Eigenständigkeit der Gattung.

Einzige pileate *Leptoporus*-Art in Europa:

Leptoporus mollis

Leptoporus mollis (Pers.) Quél. = *Bjerkandera alborosea* P. Karst.
Rötender Saftporling
Habitat: lignicol; saprotroph, besonders auf totem Nadelholz; nachgewiesen auf *Picea, Pinus*, *Larix* und *Abies*; selten auf Laubholz, z.B. *Alnus*.
Makromerkmale: laterale Fk. sitzend und meist etwas am Substrat herablaufend; im Radialschnitt dreieckig; Konsistenz weichfleischig, saftig, trocken stark geschrumpft, hart und brüchig; Hüte oberseits erst weiß, dann mit rosa bis purpurvioletten Farbtönen; jung behaart, verkahlend, im Alter glatt, ungezont, 4–12 cm breit, 2–7 cm vom Substrat abstehend; im mittleren Hutbereich bis 3 cm dick, an der Insertionsfläche bis über 4 cm hoch; Rand scharfkantig, beim Trocknen nach unten einrollend; Hymenophor in Aufsicht weiß, mit purpurrosa Farbeinschlag; Poren rund bis abgerundet eckig; 3–4 Poren/mm; an senkrechten Substraten auch in der gesamten Röhrenlänge gestreckt; Röhren bis 8 mm lang; Trama weiß bis hellgelb mit purpurrosa Farbeinschlag, locker, gezont, im mittleren Hutbereich bis 2 cm dick; Hymenophoraltrama etwas dunkler als die Huttrama.

Mikromerkmale: Spp. weiß; Sp. hyalin, glatt, allantoid; 5–7×1,5–2 µm, Basidien clavat, viersporig, ohne Basalschnalle; Hyphensystem monomitisch; Hyphen 2–10 µm Ø, z.T. dickwandig; gloeoplere Hyphen.

Leptoporis mollis ist im holarktischen Florenreich circumpolar in Nadelholz-Arealen verbreitet.

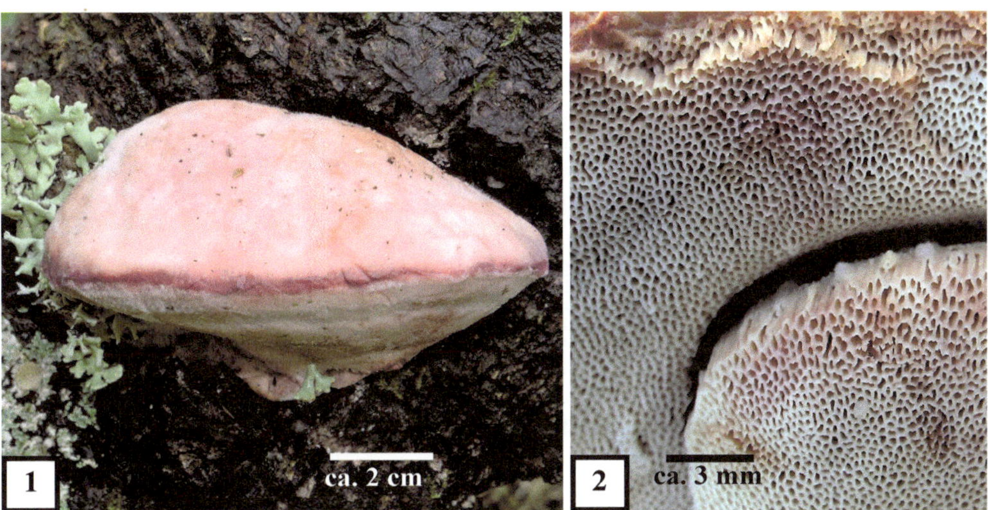

Abb. ***Leptoporus*** **1 u. 2:** *L. mollis.*
Abb. ***Leptoporus*** **1:** konsolenförmiger Fk. an einem toten Nadelholzstamm.
Abb. ***Leptoporus*** **2:** Aufsicht auf das Hymenophor.
(Fotos: M. Theiss)

Die Gattung *Meripilus* P. Karst.
[= *Flabellopilus* Kotl. & Pouzar]
Typusart: *Boletus giganteus* Pers. ≡ *Polyporus giganteus* (Pers.) Fr. ≡ *Meripilus giganteus* (Pers.) P. Karst.
Fk.-Typen: große, stipitate, mehrhütige, annuelle, monozentrische Crustothecien mit polyporoidem Hymenophor; Einzelhüte zungen-, fächer- bis spatelförmig.
Habitat: lignicol oder terricol über Wurzelholz; saprotroph an der Basis von Laub- oder Nadelgehölzen, von der Initial- bis zur Optimalphase des Holzabbaus; Weißfäuleerreger.
Konsistenz: jung saftig, weich, trocken hart, brüchig, mürbe.
Trama: weißlich bis hell cremefarben, korkfarben; Hyphensystem monomitisch, Hyphen hyalin, ohne Schnallen.
Hutoberseite: braun, vom Rand her und an Druckstellen schwärzend.
Hymenophor: in Aufsicht der Trama gleichfarben, Hymenophoraltrama der Huttrama gleichfarben oder etwas dunkler, mit fusiformen, dünnwandigen Cystidiolen.
Basidiosporen: Spp. weiß; Sp. breit ellipsoid bis kugelig; hyalin, glatt, dünnwandig; JKJ negativ.
Lit.: 9, 15, 17, 33, 68, 93, 138, 139

Die vielhütigen Fk. von *Meripilus* sind denen von *Bondarzewia* mitunter ähnlich. *Bondarzewia* hat jedoch Sporen mit amyloiden Warzen, und die Druckstellen der Fk. färben sich nicht schwarz. Auch den mitunter ähnlichen Fk.n von *Grifola* fehlt diese Reaktion auf Druck und Verletzung: zudem kommen bei *Grifola* wenigstens an einem Teil der Septen Schnallen vor. Die Gattung *Meripilus* umfasst weltweit fünf Arten; in Europa kommt nur die Typusart vor.

Einzige *Meripilus*-Art in Europa:

→ *Meripilus giganteus*

Die Gattung *Neolentiporus* Rajchenb.
Typusart: *Polyporus maculatissimus* Lloyd ≡ *Neolentiporus maculatissimus* (Lloyd) Rajchenb.
Fk.-Typen: annuelle, stipiate, monozentrische Crustothecien mit polyporoidem Hymenophor.
Habitat: lignicol; saprotroph auf Nadelholz, Braunfäuleerreger.
Konsistenz: zäh, trocken, brüchig.
Trama: weiß; Hyphen hyalin, Hyphensystem dimitisch, generative Hyphen mit Schnallen.
Hutoberseite: jung braun und glatt, später schuppig aufreißend.
Hymenophor: in Aufsicht weiß bis ockerfarben; Hymenium mit Cystiden; Hyphensystem dimitisch, generative Hyphen mit Schnallen.
Basidiosporen: Spp. weiß; Sp. hyalin, dünnwandig, gestreckt ellipsoid; JKJ negativ.
Lit.: 9, 125, 126, 127, 139
Die Fk. der Gattung *Neolentiporus* erinnern in ihrer Erscheinungsform an stipitate bis substipitate *Polyporus*-Arten, erregen aber Braunfäule. Die Gattung galt zunächst als eine monotypische, südhemisphaerische Sippe, bis von Sardinien die Art *Neolentiporus squamosellus* beschrieben wurde, die nur vom *locus typi* bekannt ist.

Einzige *Neolentiporus*-Art in Europa:

Neolentiporus squamosellus

Neolentiporus squamosellus (Bernicchia & Ryvarden) Bernicchia & Ryvarden
[≡ *Antrodia squamosella* Bernicchia & Ryvarden]
Habitat: nur von totem *Juniperus-oxycedrus*-Holz bekannt; Braunfäuleerreger.
Makromerkmale: Fk. lateral ansitzend, substipitat bis seitlich gestielt; Hut 2–3 cm Ø und 8–10 mm dick; oberseits zunächst glatt, satt ockerfarben, später radial schuppig aufreißend; Hymenophor in Aufsicht zunächst weiß, später ockerfarben; Poren rund bis abgerundet eckig, 2–3 Poren/mm; Röhren bis 5 mm lang; Trama weiß, Huttrama bis 5 mm dick; Hymenophoraltrama jung weiß, alt ockerfarben, Stiel bis 1 cm lang, der Hutoberseite ähnlich gefärbt, an der Basis weißlich, zylindrisch, fein behaart oder glatt.
Mikromerkmale: Spp. weiß; Sp. hyalin, dünnwandig, zylindrisch bis gestreckt ellipsoid, 10–12×4,5–5,5 µm; Basidien gestreckt clavat, viersporig, mit Basalschnalle; Hymenium mit reichlichen Cystiden, diese die Basidien um 30–50 µm überragend, bis 10 µm Ø, basal etwas wandverdickt, apikal etwas verschmälert, abgerundet; Hyphensystem dimitisch; generative Hyphen mit Schnallen, bis 4 µm Ø.
Neolentiporus squamosellus erinnert an kleine Fk. von → *Polyporus tuberaster*. Die Beziehungen zwischen dieser Art und der tropisch bis südlich temperat verbreiteten Typusart der Gattung bedürfen weiterer Klärung.

Die Gattung *Oligoporus* Bref.
Typusart: *Oligoporus farinosus* Bref. = *Polyporus rennyi* Berk. & Broome ≡ *Oligoporus rennyi* (Berk. & Broome) Donk
Fk.-Typen: überwiegend effuse, selten effusoreflexe bis laterale, annuelle, Crustothecien mit polyporoidem Hymenophor.
Habitat: lignicol; saprotroph auf Nadelholz, Braunfäuleerreger.
Konsistenz: saftig, weich, trocken brüchig.
Trama: weiß; Hyphensystem monomitisch, Hyphen hyalin, mit Schnallen; Fk.-Ränder, Teile der Trama oder isolierte Myzelpolster mit dickwandigen Chlamydosporen.
Hymenophor: in Aufsicht weiß, dichtporig; Basidien viersporig mit Basalschnalle, sterile Elemente im Hymenium fehlen.
Basidiosporen: Spp. weiß; Sp. hyalin, gestreckt ellipsoid, dünnwandig, glatt; JKJ negativ.

Lit.: 9, 33, 93, 123, 138, 139

Die Gattung *Oligoporus* wird in sehr unterschiedlicher Umgrenzung aufgefasst und von manchen Autoren nicht von der Gattung *Postia* getrennt. Bei dem hier akzeptierten Gattungskonzept gehören weltweit weniger als zehn Arten zur Gattung. Die Fk. sind nahezu ausschließlich effuse, monomitische Crustothecien. Aufgrund der auffallenden Anamorphen, die teilweise große Polster bilden, werden die beiden europäischen Arten hier erwähnt; sie sind besonders durch ihre Anamorphen bereits im Gelände zu identifizieren. Die erst jüngst beschriebene Art *Oligoporus davidiae* (M. Pieri & B. Rivoire) Niemelä [≡ *Postia davidiae* M. Pieri & B. Rivoire] bildet ebenfalls effuse Fk. und dickwandige Chlamydosporen von ca. 5–9×4–6 µm am Rand oder in Rissen der effusen Fk. Diese seltene, nur vom Mediterrangebiet Südfrankreichs bekannte Art wurde an *Quercus ilex* und *Pinus halepensis* nachgewiesen.

Schlüssel der europäischen *Oligoporus*-Arten:

1 Fk. effus; Chlamydosporen hellgelb, ellipsoid, 4,5–7×3,5–5 µm; an den Rändern der Fk. und/oder in der Trama entstehend; saprotroph auf *Picea*- oder *Pinus*-Holz **_Oligoporus rennyi_**

1* Fk. effus, sehr selten effusoreflex oder lateral, Chlamydosporen kakaobraun, ellipsoid, 5–10×4–7 µm; in auffallenden, zunächst weißen, isolierten Myzelpolstern, die in pulverige, interkalar entstehende Chlamydosporen zerfallen und nur gelegentlich mit den Fk.n in Verbindung stehen; saprotroph besonders auf *Picea*-Holz → **_Oligoporus ptychogaster_**

Oligoporus rennyi (Berk. & Broome) Donk,
[≡ *Polyporus rennyi* Berk. & Broome. ≡ *Postia rennyi* (Berk. & Broome) Rajchenb. ≡ *Tyromyces rennyi* (Berk. & Broome) Ryvarden = *Oligoporus farinosus* Bref. = *Ptychogaster citrinus* Boud.]
Mehlstaubporling
Fk.-Typ: effuse, annuelle, mono- bis polyzentrische Crustothecien mit polyporoidem Hymenophor.
Habitat: lignicol; auf morschem Nadelholz, insbesondere auf *Picea*.
Makromerkmale: Fk. effuse, bis 10 cm weite und bis 5 mm dicke, weiße, weiche, oft mit Guttationstropfen besetzte Matten bildend, Rand weiß, watteartig; Hymenophor in Aufsicht weiß, alt cremefarben, Poren eckig, 2–4 Poren/mm, Dissepimente dünn, fein gezähnelt; Röhren bis 3 mm lang.
Mikromerkmale: Basidiosporen hyalin, 4–5×2–3 µm; Chlamydosporen gelb 5–7×3–5 µm, ellipsoid, dickwandig, dextrinoid.
Im Gegensatz zu → *Oligoporus ptychogaster* steht die Anamorphe meist mit den poroiden Fk.n in Verbindung. Die Art ist in Europa weit verbreitet und auch aus Asien bekannt; die zitronengelben Chlamydosporen sind im Gelände ein diagnostisch wichtiges Merkmal.

Die Gattung _Osteina_ Donk
Typusart: *Polyporus obductus* Berk. ≡ *Osteina obducta* (Berk.) Donk
Fk.-Typen: stipitate, meist mehrhütige, annuelle Crustothecien mit polyporoidem Hymenophor.
Habitat: lignicol oder terrestrisch über Wurzelholz; saprotroph auf Nadelholz, in Eurasien auf *Larix*; Braunfäuleerreger.
Konsistenz: zunächst saftig weich, später zäh, trocken holzartig, sehr hart.
Trama: weiß, zur Stielbasis hin rotbräunlich; Hyphensystem monomitisch; Hyphen mit Schnallen, bei Reife sehr dickwandig.
Hutoberseite: jung weiß, im Alter creme bis hellocker, zunächst feinsamtig bis kurzhaarig, später glatt, ungezont.
Hymenophor: in Aufsicht weiß, feinporig; Basidien viersporig mit Basalschnalle; Hymenium ohne sterile Elemente.

Basidiosporen: Spp. weiß; Sp. hyalin, zylindrisch bis gestreckt ellipsoid, dünnwandig, glatt; JKJ negativ.
Lit.: 9, 15, 33, 93, 138, 139
Osteina ist eine monotypische Gattung. Sie wird von manchen Autoren zu *Oligoporus*, zu *Tyromyces* oder zu *Polyporus* gestellt. Zu *Polyporus* und *Tyromyces* gehören von den europäischen Arten in der hier akzeptierten Umgrenzung jedoch nur Weißfäuleerreger, zu *Oligoporus* nur Braunfäuleerreger, die auch Chlamydosporen bilden. *Osteina* ist aufgrund der Fk.-Morphologie und Hyphenstruktur ein isoliertes Taxon.

Weltweit einzige *Osteina*-Art:

→ Osteina obducta

Die Gattung *Oxyporus* (Bourdot & Galzin) Donk
Typusart: *Polyporus connatus* Weinm. [ss. Bourdot et Galzin] = *Boletus populinus* Schumach. ≡ *Polyporus populinus* (Schumach.) Fr. ≡ *Oxyporus populinus* (Schumach.) Donk
Fk.-Typen: effuse, effusoreflexe bis laterale, poly- bis monozentrische, annuelle oder perennierende Crustothecien mit polyporoidem Hymenophor.
Habitat: lignicol; saprotroph bis perthotroph auf Laubholz, selten auf Nadelholz; Weißfäuleerreger.
Konsistenz: jung weich, zäh, trocken sehr hart.
Trama: schmutzig weiß bis cremefarben oder gelblich, grünlich, hell purpurfarben; Hyphensystem monomitisch, Hyphen ohne Schnallen.
Hutoberseite: jung weiß, später cremefarben, grau, jung feinfilzig, später verkahlend, rillig gezont.
Hymenophor: in Aufsicht jung weiß, später cremefarben bis hellbraun; bei den perennierenden Arten deutlich geschichtet; Hymenium meist reichlich mit apikal inkrustierten Cystiden; Basidien clavat, viersporig, ohne Basalschnalle.
Basidiosporen: Spp. weiß; Sp. hyalin, globos bis breit ellipsoid, dünn- bis dickwandig, glatt; JKJ negativ.
Lit.: 9, 15, 33, 93, 138, 139
Die Gattung *Oxyporus* umfasst weltweit etwa zehn Arten. Von den sieben in Europa vorkommenden Arten bilden vier Hüte mit sterilen Oberseiten.

Schlüssel der pileaten *Oxyporus*-Arten Europas:

1 Fk. dichtporig, 5–7 Poren/mm, perennierende Arten, Fk. lateral oder effus und mit nodulosen Knötchen **2**

1* Fk.weitporiger, 1–4 Poren/mm, annuelle Arten **3**

2 Fk. konsolen- bis hufförmig, oft imbricat, Sporen nahezu kugelig; um 4–5 µm Ø ***→ Oxyporus populinus***

2* Fk. effus, nur gelegentlich mit nodulosen, oberseits glatten Hütchen, Sporen breit ellipsoid, 4–5×3–4 µm ***Oxyporus obducens***

3 Hymenophor der Hutunterseite um 4–5 Poren/mm, (einzelne Poren an getrockneten Fk.n mitunter größer); nur an *Betula pubescens* und an *Populus* von Nordeuropa bekannt ***Oxyporus borealis***

3* Hymenophor der Hutunterseite 1–4 Poren/mm (einzelne Poren oft irregulär winkelig gestreckt mit 1–3 mm Ø); in Europa weit verbreitet **4**

4 Fk. meist vollständig effus, selten effusoreflex mit kleinen, um 1–2 cm breiten und bis 1 cm dicken, knotigen Hütchen; annuell bis perennierend

Oxyporus corticola

4* Fk. lateral, selten effusoreflex, Hüte bis 10 cm breit und ebenso weit vom Substrat abstehend, bis 2 cm dick, an der Insertionsfläche bis 10 cm; annuell

Oxyporus ravidus

Übersicht der spezifischen Merkmale der europäischen, pileaten *Oxyporus*-Arten

Oxyporus borealis G.M. Jenssen & Ryvarden
Makromerkmale: Fk. effusoreflex bis lateral, annuell; Hüte weiß bis hellocker, ungezont, um 1 cm breit und wenige mm dick; oberseits wollig-haarig bis striegelig.
Mikromerkmale: Sp.: 4–4,5 µm Ø.
Oxyporus borealis ist auf das boreale Zonobiom Europas beschränkt und nur durch wenige Funde bekannt. Sie wird nicht von allen Autoren als eigenständige Spezies akzeptiert und zu → *Oxyporus populinus* gestellt. Von einjährigen *Oxyporus populinus*-Fk.n ist sie durch die runden, kleineren Sporen, die kleineren, dünneren Fk. und die stärkere Behaarung der Hutoberseiten zu trennen.

Oxyporus corticola (Fr.) Ryvarden
[≡ *Polyporus corticola* Fr. ≡ *Poria corticola* (Fr.) Sacc. ≡ *Polyporus quercinus* Pers.]
Makromerkmale: Fk effus, selten effusoreflex; Hüte selten vorhanden bis 2 cm breit und ebenso weit vom Substrat abstehend, an der Insertionsfläche bis 1 cm hoch; Hutoberseite tomentos bis radial faserig, weiß, im Alter strohgelb, ungezont oder undeutlich gezont.
Mikromerkmale: Sp. 5–6×3,5–4,5 µm.
Oxyporus corticola ist in Waldregionen des holarktischen Florenreiches circumpolar verbreitet und kommt auch außerhalb der Holarktis vor. Sie kommt auch fungicol auf verrottenden Porlingen, z.B. von → *Ganoderma australe*, vor.

Oxyporus obducens (Pers.) Donk
[≡ *Polyporus obducens* Pers. ≡ F*omitopsis obducens* (Pers.) P. Karst.]
Makromerkmale: Fk. effus, nur selten mit wenigen mm großen, knotigen Hütchen.
Mikromerkmale: Sp. 4–5×3–4µm.
Oxyporus obducens ist durch die stets annuellen Fk. und die ellipsoiden Sporen gut von jungen, effusen, noch einjährigen *Oxyporus-populinus*-Fk.n zu trennen. Die Art ist im holarktischen Florenreich circumpolar auf zahlreichen Laubgehölzen – meist in der Opitmal- bis Finalphase der Holzzerstörung – zu finden. Mikroskopisch stimmt sie bis auf die Sporenmaße weitgehend mit → *Oxyporus populinus* überein.

Oxyporus ravidus (Fr.) Bondartsev & Singer
[≡ *Polyporus ravidus* Fr. ≡ *Rigidoporus ravidus* (Fr.) Pouzar ≡ *Trametes ravida* (Fr.) Pilát]
Makromerkmale: Fk. lateral bis effusoreflex; oft mit effusen Fk.-Partien am Substrat herablaufend; Hüte bis 5, selten bis 10 cm breit und ebenso weit vom Substrat abstehend; an der Insertionsfläche bis 2 cm hoch; Hutoberseite faserig, cremefarben, später hellocker, ungezont oder undeutlich gezont, oft etwas radial runzelig; Hymenophor in Aufsicht hell bräunlich; Poren rund bis abgerundet eckig, 2–4 Poren/mm.
Mikromerkmale: Sp. 5–7×3,5–4,5 µm
Oxyporus ravidus ist eine seltene europäische Art, die an verschiedenen Laubgehölzen in Nordeuropa, bevorzugt auf *Populus tremula*, vorkommt.

Die Gattung *Perenniporia* Murrill
[= *Truncospora* Pilát]
Typusart: *Boletus medulla-panis* Jaqu. ≡ *Polyporus medulla-panis* (Jaqu.) Fr. ≡ *Perenniporia medulla-panis* (Jaqu.) Donk
Fk.-Typen: überwiegend effuse, aber auch pileate, annuelle bis perennierende, mono- bis polyzentrische Crustothecien mit polyporoidem Hymenophor.

Habitat: lignicol; saprotroph auf Laub- und Nadelholz; Weißfäuleerreger.
Konsistenz: ledrig bis hart, trocken meist holzartig hart.
Trama: weiß bis hellocker, holzfarben; Hyphensystem di- oder trimitisch, generative Hyphen mit Schnallen.
Hutoberseite: ockerfarben, bräunlich, ältere Fk.-Teile schwarz; fein behaart oder kahl, mitunter mit Kruste.
Hymenophor: Aufsicht auf das Hymenophor weiß bis cremefarben, bei den mehrjährigen Arten deutlich geschichtet; Hymenium mit fusoiden Cystidiolen, ohne die Basidien überragende Cystiden.
Basidiosporen: Spp. weiß bis hellbraun; Sp. hyalin bis gelblich, globos bis ellipsoid, dickwandig, glatt, meist truncat; JKJ dextrinoid p.p.
Lit.: 9, 33, 93, 104, 138, 139
Die Gattung *Perenniporia* umfasst weltweit 60 Arten, von denen sieben in Europa vorkommen. Zwei davon bilden regulär Hüte aus, zwei weitere, überwiegend effuse Arten, entwickeln sich fakultativ effusoreflex und bilden kleine Hütchen.

Schlüssel der europäischen pileaten *Perenniporia*-Arten

1 Fk. lateral, perennierend, konsolenförmig breit ansitzend; Hüte solitär oder imbricat **2**

1* Fk. effus, gelegentlich effusoreflex mit kleinen Hütchen, ein- oder mehrjährig **3**

2 Hutoberseite und Hymenophor in Aufsicht erst hellgelblich ocker, später ockerbraun; Sporen groß, über 10 µm lang; Hymenophor mit 2–4 Poren/mm ***Perenniporia ochroleuca***

2* Hutoberseite erst weiß bis gelb, bald grau bis schwarz und mit dünner Kruste (Abb. *Perenniporia*), Aufsicht auf das Hymenophor hell gelblich-weiß, Sporen weniger als 8 µm lang; Hymenophor mit 4–6 Poren/mm ***Perenniporia fraxinea***

3 effuse Fk. an vertikalen Substraten gelegentlich mit reflexem, oberem Rand und knotig auszweigenden Hütchen, diese oberseits grau bis schwarz; Sporen über 6 µm lang; Hymenophor mit 3–4 Poren/mm ***Perenniporia meridionalis***

3* effuse Fk. an vertikalen Substraten, oberseits gelegentlich durch einen reflexen Rand kleine Hütchen bildend, diese oberseits wie der Fk.-rand graugelb; Sporen unter 6 µm lang; Hymenophor mit 4–7 Poren/mm ***Perenniporia medulla-panis***

Perenniporia fraxinea (Bull.: Fr.) Ryvarden [≡ *Boletus fraxineus* Bull.: Fr.]
Eschenbaumschwamm
Fk.-Typ: laterale, perennierende, monozentrische bis polyzentrische Crustothecien mit polyporoidem Hymenophor.
Habitat: lignicol; saprotroph an Laubholz, meist an *Fraxinus*, aber auch nachgewiesen an *Fagus*, *Juglans*, *Populus*, *Prunus*, *Robinia*, *Quercus*, *Salix* und *Ulmus*; in Europa seltene Art; Weißfäuleerreger.
Makromerkmale: Fk. konsolenförmig, einzeln, in Gruppen oder imbricat mit wenigen Hüten; Konsistenz ledrig, trocken sehr hart; Hüte bis über 15 cm breit, bis 12 cm vom Substrat abstehend und bis 10 cm dick; Oberseite jung fein behaart, weiß bis hellocker mit rosa Ton, bald braun, alt nahezu schwarz, oft mit kontrastreichen, weißlichen Zuwachszonen und mit einer bis 0,5 mm dicken Kruste versehen; Hymenophor in Aufsicht hellocker, 4–6 Poren/mm; an der Insertionsfläche bis über 6 cm hoch, Röhren deutlich geschichtet, pro Schicht um 5 mm lang; Huttrama hell korkfarben, in Melzers Reagenz dunkelbraun; Hymenophoraltrama der Huttrama gleichfarben.
Mikromerkmale: Spp. weiß; Sp. 5–7,5×5–6 µm, hyalin, breit ellipsoid, dickwandig, mit

Keimporus, dextrinoid; Basidien gestaucht clavat bis nahezu zylindrisch, viersporig; Hyphensystem dimitisch; generative Hyphen bis 4 µm Ø, mit Schnallen; Skeletthyphen dickwandig, bis 8 µm Ø, wenig verzweigt, aber mit arbuskelähnlichen Auszweigungen, dextrinoid.
Perenniporia fraxinea ist im holarktischen Florenreich circumpolar verbreitet. In Europa kommt die Art besonders im mediterranen und im nemoralen Zonobiom vor.

Abb. *Perenniporia*: *P. fraxinea*; Gruppe kräftiger Fk. an einem lebenden Laubholz-Stamm.
(Foto: G. Hensel)

Perenniporia fraxinea wurde in der deutschsprachigen Literatur zeitweise als *Fomitopsis cytisina* geführt. Dieser Name wird derzeit meist als Synonym von *Rigidoporus ulmarius* angesehen. Von *Fomitopsis* ist *Perenniporia* u.a. durch den Typ der Holzfäule verschieden. *Perenniporia fraxinea* ist in Mitteleuropa als wärmeliebende Art wahrscheinlich in Ausbreitung begriffen.

Perenniporia ochroleuca (Berk.) Ryvarden [≡ *Polyporus ocholeucus* Berk. ≡ *Truncospora ocholeuca* (Berk.) S. Ito
Fk.-Typ: laterale, perennierende, monozentrische Crustothecien mit polyporoidem Hymenophor.
Habitat: meist perthotroph an lebenden Laubgehölzen und saprotroph am toten Holz weiterwachsend, selten auf Nadelgehölzen; nachgewiesen in Europa u.a. an *Arbutus*, *Ceratonia*, *Corylus*, *Laurus*, *Quercus ilex*, *Robinia*, und *Ulex*; nur im Mittelmeergebiet und an der Südwestküste Englands nachgewiesen.
Makromerkmale: Fk. einzeln oder in Gruppen, auch in wenigen Exemplaren imbricat; konsolen- bis hufförmig, im Radialschnitt dreieckig; Konsistenz derbkorkig, trocken holzig, hart. Hüte bis 7 cm breit, bis 4 cm vom Substrat abstehend und im Insertionsbereich bis über 2 cm hoch; Oberseite gewölbt; Hutoberseite zunächst hell gelblich-ocker, später ockerbraun, anfangs fein behaart, später glatt, leicht verkrustend, nicht oder undeutlich gezont, Rand scharf; Hymenophor in Aufsicht zunächst nahezu weiß bis hellocker, später dunkler, Röhren geschichtet, 3–5 mm pro Schicht; Trama hellocker, alt dunkler, im mittleren Hutbereich 1–5 mm dick; Hymenophoraltrama der Huttrama gleichfarben.
Mikromerkmale: Spp. gelblich-weiß; Sp. hyalin, gelblich, 12–16×7,5–9,5 µm; Basidien clavat, viersporig mit Basalschnalle; Hyphensystem trimitisch; generative Hyphen mit

Schnallen, 2–4 µm Ø; Skelethyphen dickwandig, mitunter nahezu solide, dextrinoid; verzweigte Bindehyphen mit arbuskelartigen Auszweigungen, dextrinoid.
Perenniporia ocholeuca ist eine überwiegend tropische Art, die in Europa besonders im Mittelmeergebiet und in milden ozeanischen Regionen vorkommt.

Von den beiden hütchenbildenden, aber überwiegend effus wachsenden Arten *Perenniporia medulla-panis* (Fr.) Donk und *Perenniporia meridionalis* Decock & Stalpers, ist die Typusart der Gattung, *P. medulla-panis*, eine kosmopolitische und auch in Europa weit verbreitete Art mit einem sehr weiten Substratspektrum auf Laubholz, die auch auf Nadelholz, u.a. auf *Cupressus* und *Picea*, nachgewiesen wurde. Sie bildet ausgedehnte graue bis cremfarben-graue, mehrjährige Krusten. Die erst 2004 beschriebene, mediterran bis zentraleuropäisch verbreitete *P. meridionalis* wurde in der floristischen Literatur nicht von *P. medulla-panis* getrennt. Die beiden Arten sind aber allein durch die Porendichte und Sporengröße unterscheidbar.

	Sporen	**Porendichte**
P. medulla-panis	4,5–5,5x3,5–4,5 µm	4–7 Poren/mm
P. meridionalis	6,5–8x5–6 µm	3–4 Poren/mm

Die Gattung *Phaeolus* (Pat.) Pat.
[≡ *Polyporus* ssp. *Phaeolus* Pat. = *Spongiosus* Lloyd ex Torrend]
Typusart: *Polyporus schweinitzii* Fr. ≡ *Phaeolus schweinitzii* (Fr.) Pat.
Fk.-Typen: laterale bis stipitate, oft mehrhütige, annuelle, kurzlebige, meist monozentrische Crustothecien mit polyporoidem bis daedaleoidem Hymenophor.
Habitat: lignicol oder terrestrisch über Wurzelholz; perthotroph oder saprotroph; überwiegend an Nadelholz, selten an Laubholz; Braunfäuleerreger.
Konsistenz: jung saftig, weich schwammig, aber zäh, trocken stark schrumpfend, zäh bis bröckelig.
Trama: anfangs safrangelb bis orange, bald bräunend; Hyphensystem monomitisch, Hyphen ohne Schnallen, gelblich bis bräunlich, 3–6 µm Ø; in KOH braun; mit gloeopleren Hyphen.
Hutoberseite: dicht wollhaarig, anfangs gelb, bald braun.
Hymenophor: in Aufsicht olivgelb, auf Druck bräunend; Hymenium mit schmalen, glatten Cystiden; zusätzlich mit gloeopleren Hyphen im Hymenium, Poren relativ groß.
Basidiosporen: Spp. weiß; Sp. ellipsoid bis ovoid, hyalin, glatt; JKJ negativ.
Lit.: 9, 15, 33, 51, 58, 82, 93, 138, 139
Die kosmopolitisch verbreitete Gattung *Phaeolus* umfasst weltweit nur zwei Arten. In Europa kommt nur die Typusart vor. Die Namen Braunporlinge und *Phaeolus* beziehen sich auf die rasche Braunverfärbung aller Fk.-Teile. Als Pigmente sind Pyrone (Hispidin) nachgewiesen.

Einzige *Phaeolus*-Art in Europa:

→ ***Phaeolus schweinitzii***

Die Gattung *Phellinus* Quél.
[= *Boudiera* Lázaro Ibiza = *Fomitiporella* Murrill = *Fulvifomes* Murrill = *Fuscoporella* Murrill = *Fuscoporia* Murrill = *Mison* Adans. = *Ochroporus* J. Schroet. = *Ochrosporellus* (Bondartseva & S. Herrera) Bondartseva & S. Herrera = *Porodaedalea* Murrill = *Pseudofomes* Lázaro Ibiza = *Pyropolyporus* Murrill = *Scalaria* Lázaro Ibiza = *Scindalma* Hill ex Kuntze]
Typusart: *Boletus igniarius* L. ≡ *Polyporus igniarius* L.: Fr. ≡ *Phellinus igniarius* (L.) Quél.
Fk.-Typen: effuse, effusoreflexe oder laterale, mono- oder polyzentrische, perennierende Crustothecien mit polyporoidem Hymenophor.
Habitat: lignicol; an Laub- oder Nadelgehölzen; Weißfäuleerreger; einige Arten erregen eine auffallende Form der Wabenfäule mit 20–50×5–8 mm großen, von weißen Fasern durchwobenen Hohlräumen.
Konsistenz: pileate Arten holzig hart.

Trama: braun, mit KOH schwarz; Hyphensystem dimitisch, Skeletthyphen gelbbraun bis braun; generative Hyphen hyalin bis gelblich, Septen ohne Schnallen.
Hutoberseite: gelb, grau, rostbraun, dunkelbraun bis schwarz; jung und an wachsenden Rändern braun und feinfilzig, dann mit Kruste, diese oft tief radial rissig.
Hymenophor: in Aufsicht braun, meist regulär polyporoid, mit KOH schwarz; Basidien ohne Basalschnalle; Hymenium meist mit Hymenialsetae.
Basidiosporen: Spp. weiß bis hellbraun; Sp. hyalin bis braun, zylindrisch bis ellipsoid oder nahezu globos, dünn bis dickwandig, glatt; JKJ inamyloid, dextrinoid p.p.
Lit.: 9, 15, 23, 33, 35, 36, 58, 70, 73, 74, 77, 79, 82, 89, 90, 93, 103, 138, 139, 150, 156, 164
Die Gattung *Phellinus* unterscheidet sich von *Inonotus* in erster Linie durch die perennierenden Fk. Die Cortex der Oberseite der pileaten Arten besteht aus einer von der Trama abgesetzten Kruste oder aus stark verhärtendem (verkrustetem) Hyphengeflecht und wird in vielen Fällen rissig. Als Pigmente sind verschiedene Pyrone* (Bihispidinyl, Davallialactone, Hispidin , Inoscavin A, Interfungin, Hypholomin B, Phelligridin A, Phelligridimer) nachgewiesen. Die Arten mit großen, zunächst knolligen, vieljährigen Fk.n der Verwandtschaftskreise von → *Phellinus igniarius* und → *Phellinus robustus* besitzen oft eine an den primären Knollen gebildete Myzelialkern ähnliche Struktur an der Insertionsfläche, die mitunter bis ins Substrat reichen kann. Diese *mycelial cores* sind jedoch nicht so scharf von der Huttrama abgesetzt wie die Myzelialkerne bei der Gattung *Fomes* (→ *Fomes fomentarius*, Abb. 2) oder einigen *Inonotus*-Arten (Abb. *Inonotus* 4). Sie sind Ausgangspunkt der generativen Hyphen, die vom Substrat aus bis in die neu entstehenden Hymenophorschichten die Fk. durchwachsen (→ *Phellinus nigricans*, Abb. 3). Sie können als speziell der Nährstoffversorgung dienende Hyphen (trophische Hyphen) betrachtet werden.

Die Gattung *Phellinus* s.l. umfasst weltweit ca. 180 Arten. Von den ca. 35 europäischen Arten bilden 20 pileate Fk. Fünf von ihnen sind sehr selten und kommen in Mitteleuropa nicht vor; sie sind im folgenden Schlüssel unberücksichtigt geblieben. Es sind dies: *Phellinus erectus* A. David, Dequatre & Fiasson (Steineichenfeuerschwamm; nur vom Mittelmeergebiet an mediterranen Gehölzen bekannt); *Phellinus juniperinus* Bernicchia & S. Curreli (nur vom *locus typi* aus Sardinien bekannt); *Phellinus rimosus* (Berk.) Pilát (überwiegend tropische Art, in Europa nur vom Mittelmeergebiet bekannt); *Phellinus rosmarini* Bernicchia (nur vom Mittelmeergebiet bekannt) und *Phellinus wahlbergii* (Fr.) D.A. Reid (überwiegend tropische Art, in Europa nur von den Kanaren bekannt). Die Gattung *Phylloporia* wird von vielen Autoren in *Phellinus* einbezogen. Sie ist durch konstant kleinere und schmalere Sporen, das weiche Tomentum, die dünnfleischigen Hüte und das vollkommene Fehlen von Setae von der Gattung *Phellinus* zu unterscheiden.

Schlüssel der pileaten *Phellinus*-Arten Mitteleuropas

1 Hymenophor überwiegend irregulär gestrecktporig bis daedaleoid; weitporig, 1–3, selten bis 4 Poren/mm (Verwandtschaftskreis von *Phellinus pini*) **2**

1* Hymenophor überwiegend regulär rund- bis abgerundet eckigporig; engporig, ≥ 4 Poren/mm **4**

2 Fk. meist einzeln, groß, Hüte bis 25 cm breit, ohne effuse Fk.-Teile, überwiegend an *Pinus sylvestris* **→ *Phellinus pini***

2* Fk. kleiner, meist in Gruppen, Hüte bis 10 cm breit, flach, mittig um 1 cm dick, oft mit effusen Fk.-Teilen, an verschiedenen Nadelgehölzen **3**

3 ausschließlich an *Picea* im borealen Zonobiom; Fk. perennierend, z.T. ausschließlich lateral oder mit geringen effusen Anteilen **→ *Phellinus abietis***

3* an verschiedenen Nadelgehölzen, boreal und in Mitteleuropa auch montan verbreitet; Fk. annuell bis perennierend; stets mit effusen Fk.-Teilen; diese randlich ohne Hymenophor

→ ***Phellinus chrysoloma***

4 Fk. groß, überwiegend lateral, anfangs oft knollig, später über 5 cm, teils bis 20 cm dicke Konsolen mit abgerundeten bis stumpfkantigen Rändern bildend; perennierend, meist über zehn Jahre ausdauernd

5

4* Fk. überwiegend effusoreflex; an effusen Matten scharfkantige Hüte bildend oder aus perennierenden, sich verdickenden Krusten ohne echte Hutkanten bestehend oder flache, oft imbricate, selten auch einzelne, scharfkantige Hüte bildend

13

5 Fk. oberseits nur am wachsenden Rand zimtbraun und fein tomentos, dann mit einer 0,5–2 mm dicken, grauen, später schwarzen, oft rissigen Kruste versehen

6

5* Fk. oberseits randlich gelbbraun, fein tomentos, dahinter borstig, ohne harte Kruste, oft von Moosen und Flechten bewachsen, obere Huttrama häufig mit eingewachsenen Partikeln des Bewuchses versehen

→ ***Phellinus torulosus***

6 Hymenialsetae stets vorhanden, mitunter selten (mehrere Schnitte untersuchen!), Sporen hyalin bis gelblich

7

6* ohne Hymenialsetae, Sporen gelblich (*Phellinus-robustus*-Verwandtschaftskreis)

11

7 Fk. nahezu ausschließlich an *Populus* spp.

8

7* Fk. an anderen Laubgehölzen

9

8 Fk. charakteristischerweise an überwachsenden Astwunden von *Populus tremula* oder *Populus tremuloides*; meist einzeln an naheliegenden Astwunden (vgl. Abb. *Phellinus tremulae* 1–3); Sporen subglobus, 4,5–5×4-4,5 µm; Setae bis 30 µm lang, die Basidien bis 15 µm überragend; Hyphen der Huttrama irregulär verwoben, die der Hymenophoraltrama parallel organisiert

Phellinus tremulae

8* Fk. an verschiedenen *Populus*-Arten, Sporen breit ellipsoid, 5–6×4–5µm, Setae bis 22 µm lang, die Basidien bis 10 µm überragend; Huttrama und Hymenophoraltrama gleich gestaltet, Skeletthyphen der Hymenophoraltrama oft etwas schmaler

Phellinus populicola

9 Fk. überwiegend an *Prunus*; Huttrama irregulär Hymenophoralttrama subregulär; Sporen 4–5×3–4,5 µm

→ ***Phellinus pomaceus***

9* Fk. an div. Laubgehölzen; Huttrama und Hymenophoraltrama irregulär; Sp. globos bis subglobos 5–6,5×4,5–6 µm

10

10 Fk. überwiegend an *Betula pubescens* in Feuchtgebieten; Hutoberseite besonders am Rand dicht gezont

→ ***Phellinus nigricans***

10* Fk. überwiegend an *Salix* und *Malus*; Hutoberseite mit groben, wulstigen Zonen

→ ***Phellinus igniarius***

11 an Nadelholz, besonders auf *Abies* und *Picea*

→ ***Phellinus hartigii***

11* an Laubholz

12

12 bevorzugt an *Quercus*, Fk. bis 25 cm breit, Hymenophor engporig; 6–8 Poren/mm

→ ***Phellinus robustus***

12* an *Hippophae* oder *Eleagnus*, Fk. bis 8 cm breit, Porendichte etwas geringer; 5–7 Poren/mm

→ ***Phellinus hippophaëicola***

13 Fk. aus effusen, durch Mehrjährigkeit sich verdickenden Matten entstehend, entweder mit oberseitigen Rändern der effusen Matten und ohne echte Hüte oder/und mit kleinen, irregulären, polymorphen, abstehenden Hütchen **14**

13* Hüte (wenn vorhanden) konsolenförmig, scharfrandig und gezont **15**

14 auf Laubholz; Fk. ohne echte Hüte; Oberseite der mehrjährigen Schichten der effusen Fk. verkrustet; mit feinen, ca. 1–1,5 mm breiten Rillen, die mit den Porenschichten korrespondieren, Sporen ovoid bis breit ellipsoid 4,5–6×4–6 µm

→ ***Phellinus lundellii***

14* auf Nadelholz, besonders auf *Picea* in naturnahen, montanen und borealen Wäldern; besonders an den Rändern oft mit irregulären, polymorphen, abstehenden Hütchen, Sporen zylindrisch, 7–10×2–2,5 µm

Phellinus nigrolimitatus

15 an Nadelholz (meist *Picea*); Fk. überwiegend effus, aber meist mit zunächst knolligen, später konzentrisch fein gezonten, bis 3 cm vom Substrat abstehenden Hütchen; Sporen zylindrisch, 7–9×1,5–2 µm, in Mitteleuropa montan verbreitet

→ ***Phellinus viticola***

15* an Laubholz; häufig an *Salix*; Fk. effusoreflex, aber meist pileat, mit wohl ausgebildeten, flachen, scharfrandigen, bis 5 cm vom Substrat abstehenden, grob gezonten Hüten, oft imbricat, Sporen ovoid bis subglobos, 5–6,5×4–4,5 µm, in Mitteleuropa planar bis collin verbreitet (wenn völlig ohne Hymenialsetae, vgl. *Phylloporia*)

→ ***Phellinus conchatus***

Phellinus nigrolimitatus (Romell) Bourdot & Galzin
[≡ *Polyporus nigrolimitatus* Romell ≡ *Phellopilus nigrolimitatus* (Romell) Niemelä, T. Wagner & M. Fisch.]
Dunkel gezonter Feuerschwamm
Fk.-Typ: effuse bis effusoreflexe, perennierende, meist polyzentrische Crustothecien mit polyporoidem Hymenophor.
Habitat: saprotroph an totem Nadelholz; insbesondere an *Picea* in naturnahen Wäldern, aber auch an *Pinus* und *Abies* nachgewiesen; verursacht eine auffallende Wabenfäule.
Makromerkmale: Fk. meist vollständig effus, Hütchen nur wenige mm bis 1 cm vom oberen Rand effuser Fk.-Teile abstehend, oberseits fein tomentos bis glatt, später auch warzighöckerig, dunkelbraun bis schwarz; Konsistenz zäh, beim Trocknen etwas schrumpfend, trocken hart; Aufsicht auf das Hymenophor jung zimtfarben, alt dunkler; 5–7 Poren/mm; Trama frisch satt gelbbraun, alt dunkler, im Schnitt mit einer oder zwei schwarzen, ca. 20–40 µm dicken Linien aus dicht verflochtenen, dunkel pigmentierten und verklebten Hyphen.
Mikromerkmale: Spp. weiß; Sp. hyalin, zylindrisch, 7–10×2–2,5 µm, Hymenialsetae reichlich vorhanden, dickwandig, dunkelbraun, die Basidien um ca. 10 µm überragend; generative Hyphen dünnwandig, hyalin bis 3 µm Ø; Skeletthyphen dickwandig, bis 5 µm Ø, braun, unverzweigt.
Phellinus nigrolimitatus ist im holarktischen Florenreich circumpolar in Wäldern mit Nadelgehölzen verbreitet. In Mitteleuropa ist die Art selten und bevorzugt naturnahe, montane Nadelwälder.

Phellinus populicola Niemelä
[≡ *Ochroporus populicola* (Niemelä) Niemelä]
Pappel-Feuerschwamm
Fk.-Typ: laterale, perennierende, meist monozentrische Crustothecien mit polyporoidem Hymenophor; oft auch effusoreflex mit effusen, am Substrat herablaufenden Fk.-Anteilen.

Abb. *Phellinus* 1 u. 2: *Ph. nigrolimitatus*; Fk.-Aufsicht und Hynmenophor.
Abb. *Phellinus* 1: durch die Regeneration des Hymenophors des perennierenden Fk.s entstand ein dickes, effuses Crustothecieum mit sterilen Außenseiten (Pfeil).
Abb. *Phellinus* 2: Aufsicht auf das Hymenophor.

Habitat: perthotroph an lebenden Laubholzstämmen und -ästen; saprotroph an toten Substraten weiterwachsend; ausschließlich an *Populus*.
Makromerkmale: Fk. konsolen- bis hufförmig, oberseits abgeschrägt, Unterseite meist nahezu horizontal, bis 15 cm breit, bis 10 cm vom Substrat abstehend und an der Insertionsfläche bis 12 cm hoch; Konsistenz holzig hart; Hut am Rand zimtbraun und tomentos, dahinter grau, mit Kruste, in Richtung der Insertionsfläche zunehmend dunkler bis schwarz, Kruste glatt, später rissig; grob gezont; Hutrand zunächst abgerundet, später bei gut ausgebildeten Exemplaren mit stumpfer Kante; Aufsicht auf das Hymenophor zimt- bis dunkel rostbraun; Hymenophor gleichförmig polyporoid, dichtporig, Poren klein, 4–6 Poren/mm; Röhren undeutlich geschichtet; pro Schicht 1–5 mm lang; Huttrama bis 1 cm dick, dunkel rotbraun; Hymenophoraltrama der Huttrama gleichfarben.
Mikromerkmale: Spp. weiß; Sp. 5–6×4–5 µm, hyalin, glatt, dickwandig; Hymenialsetae mitunter sehr selten, die viersporigen, clavaten Basidien um 5–10 µm überragend, dickwandig, dunkelbraun, oft missgebildet; generative Hyphen dünnwandig, hyalin, verzweigt bis 3 µm Ø; Skeletthyphen dickwandig, rostbraun, bis 6 µm Ø.
Phellinus populicola ist eine europäische Art des *Phellinus-igniarius*-Verwandtschaftskreises, die sich besonders durch die großen Fk. und das Wachstum auf *Populus* unterscheidet. Konfusionen mit → *Phellinus igniarius* und *Phellinus tremulae* stehen einer klaren Abgrenzung des Areals im Wege.

Phellinus tremulae (Bondartsev) Bondartsev & P.N. Borisov
[≡ *Fomes igniarius* (L.) Fr. f. *tremulae* Bondartsev]
Espen-Feuerschwamm
Fk.-Typ: laterale, perennierende, monozentrische Crustothecien mit polyporoidem Hymenophor; selten auch effus in Astgabeln oder effusoreflex.
Habitat: perthotroph an lebenden Laubholzstämmen und -ästen; saprotroph an toten Substraten weiterwachsend; meist an aufrechten Stämmen; nahezu ausschließlich an *Populus tremula* und *Populus tremuloides*, wird aber auch von anderen *Populus* spp. in Eurasien und Nordamerika angegeben, selten auch von anderen Laubgehölzen, u.a. von *Alnus*, *Quercus*

Abb. *Phellinus* 3–5: *Ph. tremulae* an vitalen *Populus-tremula*-Stämmen.
Abb. *Phellinus* 3: zwei Fk., jeweils an einer nicht ganz überwallten Astwunde hervorbrechend.
Abb. *Phellinus* 4: Fk. aus einer Astwunde hervorbrechend; a – stark radial rissige, verkrustete Oberseite; b – geringmächtige graue Zone, die sich bereits nahe des Hutrandes schwarz verfärbt und radiale Riss bekommt; c –kantige, braune Randzone, oberseits feinsamtig, unterseits in das Hymenophor übergehend; d – Aufsicht auf das dunkel goldbraune Hymenophor.
Abb. *Phellinus* 5: Aufsicht auf das Hymenophor am Hutrand; a – schwarze, b – graue, radialrissige, randnahe Zone der Oberseite; c – wachsender, brauner Hutrand oberseits feinsamtig, unterseits in das Hymenophor übergehend, wobei die äußere Randzone noch porenfrei ist; d – Aufsicht auf das dichtporige Hymenophor mit 5–6 Poren/mm.

und *Sorbus*.

Makromerkmale: Fk. jung polster- bis knollenförmig, später konsolen- bis hufförmig; selten an der Insertionsfläche am Substrat etwas herablaufend; oft an der Unterseite alter Astansätze, auch an Resten toter Äste, an Stammwunden etc.; Insertionsfläche mit krümeligem, im Holz

tief verankertem Myzel (*mycelial core*); mitunter leichte Holzwucherungen verursachend; Konsistenz holzig hart; Hutoberseite hinter der nur sehr schmalen, zimtfarbenen, oberseits samtigen Randzone verkrustet, einer grauen Zone folgen zur Insertionsfläche auffallend tief radialrissige, schwarze Zonen; braune Randzone stumpfkantig in das schräg bis waagerecht orientierte Hymenophor übergehend; Hüte meist bis 10, selten bis 20 cm breit und 8, selten bis 15 cm vom Substrat abstehend, an der Insertionsfläche bis 6, selten bis 10 cm hoch; Trama weniger als 1 cm dick; dunkel rotbraun; Röhren undeutlich geschichtet, pro Schicht 1–5 mm lang; alte Röhren mit Myzel durchwachsen, Röhrenschicht insgesamt bis über 5 cm dick; Aufsicht auf das Hymenophor zimt- bis dunkel rostbraun; Hymenophor gleichförmig polyporoid, dichtporig, Poren klein, 5–6 Poren/mm; Röhren undeutlich geschichtet; Hymenophoraltrama der Huttrama gleichfarben.
Mikromerkmale: Spp. weiß; Sp. breit ellipsoid bis nahezu globos, 6–7×5–6 µm, hyalin, indextrinoid; Hymenialsetae spärlich bis zahlreich, 14–30×4–6 µm; Basidien clavat, viersporig, ohne Basalschnalle; generative Hyphen dünnwandig, 2–3 µm Ø; Skeletthyphen dickwandig, braun, 3–6 µm Ø; Hymenophoraltrama regulär mit längsparalleler Hyphenstruktur.
Phellinus tremulae ist holarktisch verbreitet. Durch das nahezu ausschließliche Vorkommen an *Populus tremula* und *P. tremuloides* und durch die typische Fruktifikation an Astwunden und die bis zum Hutrand reichende, durch tiefe, radiale Risse durchbrochene Kruste und die Verwachsung der Fk. mittels einer myzelialkernähnlichen Struktur am Holz des Wirtes ist die Art auch im Gelände gut kenntlich.

Die Gattung *Phylloporia* Murrill
Typusart: *Phylloporia parasitica* Murrill
Fk.-Typen: laterale, flache Konsolen bildende, selten effuse bis effusoreflexe, annuelle bis perennierende, meist monozentrische Crustothecien mit polyporoidem Hymenophor.
Habitat: lignicol; perthotroph an lebenden Laubgehölzen; Weißfäuleerreger.
Konsistenz: frisch zäh und biegsam, trocken ledrig bis holzig hart.
Trama: braun, mit KOH schwarz; Hyphensystem monomitisch; Hyphen dünn bis dickwandig, hyalin, gelbbraun bis braun; ohne Schnallen.
Hutoberseite: gelb bis rostbraun; jung mit Tomentum, alt verkahlend, ohne feste Kruste.
Hymenophor: in Aufsicht dunkel rostbraun, meist regulär polyporoid, dichtporig, mit KOH schwarz; Hymenium stets ohne Setae.
Basidiosporen: Spp. gelb-bräunlich; Sp. gelblich, ellipsoid oder nahezu globos, dickwandig, glatt; JKJ negativ.
Lit.: 9, 15, 58, 82, 93, 138, 139
Die Gattung *Phylloporia* steht den Gattungen *Inonotus* und *Phellinus* nahe. Von vielen Autoren wird sie zu *Phellinus* gestellt, jedoch kommt bei *Phylloporia* keine feste Kruste vor, die Setae fehlen bei allen Arten, und das Hyphensystem wird meist, aber nicht von allen Autoren, als monomitisch definiert, da die recht verschiedenartigen dünn- bis dickwandigen Hyphen kontinuierlich ineinander übergehen und die Hyphentypen nicht klar zu trennen sind. Die Gattung umfasst weltweit sieben Arten; in Europa kommt nur *Phyllopoira ribis* vor. Als Inhaltsstoffe sind Pyrone (Hispidin, Hypholomin B) nachgewiesen.

Einzige *Phylloporia*-Art in Europa:

→ ***Phylloporia ribis***

Die Gattung *Piloporia* Niemelä
Typusart: *Antrodia sajanensis* Parmasto ≡ *Piloporia sajanensis* (Parmasto) Niemelä
Fk.-Typen: effuse bis effusoreflexe, annuelle, polyzentrische Crustothecien mit polyporoidem Hymenophor.
Habitat: lignicol; saprotrophe Nadel- und Laubholzbewohner; Weißfäuleerreger.
Konsistenz: frisch weich und saftig, trocken weich, ledrig, korkig.
Trama: zweischichtig, weißlich-braun bis graubraun, im oberen Bereich dunkelbraun mit schwarzer Trennlinie; Hyphensystem dimitisch, generative Hyphen mit Schnallen.
Hutoberseite: dunkelbraun, tomentos.

Hymenophor: in Aufsicht weißlich bis korkfarben, polyporoid bis daedaleoid.
Basidiosporen: Spp. weiß; Sp. klein, allantoid, glatt; JKJ negativ.
Lit.: 9, 138, 139
Die kleine Gattung *Piloporia* umfasst weltweit nur zwei Arten. Sie steht den Gattungen *Antrodia* und *Datronia* nahe.

Einzige *Piloporia*-Art in Europa:

Piloporia sajanensis

Piloporia sajanensis (Parmasto) Niemelä
[≡ *Antrodia sajanensis* (Parmasto) Domański ≡ *Datronia sajanensis* (Parmasto) Domański]
Fk.-Typ: effuse bis effusoreflexe, annuelle, polyzentrische Crustothecien mit polyporoidem Hymenophor.
Habitat: lignicol; auf Nadelgehölzen, nachgewiesen auf *Abies*, *Larix*, *Picea* und *Pinus*, seltene, boreal-montane eurasische Art; Weißfäuleerreger.
Makromerkmale: Fk. meist am oberen Rand, aber auch in der Mitte von Krusten an vertikalen Substraten Hüte bildend; Konsistenz jung weich und saftig; trocken weich, korkig; Hüte bis 8 cm breit, bis 2,5 cm vom Substrat abstehend, im mittleren Hutbereich um 5 mm dick; oberseits dunkelbraun und tomentos, Aufsicht auf das Hymenophor weiß, später grau-bräunlich; Poren abgerundet eckig, dann etwas aufreißend; 4–5 Poren/mm; Röhren bis 6 mm lang; Trama unten weißlich-braun, später graubraun, oben aus dunkelbraunen Corticalgeflechten mit dem Tomentum bestehend, im Schnitt erscheint eine schwarze Trennlinie, die sich auch im effusen Teil der Fk. fortsetzt; Hymenophoraltrama hellocker, im Alter grau-bräunlich.
Mikromerkmale: Spp. weiß; Sp. relativ klein, 3,5–4×1 µm, hyalin, glatt allantoid, dünnwandig; Basidien schmal clavat, meist viersporig, mit Basalschnalle; Hyphensystem dimitisch; generative Hyphen hyalin bis braun, dünn- bis dickwandig; Hymenium mit apikal verjüngten Cystidiolen, diese etwas bauchig, mit Basalschnallen, 2–4 µm Ø; Schneiden der Dissepimente mit inkrustierten Hyphenenden; Skeletthyphen gelb-bräunlich, dickwandig, wenig verzweigt; Tomentum aus dickwandigen, schnallenführenden Hyphen bestehend.
Piloporia sajanensis kann mit *Datronia stereoides* verwechselt werden, die jedoch in Europa noch nie auf Nadelholz gefunden wurde. Mikroskopisch sind die inkrustierten Hyphen der Schneiden der Dissepimente und die kleinen allantoiden Sporen von *Piloporia sajanensis* wichtige Erkennungsmerkmale. Verwechslungen sind auch mit effusen Kollektionen ohne Hutoberseite von diversen *Skletocutis* spp. möglich; für die Klärung in solchen Fällen ist die Analyse der Trama mit der dunklen Linie bei *Piloporia* erforderlich.

Die Gattung *Piptoporus* P. Karst.
[= *Buglossoporus* Kotl. et Pouz.]
Typusart: *Polyporus betulinus* Bull. ≡ *Piptoporus betulinus* (Bull.) P. Karst.
Fk.-Typen: meist seitlich kurz gestielte (substipitate) oder laterale, knollige bis konsolenförmige, annuelle, selten bis dreijährige, monozentrische Crustothecien mit polyporoidem Hymenophor.
Habitat: lignicol; saprotroph oder perthotroph an Laubholz; Braunfäuleerreger.
Konsistenz: frisch saftig, zähfaserig, trocken bröckelig.
Trama: weiß, di- bis trimitisch, Hymenophoraltrama auch monomitisch; Hyphen farblos, generative Hyphen mit Schnallen, Binde- und Skeletthyphen dickwandig, unseptiert.
Hutoberseite: anfangs weiß, feinfilzig, später glatt mit pergamentartiger, hellbräunlicher Cortex, stets ungezont.
Hymenophor: in Aufsicht anfangs weiß, später hell braungelb oder ocker- bis zimtfarben; Poren klein, rund bis eckig; Hymenium mit oder ohne Cystidiolen.
Basidiosporen: Spp. weiß; Sp. ellipsoid bis allantoid; glatt, hyalin, dünnwandig; JKJ negativ.
Lit.: 9, 15, 23, 34, 36, 71, 93, 102, 138, 139
Die Abspaltung der Gattung *Buglossoporus* wurde mit dem etwas anders gearteten Hyphensystem, besonders mit der monomitischen Hymenophoraltrama und mit der Lebensdauer der

Fk. begründet und ist nicht stichhaltig. Absterbende Fk. werden häufig von dem Ascomyceten *Trichoderma pulvinatum* bewachsen; dessen Stromata sind anfangs weiß, conidiogen, später gelb und mit eingesenkten Perithecien besetzt (Abb. E 10). Die Gattung *Piptoporus* umfasst weltweit fünf Arten; drei von ihnen kommen in Europa vor. Die oft als *Piptoporus pseudobetulinus* geführte Art gehört aufgrund der in Kultur festgestellten Weißfäule in die Gattung *Polyporus*.

Schlüssel der europäischen *Piptoporus*-Arten

1 Fk. oberseits mit einer cremefarbenen bis hellbraunen, kahlen hautartigen Cortex **2**

1* Fk. oberseits anfangs feinsamtig, später kahl und glatt, ohne hautartige Cortex **3**

2 ausschließlich an *Betula* → ***Piptoporus betulinus***

2* ausschließlich an *Populus* vgl. *Polyporus pseudobetulinus*

3 Fk. oberseits cremefarben bis rosaocker, Sporen ellipsoid, in Europa an *Quercus* oder *Castanea* ***Piptoporus soloniensis***

3* Fk. oberseits anfangs weiß, später gelblich bis braun, Sporen zylindrisch, ausschließlich an *Quercus* ***Piptoporus quercinus***

Piptoporus quercinus (Schrad.) P. Karst.
[≡ *Boletus quercinus* Schrad. ≡ *Polyporus quercinus* (Schrad.) Fr. ≡ *Buglossoporus quercinus* (Schrad.) Kotl. & Pouzar]
Eichenzungenporling
Fk.-Typ: laterale bis substipitate, monozentrische, sommeranuelle Crustothecien mit polyporoidem Hymenophor.
Habitat: lignicol; perthotroph, ausschließlich an alten, lebenden *Quercus*-Stämmen.
Makromerkmale: Fk. fächer- bis halbkreisförmig oder nahezu rund, zur Insertionsfläche hin verschmälert oder substipitat; Konsistenz frisch fleischig und biegsam; trocken hart, brüchig und sehr leicht; Hüte bis 15 cm breit und ebenso weit vom Substrat abstehend; bis 5 cm dick; oberseits flach gewölbt, ungezont, jung feinsamtig, später glatt, anfangs weiß, dann von der Insertionsfläche her gelblich bis gelbbraun; Rand abgerundet; Aufsicht auf das Hymenophor jung weiß, später cremefarben, hellbraun; Poren rund, 2–4 Poren/mm, Röhren bis 4 mm lang; Huttrama weiß, bis 4 cm dick, Hymenophoraltrama gleichfarben, im Alter bräunlich.
Mikromerkmale: Spp. weiß; Sporen hyalin, dünnwandig, zylindrisch, apikal etwas verjüngt, 6–8×2,5–3,5 µm; Basidien gestaucht clavat, viersporig; Hymenium mit apikal verjüngten Cystiolen; Basidien und Cystidiolen mit Basalschnallen; Hyphensystem dimitisch; generative Hyphen mit auffallend großen Schnallen, hyalin, dünnwandig, reich verzweigt, bis über 5 µm Ø; Skeletthyphen mit sich verjüngenden Auszweigungen, hyalin, bis 8 µm Ø.
P. quercinus ist eine eurasische Art; in Europa ist sie an das *Quercus*-Areal gebunden. Als Altholzbewohner wird sie in vielen Regionen als gefährdete Art eingestuft.

Piptoporus soloniensis (Dubois) Pilát
[≡ *Agaricus soloniensis* Dubois ≡ *Polyporus soloniensis* (Dubois) Fr. ≡ *Piptoporellus soloniensis* (Dubois) B.K. Cui, M.L. Han & Y.C. Dai = *Polyporus pseudosulphureus* Long = *Polyporus appendiculatus* Berk. & Broome = *Polyporus medullae* Lloyd]
Falscher Schwefelporling
Fk.-Typ: laterale bis substipitate, annuelle, meist monozentrische Crustothecien mit polyporoidem Hymenophor.
Habitat: lignicol, in Europa an *Castanea* und *Quercus* nachgewiesen.

Makromerkmale: Fk. einzeln bis imbricat; zentral bis lateral gestielt, stielartig in die Insertionsfläche verschmälert oder breit ansitzend und etwa konsolen- bis halbkreisförmig; Konsistenz saftig, weich, trocken brüchig und sehr leicht; Hüte 10–20, selten bis 30 cm breit; bis 3 cm dick, oberseits tomentos bis glatt, cremefarben bis rosaocker oder hellbraun, ungezont, Stiel rudimentär oder fehlend; Aufsicht auf das Hymenophor cremefarben bis hellbraun; Poren rund bis abgerundet eckig, engporig 5–6 Poren/mm, Röhren bis 1 cm lang, Trama hell bräunlich bis rosa-bräunlich, ungezont; Huttrama bis 2 cm dick, Hymenophoraltrama der Huttrama gleichfarben.
Mikromerkmale: Spp. weiß; Sp. hyalin, ellipsoid, 4,5–6×3–4 µm; Hymenium ohne sterile Elemente, Hyphensystem dimitisch; Septen der generativen Hyphen teilweise mit Schnallen, bis über 10 µm Ø; Skeletthyphen bis 4 µm Ø.
Piptoporus soloniensis ist als eine sehr seltene, kosmopolitisch verbreitete, weichfleischige Sippe beschrieben, deren Fk. denen von → *Laetiporus sulphureus* ähneln, die aber keine gelben und orange, sondern braune Farbtöne aufweisen.

Die Gattung *Podofomes* Pouzar
Typusart: *Polyporus corrugis* Fr. ≡ *Podofomes corrugis* (Fr.) Pouzar = *Podofomes trogii* (Fr.) Pouzar
Fk.-Typen: laterale, sitzende oder seitlich bis zentral gestielte, annuelle, monozentrische Crustothecien mit polyporoidem Hymenophor.
Habitat: lignicol oder terrestrisch über Wurzelholz; saprotroph auf *Abies*-Holz; Weißfäuleerreger.
Konsistenz: frisch weich und saftig, trocken hart.
Trama: hellocker, später braun, gelblich; Hyphensystem dimitisch bis trimitisch, generative Hyphen mit Schnallen.
Hutoberseite: jung fein behaart, gelbocker, hellbraun, später dunkel rotbraun bis schwarz, mit dunkelbrauner bis schwärzlicher, harzig verkrustender Cortex; konzentrisch wellig und farblich gezont, radial runzelig, Rand scharf.
Stiel: kompakt, dunkelbraun, fein tomentos.
Hymenophor: in Aufsicht jung nahezu weiß, auf Druck braun fleckend, bald hell gelbbraun, regulär polyporoid, Basidien viersporig, gestreckt clavat mit Basalschnalle; Hymenium mit Cystidiolen.
Basidiosporen: Spp. weiß; Sp. hyalin, ellipsoid, dünnwandig, glatt; JKJ negativ.
Lit.: 9, 35, 138, 139
Die monotypische, nur in Europa und Westasien ausschließlich an Tannenholz vorkommende Gattung *Podofomes* wird von manchen Autoren zu *Ischnoderma* gestellt. Sie unterscheidet sich durch die gestielten Fk., das di- bis trimitische Hyphensystem und die ellipsoiden Sporen. Von den Pyrenäen Spaniens wurde *Podofomes pyrenaicus* F. Rath an *Picea* beschrieben, die sich jedoch als identisch mit *Podofomes trogii* erwiesen hat.

Weltweit einzige *Podofomes*-Art:

Podofomes trogii

Podofomes trogii (Fr.) Pouzar
[≡ *Polyporus trogii* Fr ≡ *Ischnoderma trogii* (Fr.) Teixeira ≡ *Pelloporus trogii* (Fr.) Kotl. & Pouzar]
Tannenstielporling
Makromerkmale: Hüte 2 bis über 10 cm Ø, 1–2 cm dick, rötlich-braun bis dunkelbraun, Rand wachsender Exemplare heller, ähnlich den *Ischnoderma*-Arten gefärbt und gezont; Stiel knotig bis irregulär gestreckt; 8–10 cm lang, 1–3 cm Ø, ockerfarben.
Mikromerkmale (vgl. Gattungsdiagnose): Sp. 4,5–6×2,5–3,5 µm Ø; Hymenium mit Cystidiolen; generative Hyphen hyalin, dünnwandig, mit Schnallen, bis 3 µm Ø; Skeletthyphen hellbraun, dickwandig, in der Cortex auch dunkelbraun, cyanophil, bis 4 µm Ø; Huttrama zudem mit einem Bindehyphen ähnlichen, verzweigten Skeletthyphentyp.

Podofomes trogii besiedelt ausschließlich das europäisch-westasiatisch-nordafrikanische *Abies-alba*-Areal. Dieser alpisch-karpatisch-montane Arealtyp kann mit der postglazialen Ausbreitung von *Abies alba* erklärt werden und zeigt eine gewisse Übereinstimmung mit den Arealen bzw. eurasischen Teilarealen anderer Pilze wie *Bondarzewia montana*, *Chroogomphus helveticus* (Singer) M.M. Moser, *Hygrophorus marzuolus* (Fr.) Bres. oder *Xerula melanotricha* Dörfelt.

Die Gattung *Polyporus* P. Micheli ex Adans.
[= *Dendropolyporus* (Kotl.) Jülich = *Favolus* P. Beauv. = *Favolus* Fr. = *Melanopus* Pat. = *Polyporellus* P. Karst.]
Typusart: *Polyporus squamosus* Huds.
Fk.-Typen: laterale bis stipitate, seitlich bis zentral gestielte, z.T. verzweigt gestielte und mehrhütige, annuelle, monozentrische Crustothecien mit polyporoidem Hymenophor.
Habitat: lignicol; saprotroph auf Laubholz oder aus Sklerotien hervorwachsend; selten auf Nadelholz; Weißfäuleerreger.
Konsistenz: frisch weich, lederartig, trocken hart.
Trama: stets hellfarben; weiß, hellgrau, grau-gelblich, hellbraun; Hyphensystem dimitisch, generative Hyphen hyalin, dünnwandig, mit oder ohne Schnallen; Skeletthyphen (Skelett-Bindehyphen) bäumchenartig, oft dichotom verzweigt mit dünner werdenden Endabschnitten, hyalin.
Hutoberseite: glatt, fein- bis grobschuppig oder fein behaart; gelblich, graubraun, hell- bis dunkelbraun bis nahezu schwarz.
Hymenophor: in Aufsicht weiß bis creme; der Huttrama gleichfarben; dicht- bis sehr weitporig und nahezu wabenförmig; Basidien viersporig mit oder ohne Basalschnalle, Hymenium ohne die Basidien überragende Cystiden, z.T. mit Cystidiolen.
Basidiosporen: Spp. weiß; Sp. hyalin, zylindrisch, dünnwandig, glatt; JKJ negativ.
Lit.: 9, 11, 15, 23, 33, 36, 61, 76, 82, 83, 84, 93, 96, 114, 120, 127, 138, 139, 140
Die Gattung *Polyporus* in der hier akzeptierten Umgrenzung umfasst weltweit ca. 30 Arten; in Europa kommen davon 17 Arten fast ausschließlich saprotroph auf Laubholz vor. Zwei von ihnen bilden obligat oder fakultativ in der Nähe ihres Substrates in der Erde Pseudosklerotien, aus denen Fk. auswachsen. Einige sehr seltene Arten, die nicht in Mitteleuropa vorkommen, sind im folgenden Schlüssel nicht berücksichtigt. Es sind dies: *Polyporus choseniae* (Vasilkov) Parmasto (in Europa nur von Korsika bekannt), *Polyporus corylinus* Mauri (in Europa nur im westlichen Mediterrangebiet), *Polyporus hygrocybe* M. Pieri & B. Rivoire (in Europa nur im Mediterrangebiet), *Polyporus meridionalis* (A. David) H. Jahn (in Europa nur im Mediterrangebiet und auf Makaronesischen Inseln) und *Polyporus pseudobetulinus* (Murashk. ex Pilát) Thorn, Kotir. & Niemelä (≡ *Favolus pseudobetulinus* (Murashk. ex Pilát) Sotome & T. Hatt.

Schlüssel der mitteleuropäischen *Polyporus*-Arten

1 Fk. vielhütig, Stiele einem verzweigten Strunk entspringend
Polyporus umbellatus
1* Fk. einhütig; mitunter zwei bis drei Fk. basal verwachsen, aber keinen verzweigten Strunk bildend
2
2 Hymenophor weitporig; im mittleren Bereich zwischen Hutrand und Stiel 0,5–3 Poren/mm
3
2* Hymenophor dichtporig; im mittleren Bereich zwischen Hutrand und Stiel (3)4–9 Poren/mm
7
3 Hutoberseite schuppig; regulär mit großen, dunkelbraunen Schuppen auf cremfarbenem bis hellbraunem Grund

4

3* Hut oberseits glatt bis tomentos, allenfalls irregulär kleinschuppig

5

4 Fk. oft lateral bis exzentrisch, selten zentral gestielt, stets lignicol; Stielbasis oberflächlich schwarzkrustig; Hutschuppen flach anliegend

→ ***Polyporus squamosus***

4* Fk. meist zentral bis exzentrisch gestielt, lignicol oder terricol und durch eine Pseudorhiza mit massiven, bis über 10 cm tief im Boden liegenden Pseudosklerotien verbunden; Stielbasis hell, nicht schwarzkrustig; Hutschuppen randlich etwas aufgerichtet und bewimpert (vgl. auch *Neolentiporus squamosellus*)

→ ***Polyporus tuberaster***

5 Fk. auf Holz, in Europa südlich verbreitete, thermophytische Arten

6

5* Fk. an Blattscheiden horstiger Gräser, in Europa kontinental verbreitete Art von Xerothermrasen und Steppen

→ ***Polyporus rhizophilus***

6 Fk. meist lateral gestielt; Stiel mitunter undeutlich ausgebildet: Poren sehr groß, etwas radial gestreckt, im mittleren Bereich zwischen Hutrand und Stiel 2–5 mm lang und 1–2 mm breit; in Zentraleuropa sehr selten

Polyporus alveolaris

6* Fk. meist zentral oder etwas exzentrisch gestielt; Poren groß, radial gestreckt, im mittleren Bereich zwischen Hutrand und Stiel bis 2 mm lang und 0,5–1 mm breit; meist 1–2 Poren/mm; in Zentraleuropa häufig (wenn nur in Stielnähe 1–2 Poren/mm und zum Rand 3–4 Poren/mm → *Polyporus brumalis*)

→ ***Polyporus arcularius***

7 Fk. an der Stielbasis oder am gesamten Stiel mit schwarzer Kruste

9

7* Stielbasis ohne schwarze Kruste, sondern der Hutoberseite ähnlich strukturiert

8

8 Hymenophor relativ weitporig; im mittleren Bereich zwischen Hutrand und Stiel (2)3–4 Poren/mm, Poren in Stielnähe größer, gestreckt um 1–2 Poren/mm; Fruktifikationszeit in Mitteleuropa hauptsächlich vom Spätherbst bis ins Frühjahr

→ ***Polyporus brumalis***

8* Hymenophor dichtporig; im mittleren Bereich zwischen Hutrand und Stiel 5–6 Poren/mm; Fruktifikationszeit in Mitteleuropa hauptsächlich von Mai bis zum Sommer

→ ***Polyporus ciliatus***

9 Hutoberseite vollständig oder wenigstens in der Hutmitte dunkel rotbraun

10

9* Hutoberseite gelb oder gelbbraun

11

10 Hutoberseite in der Mitte fast schwarzbraun, am Rand heller, fettig glänzend, Fk. oft exzentrisch gestielt, Hüte ausladend lappig, bis über 15 cm Ø

→ ***Polyporus badius***

10* Hutoberseite einheitlich rotbraun, Fk. meist zentral gestielt, kompakt und ausgeprägt trichterförmig, bis 6 cm Ø.

→ ***Polyporus tubaeformis***

11 Hutoberseite gelb, alt auch gelblich-ockerfarben, kahl, eingewachsen radial faserig, stets direkt auf Holz

→ ***Polyporus varius***

11* Hutoberseite anfangs grau, später hellbraun, feinschülferig bis feinschuppig, matt; oft scheinbar terricol und durch eine schwarzrandige Pseudorhiza mit unterirdischem Holz verbunden

→ ***Polyporus melanopus***

Polyporus alveolaris (DC.) Bondartsev & Singer
[≡ *Merulius alveolaris* DC. ≡ *Hexagonia alveolaris* (DC.) Murrill ≡ *Neofavolus alveolaris* (DC.) Sotome & T. Hatt = *Hexagonia mori* Pollini ≡ *Boletus mori* (Pollini) Pollini ≡ *Polyporus mori* (Pollini) Fr.]

Fk.-Typ: laterale, substipitate bis exzentrische, selten auch zentral gestielte, monozentrische Crustothecien mit polyporoidem Hymenophor.

Habitat: lignicol; saprotroph auf zahlreichen Laubgehölzen, u.a. auf *Acer*, *Castanea*, *Fagus*, *Fraxinus*, *Populus*, *Quercus*, *Ulmus*, und *Tilia*.

Makromerkmale: Fk. einzeln oder in kleinen Gruppen; mitunter mehrere Fk. basal verwachsen; Konsistenz frisch weich, später ledrig, zäh, Hüte 2–5 cm Ø, bis 10 mm dick; oberseits fein behaart, feinschuppig aufgerissen, meist etwas konzentrisch gerunzelt, ungezont, gelblich bis ockerfarben, Hutrand etwas eingerollt, ciliat, Aufsicht auf das Hymenophor zunächst weißlich bis cremefarben, später hellocker; Poren groß, hexagonal, etwas radial gestreckt, 0,5–1 Poren/mm; Huttrama weiß, im mittleren Hutbereich zwischen Rand und Stiel um 2 mm dick; Röhren bis 5 mm lang. Hymenophoraltrama der Huttrama gleichfarben; Stiel bis 4 cm lang und 3–4 mm Ø.

Mikromerkmale: Spp. weiß; Sp. zylindrisch, mitunter etwas allantoid, dünnwandig, glatt, 10–13×4–5 µm; Basidien clavat, viersporig, mit Basalschnalle; Hymenium ohne Cystiden; Hyphensystem dimitisch; generative Hyphen verzweigt, dünnwandig, hyalin mit Schnallen, bis 4 µm Ø; Skeletthyphen dickwandig, mitunter nahezu solide, unseptiert, mit sich verjüngenden Auszweigungen, bis 10 µm Ø.

Polyporus alveolaris ist aus Nordamerika, Asien und Europa bekannt und kann als circumpolar verbreiteter Laubholzbewohner des holarktischen Florenreiches bewertet werden. In Europa ist die Art thermophil und kommt besonders in Südeuropa vor. Sie wird oft mit *Polyporus arcularius* verwechselt. Letzterer besitzt jedoch kleinere Poren und ist zentral bis exzentrisch, aber niemals lateral gestielt.

Abb. *Polyporus* 1: *P. alveolaris*; zwei kurzgetielte Fk. an einem Laubholzast; a – Hymenophor am Hutrand mit den oft radial gestreckten Poren; b – Hymenophor im mittleren Hutbereich mit nahezu hexagonalen Dissepimenten; c – Hutrand mit dem gelbbraunen, oft schuppig zerklüftetem Tomentum; d – kleiner Fk. mit nach unten eingerolltem Hutrand. (Foto: Jiří Pošmura)

Polyporus umbellatus (Pers.) Fr.
[≡ *Boletus umbellatus* Pers. ≡ *Polypilus umbellatus* (Pers.) P. Karst. ≡ *Dendropolyporus umbellatus* (Pers.) Jülich = *Boletus ramosissimus* Scop. ≡ *Polyporus ramosissimus* (Scop.) J. Schröt. ≡ *Polypilus ramosissimus* (Scop.) Bondartsev & Singer = *Sclerotium giganteum* Rostr.]
Eichhase, Ästiger Porling
Fk.-Typ: annuelle, stipitate, mehrhütige, monozentrische Crustothecien mit polyporoidem Hymenophor.
Habitat: terricol; auf saprotroph gebildeten, schwarz berindeten Sklerotien, die in Verbindung mit Wurzeln von Laubgehölzen gebildet werden; meist bei *Castanea*, *Fagus* und *Quercus*; aber selten auch bei anderen Gehölzen, angegeben sind *Acer*, *Alnus*, *Carpinus*, *Ulmus*, *Picea* und *Pinus*.
Makromerkmale: Fk. einzel oder in kleinen Gruppen; etwa halbkugelförmig, bis 50 cm Ø und Höhe erreichend; aus einem blumenkohlartig verzweigten Strunk bestehend, dessen Endzweige die zahlreichen (bis mehrere Hundert) zentral bis exzentrisch gestielten Hüte tragen; Konsistenz frisch weich und brüchig, trocken hart und bröckelig; Einzelhüte etwa kreisförmig mit glattem bis grob wellig gelapptem, scharfem Rand, 2–5 cm Ø, in der Mitte zwischen Hutrand und Stiel um 2 mm dick, Hütchenoberseite anfangs gewölbt, bald flach, oft über dem Stielansatz etwas vertieft; eingewachsen radial faserig bis faserschuppig, ockerfarben bis graubraun; Aufsicht auf das Hymenophor jung weiß, bald cremefarben; Poren rund, 1–3 Poren/mm, Röhren 1–2 mm lang; Hymenophor am Stiel herablaufend, dort irregulär aufgespalten mit bis zu 2 mm langen Poren; die exzentrisch bis zentral ansitzenden Stiele nahe der Hüte weiß, im Alter und zur bis 5 cm Ø erreichenden Basis des Strunkes hin creme- bis strohfarben; Trama weiß, Huttrama bis 3 mm dick.

Abb. *Polyporus* 2: *P. umbellatus*; scheinbar terrestrischer Fk. mit zahlreichen gestielten Einzelhüten auf *Quercus*-Wurzelholz in einem grundwasserfernen, thermophilen Laubmischwald; a – Oberseiten der Einzelhüte; b – Bruchstellen der Stiele einiger abgebrochener Fk.-Teile; c – Aufsicht auf dasHymenophor abgebrochener Einzelhüte. (Foto [61])

Mikromerkmale: Spp. weiß; Sp. gestreckt ellipsoid bis zylindrisch, glatt, hyalin, 7–10x3–4 µm; Basidien clavat, zwei- bis viersporig mit Basalschnalle; Hymenium ohne sterile Elemente; Hyphensystem dimitisch; generative Hyphen hyalin, mit Schnallen, 2–3 µm Ø, mitunter inflat angeschwollen und bis 10 µm Ø; Skeletthyphen (Skelettobindehyphen) nur in der Hymenophoraltrama, dickwandig, bis 15 µm Ø, mit sich verdünnenden Auszweigungen, gloeoplere Hyphen kommen vor.

Polyporus umbellatus ist im holarktischem Florenreich circumpolar verbreitet. In Europa kommt die Art vor allem in sommerwarmen Wäldern des *Quercus*-Areals im nemoralen und mediterranen Zonobiom vor. Gelegentliche Verwechslung mit der ebenfalls verzweigt-gestielten → *Grifola frondosa* sind durch deren seitlich gestielte Einzelhütchen zu klären.

Die Gattung *Postia* Fr.

[*Spongiporus* Murrill = *Hemidiscina* Lázaro Ibiza = *Strangulidium* Pouzar]

Typusart: *Polyporus lacteus* Fr. ≡ *Postia lactea* (Fr.) P. Karst. = *Postia tephroleuca* (Fr.) Jülich

Fk.-Typen: effuse, effusoreflexe oder laterale, selten auch undeutlich gestielte, annuelle, mono- bis polyzentrische Crustothecien mit polyporoidem Hymenophor.

Habitat: lignicol; saprotroph auf Laub- oder Nadelholz; Braunfäuleerreger.

Konsistenz: weich, trocken brüchig.

Trama: weiß oder blauweiß bis blaugrau; Hyphensystem monomitisch, Hyphen hyalin, in Kresylblau anfärbbar, mit Schnallen.

Hutoberseite: jung weiß, weißblau, blau, später cremefarben, strohgelb, hellbraun.

Hymenophor: weiß, dichtporig; Hymenium mit oder ohne Cystiden oder Cystidiolen, Basidien viersporig mit Basalschnalle.

Basidiosporen: Spp. weiß oder im *Postia-caesia*-Verwandtschaftskreis etwas bläulich; Sp. hyalin, dünnwandig, glatt, gestreckt ellipsoid bis zylindrisch, mitunter etwas allantoid; JKJ p.p. amyloid.

Lit.: 9, 27, 93, 138, 139, 151, 163

Postia steht *Oligoporus* nahe, besitzt aber neben effusen auch pileate Fk., und es werden keine Chlamydosporen gebildet. Die Gattung umfasst in der hier akzeptierten Umgrenzung weltweit ca. 40 Arten, einige von ihnen mit ausschließlich effusen Fk.n; 13 Arten können in Europa als pileat (effusoreflex bis lateral) definiert werden. Sie sind über den folgenden Schlüssel zu bestimmen, wobei einige seltene bzw. ungenügend bekannte oder nur gelegentlich hütchenbildende Sippen, die in Mitteleuropa fehlen, weggelassen wurden. Es sind dies:

– *Postia balsamina* Niemelä & Y.C. Dai [≡ *Oligoporus balsaminus* (Niemelä & Y.C. Dai) Niemelä]: erst jüngst beschrieben, nur aus Schweden und Finnland bekannt.

– *Postia ceriflua* (Berk. & M.A. Curtis) Jülich [*Polyporus cerifluus* Berk. & M.A. Curtis ≡ *Oligoporus cerifluus* (Berk. & M.A. Curtis) Ryvarden & Gilb. ≡ *Tyromyces cerifluus* (Berk. & M.A. Curtis) Murrill = *Polyporus revolutus* Bres. ≡ *Tyromyces revolutus* (Bres.) Bondartsev & Singer]: sehr selten, Verbreitung unbekannt.

– *Postia hibernica* (Berk. & Broome) Jülich [≡ *Polyporus hibernicus* Berk. & Broome ≡ *Oligoporus hibernicus* (Berk. & Broome) Gilb. & Ryvarden = *Postia parva* (Renvall) Renvall ≡ *Oligoporus parvus* Renvall]: seltene Art; nur von Skandinavien und Westrussland bekannt.

– *Postia persicina* Niemelä & Y.C. Dai [≡ *Oligoporus persicinus* (Niemelä & Y.C. Dai) Niemelä]: meist ausschließlich effus, selten mit Hütchen am oberen Rand.

– *Postia simanii* (Pilát) Jülich [≡ *Leptoporus simanii* Pilát ≡ *Oligoporus simanii* (Pilát) Bernicchia]: seltene südeuropäische Art.

– *Postia wakefieldiae* (Kotl. & Pouzar) Pegler & E.M. Saunders [≡ *Tyromyces wakefieldiae* Kotl. & Pouzar ≡ *Oligoporus wakefieldiae* (Kotl. & Pouzar) L. Ryvarden & Melo]: sehr seltene Art, nur aus England und Frankreich bekannt.

Schlüssel der mitteleuropäischen pileaten *Postia*-Arten

1 Fk. mit blauen Farbtönen, Spp. in Masse bläulich

1* Fk. und Spp. ohne blaue Farbtöne **2**

2 Fk. überwiegend lateral, sitzend, oft solitär **4**

2* Fk. überwiegend effus bis effusoreflex; weiß-gelblich mit bläulichem Farbton **3**

Postia luteocaesia

3 Fk. klein, 2–3 cm vom Substrat abstehend, Oberseite grau-bläulich, vorwiegend an Laubholz; Sporen ≤ 1,5 µm breit

Postia alni

3* Fk. größer, bis 6 cm vom Substrat abstehend, Oberseite meist intensiv blau, Aufsicht auf das Hymenophor weiß mit bläulichem Farbton, alle Fk.-Teile auf Druck blau verfärbend, vorwiegend an Nadelholz, Sporen ≥ 1,5 µm breit

→ ***Postia caesia***

4 Fk. auf Druck und beim Altern auffallend rötlich-braun fleckig verfärbend **5**

4* Fk. nicht verfärbend **6**

5 Oberseite weiß, im Alter hell bleibend, aber fleckig rötlich-braun ; meist saprotroph an *Picea*, Sporen zylindrisch, 4–6×1,5–2 µm

→ ***Postia fragilis***

5* Oberseite cremefarben, im Alter dunkler braun; meist saprotroph an *Pinus*; Sporen allantoid, 4,5–6×1–1,5 µm

Postia lateritia

6 Poren ≥ 4/mm **7**

6* Poren ≤ 4/mm **10**

7 Hymenium mit Cystiden oder Cystidiolen, Geschmack extrem bitter oder säuerlich, harzig, balsamartig **8**

7* Hymenium ohne sterile Elemente; Geschmack mild bis bitter, aber nicht extrem zusammenziehend bitter und ohne harzigen Balsamgeschmack **9**

8 oft mit kristalltragenden Cystiden, Trama mit etwas bitterem, harzigem Balsamgeschmack, Geruch nussartig, Sporen gestreckt ellipsoid, 4–5×2,5–3 µm

Postia balsamea

8* mit Cystidiolen, Geschmack zusammenziehend, extrem bitter; Sporen zylindrisch 3,5–5×1,5–2 µm

→ ***Postia stiptica***

9 Hut ungezont, ohne auffallende Guttationstropfen, seitlich zur Insertionsfläche hinverschmälert bis substipitat

Postia floriformis

9* Hut gezont, Fk. einzeln; während der Wachstumsphase mit reichlich Guttationstropfen, die Guttationsgruben hinterlassen

→ ***Postia guttulata***

10 überwiegend effusoreflex, Hutränder charakteristisch undulierend; Hymenophor mit 1–3 Poren/mm

Postia undosa

10* überwiegend lateral, ≥ 3 Poren/mm **11**

11 Trama mit einer braunen Linie über den Poren; Sporen über 1,5 µm breit

Postia lowei

11* Trama homogen weiß bis cremefarben, ohne braune Linie; Sporen 1–1,5 µm breit

12 Hutoberseite weiß, im Alter strohgelb; Hymenium mit 10–35×4–8 µm großen Gloeocystiden

Postia leucomallella

12* Hutoberseite jung weiß, später weiß bleibend (*lactea*-Formen) bis grau werdend (*tephroleuca*-Formen); Hymenium ohne sterile Elemente

→ ***Postia lactea***

Postia alni Niemelä & Vampola
[≡ *Oligoporus alni* (Niemelä & Vampola) Piątek]
Die Art wurde erst jüngst beschrieben. Sie steht *Postia caesia* (inkl. *Postia subcaesia*) sehr nahe. Sie unterscheidet sich durch die etwas höhere Porendichte von 5–6 Poren/mm (3–6 bei *P. caesia*), die weniger haarige Hutoberseite und die etwas schmaleren Sporen von 1,1–1,3 µm (1,5–2 bei *P. caesia*) und das bevorzugte Vorkommen auf Laubholz (→ *Postia caesia*).
Die Art muss als kritische Sippe bewertet werden. Sie kommt besonders in Skandinavien vor, wird aber auch von Ost- und Zentraleuropa angegeben.

Postia balsamea (Peck) Jülich
[≡ *Polyporus balsameus* Peck ≡ *Tyromyces balsameus* (Peck) Murrill ≡ *Oligoporus balsameus* (Peck) Gilb. & Ryvarden]
Gebänderter Saftporling
Fk.-Typ: effusoreflexe bis laterale, annuelle, mono- bis polyzentrische Crustothecien mit polyporoidem Hymenophor.
Habitat: lignicol; saprotroph oder perthotroph an zahlreichen Nadelhölzern, besonders an *Picea*, aber auch an vielen Laubholzarten.
Makromerkmale: Fk. einzeln, in Gruppen oder imbricat, Konsistenz frisch saftig, weich, aber sehr zäh, Geschmack säuerlich harzig; Hüte meist 4–5 cm, selten bis 10 cm breit, bis über 3 cm vom Substrat abstehend, im mittleren Hutbereich um 5 mm dick; Hutoberseite jung weißlich, aber bald hellbraun, tabakbraun; fein radial filzig, fein rillig gezont; Aufsicht auf das Hymenophor zunächst weiß, bald cremefarben bis hell bräunlich, Poren eckig abgerundet, zur Insertionsfläche hin auch etwas labyrinthisch; 4–6 Poren/mm; Huttrama weiß, ungezont, bis 3 mm dick, Hymenophoraltrama gleichfarben, im Alter oft etwas dunkler; Röhren bis 5 mm lang.
Mikromerkmale: Sp. ellipsoid, 4–5×2,5–3 µm mitunter schon an den Basidien zu Triaden oder Tetraden verklebt; JKJ negativ; Hymenium mit Cystiden, diese oft mit Kristallschopf; Hyphen bis 7 µm Ø.
Postia balsamea ist holarktisch verbreitet. In Mitteleuropa ist die Art selten.

Postia floriformis (Quél.) Jülich
[≡ *Polyporus floriformis* Quél., ≡ *Leptoporus floriformis* (Quél.) Bourdot & Galzin ≡ *Tyromyces floriformis* (Quél.) Bondartsev & Singer ≡ *Oligoporus floriformis* (Quél.) Gilb. & Ryvarden]
Rosetten-Saftporling, Fächerförmiger Saftporling
Fk.-Typ: laterale bis substipitate, selten auch effusoreflexe, annuelle, mono- bis polyzentrische Crustothecien mit polyporoidem Hymenophor.
Habitat: lignicol; saprotroph an zahlreichen Laub- und Nadelhölzern, oft auf Stümpfen oder Wurzeln.
Makromerkmale: Fk. fächerförmig, an der Oberseite horizontaler Substrate auch rosettenförmig, kreiselförmig, mitunter seitlich zur Insertionsfläche hin verschmälert bis substipitat, oft imbricat; Konsistenz frisch weich, saftig, trocken brüchig; Hüte flach, bis 3 cm breit, bis 2 cm vom Substrat abstehend und bis 6 mm dick; Hutoberseite frisch weiß, später strohgelb bis hellocker, ungezont, glatt, Rand scharf, trocken nach unten eingerollt; Aufsicht auf das Hymenophor weiß, trocken gelblich, Poren abgerundet eckig, dichtporig, im Alter mitunter aufgerissen, 6–8 Poren/mm, Röhren bis 5 mm lang; Trama weiß, trocken elfenbeinfarben.

Mikromerkmale: Sp. hyalin, ellipsoid bis zylindrisch, 3,5–4,5×2–2,5 µm, JKJ negativ; Hymenium ohne sterile Elemente; Hyphen bis 5,5 µm Ø.
Postia floriformis ist im holarktischen Florenreich circumpolar im borealen und nemoralen Zonobiom verbreitet.

Postia lateritia Renvall
[≡ *Oligoporus lateritius* (Renvall) Ryvarden & Gilb.]
Fk.-Typ: effusoreflexe bis laterale, annuelle, mono- bis polyzentrische Crustothecien mit polyporoidem Hymenophor.
Habitat: lignicol; saprotroph an *Pinus sylvestris*, meist an liegenden Stämmen.
Makromerkmale: Fk. selten einzeln, meist in miteinander verwachsenden Gruppen aus effusen Matten mit randlich abstehenden Hütchen bestehend; Konsistenz weich, trocken hart und brüchig; Hüte bis ca. 1 cm breit, oft zu Reihen bis zu mehreren cm Länge verwachsen, um 1 cm vom Substrat abstehend und an der Insertionsfläche um 1 cm hoch, Oberseite fein tomentos, ungezont, anfangs cremefarben, später bräunlich bis rotbraun; auf Druck rotbraun fleckend; Aufsicht auf das Hymenophor anfangs weiß, bald cremefarben mit rotbraunen Flecken; Poren rund bis abgerundet eckig, mitunter auch etwas irregulär gestreckt oder aufgespalten, 3–4 Poren/mm; Röhren bis 5 mm lang; Trama weiß bis cremefarben; Huttrama bis 3 mm dick.
Mikromerkmale: Sp. 4,5–6×1–1,5 µm, allantoid; JKJ negativ; Hymenium mit Cystidiolen; Hyphen bis 5 µm Ø, Trama mit gloeopleren Hyphen.
Postia lateritia wurde erst in jüngster Zeit beschrieben. Sie ist aus Skandinavien und Spanien bekannt. Wegen Konfusionen mit → *Postia fragilis* sind noch keine Angaben zum Gesamtareal möglich.

Postia leucomallella (Murrill) Jülich
[≡ *Tyromyces leucomallellus* Murrill ≡ *Oligoporus leucomallellus* (Murrill) Gilb. & Ryvarden ≡ *Spongiporus leucomallellus* (Murrill) A. David]
Fk.-Typ: laterale bis effusoreflexe, selten rein effuse, annuelle, mono- bis polyzentrische Crustothecien mit polyporoidem Hymenophor.
Habitat: lignicol; saprotroph an Nadelholz, besonders an *Abies*, *Picea* und *Pinus*; selten an verschiedenen Laubhölzern.
Makromerkmale: Fk. selten einzeln, meist in Gruppen, miteinander verwachsend, mitunter imbricat; Konsistenz frisch saftig und weich, trocken brüchig; Hüte 2–8 cm breit, 1–3 cm vom Substrat abstehend, bis 1 cm dick, Rand abgerundet, oft wellig; Oberseite frisch weiß bis hellocker, trocken ocker- bis hellbraun, undeutlich oder nicht gezont, anfangs anliegend behaart, später kahl; Aufsicht auf das Hymenophor cremefarben, Poren abgerundet eckig, 3–4 Poren/mm, mitunter stellenweise irregulär aufreißend; Röhren 2–10 mm lang; Trama weiß, Huttrama um 2 mm dick.
Mikromerkmale: Sp. 4,5–6×1–1,5 µm, allantoid; JKJ negativ; Hymenium mit dünnwandigen, zylindrischen bis clavaten Gloeocystiden mit Basalschnalle, bis über 30×8 µm; Hyphen bis 4,5 µm Ø, gloeoplere Hyphen bis 8 µm Ø.
Postia leucomallella ist mikroskopisch durch die Gloeocystiden und gloeopleren Hyphen in der Trama zu erkennen. Die Art ist im holarktischen Florenreich circumpolar verbreitet. Der Schwerpunkt liegt im borealen und nemoralen Zonobiom.

Postia lowei (Pilát) Jülich
[≡ *Leptoporus lowei* Pilát ≡ *Tyromyces lowei* (Pilát) Bondartsev ≡ *Oligoporus lowei* (Pilát) Gilb. & Ryvarden]
Fk.-Typ: meist laterale bis effusoreflexe, annuelle, mono- bis polyzentrische Crustothecien mit polyporoidem Hymenophor.
Habitat: lignicol; saprotroph an Nadelholz, bekannt von *Abies* und *Picea*.
Makromerkmale: Fk. überwiegend pileat mit flachen Hüten; Konsistenz frisch saftig und weich, trocken brüchig; Hüte abgeflacht, bis 6 cm breit, bis 3 cm vom Substrat abstehend, im

Insertionsbereich um 5 mm dick; Hutoberseite frisch weiß, bald cremefarben bis hellbraun, anfangs fein velutinos, später glatt bis radial faserig, ungezont; Aufsicht auf das Hymenophor weiß bis cremefarben, alt hellbraun, trocken mitunter rötlich-braun; Poren abgerundet eckig, 3–4 Poren/mm, mitunter stellenweise irregulär aufreißend; Röhren 4 mm lang; Trama weiß, Huttrama weniger als 1 mm dick.
Mikromerkmale: Sp. 4,5–5,5×1,5–2 µm, allantoid; JKJ negativ; Hymenium ohne sterile Elemente; Hyphen bis 4 µm Ø.
Postia lowei ist eine sehr seltene Art, die in Europa besonders im natürlichen *Picea*-Areal nachgewiesen ist. Sie ist auch aus Nordamerika bekannt. Die Art steht *Postia leucomallella* und → *Postia lactea* (= *P. tephroleuca*) nahe.

Postia luteocaesia (A. David) Jülich
[≡ *Spongiporus luteocaesius* A. David ≡ *Oligoporus luteocaesius* (A. David) Ryvarden & Gilb.]
Fk.-Typ: effuse bis effusoreflexe, meist polyzentrische Crustothecien mit polyporoidem Hymenophor.
Habitat: lignicol; saprotroph an *Pinus*-Holz.
Makromerkmale: Fk. selten einzeln, meist in Gruppen, miteinander verwachsend; Konsistenz frisch weich und bröckelig, trocken zerbrechlich; Hüte 4 cm breit, 1–2 cm vom Substrat abstehend, um 1 cm dick, Oberseite flach gewölbt, frisch weiß mit hellgelbem Farbeinschlag; trocken ocker- bis hellbräunlich, feinfilzig bis haarig, ungezont, scharfkantig; Aufsicht auf das Hymenophor gelb mit bläulichem Farbeinschlag; Poren abgerundet eckig, 3–4 Poren/mm, Dissepimente dünn, mitunter stellenweise irregulär aufreißend; Röhren 1–2 mm lang; Trama weiß, weißlich-gelb bis hellgelb, Huttrama bis 10 mm dick; Hymenophoraltrama den Dissepimenten der Porenaufsicht gleichfarben.
Mikromerkmale: Sp. 5–6,5×1,5–2 µm, hyalin, allantoid; in JKJ deutlich amyloid; Basidien clavat, viersporig, mit Basalschnalle; Hyphen bis 7 µm Ø.
Postia luteocaesia ist in Europa aus Frankreich, Finnland und der Schweiz bekannt, kommt aber auch in Asien vor. Durch ihr überwiegend effuses Wachstum, die gelben Farbtöne und die zurücktretende Blaufärbung des Hymenophors ist die Art von den übrigen Sippen des *Postia-caesia*-Verwandtschaftskreises zu unterscheiden.

Postia undosa (Peck) Jülich
[≡ *Polyporus undosus* Peck ≡ *Tyromyces undosus* (Peck) Murrill ≡ *Oligoporus undosus* (Peck) Gilb. & Ryvarden]
Fk.-Typ: effuse bis effusoreflexe, meist polyzentrische, selten ausschließlich lateral ansitzende Crustothecien mit polyporoidem Hymenophor.
Habitat: lignicol; vorwiegend saprotroph auf *Picea*-Holz; aber auch selten auf anderem Nadelholz, u.a. *Abies*, *Pinus*, *Taxus*, *Tsuga* und *Pseudotsuga* sowie auf Laubgehölzen wie *Betula* und *Populus* nachgewiesen.
Makromerkmale: Fk. oft als effuse Matten mit randlich abstehenden, verwachsenen, kleinen, vertikal und horizontal welligen Hüten ausgebildet; Konsistenz frisch weich, trocken brüchig; Geschmack bitter; Hüte bzw. Hutreihen 2–10 cm breit, 0,5–3 cm vom Substrat abstehend, an der Insertionsfläche bis über 1 cm dick; Rand wellig, scharfkantig, oberseits weiß bis cremefarben, mitunter auch etwas rosa getönt, fein tomentos bis anliegend behaart, alt verkahlend, glatt, nicht oder undeutlich gezont; Aufsicht auf das Hymenophor frisch weiß, trocken cremefarben bis ocker, weitporig, 1–2 Poren/mm, Röhren 4–10 mm lang; Trama weiß, Huttrama dünn, im mittleren Bereich um 1,5 mm, im Insertionsbereich bis 4 mm dick; Hymenophoraltrama der Huttrama gleichfarben.
Mikromerkmale: Sp. 4,5–6×1–1,5 µm, zylindrisch bis allantoid; JKJ negativ; Hymenium ohne sterile Elemente; Hyphen bis 4,5 µm Ø, dünn- bis dickwandig.
Postia undosa ist in der borealen und temperaten Klimazone der Holarktis vor allem im natürlichen *Picea*-Areal weit verbreitet, aber selten. Gut ausgebildete Exemplare sind an der Fk.-Form und dem weitporigen Hymenophor erkennbar.

Die Gattung *Pycnoporellus* Murrill
[= *Aurantioporellus* Murrill]
Typusart: *Polyporus fibrillosus* P. Karst. ≡ *Pycnoporellus fibrillosus* (P. Karst) Murrill = *Hydnum fulgens* Fr. ≡ *Polyporellus fulgens* (Fr.) Donk
Fk.-Typen: effuse, effusoreflexe bis laterale, mono- bis polyzentrische, annuelle Crustothecien mit polyporoidem bis irpicoidem Hymenophor.
Habitat: lignicol; meist saprotroph an Nadelholz, selten an Laubholz; Braunfäuleerreger.
Konsistenz: saftig, weich, trocken brüchig.
Trama: hellocker bis orange, rotorange bis zinnoberrot, in KOH rot; alle Hyphentypen hyalin; Hyphensystem monomitisch, Hyphen ohne Schnallen, reich verzweigt, dünn- bis dickwandig.
Hutoberseite: leuchtend rot; fein behaart oder glatt und eingewachsen faserig, oft radial fein runzelig und konzentrisch gezont.
Hymenophor: in Aufsicht hellgelb bis ziegelrot; Basidien mit Basalschnalle, Hymenium mit dünnwandigen Hymenialcystiden.
Basidiosporen: Spp. weiß; Sp. gestreckt ellipsoid bis zylindrisch; hyalin, dünnwandig, glatt; JKJ negativ.
Lit.: 9, 33, 41, 64, 138, 139
In der Literatur wird neben *Pycnoporellus fulgens* eine zweite Art, *Pycnoporellus alboluteus* (Ellis & Everh.) Kotl. & Pouzar, mit völlig effusen Fk.n geführt. Studien an europäischem Material [41] ergaben jedoch keine signifikanten Unterschiede mit effusen Fk.-Matten von *Pycnoporellus fulgens*. Sie wird deshalb hier als monotypische Gattung geführt. Die Gattung *Pycnoporellus* steht der Gattung *Phaeolus* aufgrund der Konsistenz der Fk., der monomitischen Trama und der schnallenlosen Septen nahe. Äußerlich kann sie aufgrund der Farbe mit → *Pycnoporus cinnabarinus* verwechselt werden, von der sie sich aber durch die Fk.-Konsistenz, das Hyphensystem und das Hymenophor problemlos unterscheiden lässt.

Weltweit einzige *Pycnoporellus*-Art:

→ ***Pycnoporellus fulgens***

Die Gattung *Pycnoporus* P. Karst.
Typusart: *Pycnoporus cinnabarinus* Fr.
Fk.-Typen: laterale, meist konsolenförmige, annuelle, monozentrische Crustothecien mit polyporoidem Hymenophor; mitunter mit effusen Fk.-Teilen.
Habitat: lignicol; saprotroph auf Laubholz, selten auf Nadelholz; Weißfäuleerreger.
Konsistenz: frisch ledrig, zäh, trocken hart, brüchig.
Trama: rotorange bis zinnoberrot, in KOH dunkelbraun; Hyphensystem trimitisch; alle Hyphentypen hyalin; generative Hyphen dünnwandig, mit Schnallen.
Hutoberseite: jung samtig behaart, rasch verkahlend; rotorange bis zinnoberrot; weißlich-rot ausbleichend, im Alter auch grauschwarz mit rötlichem Farbton, oft etwas runzelig, ungezont oder mit undeutlichen, konzentrisch-welligen Zonen.
Hymenophor: in Aufsicht leuchtend zinnoberrot; Basidien mit Basalschnalle, Hymenium ohne Cystiden.
Sporen: Spp. weiß; Sp. zylindrisch, etwas gebogen, hyalin, dünnwandig, glatt; JKJ negativ.
Lit.: 9, 15, 33, 51, 57, 58, 62, 93, 133, 138, 139
Nach molekularbiologischen Studien reihen sich die *Pycnoporus*-Arten in die Gattung *Trametes* ein. Da aber auch deren Umgrenzung in der Literatur nicht einheitlich ist, wird das aus phylogenetischer Sicht nicht akzeptable alte Gattungskonzept hier beibehalten.
Die Gattung *Pycnoporellus* bildet äußerlich ähnliche, leuchtend rote Fk., in deren Farbspektrum jedoch der Zinnoberton fehlt. Sie unterscheidet sich von *Pycnoporus* durch die weichfleischige Konsistenz, das monomitische Hyphensystem, den Typ des Holzabbaus und das Vorkommen auf Nadelholz. Die Gattung *Pycnoporus* umfasst weltweit je nach Artauffassung drei bis fünf Arten. In Europa ist → *Pycnoporus cinnabarinus* weit verbreitet und gegenwärtig in Ausbreitung begriffen. Der pantropische → *Pycnoporus sanguineus* gehört zu

den häufigsten Holzbewohnern der Tropenzonen und kommt auch in der australen Zone der Südhemisphäre vor. Er wurde auch in Südfrankreich nachgewiesen. Es ist eine weitere Ausbreitung außerhalb der Tropenzonen zu erwarten. Als Pigmente sind N-haltige Verbindungen (Cinnabarin, Cinnabarinsäure, Tramesanguin) enthalten. Extrakte werden auch zum Färben von Textilien benutzt.

Schlüssel der europäischen *Pycnoporus*-Arten

1 konsolenförmige Fk., im mittleren Bereich bis 4 cm dick; Hymenophor mit 3–4 Poren/mm

→ ***Pycnoporus cinnabarinus***

1* konsolenförmige Fk., im mittleren Bereich unter 1 cm dick; Hymenophor mit 5–6 Poren/mm

→ ***Pycnoporus sanguineus***

Die Gattung *Pyrofomes* Kotl. & Pouzar
Typusart: *Polyporus demidoffii* Lev. ≡ *Pyrofomes demidoffii* (Lev.) Kotl. & Pouzar
Fk.-Typen: effuse bis laterale, annuelle oder perennierende, mono- bis polyzentrische Crustotecien mit polyporoidem Hymenophor.
Habitat: lignicol; saprotroph auf Nadel- oder Laubholz; Weißfäuleerreger.
Konsistenz: hart, holzig.
Trama: orange-zimtfarben; Hyphensystem dimitisch; Skeletthyphen gelbbraun, gering verzweigt, dickwandig bis solide; generative Hyphen hyalin, mit Schnallen.
Hutoberseite: jung cremefarben, mit rosa Farbton, dann ocker, graubraun bis schwärzlich, jung behaart, alt verkahlend, Tomentum zu einer dünnen Kruste verklebend.
Hymenophor: in Aufsicht orangerosa bis rot; Hymenium ohne Cystiden.
Basidiosporen: Spp. gelb bis hellbraun; Sp. nahezu hyalin, auch cremefarben bis gelblich, ovoid bis breit ellipsoid, truncat, glatt, dickwandig; JKJ dextrinoid p.p.
Lit.: 9, 138, 139
Die Gattung *Pyrofomes* umfasst weltweit sechs Arten, von denen in Europa nur die Typusart vorkommt. Die Gattung ähnelt *Phellinus*, besitzt aber im Gegensatz zu *Phellinus* Schnallen und weist Farben mit mehr Rottönen auf.

Einzige *Pyrofomes*-Art in Europa:

→ ***Pyrofomes demidoffii***

Pyrofomes demidoffii (Lév.) Kotl. & Pouzar
Fk.-Typ: laterale, perennierende, monozentrische Crustothecien mit polyporoidem Hymenophor.
Habitat: lignicol; an Nadelholz, hauptsächlich an *Juniperus*, außerdem wird *Cupressus* als Substrat genannt.
Makromerkmale: Fk. konsolen- bis hufförmig; Konsistenz hart, korkig bis holzig; Hüte bis 15 cm breit, bis 8 cm vom Substrat abstehend und bis 10 cm hoch; Hutoberseite jung cremefarben, fein anliegend behaart, später hell- bis rotbraun, alt graubraun bis nahezu schwarz und das Tomentum zu einer dünnen Kruste verklebend; Aufsicht auf das Hymenophor gelbbräunlich bis hell ziegelrot; Poren rund bis abgerundet eckig; 2–3 Poren/mm; Röhren mehrjähriger Exemplare undeutlich geschichtet, pro Schicht bis 1 cm lang; Trama zimtfarben, orangebraun bis ziegelrot, bis 2 cm dick, in KOH dunkel rotbraun.
Mikromerkmale: Spp. in Masse hellbraun; Sp. hellgelblich, ellipsoid, dickwandig, mit Keimporus, truncat, dextrinoid, 6–9×5–7 µm; Hyphensystem dimitisch; generative Hyphen hyalin, dünnwandig, mit Schnallen, 2–4 µm Ø; Skeletthyphen gelb bis rotbraun, wenig verzweigt, dickwandig bis nahezu solide, cyanophil und dextrinoid, bis 5 µm Ø.
Pyrofomes demidoffii ist eine seltene Art der Holarktis; in Europa ist sie besonders im südöstlichen Mittelmeergebiet verbreitet. In Mitteleuropa wurde sie noch nicht nachgewiesen.

Abb. ***Pyrofomes*** **1–3:** *P. demidoffii*.
1: Rand eines radial aufgebrochenen exsikkierten Hutes; a – Cortex; b – Huttrama; c – Hymenophor der letzten Wachstumsperiode; d – mehrjähriges Hymenophor.
2: Oberseite einer Konsole; a – alte, geschwärzte und rissige Kruste; b – ockerfarbene, tomentose Randzone.
3: Aufsicht auf das Hymenophor am Hutrand.

Die Gattung ***Rigidoporus*** Murrill
[= *Leucofomes* Kotl. & Pouzar]
Typusart: *Polyporus micromegas* Mont. = *Boletus microporus* Sw. ≡ *Rigidoporus microporus* (Sw.) Overeem
Fk.-Typen: effuse bis laterale, annuelle bis perennierende, monozentrische Crustothecien mit polyporoidem Hymenophor.
Habitat: lignicol; an Laub-, selten an Nadelgehölzen; Weißfäuleerreger.
Konsistenz: frisch korkig, trocken hart.
Trama: jung hell rosabraun, cremefarben mit rosa Schimmer; Hyphensystem monomitisch; Hyphen hyalin, ohne Schnallen.
Hutoberseite: rötlich orange, rosa bis isabellfarben, hellocker, anfangs tomentos, später glatt, z.T. mit Kruste.
Hymenophor: in Aufsicht hell, cremefarben mit rosa Schimmer bis leuchtend orange; Hymenium mit oder ohne in der Hymenophoraltrama inserierten, inkrustierten Pseudocystiden, mit oder ohne Cystidiolen.
Basidiosporen: Spp. weiß oder gelblich; Sp. hyalin oder gelblich, subglobos, ovoid oder globos, glatt, dünn- bis dickwandig; JKJ negativ.
Lit.: 9, 138, 139
Die Gattung *Rigidoporus* umfasst weltweit ca. 40 Arten, vier davon kommen in Europa vor, zwei von ihnen bilden Hüte.

Schlüssel der europäischen pileaten *Rigidoporus*-Arten

1 Fk. lateral, meist sitzend mit herablaufendem Hymenophor, mehrjährig; Hutoberseite cremefarben, jung mit rosa Farbton, alt ocker; Sporen hyalin bis hellgelblich, subglobos bis breit ellipsoid, 6–8×5–6,5 µm, dickwandig
Rigidoporus ulmarius

1* Fk. effus bis effusoreflex mit kleinen bis 3 cm abstehenden Hüten, annuell, Hutoberseite weiß bis hellgrau; Sporen hyalin, globos 5–6 µm Ø, dünnwandig
Rigidoporus lineatus

Rigidoporus lineatus (Pers.) Ryvarden
[≡ *Polyporus lineatus* Pers. = *Polyporus zonalis* Berk.]
Habitat: lignicol; an *Robinia* und unbekannten Hölzern in Gewächshäusern.
Makromerkmale: Fk. bis 30 cm lange und bis 8 mm dicke effuse Matten mit abstehenden Hüten bildend; Hüte bis 8 cm breit, bis 3 cm vom Subtrat abstehend und bis 8 mm dick; oberseits zunächst weiß, später hellgrau, radial faserig, später glatt; konzentrisch gezont; Hymenophor in Aufsicht weiß bis hellgrau, feinporig, 6–8 Poren/mm; Trama weiß bis hellgrau, Hymenophoraltrama der Huttrama gleichfarben.
Mikromerkmale: Sp. hyalin, globos 5–6 µm Ø, dünnwandig; Basidien gestaucht clavat, ohne Basalschnalle, viersporig; Hyphensystem monomitisch, Hyphen hyalin, ohne Schnallen, 4–5 µm Ø in der Hymenophoraltrama, bis 9 µm in der Huttrama; Hymenium mit Pseudocystiden und Cystidiolen.
Rigidoporus lineatus ist hauptsächlich tropisch verbreitet; die Art kommt in Europa besonders in Gewächshäusern und Bergwerken vor. Sie wurde selten im Freien an *Robinia* nachgewiesen.

Rigidoporus ulmarius (Sowerby) Imazeki
[≡ *Fomes ulmarius* Fr. ≡ *Leucofomes ulmarius* (Sowerby) Kotl. & Pouzar = *Placodes ulmarius* (Sowerby) Quél.]
Ulmenbaumschwamm
Fk.-Typ: perennierende, laterale bis effusoreflexe Crustothecien mit polyporoidem Hymenophor.
Habitat: lignicol; an zahlreichen Laubgehölzen, besonders häufig an *Ulmus* in Eschen-Ulmen-Auwäldern, aber auch nachgewiesen an *Aesculus*, *Fraxinus*, *Populus*, *Prunus*, *Quercus*, *Salix* und anderen; auch in der Kulturlandschaft in Gärten, Friedhöfen oder Parks verbreitet.
Makromerkmale: Fk. sehr groß, anfangs knollig, konsolenförmig auswachsend, oft mehrhütig, Hymenophor häufig am Substrat herablaufend, Konsistenz korkig, zäh, trocken holzig hart; Hüte oft bis über 40 cm breit, bis 25 cm vom Substrat abstehend, in der Hutmitte bis über 5 cm dick; an der Insertionsfläche bis über 20 cm hoch; Hutoberseite meist flach, creme- bis schmutzig korkfarben, frisch samtig, bald kahl und glatt; Aufsicht auf das junge Hymenophor mit orange oder rosa Farbtönen, später und trocken ocker; Poren klein, rund, abgerundet eckig, 5–8 Poren/mm; Röhren geschichtet, pro Schicht bis 5 mm lang; Hymenophor insgesamt bis über 2 cm dick; Huttrama hell cremefarben bis ocker.
Mikromerkmale: Sp. hyalin bis hellgelblich, 6–8×5–6,5 µm, subglobos bis breit ellipsoid, dickwandig; Hyphensystem monomitisch; Hyphen hyalin, bis 8 µm Ø, dünn- bis dickwandig, in der Huttrama wenig verzweigt.
Rigidoporus ulmarius ist kosmopolitisch verbreitet. In Europa ist es eine südliche Art mit ozeanischer Verbreitungstendenz; in sommertrockenen Gebieten kommt der Pilz oft in Auwäldern vor. Die Art ist durch die sehr großen, holzigen, perennierenden Fk., die helle Trama mit frisch rosafarbenen Tönen zu erkennen. Es kommen Fk. von bis zu 1,5 m Ø vor.

Die Gattung *Sarcoporia* P. Karst.
[= *Parmastomyces* Kotl. & Pouzar]
Typusart: *Sarcoporia polyspora* P. Karst.
Fk.-Typen: effuse bis effusoreflexe, selten laterale, annuelle, polyzentrische Crustothecien mit polyporoidem Hymenophor.
Habitat: lignicol; saprotroph auf totem Nadel- oder Laubholz; Braunfäuleerreger.
Konsistenz: saftig, ledrig, trocken bröckelig.
Trama: weiß und wollig, zweischichtig, über dem Hymenophor mit einer dunklen, gelatinösen Schicht; Hyphensystem monomitisch, generative Hyphen mit Schnallen.
Hutoberseite: weiß, an Druckstellen oder trocken rotbraun, ungezont, verflochten-behaart.
Hymenophor: in Aufsicht weiß bis hellgelb, auf Druck gelb bis rot-bräunlich, trocken hellbraun, Hymenium ohne sterile Elemente.

Basidiosporen: Spp. weiß; Sp. zylindrisch bis ellipsoid, glatt; JKJ stark dextrinoid.
Lit.: 93, 139, 152, 153
Die Gattung *Sarcoporia* umfasst weltweit sieben Arten mit meist effusen, selten effusoreflexen Fk.n. *Sarcoporia polyspora* ist die einzige Art in Europa.

Einzige *Sarcoporia*-Art in Europa:

→ ***Sarcoporia polyspora***

Die Gattung *Schizophyllum* Fr.
Typusart: *Schizophyllum commune* Fr.
Fk.-Typen: laterale, annuelle, resupinate Pilothecien, die als miteinander verwachsene, und längsgestreckte cyphelloide Fk. zu verstehen sind und deren miteinander verwachsene Fk.-Ränder Pseudolamellen mit einem tomentosen Längsspalt bilden; Pseudolamellen der Fk.-Aggregate äußerlich einem lenzitoiden Hymenophor ähnlich.
Habitat: lignicol; saprotroph an totem oder perthotroph an lebendem Laub- und Nadelholz; Weißfäuleerreger; selten auch herbicol, z.B. an feuchtem Stroh, oder zoocol an Knochen und Horn; selten biotroph, humanpathogen.
Konsistenz: zäh, auch trocken biegsam.
Trama: obere, in das Tomentum übergehende Huttrama wollig-filzig, untere Huttrama und Subhymenium graubraun und kompakt, beide Schichten durch eine dunkle Linie getrennt; Hyphensystem monomitisch, Hyphen teils mit Schnallen.
Hutoberseite: tomentos, wollig-filzig, weiß bis grau.
Hymenophor: aus Pseudolamellen bestehend (s.o.); Aufsicht auf das Hymenium graubraun mit rosa bis violettem Farbton; der unteren Tramaschicht gleichfarben; Aufsicht auf den Längsspalt der Pseudolamellen wollig-filzig, der oberen Tramaschicht und demTomentum gleichgestaltet und gleichfarben; Fk.-Rand und Pseudolamellen hygroskopisch (feucht gestreckt, trocken eingerollt).
Basidiosporen: Spp. weiß bis rosa; Sp. zylindrisch bis allantoid, hyalin, glatt; 3–4×1–1,5 µm; JKJ negativ.
Lit.: 15, 42, 43, 49, 82, 99, 132
Die Gattung *Schizophyllum* umfasst weltweit sechs Arten, die meisten sind tropisch verbreitet. In Europa kommt nur die Typusart vor. Die hygroskopische Bewegung ist bei lebenden Fk.n stärker ausgeprägt als bei abgestorbenen und damit nicht allein als mechanische Bewegung zu verstehen. Die Breite der Fk. von *Schizophyllum commune* im trockenen Zustand ist um ca. 30 % geringer als im feuchten Zustand, die Höhe um ca. 35 % (Abb. *Schizophyllum*). Die Streckung und das Einrollen der Pseudolamellen beruhen auf der unterschiedlichen Quellfähigkeit der stärker quellenden subhymenialen und der geringer quellenden darüberliegenden Tramaschicht (vgl. auch [43], S. 107, Abb. 2).

Einzige europäische *Schizophyllum*-Art:

→ ***Schizophyllum commune***

Die Gattung *Sistotrema* Fr.
Typusart: *Sistotrema confluens* Pers.
Fk.-Typen: annuelle, polyzentrische, meist effuse, selten effusoreflexe bis stipitate, mono- bis polyzentrische Crustothecien mit polyporoidem bis hydnoidem Hymenophor.
Habitat: lignicol; oft auf sehr morschem Holz oder terricol auf rohhumusreichem Boden; auf Holz Weißfäuleerreger.
Konsistenz: jung weich, trocken brüchig bis bröckelig.
Trama: weiß; Hyphensystem monomitisch; Septen mit Schnallen.
Hutoberseite: weiß, trocken hellocker.
Hymenophor: in Aufsicht weiß bis cremefarben, später gelblich bis dotterfarben; glatt bis hydnoid, selten polyporoid; Poren rund bis abgerundet eckig; 2–4 Poren/mm; Basidien jung ovoid, später oft urniform, zwei, vier, sechs oder achtsporig, mit Basalschnalle; Cystiden selten oder fehlend.

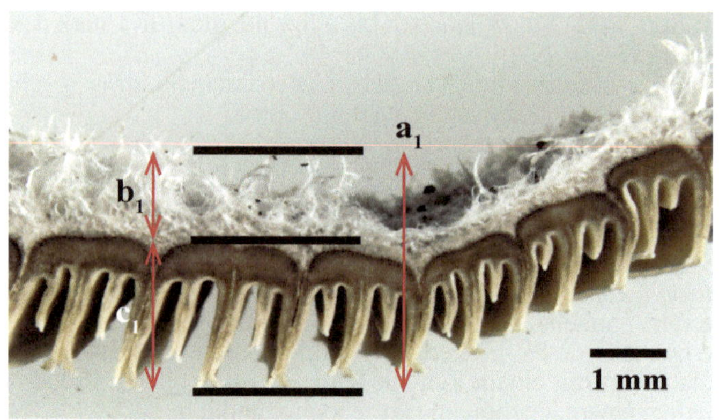

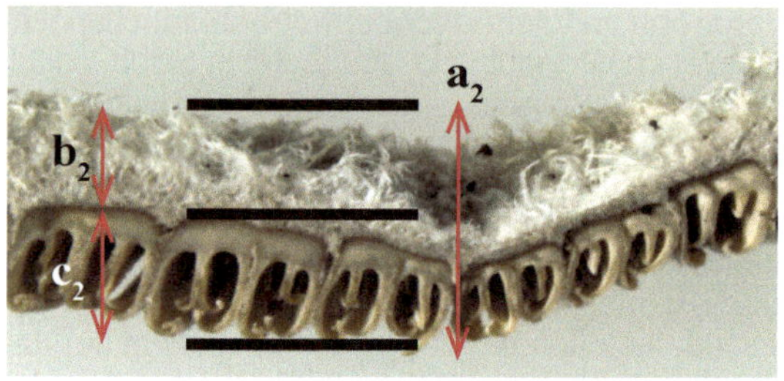

Abb. *Schizophyllum*: *Sch. commune*; Teil eines sekantal geschnittenen, lebenden Fk.s; oben feucht, unten trocken; Schrumpfung der Gesamthöhe (a_2/a_1) um ca. 25 %, der Gesamtbreite um ca. 20%; der Höhe der wolligen Trama inkl. Tomentum (b_2/b_1) um ca. 6 %, Höhe der kompakten Trama inkl. Hymenophoraltrama (c_2/c_1) um ca. 37 %.

Basidiosporen: Spp. weiß; Sp. klein, zylindrisch bis gestreckt ellipsoid, glatt, 4−5,5× 2−2,5 µm; JKJ negativ.
Lit.: 9, 75, 91, 93, 138, 139
Die Gattung *Sistrotrema* umfasst weltweit ca. 45 Arten mit überwiegend effusen Fk.n. Von den vier europäischen Arten mit polyporoidem Hymenophor bildet nur eine einzige Art Hüte aus.

Einzige pileate *Sistrotrema*-Art mit teilweise polyporoidem Hymenophor in Europa:
→ *Sistotrema confluens*

Die Gattung *Skeletocutis* Kotl. & Pouzar
[= *Incrustoporia* Domański = *Leptotrimitus* Pouzar]
Typusart: *Polyporus amorphus* Fr. ≡ *Skeletocutis amorpha* (Fr.) Kotl. & Pouzar
Fk.-Typen: annuelle bis perennierende, effuse, effusoreflexe, bis laterale, hellfarbene, meist polyzentrische Crustothecien mit polyporoidem Hymenophor.
Habitat: lignicol oder fungicol; saprotroph an Laubholz, Nadelholz oder an alten Porlingen; an Holz Weißfäuleerreger.
Konsistenz: jung weich, oft saftig, trocken hart.
Trama: weiß; Hyphensystem di- bis trimitisch; generative Hyphen mit Schnallen, oft inkrustiert, besonders an den Schneiden der Dissepimente.
Hutoberseite: jung tomentos bis striegelig, später oft glatt; jung überwiegend weiß.
Hymenophor: meist sehr dichtporig; in Aufsicht weiß oder weißlich-rosa bis hell violett; Hymenium ohne die Basidien überragende Cystiden, aber oft mit Cystidiolen.
Basidiosporen: Spp. weiß; Sp. hyalin, glatt, zylindrisch bis gestreckt ellipsoid; JKJ negativ.

Lit.: 9, 86, 93, 138, 139
Die Gattung *Skeletocutis* umfasst weltweit etwa 30 Arten. Von den 20 Arten, die in Europa vorkommen, bilden sechs fakultativ oder obligat Hüte aus.

Schlüssel der europäischen pileaten *Skeletocutis*-Arten

1 Hymenophor sehr dichtporig, ≥ 6 Poren/mm **2**

1* Hymenophor weitporiger, ≤ 6 Poren/mm **4**

2 Sporen 1–2 µm breit ***Skeletocutis borealis***

2* Sporen ≤ 1 µm breit **3**

3 Hutoberseite jung weiß, alt bräunlich, mehrjährige Partien nahezu schwarz; Hymenophor extrem engporig, an der Hutunterseite 7–10 Poren/mm, überwiegend an Laubholz → ***Skeletocutis nivea***

3* Hutoberseite jung cremefarben, später weißlich-ocker; Hymenophor etwas weitporiger, an der Hutunterseite 6–9 Poren/mm, an *Picea* ***Skeletocutis ochroalba***

4 Fk. überwiegend lateral, oft imbricat, 3–5 Poren/mm, Hymenophor weißlich-orange → ***Skeletocutis amorpha***

4* Fk. überwiegend effus, nur gelegentlich mit Hütchen oder etwas nodulos; Hymenophor in Aufsicht rosagrau oder hellocker **5**

5 Poren anfangs rund bis eckig, später irregulär gestreckt aufspaltend, Aufsicht auf das Hymenophor weiß, im Alter hellocker; Fk. effus, allenfalls etwas nodulos ***Skeletocutis odora***

5* Poren regulär rund bis abgerundet eckig, Aufsicht auf das Hymenophor rosagrau (wenn violett, vgl. die in der Regel ausschließlich effuse *Skeletocutis lilacina* A. David & Jean Keller), Fk. oft mit regulären Hüten ***Skeletocutis carneogrisea***

Skeletocutis borealis Niemelä
Fk.-Typ: effuse, selten Hütchen bildende, perennierende Crustothecien mit polyporoidem Hymenophor.
Habitat: lignicol; an Nadelholz, z.B. *Picea*, aber auch an Laubholz, z.B. *Salix* und *Sorbus*.
Makromerkmale: Fk. klein meist ausschließlich effus, selten über 5 cm breite und bis 4 mm dicke, mit sterilem schmalem, weißem Rand versehene Krusten; nur gelegentlich mit kleinen abstehenden Hütchen, deren Oberseite wie der Rand der effusen Fk. strukturiert ist; Konsistenz weich, trocken holzig; Aufsicht auf das Hymenophor blass cremefarben, mitunter mit schwach lachsfarbenem Farbton; Poren eckig, 6–8 Poren/mm; Röhren weißlich mit schwer erkennbarer Schichtung, einzelne Schicht bis 3 mm lang; Trama weißlich, bis 1 mm dick.
Mikromerkmale: Sp. 3,5–4,5×1,3–1,7 µm, zylindrisch bis leicht allantoid; Basidien clavat, mit Basalschnalle; Hymenium mit Cystidiolen, diese mit Basalschnallen; oft mit hymenialen Hyphenpegs; Hyphensystem dimitisch; generative Hyphen dünnwandig, teils verzweigt, 2–3 µm Ø, an den Dissepimenten leicht inkrustiert, mit Schnallen; Skeletthyphen dickwandig bis solide, 3–4 µm Ø.
Skeletocutis borealis ist nur durch wenige Aufsammlungen im nördlichen Finnland und Schweden bekannt.

Sceletocutis carneogrisea A. David
Fk.-Typ: effuse bis effusoreflexe annuelle Crustothecien mit polyporoidem Hymenophor.

Habitat: lignicol; an Nadelholz z.B. *Abies*, *Picea* und *Pinus*, selten an Laubholz.
Makromerkmale: Fk. völlig effus oder mit Hütchen; Konsistenz korkartig, im Alter hart; Hüte um 2, selten bis 5 cm breit und bis 2 cm vom Substrat abstehend; Hutoberseite weiß, fein tomentos, mit wenigen Zonen oder ungezont, alt blassbraun, verkahlend; Hutrand weiß und flockig, der Rand der effusen Fk.-Teile beim Trocknen sich vom Substrat lösend; Aufsicht auf das Hymenophor und Hymenophoraltrama zunächst blassrosa, später schmutzig bräunlich; Poren eckig, 6-– 8 Poren/mm; Röhren bis 1 mm lang, knorpelig, Huttrama sehr dünn, dicht, aber wollig; zwischen Röhren und Huttrama eine knorpelige Schicht.
Mikromerkmale: Sp. 3,5–4,5×1–1,3 µm, allantoid bis sichelförmig; Basidien clavat, mit Basalschnalle; Hymenium mit zahlreichen Cystidiolen, diese ohne Inkrustation, mit Basalschnalle; Hyphensystem dimitisch; generative Hyphen hyalin, dickwandig, 2-4 µm Ø, an den Dissepimenten stark inkrustiert; Skeletthyphen dickwandig bis solide, unseptiert, 3–5 µm Ø, hauptsächlich in der Hymenophoraltrama vorhanden, dort parallel ausgerichtet.
Skeletocutis carneogrisea ist in Europa weit verbreitet; es kommt aber zu Konfusionen mit → *Skeletocutis amorpha*. *S. carneogrisea* hat jedoch fast immer effuse Fk. sowie sichelförmige Sporen im Unterschied zu *S. amorpha*. Es ist eine circumpolare Verbreitung in der temperaten Nadelholzzone anzunehmen. Die Art ist öfter mit *Trichaptum*-Spezies assoziiert.

Abb. *Skeletocutis*: *S. carneogrisea*; nahezu effuse Fk. an einem toten *Larix*-Samm.

Skeletocutis ochroalba Niemelä
Fk.-Typ: effuse bis laterale, annuelle oder perennierende, meist poly- bis monozentrische Crustothecien mit polyporoidem Hymenophor.
Habitat: lignicol; nur von *Picea* bekannt.
Makromerkmale: Fk. oft einzeln, lateral ansitzend, Konsistenz korkartig bis hart; Hüte bis 2 cm breit, bis 1 cm dick und um 1 cm vom Substrat abstehend; Hutoberseite zunächst creme-, bald orange-ockerfarben, matt, ohne Zonierung oder mit wenigen dunkleren Bändern; Aufsicht auf das Hymenophor cremefarben, später dunkler mit blassrosa Farbton; Rand der Oberfläche des Hymenophors wollig, bei Verletzung honiggelb; Poren eckig, 6–7 Poren/mm;

Röhrenschicht der Oberfläche des Hymenophors gleichfarben, Trama weiß, zweischichtig, über dem Hymenophor dichter, gelatinös und alt gelb.
Mikromerkmale: Sp. 3,5–4×0,5–1 µm, allantoid; Basidien clavat, mit Basalschnalle; Hymenium mit Cystidiolen, diese ohne Inkrustation, mit Basalschnalle; Hyphensystem trimitisch, generative Hyphen hyalin, dünnwandig im Subhymenium, dickwandiger in der Trama, 2–4 µm Ø; Skeletthyphen, hyalin, dickwandig bis solide, unseptiert, unverzweigt, 4–6 µm Ø; Bindehyphen stark knorrig verzweigt, an den Enden stumpf abgerundet, dickwandig, unseptiert, 2–3 µm Ø; Hyphen der Dissepimentränder stark inkrustiert.
S. ochroalba wurde erst in jüngster Zeit aus Quebec (Kanada) beschrieben und ist in Europa vor allem aus der borealen Klimazone, aus Korsika und Tschechien bekannt. Die Art steht→ *Skeletocutis nivea* nahe und ist im holarktischen Zonobiom boreal-montan verbreitet.

Skeletocutis odora (Sacc.) Ginns
[≡ *Poria odora* Sacc. ≡ *Polyporus odorus* Peck ≡ *Antrodia odora* (Sacc.) Gilb. & Ryvarden]
Fk.-Typ: effuse bis nahezu nodulose, annuelle Crustothecien mit polyporoidem Hymenophor.
Habitat: lignicol; im nördlichen Europa fast ausschließlich an *Picea*, in Zentraleuropa auch an *Abies* und in südlicheren Regionen an *Pinus*.
Makromerkmale: Fk. oft großflächige, bis 0,5 m große, effuse Matten bildend, meist aber kleiner; ohne echte Hüte, aber oft nodulos; Konsistenz frisch weich, teilweise gelatinös oder wachsartig, trocken spröde und schrumpfend; im frischen Zustand mit unterschiedlich beschriebenem Geruch nach Knoblauch oder nach Blattwanzen; Fk.-Rand schmal und weiß, flaumig; Aufsicht auf das Hymenophor weiß, trocken cremefarben bis blassbeige, Poren regulär rundporig, im Alter und trocken irregulär, z.T. kurvig gestreckt, 3–5 Poren/mm; Röhrenschicht der Oberfläche des Hymenophors gleichfarben, Röhren um 1 mm lang; Trama weiß bis blass cremefarben, flaumig, bis 1 mm dick, teils mit dichteren Zonen.
Mikromerkmale: Sp. 4–5×1–1,5 µm, allantoid; Basidien clavat, mit Basalschnalle; Hymenium mit reichlich Cystidiolen, diese mit Basalschnalle; Hyphensystem dimitisch; generative Hyphen dünn- bis dickwandig, verzweigt, 2–4 µm Ø, in der Trama sklerifiziert, in den Rändern der Dissepimente spiralförmig gewunden und inkrustiert; Skeletthyphen hyalin, dickwandig bis solide, unseptiert, unverzweigt, zahlreich in der Trama und der basalen Hymenophoraltrama, 2,5–3,5 µm Ø.
Skeletocutis odora ist im holarktischen Florenreich circumpolar verbreitet, In Fennoskandinavien kommt sie in naturnahen Taiga-Wäldern vor.

Die Gattung *Spongipellis* Pat.
Typusart: *Boletus spumeus* Sowerby ≡ *Polyporus spumeus* (Sowerby) Fr. ≡ *Spongipellis spumeus* (Sowerby: Fr.) Pat.
Fk.-Typen: laterale, meist monozentrische, selten effusoreflexe, annuelle Crustothecien mit polyporoidem bis irpicoidem Hymenophor.
Habitat: lignicol; saprotroph oder perthotroph an Laubholz; Weißfäuleerreger.
Konsistenz: jung weich, saftig; trocken brüchig.
Trama: weiß bis weißlich-ockerfarben, deutlich oder undeutlich zweischichtig, untere Schicht dicht und engfaserig, obere Schicht locker und wollig, Hyphensystem monomitisch, Septen mit Schnallen.
Hutoberseite: weiß bis ockerfarben, tomentos bis glatt, ohne Kruste.
Hymenophor: weiß bis bräunlich; Hymenophoraltrama der Huttrama gleichfarben; Hymenium ohne sterile Elemente.
Basidiosporen: Spp. weiß; Sp. ellipsoid bis globos, glatt, hyalin, dünnwandig; JKJ negativ.
Lit.: 9, 15, 33, 93, 138, 139
Die Gattung *Spongipellis* umfasst weltweit acht Arten, vier von ihnen kommen in Europa vor.

Schlüssel der europäischen *Spongipellis*-Arten

1 Hymenophor überwiegend irpicoid bis hydnoid **2**

1* Hymenophor anfangs polyporoid bis daedaleoid, so bleibend oder im Alter teilweise irpicoid aufspaltend **3**

2 Hymenophor von Anfang an irpicoid bis hydnoid; Fk. oft effusoreflex und imbricat wachsend ***Spongipellis pachyodon***

2* Hymenophor anfangs irregulär gestreckt- oder gewundenporig mit 1–2 Poren/mm; schon bald irpicoid aufgespalten; Fk. überwiegend lateral ***Spongipellis delectans***

3 Hymenophor polyporoid bis daedaleoid, im Alter auch teilweise irpicoid aufspaltend; jung 1–2 Poren/mm und Dissepimente bis 0,5 mm breit ***Spongipellis litschaueri***

3* Hymenophor polyporoid, rund- bis abgerundet eckigporig; 1–5 Poren/mm, Dissepimente um 0,1 mm breit ***Spongipellis spumeus***

Spongipellis delectans (Peck) Murrill
[≡ *Polyporus delectans* Peck ≡ *Tyromyces delectans* (Peck) J. Lowe ≡ *Sarcodontia delectans* (Peck) Spirin]
Fk.-Typ: effuse bis laterale, annuelle, mono- bis polyzentrische Crustothecien mit polyporoidem bis irpicoidem Hymenophor.
Habitat: saprotroph oder pertotroph; an Laubholz, fast ausschließlich an *Fagus*.
Makromerkmale: Fk. oft einzeln, auch imbricat; Konsistenz frisch weich, trocken hart und brüchig, Geruch leicht säuerlich, Geschmack süßlich; Hüte flach, oft halbkreisförmig, bis 15 cm breit, 3–12 cm vom Substrat abstehend, 0,5–3 cm dick, Hutrand scharf; Hutoberseite weiß bis creme, trocken blassocker bis gelb; jung fein tomentos, alt kahl, ungezont; Aufsicht auf das Hymenophor weiß bis creme, trocken blassocker; Poren eckig bis labyrinthisch, alt irpicoid, 1–2 Poren/mm; Dissepimente dünn, im Alter aufspaltend; Trama, weiß bis cremefarben, meist undeutlich zoniert, Huttrama bis 20 mm dick, zweischichtig; Röhrentrama der Huttrama gleichfarben, Röhren bis 10 mm lang.
Mikromerkmale: Sp. 6,5–7×5–6,5 µm, hyalin, breit ellipsoid bis subglobos; Basidien clavat, mit Basalschnalle; Hymenium ohne Cystiden oder andere sterile Elemente; Hyphensystem monomitisch; Hyphen hyalin, dünn- bis dickwandig, bisweilen verzweigt, 4–7 µm Ø, mit Schnallen.
Spongipellis delectans ist eine seltene süd- bis zentraleuropäische Art, die bis Südskandinavien und Südwestengland nachgewiesen ist.

Spongipellis litschaueri Lohwag
[≡ *Polyporus litschaueri* (Lohwag) Bondartsev ≡ *Leptoporus litschaueri* (Lohwag) Pilát = *Polyporus schulzeri* Fr. ≡ *Spongipellis schulzeri* Bourdot & Galzin]
Fk.-Typ: effuse bis laterale, annuelle, meist monozentrische Crustothecien mit polyporoidem bis irpicoidem Hymenophor.
Habitat: saprotroph oder pertotroph; an Laubholz, fast ausschließlich an lebendem oder totem *Quercus*-, seltener an *Fagus*-Holz nachgewiesen.
Makromerkmale: Fk. flach bis hufförmig, einzeln bis imbricat, bis 15 cm breit, 7 cm vom Substrat abstehend und 4,5 cm dick; Hutoberfläche weiß, trocken gelb bis leicht rotbraun; fein tomentos bis leicht striegelig, ungezont; Huttrama bis 20 mm dick, weiß bis ockerfarben, sehr fein zoniert, Trama zweischichtig, über dem Hymenophor korkartig, unter der Cortex weich und locker; Aufsicht auf das Hymenophor weiß, trocken blassocker; Poren groß, rund bis eckig, oft daedaleoid bis irpicoid, jung 1–2 Poren/mm; Dissepimente später aufspaltend;

Trama weiß bis ocker, Hymenophoraltrama der Huttrama gleichfarben.
Mikromerkmale: Sp. 7–8×5–6 µm, hyalin, breit ellipsoid bis subglobos; Basidien clavat, mit Basalschnalle; ohne Cystiden oder andere sterile Elemente; Hyphensystem monomitisch;Hyphen hyalin, dünn- bis dickwandig, bisweilen verzweigt, 4–7 µm Ø, mit Schnallen.
Spongipellis litschaueri ist eine seltene süd- bis zentraleuropäische Art. Die Fk. sind an den großen, eckigen, erst im Alter aufgeschlitzten Poren zu erkennen. Charakteristisch ist zudem die Duplextrama. Verwechslungen sind makrospisch mit *Trametes cervina* möglich, die jedoch kleinere, zylindrische Sporen und ein dimitisches Hyphensystem besitzt.

Spongipellis pachyodon (Pers.) Kotl. & Pouzar
[≡ *Hydnum pachyodon* Pers. ≡ *Sistotrema pachyodon* (Pers.) Fr ≡ *Irpex pachyodon* (Pers.) Quél. ≡ *Sarcodontia pachyodon* (Pers.) Spirin]
Fk.-Typ: effusoreflexe bis laterale, annuelle, mono- bis polyzentrische Crustothecien mit hydnoidem bis irpicoidem Hymenophor.
Habitat: saprotroph; auch parasitisch auf Laubholz, an *Acer*, *Castanea*, *Fagus*, *Fraxinus*, *Juglans*, *Platanus*, *Quercus* und *Salix* nachgewiesen.
Makromerkmale: Fk. einzeln oder imbricat, oft halbkreisförmig, aber auch breit angewachsen, bis 5 cm breit und ebenso weit vom Substrat abstehend, an der Insertionsstelle bis 1,5 cm dick; Konsistenz frisch ledrig, trocken hart; Hutoberseite weiß und fein behaart, dann ocker und kahl, ungezont; Hymenophor in Aufsicht anfangs weiß, bald ockerfarben bis hellbraun, am Fk.-Rand gezahnt, abgeplattet oder mit kurzen Lamellen, die bald in Zähnchen aufspalten, in der Mitte der Fk. irpicoid bis hydnoid, Zähnchen an der Basis bis 10 mm breit, 2–8 mm lang; Huttrama bis 8 mm dick, weiß bis creme mit undeutlicher Duplextrama, unten eine dichtere Schicht, oben lockerer.
Mikromerkmale: Sp. globos bis subglobos, 5–6,5 µm Ø, hyalin; etwas dickwandig; Basidien schmal clavat, mit Basalschnalle; ohne Cystiden, aber mit Cystidiolen, diese mit Basalschnalle; Hyphensystem monomitisch; generative Hyphen mit Schnallen, in der Trama hyalin, leicht dickwandig, mit ziemlich dichtem Protoplasma, 3–6 µm Ø, in der Hymenophoraltrama um 2,5 µm Ø.
Spongipellis pachyodon ist im holarktischen Florenreich circumpolar in der temperaten Klimazone verbreitet. In Europa verhält sie sich etwas thermophil, besiedelt jedoch das gesamte *Fagus*-Areal nördlich bis Südschweden.

Spongipellis spumeus (Sowerby) Pat.
[≡ *Boletus spumeus* Sowerby ≡ *Polyporus spumeus* (Sowerby) Fr. ≡ *Bjerkandera spumea* (Sowerby) P. Karst. ≡ *Leptoporus spumeus* (Sowerby) Pilát ≡ *Sarcodontia spumea* (Sowerby) Spirin = *Polyporus foetidus* Velen. ≡ *Leptoporus foetidus* (Velen.) Pilát]
Fk.-Typ: laterale, annuelle, meist monozentrische Crustothecien mit polyporoidem Hymenophor.
Habitat: lignicol; saprotroph oder auf lebendem und totem Laubholz, nachgewiesen an *Acer*, *Aesculus*, *Fagus*, *Fraxinus*, *Juglans*, *Malus*, *Populus*, *Prunus*, *Pyrus*, *Rhamnus*, *Quercus*, *Sophora*, *Sorbus*, *Tilia* und *Ulmus*.
Makromerkmale: Fk. oft einzeln oder in kleinen Gruppen; Konsistenz frisch weichfleischig, trocken hart und brüchig; Hüte bis 25 cm breit, bis 10 cm vom Substrat abstehend und an der Insertionsstelle bis 6 cm hoch, Rand abgerundet; Hutoberfläche weiß bis creme, trocken ocker, fein bis grob behaart, ungezont; Aufsicht auf das Hymenophor creme bis ocker, Poren regulär polyporoid, 1–5 Poren/mm; Röhren bis 20 mm lang; Trama weißlich, mit undeutlicher Duplextrama, bis 5 cm dicke, dichte Schicht über dem Hymenophor, obere Schicht locker und bis 1 cm dick; Hymenophoroberfläche gleichfarben.
Mikromerkmale: Sp. 6–7×5–6 µm, hyalin, breit ellipsoid bis subglobos, dickwandig; Basidien clavat, mit Basalschnalle; Hymenium ohne Cystiden oder andere sterile Elemente; Hyphensystem monomitisch, Hyphen mit Schnallen, hyalin; in der Hymenophoraltrama 2–4 µm Ø, in der Huttrama leicht dickwandig, mit zahlreichen, großen Schnallen, 4–9 µm Ø.
Spongipellis spumeus ist im holarktischen Florenreich circumpolar in der temperaten Klima-

zone verbreitet. In Europa folgt die Art im Norden dem *Quercus*-Areal.

Die Gattung *Trametes* Fr.
[= *Coriolus* Quél. = *Hansenia* P. Karst. = *Pseudotrametes* Bondartsev & Singer]
Typusart: *Boletus suaveolens* L. ≡ *Polyporus suaveolens* (L.) Fr. ≡ *Trametes suaveolens* (L.) Fr.
Fk.-Typen: effusoreflexe oder laterale, selten auch undeutlich gestielte, annuelle, selten zweijährige, meist monozentrische Crustothecien mit polyporoidem bis lenzitoidem Hymenophor.
Habitat: lignicol; saprotroph auf Laub-, selten auf Nadelholz; Weißfäuleerreger.
Konsistenz: zäh, ledrig, trocken hart, z.T. etwas biegsam.
Trama: weiß bis hell isabellfarben, dimitisch oder trimitisch, alle Hyphentypen hyalin, generative Hyphen mit Schnallen.
Hutoberseite: weiß oder mit dunklerer Cortex mit grauen, gelblichen, braunen bis nahezu blauschwarzen Farben, stets ohne feste Kruste, oft feinfilzig bis striegelhaarig, häufig gezont.
Hymenophor: in Aufsicht weiß bis weiß-gelblich, weiß-bräunlich; trocken auch dunkler, lenzitoid, daedaleoid oder polyporoid und dicht- bis sehr weitporig; Basidien viersporig mit Basalschnalle, mit oder ohne Cystiden.
Basidiosporen: Spp. weiß; Sp. hyalin, dünnwandig, glatt, elliptisch bis allantoid; JKJ negativ.
Lit.: 9, 15, 33, 51, 58, 67, 68, 93, 138, 139, 140, 161
Die Gattung *Trametes* umfasst je nach Art- und Gattungskonzept weltweit ca. 50 bis 100 Arten. In Europa kommen zwölf Arten mit annuellen bis biennen pileaten Fk.n vor, wobei zwei Arten aufgrund ihrer braunen Trama ausgeschlossen bleiben. Drei sehr seltene, südlich verbreitete Arten sind im folgenden Schlüssel ebenfalls unberücksichtigt geblieben. Es sind dies:

– *Trametes subalutacea* Bourdot & Galzin; nur aus Südfrankreich bekannt, ähnelt *Trametes hirsuta*, hat aber schmalere Sporen
– *Trametes junipericola* Manjón, G. Moreno & Ryvarden; nur von Spanien und Italien bekannt, nur auf *Juniperus thurifera*
– *Trametes ljubarskyii* Pilát; nur aus dem Mediterrangebiet und Kasachstan bekannt
Von den neun mitteleuropäischen Arten werden von manchen Autoren die Arten mit lenzitoidem Hymenophor als *Lenzites*-Arten abgetrennt. In mehreren *Trametes*-Arten sind chinoide Verbindungen, z.B. Telephorsäure, nachgewiesen.

Schlüssel der mitteleuropäischen *Trametes*-Arten

1 Hymenophor lenzitoid bis irregulär daedaleoid und mit lamellenförmigen Abschnitten ohne oder mit geringfügigen polyporoiden Abschnitten **2**

1* Hymenophor polyporoid, jung stets mit runden oder etwas gestreckten Poren, deren Dissepimente jedoch im Alter labyrinthisch oder nahezu zahnförmig aufreißen können **3**

2 Hymenophor regulär lenzitoid **4**

2* Hymenophor irregulär daedaleoid, teils mit lamellenförmigen Abschnitten, ohne oder mit geringfügigen polyporoiden Abschnitten **5**

3 Huttrama frisch weiß, im Alter weiß bleibend oder schwach cremefarben **6**

3* Huttrama anfangs weiß, im Alter mit grauen, gelblichen oder bräunlichen Farbtönen: Trama mit grauen Farbtönen: vgl. *Funalia trogii*; Trama mit bräunlichen Farbtönen: vgl. *Daedaleopsis confragosa*

4 Hymenophor lebender Fk. auf Druck rötend, Trama im Alter bräunlich: vgl. → *Daedaleopsis confragosa*

4* Hymenophor lebender Fk. auf Druck nicht rötend, Trama auch im Alter weiß bleibend **7**

5 Hymenophor gestrecktporig, an den Fk.-Rändern oft labyrinthisch und mit runden Poren untermischt; in der Fk.-Mitte oft mit irregulär lamellenförmigen Abschnitten **→ *Trametes gibbosa***

5* wenn Hymenophor irregulär daedaleoid: mit labyrinthisch aufreißenden bis zahnförmig aufgelösten Dissepimenten vgl. folgende Arten:
– Hutoberseite striegelhaarig, verkahlend, grauweiß, nicht oder unscharf gezont: vgl. → *Trametes hirsuta*
– Hutoberseite fein seidig behaart, mit farblich scharf getrennten Zonen: vgl. → *Trametes versicolor*, → *Trametes ochracea*
– Hutoberseite randlich verklebt-haarig, verkahlend; bräunlich, konzentrisch in verschiedenen Brauntönen gezont und radial runzelig: vgl. → *Daedaleopsis confragosa*
– Hutoberseite angedrückt feinhaarig, verkahlend, grubig, konzentrisch rillig gezont: vgl. → *Daedalea quercina*

6 Hutoberseite deutlich fein behaart und stets durch die Farbe der Cortex deutlich scharf gezont **8**

6* Hutoberseite ohne farblich scharfe Zonierung; teils nicht oder durch unscharfe Grenzen oder konzentrische Rillen gezont **9**

7 Fk. konsolen- bis fächerförmig, oft dachziegelig oder rosettenförmig, bis 10 cm breit und bis 5 cm vom Substrat abstehend, oberseits striegelig behaart (wie *T. hirsuta*); gezont; 12–15 Lamellen/cm am Fk.-Rand; 1–2 Lamellen/mm tangential in der Fk.-Mitte; Huttrama auch trocken reinweiß; Basidiosporen 5–6×2–3 µm, schmal ellipsoid bis zylindrisch; in Mitteleuropa häufige Art **→ *Trametes betulina***

7* Fk. konsolenförmig bis 20 cm breit und bis 10 cm vom Substrat abstehend; samtig, fein behaart, verkahlend, 10–14 Lamellen/cm am Fk.-Rand, 0,5–1 Lamellen/mm tangential in der Fk.-Mitte; Huttrama weißgrau bis blass cremefarben; Basidiosporen 7–9×3–5 µm; mediterrane Art, in Mitteleuropa sehr selten ***Trametes warnierii***

8 konsolenförmige Fk., von der Mitte zur 2–5 mm hohen, meist nicht gebuckelten Insertionsfläche hin nicht oder nur geringfügig verdickt; Hutoberseite konzentrisch in bunten Farbtönen von grau, braun, rötlich-braun, graubraun bis tief blauschwarz gezont; Behaarung der Zonen durch aufrechte, kurze Haare im Wechsel mit anliegenden, seidig glänzenden Haaren geprägt; Hymenophor mit 4–5 Poren/mm; sehr breites Substratspektrum, auch an relativ trockenem Holz **→ *Trametes versicolor***

8* konsolenförmige Fk. von der Mitte zur 0,5–1,5 cm hohen, meist gebuckelten Insertionsfläche hin deutlich verdickt; Hutoberseite in weißen bis dunkelbraunen Farbtönen gezont; Zonen kurzhaarig oder kahl, ohne anliegende, seidig glänzende Behaarung; Hymenophor mit 3–4 Poren/mm; bevorzugt an Weichholz in luftfeuchten Biotopen **→ *Trametes ochracea***

9 Poren groß, in der Fk.-Mitte ca. 0,5–1,5 mm Ø, isodiametrisch, fast wabenförmig; Fk. selten völlig effus, oft effusoreflex oder lateral; Hütchen in Reihen bis 20 cm breit und bis 3 cm vom Substrat abstehend; Dissepimente dünn, labyrinthisch bis irpicoid aufreißend ***Trametes cervina***

9* Poren kleiner, Hymenophor mit ca. 2–5 Poren/mm; Fk. größer, pileate Fk.-Anteile überwiegen **10**

10 Fk. mit deutlichem Anisgeruch, groß, bis 15 cm breit bis 10 cm vom Substrat ab-

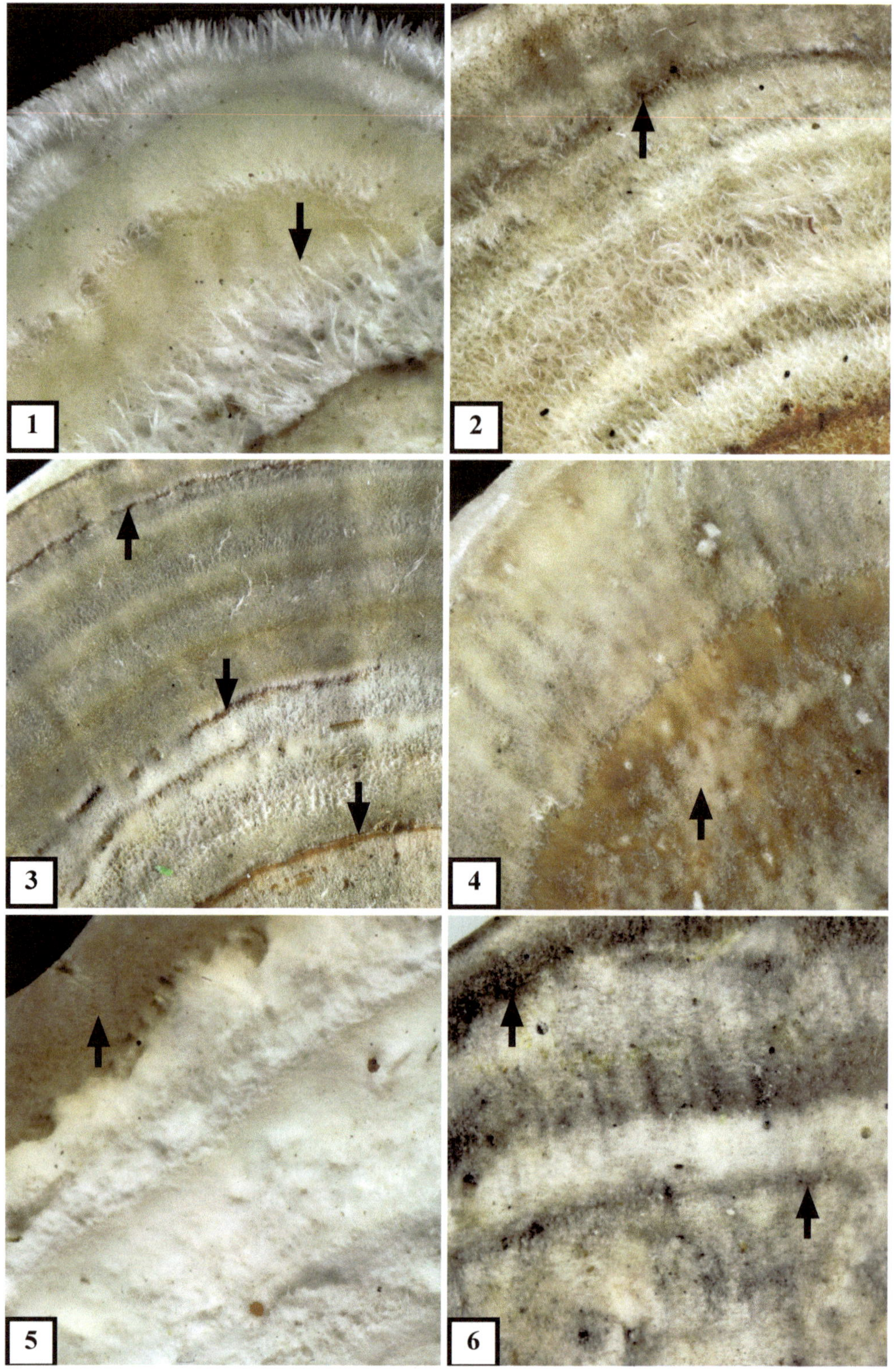
1
2
3
4
5
6

stehend und in der Mitte bis 5 cm hoch, Oberseite ungezont feinsamtig behaart, später kahl, weiß, im Alter creme bis hellbräunlich

→ *Trametes suaveolens*

10* Fk. ohne Anisgeruch, Konsolen flacher, in der Mitte weniger als 2 cm hoch, wenigstens im Alter konzentrisch rillig gezont oder durch unterschiedliche Behaarung gezont, stets mit deutlichem Tomentum

11

11 Oberseite und Hymenophor jung reinweiß, später gelblich-weiß; jung ungezont, dann zonenweise verkahlend; braungrau gezont; Tomentum samtig-tomentös; Haare bis 1 mm lang

→ *Trametes pubescens*

11* Oberseite weiß; oft mit braunem Rand, konzentrisch rillig gezont; Hymenophor weiß, im Alter grau, Tomentum striegelig, Haare bis 3 mm lang

→ *Trametes hirsuta*

Abb. *Trametes* 1–6: Vergleich der Struktur des Tomentums einiger häufiger Arten mit flachen Fk.n.
Abb. *Trametes* 1: *T. hirsuta* u. **Abb. *Trametes* 2:** *T. betulina*; beide mit rauhaarigem, zottigem Tomentum, Härchen von *T. hirsuta* bis 3 mm lang, mitunter zottig zusammenneigend (Pfeil), die von *T. betulina* nur unwesentlich kürzer; zoniert durch unterschiedliche Ausbildung des Tometums, mitunter auch durch konzentrische Rillen (Pfeil).
Abb. *Trametes* 3: *T. versicolor* u. **Abb. *Trametes* 4:** *T. ochracea*; beide mit Härchen von deutlich weniger als 1 mm Länge; *T. versicolor* mit Zonen aus abstehenden und Zonen aus anliegenden, seidenhaarigen Härchen (Pfeile); *T. ochracea* ähnlich strukturiert, aber ohne seidenhaarige Zonen; Härchen aber meist stärker verfilzt, dadurch flockig erscheinend (Pfeil).
Abb. *Trametes* 5: *T. gibbosa* u. **Abb. *Trametes* 6:** *T. pubescens*; beide verschiedenartig samtig behaart; *T. gibbosa* nur randlich sehr feinsamtig (Pfeil), rasch verkahlend und bald nahezu glatt; *T. pubesens* filzig samtig, im Alter graubraune Zonen bildend (Pfeile), das persistente Tomentum zonenweise aufreißend aber auf der gesamten Oberseite der Konsolen erhalten bleibend.

Trametes cervina (Schwein.) Bres.
[≡ *Boletus cervinus* Schwein. ≡ *Trametopsis cervina* (Schwein.) Tomšovský ≡ *Antrodia cervina* (Schwein.) Kotl. & Pouzar ≡ *Funalia cervina* (Schwein.) Y.C. Dai]
Fk.-Typ: effusoreflexe bis effuse, aber auch laterale, annuelle polyzentrische Crustothecien mit polyporoidem Hymenophor.
Habitat: lignicol; saprotroph auf vielen verschiedenen Laubhölzern, in Asien auch auf *Pinus* und *Larix* nachgewiesen.
Makromerkmale: Fk. selten einzeln, meist in Gruppen, oft imbricat; Konsistenz festfaserig, ledrig; Hüte 1 bis über 10 cm breite Reihen bildend, bis 5 cm vom Substrat abstehend und bis 1,5 cm dick; oberseits erst weich, rauhaarig, nur jung weiß, bald rosa-bräunlich bis schmutzig zimtfarben, ungezont oder mit undeutlichen feinen Zonen; Aufsicht auf das Hymenophor hell bräunlich-weiß, im Alter dunkler braun; Poren zunächst irregulär wabenförmig, um 1 Porus/mm; später aufspaltend, nahezu daedaleioid bis zahnförmig; Röhren um 1 cm tief, Trama schmutzig weiß bis hell holzfarben, hell weiß-bräunlich; Huttrama 1 bis über 5 mm dick.
Mikromerkmale: Spp. weiß; Sp. zylindrisch, etwas gekrümmt, hyalin, 7–9×2,5–3 µm; Basidien clavat, viersporig, mit Basalschnalle; Hyphensystem dimitisch, generative Hyphen dünnwandig, mit Schnallen, 2–4 µm Ø; Skeletthyphen dickwandig, hyalin, 3–6 µm Ø.
Trametes cervina ist eine seltene europäische Art, die auch aus Asien und Nordamerika bekannt ist.

Trametes warnierii (Durieu & Mont.) Zmitr., Wasser & Ezhov
[≡ *Cellulariella warnieri* (Durieu & Mont.) Zmitr. & Malysheva ≡ *Lenzites warnieri* Durieu & Mont.]
Fk.-Typ: laterale, annuelle Crustothecien mit lenzitoidem Hymenophor.

Habitat: lignicol; saprotroph an verschiedenen Laubgehölzen, u.a. an *Juglans*, *Populus*, *Prunus* und *Quercus ilex*.
Makromerkmale: Fk. meist einzeln oder in kleinen Gruppen; Konsistenz korkartig; Hüte konsolenförmig, abgeflacht, 5–20 cm breit, 3–8 cm vom Substrat abstehend und 1,5–2 cm dick; oberseits flach, jung fein behaart, verkahlend, glatt, nicht oder undeutlich gezont; jung cremefarben bis hellocker, alt grauocker, Rand scharf; Aufsicht auf das Hymenophor cremefarben; Lamellen von der Insertionsfläche zum Hutrand mehrfach gegabelt; sekantal in der Hutmitte 3–7, am Hutrand 10–14 Lamellen/cm; Trama cremefarben bis hellocker; Huttrama 0,5–1 cm dick.
Mikromerkmale: Spp. weiß; Sp. zylindrisch, hyalin 7–9×3–4 µm, oft etwas gebogen, Basidien clavat, viersporig mit Basalschnalle; Hyphensystem trimitisch; generative Hyphen hyalin, dünnwandig, 2–3 µm Ø; Skeletthyphen dickwandig bis solide, 4–5 µm Ø; Bindehyphen hyalin, dickwandig, stark verzweigt, 3–4 µm Ø; Hymenium ohne sterile Elemente.
Trametes warnierii ist eine seltene, in Europa südlich verbreitete Art, die besonders im Mittelmeergebiet einschließlich Nordafrika vorkommt und auch aus Westasien bekannt ist. Sie wird mitunter mit → *Trametes betulina* oder → *Daedalea quercina* verwechselt. *T. betulina* ist durch ihre striegelig behaarte Hutoberseite und die enger stehenden Lamellen (sekantal 10–15 Lamellen/cm) zu unterscheiden. *D quercina*, die ebenfalls Formen mit lenzitoidem Hymenophor ausbilden kann, hat nur geringfügig enger stehende Lamellen (5–10 Lamellen/cm) als *T. warnierii*, besitzt aber wenigstens nahe des Hutrandes meist Anastomosen, die Fk. sind dicker, die Hutoberseite ist stärker grubig gezont als die von *T. warnierii*.

Die Gattung *Trichaptum* Murrill

Typusart: *Polyporus trichomallus* Berk. & Mont. ≡ *Trichaptum trichomallum* (Berk. & Mont.) Murrill = *Trametes perrottetii* Lév.
Fk.-Typen: effuse, effusoreflexe bis laterale, meist polyzentrische, annuelle Crustothecien mit polyporoidem, irpicoidem bis lenzitoidem Hymenophor.
Habitat: lignicol; saprotroph auf Nadel- oder Laubholz; Weißfäuleerreger.
Konsistenz: wachsartig zäh, alt verhärtend, aber biegsam bleibend.
Trama: schmutzig weiß, gelblich; frisch mit Violettton; Hymenophoraltrama meist etwas dunkler und mit intensiverem Violettton; Hyphensystem di- bis trimitisch; generative Hyphen mit Schnallen; in der Huttrama dominieren Skeletthyphen, Bindehyphen fehlen oder sind spärlich.
Hutoberseite: samtig bis anliegend haarig; schmutzig weiß, grau oft mit einem violetten Farbton, alt verkahlend.
Hymenophor: in Aufsicht bei wachsenden Exemplaren violett, später braunviolett oder braun; Hymenium mit dünn- bis dickwandigen glatten oder inkrustierten Cystiden; Basidien viersporig, mit Basalschnalle.
Basidiosporen: Spp. weiß; Sp. hyalin, zylindrisch, dünnwandig, glatt; JKJ negativ.
Lit.: 9, 15, 138, 139
Die Porlinge der Gattung *Trichaptum* werden aufgrund der purpurvioletten Farbtöne auch als Violettporlinge bezeichnet. Das Hymenophor aller Arten ist in der Wachstumsphase stets auffallend violett, die Röhrentrama ist etwas dunkler als die Huttrama. Auch wenn im Alter braune Farbtöne überwiegen, findet man doch an fast allen Fk.n noch Reste der Violettfärbung. *Trichaptum abietinum* ist in Mitteleuropa die häufigste Art der Gattung. An liegenden Stämmen und dicken Ästen in den Fichten- und Kiefernforsten tritt dieser Pilz oft massenhaft auf. Die Gattung umfasst weltweit 20 überwiegend tropische Arten, vier von ihnen kommen in Europa vor.

Schlüssel der europäischen *Trichaptum*-Arten

1 Hymenophor überwiegend daedaleoid oder lenzitoid, auch am Hutrand nicht polyporoid, nahezu ausschließlich an Nadelholz **2**

1* Hymenophor überwiegend polyporoid; 3–5 Poren/mm; ältere Exemplare zur Insertionsfläche hin mitunter daedaleoid aufreißend, aber am Hutrand polyporoid bleibend, an Laub- oder Nadelholz **3**

2 Hymenophor lenzitoid, überwiegend an *Larix*, aber auch an *Picea*, *Pinus* u.a.; Fk. groß, bis 6 cm vom Substrat abstehend; Oberseite stets gezont, grau bis graubraun, am Rand oft etwas violett; Lamellen bis 3 mm tief ***Trichaptum laricinum***

2* Hymenophor daedaleoid, oft irpicoid aufreißend, überwiegend an *Pinus*; Fk. kleiner, bis 2 cm vom Substrat abstehend, Oberseite ungezont oder undeutlich gezont, weiß bis hell- oder graubraun, oft durch Algen grün; Dissepimente bis 5 mm tief ***Trichaptum fuscoviolaceum***

3 Fk. an Laubholz; ohne oder mit geringfügigen effusen Anteilen, konsolen- bis fächerförmig; bis 6 cm vom Substrat abstehend, Huttrama homogen, Röhren bis 4 mm lang ***Trichaptum biforme***

3* Fk. an Nadelholz; effus, effusoreflex oder lateral, meist mit effusen Fk.-Teilen, Hüte oft zu Reihen verwachsen, bis 3 cm vom Substrat abstehend, Huttrama über dem Hymenophor mit einer dichten, wachsartigen Schicht, Röhren bis 2 mm lang → ***Trichaptum abietinum***

Trichaptum biforme (Fr.) Ryvarden
[≡ *Polyporus biformis* Fr. ≡ *Coriolus biformis* (Fr.) Pat. ≡ *Trametes biformis* (Fr.) Pilát = *Hirschioporus pergamenus* (Fr.) Bondartsev & Singer]
Laubholzviolettporling
Fk.-Typ: laterale, annuelle, mono- bis polyzentrische Crustothecien mit polyporoidem bis daedaleoidem Hymenophor.
Habitat: lignicol; saprotroph, hauptsächlich an Laubholz, besonders an *Betula*, aber auch an *Quercus*, *Fagus*, *Tilia* und vielen anderen.
Makromerkmale: Fk. konsolenförmig bis fächerförmig; einzeln, aber auch zu Reihen verwachsen, mitunter imbricat, Konsistenz zäh, wachsartig, trocken biegsam; Hüte oberseits weiß, bisweilen ältere Teile hellbräunlich; dünnfleischig, scharfrandig; 1–3 mm dick, bis über 6 cm vom Substrat abstehend; mit filzigem, weißem bis weißgrauem Tomentum, verkahlend, Rand glatt oder wellig gekerbt, Trama schmutzig weiß, homogen mit Violettton; Hymenophor jung intensiv hellviolett, alt violett-bräunlich; wenigsten am Fk.-Rand noch mit violetten Tönen; jung röhrig, Röhren bis 4 mm lang; Poren rund bis eckig, am Rand so bleibend, an älteren Fk.-Teilen labyrinthisch aufreißend, nahe der Insertionsfläche auch irpicoid aufgelöst; Hymenophor mit 3–5 Poren/mm.
Mikromerkmale: Spp. weiß; Sp. gestreckt langellipsoid, nahezu zylindrisch, oft etwas gekrümmt, glatt, hyalin, 6–7×2–3 µm; Basidien viersporig, mit basaler Schnalle, Hymenialcystiden dickwandig, apikal mit Kristallen; Hyphensystem dimitisch, generative Hyphen mit Schnallen, um 3–7 µm Ø; Skeletthyphen englumig, um 4–6 µm Ø.
Trichaptum biforme ist eine kosmopolitische Art, in Europa ist sie selten. Im Gelände ist sie durch das Substrat und das wenigstens am Fk.-Rand porige Hymenophor von *T. fuscovioloceum* und durch ihre größeren Fk. von *T. abietinum* gut zu trennen.

Trichaptum fuscoviolaceum (Ehrenb.) Ryvarden
[≡ *Hirschioporus fuscoviolaceus* (Ehrenb.) Donk ≡ *Irpex fuscoviolaceus* (Ehrenb.) Fr. ≡ *Hydnum fuscoviolaceum* (Ehrenb.) Fr.= *Merulius violaceus* Pers. ≡ *Irpex violaceus* (Pers.) Quél.]
Labyrinthischer Violettporling
Fk.-Typ: effusoreflexe bis laterale, annuelle, mono- bis polyzentrische Crustothecien mit daedaleoidem bis irpicoidem Hymenophor.
Habitat: lignicol; saprotroph, hauptsächlich an Nadelholz, besonders an *Pinus*, selten auch

an anderen Nadelgehölzen, z.B. *Picea*, *Abies* und *Larix*, sehr selten an Laubholz.
Makromerkmale: Fk. oft mit effusen Anteilen, aber auch ausschließlich lateral; Hüte konsolen- bis fächerförmig; oft zu Reihen verwachsen, oft imbricat, Konsistenz zäh, wachsartig, trocken biegsam; Hüte oberseits weiß, zur Insertionsfläche hin auch grau, bisweilen am Rand hellbräunlich; dünnfleischig, scharfrandig; bis 2 mm dick, bis über 2 cm vom Substrat abstehend; mit filzigem, weißem bis weißgrauem Tomentum, oft durch Algen grün; verkahlend, Rand glatt oder etwas wellig, Trama schmutzig weiß, grau mit Violettton, mit einer dichten Zone über dem Hymenophor; Hymenophor jung intensiv violett, alt violettbräunlich, später braun; Dissepimente oder Zähne 3–5/mm.
Mikromerkmale: Spp. weiß; Sp. gestreckt langellipsoid bis zylindrisch, oft leicht gekrümmt, glatt, hyalin, 6–8×2–3 µm; Basidien viersporig, mit basaler Schnalle, Hymenialcystiden dickwandig, apikal mit Kristallen; Hyphensystem dimitisch, generative Hyphen dünnwandig, mit Schnallen, 2–4 µm Ø; Skeletthyphen dickwandig, wenig verzweigt, bis 6 µm Ø.
Trichaptum fuscoviolaceum ist eine holarktische Art, die in Eurasien eine kontinentale Verbreitungstendenz aufweist; in Mitteleuropa ist sie selten. Es besteht Verwechslungsgefahr mit dem häufigeren → *Trichaptum abietinum*, dessen Hymenophor wenigstens am Fk.-Rand stets polyporoid ausgebildet ist.

Trichaptum laricinum (P. Karst.) Ryvarden
[≡ *Lenzites laricina* P. Karst. ≡ *Hirschioporus laricinus* (P. Karst.) Teram. = *Lenzites abietis* Lloyd]
Lamellen-Violettporling
Fk.-Typ: meist laterale, aber auch effusoreflexe, annuelle, mono- bis polyzentrische Crustothecien mit lenzitoidem Hymenophor.
Habitat: lignicol; saprotroph, an Nadelholz, insbesondere *Larix*, *Picea* und *Abies*; sehr selten an Laubholz.
Makromerkmale: Hüte konsolen- bis fächerförmig; einzeln, aber auch zu Reihen verwachsen, mitunter imbricat, Konsistenz zäh, wachsartig, ledrig, trocken etwas biegsam; Hüte oberseits weißlich-grau, graubraun bis braun, am Rand oft mit Violettton, dünnfleischig, scharfrandig; 1–3 mm dick, bis über 6 cm vom Substrat abstehend; oberseits mit filzigem bis hirsutem, graubraunem Tomentum, Rand glatt, Trama schmutzig gelblich-weiß, homogen mit Violettton; Huttrama über 1 mm dick; Hymenophor jung intensiv violett, alt violettbräunlich; meist regulär lenzitoid, selten am Rand mit einigen Röhren und nahe der Insertionsfläche etwas labyrinthisch; Lamellen 3–5/mm.
Mikromerkmale: Spp. weiß; Sp. schmal, allantoid, 6–7,5×2–2,5 µm, glatt, hyalin; Basidien viersporig, mit basaler Schnalle, Hymenialcystiden häufig, dickwandig, apikal mit Kristallen; Hyphensystem dimitisch; generative Hyphen mit Schnallen, bis 4 µm Ø; Skeletthyphen dickwandig, bis 6 µm Ø.
Trichaptum laricinum ist eine überwiegend boreale Art, ihr Verbreitungsschwerpunkt liegt im eurasischen *Larix*areal, in Mitteleuropa ist sie selten. Im Gelände ist *T. laricinum* durch das lenzitoide Hymenophor und die braune Oberseite gut von den übrigen *Trichaptum*-Arten zu unterscheiden.

Abb. *Trichaptum* 1–6: Vergleich der in Mitteleuropa seltenen Arten, die neben dem häufigen → *T. abietinum* vorkommen.
Abb. *Trichaptum* 1: *T. biforme*; von Fk.n überwachsener liegender *Betula*-Stamm.
Abb. *Trichaptum* 2: *T. biforme*; Blick auf das Hymenophor mehrerer Fk. mit noch deutlich violetten Farbtönen, die nahe der Insertionsflächen in braunviolette Tönung übergehen.
Abb. *Trichaptum* **3:** *T. laricinum*; liegender *Larix*-Stamm mit zahlreichen konsolenförmigen Fk.n.; nahe der Unterseite des Substrates mit reichlich effusen Fk.-Teilen (Pfeil).
Abb. *Trichaptum* 4: *T. fusvovioloaceum*; Aufsicht auf das labyrinthische bis irpicoide Hymenophor.
Abb. *Trichaptum* 5: *T. fuscoviolaceum*; weiß bis grau gezonte Oberseite eines Fk.s.
Abb. *Trichaptum* 6: *T. laricinum*; Aufsicht auf das Hymenophor.

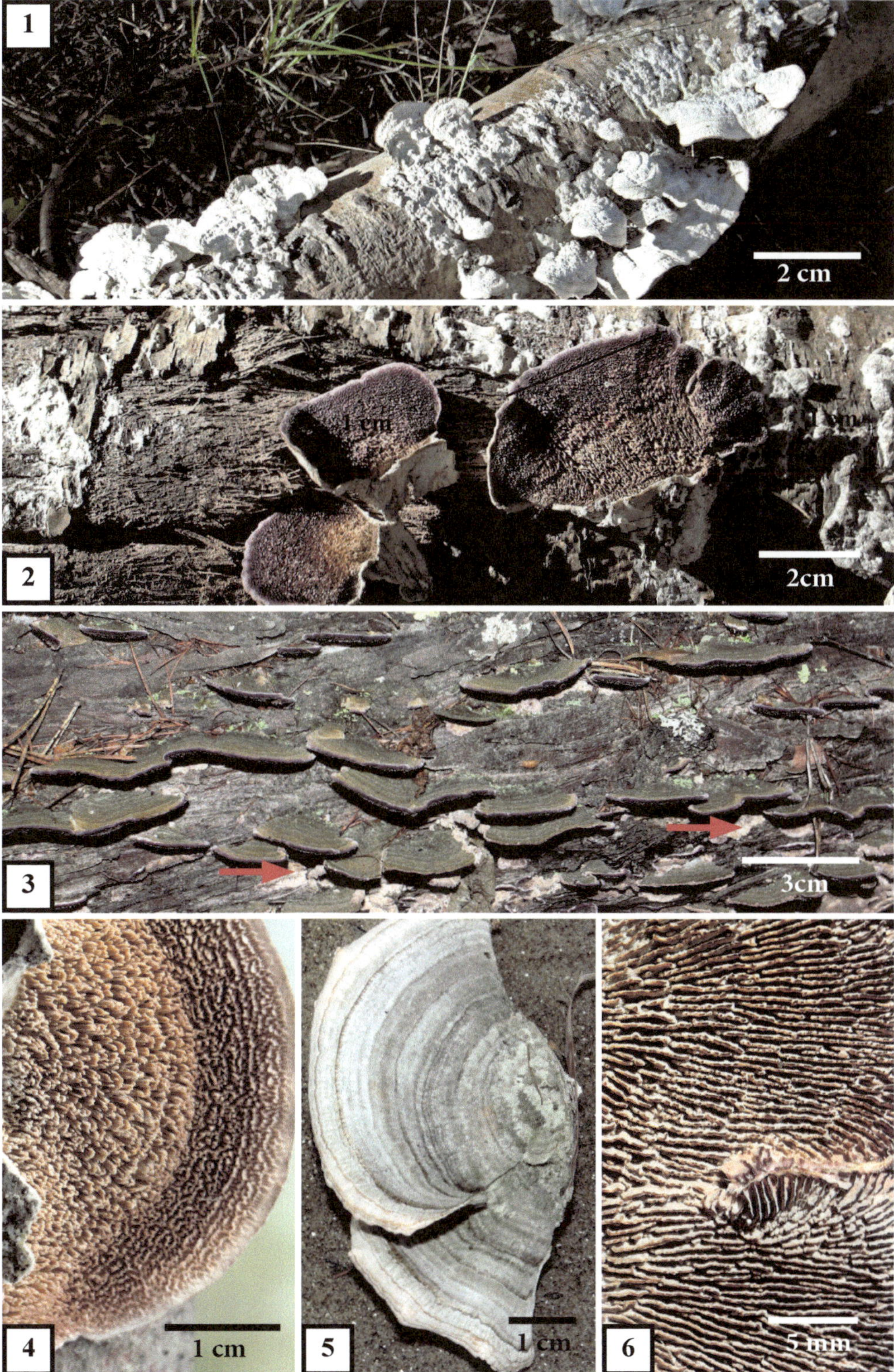
1
2 cm
1 cm
2cm
2
3
3cm
4
1 cm
5
1 cm
6
5 mm

Die Gattung *Tyromyces* P. Karst.
Typusart: *Polyporus chioneus* Fr. ≡ *Tyromyces chioneus* (Fr.) P. Karst.
Fk.-Typen: laterale, selten undeutlich gestielte, mitunter effusoreflexe, selten völlig effuse, annuelle, kurzlebige, mono- bis polyzentrische Crustothecien mit polyporoidem Hymenophor.
Habitat: lignicol; saprotroph auf Laub- oder Nadelholz; Weißfäuleerreger.
Konsistenz: weich, trocken brüchig.
Trama: weiß, mono- oder dimitisch, beide Hyphentypen hyalin, generative Hyphen mit Schnallen, Hyphen in Kresylblau nicht anfärbbar.
Hutoberseite: anfangs weiß, so bleibend oder später hellgrau, hellorange, hellbraun.
Hymenophor: weiß, dichtporig; Basidien viersporig mit Basalschnalle, ohne die Basidien überragende Cystiden, z.T. mit Cystidiolen.
Basidiosporen: Spp. weiß; Sp. hyalin, ellipsoid, ovoid oder zylindrisch bis allantoid, dünnwandig, glatt; JKJ negativ.
Lit.: 9, 15, 23, 33, 82, 93, 138, 139

Die Gattung *Tyromyces* umfasst in der hier akzeptierten Umgrenzung weltweit ca. 30 Arten; in Europa kommen sechs pileate Arten vor. *Tyromyces marianii* (Bres.) Ryvarden [≡ *Leptoporus marianii* (Bres.) Pilát ≡ *Polyporus marianii* Bresadola] ist nur vom *locus typi* in Italien bekannt. Es könnte sich um ein Entwicklungsstadium einer *Trametes* sp. oder einer der annuellen *Fomitopsis* spp. handeln, die Konsistenz der imbricaten Fk. wird als korkig beschrieben. Die Hyphen haben in der Darstellung von Bresadola keine Schnallen. Im folgenden Schlüssel ist dieser Fund nicht berücksichtigt.

Schlüssel der europäischen pileaten *Tyromyces*-Arten

1 Hutoberseite frisch mit braunen Farbtönen, Sp. ≤ 4 µm lang, ellipsoid, ovoid bis subglobos
2

1* Hutoberseite frisch ohne braune Farbtöne; weiß, orange, weiß-creme oder rosa, Sp ≥ 4 µm lang, ellipsoid oder zylindrisch
3

2 Hymenophor mit ≤ 4 Poren/mm; Hutoberseite ockerbraun
Tyromyces wynneae

2* Hymenophor mit ≥ 4 Poren/mm; Hutoberseite graubraun
Tyromyces fumidiceps

3 Hutoberseite aprikosen- bis orangefarben, Konsistenz frisch sehr saftig; Fk. klein und zierlich, < 5 mm dick
→ Tyromyces kmetii

3* Hutoberseite jung weiß, cremefarben oder mit rosa Farbton, höchstens trocken braun, Fk. wesentlich größer, über 1 cm dick
4

4 Sporen > 5 µm lang, ellipsoid, Hutoberseite mit rosa Farbton
Tyromyces alborubescens

4* Sporen < 5 µm lang, zylindrisch oder ellipsoid, Hutoberseite weiß, ohne rosa Farbton
5

5 Hüte abgeflacht, frisch saftig, Sporen zylindrisch 4–5×1,5–2 µm, ohne Chlamydosporen in der Huttrama; Hymenophor mit 3×4 Poren/mm
Tyromyces chioneus

5* Hüte im Schnitt dreieckig, frisch weich, aber nicht saftig; Sporen ellipsoid, 4–5×3–4 µm, mit Chlamydosporen in der Huttrama; Hymenophor mit 2–3 Poren/mm
→ Tyromyces fissilis

Tyromyces alborubescens (Bourdot & Galzin) Bondartsev
[≡ *Phaeolus albosordescens* subsp. *alborubescens* Bourdot & Galzin ≡ *Leptoporus alborubescens* (Bourdot & Galzin) Pilát ≡ *Aurantiporus alborubescens* (Bourdot & Galzin) H. Jahn]
Fk.-Typ: laterale, annuelle, überwiegend monozentrische Crustothecien mit polyporoidem Hymenophor.
Habitat: saprotroph an Laubholz, nachgewiesen an *Fagus*.
Makromerkmale: Fk. einzeln oder in Gruppen, sitzend, ohne effuse Fk.-Anteile; Konsistenz wässrig, wachsartig, trocken hart und brüchig, frisch mit süßlichem Geruch; Hüte bis über 10 cm breit und bis 4 cm vom Substrat abstehend; im mittleren Hutbereich um 3 cm dick, im Insertionsbereich bis 7 cm hoch, im Radialschnitt dreieckig, in allen Fk.-.Teilen mit KOH rot, Hutoberseite anfangs fein tomentos bis pubescent, weiß bis cremefarben mit einem rosa Farbton, im Alter und trocken warzig, rau mit braunen Farbtönen; Aufsicht auf das Hymenophor weiß bis cremefarben, trocken gelblich, Poren rund bis abgerundet eckig, 3–4 Poren/mm, Röhren bis über 1 cm lang; Trama faserig, weiß bis rosa; Huttrama bis 3 cm dick.
Mikromerkmale: Spp. weiß, Sp. ellipsoid, 5–7,5×4–5 µm; Basidien clavat, viersporig, mit Basalschnalle; Hymenium ohne sterile Elemente; Hyphensystem monomitisch; Hyphen dünnwandig, mit Schnallen, oft mit rötlichen Kristallen.
Die seltene Art ist durch ihre rosa-rötlichen Farbtöne charakterisiert. Sie ist ausschließlich in Europa nachgewiesen.

Tyromyces chioneus (Fr.) P. Karst.
[≡ *Leptoporus chioneus* (Fr.) Quél. ≡ *Polyporus chioneus* Fr. = *Leptoporus albellus* (Peck) Bourdot & L. Maire ≡ *Polyporus albellus* Peck ≡ *Tyromyces albellus* (Peck) Bondartsev & Singer]
Fk.-Typ: laterale, annuelle, überwiegend monozentrische Crustothecien mit polyporoidem Hymenophor.
Habitat: lignicol; saprotroph an vielen Laub-, selten an Nadelgehölzen.
Makromerkmale: Fk. einzeln oder in Gruppen, ohne effuse Fk.-Teile; Konsistenz frisch saftig, weichfleischig, trocken hart und brüchig; mit auffallend aromatischem Geruch; Hüte abgeflacht, konsolenförmig, breit angewachsen, scharfkantig, Oberseite mitunter etwas konvex; bis 12 cm breit, bis 10 cm vom Substrat abstehend, im mittleren Hutbereich um 1 cm dick; an der Insertionsfläche bis über 3 cm hoch, Hutoberseite erst weißlich und fein tomentos, später glatt, durch agglutinierte Hyphen leicht feinwarzig, hellgelblich, strohfarben oder hellgrau, ungezont; Aufsicht auf das Hymenophor weiß bis hell cremefarben, Poren rund bis abgerundet eckig, 3–4 Poren/mm, Dissepimente dünn, Röhren bis 8 mm lang; Trama weiß, Huttrama dicker als das Hymenophor.
Mikromerkmale: Spp. weiß; Sp. hyalin, zylindrisch, mitunter etwas gebogen, 4–5×1,5–2 µm; Hymenium mit Cystidiolen; Basidien clavat, viersporig, mit Basalschnalle; Hyphensystem dimitisch; generative Hyphen mit Schnallen, bis 8 µm Ø; Skeletthyphen in der Huttrama vorhanden, dickwandig, selten verzweigt, bis 5 µm Ø.
Tyromyces chioneus ist in der borealen Zone des holarktischen Florenreiches circumpolar verbreitet.

Tyromyces fumidiceps G.F. Atk.
[≡ *Leptoporellus fumidiceps* (G.F. Atk.) Spirin ≡ *Oligoporus fumidiceps* (G.F. Atk.) Teixeira = *Tyromyces pseudolacteus* Murrill]
Duftender Saftporling
Fk.-Typ: laterale bis effusoreflexe, annuelle, mono- bis polyzentrische Crustothecien mit polyporoidem Hymenophor.
Habitat: lignicol; saprotroph an Laubholz, nachgewiesen an *Betula*, *Populus*, *Quercus* und *Salix*, besonders in Feuchtbiotopen, z.B in Weichholz-Auen.
Makromerkmale: Fk. einzeln oder verwachsen, oft imbricat; Konsistenz frisch wässrig, trocken brüchig, frisch duftend; Hüte konsolen- bis fächerförmig, bis 5 cm breit, bis 4 cm vom Substrat abstehend, im Insertionsbereich um 1 cm hoch; Oberseite flach konvex gewölbt,

graubraun, hell- bis haselbraun, ungezont, anfangs fein tomentos, dann haarig, büschelhaarig, oft radial wellig, Aufsicht auf das Hymenophor weiß bis cremefarben, meist mit grünlich-olivfarbenem Ton; Poren rund bis abgerundet eckig, 4–6 Poren/mm; Röhren bis 10 mm lang; Dissepimente dünn, im Alter aufspaltend; Trama weiß, Huttrama ungezont, 0,5–2 cm dick.
Mikromerkmale: Spp. weiß; Sp. ellipsoid bis ovoid, 3–4×2,5–3 µm; Hymenium mit Cystidiolen; Basidien clavat, viersporig, mit Basalschnalle; Hyphensystem monomitisch; Hyphen mit Schnallen, bis 6 µm Ø.
Tyromyces fumidiceps ist eine sehr seltene Art, bekannt aus Nordamerika, Ost- und Südosteuropa und aus Frankreich.

Tyromyces wynneae (Berk. & Broome) Donk
[≡ *Polyporus wynneae Berk.* & Broome ≡ *Leptoporus wynneae* (Berk. & Broome) Quél. ≡ *Loweomyces wynneae* (Berk. & Broome) Jülich]
Starkriechender Saftporling
Fk.-Typ: sehr polymorphe, effuse, effusoreflexe, laterale bis substipitate, annuelle, polyzentrische Crustothecien mit polyporoidem Hymenophor.
Habitat: auf *Detritus* mit Holzanteilen in Wäldern, lignicol bis herbicol, auch terricol auf Resten verschiedener Laubgehölze, Nadelgehölze und krautiger Pflanzen.
Makromerkmale: Fk. selten einzeln, meist in Gruppen, oft imbricat; mitunter substipitat oder zur Insertionsfläche hin verschmälert; auch effus an der Unterseite loser Substratteile, diese umwachsend, oft mit bräunlichen Rhizomorphen; Konsistenz weich, biegsam, trocken hart und brüchig, frisch mit starkem Pilzgeruch; Hüte irregulär halbkreis- bis fächerförmig, oft seitlich miteinander verwachsen, mit welligem, scharfem Rand, bis 5 cm breit, bis 4 cm vom Substrat abstehend und im mittleren Hutbereich bis 3 mm dick; Hutoberseite erst hellgelb, bald ockerbraun, ungezont oder mit undeutlichen Zonen, zunächst samtig, anliegend behaart, verkahlend; Aufsicht auf das Hymenophor jung weiß, im Alter und trocken cremefarben, Poren abgerundet eckig, 3–4 Poren/mm, Dissepimente dünn, im Alter auch irregulär gezähnt; Röhren 1–6 mm lang; Huttrama über dem Hymenophor weiß, unter der Cortex gelblich bis ockerbraun, Hymenophoraltrama weiß.
Mikromerkmale: Spp. weiß; Sp. hyalin, dünnwandig 3–4×2–3 µm; breit ellipsoid, ovoid bis subglobos; Basidien clavat, viersporig, mit Basalschnalle; Hymenium mit Cystidiolen, diese mit Basalschnallen; Hyphensystem dimitisch; generative Hyphen dünn- bis dickwandig, mit Schnallen, bis 5 µm Ø; Skeletthyphen hyalin, dickwandig, unseptiert oder mit wenigen schnallenlosen Septen, selten mit Schnallen, bis 7 µm Ø.
Tyromyces wynneae ist eine seltene europäische Art, wurde aber möglicherweise aufgrund der Vielgestaltigkeit übersehen.

10. Porlingsporträts

Die folgenden Seiten enthalten Beschreibungen und Abbildungen einschließlich der bildlichen Darstellungen morphologischer Details von über 30% aller pileaten Porlinge Europas in alphabetischer Reihenfolge der akzeptierten wissenschaftlichen Namen. Den Bildern sind die Beschreibungen jeder Art unmittelbar gegenüber gestellt. Bei den Fotos wurde Wert darauf gelegt, dass möglichst eine Übersichtsaufnahme in der Natur – in der Regel die erste Abb. jeder Tafel – das charakteristische Erscheinungsbild lebender Fruchtkörper wiedergibt. Bei den Bildern der Details wurde versucht, diagnostisch wichtige, morphologischen Merkmale wie die Farbe der Trama, die Aufsicht auf das Hymenophor oder die Struktur der Hutoberseite von typischen, lebenden Fruchtkörpern in den Vordergrund zu stellen.

Die auf den Seiten 26-29 erläuterte Methode zur Bestimmung der Porendichte ist in der Regel an einem Beispiel auf jeder Bildtafel unten rechts dargestellt und im Bildtext mit den zugehörigen Zahlen belegt. Außerdem ist bei einigen bereits hinreichend untersuchten Arten die Ermittlung der Variabilität dieses Merkmals unter Berücksichtigung der beprobten Fruchtkörper demonstriert (vgl. S. 28) und in eckigen Kammern hinzugefügt.

In den Beschreibungen folgen dem akzeptierten Namen der Art einige Synonyme. Da die Umgrenzung der Taxa kein objektives Kriterium, sondern auf der subjektiven Bewertung von Merkmalen beruht, sind oft zahlreiche Namen für eine einzige Art gültig publiziert worden. Es ist daher für das Verständnis und für die Orientierung in der Fachliteratur geboten, gebräuchliche Synonyme oder Basionyme aufzunehmen. Im Namensregister sind schließlich alle Namen von Pilzen zusammengestellt, die in diesem Buch erwähnt werden.

Die Angaben zu den Fruchtkörpertypen fußen auf der „Morphologie der Großpilze [43] und sind auf S. 18 ff. kurz erläutert. Die Hinweise auf die Habitate beschränken sich auf grobe Standortangaben.

Die mikroskopischen Daten diagnostisch wichtiger Merkmale umfassen vor allem die Sporenmaße und -formen, die Hyphensysteme, das Vorkommen von Schnallen an den Septen der Hyphen bzw. der Basidienbasis und die sterilen Elemente im Hymenium.

Den stichwortartigen Beschreibungen ist jeweils ein Fließtext nachgestellt, in dem z.B. auf Ähnlichkeiten mit anderen Arten, auf diagnostisch wichtige Merkmale und auf die geografische Verbreitung der Arten kurz eingegangen wird.

Die Pilzporträts können über das Inhaltsverzeichnis, über das Namensregister (S. 369 ff.) und über die Texte und Bestimmungsschlüssel des speziellen Teiles (S. 41-160) erreicht werden. Sie sind aber auch geeignet, als „Naturkunden" im direkten Vergleich mit gesammelten Porlingen zur Identifizierung von Sammelgut beizutragen. Im Namensregister sind die Seitenzahlen aller Abbildungen rot geschrieben. In den Bestimmungsschlüsseln und Kurzbeschreibungen der Arten sind Verweise auf die Porträts durch Verweispfeil (>) und rot geschriebene Artnamen gegeben.

Einige Bilder von Arten, die nicht als Porträts vorliegen oder von denen vergleichende Merkmale bildlich dargestellt werden sollen, sind im Abschnitt „Gattungsdiagnosen..." S. 60 ff den alphabetisch geordneten Gattungen beigefügt. Das betrifft Abbildungen zu den Gattungen *Albatrellus* (1-2), *Bondarzewia*, *Inonotus* (1-12), *Irpex*, *Junghuhnia* (1-2), *Leptoporus* (1-2), *Perenniporia*, *Phellinus* (1-5), *Polyporus* (1-2), *Pyrofomes* (1-3), *Schizophyllum*, *Skeletocutis*, *Trametes* (1-6) und *Trichaptum* (1-6).

Abortiporus biennis (Bull.) Singer
[≡ *Boletus biennis* Bull. ≡ *Polyporus biennis* (Bull.) Fr. ≡ *Daedalea biennis* (Bull.) Fr. ≡ *Heteroporus biennis* (Bull.) Lázaro Ibiza = *Polyporus rufescens* Pers. ≡ *Trametes rufescens* (Pers.) Otth. ≡ *Daedalea rufescens* (Pers.) Secr. = *Ceriomyces terrestris* Schulzer]
Rötender Wirrling

Fk.-Typ: stipitate bis laterale, mono- bis polyzentrische, annuelle Crustothecien mit polyporoidem bis daedaleoidem Hymenophor.
Habitat: lignicol; am Grund von Stämmen und an Stümpfen vieler mitteleuropäischer Laubholzgattungen, u.a. an *Alnus*, *Carpinus*, *Corylus*, *Fagus* und *Fraxinus*; mitunter scheinbar terrestrisch auf unterirdischem Holz, selten an Nadelholz; Weißfäuleerreger.
Makromerkmale: Fk. einzeln oder in Gruppen; lateral, exzentrisch oder zentral kurz gestielt, mitunter an Schnittflächen von Stümpfen stiellos, kreisel-, rosetten- bis fächerförmig; bis über 15 cm breit und 6 cm hoch, Konsistenz zäh, lederig, trocken hart; Hüte oft imbricat, am wachsenden Rand feinfilzig, zur Mitte hin rau behaart, weiß, oft mit rosafarbener Komponente; auf Druck rötlich bis rötlich-braun fleckend; absterbende Exemplare auch völlig braun behaart, oft etwas radial wellig; Rand glatt, irregulär wellig gekerbt; Stiele kurz, gedrungen, bis über 5 cm lang und bis 3 cm Ø, verwachsen auch dicker, weiß bis hellbraun, filzig; Huttrama im mittleren Hutbereich um 1 cm dick; jung weiß, im Schnitt rötend, später rötlich-braun, oberseits schwammig, über dem Hymenophor weiß mit rosafarbenem Ton, 1–5 mm tief; trocken graubraun; in sekantaler Richtung 1–3 Poren/mm; derbfaserig; Hymenophor extrem polymorph, allenfalls stellenweise polyporoid und mit eckigen bis gestreckten Poren, meist labyrinthisch, auch zahnförmig aufgespalten, stellenweise nahezu lamellig, mit Anastomosen.
Mikromerkmale: Spp. weiß; Sporen hyalin, subglobos bis ellipsoid, 5–7×3–5 µm; Hymenium mit keuligen Gloeocystiden, diese bis zu über 100 µm lang; Basidien viersporig, zylindrisch bis clavat; Hyphensystem monomititisch, teilweise mit wandverdickten Hyphen und dadurch nahezu dimitisch; Septen mit Schnallen, oft mit runden bis breit ellipsoiden, sehr dickwandigen Chlamydosporen (Gemmen) von 7–10 µm Ø in der Huttrama.

Abortiporus biennis ist im holarktischen Florenreich circumpolar verbreitet. Die Art ist durch ihr polymorphes Hymenophor, das Röten und die meist fächerförmigen, lateral gestielten, imbricaten Fk. kaum zu verwechseln. An wachsenden Fk.n werden oft rötliche Guttationströpfchen gebildet. Die frisch ebenfalls rötenden *Daedaleopsis-confragosa*-Fk. sind in der Regel ungestielt und weisen trotz ihrer vielgestaltigen Ausprägung des Hymenophors keine zahnförmigen Hymenophorelemente auf, die für *Abortiporus biennis* typisch sind. Die charakteristische Bildung von Chlamydosporen in der Trama ist ein wichtiges diagnostisches Merkmal. Knollige Gebilde ohne Hymenophor und ausschließlicher Chlamydosporenbildung wurden früher in die Anamorph-Gattungen *Ceriomyces*, *Fibrillaria, Sporotrichopsis* oder *Ptychogaster* gestellt.

Abb. 1: *Abortiporus-biennis*-Fk. von einem bodennah abgeschnittenen Laubholzstumpf einer Parkanlage; das Myzel der Stielbasis durchwächst Erdpartikel, der Fk. erschien scheinbar terrestrisch in der Nähe des Stumpfes.
Abb. 2: Radialschnitt im mittleren Bereich eines Hutes mit der rötenden Trama, radial orientierten Hyphen und dem Hymenophor; a – Hutoberseite; b – Trama; c – Hymenophor.
Abb. 3: Hutoberseite eines rosettigen Fk.s mit mehreren, sich überlappenden Hüten und mit eingewachsenen Pflanzenteilen; die behaarte Oberseite über dem Stielansatz ist bereits rotbraun gefärbt (a), während zu den Rändern hin noch weiße bis rosa Farbtöne dominieren (b).
Abb. 4–6: Aufsichten auf das Hymenophor.
Abb. 4: Typisches polymorphes Hymenophor aus der Hutmitte mit nahezu lamellenförmigen (a) und durch Anastomosen fast eckigporigen Elementen (b).
Abb. 5: Labyrinthisch bis zahnfömig aufgespaltene Elemente des Hymenophors.
Abb. 6: Segmentierte Aufsicht; die Sekante von 5 mm schneidet 8 Poren ≙ 1,6 Poren/mm.

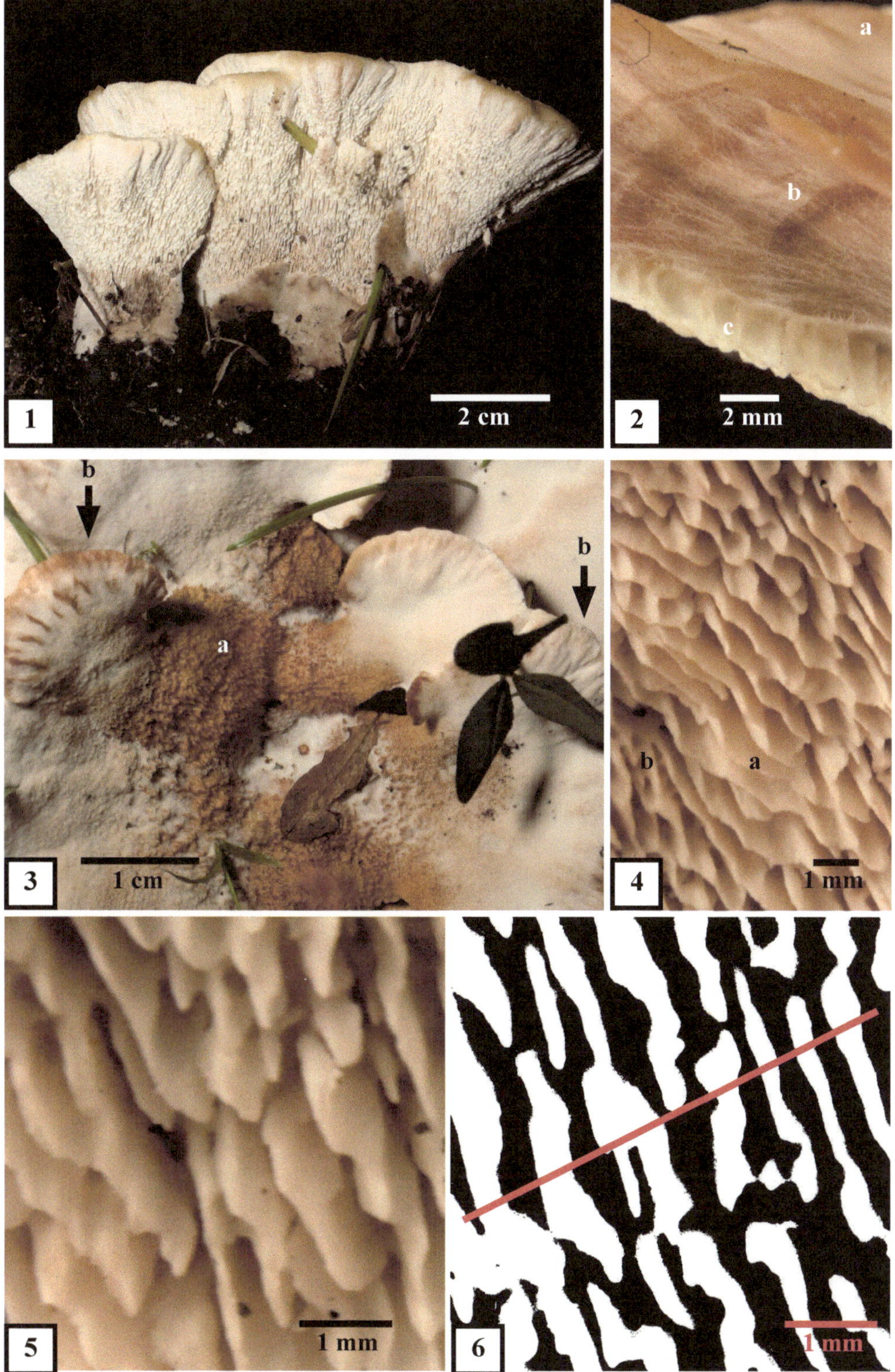
1
2 cm
2
a
b
c
2 mm
3
b
b
a
1 cm
4
b
a
1 mm
5
1 mm
6
1 mm

Albatrellus citrinus Ryman
Zitronengelblicher Porling

Fk.-Typ: stipitate, annuelle, kurzlebige Pilothecien mit polyporoidem Hymenophor.
Habitat: terricol; in kalkhaltigen Fichtenforsten, Mykorrhizapilz von *Picea.*
Makromerkmale: Fk. einzeln oder lateral verwachsen; stets zentral oder exzentrisch gestielt, Stiele mitunter basal verzweigt; Konsistenz weichfleischig, trocken hart; Hüte 3–7 cm Ø, Hutoberseite jung weiß, glatt, später mit zitronengelblichem Farbeinschlag, grünliche Farbtöne fehlen; Rand scharf, oft wellig gebogen und gelappt; im mittleren Bereich zwischen Hutrand und Stiel bis über 2,5 cm dick; Stiel zunächst weiß, später mit zitronengelben Flecken, trocken nahezu orangefarben; 3–8 cm lang, 1–4 cm Ø. Hymenophor in Aufsicht zunächst weiß, später mit zitronengelben, trocken mit orange Farbtönen; am Stiel weit herablaufend; Poren rund bis eckig, selten auch irregulär gestreckt, 2–4 Poren/mm; Röhren 0,5–2 mm lang. Trama weiß; Huttrama bis über 2 cm dick; Hymenophoraltrama der Huttrama gleichfarben.
Mikromerkmale: Sp. hyalin, breit ellipsoid bis subglobos oder eiförmig, 4–4,5×3–4 µm; deutlich amyloid; Basidien clavat, viersporig, ohne Basalschnalle, ohne Cystiden; Trama monomitisch; Hyphen der Huttrama mit sehr variablem Durchmesser von 2–30 µm, oft angeschwollen, häufig verzweigt, dünn- bis etwas dickwandig, mit gloeopleren Hyphen, ohne Schnallen.

Aufgrund von Konfusionen zwischen *Albatrellus citrinus, A. ovinus* und *A. subrubescens* ist das Gesamtareal von der erst jüngst beschriebenen Art *Albatrellus citrinus* noch nicht klar zu ermitteln. In Europa ist der Pilz im Wesentlichen mitteleuropäisch verbreitet. *Albatrellus citrinus* unterscheidet sich im Gelände von *A. subrubescens* in erster Linie durch die Ökologie. Letzterer ist mit Kiefer vergesellschaftet und zeigt keine Vorliebe für basische Böden. Der ähnliche *A. ovinus* kommt wie *A. hirsutus* in Fichtenwäldern vor, unterscheidet sich aber von *A. subrubescens* und *A. citrinus* durch inamyloide oder nur sehr schwach amyloide Sporen. Zudem kommen bei *A. ovinus* auf der Hutoberseite grünliche Farbtöne vor, die bei *A. citrinus* fehlen.

A. citrinus gehört zu den Mykorrhizapilzen, die hauptsächlich bei Fichten auf Kalkböden vorkommen, und hat in Mitteleuropa ein ähnliches Areal wie z.B. *Tricholoma aurantium* (Schaeff.) Ricken. Er kommt hier u.a. in anthropogenen Kalkfichtenforsten vor, wodurch deren Relevanz für den Naturschutz untermauert wird.

Abb. 1: Zwei Fk. von einem naturnahen Kalkbuchenwald, der mit Fichten durchforstet war und noch lebende Fichten beherbergt; a – wellig gelappter Fk.-Rand; b – Fraßstellen mit einer deutlich zitronengelben Verfärbung; c – glatte Hutoberseite: d – Hymenophor; e – Stiel; f – am Stiel herablaufendes Hymenophor.
Abb. 2: Hymenophor im mittleren Hutbereich mit runden bis abgerundet eckigen Poren und noch relativ breiten Dissepimenten.
Abb. 3: Radial aufgebrochener Fk.; a – weiße Huttrama mit einem zitronengelben Farbton über dem Hymenophor; b – Hymenophor mit den noch unter 1mm langen Röhren.
Abb. 4: Glatte, weiße Hutoberseite (a) mit dem zitronengelblich getönten Hutrand (b).
Abb. 5: Aufsicht auf ein ausgereiftes Hymenophor mit Dissepimenten, die dünner als der Durchmesser der Poren sind.
Abb. 6: Aufsicht auf ein heranwachsendes Hymenophor mit Dissepimenten, deren Dicke den Durchmesser der Poren teilweise überschreitet.
Abb. 7: Segmentierte Aufsicht auf ein Hymenophor: 237 Poren/25 mm^2 ≙ 9,5 Poren/mm^2 ≙ 3,1 Poren/mm.

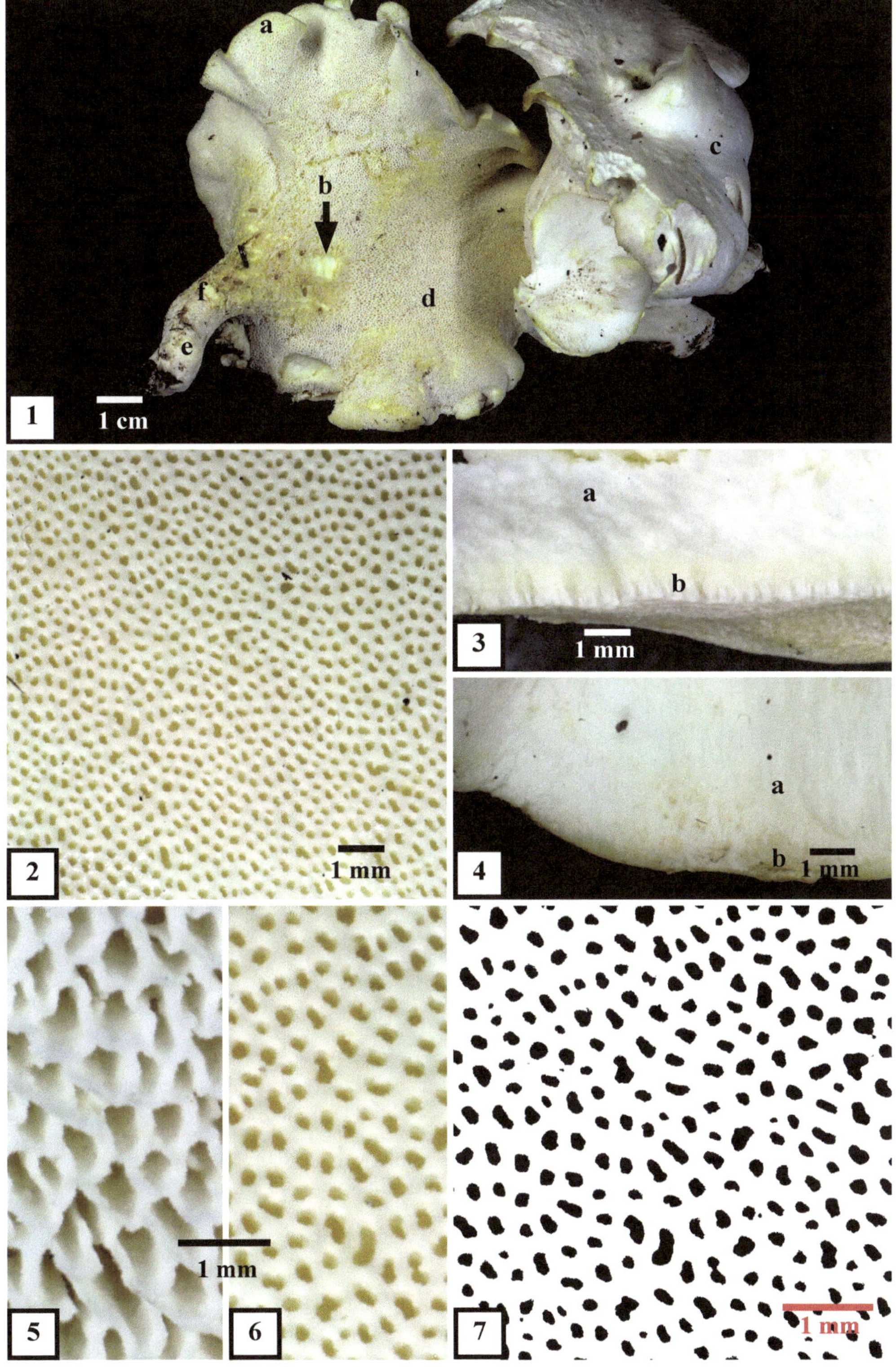
a
b
c
d
e
f
1
1 cm
a
b
3
1 mm
2
1 mm
a
b
4
1 mm
1 mm
5
6
7
1 mm

Albatrellus pes-caprae (Pers.) Pouzar
[≡ *Polyporus pes-caprae* Pers. ≡ *Scutiger pes-caprae* (Pers.) Bondartsev & Singer ≡ *Caloporus pes-caprae* (Pers.) Pilát; *Fungus tuber* Paulet]
Ziegenfußporling

Fk.-Typ: stipitate, annuelle, kurzlebige Pilothecien mit polyporoidem bis irregulär daedaleoidem Hymenophor.
Habitat: terrestrisch; assoziiert mit Nadelgehölzen, hauptsächlich mit *Pinus*, selten mit Laubgehölzen, u.a. mit *Fagus*.
Makromerkmale: Fk. einzeln oder mehrere basal verwachsen; meist lateral oder exzentrisch, selten zentral gestielt; Konsistenz saftig, weich, trocken bröckelig; Geschmack mild; Hüte oft nierenfömig, fächerförmig oder nahezu rund, Ränder scharf, lappig bis wellig; meist etwas nach unten gebogen; oberseits kissenförmig, oft verbogen gewölbt, knollig über den Stiel gewölbt und nicht voll entfaltet, teilweise mit ungeöffneten, im Erdreich verbleibenden Hüten; meist 4–10 cm, selten über 15 cm Ø; Hutoberseite mit grau- bis schwarzbraunen, faserigen Schüppchen; unterirdisch verbliebene Hutoberflächen bleiben, wie die Stieloberfläche, feinfilzig und ohne Schuppen; Aufsicht auf das Hymenophor zunächst weiß, auf Druck gelblich fleckend, dann cremefarben bis gelblich, trocken bräunlich; unregelmäßig polyporoid, weitporig, und teils labyrinthisch; Poren selten rund, meist ungleich eckig, mitunter hexagonal; Dissepimente oft irregulär aufgerissen, zerschlitzt, radial gestreckt, zum Stiel hin z.T. kurzlamellig am Stiel herablaufend; um 0,5–2 Poren/mm; einzelne Poren bis über 2 mm lang und über 1 mm breit; Röhren kurz 0,5 bis 3 mm lang; Stiel 3–6, selten bis 8 cm lang, meist basal verdickt, selten zylindrisch, 2–3, selten bis über 5 cm Ø; hellgelb, oft mit grünlichem Einschlag, fein tomentos bis hell filzig-schuppig; Trama wässrig-weiß, später gelblich, mitunter mit rosabraunem oder grünlichem Einschlag, trocken hellbraun; Huttrama im mittleren Hutbereich 0,5–2,5 cm dick, ungezont; Hymenophoraltrama der Huttrama gleichfarben.
Mikromerkmale: Spp. weiß; Sporen hyalin, glatt, ellipsoid bis subglobos, ovoid bis tropfenförmig, 8–11x5–7 µm, JKJ negativ; Basidien clavat, viersporig, mit Basalschnalle; Hymenium ohne sterile Elemente; Hyphensystem monomitisch, mit gloeopleren Hyphen, Hyphen der Trama hyalin, dünnwandig; Hyphen der braunen Schuppen braun und dickwandig; Septen teils mit, teils ohne Schnallen, 6–8 µm Ø, mitunter angeschwollen und an den Schwellungen bis 15 µm Ø.

Albatrellus pes-caprae ist im nemoralen und mediterranen Zonobiom der Holarktis verbreitet. Die Art kommt in Mitteleuropa besonders im südlichen Teil im Hügelland und in der submontanen bis montanen Höhenstufe vor; in Nordeuropa fehlt dieser Pilz. In vielen Regionen Mitteleuropas wird *A. pes-caprae* als selten, gefährdet und stark rückläufig eingestuft. Durch die braunschuppige Oberseite der Hüte in Kombination mit den gelben Stielen ist *A. pes-caprae* auch im Gelände gut zu determinieren.

Abb 1: Zwei ursprünglich basal miteinander verwachsende Fk.; a – charakteristisch braunschuppige Hutoberseite; b – im Boden verbliebene, helle tomentose Hutoberseite; c – Hutunterseite mit dem Hymenophor; d – basal verdickte Stiele.
Abb. 2: Die charakteristische, dunkelbraun faserschuppige Hutoberseite.
Abb. 3: Radialschnitt eines Hutrandes; a – dunkelbraunschuppige Hutoberseite; b – wässrigweiße Huttrama; c – Hymenophor; d – nach unten eingebogener Hutrand.
Abb. 4: Aufsicht auf ein nahezu labyrinthisches Hymenophor im Bereich des Hutrandes.
Abb. 5: Aufsicht auf ein Hymenophor im Übergangsbereich vom Hut (oben) zum Stiel mit gestreckten Dissepimenten, die am Stiel als kurze isolierte Lamellen herablaufen (unten).
Abb. 6: Aufsicht auf ein Hymenophor nahe dem Hutrand mit eckigen Poren.
Abb. 7: Aufsicht auf ein Hymenophor mit gestreckten und an Anastomosen reichen Poren.
Abb. 8: Segmentierte Aufsicht; 26 Poren/25 mm^2 ≙ 1,0 Poren/mm^2 ≙ 1,0 Poren/mm.

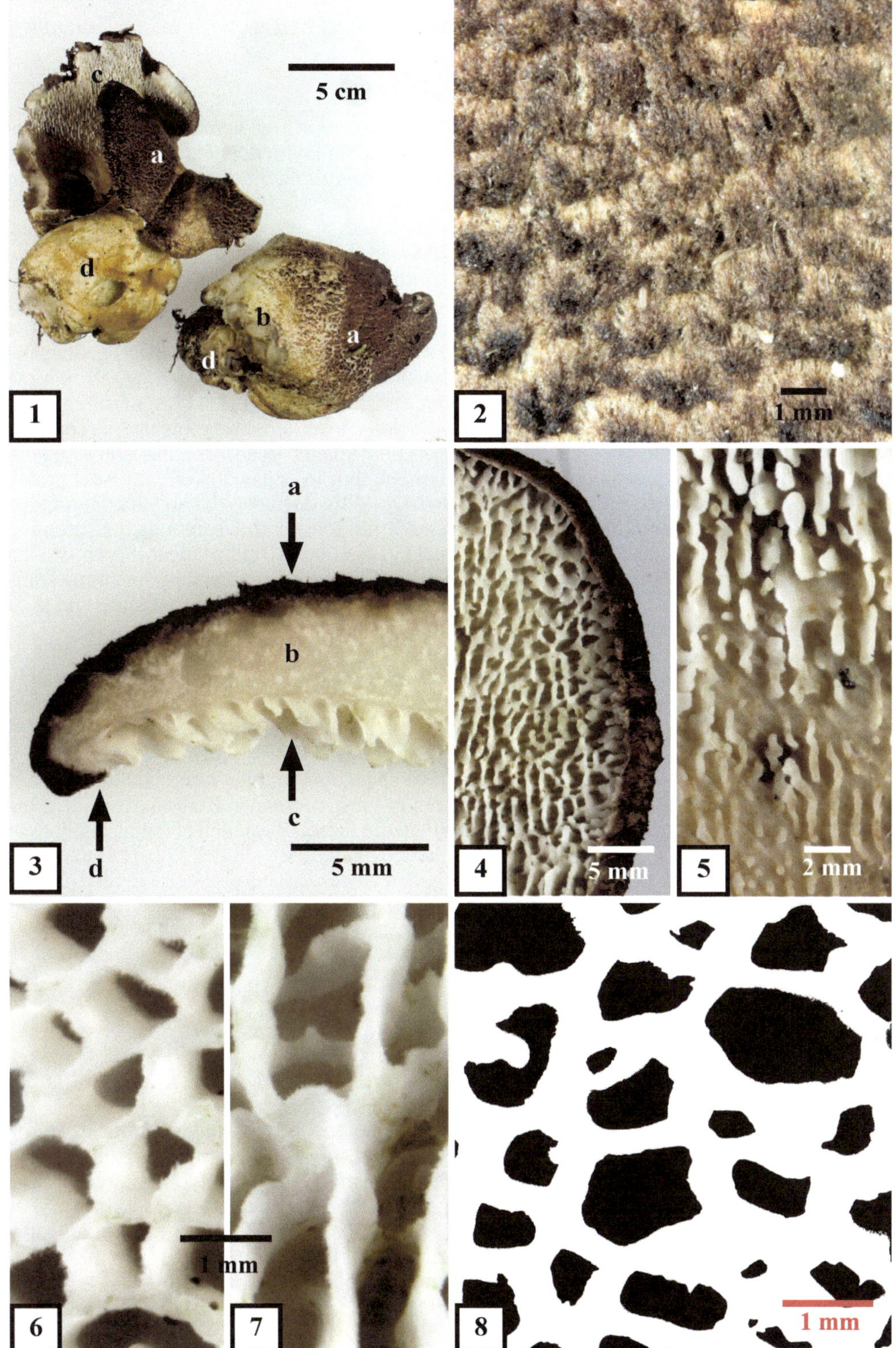
c
5 cm
a
d
b
a
d
1
1 mm
2
a
b
c
d
5 mm
3
5 mm
4
2 mm
5
1 mm
6
7
8
1 mm

Antrodia heteromorpha (Fr.) Donk
[≡ *Daedalea heteromorpha* Fr. ≡ *Trametes heteromorpha* (Fr.) Bres. ≡ *Coriolellus heteromorphus* (Fr.) Bondartsev & Singer]
Vielgestaltige Tramete, Knotenblättling

Fk.-Typ: effuse, effusoreflexe bis knollen- oder konsolenförmig laterale, annuelle, polyzentrische Crustothecien mit polyporoidem bis daedaleoidem Hymenophor.
Habitat: lignicol; saprotroph an Nadelholz, besonders an *Picea*-Stümpfen und toten Stämmen; von der Initial- bis zur Optimalphase des Holzabbaus, häufig in Gebirgsfichtenwäldern; auch an *Abies*, *Pinus* und *Larix*; Funde von Laubholz bedürfen der Überprüfung, sichere Nachweise existieren in montanen Fichtenwäldern an *Sorbus aucuparia*; Weißfäuleerreger.
Makromerkmale: Fk. in großen Gruppen, einzeln oft zu großen Krusten zusammenwachsend oder mit verwachsenen Hüten; an der Unterseite horizontaler Substrate mitunter große Flächen effus bedeckend; Konsistenz korkig, zäh, trocken hart; Hüte oberseits weiß, im Alter cremefarben bis hellbräunlich, am stumpfen, wulstigen Rand jung weichhaarig, filzig, ältere Teile verkahlend, meist ungezont, manchmal mit undeutlicher Zonierung, alt mitunter mit leichtem Grünalgenbewuchs; bis 3 cm vom Substrat abstehend und bis 4 cm breit, verwachsen auch bis 10 cm breite Reihen bildend; an der Insertionsfläche bis über 2 cm hoch, meist in effuse Fk.-Teile übergehend; in Kerben und Spalten der Borke manchmal nahezu ausschließlich aus Hymenophor bestehend; Hymenophor in Aufsicht weiß, im Alter cremefarben bis hell graubraun, meist irregulär und vielgestaltig daedaleoid, nahe den Huträndern und an effusen Fk.n horizontaler Substrate irregulär rundporig, im Übergang zu effusen Fk.-Teilen an vertikalen Substraten, oft mit gestreckten bis über 10 mm langen Poren, stellenweise nahezu lamellenartig; Röhren bis 8 mm lang, Poren der Hutunterseite 1–2/mm; Trama weiß, alt cremefarben bis hellbräunlich; an effusen Fk.-Teilen 0,5–3 mm, an Hüten nahe der Insertionsfläche bis über 2 cm dick.
Mikromerkmale: Spp. weiß; Sp. schmal ellipsoid bis zylindrisch, 10–13×5–7 µm, JKJ negativ; Basidien viersporig, mit Basalschnalle, clavat, meist mit hyphenartigen Elementen im Hymenium; Hyphensystem dimitisch; generative Hyphen bis 5 µm Ø; Septen mit Schnallen; Skeletthyphen bis 6 µm Ø, sehr dickwandig, Lumen mitunter weniger als 1 µm Ø.

Antrodia heteromorpha ist im holarktischen Florenreich circumpolar verbreitet. In Europa ist es eine boreal-montane Art, in Mitteleuropa kommt sie in montanen Bergmischwäldern und hochmontanen Fichtenwäldern vor. Sie kann mit der in diesen Regionen ebenfalls häufig vorkommenden *A. serialis* verwechselt werden, die jedoch eine wesentlich höhere Porendichte (2–4/mm) und wesentlich kleinere Sporen ausbildet. Außerdem entwickeln sich die Hüte von *A. serialis* meist knotenförmig auf polyzentrischen, effusen Fk.-Matten, während ähnliche Fk.-Formen von *A. heteromorpha* normalerweise aus verwachsenden Einzel-Fk.n bestehen. Die seltene *A. xantha* besitzt noch feinere Poren (4–6/mm), hat viel kleinere Sporen, bleibt meist völlig effus oder bildet nur kleine knotenfömige Hütchen.

Abb. 1: Fk.-Gruppe an einem *Picea*-Stumpf; die Hütchen teilweise zu Reihen verwachsend (a), oft solitär (b) oder mit basalen, effusen Fk.-Teilen (c).
Abb. 2: Effusoreflexer Fk. mit stumpfem, filzig-samtigem Hutrand (a), über 1 cm langen Poren im Bereich zwischen Hut und effusem Fk.-Teil (b).
Abb. 3: Aufgeschnittener Fk.; a – Aufsicht auf das Hymenophor; b – angeschnittenes Hymenophor mit über 6 mm langen Röhren; c – Huttrama; d – Aufsicht auf die Oberseite des Hutes; e – angeschnittenes ehemaliges Hymenophor, dessen Röhren von Hyphen durchwachsen sind; f – Oberfläche des Substrates; g – angeschnittene Substratteile (*Picea*-Holz).
Abb. 4: Oberseite eines Hutes; a – stumpf-wulstiger Hutrand; b – feinfilzige, samtige Hutbekleidung; c – verkahlte Bereiche der Hutoberseite mit Grünalgenbewuchs.
Abb. 5: Aufsicht auf das Hymenophor an einem Hutrand.
Abb. 6: Segmentierte Aufsicht auf das Hymenophor; 33 Poren/25mm² ≙ 1,3 Poren/mm² ≙ 1,1 Poren/mm.

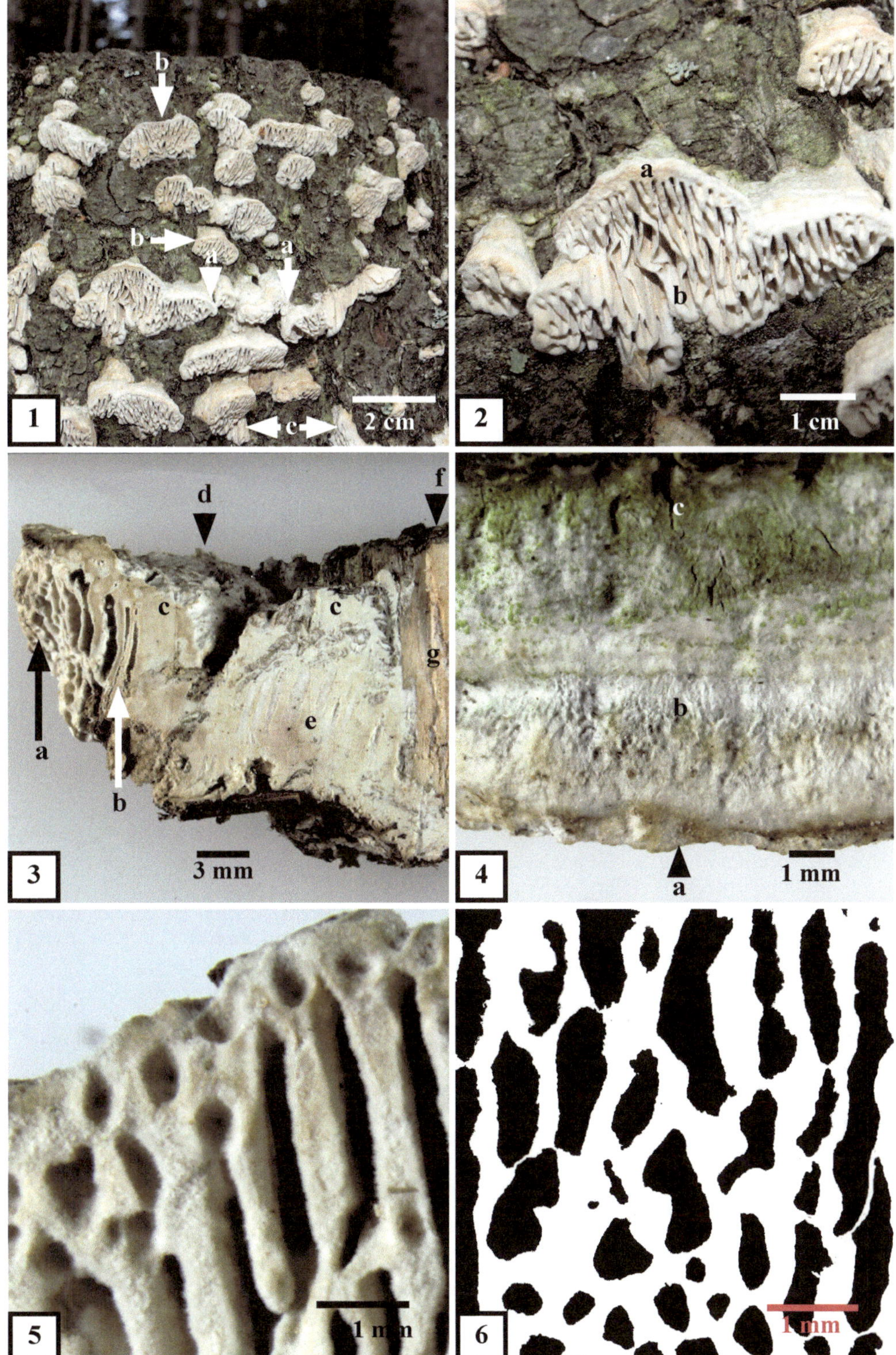
1
b
b
a
a
c
2 cm
2
a
b
1 cm
3
d
f
c
c
g
a
b
e
3 mm
4
c
b
a
1 mm
5
1 mm
6
1 mm

Antrodia serialis (Fr.) Donk
[≡ *Polyporus serialis* Fr. ≡ *Coriolellus serialis* (Fr.) Murrill ≡ *Trametes serialis* (Fr.) Fr. ≡ *Fomitopsis serialis* (Fr.) P. Karsten]
Reihige Tramete

Fk.-Typ: effusoreflexe, annuelle bis zweijährige, polyzentrische Crustothecien mit polyporoidem Hymenophor.
Habitat: lignicol; saprotroph an Nadelholz; nachgewiesen sind *Larix*, *Picea* und *Pinus*; in den Gebirgen häufig an *Picea abies*; im Flachland besonders an *Pinus sylvestris*, in sommerwarmen Regionen gebietsweise fehlend; hauptsächlich in der Optimalphase des Holzabbaus; auch an verarbeitetem Holz; Weißfäuleerreger.
Makromerkmale: großflächige, oft aus kleinen Initialen zusammenwachsende und randlich weiterwachsende, effuse, in frischem Zustand weiße Krusten an vertikalen Flächen das Substrat bedeckend, z.B. an Schnitt- und Seitenflächen liegender Stämme; in Vielzahl kleine konsolenförmige Hütchen irregulär, dachziegelig oder in waagerechten Reihen ausbildend; Konsistenz zäh und biegsam, trocken hart; alte Krusten können von neuen durchwachsen werden und erneut Hüte bilden; Hüte bis 2,5 cm vom Substrat abstehend, bis 3 cm breit, oft miteinander verwachsend und dann breiter; an der Insertionsstelle etwa so hoch, wie der Hut vom Substrat absteht, dadurch im Radialschnitt etwa ein gleichschenkliges Dreieck bildend; Hutrand zunächst stumpf abgerundet, später scharfkantig; Hüte oberseits feinfilzig, durch unterschiedliche Pigmentierung des Tomentums meist undeutlich gezont, Tomentum anfangs nahezu weiß, aber schon bald ockergelb, ockerbraun, im Alter braun; Hymenophor an effusen Fk.-Teilen oft mit nahezu waagerechten Röhren, meist jedoch mit deutlich geotropischer Orientierung; Röhren 2–6 mm, an den Hüten nahe der Insertionsfläche mitunter bis über 1 cm lang; Poren rund bis eckig, selten irregulär gestreckt, 3–4 Poren/mm; im Übergang zu effusen Fk.-Teilen manchmal mehrere Millimeter lange Leisten bildend; Trama reinweiß, bis 4 mm dick, im Alter schmutzig cremefarben-gelblich; Corticalgeflecht farblich nicht von der Huttrama abgesetzt; Hymenophoraltrama der Huttrama gleichfarben.
Mikromerkmale: Spp. weiß; Sp. hyalin, gestreckt elliptisch, ventral etwas abgeflacht, 6–10×2,5–4 µm, JKJ negativ; Basidien viersporig, clavat, mit Basalschnalle; Trama dimitisch; Skeletthyphen bis 6 µm; generative Hyphen mit Schnallen, bis 4 µm Ø.

Antrodia serialis ist nord- und südhemisphärisch in den temperaten Zonen verbreitet; in den tropischen Regionen ist es eine montane Art. Effuse Stadien von *A. serialis* können denen von *Heterobasidion annosum* ähneln, dessen Poren ähnlich gestaltet und ebenfalls rein-weiß sind. Jedoch besitzen die Hüte des Wurzelschwammes oberseits schon früh eine Kruste und nur anfangs ein Tomentum; die Krusten sind schon bei geringfügigen Hutansätzen gut zu erkennen. Hutansätze bilden sich bei *Heterobasidion* in der Regel am Rand der Kruste, bei *A. serialis* charakteristischerweise auf der gesamten Krustenfläche.

Abb. 1: Polyzentrische Fk.-Bildung an der Basis eines *Picea-abies*-Stammes.
Abb. 2: Radialschnitt eines Hutes; a – Tomentum; b – Huttrama; c – Hymenophor; d – Übergang zur Trama effuser Fk.-Teile.
Abb. 3: Effuse und pileate, zusammenhängende Fk.-Teile von der Schnittfläche eines liegenden *Picea-abies*-Stammes; a – alte, noch lebende, effuse Teile mit teils waagerechten, kurzen Röhren; b – abgestorbene, effuse Abschnitte; c – frisch auswachsende Hüte.
Abb. 4: Detail eines Fk.-Rasens mit älteren, effusen Abschnitten (a) und frischen, pileaten Fk.-Teilen (b), die aufgrund der geotropischen Orientierung leistenartige Partien des Hymenophors aufweisen (c).
Abb. 5: Frontalansicht eines jungen Hutes; a – ocker-goldgelbes bis ockerbraunes Tomentum, das eine undeutliche Zonierung der Oberseite verursacht; b – stumpf abgerundeter, später scharfer, wachsender Hutrand; c – weißes, wachsendes Hymenophor.
Abb. 6 u. 7: Aufsichten auf Hymenophore; Abb. 7: segmentierte Aufsicht;
204 Poren/25 mm² ≙ 8,2 Poren/mm² ≙ 2,9 Poren/mm.

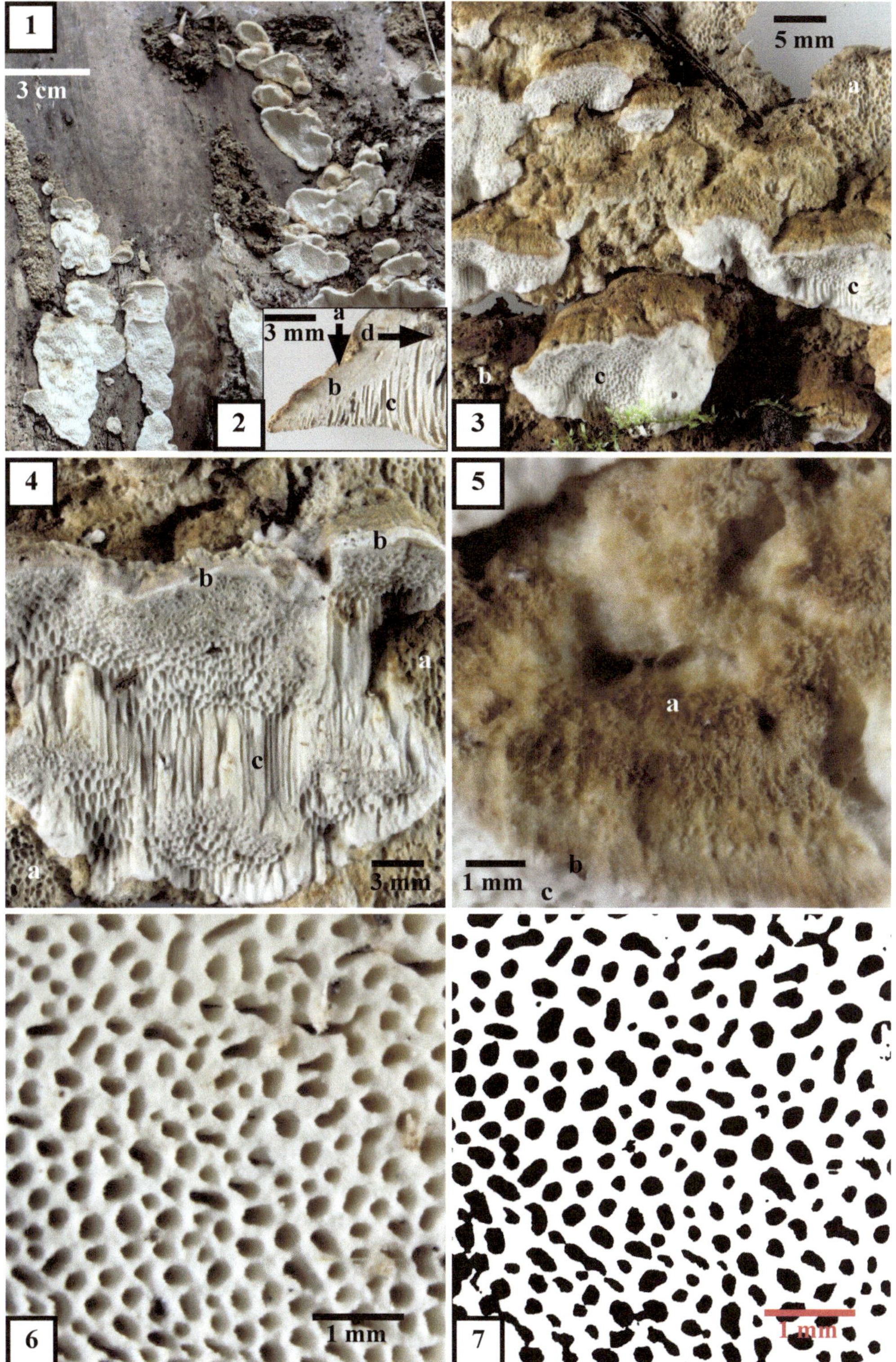
1
3 cm
2
3 mm
a
d
b
c
3
5 mm
a
c
b
c
4
b
b
a
c
a
3 mm
5
a
1 mm
b
c
6
1 mm
7
1 mm

Antrodiella serpula (P. Karst.) Spirin & Niemelä
[≡ *Bjerkandera serpula* P. Karst. ≡ *Polyporus serpula* (P. Karst.) Sacc. = *Polyporus hoehnelii* Bres. ≡ *Trametes hoehnelii* (Bres.) Pilát ≡ *Coriolus hoehnelii* (Bres.) Bourdot & Galzin]
Spitzwarzige Tramete

Fk.-Typ: laterale bis effusoreflexe, annuelle, meist monozentrische Crustothecien mit polyporoidem bis irregulär daedaleoidem Hymenophor.
Habitat: lignicol; saprotroph, selten auch perthotroph an Laubholz, in Europa besonders an Stämmen oder dicken Ästen von *Fagus sylvatica*, oft in der Nähe toter, mitunter auch lebender Fk. von *Inonotus nodulosus*; auch auf *Alnus* gemeinsam mit *Inonotus radiatus* nachgewiesen, außerdem an *Betula*, *Carpinus*, *Corylus*, *Fraxinus*, *Padus*, *Populus*, *Salix*, *Sorbus* und *Tilia*; Weißfäuleerreger.
Makromerkmale: Fk. selten einzeln, meist in Gruppen; anfangs oft irregulär knollig, später zu Hüten auswachsend, in Reihen oder imbricat, mit kleinflächigen, effusen Fk.-Teilen am Substrat herablaufend; Konsistenz elastisch, zäh, trocken hart; Hüte breit angewachsen, konsolenförmig, 1–4 cm breit, 0,5–2,5 cm vom Substrat abstehend, im mittleren Hutbereich um 5-8 mm dick, an der Insertionsfläche bis 15 mm hoch; im Radialschnitt etwa dreieckig; Hutoberseite uneben, höckerig, Höcker oft zugespitzt; konzentrisch rillig gezont; weiß bis hell cremefarben, später hellgelblich bis intensiv gelb, alt ocker; Rand wulstig stumpf, gesamte Oberseite randlich samtig, matt bis feinhaarig; Haare mitunter spitzbüschelig verklebt; Aufsicht auf das Hymenophor weiß bis hellocker; Poren rund bis irregulär eckig; in Richtung der Insertionsfläche meist etwas radial gestreckt, mitunter auch leicht labyrinthisch, Dissepimente im Alter oft zerklüftet aufgespalten; 3–6 Poren/mm; Röhren 2–3, selten bis über 5 mm lang; Trama elastisch, zäh, anfangs wässrig-weiß, später weiß bis cremefarben; Huttrama bis 3 mm dick; Hymenophoraltrama der Huttrama gleichfarben.
Mikromerkmale: Spp. weiß; Sp. ellipsoid bis kurz zylindrisch, hyalin, glatt, mitunter etwas gebogen, 3.5–4×1,5–2 µm; Basidien zylindrisch bis gestaucht clavat, viersporig, mit Basalschnalle; Hymenium ohne sterile Elemente; Hyphensystem trimitisch; generative Hyphen hyalin, dünnwandig; Septen mit Schnallen, bis 4 µm Ø; Skeletthyphen hyalin, unverzweigt, dickwandig, bis 6 µm Ø; Bindehyphen hyalin, knorrig-wellig, verzweigt, dickwandig, bis 4 µm Ø.

Antrodiella serpula kommt in Europa und Westasien, z.B im Kaukasus, vor. Der Schwerpunkt des Verbreitungsgebietes liegt im *Fagus*-Areal. Im Gelände sind typische Fk. oft irregulär miteinander verwachsen. Sie bilden kleine Rasen und sind an ihrer strohgelben Farbe und dem Wachstum an Buchenholz, das gleichzeitig mit *Inonotus-nodulosus*-Fk.n bewachsen ist, zu erkennen. Die Ursache der Assoziation von *A. serpula* mit *I. nodulosus* ist unbekannt.

Abb. 1: Knolliger, im unteren Teil konsolenförmig auswachsender Fk; a – alte ockergelbe sterile Oberseite einer Fk.-Knolle; b – weiße, wachsende Teile im Randbereich einer auswachsenden Konsole; c – Hutrand.
Abb. 2: Hutunterseite; a – wachsender Hutrand; b – randliches, rund- bis eckigporiges Hymenophor; c – Hymenophor nahe der Insertionsfläche mit bereits etwas aufgespaltenen Dissepimenten.
Abb. 3: Sekantal aufgebrochene Konsole; a – frisch gewachsene, noch wässrig-weiße Huttrama; b – Hymenophor.
Abb. 4: Aufsicht auf das Hymenophor eines Exsikkates mit abgerundet bis abgerundet eckigen (a) und im Übergang zu effusen Fk.-Teil gestreckten Poren (b).
Abb. 5: Aufsicht auf das Hymenophor einer Konsole im Bereich der Hutmittte.
Abb. 6: Segmentierte Aufsicht auf ein normal ausgebildetes Hymenophor der Hutunterseite; 350 Poren/25 mm² ≙ 14 Poren/mm² ≙ 3,7 Poren/mm.

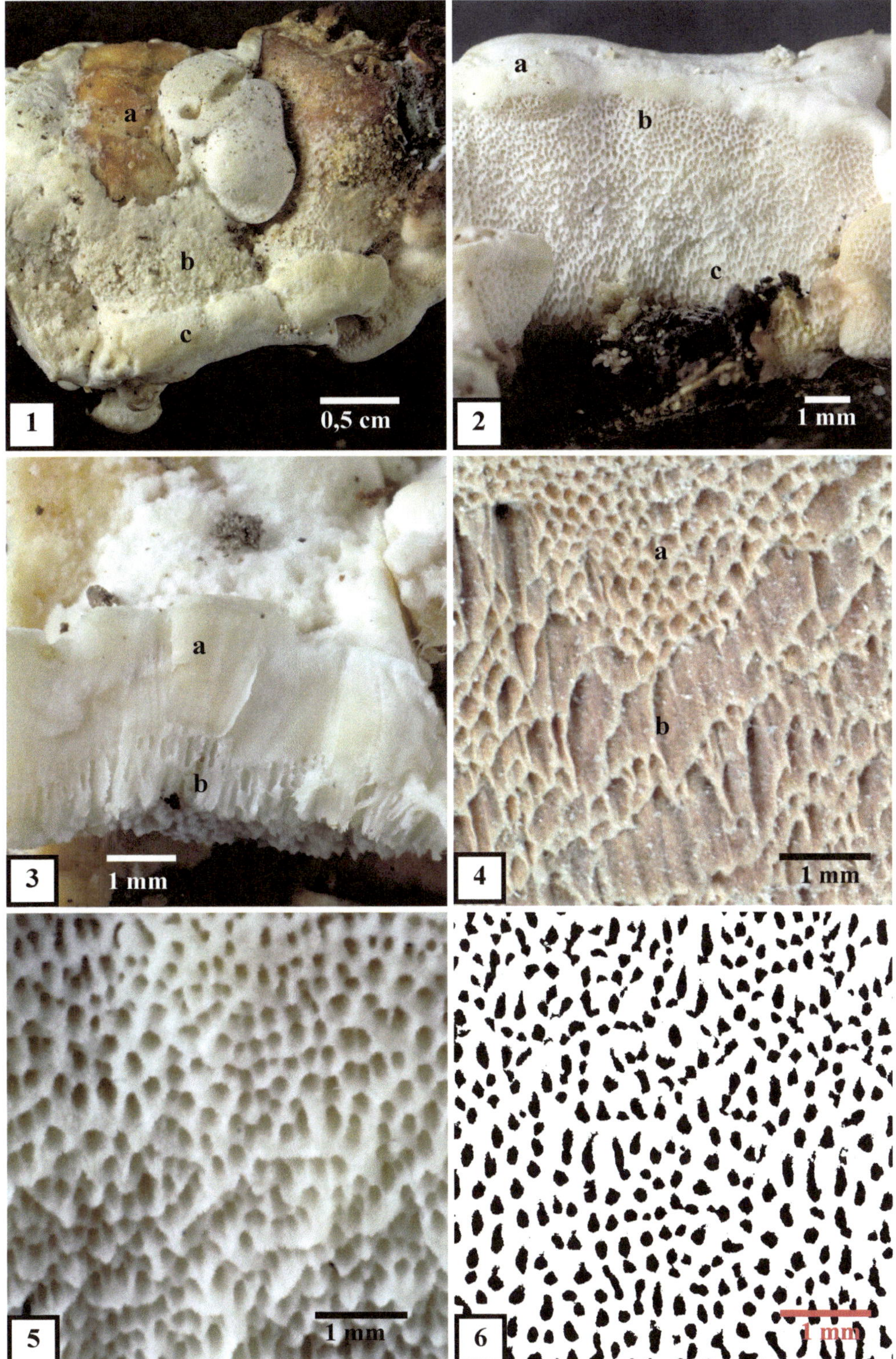

a
b
c
1
0,5 cm
a
b
c
2
1 mm
a
b
3
1 mm
a
b
4
1 mm
5
1 mm
6
1 mm

Bjerkandera adusta (Willd.) P. Karst.
[≡ *Boletus adustus* Willd. ≡ Polyporus *adustus* (Willd.) Fr. = *Polyporus crispus* (Pers.) Fr.]
Rauchgrauer Porling, Angebrannter Porling

Fk.-Typ: meist effusoreflexe, selten ausschließlich effuse oder ausschließlich laterale, annuelle, polyzentrische Crustothecien mit polyporoidem Hymenophor.
Habitat: lignicol; saprotroph an nahezu allen heimischen und vielen eingebürgerten mitteleuropäischen Laubgehölzen, selten auch an Nadelholz; nachgewiesen an *Aesculus*, *Alnus*, *Betula*, *Carpinus*, *Fagus*, *Malus*, *Picea*, *Populus*, *Prunus*, *Pseudotsuga*, *Pyrus*, *Quercus*, *Robinia*, *Salix*, *Sambucus*, *Syringa* und *Thuja*; Weißfäuleerreger.
Makromerkmale: Fk. aus meist halbkreisförmigen, an effusen Fk.-Teilen inserierten Hüten bestehend; Konsistenz zäh, trocken hart; Hüte an vertikalen Substraten oft in großen Mengen dachziegelig, an der Oberseite horizontaler Substrate oft rosettig oder fächerförmig; bis 6 cm breit und ebenso weit vom Substrat abstehend, dünnfleischig, im mittleren Hutbereich um 4 mm dick; effuse Fk. mitunter großflächig an der Unterseite horizontaler Substrate; wachsende Hutränder und effuse Krusten am Rand weiß; Hutoberseite filzig bis zottig, hinter dem weißen Rand grau-bis ockerbraun, meist gezont durch unterschiedliche Intensität der Pigmentierung der Oberfläche oder des Tomentums; Hymenophor hinter dem weißen Rand der Hüte grau, an Druckstellen sofort dunkelgrau; Röhren anfangs mit runden Poren, später Dissepimente irregulär aufreißend, dadurch stellenweise labyrinthisch; Röhren bis 2 mm lang, 4–6 Poren/mm, Hymenophoraltrama grau, auffallend dunkler als die frisch nahezu weiße Huttrama.
Mikromerkmale: Spp. weiß; Sp. ellipsoid bis nierenförmig, hyalin, 5–6,5×2,5–3,5 µm, ventral meist abgeflacht; Basidien viersporig, gestaucht clavat, mit Basalschnalle; Hyphensystem monomitisch; Hyphen 2–6, in der Huttrama bis 8 µm Ø; Septen mit Schnallen.

Bjerkandera adusta ist kosmopolitisch verbreitet und gehört zu den häufigsten Porlingen in Mitteleuropa. Die Art kann von der Initial- bis zur Finalphase der Holzzersetzung fruktifizieren. Sie ist durch das Schwärzen des stets rauchgrauen Hymenophors bei Druck und durch die Schwärzung der Fk.-Ränder im Alter gut zu erkennen. Die mitunter ähnlichen Fk. von *B. fumosa* sind größer und haben eine hellere Hymenophoraltrama, die durch eine dunkle Linie gegen die Huttrama abgesetzt ist.

Abb. 1: Effusoreflexe Fk. an der vertikalen Schnittfläche eines *Fagus-sylvatica*-Stammes.
Abb. 2: Dachziegelartige Hüte an einem aufrechten *Fagus-sylvatica*-Stamm; auf der zunächst hellen Oberseite sind am Rand schwärzende Zonen zu erkennen.
Abb. 3: An einem toten *Prunus-avium*-Stamm wachsen aus abgestorbenen, vorjährigen effusen Fk.-Teilen (a) kräftige neue Hüte aus, ein lebendes *Hedera-helix*-Blatt wurde überwachsen und ist teilweise mit effusen Fk.-Teilen bedeckt (b).
Abb. 4: An einem toten *Prunus-avium*-Ast bildet ein rasch wachsender, großflächiger, effuser Fk. vom Rand (a) her kleine Hütchen (b), während die horizontalen Fk.-Partien an der Unterseite des Astes effus bleiben (c).
Abb. 5: Radialschnitt eines Hutes; die weiße Trama des Hutes (a) ist scharf von der dunklen Hymenophoraltrama (b) abgesetzt.
Abb. 6: Oberseite eines Hutes; auf der zunächst hellen, filzig bis zottigen, später verkahlenden Oberseite kommt es zur Bräunung, später zur Schwärzung der Elemente des Tomentums.
Abb. 7: Die Entwicklung des Hymenophors an der Hutunterseite eines wachsenden Fk.s; aus dem zunächst unregelmäßigen Ansatz der Poren am Fk.-Rand (a) wird während des noch zunehmenden Dickenwachstums der Hymenophoralzone (b) ein nahezu regelmäßiges polyporoides Hymenophor mit runden Poren (c).
Abb. 8: Aufsicht auf ein Hymenophor in spätem Entwicklungszustand mit unregelmäßig zerschlitzten, teilweise nahezu labyrinthischen Poren.
Abb. 9: Segmentierte Aufsicht auf ein Hymenophor im mittleren Bereich zwischen Hutrand und Basis; 658 Poren/25mm² ≙ 26,3 Poren/mm² ≙ 5,1 Poren/mm; [9 Fk.: 2,7–6,0].

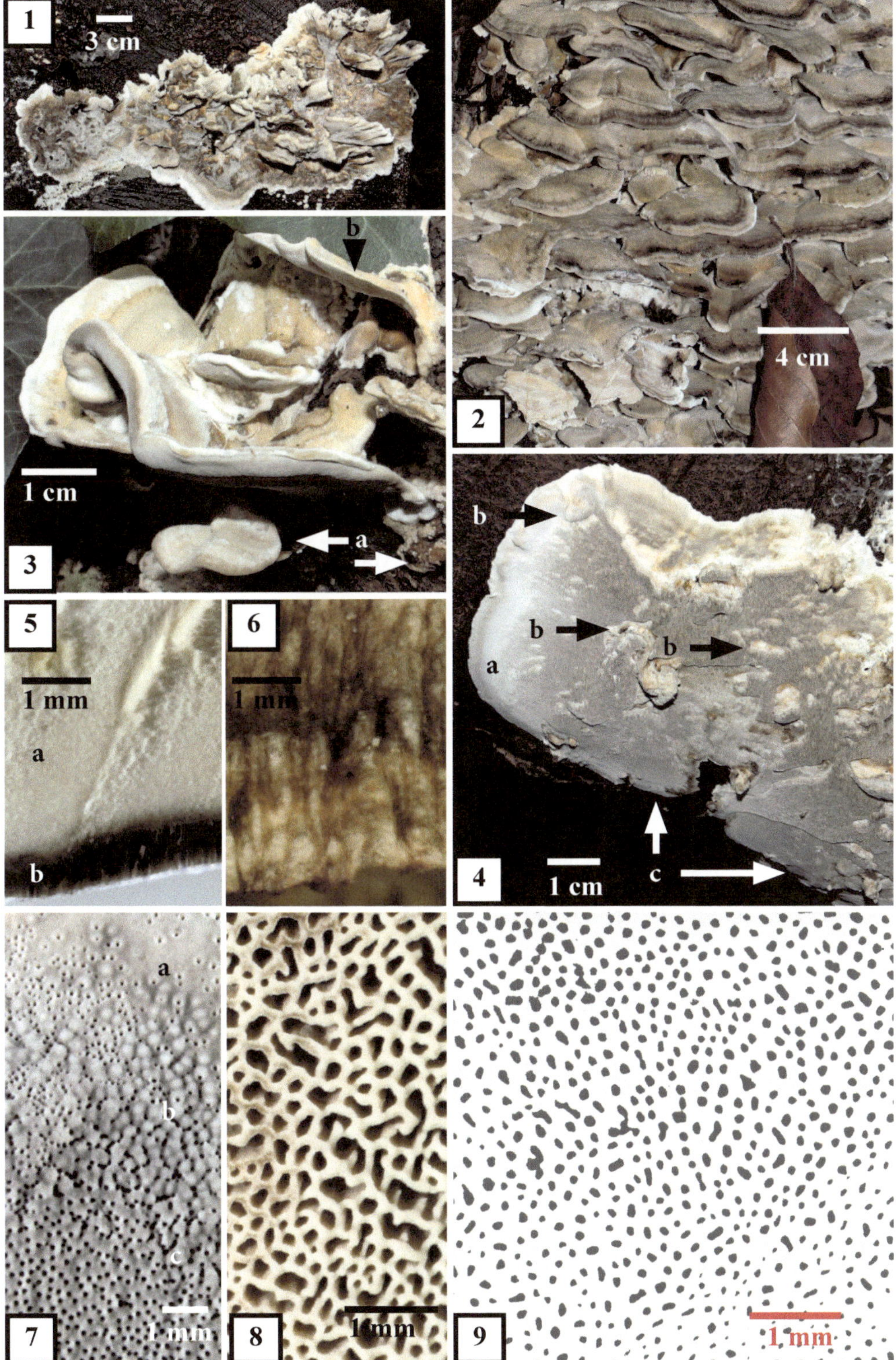
1
3 cm
2
4 cm
3
b
1 cm
a
4
b
b
b
a
c
1 cm
5
1 mm
a
b
6
1 mm
7
a
b
c
1 mm
8
1 mm
9
1 mm

Bjerkandera fumosa (Pers.) P. Karst.
[≡ *Boletus fumosus* Pers. ≡ *Polyporus fumosus* (Pers.) Fr. ≡ *Leptoporus fumosus* (Pers.) Pat. ≡ *Tyromyces fumosus* (Pers.) Pouzar = *Polyporus salignus* (Fr.) Fr. ≡ *Merisma salignum* (Fr.) Gillet ≡ *Daedalea saligna* Fr. ≡ *Merisma salignum* (Fr.) Gillet ≡ *Cladomeris saligna* (Fr.) Quél.]
Graugelber Rauchporling

Fk.-Typ: laterale, effusoreflexe, selten auch vollständig effuse, annuelle, mono- bis polyzentrische Crustothecien mit polyporoidem Hymenophor.
Habitat: lignicol; saprotroph oder perthotroph; vorwiegend an Weichholz, z.B. an *Salix* und *Populus* in Weichholzauen und Verlandungszonen von Seen; aber auch nachgewiesen an *Acer*, *Aesculus*, *Alnus*, *Betula*, *Corylus*, *Fagus*, *Fraxinus*, *Juglans*, *Malus*, *Prunus*, *Quercus*, *Robinia* und *Ulmus*; Weißfäuleerreger.
Makromerkmale: Fk. konsolen- bis fächerförmig, oft imbricat mit herablaufenden, effusen Fk.-Teilen; oft seitlich verwachsen; frisch mitunter mit leichtem Anisgeruch; Konsistenz frisch saftig, schwammig, faserig zäh; trocken hart und brüchig; Hüte 10–15 cm breit, bis 8 cm vom Substrat abstehend; im mittleren Hutbereich bis 2 cm dick, an der Insertionsfläche bis 3 cm hoch; Hutoberseite feinsamtig, matt, verkahlend, oft wellig; ungezont bis fein zoniert, ockergrau, ockerbraun, hellbraun bis haselbraun, bei Nässe randlich durchfeuchtet und dunkler, scharfrandig; Aufsicht auf das Hymenophor jung grauweiß bis cremefarben, auf Druck schwach bräunend, später graubraun; Poren rund bis abgerundet eckig, im Alter auch irregulär gestreckt bis fast daedaleoid, 2–4 Poren/mm; Röhren bis 5 mm lang; Trama cremefarben, ockergrau bis hell graubraun; Hymenophoraltrama gleichfarben oder etwas heller als die Huttrama und durch eine dünne, braune Linie von der Huttrama getrennt; Huttrama bis über 1 cm dick.
Mikromerkmale: Spp. weiß; Sp. kurz zylindrisch bis ellipsoid, hyalin, glatt, 5–7×2–3 µm; Basidien gestaucht clavat bis clavat, mitunter nahezu zylindrisch, viersporig, mit Basalschnalle; Hymenium ohne sterile Elemente; Hyphensystem monomitisch; Hyphen hyalin, dünn- bis dickwandig, reichlich verzweigt; Hyphen in der Huttrama bis 7, in der Hymenophoraltrama bis 4 µm Ø; Septen mit Schnallen.

Bjerkandera fumosa ist im holarktischen Florenreich circumpolar verbreitet und kommt hauptsächlich im nemoralen Zonobiom vor. Im Gegensatz zu *B. adusta* ist die Hymenophoraltrama von *B. fumosa* heller als die Huttrama und von dieser durch eine braune Linie getrennt. Die Aufsicht auf das Hymenophor von *B. fumosa* ist hellgrau bis hellbräunlich und weitaus heller als das rauchgraue Hymenophor von *B. adusta*.

Abb. 1: Imbricate Fk.-Gruppe an einem *Aesculus-hippocastanum*-Stumpf eines gefällten, innerstädtischen Straßenbaumes.
Abb. 2: Feinfilzige Hutoberseite nahe des scharfen Randes einer Konsole.
Abb. 3: Hutunterseite eines Fk.s nach der Sporulation mit nahezu daedaleoidem Hymenophor.
Abb. 4: Radialschnitt eines Fk.s; a – Huttrama; b – Hymenophor; c – braune Linie zwischen der Huttrama und dem Hymenophor.
Abb. 5: Aufsicht auf ein Hymenophor in der Mitte zwischen Rand und Insertionsfläche; neben runden und abgerundet eckigen Poren kommen irregulär gestreckte und verzweigte Poren vor (Pfeile).
Abb. 6: Segmentierte Aufsicht auf ein Hymenophor von der Fk.-Mitte; 281 Poren/25 mm^2 ≙ 11,4 Poren/mm^2 ≙ 3,3 Poren/mm.

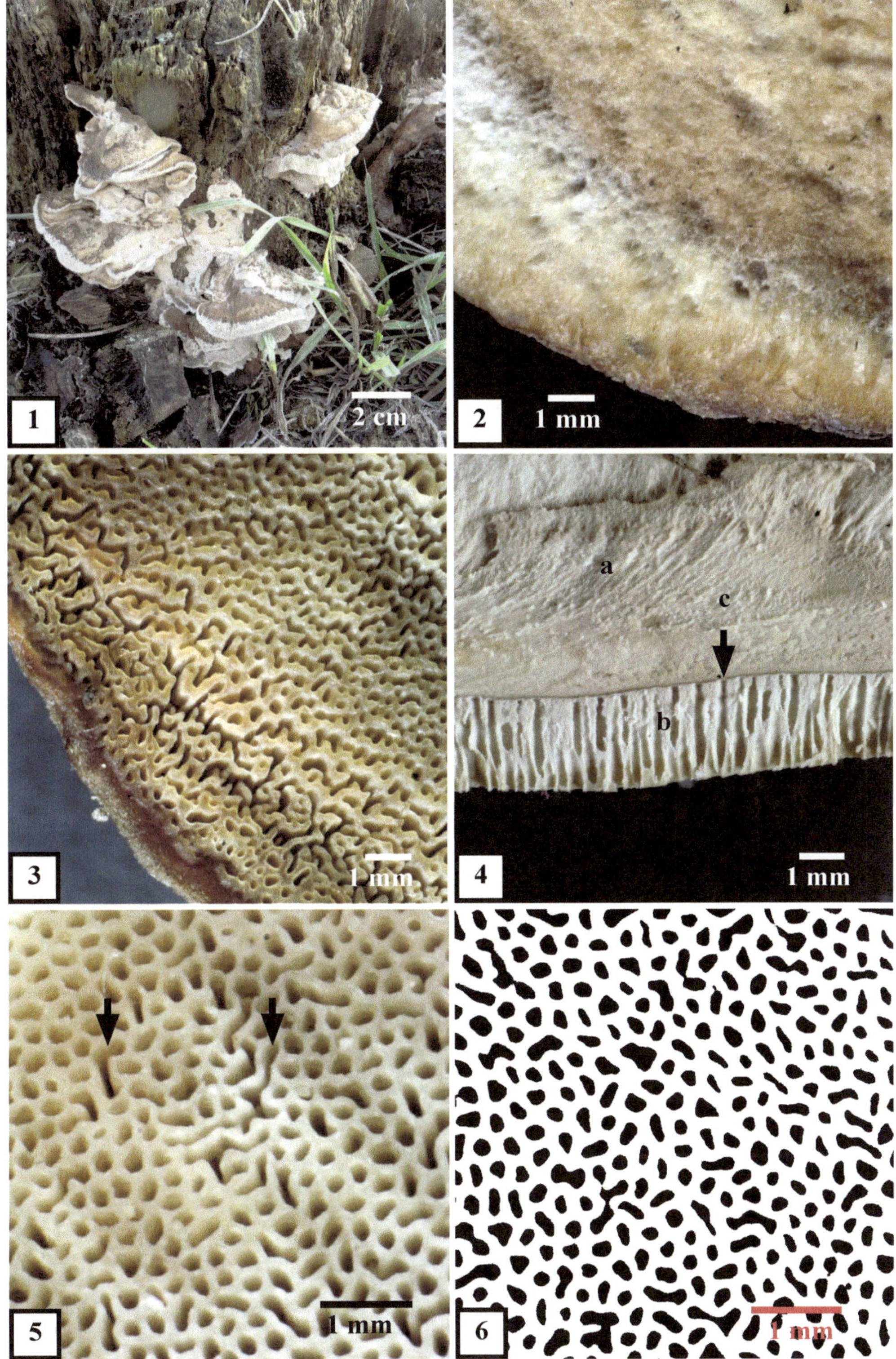
1
2 cm
2
1 mm
3
1 mm
4
a
c
b
1 mm
5
1 mm
6
1 mm

***Boletopsis leucomelaena* (Pers.) Fayod**
[≡ *Boletus leucomelas* Pers. ≡ *Polyporus leucomelas* (Pers.) Pers. ≡ *Polyporus ovinus* subsp. *leucomelas* (Pers.) Bourdot & Galzin ≡ *Polyporus subsquamosus* var. *leucomelas* (Pers.) Fr.]
Rußgrauer Porling, Grauschwarzer Rußporling, Schwarzweißer Rußporling

Fk.-Typ: stipitate, annuelle, noduläre Pilothecien mit polyporoidem Hymenophor.
Habitat: terriciol; symbiontisch; ektotrophe Mykorrhizapilze bei Nadelgehölzen, meist auf Kalkböden.
Makromerkmale: Fk. einzeln oder in Gruppen, oft auch in großen Trupps und miteinander verwachsen; Geschmack mild, im Alter mitunter mit etwas bitterem Nachgeschmack; Konsistenz weich, festfleischig, trocken brüchig; Hüte zentral bis exzentrisch, selten auch lateral gestielt, 4–10 cm Ø; anfangs kissenförmig gewölbt, später flach, oberseits anfangs glatt und kahl bis runzelig, dunkelgrau bis schwarz, jung am etwas eingerollten Rand heller; ungezont, im Alter besonders im Zentrum feinschuppig aufreißend; Rand dünn, scharf, oft irregulär wellig; trocken runzelig schwarz und mit grünlichem Farbeinschlag; Stiele bis 7 cm lang und bis 3 cm Ø; schmutzig grau, hell- bis olivbraun, feinsamtig bis glatt, später auch feinschuppig; Aufsicht auf das Hymenophor anfangs weiß bis cremefarben, später hellgrau, trocken grünlich-grau; Poren rund bis abgestumpft eckig, 1–3 Poren/mm, im Alter auch irregulär gestreckt und teilweise etwas daedaleoid; Röhren kurz, bis 5, selten bis 8 mm lang, etwas am Stiel herablaufend; Trama jung weiß, später grau bis graubraun, 2–8 mm dick, frisch im Bruch oder bei Druck hell lilagrau verfärbend, später schwärzend, mit KOH gelbbraun, Hymenophoraltrama meist etwas heller als die Huttrama;
Mikromerkmale: Spp. gelblich bis hell bräunlich, Sp. unregelmäßig eckig-kantig, unregelmäßig warzig; hyalin bis gelblich, 5–6,5×4–5 µm, JKJ negativ, Basidien viersporig, clavat, mit Basalschnalle; Hymenium ohne Cystiden oder andere sterile Elemente; Hyphensystem monomitisch; Hyphen dünnwandig, im Subhymenium leicht dickwandig, 2–6, in der Huttrama bis 8 µm Ø, oft inflat angeschwollen und mittig bis 20 µm Ø; Septen mit Schnallen.

Boletopsis leucomelaena ist im holarktischen Florenreich circumpolar in Biotopen mit Nadelgehölzen verbreitet. Aufgrund von Konfusion mit *B. grisea* ist die Verbreitung in Europa nicht gut erfasst; es deutet sich eine südliche und kontinentale Verbreitungstendenz mit Schwerpunkt auf Kalkböden an, während *B. grisea* besonders in bodensauren Kiefernbeständen des Flachlandes vorkommt. Diese Art weist farblich nicht so starke Kontraste wie *B. leucomelaena* auf.

Abb. 1: Fk.-Gruppe in einem Fichtenforst (Foto: M. Theiss); a – heller Hutrand eines jungen Exemplars; b – feinschuppige Hutoberseite; c – lilagrau verfärbende Trama an Fraß-, Bruch- oder Druckstellen.
Abb. 2: Graue, leicht faserige Hutoberseite mit dünnem, scharfem Rand eines eintrocknenden Exemplars.
Abb. 3: Frisch aufgebrochener Hut eines Fk.s; a – dunkle Hutdeckschicht; b – wollige Trama, die unter der Cortex etwas dunkler ist; c – weiße Huttrama.
Abb. 4 u. 5: Aufsicht auf das polymorph gestaltete Hymenophor; reguläre, noch rund- bis eckigporige Partien des Hymenophors (Abb. 4) und irregulär gestreckt bis geschlitztporige Partien des Hymenophors an demselben Fk. (Abb. 5).
Abb. 6: Segmentierte Aufsicht auf ein Hymenophor im mittleren Bereich zwischen Hutrand und Basis; 91 Poren/25mm² ≙ 3,6 Poren/mm² ≙ 1,9 Poren/mm.

1
2 cm
a
b
c
2
1 mm
3
a
b
c
1 mm
4
5
1 mm
6
1 mm

Cerrena unicolor (Bull.) Murrill
[≡ *Boletus unicolor* Bull. ≡ *Daedalea unicolor* (Bull.) Fr. ≡ *Trametes unicolor* (Bull.) Pilát = *Antrodia incana* (P. Karst.) P. Karst. = *Daedalea cinerea* Pers.]
Aschgrauer Wirrling, Einfarbige Tramete

Fk.-Typ: meist laterale, konsolenförmige, aber auch effuse bis effusoreflexe, annuelle, mono- bis polyzentrische Crustothecien mit polyporoidem, daedaleoidem bis irpicoidem Hymenophor.
Habitat: lignicol; saprotroph auf vielen Laubgehölzen, auch perthotroph an lebenden Laubbäumen; in Europa u.a. auf *Acer*, *Aesculus*, *Alnus*, *Betula*, *Carpinus*, *Fagus*, *Fraxinus* *Populus*, *Quercus*, *Salix*, *Sorbus*, *Tilia*, und *Ulmus*; Weißfäuleerreger.
Makromerkmale: Fk. selten einzeln, meist in Gruppen, teilweise imbricat; meist konsolenförmig mit geringfügigen effusen Fk.-Teilen, selten effusoreflex oder völlig effus; Konsistenz zäh, lederig, trocken hart, etwas biegsam; Hüte 4–10 cm breit, verwachsen auch breiter, im mittleren Hutbereich 0,5–2 cm dick; bis 5 cm vom Substrat abstehend; oberseits grau bis graubraun, mit haarig-striegeligem Tomentum, das im Alter zottig verklebt sein kann; oft durch Algen grün, konzentrisch durch Furchen und unterschiedliche Grautöne gezont; Hymenophor in Aufsicht hellgelblich bis grau, später graubraun, weitporig; randlich mit runden bis eckigen Poren, sonst weitgehend daedaleoid bis irpicoid; im mittleren Hutbereich 1–3 Poren/mm; Hymenophor in der Hutmitte 2 mm bis über 1 cm tief, fast immer dicker als die übrige Huttrama; Trama jung hell weißlich-ocker, hellocker bis grau, im Alter graubraun; Huttrama zweischichtig, oben weich, schwammig, braun, trocken mit dem Corticalgeflecht eine dunkelbraune bis schwarze Linie unter dem Tomentum bildend; die übrige Huttrama wie auch die Hymenophoraltrama sind faserig und blassbraun bis graubraun.
Mikromerkmale: Spp. weiß; Sp. zylindrisch bis schmal ellipsoid; glatt, hyalin, dünnwandig, ellipsoid, ventral abgeflacht, 5–7×3–4 µm; Basidien clavat, viersporig, mit Basalschnalle; Hymenium ohne Cystiden, gealtert mit einwachsenden Hyphenenden der Hymenophoraltrama; Hyphensystem trimitisch, alle Hyphentypen hyalin; generative Hyphen dünnwandig, bis über 5 µm Ø, mit Schnallen; Skeletthyphen mit wenigen Septen, nahezu unverzweigt, dickwandig, bis 8 µm Ø; Bindehyphen unseptiert, reich verzweigt, dickwandig.

Cerrena unicolor ist im holarktischen Florenreich circumpolar verbreitet. Die Oberseite der Hüte ist denen von *Trametes hirsuta* und *T. betulina* mitunter täuschend ähnlich; aufgrund der graubraunen Trama und vor allem wegen des graubraunen, überwiegend daedaleoiden Hymenophors ist die Art jedoch bereits im Gelände problemlos zu identifizieren.

Abb. 1: Fk.-Gruppe an einem Stamm von *Betula pubescens* ssp. *tortuosa* in einem borealen Mischwald in Nordeuropa.
Abb. 2: Hutoberseite eines wachsenden Fk.s mit dem auffallend haarigen Tomentum.
Abb. 3: Detail der Unterseite einer Konsole; am Hutrand kommen teilweise runde bis eckige Poren vor (a), die in Richtung zur Fk.-Mitte zunehmend in ein daedaleoides Hymenophor übergehen (b).
Abb. 4 u. 5: Radialschnitte von Fk.-Rändern; in Abb. 4 von einer wachsenden frischen Konsole, in Abb. 5 von einer getrockneten Konsole; a – Tomentum; b – obere Huttrama mit dem Corticalgeflecht, die im trockenen Zustand als schwarze Linie zu erkennen ist; c – untere Huttrama, die im feuchten Zustand schmutzig weißliche bis graue, im trockenen Zustand hell graubraune Farbtöne aufweist; d – Hymenophor; die Hymenophoraltrama ist der unteren Huttrama gleichfarben.
Abb. 6: Aufsicht auf das wachsende Hymenophor in der Mitte einer Konsole; die Dissepimente sind in dieser Phase der Fk.-Entwicklung samtig und relativ dick.
Abb. 7: Segmentierte Aufsicht auf ein frisches, wachsendes Hymenophor; 107 Poren/25 mm^2 ≙ 4,3 Poren/mm^2 ≙ 2 Poren/mm.

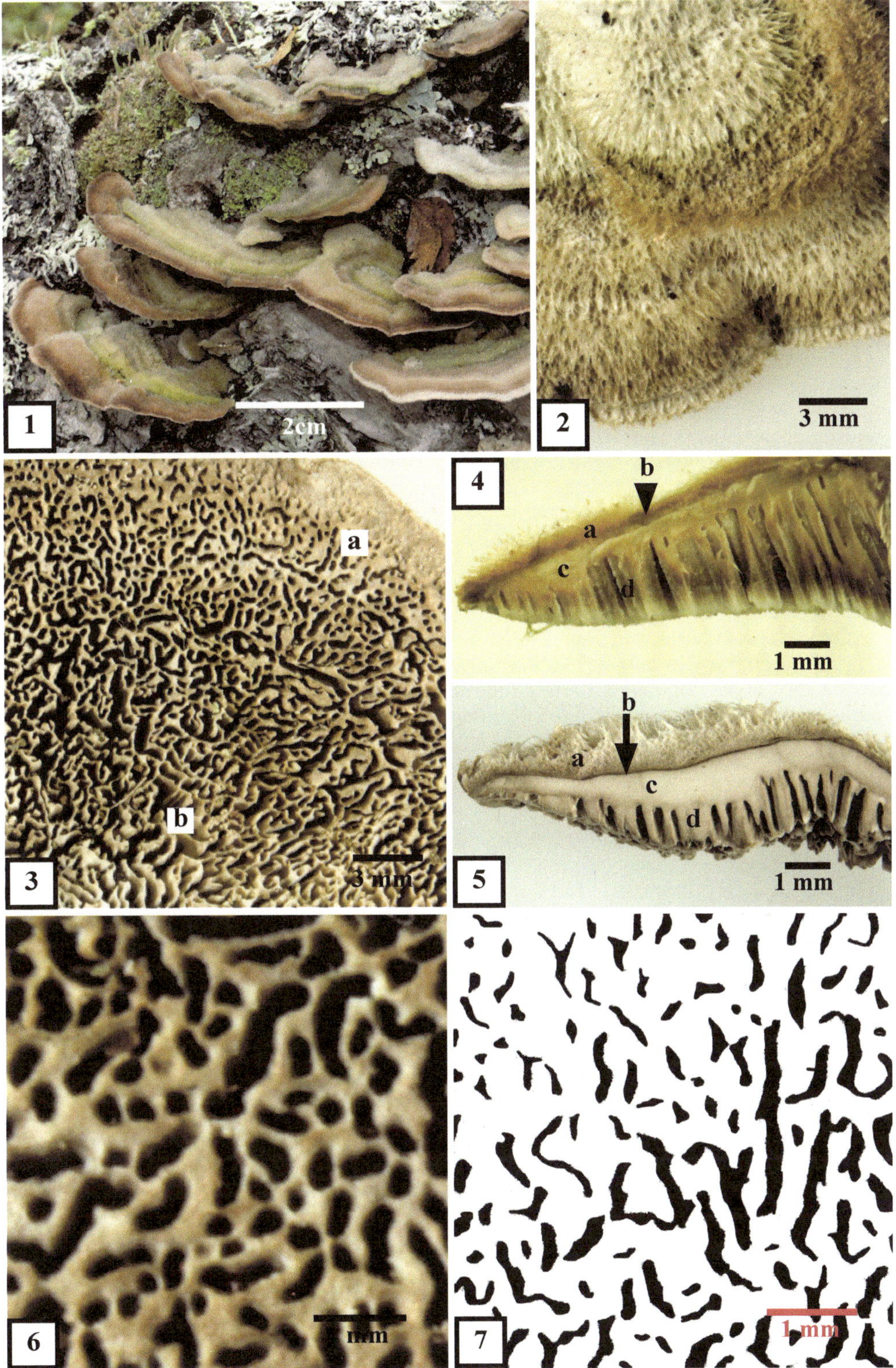
1
2cm
2
3 mm
3
a
b
3 mm
4
a
b
c
d
1 mm
5
a
b
c
d
1 mm
6
1 mm
7
1 mm

Climacocystis borealis (Fr.) Kotl. & Pouzar
[≡ *Polyporus borealis* Fr. ≡ *Abortiporus borealis* (Fr.) Singer ≡ *Tyromyces borealis* (Fr.) Imazeki ≡ *Spongipellis borealis* (Fr.) Pat. = *Boletus alneus* Pers.]
Nordischer Porling, Nordischer oder Nördlicher Schwammporling

Fk.-Typ: laterale, annuelle, meist polyzentrische Crustothecien mit polyporoidem bis daedaleoidem Hymenophor.
Habitat: lignicol; saprotroph an *Picea*-Holz, selten an noch lebenden Stämmen; auch an *Abies*, *Pinus* und sehr selten an Laubholz; nachgewiesen an *Populus* und *Quercus*; Weißfäuleerreger.
Makromerkmale: Fk. selten einzeln, meist in Gruppen, oft imbricat oder zu Reihen verwachsend; konsolen- bis fächerförmig, auch mit kurzer, stielartiger Verlängerung des Hutes; selten mit geringfügigem, effusem Fk.-Anteil am Substrat herablaufend; 5 bis über 20 cm breit, bis über 10 cm vom Substrat abstehend; Konsistenz saftig, elastisch, etwas zäh, aber gut zerreißbar, trocken sehr leicht und brüchig; Geschmack etwas bitter; Hüte oberseits am Rand feinfaserig, dann wollig-filzig bis fein watteartig, uneben höckerig, mitunter grob radial runzelig; weiß, aber bald charakteristisch hell cremefarben-gelb bis strohfarben; Rand jung wulstig abgerundet, später scharf, glatt oder etwas wellig; bei Reife meist etwas kräftiger gefärbt als der übrige Hut; Hymenophor in Aufsicht weiß, im Alter auch gelblich; Poren anfangs nahezu rund, aber bald eckig bis leicht irregulär labyrinthisch, verlängerte Poren sind im mittleren Hutbereich mitunter radial orientiert; nahe des Insertionsbereiches aber irregulär mit isolierten Dissepimenten untermischt, 1–2 Poren/mm; Röhren weiß, bis 5 mm lang; Trama weiß bis hell cremefarben; oben stärker wollig-faserig als über dem radial faserigen Hymenophor (Duplextrama), im mittleren Hutbereich 1–1,5, selten bis 2 cm dick; imbricate Fk. können im Insertionsbereich bis über 10 cm Höhe erreichen; die Hymenophore sind stets geotropisch positiv orientiert; die Oberflächen der vertikalen, effusen Fk.-Anteile sind wie die Hutoberseiten und die mitunter vorkommenden stielförmigen Verlängerungen wollig-filzig überkleidet; Hymenophoraltrama der Huttrama gleichfarben.
Mikromerkmale: Spp. weiß; Sp. ellipsoid, hyalin, glatt 5–6×3–4 µm; Basidien gestaucht clavat, viersporig, mit Basalschnalle; Cystiden dickwandig, bauchig-spindelig, die Basidien überragend, bis über 50 µm lang, meist mit auffallendem Kristallschopf; Hyphensystem monomitisch; Hyphen 3–8 µm Ø; die breiteren etwas dickwandig, alle Septen mit Schnallen.

Climacocystis borealis ist im holarktischen Florenreich circumpolar, in Europa boreal-montan verbreitet. Die Art besiedelt das natürliche *Picea-abies*-Areal borealer Wälder, naturnaher Bergmischwälder, montaner Fichtenwälder und deren Ersatz-Forstgesellschaften. Die Wuchsorte liegen meist in Gebieten mit hoher Luftfeuchte. Die Fk. sind sehr schnellwüchsig, das Hymenophor wachsender Exemplare ist oft mit Guttationströpfchen besetzt, mitunter kommen flache Guttationsgruben im Hymenophor vor.

Abb. 1: Imbricat verwachsene und einzeln hervorbrechende Fk. an einem Fichtenstumpf in einem sauren Beerstrauch-Fichtenforst.
Abb. 2: Unterseite eines vom Substrat entfernten, fächerförmigen Fk.s; a – Hymenophor; b – wollig überkleidete, stielähnliche Verlängerung.
Abb. 3: Radialschnitt eines Hutes vom mittleren Bereich einer Konsole; a – wollig faseriges Tomentum; b – locker-faserige Trama im oberen Bereich des Hutes; c – dichte, radial-faserige Trama über dem Hymenophor; diese Duplexstruktur der Trama ist im Tangentialschnitt trockener Fk. besonders deutlich zu sehen; d – Hymenophor mit runden und gestreckten Poren und labyrinthischen Elementen.
Abb. 4: Aufsicht auf das Hymenophor im mittleren Bereich eines Hutes; mit nahezu runden, eckigen, winkelig gebogenen, kommaförmigen und irregulär gestreckten Poren; die Cystiden des Hymeniums im Inneren der Röhren sind erkennbar (Pfeile).
Abb. 5: Segmetierte Aufsicht auf das Hymenophor im mittleren Hutbereich; 87 Poren/25 mm^2 ≙ 3,5 Poren/mm^2 ≙ 1,8 Poren/mm.

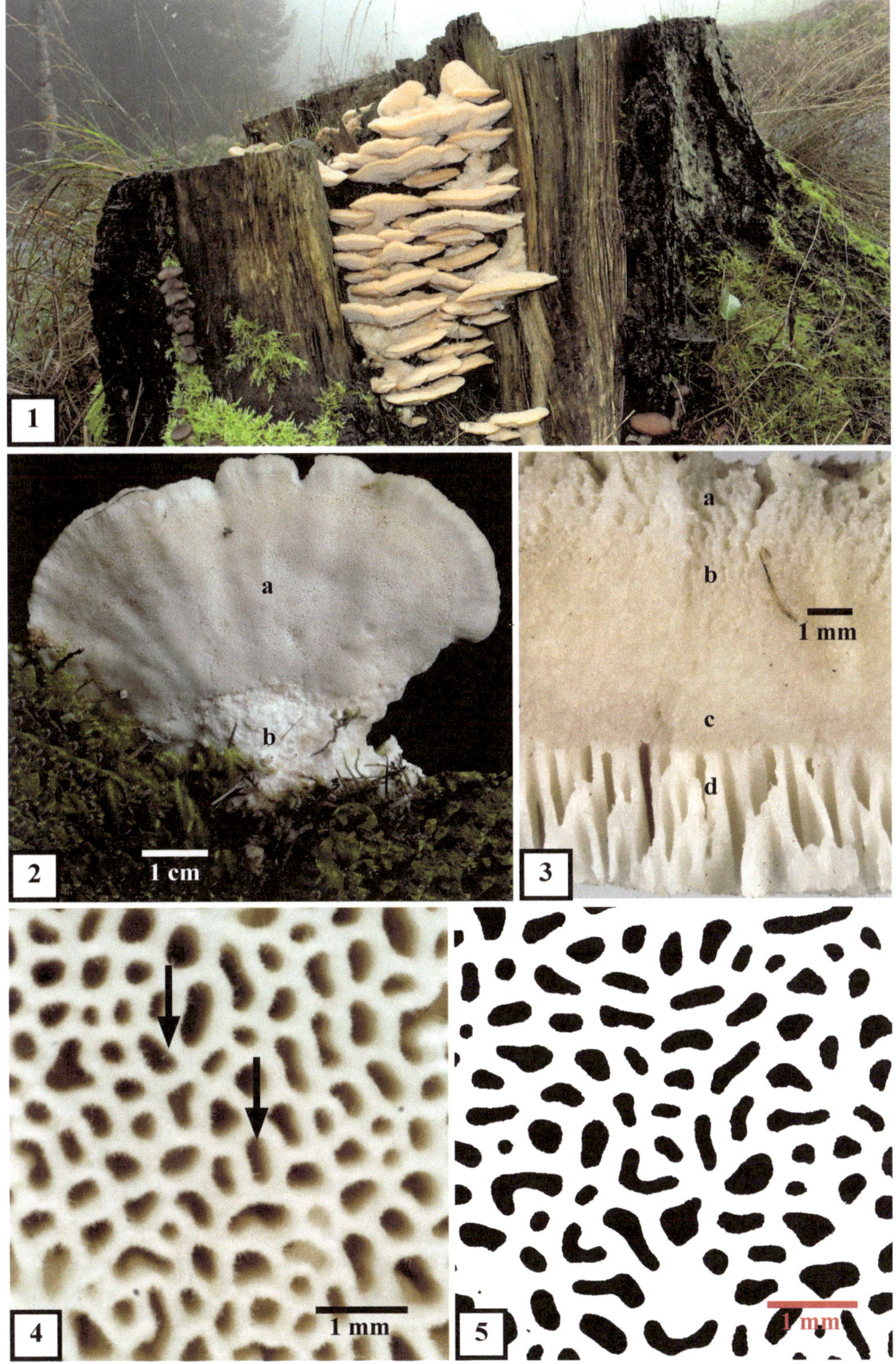
1
2
a
b
1 cm
3
a
b
c
d
1 mm
4
1 mm
5
1 mm

Coltricia perennis (L.) Murrill
[≡ *Boletus perennis* L. ≡ *Trametes perennis* (L.) Fr. ≡ *Polystictus perennis* (L.) Fr. ≡ *Xanthochrous perennis* (L.) Pat.]
Gebänderter Dauerporling, Gebänderter Schillerporling, Brauner Dauerporling

Fk.-Typ: stipitate, annuelle, monozentrische Crustothecien mit polyporoidem Hymenophor.
Habitat: terrestrisch; meist auf sandiger Erde in bodensauren Nadelwäldern, vor allem in naturnahen Kiefernwäldern und Kiefernforsten, selten in Laubwäldern, dort mitunter nahezu ungezont und einfarbig.
Makromerkmale: Fk. zentral bis exzentrisch gestielt; Konsistenz frisch biegsam, lederartig, zäh, alt hart und etwas biegsam; Hüte oft nahezu kreisrund, bis zu 10 cm Ø; zum Stiel hin leicht vertieft bis trichterförmig, oft miteinander verwachsend; dünn, in Stielnähe bis 5 mm dick, Rand scharf, glatt oder wellig, auch gekerbt und in den Kerben einreißend; Oberseite mit feinfilzigem Tomentum; gelb bis zimtbraun oder rostbraun, durch unterschiedliche Farben der Cortex und durch unterschiedliche Ausprägung des Tomentums dekorativ bunt und oft sehr eng gezont, alt ausgeblasst grauocker, verkahlend, Stiel 2–7 cm lang, 0,5–1 cm Ø, außen hell- bis dunkelbraun, feinfilzig; an der Basis meist heller als oben; Hymenophor gelb, graugelb, beige, ocker- bis rostbraun, meist am Stiel weit herablaufend; Poren rund bis eckig, zum Stiel hin oft gestreckt 1–4 Poren/mm; Röhren 0,5–3 mm lang, oft am Hutrand fehlend; Huttrama dunkelbraun, dünn, im mittleren Bereich zwischen Stiel und Hutrand um 1 mm dick; Hymenophoraltrama der Huttrama gleichfarbig, mitunter etwas heller; Stieltrama innen fest, außen aufgelockert, hell- bis dunkelbraun.
Mikromerkmale: Spp. gelblich bis hellbraun; Sp. gelbbraun, ellipsoid, etwas dickwandig, 6–9×3–5 µm; Hymenium ohne Cystiden oder Setae; Basidien gestaucht clavat bis zylindrisch, viersporig; Hyphensystem in der Trama monomitisch; generative Hyphen 3–6 µm Ø, dünn- bis dickwandig, hyalin; in der Cortex dimitisch mit dickwandigen, hellbraunen, verzweigten Skeletthyphen, diese bis 8 µm Ø.

Coltricia perennis ist kosmopolitisch verbreitet. Die Variabilität der Merkmale von *C. perennis* ist sehr groß. Man findet die Fk. auch nahezu ungezont und einfarbig, was zu Verwechslungen mit *C. cinnamomea* führen kann, deren Fk. weicher und dunkler sind. Zudem besteht das fein samtfilzige Tomentum der Hutoberseite von *C. perennis* aus aufsteigenden, am Ende verzweigten Hyphen. *C. cinnamomea* besitzt keinen solchen Hutfilz. Die Sporen von *C. perennis* weisen ein Längen-Breiten-Verhältnis von über 1,5 auf, die von *C. cinnamomea* von weniger als 1,5. Die Fk. von *C. perennis* sterben nach der Sporulationsphase ab. Das Epitheton *perennis* und der deutsche Name DauerPorling beruhen auf der Eigenschaft der Fk., nach der Sporulation oft noch lange Zeit, z.T. den Winter hindurch, erhalten zu bleiben. In den kontinentalen brandregulierten Flechten-Kiefernwäldern mit geringem Jahresniederschlag treten die Fk. oft als Massenpilze auf entblößten Sandböden auf. Es ist ungewiss, ob *C. perennis* an den natürlichen Standorten stets saprotroph wächst oder fakultativ bzw. obligat eine ektotrophe Mykorrhiza bildet.

Abb. 1: Gruppe aus teils verwachsenen Fk.n auf nahezu nacktem Sandboden eines Kiefernwaldes.
Abb. 2: Radial faserige Hutoberseite mit einem Tomentum aus aufrecht stehenden Hyphen.
Abb. 3: Hutunterseite mit dem charakteristisch porenfreien Hutrand.
Abb. 4: Sekantalschnitt eines Hutes im mittleren Bereich zwischen Hutrand und Stielansatz; die unterschiedliche Hyphenstruktur von Hut- und Hymenophoraltrama ist bereits makroskopisch zu erkennen.
Abb. 5: Aufsicht auf das Hymenophor im mittleren Bereich zwischen Hutrand und Stielansatz; neben rundlichen Poren kommen meist eckige Poren vor, die zum Stiel hin irregulär gestreckt sein können..
Abb. 6: Segmentierte Aufsicht auf das Hymenophor im mittleren Bereich zwischen Hutrand und Stiel; 200 Poren/25 mm^2 ≙ 8 Poren/mm^2 ≙ 2,8 Poren/mm.

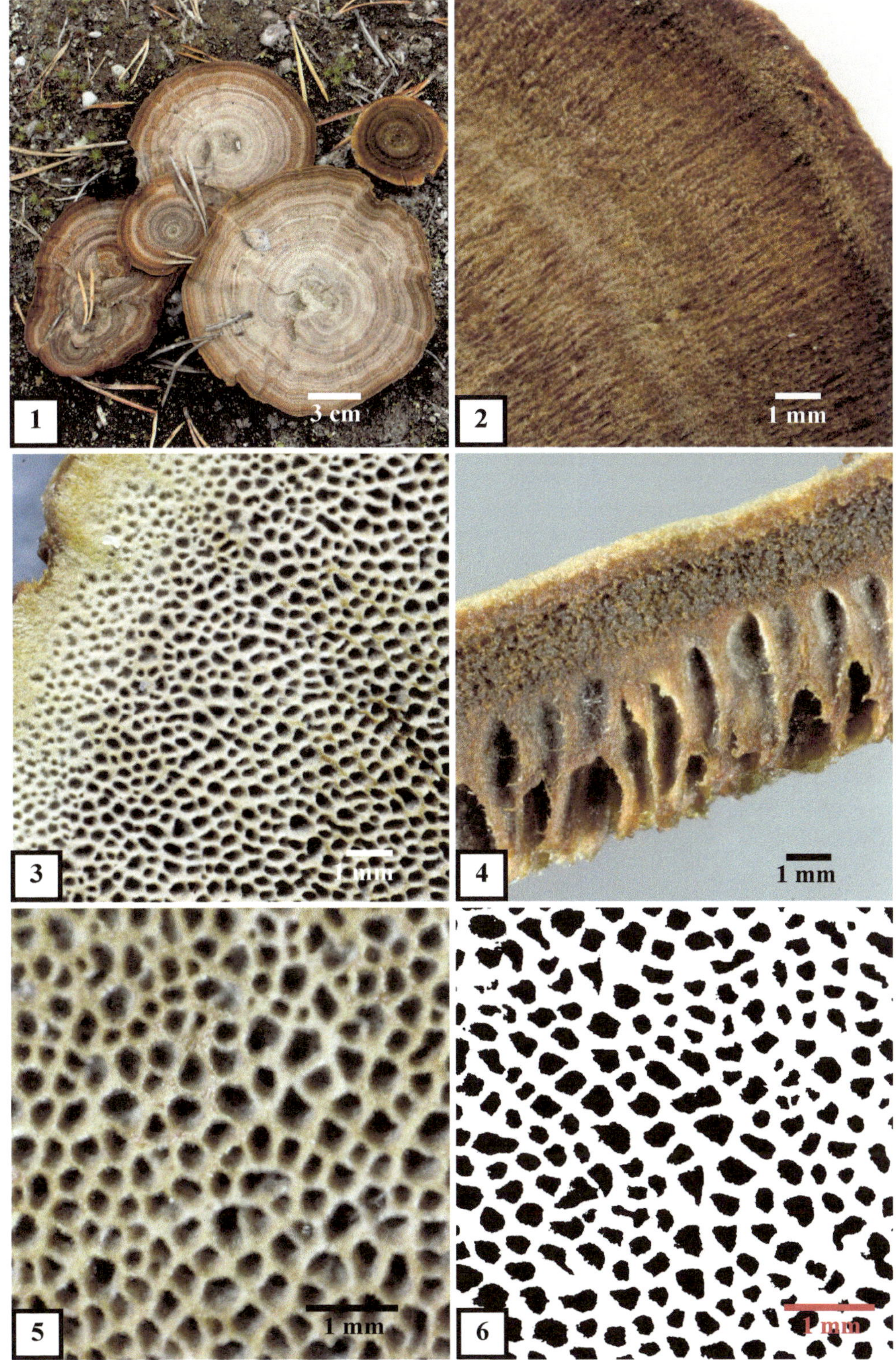
3 cm
1
1 mm
2
1 mm
3
1 mm
4
1 mm
5
1 mm
6

Daedalea quercina (L.) Pers.
[≡ *Agaricus quercinus* L. ≡ *Lenzites quercina* (L.) P. Karst. ≡ *Trametes quercina* (L.) Pilát]
Eichenwirrling, Eichentramete

Fk.-Typ: laterale, mono- bis polyzentrische, meist annuelle, aber auch mehrjährige Crustothecien mit daedaleoidem, teilweise auch lenzitoidem oder polyporoidem Hymenophor.
Habitat: lignicol; saprotroph, selten perthotroph an Laubholz, in Mitteleuropa überwiegend an *Quercus*-Stümpfen und -Stämmen; selten auch an *Aesculus*, *Carpinus*, *Castanea*, *Fagus*, *Populus* und *Robinia* von der Initial- bis zur Optimalphase des Holzabbaus; auch an verbautem Holz, z.B. Bahnschwellen, Gartenbänken etc.; Braunfäuleerreger.
Makromerkmale: Fk. meist annuell, aber auch zwei, selten sogar bis über fünf Jahre alt werdend; einzeln oder dachziegelig, konsolenförmig, allenfalls mit kleinen effusen Fk.-Teilen am Substrat herablaufend; an liegenden Stämmen auch bis über 50 cm lange Reihen bildend; selten kommen sterile, abnorme kissenförmige Fk. vor, die auch im Geäst lebender Bäume auftreten können; Konsistenz zäh, korkig, auch trocken biegsam; Hüte 5 bis über 25 cm breit, 5–10 cm vom Substrat abstehend, an der Insertionsfläche bis 8 cm hoch, aber auch flache Fk. mit nur 2 cm Dicke kommen vor; in allen Teilen beigebraun, Rand stumpf- bis scharfkantig; Hüte oberseits meist flach gewölbt, oft völlig waagerecht; angedrückt feinhaarig, verkahlend, oft irregulär durch Gruben und Höcker grob strukturiert; zusätzlich durch konzentrische Vertiefungen gezont; Huttrama relativ dünn, in der Mitte meist kaum über 1 cm dick; hellbraun, beige; Hymenophor überwiegend daedaleoid, am Rand oft nahezu polyporoid mit bis über 1 mm weiten Poren und ebenso dicken Dissepimenten, zur Insertionsfläche hin meist stärker gestreckt bis lamellenförmig, sekantal ca. 5 Lamellen/cm; Hymenophore sehr selten auch vollkommen lamellig oder vollkommen polyporoid oder teilweise zahnförmig aufgelöst; Hymenophor 1–4 cm tief, besonders bei lamellenförmiger Ausbildung zur Schneide hin verjüngt; Hymenophoraltrama der Huttrama gleichfarben.
Mikromerkmale: Spp. weiß; Sp. hyalin, ellipsoid 5–7×2–4 µm, ventral abgeflacht; Basidien clavat, viersporig, mit Basalschnalle; Trama trimitisch; generative Hyphen hyalin, dünnwandig, bis 4 µm Ø, mit Schnallen; Skeletthyphen bis 6 µm Ø, dickwandig, mitunter fast ohne Lumen, hellbraun; Bindehyphen heller, wellig, mit knorrigen Auszweigungen, bis 5 µm Ø.

Daedalea quercina ist im *Quercus*-Areal des holarktischen Florenreiches verbreitet. Die Art ist aufgrund des grob labyrinthischen Hymenophors makroskopisch gut zu erkennen. Andere Porlinge mit nahezu lenzitoiden Hymenophoren, z.B. manche *Gloeophyllum*- oder *Daedaleopsis*-Fk. haben deutlich dichter stehende Lamellen. Problematisch für die Bestimmung sind allenfalls polsterförmige, sterile oder mehrjährige knollig deformierte Fk., die aber an der zähen, hellbraunen Trama und durch Hyphenanalysen zu erkennen sind. *D. quercina* gehört in Mitteleuropa zu den häufigsten Porlingen an Eichenholz. In der Optimalphase der Holzzerstörung fruktifiziert der Pilz oft gemeinsam mit *Mycena inclinata*, *Hymenochaete rubiginosa*, *Hypholoma fasciculare*, *Xylaria polymorpha*, *Ustulina deusta* und einigen anderen in einer als Myceno (inclinatae)-Hymenochaetetum (rubiginosae) beschriebenen lignicolen Mykozönose.

Abb. 1: Typische Fk.-Gruppe an einem Stumpf von *Quercus robur.*
Abb. 2: Radialschnitt eines Fk.s; a – Huttrama; b – angeschnittene, basal verdickte, zur Schneide hin verjüngte Lamellen mit gleichfarbener Hymenophoraltrama.
Abb. 3: Feinfilzige Oberseite eines Fk.-Randes mit Zonierung durch konzentrische Vertiefungen (Pfeile).
Abb. 4: Grobgrubig radial runzelige Oberseite mit Zonierung durch konzentrische Vertiefungen (Pfeile) im mittleren Bereich eines Fk.s.
Abb. 5: Aufsicht auf ein typisch daedaleoides Hymenophor.
Abb. 6: Segmentierte Aufsicht auf den nahezu lamellenförmigen Bereich eines Hymenophors; bei einer Bildkantenlänge von 10 mm werden fünf Lamellen (Dissepimente) geschnitten ≙ 5 Lamellen/cm.

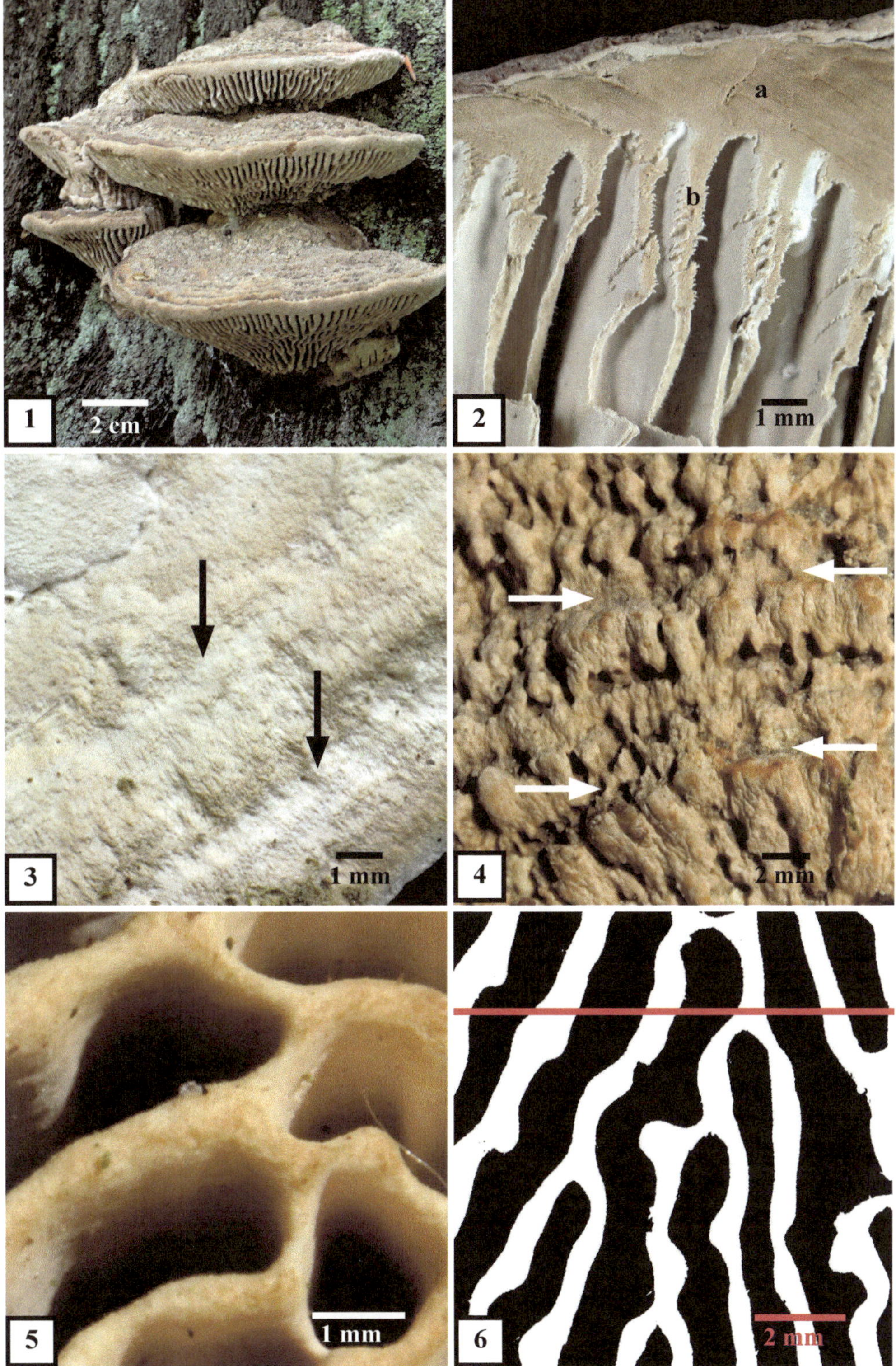
1
2 cm
2
a
b
1 mm
3
1 mm
4
2 mm
5
1 mm
6
2 mm

Daedaleopsis confragosa (Bolton) J. Schröt.
[≡ *Boletus confragosus* Bolton ≡ *Daedalea confragosa* (Bolton) Pers. = *Trametes rubescens* (Alb. & Schwein.) Fr.]
Rötende Tramete, Rötender Blätterwirrling

Fk.-Typ: laterale, meist monozentrische, annuelle Crustothecien mit polyporoidem bis daedaleoidem oder lenzitoidem Hymenophor.
Habitat: lignicol; saprotroph an Stämmen und Ästen von Laubgehölzen, häufig an Weichhölzern, vor allem an *Alnus*, *Salix* und *Betula*, aber auch an *Corylus*, *Fagus*, *Fraxinus*, *Quercus*, *Prunus*, *Robinia* und *Sorbus* nachgewiesen; von der Initial- bis zur Optimalphase des Holzabbaus; Weißfäuleerreger.
Makromerkmale: Fk. flach konsolenförmig, fächerförmig, auf der Oberseite horizontaler Substrate auch rosettig bis tellerförmig; allenfalls mit kleinen, effusen Fk.-Teilen am Substrat herablaufend; Hüte meist um 8–15 cm, selten bis über 20 cm breit; bis 10 cm vom Substrat abstehend, im mittleren Fk.-Bereich um 1–2 cm dick, an der Insertionsfläche bis 4 cm hoch; Konsistenz zäh, korkig, auch trocken etwas biegsam; Hutränder scharfkantig; Hüte oberseits meist flach gewölbt oder völlig horizontal; angedrückt feinhaarig, verkahlend, irregulär radial grubig; Höcker im Alter mitunter etwas auffasernd und schwärzend; durch unterschiedliche Brauntöne der Cortex, später auch durch konzentrische Wölbungen gezont; wachsende Hutränder weiß; getrocknete Fk. in allen Teilen hell beigebraun; Hymenophor im wachsenden Zustand weiß, grauweiß, bald graubraun; anfangs polyporoid, Poren bald gestreckt bis daedaleoid und irregulär labyrinthisch, teilweise von Anfang an lamellenförmig gestreckt; mitunter auch ausgereift nahezu polyporoid bleibend, im Extremfall durchgehend lenzitoid; mit 1–2 Poren/mm bzw. 1–2 Lamellen/mm; Dissepimente 5–10, selten bis über 15 mm tief; besonders bei lamellenförmiger Ausbildung zur Schneide hin verjüngt; Huttrama relativ dünn, in der Mitte meist weniger als 1 cm dick; hellbraun, beige; Hymenophoraltrama der Huttrama gleichfarben.
Mikromerkmale: Spp. weiß; Sp. hyalin, zylindrisch, ventral abgeflacht bis allantoid, 7–11x2–2,5 µm; Basidien clavat, viersporig, mit Basalschnalle; Hymenium mit Dendrohyphidien; Trama trimitisch; generative Hyphen hyalin, dünnwandig, bis 3 µm Ø, mit Schnallen; Skeletthyphen bis 6 µm Ø, dickwandig, mitunter fast ohne Lumen, gelblich-hellbraun; Bindehyphen heller oder völlig hyalin, wellig, mit knorrigen Auszweigungen, bis 4 µm Ø.

Daedaleopsis confragosa ist im holarktischen Florenreich circumpolar verbreitet. Das Röten des wachsenden Hymenophors ist an frischen Exemplaren ein gutes Erkennungszeichen. Aufgrund der Mannigfaltigkeit des Hymenophors gibt es verschiedene Versuche, infraspezifische Taxa oder Kleinarten zu unterscheiden, von denen lediglich *D. confragosa var. tricolor* (Bull.) Bondartsev & Singer eine stabile Merkmalskombination aufweist und derzeit meist als Art geführt wird.

Abb. 1: Junger, rasch wachsender Fk. am Fuße eines *Betula-pubescens*-Stammes.
Abb. 2: Radialschnitt eines ausgereiften Fk.s.; die Huttrama ist wesentlich dünner als die Länge der Röhren.
Abb. 3: Hut eines jungen Fk.s nahe des wachsenden Hutrandes mit angedrückt feinhaariger Oberfläche, farblich scharf abgegrenzten Zonen und feiner radialer Runzelung.
Abb. 4: Hut eines ausgereiften, älteren Fk.s mit grob radialer Runzelung und faserigen, schwärzenden Höckern (Pfeil) auf einigen vorgewölbten Zonen.
Abb. 5: Hymenophor mit nur geringfügig radial gestreckten Poren eines frischen, noch wachsenden Fk.s; a – durch Berührung hell rötlich-braun verfärbte Dissepimente; b – unberührte weiße Dissepimente.
Abb. 6: Aufsicht auf das Hymenophor eines sporulierenden Fk.s.
Abb. 7: Aufsicht auf das Hymenophor eines alten, abgestorbenen Fk.s.
Abb. 8: Segmentierte Aufsicht; 41 Poren/25 mm^2 ≙ 1,6 Poren/ mm^2 ≙ 1,3 Poren/mm.

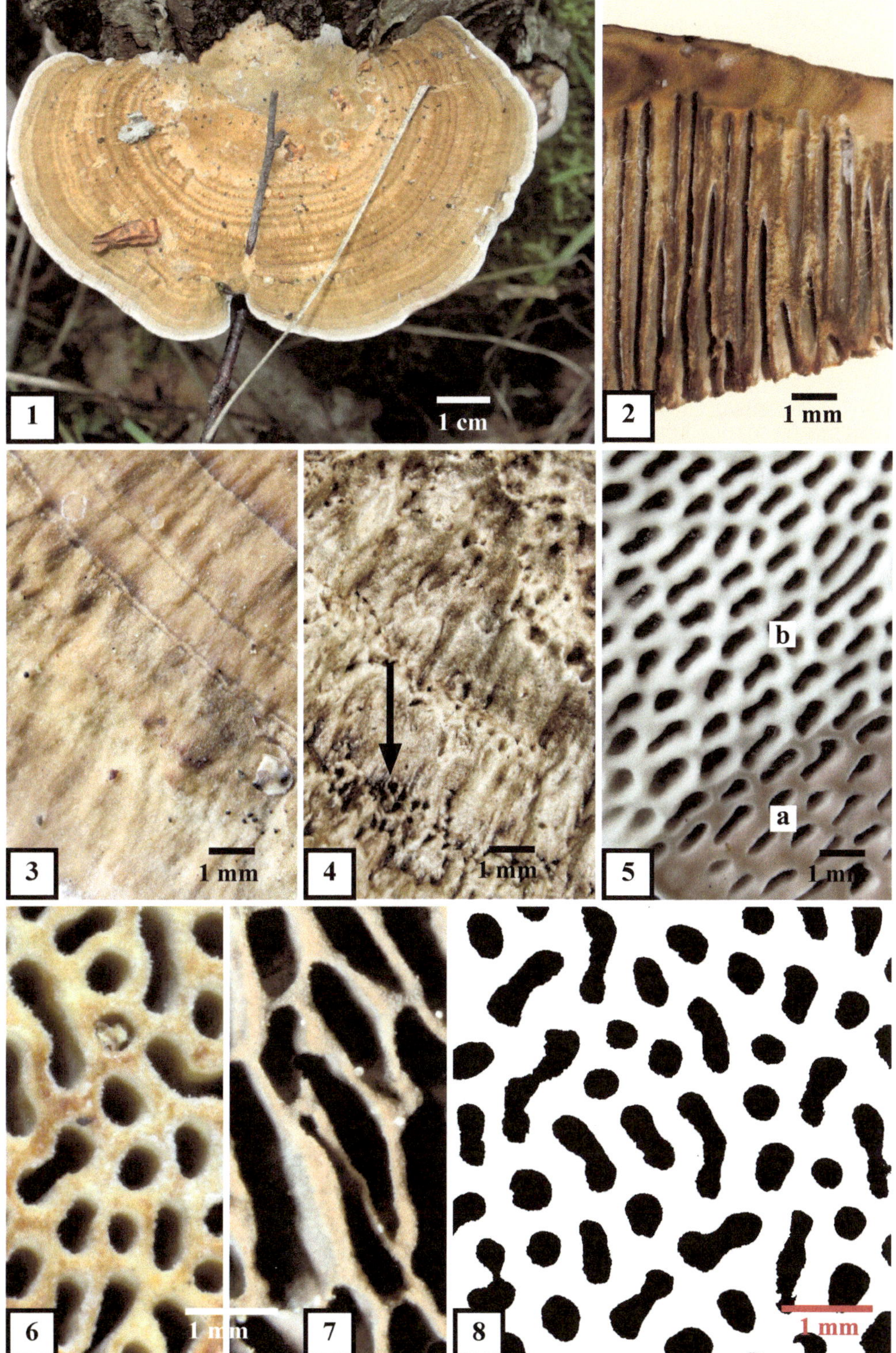
1
1 cm
2
1 mm
3
1 mm
4
5
b
a
6
7
8
1 mm

Daedaleopsis tricolor (Bull.) Bondartsev & Singer
[≡ *Agaricus tricolor* Bull. ≡ *Lenzites tricolor* (Bull.) Fr. ≡ *Trametes tricolor* (Bull.) Lloyd ≡ *Daedaleopsis confragosa* var. *tricolor* (Bull.) Bondartsev & Singer ≡ *Daedalea confragosa* var. *tricolor* (Bull.) Domański, Orloś & Skirg.]
Dreifarbige Tramete, Dreifarbiger Blätterwirrling

Fk.-Typ: laterale, annuelle, monozentrische Crustothecien mit lenzitoidem bis daedaleoidem Hymenophor.
Habitat: lignicol; saprotroph auf Laubgehölzen, in Mitteleuropa besonders auf *Fagus*, aber auch nachgewiesen auf *Alnus*, *Betula*, *Carpinus*, *Corylus, Fraxinus*, *Juglans*, *Malus*, *Prunus* und *Sorbus* u.a. von der Initial- bis zur Optimalphase des Holzabbaus; Weißfäuleerreger.
Makromerkmale: Fk. selten einzeln, meist in größeren Gruppen, oft imbricat; flach, konsolen- bis fächerförmig, auf horizontalen Substraten auch rosettenförmig, ohne effuse Fk.-Teile; Konsistenz zäh, korkig, auch trocken etwas biegsam; Hüte flach gewölbt oder völlig horizontal, meist 3–8 cm, selten bis über 10 cm breit, meist 3–6, selten bis über 8 cm vom Substrat abstehend, im mittleren Hutbereich 5–10 mm dick, an der Insertionsfläche bis 2 cm hoch, verwachsene, imbricate Fk.-Büschel auch höher; Hutoberseite angedrückt radial faserig, fein radial runzelig, konzentrisch meist deutlich durch Rillen und unterschiedliche Farbtöne der Cortex gezont; Zuwachszone weiß, dahinter folgen in Richtung der Insertionsfläche gelblichrot, hellrotbraun, rotbraun, dunkel rotbraun und schwarzbraun, alte Fk. oft völlig dunkel- bis schwarzbraun; Hymenophor überwiegend lenzitoid, 1–3 Lamellen/mm einer Sekante im mittleren Hutbereich; Aufsicht auf das Hymenophor grau- bis hellbraun, auf Druck leicht rot-bräunlich verfärbend; Lamellen bis 1 cm tief, die darüberliegende Huttrama ist stets wesentlich dünner, im mittleren Hutbereich 1–3 mm dick; Trama hell graubraun, beige bis hellbraun, faserig; Hymenophoraltrama gleichfarben oder etwas dunkler.
Mikromerkmale: Spp. weiß; Sp. zylindrisch bis allantoid, 7–11×2–2,5 µm; Basidien clavat, viersporig, mit Basalschnalle; Hymenium mit Dendrohyphidien; Trama trimitisch; generative Hyphen hyalin, dünnwandig, bis 3 µm Ø, mit Schnallen; Skeletthyphen bis 6 µm Ø, dickwandig, mitunter fast ohne Lumen, gelblich-hellbraun; Bindehyphen heller oder völlig hyalin, wellig, mit knorrig verästelten Auszweigungen, bis 4 µm Ø.

Daedaleopsis tricolor ist eine zentral- bis westeuropäische Art. Sie steht *D. confragosa* nahe und wird von manchen Autoren als Unterart, Varietät oder Forma dieser Art geführt. Mikroskopisch sind beide nicht zu trennen. Es gibt jedoch konstante makroskopische Unterschiede. Die Fk. von *D. tricolor* sind durchschnittlich kleiner, wachsen fast nie einzeln und besitzen ein konstant lenzitoides Hymenophor, das allenfalls kleinflächig daedaleoid ausgebildet sein kann. Das wichtigste trennende Merkmal sind die Farben der Hutoberseite. Die stets vorkommenden, intensiven rot- bis rotbraunen Farbtöne kommen bei *D. confragosa* nicht vor. Es gibt zwischen beiden Sippen keine Übergangsformen.

Abb. 1: Gruppe ausgereifter Fk. auf einem toten *Corylus*-Ast.
Abb. 2: Oberseite eines noch heranwachsenden Hutes mit einer breiten, weißen, bald hellgelblichen bis rotbraunen Zuwachszone.
Abb. 3: Unterseite einer teils verwachsenen Fk.-Gruppe mit den typischen grau-beigefarbenen, lenzitoiden Hymenophoren.
Abb. 4: Radialschnitt einer Konsole im mittleren Hutbereich; a – Hutoberseite; b – braune Huttrama; c – Aufsicht auf eine radial verlaufende Lamelle; d – durch Druck und Schnitt verletzte Lamellen mit der typischen rötlichbraunen Verfärbung.
Abb. 5: Aufsicht auf ein ausgereiftes Hymenophor mit den typischen Gabelungen der Lamellen.
Abb. 6: Segmentierte Aufsicht auf ein wachsendes Hymenophor nahe des Hutrandes einer Konsole; auf einer 5 mm langen sekantialen Linie werden zehn Lamellen geschnitten; ≙ 2 Lamellen/mm.

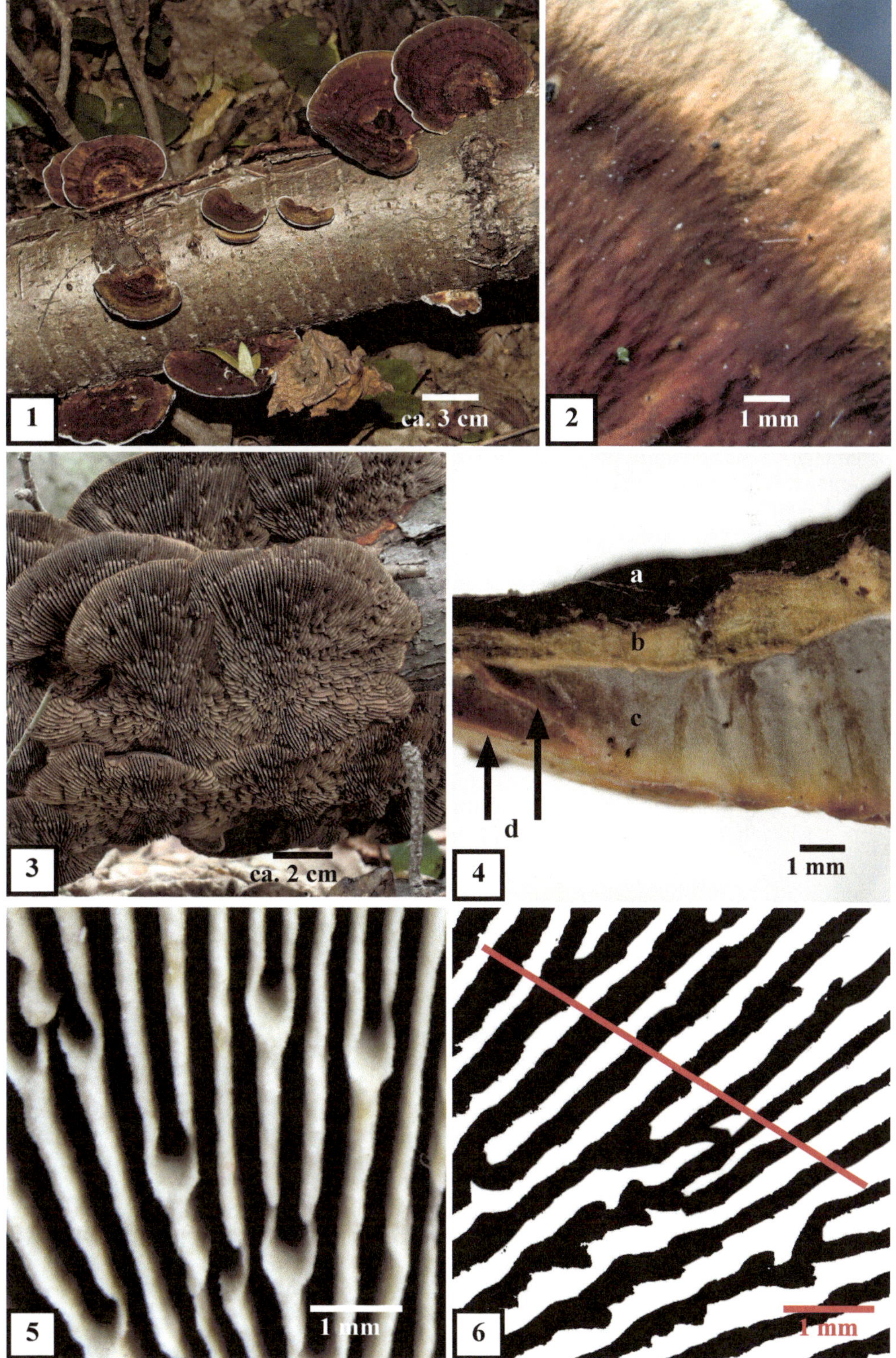
1
ca. 3 cm
2
1 mm
3
ca. 2 cm
4
a
b
c
d
1 mm
5
1 mm
6
1 mm

Datronia mollis (Sommerf.) Donk
[≡ *Daedalea mollis* Sommerf. ≡ *Antrodia mollis* (Sommerf.) P. Karst. ≡ *Trametes mollis* (Sommerf.) Fr.
Weicher Resupinatporling, Datronie

Fk.-Typ: effuse bis effusoreflexe, annuelle, polyzentrische Crustothecien mit polyporoidem bis daedaleoidem Hymenophor.
Habitat: lignicol; saprotroph an Stämmen und Ästen von Laubholz; häufig an *Alnus*, *Fagus* und *Fraxinus*, aber auch an *Acer*, *Aesculus*, *Betula*, *Carpinus*, *Fraxinus*, *Populus*, *Quercus*, *Salix*, *Sorbus* und vielen anderen Laubgehölzen, sehr selten auch an Nadelholz; sowohl auf entrindetem Holz als auch auf der Oberfläche von Borke erscheinend; Weißfäuleerreger.
Makromerkmale: Fk. meist effus, aus mehreren Initialen zusammenwachsend und große Flächen des Substrates bedeckend; Hüte an senkrechten Substraten werden meist von der Oberkante der Rasen ausgehend gebildet; auf der Oberseite horizontaler Substrate kommen selten auch einzelne kleine Konsolen mitunter auf porenlosen, aber Hymenium überkleideten, kleinflächigen Krusten vor; Konsistenz frisch lederartig, zäh, trocken hart, aber etwas biegsam; Hütchen bis 2 cm vom Substrat abstehend, oberseits graubraun bis schwarz, Zuwachszonen weißlich bis hellbraun, zunächst feinfilzig, später verkahlend, eng gezont; Trama cremefarben bis hellbraun, die Cortex im Fruchtkörperschnitt eine schwarze Linie zwischen Trama und Tomentum bildend; wachsendes Hymenophor in Aufsicht schmutzig weiß, auf Druck bräunend; bald graubraun, bräunlich bis hellbraun, an den Fk.-Rändern meist irregulär polyporoid, Poren oft radial gestreckt und bis über 1 mm lang, an den Insertionsflächen und im mittleren Bereich effuser Fk. mit winkeligen Poren oder weitgehend daedaleoid, kleinflächig auch irpicoid zerspalten; an senkrechten Substraten auch mit langgestreckten Dissepimenten, nodulosen Vorsprüngen und mit Hymenium überkleideten, porenlosen Krusten; 1–2 Poren/mm.
Mikromerkmale: Spp. weiß; Sp. gestreckt ellipsoid, hyalin, glatt; 8–12×3–4,5µm; Basidien zylindrisch, viersporig, mit Basalschnalle; Hyphensystem dimitisch; generative Hyphen bis 4 µm Ø, mit Schnallen; Skeletthyphen bräunlich, dickwandig, bis 7 µm Ø.

Datronia mollis ist kosmopolitisch verbreitet. Sie kommt in Europa von der borealen bis in die mediterrane Klimazone vor. In Mitteleuropa ist der Pilz besonders in naturnahen Laubmischwäldern mit reichlich Altholz anzutreffen. Die Art ist durch ihre Wuchsform, durch das grobe, weitgehend daedaleoide Hymenophor, durch die im Fruchtkörperschnitt als schwarze Linie erscheinende Cortex und die nach der Wachstumsphase durchgehend ockerbraune Farbe auch im Gelände gut zu determinieren.

Abb. 1: Effusoreflexer Fk. mit seitlicher Hütchenbildung (Pfeil) an einem toten *Carpinus*-Stamm.
Abb. 2: Effusoreflexer Fk. an einem liegenden *Fraxinus*-Stamm; an den oberen Fk.-Rändern sind kleine, abstehende Hütchen ausgebildet (Pfeil).
Abb. 3: Oberseite mehrerer übereinanderstehender Hütchen; a – helle, feinfilzige Zuwachszone, b – graubraune Zone mit braunhaarigem Tomentum; c – verkahlende Oberseite.
Abb. 4: Teil eines Fk.s mit einem am oberen Rand ausgewachsenen Hütchen während der Wachstumsphase; a – Hymenophor am effusen Fk.-Teil mit z.T. senkrecht stehenden Dissepimenten; b – Hymenophor der Hutunterseite, am Hutrand gehäuft mit rundlichen Poren, zur Insertionsfläche hin mit stark labyrinthischem Hymenophor; c – Hutrand, durch Berührung ist die schmutzig weiße Färbung leicht bräunlich verfärbt.
Abb. 5: Radialschnitt eines Fk.-s, der mit der Borke des Substrates verwachsen ist; a – grau-ockerfarbene Trama des abstehenden Hütchens, die nach unten in die dünne Tramaschicht des effusen Fk.-Teiles übergeht; b – die schwarze Linie der Cortex.
Abb. 6: Aufsicht auf das Hymenophor der Unterseite eines Hütchens.
Abb. 7: Segmentierte Aufsicht auf das Hymenophor der Unterseite eines Hütchens; 37 Poren/25 mm^2 ≙ 1,5 Poren/mm^2 ≙ 1,2 Poren/mm.

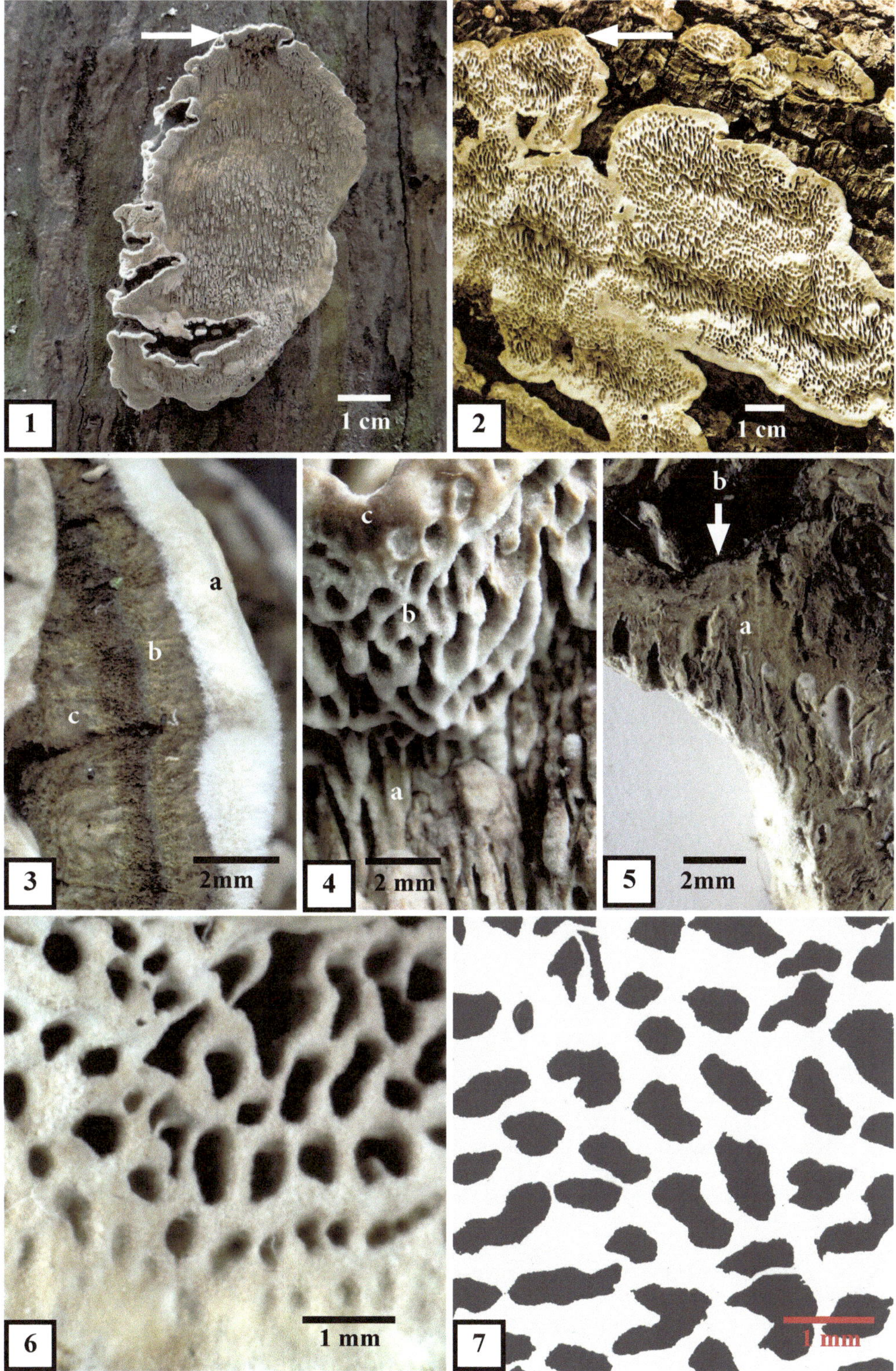
1
1 cm
2
1 cm
3
a
b
c
2mm
4
c
b
a
2 mm
5
b
a
2mm
6
1 mm
7
1 mm

Diplomitoporus flavescens (Bres.) Domański
[≡ *Trametes flavescens* Bres. ≡ *Antrodia flavescens* (Bres.) Ryvarden ≡ *Daedalea flavescens* (Bres.) Aoshima ≡ *Coriolellus flavescens* (Bres.) Bondartsev & Singer]
Ockergelbe Kieferntramete, Gilbende Nadelholztramete, Gelbliche Tramete

Fk.-Typ: meist effusoreflexe, selten ausschließlich effuse, annuelle, polyzentrische Crustothecien mit polyporoidem Hymenophor.
Habitat: lignicol; saprotroph auf Nadelholz, hauptsächlich auf *Pinus*, selten auf *Abies*, *Picea* und *Larix* nachgewiesen; Weißfäuleerreger.
Makromerkmale: Fk. meist effusoreflex, oft mit schmalen Hütchen auf effuser Matte; in allen Teilen weißlich-gelb, strohfarben bzw. hellocker; Konsistenz frisch lederartig, zäh, trocken hart, Hüte bis 10 cm breit, bis 3 cm vom Substrat abstehend, im mittleren Hutbereich bis 8 mm dick; Hutoberseite feinsamtig bis haarig, jung weißgelb, korkfarben, später hellocker; ungezont; mitunter durch Algenbewuchs grünlich; Hutränder stumpf abgerundet; Hymenophor in Aufsicht jung weiß bis cremefaben, später ocker bis hellbraun; Poren rund bis eckig, zur Insertionsfläche hin meist radial gestreckt, im Übergang zu effusen Fk.-Teilen auch langgestreckt; 1–3 Poren/mm; Röhren 3–6 mm lang; Trama weiß bis cremefarben, später hellocker, mit Melzers Reagenz braun; im mittleren Hutbereich um 1 mm dick; Hymenophoraltrama der Huttrama gleichfarben.
Mikromerkmale: Spp. weiß; Sp. hyalin, glatt, zylindrisch bis allantoid oder schmal ellipsoid; 5–7×1–2,5 µm; Basidien clavat, viersporig, mit Basalschnalle, Hymenium mit Cystidiolen; Hyphensystem dimitisch; generative Hyphen hyalin, dünnwandig, 2–4 µm Ø, mit Schnallen; Skeletthyphen meist nur in der Hymenophoraltrama, hyalin bis gelblich, dickwandig bis nahezu solide, 3–6 µm Ø.

Diplomitoporus flavescens ist eine seltene, europäische Art, in Zentraleuropa zeichnet sich eine kontinentale Verbreitungstendenz ab. Der Pilz wurde auch in Nordamerika nachgewiesen und ist wahrscheinlich circumpolar verbreitet. Er wächst an Kiefern sowohl in trockenen, als auch in feuchten Standorten, in naturnahen Wäldern ebenso wie in Forsten. Hauptsächlich werden tote Stämme und Stümpfe besiedelt.

Das nahezu ausschließliche Vorkommen auf *Pinus*, die effusoreflexen Fk.-Formen, die hellen, gelblichen Farben und das grobporige Hymenophor sind eine gute diagnostische Merkmalskombination für diese Art bei der Geländearbeit. Die makroskopisch ähnliche, nur im Norden Skandinaviens vorkommende Art *Antrodia primaeva* besiedelt ebenfalls tote *Pinus*-Stämme und -Stümpfe; ihre Sporen sind jedoch 6–9 µm lang, ihre Trama ist trimitisch, zudem erregt sie Braunfäule.

Abb. 1: Zwei miteinander verwachsene Hütchen an einem toten *Pinus-sylvestris*-Stamm in einem bodensauren Kiefernforst.
Abb. 2: Samtig-wollig-haarige Hutoberseite mit hellem Rand (a) und in Richtung der Insertionsfläche mit grünlichen Farbtönen durch Algenbewuchs (b).
Abb. 3: Aufsicht auf das grobporige, im frischen Zustand weiße Hymenophor; a – Hutrand; b – runde bis etwas eckige Poren nahe des Hutrandes; c – etwas radial gestreckte Poren in der Mitte des Hutes.
Abb. 4: Radialschnitt eines Fk.s; a – hell korkfarbene Huttrama; b – Hymenophor.
Abb. 5: Aufsicht auf ein Hymenophor im mittleren Bereich eines Hutes mit runden bis leicht radial gestreckten Poren.
Abb. 6: Segmentierte Aufsicht auf das Hymenophor; 53 Poren/25 mm^2 ≙ 2,1 Poren/mm^2 ≙ 1,5 Poren/mm.

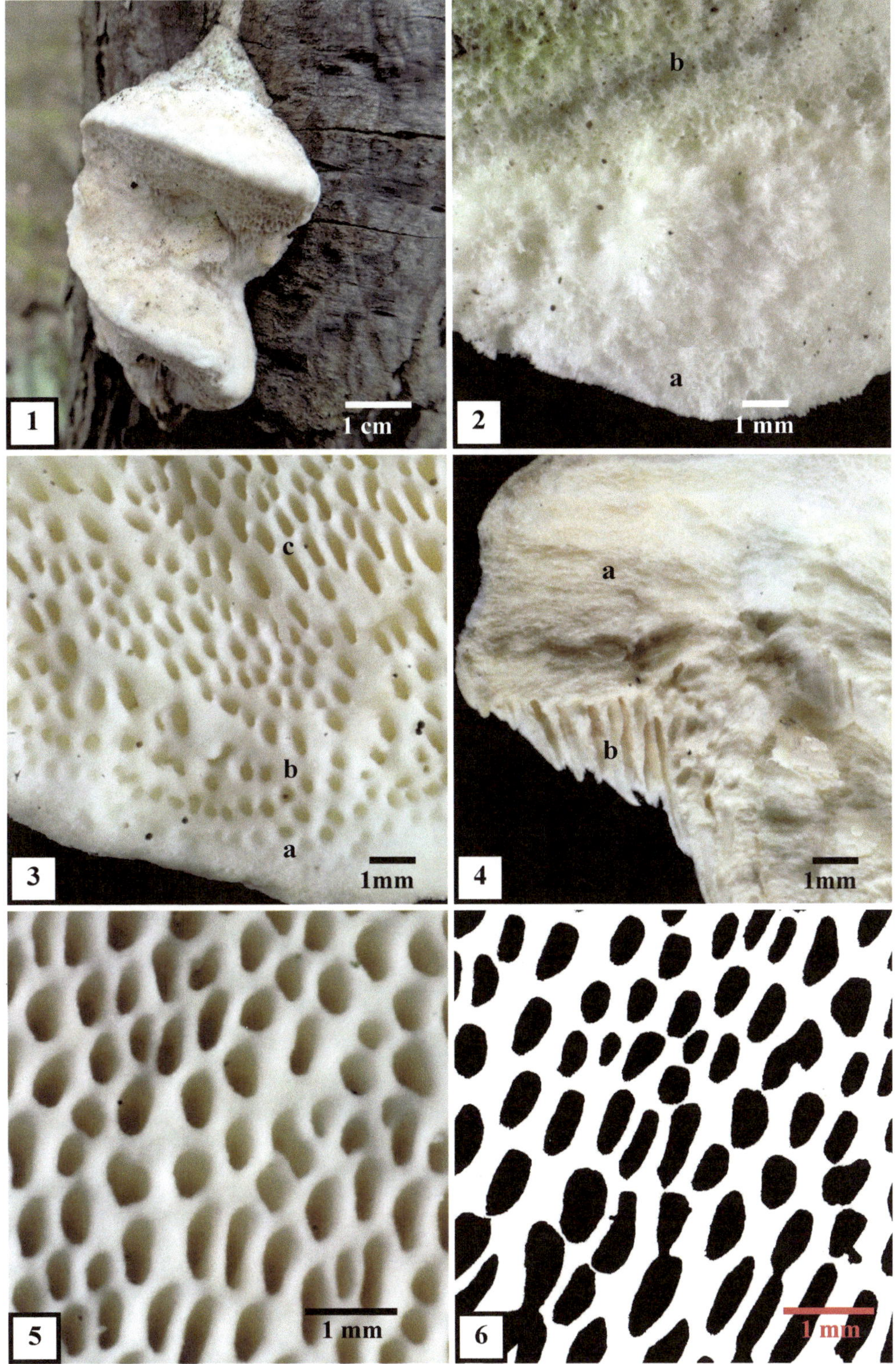
1
1 cm
2
b
a
1 mm
3
c
b
a
1mm
4
a
b
1mm
5
1 mm
6
1 mm

Fistulina hepatica (Schaeff.) With.
[≡ *Boletus hepaticus* Schaeff. ≡ *Hypodrys hepaticus* (Schaeff.) Pers. ≡ *Confistulina hepatica* (Sacc.) Stalpers = *Fistulina buglossoides* Bull. = *Ceriomyces hepaticus* Sacc. ≡ *Ptychogaster hepaticus* (Sacc.) Lloyd]
Leberpilz, Ochsenzunge, Leberreischling, Beefsteakpilz

Fk.-Typ: laterale bis stipitate, annuelle, kurzlebige Pilothecien mit fistulinoidem Hymenophor.
Anamorphe („imperfekte" Fk.): selten vorkommend; um 1–2 cm große, kissenförmige, helle Sporodochien mit purpurbraunen Flecken.
Habitat: lignicol; in Mitteleuropa nahezu ausschließlich auf *Quercus*, in Südeuropa auch auf *Castanea*; sehr selten auf *Acer*, *Alnus*, *Fagus*, *Tilia* und einigen weiteren Laubgehölzen; befällt hauptsächlich das Kernholz alter, lebender Bäume; die Fk. erscheinen meist an Stammwunden; Braunfäuleerreger.
Makromerkmale: Fk. sitzend oder seitlich kurz gestielt, meist einzeln, aber auch in Gruppen, selten imbricat bzw. mehrhütig auf einer gemeinsamen Basis; Konsistenz frisch weich und saftig, mit purpurrötlichem, bei Verletzung austretendem, blutähnlichem Saft; beim Trocknen stark schrumpfend, trocken hart und brüchig; Hüte konsolen-, fächer- bis zungenförmig, bis 20 cm breit und ebenso weit vom Substrat abstehend; im mittleren Hutbereich bis 6 cm dick; Hutoberseite rot, rot-braun bis purpurbraun; durch feine Papillen rau; ungezont; Hutrand zunächst stumpf abgerundet, später auch nahezu scharf; Aufsicht auf das Hymenophor jung wässrig-weiß, später purpurbräunlich, alt hellbraun; Röhren isoliert, nicht verwachsend, zylindrisch; heranwachsende Röhren jung mit purpurfarbener Außenseite; 4–6 Röhren/mm; Huttrama frisch rötlich, rötlich-weiß irregulär gemasert, irregulär gezont; Röhren frisch weiß, alt hellbraun; außen und an den Schneiden mit cystidenähnlichen Hyphen („Trichocyten"); Röhrentrama von der Huttrama scharf abgesetzt.
Mikromerkmale: Spp. weiß bis hell rötlich-gelb; Sp. breit ellipsoid bis ovoid, hyalin, glatt, 4–6×3–4 µm; Basidien clavat, viersporig, ohne Basalschnalle; Hymenium ohne Cystiden; Hyphensystem monomitisch, mit gloeopleren Hyphen, alle Hyphen dünnwandig, wenig verzweigt, 8–10 µm Ø, in der Huttrama teilweise inflat und bis 20 µm Ø; Septen ohne Schnallen; Anamorphe mit basal abgeplatteten, einzelligen, dickwandigen Conidien, um 8x5 µm.

Fistulina hepatica ist auf der Nord- und Südhemisphäre in temperaten Laubwäldern verbreitet und kommt auch in manchen tropischen Gebirgen vor. In Europa ist er im gesamten Eichenareal verbreitet; in Südeuropa wurde die Art auf *Castanea* nachgewiesen. Die Fk. entstehen aus primordialen Noduli; Fremdkörper werden nicht umwachsen. Die isolierten Röhren des Hymenophors werden als cyphelloide Einzel-Fk. gedeutet, das gesamte Fk.-Gebilde als fleischiges Stroma mit unterseitigem Besatz von kleinen Fk.n (vgl. Gattungsdiagnose). Aufgrund der Farbe, der Konsistenz und der Morphologie des Hymenophors kann die Art nicht verwechselt werden. Sie ist mit keinem anderen Porling verwandt und wird nur wegen der äußerlichen Ähnlichkeit des fistulinen Hymenophors mit polyporoiden Hymenophoren in der Porlingsliteratur behandelt.

Abb. 1: Junger Fk. am Fuße eines *Quercus*-Stammes.
Abb. 2: Frontalansicht eines heranwachsenden Fk.s; a – Wachstumsfront am Fk.-Rand; b – durch feine Papillen raue Hutoberseite; c – heranwachsende Röhren der Hutunterseite.
Abb. 3: Aufsicht auf das Hymenophor; a – Fk.-Rand; b – unreife Röhren.
Abb. 4: Radialschnitt eines Fk.s; a – Huttrama mit austretender roter Flüssigkeit; b – beschädigte Hutoberseite; c – scharf abgesetztes Hymenophor.
Abb. 5: Blick auf das Hymenophor eines heranwachsenden Fk.s; die Röhren sind in ungleichem Reifungsgrad; z.T außenseitig noch rötlichbraun und apikal eingerollt (Pfeile).
Abb. 6: Teilsegmentierte Aufsicht; wegen der Röhrenzwischenräume ist eine echte Segmentierung nicht möglich; hier muss auf das Auszählen der Röhren pro Flächeneinheit ausgewichen werden; 152 Röhren/8,3 mm^2 ≙ 18,3 Röhren/mm^2 ≙ 4,2 Röhren/mm.

1
b
a
c
1 mm
2
a
b
b
1 mm
3
b
a
c
8 mm
4
1 mm
5
1 mm
6

Fomes fomentarius (L.) Fr.
[≡ *Boletus fomentarius* L. ≡ *Polyporus fomentarius* L.]
Zunderschwamm, Echter Zunderschwamm, Zunderporling

Fk.-Typ: laterale, perennierende, monozentrische Crustothecien mit polyporoidem Hymenophor.
Habitat: lignicol; sehr häufig an *Fagus* und *Betula*, aber auch an vielen anderen heimischen und kultivierten Laubgehölzen; nachgewiesen sind *Acer*, *Aesculus*, *Alnus*, *Ailanthus*, *Carpinus*, *Castanea*, *Corylus*, *Fraxinus*, *Juglans*, *Malus*, *Populus*, *Quercus*, *Salix*, *Sorbus*, *Tilia*, *Ulmus*; sehr selten an *Picea*; an lebenden Gehölzen als Schwächeparasit saprotroph im Kernholz und perthotroph im lebenden Holz; saprotroph an toten Stämmen, Ästen und Stümpfen; bei genügend Substratangebot besonders häufig in Feuchtgebieten und relativ luftfeuchten Regionen des gesamten *Fagus*-Areals; Weißfäuleerreger.
Makromerkmale: Fk. meist einzeln, im Extrem über 50 cm breit, 20 cm vom Substrat abstehend und bis über 30 Jahre alt werdend; meist regulär konsolen- oder hufförmig; oberseits gewölbt, unterseits horizontal; sporulierende Fk. meist 2– 7 Jahre alt, 10–25 cm breit und 7–15 cm hoch; Konsistenz holzig hart, Huttrama zäh, wergartig; Hüte oberseits mit derber, 1–2 mm dicker Kruste, hell- bis dunkelgrau, graubraun, hasel- bis rotbraun, alt fast schwarz; konzentrisch wellig-rillig mit stumpf gewölbtem Rand; Hymenophor polyporoid mit gleichförmigen, an mehrjährigen Exemplaren geschichteten Röhren; Schichten nicht durch sterile Trama voneinander getrennt, Röhren stets geotropisch positiv wachsend; dadurch bei Änderung der Lage des Substrates geotropische Verformung mehrjähriger Fk.; in vertikale Lage gelangte Hymenophore verkrusten und wachsen mit sekundären Hüten aus, die dann dachziegelig übereinanderstehen können; ähnliche Bildungen kommen auch an Regenerationsflächen abgeschlagener Fk. vor; Poren meist gleichförmig rund, selten etwas irreglär, 2–4 Poren/mm; Dissepimente in Aufsicht je nach Wachstumsphase grauweiß, graubraun, hellbraun; Trama braun mit gelbbraunem Farbton; Hymenophoraltrama der Huttrama gleichfarben; Huttrama an der primären Insertionsfläche stets mit einem Myzelialkern aus bröckeliger, in verschiedenen Brauntönen marmorierter Trama.
Mikromerkmale: Spp. weiß; Sp. zylindrisch, hyalin, 16–20×4–7 µm; Basidien zylindrisch bis bauchig, viersporig, mit Basalschnalle; Hyphensystem trimitisch, generative Hyphen mit Schnallen, 2–3 µm Ø; Skeletthyphen 6–7 µm Ø, dickwandig, braun; Bindehyphen stark verzweigt, 3–4 µm Ø.

Fomes fomentarius ist im holarktischen Florenreich circumpolar im borealen und nemoralen Zonobiom verbreitet. Die an aufrechten Stämmen regulär konsolenförmigen Fk. können im Alter oder an kargen Substraten vielfältige Formen bilden: steril bleibende Knollen, unvollständig regeneriertes Hymenophor an teilweise abgestorbenen Fk.n, glockige Formen an der Unterseite liegender Stämme etc.; durch die wergartige Konsistenz und die Farbe der Trama, besonders aber durch den Myzelialkern, sind Verwechslungen mit manchen äußerlich ähnlichen konsolen- oder hufförmigen Fk.n des *Phellinus-igniarius*- oder des *Ganoderma-applanatum*-Verwandtschaftskreises auszuschließen.

Abb. 1: Etwa dreijähriger Fk. an einem toten, aufrechten *Betula*-Stamm.
Abb. 2: Bruchstelle desselben Fk.s (oben angeschnitten); a – Myzelialkern; b – Huttrama; c – geschichtetes Hymenophor; d – Kruste der Oberseite; e – Reste der abgelösten Birkenborke.
Abb. 3: Aus einem alten, teilweise abgestorbenen Fk. auswachsende Hüte; Hymenophor (a) und Hutoberseite (b) abgestorbener Teile des ursprünglichen Fk.s; c – aus den lebenden Teilen des ursprünglichen Hymenophors hervorgegangene wulstige Trama mit oberflächlicher Kruste; d – geotropisch orientierte, sekundäre Konsolen; e – liegender *Betula*-Stamm.
Abb. 4 u. 5: Aufsichten auf das Hymenophor verschiedener Fk.; Abb. 4 – Fk.-Rand mit etwas irregulären Porenformen; Abb. 5 – Fk.-Mitte mit regulär abgerundeten Poren.
Abb. 6: Segmentierte Aufsicht auf das Hymenophor im mittleren Hutbereich; 217 Poren/25 mm² ≙ 8,7 Poren/mm² ≙ 2,9 Poren/mm [19 Fk.: 2,3–3,7].

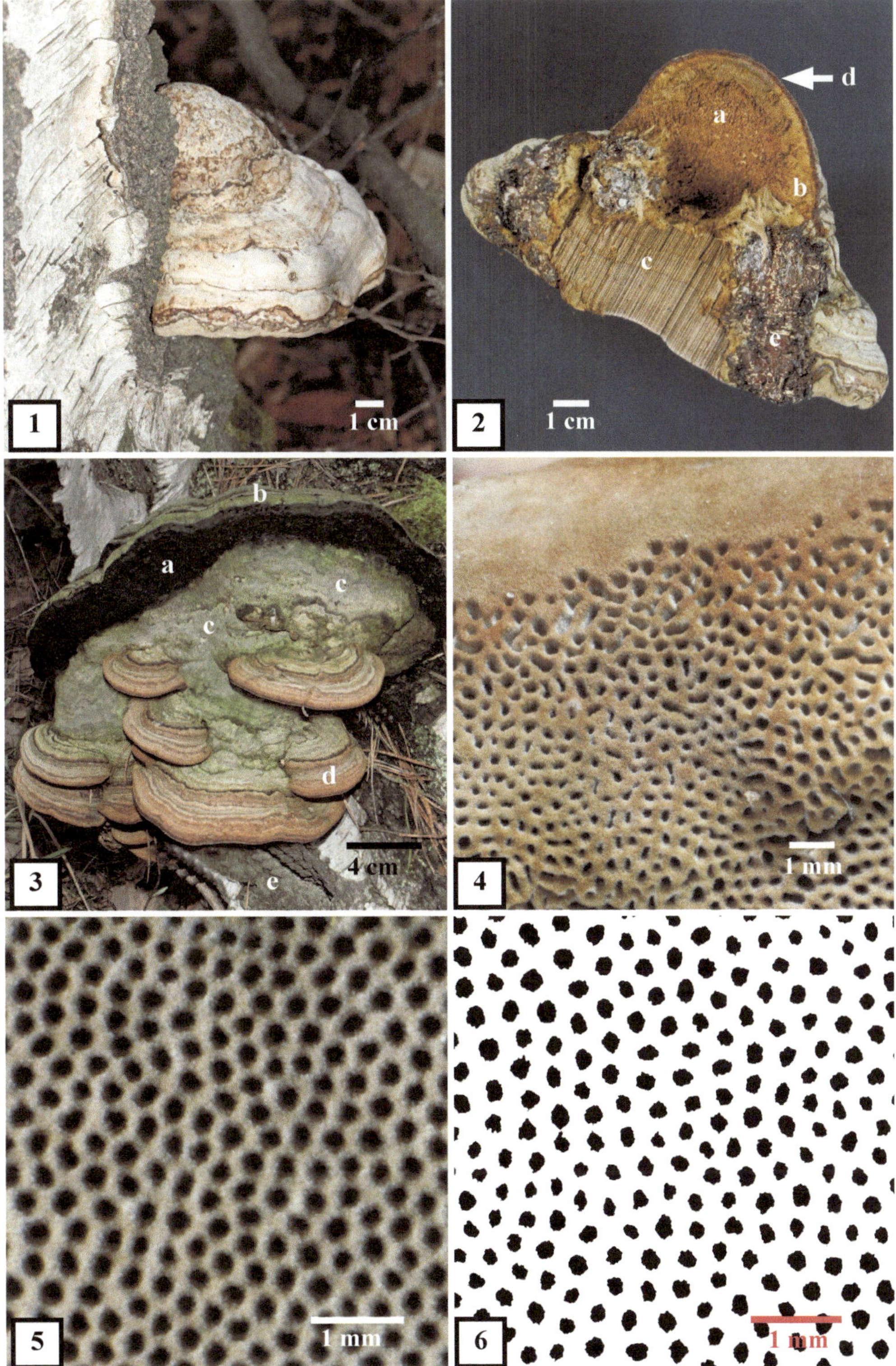
1
1 cm
2
1 cm
a
b
c
d
e
3
4 cm
a
b
c
c
d
e
4
1 mm
5
1 mm
6
1 mm

Fomitopsis cajanderi (P. Karst.) Kotl. & Pouzar
[≡ *Fomes cajanderi* P. Karst. ≡ *Rhodofomes cajanderi* (P. Karst.) B.K. Cui, M.L. Han & Y.C. Dai = *Trametes subrosea* Weir ≡ *Fomitopsis subrosea* (Weir) Bondartsev & Singer = *Pycnoporus mimicus* P. Karst. ≡ *Polystictus mimicus* (P. Karst.) Sacc. & Trotter = *Trametes roseozonata* Lloyd]

Fk.-Typ: laterale, selten auch effusoreflexe oder völlig effuse, perennierende, meist monozentrische Crustothecien.
Habitat: saprotroph auf Nadelholz, insbesondere auf *Picea*, aber auch auf *Cedrus* und *Larix* und auf zahlreichen anderen Koniferen.
Makromerkmale: Fk. meist einzeln, aber auch in Gruppen oder imbricat; Konsistenz ledrig, zäh, trocken holzig hart; Hüte 3–15 cm breit, verwachsen bis über 25 cm lange Reihen bildend; bis 6 cm vom Substrat abstehend, im mittleren Hutbereich bis um 1 cm dick; Hutoberseite braun mit rosa Farbton, alt braungrau bis schwärzlich, aber frisch stets mit rosafarbenen Tönen; zunächst fein tomentos, dann radial runzelig, mit radial orientierten Härchen, später verkahlend und leicht verkrustend; farblich und etwas rillig konzentrisch gezont; Zonen in Richtung der Insertionsfläche dunkler; Rand scharf; Aufsicht auf das Hymenophor anfangs rosa, bald rosa-bräunlich, im Alter braun; Poren rund bis eckig, Dissepimente etwa so dick wie der Durchmesser der Poren, 4–6 Poren/mm; Röhren geschichtet, pro Schicht 1–4 mm lang; Trama rosabraun, trocken hellbraun, im mittleren Hutbereich 2–4 mm dick; Hymenophoraltrama meist etwas heller als die Huttrama.
Mikromerkmale: Spp. weiß; Sp. hyalin, zylindrisch bis allantoid, 5–7x1–2 µm; Basidien gestaucht clavat bis zylindrisch, viersporig, mit Basalschnalle; Hymenium mit Cystidiolen; Hyphensystem dimitisch; generative Hyphen dünnwandig, reich verzweigt, mit Schnallen, bis 4 µm Ø; Skeletthyphen bräunlich, mit KOH braun, wenig verzweigt, dickwandig bis nahezu solide, bis 5 µm Ø.

Die Art ist im holarktischen Florenreich circumpolar insbesondere im borealen Zonobiom, aber auch in montanen Nadelwäldern der Gebirge verbreitet. In Eurasien besteht eine deutlich kontinentale Verbreitungstendenz. In Westrussland, Sibirien und in der Mongolei gehört die Art zu den häufigen Porlingen der Taigawälder. In Mitteleuropa wurde *F. cajanderi* bisher noch nicht gefunden. Aufgrund der in allen Fk.-Teilen vorkommenden Rosafarbtöne besteht farblich eine Ähnlichkeit mit *Fomitopsis rosea*; letztere hat aber breitere, gestreckt ellipsoide Sporen und bildet viel dickere, hufförmige Fk., die morphologisch an *F. pinicola* erinnern.

Abb. 1 u. 2: Bereits getrocknete Fk. von einem *Larix-sibirica*-Stamm; Abb. 1 – Oberseite; Abb. 2 – Unterseite; a – Substratreste; b – nahezu schwarze, verkahlte und verkrustende Cortex der Hutoberseite nahe der Insertionsfläche; c – noch behaarte, aber verkahlende Hutoberseite; d – tomentoser Hutrand; e – konzentrische Zonierung durch unterschiedlich strukturierte Cortex und leichte Vertiefungen; f – Hymenophor.
Abb. 3: Hutoberseite nahe des Hutrandes; a – tomentoser Hutrand; b – mittlerer Hutbereich mit behaarter Cortex und mit radial orientierten Runzeln; c – verkahlender Bereich.
Abb. 4: Radialschnitt einer Konsole nahe des Hutrandes; a – Aufsicht auf die runzelige Hutoberseite; b – Cortex im Schnitt; c – rosabraune Huttrama; d – einjähriges, ungeschichtetes, randnahes Hymenophor; e – zweijähriges Hymenophor; f – Aufsicht auf das Hymenophor.
Abb. **5:** Aufsicht auf ein Hymenophor am Hutrand; a – röhrenfreier Hutrand; b – randliches Hymenophor mit noch nahezu runden Poren.
Abb. 6: Segmentierte Aufsicht auf ein Hymenophor; 494 Poren/25 mm^2 ≙ 19,8 Poren/mm^2 ≙ 4,4 Poren/mm.

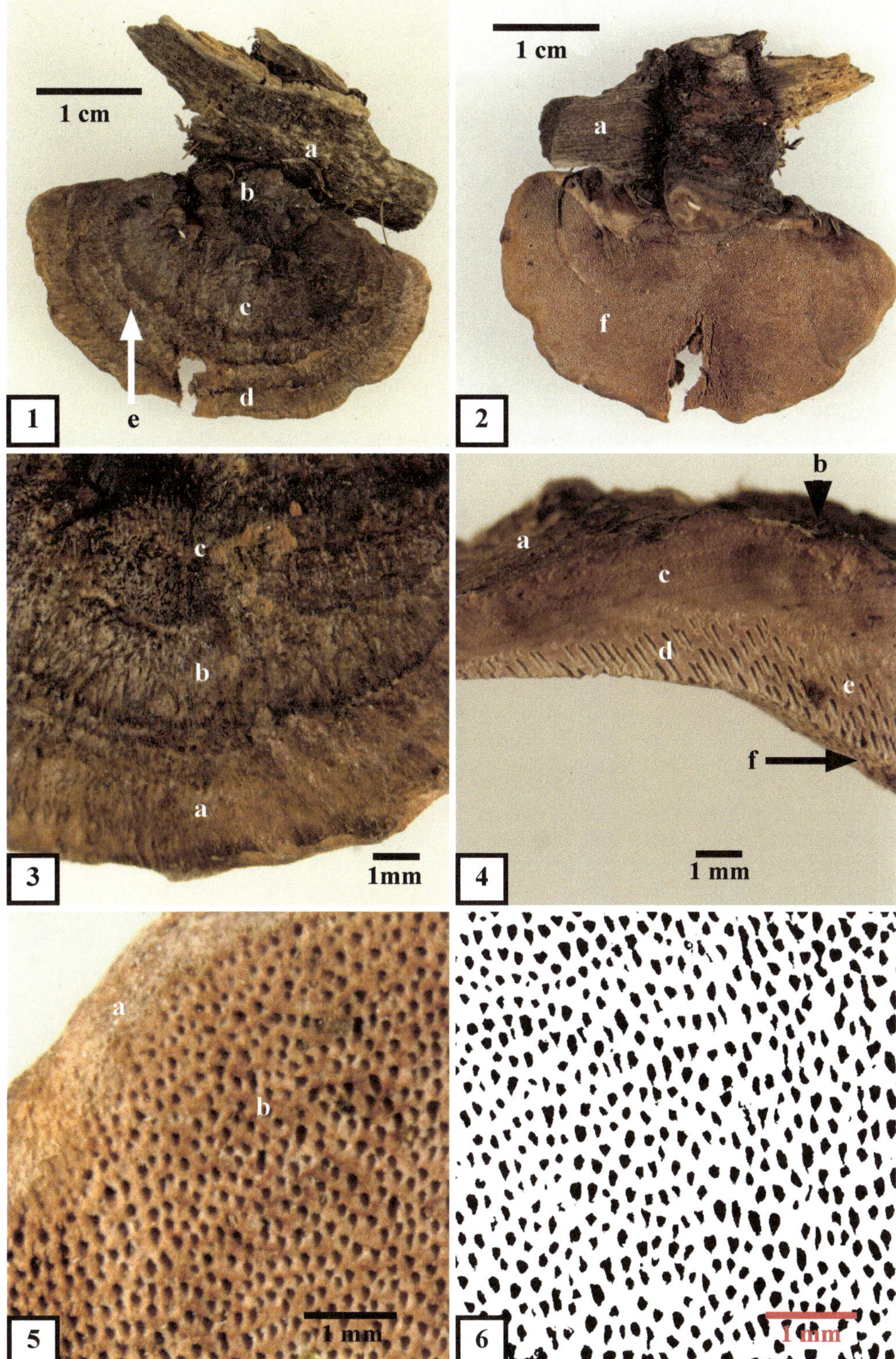
1 cm
a
b
c
d
e
1
1 cm
a
f
2
c
b
a
1mm
3
b
a
c
d
e
f
1 mm
4
a
b
1 mm
5
1 mm
6

Fomitopsis pinicola (Sw.) P. Karst.
[≡ *Boletus pinicola* Sw. ≡ *Polyporus pinicola* (Sw.) Fr. = *Polyporus marginatus* (Pers.) Fr. ≡ *Fomes marginatus* (Pers.) Fr.]
Rotrandiger Baumschwamm, Fichtenporling

Fk.-Typ: laterale, perennierende, mono-, selten polyzentrische, Crustothecien mit polyporoidem Hymenophor.
Habitat: lignicol; saprotroph an vielen Nadel- und Laubgehölzen, in Mitteleuropa besonders im natürlichen *Picea-abies*-Areal an *Picea* und im Laubwaldareal an *Betula*; nachgewiesen auch an *Abies*, *Acer*, *Alnus*, *Carpinus*, *Castanea*, *Fagus*, *Fraxinus*, *Juniperus*, *Larix*, *Malus*, *Pinus*, *Populus*, *Prunus*, *Pyrus*, *Quercus*, *Salix*, *Sorbus*, *Tilia* und *Ulmus*; Braunfäuleerreger.
Makromerkmale: Fk. aus weißgrauen, knollenförmigen Anlagen hervorgehend; einzeln oder in Gruppen, konsolenförmig, ältere Fk. auch hufförmig; an der Unterseite horizontaler Substrate können kreisförmige Fk. vorkommen, an senkrechten Substraten mitunter verwachsene imbricate Fk.-Gruppen; selten auch mit geringfügigen, effusen Fk.-Teilen; schnell wachsende Fk. oft mit wasserklaren Guttationströpfchen behangen; Konsistenz zäh bis hart, trocken holzig hart; meist 5–20, selten bis über 30 cm breit und 5–10, selten bis über 20 cm vom Substrat abstehend, an der Insertionsfläche meist 5–10, selten bis über 15 cm hoch; Hutoberseite flach gewölbt, selten auch bogenförmig, grob wulstig gezont, Ränder stumpf abgerundet bis stumpfkantig; Zuwachszonen weiß bis cremefarben, rasch eine zunächst orangegelbe, bald rot werdende, harzige Kruste bildend, die sich im Alter grau bis nahezu schwarz färbt und in einer Flamme harzig schmilzt, Huttrama jung schmutzig weiß, bald cremefarben, hell grau-bräunlich, bis über 4 cm dick; Hymenophor in Aufsicht anfangs weiß, später cremefarben, weiß-gelblich, alt auch hellbräunlich; mit weitgehend regulär runden Poren; 3–4 Poren/mm; Röhren mehrjähriger Exemplare deutlich geschichtet, pro Schicht 2–10 mm lang; Hymenophoraltrama der Huttrama gleichfarben.
Mikromerkmale: Spp. weiß; Sp. hyalin, gestreckt ellipsoid bis nahezu zylindrisch, ventral abgeflacht, 6–8×3–4 µm; Basidien zylindrisch bis clavat, viersporig, mit Basalschnalle; Hyphensystem trimitisch, generative Hyphen mit Schnallen, hyalin, 2–4 µm Ø; Skeletthyphen dickwandig, hyalin bis gelblich, 3–6 µm Ø, unseptiert; Bindehyphen dickwandig, knorrig, reich verzweigt, 3–4 µm Ø, unseptiert.

Fomitopsis pinicola ist im holarktischen Florenreich circumpolar, in den Tropen montan verbreitet. Die Art bildet sehr variable Fk. Junge, weißliche Knollen ohne ausgereifte Hutoberseite sind schwer zu determinieren; sie können bei einiger Erfahrung an der Konsistenz und dem säuerlichem Geruch erkannt werden. Alte Exemplare mit geringem Zuwachs und nur schmaler Rotzone der Kruste können von ähnlichen *Phellinus-*, *Fomes-* oder *Ganoderma*-Fk.n durch die hell holzfarbene Trama unterschieden werden. Schließlich ist das Schmelzen der Harzkruste in einer Flamme ein gutes diagnostisches Merkmal.

Abb. 1: Fk.-Gruppe und einzelne Fk. an einem *Picea-abies*-Stumpf.
Abb. 2: Wachsender Fk. mit Guttationströpfchen an einem *Picea-abies*-Stumpf; a – effuser Fk.-Teil; b – noch unvollständig entwickeltes Hymenophor an der Hutunterseite; c – weißlich-cremefarbener, wachsender Hutrand; d – hell orangefarbene, junge Kruste der Hutoberseite.
Abb. 3: Sporulierender, dreijähriger Fk; a – weißes Spp. auf dem bodendeckenden Moos; b – dreijährige Kruste der primären Fk.-Teile; c – vorjährige, von rot zu grauschwarz verfärbende Kruste; d – heller, wulstiger Hutrand und die sich ausbildende Kruste der Hutoberseite.
Abb. 4: Rest eines vierjährigen, durch Abbrechen zerstörten Fk.s an der Schnittfläche eines *Fagus-sylvatica*-Stammes.
Abb. 5: Harzige, glänzende, frisch gebildete Kruste der Hutoberseite in der Zuwachszone eines heranwachsenden, noch einjährigen Fk.s.
Abb. 6: Aufsicht auf das Hymenophor im mittleren Bereich des Hutes.
Abb. 7: Segmentierte Aufsicht; 166 Poren/25 mm^2 ≙ 6,6 Poren/mm^2 ≙ 2,7 Poren/mm; [33 Fk.: 2,1–2,9].

1
ca. 7 cm
2
d
c
b
a
ca. 1 cm
b
c
d
a
3
ca. 5cm
2mm
5
ca. 5cm
4
6
1 mm
7
1 mm

Fomitopsis rosea (Alb. & Schwein.) P. Karst.
[≡ *Boletus roseus* Alb. & Schwein ≡ *Polyporus roseus* (Alb. & Schwein.) Fr. ≡ *Trametes rosea* (Alb. & Schwein.) P. Karst. ≡ *Fomes roseus* (Alb. & Schwein.) Cooke ≡ *Rhodofomes roseus* (Alb. & Schwein.) Vlasák = *Polyporus rufopallidus* Trog ≡ *Fomitopsis rufopallida* (Trog) P. Karst.]
Rosenroter Baumschwamm

Fk.-Typ: laterale, perennierende, mono-, selten polyzentrische Crustothecien mit polyporoidem Hymenophor.
Habitat: saprotroph an Nadelgehölzen, bevorzugt an *Picea* und *Abies*; nachgewiesen auch an *Pinus* und im borealen Zonobiom, selten an Laubgehölzen; Braunfäuleereger.
Makromerkmale: Fk. einzeln oder in kleinen Gruppen, mitunter imbricat; zunächst knollig, dann konsolenförmig bis hufförmig, 2–10 cm breit, 2–6 cm vom Substrat abstehend, 1–4 cm dick; wachsende Fk. oft mit wasserklaren Guttationströpfchen; Konsistenz zäh bis hart, trocken holzig hart; Hutoberseite grob gezont, jung graurosa, tomentos, alt mit grauschwarzer bis schwarzer, 0,3–0,4 mm dicker Kruste, die rissig werden kann; Aufsicht auf das Hymenophor anfangs rosa, bald graurosa, schließlich braun mit rosa Farbton, alt braun; Poren rund, 3–5 Poren/mm; Röhren mehrjähriger Exemplare geschichtet, pro Schicht 1–5 mm lang; Huttrama filzig, jung rosa, alt hell rosa-bräunlich, bis 2 cm dick; Hymenophoraltrama der Huttrama gleichfarben.
Mikromerkmale: Spp. weiß; Sp. hyalin, zylindrisch bis schmal elliptisch, 6–7×2–3 µm; Basidien viersporig, clavat, mit basaler Schnalle; ohne Cystiden oder andere sterile Elemente im Hymenium; Hyphensystem trimitisch; generative Hyphen mit Schnallen, hyalin, reichlich verzweigt, bis 4 µm Ø; Skeletthyphen hyalin bis hellbräunlich; dickwandig, wenig verzweigt, hyalin, 2–5 µm Ø; Bindehyphen dickwandig, reich verzweigt, 2–3 µm Ø.

Fomitopsis rosea ist im holarktischen Florenreich circumpolar besonders in Nadelwäldern verbreitet. In Europa zeichnet sich eine boreal-montane Verbreitung mit einer kontinentalen Verbreitungstendenz ab. Die Art kommt in Mitteleuropa vor allem in der montanen Höhenstufe mit einer undeutlichen Bindung an das *Abies-alba*-Areal vor. In der collinen und planaren Höhenstufe Zentraleuropas ist *Fomitopsis rosea* in manchen Regionen nur auf verbautem Holz in Gebäuden, Bergwerken und ähnlichen Standorten bekannt. Manche Fk. der Art können besonders mit kleinen *Fomitopsis-pinicola*-Exemplaren verwechselt werden, die ebenfalls konsolen- bis hufförmig wachsen und eine helle Trama besitzen Die verkrustete Oberseite von *F. rosa* ist jedoch nicht von einer Harzschicht bedeckt, die in einer Flamme schmilzt, was für *F. pinicola* ein charakteristisches, diagnostisch wichtiges Merkmal darstellt.

Abb. 1: Wachsender Fk. mit Guttationströpfchen am Grund eines toten *Picea-abies*-Stammes (Foto: A. Gminder).
Abb. 2: Frontalansicht eines mehrjährigen, kleinen, abgestorbenen Fk.s mit deutlicher Schichtung und rissiger Kruste der oberen Schicht von einem liegenden *Picea-abies*-Stamm.
Abb. 3: Aufsicht auf ein mehrschichtiges Hymenophor eines absterbenden kleinen Fk.s; die jüngste regenerative Röhrenschicht bedeckt nur Teile der Vorjahresschicht.
Abb. 4: Radialschnitt durch einen abgestorbenen kleinen Fk.; a – helle Trama; b – durch Aushyphungen faseriges Hymenophor.
Abb. 5: Aufsicht auf das Hymenophor im mittleren Bereich des Hutes.
Abb. 6: Segmentierte Aufsicht auf das Hymenophor; 331 Poren/25 mm^2 ≙ 13,2 Poren/mm^2 ≙ 3,6 Poren/mm.

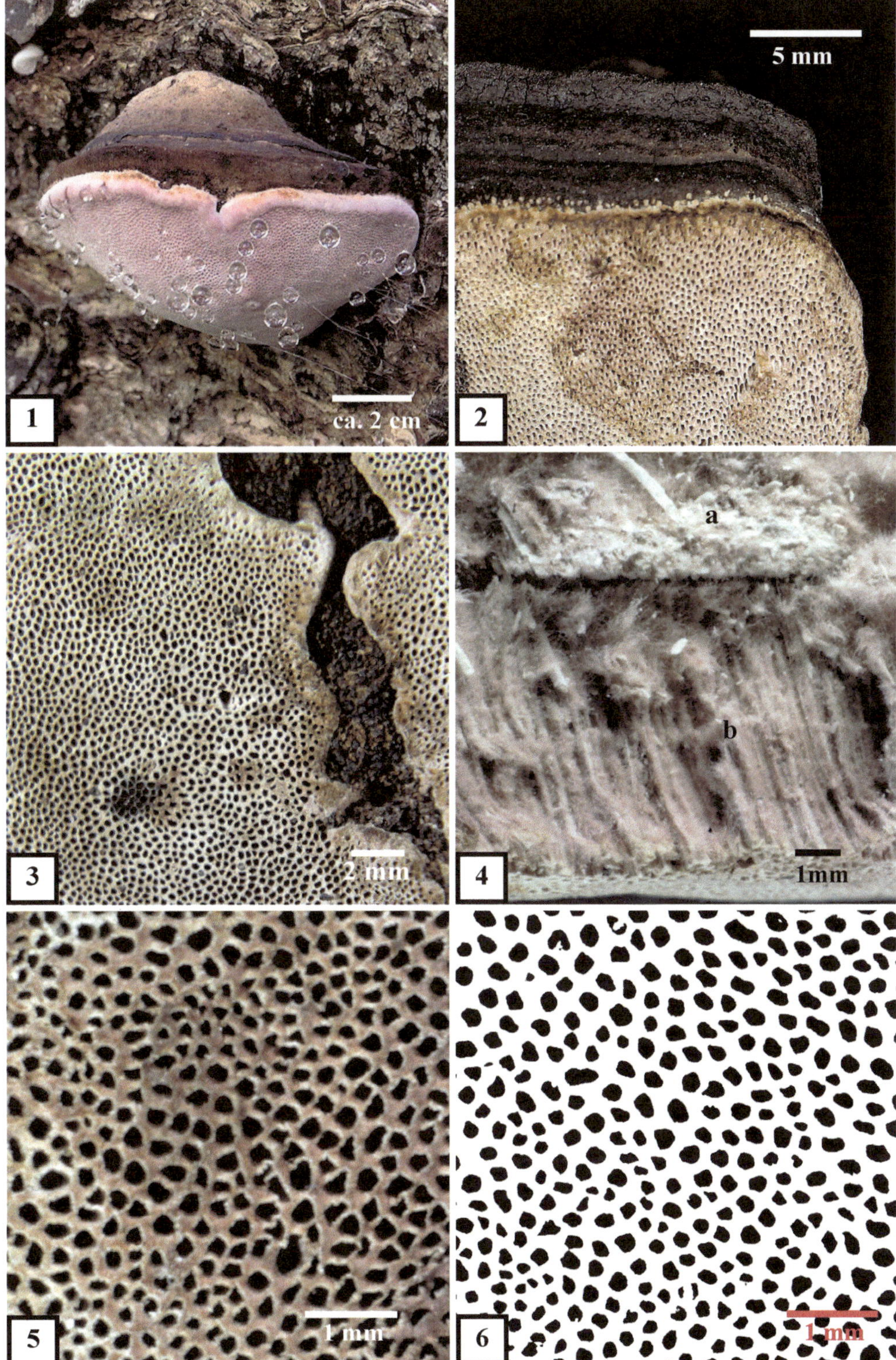
1
ca. 2 cm
2
5 mm
3
2 mm
a
b
4
1mm
5
1 mm
6
1 mm

Funalia gallica (Fr.) Bondartsev & Singer
[≡ *Polyporus gallicus* Fr. ≡ *Trametes gallica* Fr. ≡ *Coriolopsis gallica* (Fr.) Ryvarden = *Polyporus extenuatus* Durieu & Mont. ≡ *Funalia extenuata* (Durieu & Mont.) Domański ≡ *Coriolopsis extenuata* (Durieu & Mont.) Domański]
Dunkle Borstentramete

Fk.-Typ: laterale, annuelle bis zweijährige, selten auch ältere, mono- bis polyzentrische Crustothecien mit polyporoidem Hymenophor.
Habitat: lignicol; saprotroph an vielen Laubgehölzen, in Mitteleuropa u.a. an *Acer*, *Alnus*, *Betula*, *Carpinus*, *Fagus*, *Fraxinus*, *Quercus*, *Salix* und *Ulmus*; Weißfäuleerreger.
Makromerkmale: Fk. konsolenförmig, einzeln oder dachziegelig, oft mit geringfügig effusen Anteilen am Substrat herablaufend, effuse Fk.-Matten an der Unterseite horizontaler Substrate kommen sehr selten vor; Konsistenz zäh, biegsam, trocken hart; Hüte oft langgestreckt, bis über 15 cm breit und bis 7 cm vom Substrat abstehend, im mittleren Hutbereich um 1,5 cm dick, an der Insertionsstelle bis über 2 cm hoch, Hutrand gut ausgebildeter Exemplare scharf bis abgestumpft; wulstige Ränder und knollige Fk. kommen selten vor; Hüte oberseits cremefarben bis gelblich-grau, ockerfarben, meist deutlich gezont; mit grobstriegeligem Tomentum, dessen Haare meist büschelweise agglutiniert, anfangs weißlich, dann okkergrau, ocker- bis rostbraun gefärbt sind; Trama rost- bis umberbraun; Hymenophoraltrama der Huttrama gleichfarben; Huttrama dünn, im mittleren Bereich der Hüte weniger als 1cm dick, mit KOH schwarz; Hymenophor in Aufsicht grau, graubraun bis braun; Röhren bis 6 mm, bei zweijährigen Exemplaren bis über 10 mm lang; Poren am Hutrand rundlich bis eckig, auch daedaleoid, oder in der Mitte etwas radial gestreckt und bis über 1 mm lang; Dissepimente dünn; 1–2 Poren/mm.
Mikromerkmale: Spp. weiß; Sp. hyalin, zylindrisch, 7–11×3–4 µm; Basidien nahezu zylindrisch, viersporig mit Basalschnalle; Hyphensystem trimitisch; generative Hyphen dünnwandig, bis 4 µm Ø; mit Schnallen; Skeletthyphen dickwandig, braun, bis 7 µm Ø; Bindehyphen dickwandig, knorrig verzweigt, braun, bis 4,5 µm Ø.

Funalia gallica ist eine holarktische Art; in Mitteleuropa wird sie häufig in wechselfeuchten Auwäldern gefunden. Bis in die Mitte des vorigen Jh.s war der Pilz in Mitteleuropa selten, aber häufiger als die nahestehende *Funalia trogii*. Dieses Verhältnis hat sich in den letzten Jahrzehnten stark verändert; *F. gallica* ist derzeit die seltenere Art. Beide stehen sich nahe. Sie wurden früher nur auf Varietätsrang getrennt. Gegenwärtig werden sie von manchen Autoren sogar in verschiedene Gattungen gestellt. *F. trogii* ist durch ihre nahezu weiße bis hellbeige Trama von *F. gallica* mit mittel- bis rostbrauner Trama makroskopisch gut zu trennen, wenn man die Fk. beider Arten nebeneinander vergleicht. Besonders bei alten Exemplaren kommt es dennoch oft zu Verwechslungen. *Trametes hirsuta*, die ebenfalls striegelig behaart ist, hat stets eine weiße Trama und mit 2–4 Poren/mm wesentlich dichter stehende Poren als *F. gallica*. Die Haare des Tomentums von *T. hirsuta* sind zudem weniger struppig und nicht agglutiniert.

Abb. 1: Fk. mit ein wenig effus herablaufendem Hymenophor an einem Weidenstamm.
Abb. 2: Effuser Fk. auf einem Laubholzästchen; die Poren sind am Rand rundlich, in der Mitte gestreckt.
Abb. 3: Detail der Hutoberseite mit dem randlich hellen, in der Mitte rostbraunen, striegeligen Tomentum.
Abb. 4: Tomentum und obere Huttrama mit den zusammenneigenden, agglutinierten Haaren und mit der faserigen, oberen Huttrama, die in der Fk.-Mitte deutlich dünner als das Hymenophor ist.
Abb. 5: Aufsicht auf das polyporoide Hymenophor in der Mitte des Fk. mit den deutlich radial orientierten, gestreckten Poren.
Abb. 6: Segmentierte Aufsicht auf das Hymenophor nahe dem Hutrand; 60 Poren/25 mm² ≙ 2,4 Poren/mm² ≙ 1,5 Poren/mm [14 Fk.: 0,9–1,8].

1
2 cm
2
2 cm
3
1 mm
4
1 mm
5
1 mm
6
1 mm

Funalia trogii (Berk.) Bondartsev & Singer
[≡ *Trametes trogii* Berk. ≡ *Coriolopsis trogii* (Berk.) Domański ≡ *Cerrena trogii* (Berk.) Zmitr. = *Daedalea trametes* Speg.]
Blasse Borstentramete

Fk.-Typ: effusoreflexe bis laterale, selten auch rein effuse, annuelle, mono- bis polyzentrische Crustothecien mit polyporoidem Hymenophor.
Habitat: lignicol; saprotroph an Laubbäumen, häufig an *Populus* und *Salix*, in Europa auch an *Acer*, *Alnus*, *Betula*, *Fagus*, *Fraxinus*, *Quercus*, *Tilia* und *Ulmus*, mitunter auch an lebendem Laubholz; Weißfäuleerreger.
Makromerkmale: Fk. konsolenförmig, einzeln oder dachziegelig, meist im Querschnitt dreieckig, oft mit effusen Anteilen am Substrat herablaufend; Konsistenz zäh, biegsam, trocken hart; Hüte mitunter seitlich verwachsen, Einzelhüte bis über 10 cm breit und bis 5 cm vom Substrat abstehend, an der Insertionsstelle bis 3 cm hoch, Hutrand gut ausgebildeter Exemplare scharf, jedoch kommen auch wulstige Ränder und knollige Fk. vor. Hüte oberseits cremefarben bis gelblich-grau, ockerfarben, nicht oder undeutlich rillig gezont, mit grobstriegeligem Tomentum, Haare meist büschelweise verklebt, anfangs weißlich, dann grau bis ocker; Trama frisch bräunlich-weiß, später korkfarben bis hellbeige; Hymenophoraltrama der Huttrama gleichfarben; Huttrama bis 2 cm dick, mit KOH dunkler, aber nicht schwarz; Hymenophor in Aufsicht ockerbraun, Röhren bis 10 mm lang; Poren rundlich bis eckig, besonders im Insertionsbereich auch irregulär gestreckt bis labyrinthisch, 1–2 Poren/mm.
Mikromerkmale: Spp. weiß; Sp. hyalin, zylindrisch, 7–11×3–4 µm; Basidien zylindrisch bis clavat, viersporig mit Basalschnalle; Hyphensystem trimitisch; generative Hyphen dünnwandig, bis 4 µm Ø, mit Schnallen; Skeletthyphen bis 6 µm Ø, dickwandig; Bindehyphen dickwandig, stark verzweigt, 3–5 µm Ø.

Funalia trogii ist eine holarktische Art; in Europa ist sie besonders in sommerwarmen Wäldern verbreitet. Bis in die Mitte des vorigen Jh.s war der Pilz in Mitteleuropa sehr selten und hat sich seither rasant ausgebreitet. Die Art wird auch außerhalb von Wäldern an freistehendem Totholz, sogar an verbautem Holz im Freien gefunden. An solchen Standorten werden mitunter untypische kleine, knollenförmige Fk. gebildet, die aber durch ihre Behaarung und die Farbe der Trama zu erkennen sind. *F. trogii* steht *F. gallica* nahe. Beide Sippen wurden früher nur auf Varietätsrang getrennt. Gegenwärtig werden sie von machen Autoren sogar in verschiedene Gattungen gestellt. *F. trogii* ist durch ihre nahezu weiße bis hellbeige Trama von *F. gallica* mit mittel- bis rostbrauner Trama makroskopisch gut zu trennen, wenn man die Fk. beider Arten nebeneinander vergleicht. Besonders bei alten Exemplaren kommt es jedoch oft zu Verwechslungen. *Trametes hirsuta*, die ebenfalls striegelig behaart ist, hat stets eine weiße Trama und mit 2–4 Poren/mm wesentlich dichter stehende Poren. Die Haare des Tomentums von *Trametes hirsuta* sind zudem weniger struppig und agglutiniert.

Abb. 1: Fk. mit mehreren Hüten und ein wenig effus herablaufendem Hymenophor an der Schnittfläche eines *Populus*-Stammes.
Abb. 2: Effusoreflexe Fk. mit ockerfarbenem Tomentum und Hymenophor an einem liegenden *Populus*-Stamm.
Abb. 3: Tomentum mit zusammenneigend verklebten, grauen bis bräunlichen Haaren und noch kurzhaarig samtigem Hutrand.
Abb. 4: Radialschnitt eines Fk.s; Tomentum und Hymenium sind etwa gleichfarbig hell ockerbraun, die Trama einschließlich der Röhrentrama ist etwas heller gefärbt, wobei die obere, das Tomentum tragende Tramaschicht dem Tomentum gleichfarben ist; eine festgefügte Cortex ist nicht vorhanden.
Abb. 5: Aufsicht auf das polyporoide Hymenophor nahe dem Hutrand.
Abb. 6: Segmentierte Aufsicht auf das Hymenophor; 81 Poren/25 mm² ≙ 3,2 Poren/mm² ≙ 1,8 Poren/mm.

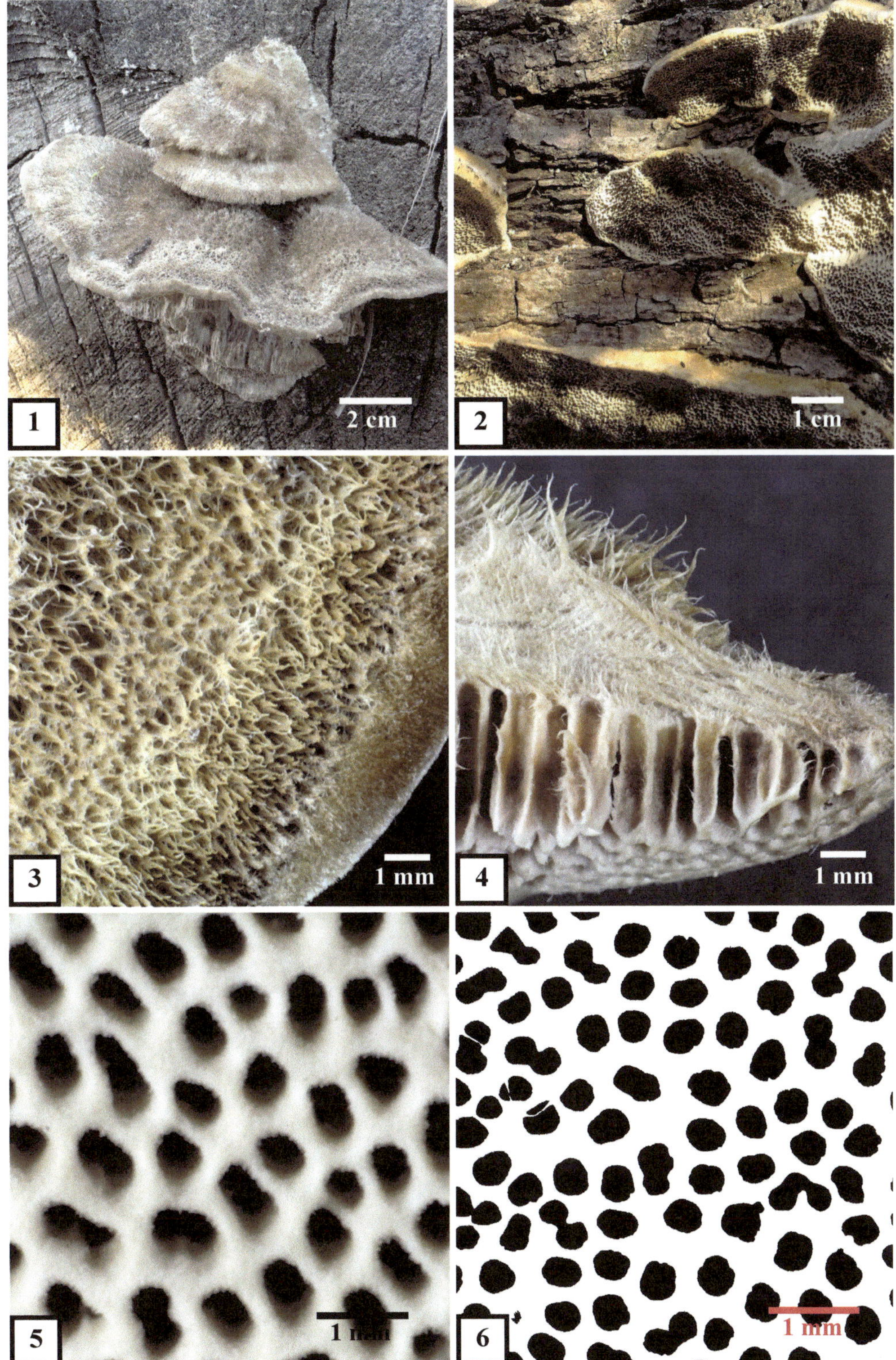
1
2 cm
2
1 cm
3
1 mm
4
1 mm
5
1 mm
6
1 mm

Ganoderma applanatum (Pers.) Pat.
[≡ *Fomes applanatus* (Pers.) Fr. = *Ganoderma flabelliforme* Murrill = *Ganoderma lipsiense* (Batsch) Atk. ss. auct.]
Flacher Lackporling, Abgeflachter Lackporling

Fk.-Typ: laterale, perennierende, monozentrische Crustothecien mit polyporoidem Hymenophor.
Habitat: lignicol; in Laub- und Mischwäldern, Parkanlagen, Gärten und an Straßenbäumen; vorwiegend saprotroph am Grund von aufrechten Stämmen, an Stümpfen, auch an liegenden Stämmen, selten perthotroph als Schwächeparasit an alten Bäumen; besonders an *Fagus*, *Betula*, *Quercus*, häufig auch an *Aesculus*, *Alnus*, *Carpinus*, *Fraxinus*, *Malus*, *Pyrus*, *Sorbus* und zahlreichen weiteren, auch syanthropen Laubgehölzen, selten an Nadelbäumen, u.a. an *Picea*; von der Initial- bis zur Optimalphase des Holzabbaus; Weißfäuleerreger.
Makromerkmale: Fk. einzeln oder in Gruppen; konsolenförmig breit angewachsen; sporulierende Exemplare abgeflacht mit scharfem Rand; meist 5–30, selten bis über 60 cm breit und bis über 30 cm vom Substrat abstehend; an der Insertionsfläche 2 bis über 6 cm hoch; Konsistenz korkig, trocken hart; Oberseite mit harter, bis 1 mm dicker, mattgrauer bis brauner Kruste, in der Sporulationsphase oft mit braunem Spp. bedeckt; alt fast schwarz; Zuwachszonen zunächst weiß, aber bald cremefarben; wulstig-höckerig bis konzentrisch wellig gezont; Hymenophor an mehrjährigen Exemplaren deutlich geschichtet; mitunter mit einer Tramaschicht zwischen den Röhrenschichten; Röhren pro Schicht meist um 5–10, selten bis 20 mm lang, Poren meist gleichförmig rund, selten etwas irregulär gestreckt, 4–5 Poren/mm; Dissepimente in Aufsicht je nach Wachstumsphase weiß bis hellbraun; Trama dunkelbraun, direkt unter der Kruste etwas heller und nahezu zimtbraun (vgl. *Ganoderma adspersum*, Abb. 4); häufig mit entfärbten weißen, wollig-faserigen Partien; Hymenophoraltrama der Huttrama gleichfarben, alte Röhrenschichten ebenfalls oft entfärbt.
Mikromerkmale: Spp. kakaobraun; Sp. braun, mit zweischichtiger Wand, eiförmig bis breit ellipsoid, feinwarzig, mit hyalinem Keimporus, 6–9×5–7 µm; Basidien clavat, viersporig, mit Basalschnalle; Hyphensystem trimitisch; generative Hyphen mit Schnallen, bis 3 µm Ø; Skeletthyphen dickwandig, braun bis 6 µm Ø; Bindehyphen verzweigt, dickwandig, braun, um 3 µm Ø.

Ganoderma applanatum ist holarktisch verbreitet und gehört in Mitteleuropa zu den häufigsten Porlingen. Die Art steht *Ganoderma australe* nahe und kann mit diesem verwechselt werden (vgl. *G. australe*). Bei wachsenden Fk.n sind die Dissepimente in der Aufsicht auf das Hymenophor zunächst reinweiß; beim Anritzen mit einem spitzen Gegenstand erscheinen die Ritzspuren dunkelbraun, so dass Ritzzeichnungen angefertigt werden können (*artist´s fungus*). In manchen Regionen wird *G. applantum* von dem Zweiflügler *Agathomyia wankowiczi* befallen. Die Larven leben im wachsenden Hymenophor, das mit der Bildung zitzenförmiger Cecidien reagiert. Nachdem ein Insekt zur Verpuppung im Boden die Galle verlassen hat, weist diese eine große, runde Mündung auf. Die weiblichen Fliegen legen ihre Eier im Frühjahr einzeln in die neue Hymenophoralschicht. Die oft vorkommende Entfärbung der Trama des Hutes und des Hymenophors wird auf einen zytoplasmatischen Nährstofftransfer von älteren Plectenchymen in jüngere Schichten des Hymenophors zurückgeführt.

Abb. 1: Fk.-Gruppe an einem liegenden *Fagus*-Stamm in einem *Luzulo-Fagetum*.
Abb. 2: Zweijähriger Fk. an einem liegenden *Populus*-Stamm in der Wachstumsphase.
Abb. 3: Teil einer radialen Bruchstelle eines mehrjährigen Fk.; a – zerfressene Huttrama; b – Röhren; c – dünne Trama zwischen zwei Röhrenschichten; d – entfärbte Röhren.
Abb. 4: Harte Kruste der Hutoberseite mit wulstig-konzentrischer Zonierung.
Abb. 5: Von der Insektenlarve verlassenes Cecidium („Zitzengalle“) mit runder Öffnung.
Abb. 6: Aufsicht auf das Hymenophor während der Wachstumsphase.
Abb. 7: Segmentierte Aufsicht; 451 Poren/25 mm^2 ≙ 18 Poren/mm^2 ≙ 4,2 Poren/mm [22 Fk.: 3,7–5,5].

1
ca. 10 cm
2
1 cm
5
2 mm
a
d
b
c
3
1 mm
4
1 cm
6
1 mm
7
1 mm

Ganoderma australe (Fr.) Pat.
[≡ *Polyporus australis* Fr. = *Polyporus adspersus* Schulzer ≡ *Ganoderma adspersum* (Schulzer) Donk = *Ganoderma europaeum* Steyaert]
Wulstiger Lackporling

Fk.-Typ: laterale, perennierende, bis über 10 Jahre alt werdende, monozentrische Crustothecien mit polyporoidem Hymenophor.
Habitat: lignicol; besonders an *Quercus* und *Tilia*, aber auch an *Aesculus, Fagus* und *Platanus*, selten an *Abies*; oft am Grunde lebender alter Stämme als perthotropher Schwächeparasit oder saprotroph an totem Holz; Weißfäuleerreger.
Makromerkmale: Fk. oft einzeln, aber auch in Gruppen; konsolenförmig; breit am Substrat angewachsen; bis über 30 cm breit und bis 25 cm vom Substrat abstehend; an der Insertionsfläche bis 10 cm hoch; Konsistenz hart, korkig bis holzartig; Hüte oberseits mit 1–2 mm dicker, sehr harter Kruste, grau bis braun, jung mit rotbraunem Farbton, alt fast schwarz; Zuwachszonen zunächst weiß, aber bald cremefarben; wulstig-höckerig bis konzentrisch-wellig gezont mit stumpf gewölbtem Rand; Hymenophor in Aufsicht je nach Wachstumsphase weiß, bald cremefarben bis hellbraun, an mehrjährigen Exemplaren mit deutlich geschichteten Röhren, diese pro Jahresschicht bis über 2 cm, meist um 5–10 mm lang, Poren meist gleichförmig rund, selten etwas irregulär gestreckt, 3–4 Poren/mm; Trama hart, korkig, faserig, dunkel rotbraun; sehr dick, ohne entfärbte weiße Partien; Hymenophoraltrama der Huttrama gleichfarben; alte Röhren selten etwas entfärbt.
Mikromerkmale: Spp. kakaobraun; Sp. braun, breit ellipsoid, warzig, hyalin, mit zweischichtiger Wand, 8–11×6–8 µm; Basidien viersporig, mit Basalschnalle; Hyphensystem trimitisch; generative Hyphen mit Schnallen, bis 2,5 µm Ø; Skeletthyphen dickwandig, braun, bis 6 µm Ø; Bindehyphen verzweigt, dickwandig, braun, um 3 µm Ø.

Ganoderma australe ist in den Tropen und im holarktischen Florenreich verbreitet; in Mitteleuropa ist die Art häufig, fehlt aber in Nordeuropa. *Ganoderma australe* steht *Ganoderma applanatum* nahe und wird häufig mit diesem verwechselt. Die Fk. von *G. australe* sind jedoch dicker, weniger abgeflacht, am Rand wulstiger, haben etwas größere Sporen und eine härtere, dickere Kruste und auch unter der Kruste eine dunkel rotbraune Huttrama; letztere ist bei *Ganoderma applanatum* direkt unter der Kruste heller und dort nahezu zimtbraun. Regulär gewachsene, junge Fk. von *G. australe* sind oberseits glatt und ungezont; ihre Krusten weisen einen charakteristisch rotbraunen Farbton auf. Sie sind zunächst höher als breit, die Höhe ihrer Huttrama übersteigt die Höhe des Hymenophors um ein Vielfaches. Das Fehlen von Zitzengallen und von großflächig entfärbten Partien in der Trama sind weitere Unterschiede zu *Ganoderma applanatum.*

Abb. 1: Etwa zehn Jahre altes Exemplar am Fuße eines lebenden *Quercus-robur*-Stammes in einem Hartholzauenwald; der Fk. wurde randlich verletzt und bildet an dieser Stelle neue kleine Hutkanten (Pfeil).
Abb. 2: Zweijähriger Fk. während der Wachstumsphase; das frisch zugewachsene, nahezu weiße Hymenophor wurde z.T. von Insekten abgeweidet, wodurch die braune Farbe des älteren Hymenophors zutage tritt (Pfeile).
Abb. 3 u. 4: Junge Fk. von *Ganoderma australe* (Abb. 3) und *Ganoderma applanatum* (Abb. 4) im Vergleich; sie unterscheiden sich durch das Verhältnis Höhe der Huttrama/Höhe des Hymenophors (a/b ca. 5/1 bei *G. australe*; a/b ca. 1/1 bei *G. applanatum*), durch die Farbe der Trama (rotbraun bei *G. australe*, auch unter der Kruste; bei *G. applanatum* stärker zimtbraun unter der Kruste) und durch die Dicke der Kruste: bei *G. australe* ca. 1,5 mm; bei *G. applanatum* < 1 mm.
Abb. 5: Wulstig gezonte, fast schwarze, derbkrustige Oberseite des Exemplars aus Abb. 1.
Abb. 6: Oberseitige Kruste am Rand eines einjährigen Fruchtkörpers.
Abb. 7: Aufsicht auf das Hymenophor bei beginnendem Wachstum.
Abb. 8: Segmentierte Aufsicht; 389 Poren/25 mm^2 ≙ 15,6 Poren/mm^2 ≙ 3,9 Poren/mm.

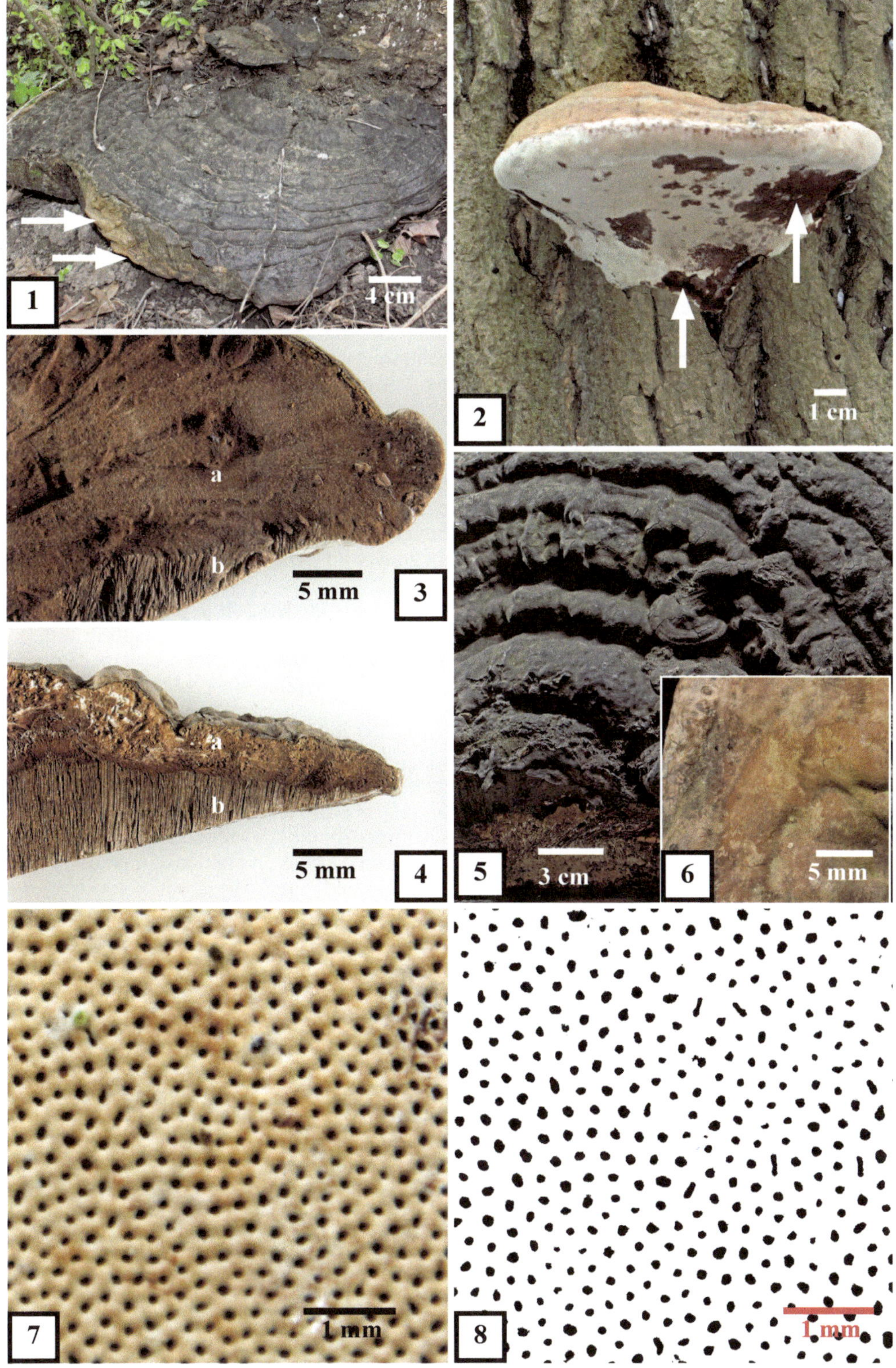
1
4 cm
2
1 cm
a
b
5 mm
3
a
b
5 mm
4
5
3 cm
6
5 mm
7
1 mm
8
1 mm

Ganoderma carnosum Pat.
[= *Ganoderma atkinsonii* H. Jahn, Kotl. & Pouz. = *Ganoderma valesiacum* Boud.]
Braunschwarzer Lackporling

Fk.-Typ: laterale bis stipitate, annuelle, monozentrische Crustothecien mit polyporoidem Hymenophor.
Habitat: lignicol; meist an Nadelholz, bevorzugt an *Abies*, aber auch an *Larix*, *Picea*, *Pinus*, *Pseudotsuga* und an *Taxus* nachgewiesen, selten auch an Laubholz, z.B. an *Betula*, *Carpinus*, *Fagus* und *Quercus*; saprotroph in der Optimalphase des Holzabbaus; Weißfäuleerreger.
Makromerkmale: Fk. einzeln oder in Gruppen, manchmal miteinander verwachsend, meist seitlich oder exzentrisch, selten auch zentral gestielt oder stiellos-konsolenförmig; Konsistenz zäh, trocken hart, aber sehr leicht, Hüte bis 20 cm breit, verwachsen auch breiter, rund, halbkreis- oder fächerförmig, auch vom Stiel her zweiseitig abgerundete Hüte bildend, nierenförmig oder in mehrere Hutlappen gegliedert, oberseits mit lackartig glänzender Kruste, die am wachsenden Rand aus der weißen, feinsamtigen Zuwachszone hervorgeht; Kruste in Richtung des Stielansatzes dunkel rotbraun bis nahezu schwarz, wellig, höckerig konzentrisch unregelmäßig durch Furchen gezont; Stiele unregelmäßig geformt, manchmal höckerig, mit lackartiger, dunkel rotbrauner Kruste, die bei seitlich gestielten Exemplaren in die Kruste der Hutoberseite übergeht; bis über 20 cm lang und 4 cm Ø; Hymenophor regulär polyporoid, stellenweise mit gestreckten, zusammenfließenden Poren, ausnahmslos geotropisch positiv wachsend, ohne effuse Fk.-Teile, 3–5 Poren/mm, in Aufsicht schmutzig weiß bis cremefarben, bei Druck braunfleckig; Röhren meist um 1 cm, aber auch bis 2 cm lang; Trama hellbraun, unter der Kruste mitunter nahezu weiß; Hymenophoraltrama der Huttrama gleichfarben oder etwas dunkler.
Mikromerkmale: Spp. kakaobraun; Sp. breit ellipsoid, 11–14×7–9 µm, braun, mit hyalinem Keimporus und zweischichtiger Wand, Basidien gestaucht clavat, viersporig mit Basalschnalle; Hyphensystem trimitisch; generative Hyphen hyalin, mit Schnallen, bis 3 µm Ø, Skeletthyphen dickwandig, bräunlich, bis 7 µm Ø; Bindehyphen stark verzweigt, dickwandig, bräunlich, bis 3 µm Ø.

Ganoderma carnosum ist eine überwiegend mittel- bis südeuropäische, montane Art, die im Wesentlichen im natürlichen Areal von *Abies alba* vorkommt. Sie steht *G. lucidum* sehr nahe. Neben dem bevorzugten Vorkommen auf Nadelholz sind die etwas größeren Sporen und die Farbe der lackartigen Kruste wichtige Unterscheidungsmerkmale. Junge Fk. von *G. carnosum* erscheinen meist zunächst mit der dunkelbraunen Hutmitte und bilden dann randlich von der weißen Zuwachszone her die rötlich-braunen Hutoberflächen, die denen von *G. lucidum* ähneln. Sporulierende Fk. sind oft – wie auch bei anderen *Ganoderma*-Arten – oberseits mit braunem Sporenpulver völlig bedeckt.

Abb. 1: Fk.-Gruppe von *Ganoderma carnosum* auf einem bodennah abgeschnittenen *Larix-decidua*-Stumpf in einer Gartenanlage; a – die dunkle, nahezu schwarze Kruste in der Mitte der Fk.; b – helle Zuwachszonen, mit weißen Rändern und nachfolgenden erst gelblichen, dann rötlichen und rotbraunen Krusten.
Abb. 2: Radialschnitt im mittleren Bereich des Hutes eines ausgereiften, absterbenden Exemplars; a – rotbraune Kruste; b – ausblassende Trama unter der Kruste; c – hellbraune Trama über dem Hymenophor; d – Hymenophor.
Abb. 3: Sehr junger Fk., dessen Oberfläche nahezu vollkommen schwarzbraun gefärbt ist (a), am Rand wird die rotbraune Oberseite nachgebildet (b).
Abb. 4: Hutunterseite im Bereich des scharf abgesetzten Stielansatzes; a – Hymenophor mit häufig verschmelzenden Poren; b – krustige Lackschicht im Grenzbereich zum Hymenophor; c – lackartige Kruste im Übergangsbereich von Hut und Stiel; d – Kruste der Stieloberfläche.
Abb. 5: Aufsicht auf das Hymenophor im mittleren Bereich eines Hutes.
Abb. 6: Segmentierte Aufsicht; 368 Poren/25 mm² ≙ 14,7 Poren/mm² ≙ 3,8 Poren/mm [2 Fk.: 3,5–3,6].

1
b
a
a
ca. 5 cm
2
a
1 mm
b
c
d
3
b
a
2 cm
4
a
b
c
d
1 mm
5
1 mm
6
1 mm

Ganoderma lucidum (Curtis) P. Karst.
[≡ *Boletus lucidus* Curtis ≡ *Polyporus lucidus* (Curtis) Fr. ≡ *Phaeoporus lucidus* (Curtis) J. Schröt. = *Ganoderma mongolicum* Pilát]
Glänzender Lackporling

Fk.-Typ: stipitate bis laterale, annuelle, monozentrische Crustothecien mit polyporoidem Hymenophor.
Habitat: lignicol; mitunter scheinbar terrestrisch auf unterirdischem Holz; saprotroph hauptsächlich in der Optimalphase des Holzabbaus; meist an Laubholz, besonders auf *Quercus*, aber auch an *Acer*, *Aesculus*, *Alnus*, *Betula*, *Carpinus*, *Fagus*, *Fraxinus*, *Juglans*, *Malus*, *Populus*, *Pyrus* und *Salix*, sehr selten an Nadelholz, z.B. an *Picea*; Weißfäuleerreger.
Makromerkmale: Fk. einzeln oder in Gruppen, manchmal miteinander verwachsend, meist seitlich oder exzentrisch, selten auch zentral gestielt, mitunter stiellos, aber fächerförmig zur Insertionsfläche hin verschmälert, selten auch konsolenförmig und breit am Substrat angewachsen; Konsistenz lederig, korkig, trocken hart, aber sehr leicht; Hüte bis über 20 cm breit, rund oder fächer-, halbkreis- bis nierenförmig; oberseits mit lackartig glänzender, rotbrauner, leicht eindrückbarer Kruste, die am wachsenden Rand aus einer weißen, feinsamtigen Zuwachszone über gelborange Farbentöne bis ins kräftige Rotbraun übergeht; Hutoberseite wellig, höckerig unregelmäßig durch Furchen konzentrisch gezont; oft radial runzelig; Stiele unregelmäßig geformt, manchmal höckerig, wie die Hutoberseite mit lackartiger, rotbrauner Kruste, die bei seitlich gestielten Exemplaren in die Kruste der Hutoberseite übergeht; bis über 20 cm lang und bis 4 cm Ø; Hymenophor in Aufsicht zunächst schmutzig weiß, später cremefarben bis hellbraun mit runden bis abgerundet eckigen Poren; 4–6 Poren/mm, Röhren meist um 0,5–2, selten bis 3 cm lang; Trama zunächst weißlich, später hellbraun bis dunkel ockerfarben, faserig; Hymenophoraltrama von der Huttrama abgesetzt und etwas dunkler.
Mikromerkmale: Spp. kakaobraun; Sp. braun mit hyalinem Keimporus, breit ellipsoid, mit zweischichtiger Wand, 7–11×6–8 µm; Basidien gestaucht clavat, viersporig, mit Basalschnalle; Hymenium ohne sterile Elemente; Hyphensystem trimitisch; generative Hyphen hyalin, dünnwandig, mit Schnallen, bis 3 µm Ø; Skeletthyphen dickwandig, bräunlich, bis 7 µm Ø, in der Hymenophoraltrama dünner; Bindehyphen stark verzweigt, dickwandig, bräunlich, bis 5 µm Ø.

Ganoderma lucidum ist wahrscheinlich kosmopolitisch verbreitet. Aufgrund zahlreicher konfuser Beschreibungen von Lackporlingen des *Ganoderma-lucidum*-Verwandtschaftskreises aus tropischen und südhemisphärischen Regionen ist das Areal nicht exakt zu ermitteln. In Europa kommt die Art hauptsächlich im nemoralen Zonobiom vor. Sie steht der montan verbreiteten, Nadelholz bewohnenden Art *G. carnosum* nahe und unterscheidet sich von dieser durch die kleineren Sporen, die höhere Porendichte, die hellere Lackkruste und die Wuchsorte in sommerwarmen, nemoralen Wäldern. Sporulierende Fk. von *G. lucidum* sind oft – wie auch bei anderen *Ganoderma*-Arten – oberseits mit braunem Spp. völlig bedeckt. Die glänzende Lackkruste wird dann erst nach Befeuchtung sichtbar.

Abb. 1: Zwei basal verwachsene Exemplare mit weißem, wachsendem Rand von unterirdischem Laubholz.
Abb. 2: Hutunterseite mit normalem (a) und abnormal verkrustendem (b) Hymenophor sowie dem Hutrand mit der normalen Lackkruste (c); ähnliches Überwachsen von ursprünglichem Hymenophor durch die krustenbildenden Palisadenhyphen kommt im *Ganoderma-lucidum*-Verwandtschaftskreis häufig vor.
Abb. 3: Radial aufgebrochener Hut mit der sich vom wachsenden Hutrand her dunkler färbenden Huttrama (a) und dem dunkleren Hymenophor (b).
Abb. 4: Aufsicht auf ein wachsendes Hymenophor mit schmutzig weißen Dissepimenten und runden bis abgerundet eckigen Poren.
Abb. 5: Segmentierte Aufsicht; 312 Poren/25 mm^2 ≙ 12,5 Poren/mm^2 ≙ 3,5 Poren/mm [10 Fk.: 3,3–4,6].

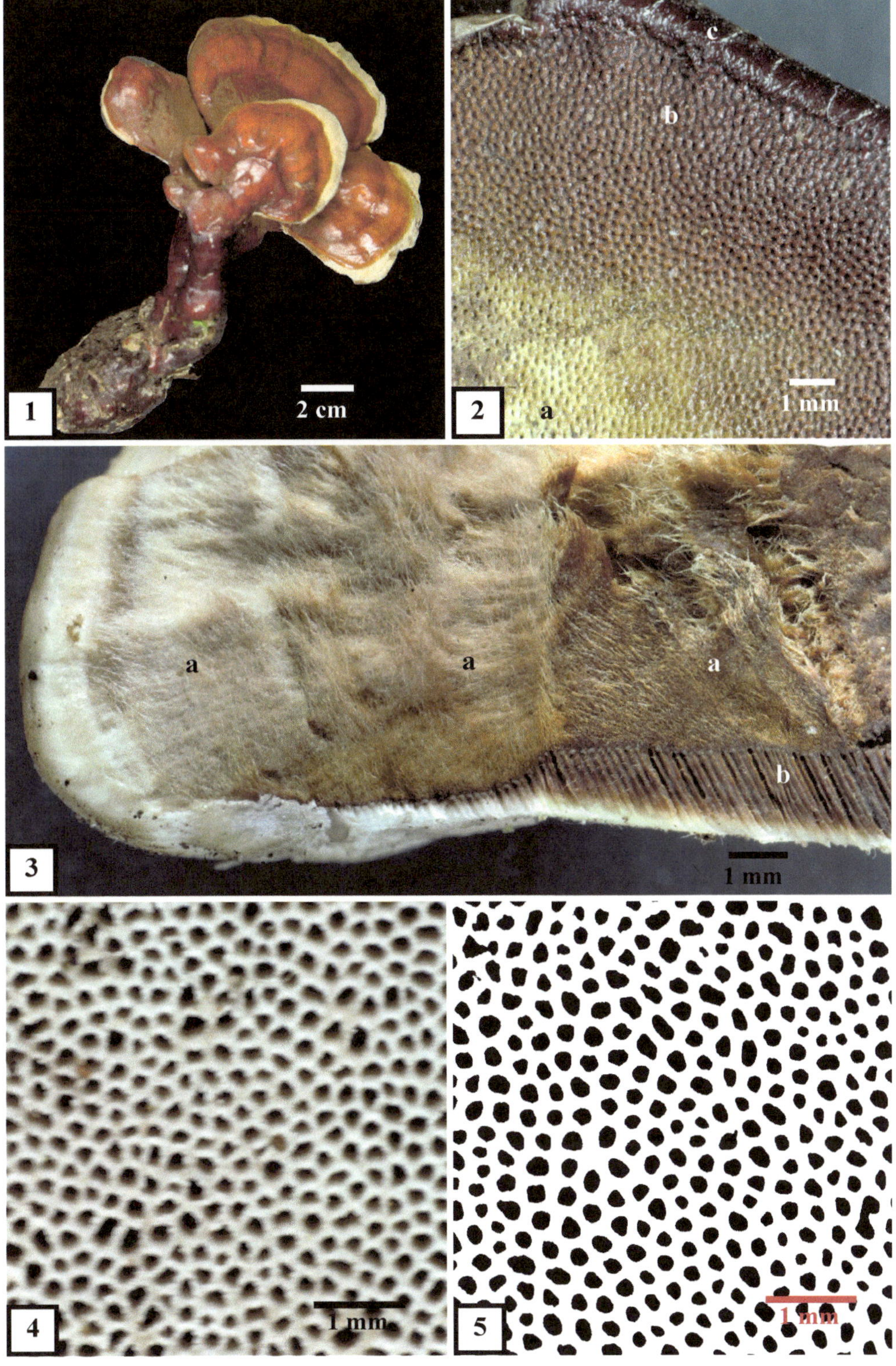
1
2 cm
2
a
b
c
1 mm
3
a
a
a
b
1 mm
4
1 mm
5
1 mm

Ganoderma pfeifferi Bres.
[≡ *Fomes pfeifferi* (Bres.) Sacc. = *Ganoderma applanatum* f. *laccatum* (Sacc.) Golovin]
Kupferroter Lackporling

Fk.-Typ: laterale, perennierende, monozentrische Crustothecien mit polyporoidem Hymenophor.
Habitat: lignicol; in Laub- und Mischwäldern, Parkanlagen, vorwiegend saprotroph am Grund von aufrechten Stämmen, an Stümpfen, auch an liegenden Stämmen; besonders an *Fagus* und *Quercus*, aber auch nachgewiesen an *Acer*, *Aesculus*, *Prunus*, *Pyrus*, *Salix* und *Ulmus*; Weißfäuleerreger.
Makromerkmale: Fk. einzeln; meist konsolenförmig; breit angewachsen; Konsistenz derbkorkig, trocken holzartig hart; 10–50 cm breit und bis über 20 cm vom Substrat abstehend; an der Insertionsfläche 5–10 cm hoch; Oberseite wulstig-höckerig, über der dünnen, krustigen Cortex mit einer harzigen bis firnisartigen, mitunter noch klebrigen Schicht bedeckt; die zunächst glänzende Cortex am Rand gelblich-rot, später rot, rötlich-braun, schließlich grauschwarz bis schwarz; gezont, am Rande oft mit eng stehenden Zonen; durch die Harzschicht in trockenem Zustand zunehmend matt und stumpf erscheinend und wie von graublauem Reif bedeckt; Harzschicht in einer Flamme schmelzend, oft durch Runzeln knittrig wirkend; Hutrand abgerundet; Hutoberseite in der Sporulationsphase oft mit kakaobraunem Sporenpulver bedeckt; Aufsicht auf das Hymenophor anfangs cremefarben, später ocker, hell- bis dunkelbraun; Röhren an mehrjährigen Exemplaren deutlich geschichtet; Röhren pro Schicht meist um 5–20 mm lang, ohne Tramazwischenschicht; 5–6 Poren/mm; Trama dunkel rotbraun, Hymenophoraltrama der Huttrama gleichfarben. Entfärbungen der Trama bis zu weiß-wollig-faseriger Struktur (vgl. *Ganoderma applanatum*) kommt nur selten bei relativ alten Exemplaren vor.
Mikromerkmale: Spp. kakaobraun; Sp. hellbraun, dickwandig, eiförmig bis breit ellipsoid, warzig, mit hyalinem Keimporus, mit zweischichtiger Wand, 9–11×6–9 µm; Basidien viersporig, breit clavat, mit Basalschnalle; Hyphensystem trimitisch; generative Hyphen mit Schnallen, bis 4 µm Ø; Skeletthyphen dickwandig, hellbraun unseptiert, bis 6 µm Ø; Bindehyphen mit langen, sich verjüngenden Auszweigungen, hellbraun, um 4 µm Ø.

Ganoderma pfeifferi ist eine europäische Art des nemoralen Zonobioms. Die Art bevorzugt sommerwarme Wälder innerhalb des *Fagus*- und *Quercus*-Areals, kommt nördlich bis Dänemark, Südschweden und östlich bis in das *Quercus-robur*-Areal Russlands vor. Die Fk. von *G. pfeifferi* sind relativ massiv und schwer. Durch diese Eigenschaft sowie durch die dunkel rotbraune Trama und die dicke Harzschicht ist *G. pfeifferi* im Gelände problemlos von den relativ leichten, stets einjährigen *G.-resinaceum*-Fk.n mit dünnerer Harzschicht und hellbrauner Trama zu unterscheiden. *G. lucidum* und *G. carnosum* bilden stets einjährige, meist gestielte Fk. mit dünneren Hüten.

Abb. 1: Ca. acht Jahre alter, durch Regen befeuchteter Fk. am Grund eines lebenden *Fagus-sylvatica*-Stammes; a – Hutoberseite mit bereits geschwärzter, von der Harzschicht überdeckter Cortex; b – eng gezonter Hutrand.
Abb. 2: Am Wuchsort angebrochener Fk.; a, b – bei trockenem Wetter matte, stumpfe Oberseite; a – abgerundeter Hutrand mit der dunkel rotbraunen, von der Harzschicht überzogenen krustigen Cortex; b – schwarze, harzige Cortex älterer Fk. Teile; c – gezonte, dunkelbraune Huttrama; d – am Rand einschichtiges Hymenophor; e – ältere Fk.-Teile mit mehrschichtigem Hymenophor.
Abb. 3: Aufsicht auf einen enggezonten, rotbraunen Fk.-Rand; Pfeile – in einer Flamme schmelzende und kleine Bläschen bildende Harzkruste.
Abb. 4: Aufsicht auf das aktiv wachsende Hymenophor mit noch nicht voll entwickelten Poren während der Bildung einer neuen Röhrenschicht.
Abb. 5: Segmentierte Aufsicht auf das Hymenophor eines Fk. im mittleren Bereich des Hutes; 387 Poren/25 mm^2 ≙ 15,5 Poren/mm^2 ≙ 3,9 Poren/mm.

1
10 cm
2
a
b
c
e
d
2 cm
3
4
1 mm
5
1 mm

Ganoderma resinaceum Boud.
[≡ *Ganoderma lucidum* subsp. *resinaceum* (Boud.) Bourdot & Galzin ≡ *Fomes resinaceus* (Boud.) Sacc. = *Ganoderma areolatum* Murrill]
Harziger Lackporling

Fk.-Typ: annuelle, laterale bis substipitate Crustothecien mit polyporoidem Hymenophor.
Habitat: lignicol; perthotroph oder saprotroph, am Grunde lebender Laubbäume oder deren Stümpfe, in Auwäldern und anderen naturnahen Laubmischwäldern, auch in der Kulturlandschaft, z.B. in Parkanlagen; besonders an *Quercus* und *Fagus*, aber auch an vielen weiteren, u.a. an *Acer*, *Aesculus*, *Alnus*, *Betula*, *Fraxinus* und *Populus*; Weißfäuleerreger.
Makromerkmale: Fk. oft sehr groß, einzeln oder in Gruppen, mitunter imbricat und miteinander verwachsen; konsolenförmig, fächerförmig; breit ansitzend oder kurz lateral gestielt; Konsistenz frisch weich, dann korkig, trocken hart, leicht; Hüte bis über 40 cm breit, bis über 20 cm vom Substrat abstehend und an der Insertionsfläche bis über 10 cm hoch; Zuwachszonen lebender Fk. weiß, bald cremefarben, feinstfilzig; dahinter eine dünne, lackartige, rotbraune Kruste bildend, diese in Richtung der Insertionsfläche dunkler, bis nahezu schwarz und mit einer hyalinen, klebrig harzartigen Schicht bedeckt, die in einer Flamme schmilzt; mit grobrillig konzentrischen Zonen; Stiele, wenn vorhanden, kurz und wie die Hutoberseite strukturiert; Aufsicht auf das Hymenophor anfangs hell cremefarben, später ocker, trocken braun; Poren rund, oval, eckig abgerundet, Größe variabel, stellenweise bis über 0,5 mm Ø, meist um 3 Poren/mm; Röhren bis 3 cm lang; Dissepimente im Alter wellig gekerbt; Huttrama hell graubraun, über dem Hymenophor dunkler als unter der Kruste, gezont; Hymenophoraltrama der Huttrama gleichfarben, im Alter und trocken meist etwas dunkler als die Huttrama.
Mikromerkmale: Spp. braun; Sp. 9–12×5–7 µm, ellipsoid, mit brauner Endosporenwand und hyaliner Außenwand, rau; Basidien gestaucht clavat, viersporig, mit Basalschnalle; Hyphensystem trimitisch; generative Hyphen hyalin, dünnwandig, mit Schnallen, um 2–4 µm Ø; Skeletthyphen reichlich vorhanden, dickwandig, gelbbraun, wenig verzweigt, bis 6 µm Ø; Bindehyphen hyalin, dickwandig, verzweigt, unseptiert, bis 5 µm Ø.

Ganoderma resinaceum ist im holarktischen Florenreich und in den Tropenzonen verbreitet. In Europa und Nordafrika besiedelt die Art das mediterrane und das nemorale Zonobiom. *G. resinaceum* kann mit *G. lucidum*, *G. carnosum* und *G. pfeifferi* verwechselt werden. Die Fk. von *G. pfeifferi* sind jedoch stets mehrjährig und die Harzkruste ist dicker. *G. lucidum* und *G. carnosum* haben wesentlich dünnere, flachere Hüte und keine Harzkruste über der lackartigen Cortex. Wie bei nahezu allen *Ganoderma* spp. können die Hutoberseiten zur Sporulationszeit reichlich mit kakaobraunem Sporenpulver bedeckt sein, so dass die eigentliche Farbe der Hutoberseite erst nach Abschwemmung der Sporen zu erkennen ist.

Abb. 1: Eine wachsende, sporulierende Fk.-Gruppe am Fuß eines *Quercus*-Stammes; a – wachsender Fk.-Rand; b – Hutoberseite mit braunem Sporenpulver bedeckt; c – kurzer Stiel, der die rotbraune Farbe der sterilen Fk.-Oberflächen erkennen lässt; d – reichlich vorhandenes Sporenpulver, die Umgebung der Fk. bedeckend.
Abb. 2: Oberseite eines exsikkierten Fk.s.
Abb. 3: Radialschnitt am Hutrand eines getrockneten Fk.s.; a – leicht gezonte Huttrama; b – Hymenophor mit den relativ langen Röhren; c – Hutoberseite.
Abb. 4: Aufsicht auf das Hymenophor eines Fk.s. nach der Sporulationsphase mit dünnen, zerklüfteten Schneiden der Dissepimente.
Abb. 5: Segmentierte Aufsicht auf ein Hymenophor; 55 Poren/25 mm^2 ≙ 2,2 Poren/mm^2 ≙ 1,5 Poren/mm.

c
b
a
d
d
2 cm
1
c
a
b
5 cm
2
2 mm
3
1 mm
4
1 mm
5

Gloeophyllum abietinum (Bull.) P. Karst.
[≡ *Agaricus abietinus* Bull. ≡ *Lenzites abietina* (Bull.) Fr. ≡ *Daedalea abietina* (Bull.) Fr. ≡ *Lenzitina abietina* (Bull.) P. Karst.]
Tannenblättling

Fk.-Typ: laterale, annuelle bis perennierende, monozentrische, ein- bis vielhütige Crustothecien mit lenzitoidem bis daedaleoidem und selten auch irpicoidem Hymenophor.
Habitat: lignicol; saprotroph auf Nadelholz, in Europa besonders häufig auf *Picea*, aber auch auf *Pinus* und *Abies*, selten auf *Cupressus*, *Juniperus*, und *Larix*, sehr selten an Laubholz; nachgewiesen an *Betula*, *Fagus*, *Populus*, *Prunus* und *Quercus*; von der Initial- bis zur Optimalphase des Holzabbaus; Braunfäuleerreger.
Makromerkmale: Fk. konsolenförmig, an der Oberseite horizontaler Substrate auch rosettenförmig, fächerförmig, oft imbricat, randlich mitunter fusionierend, oft in langen Reihen; meist ohne oder mit geringen effusen Fk.-Teilen, selten an der Unterseite horizontaler Substrate völlig effus; Konsistenz frisch biegsam, zäh, korkig, trocken hart; Einzelhüte 3–5, selten bis über 10 cm breit, 1–4 cm vom Substrat abstehend, im mittleren Hutbereich 3–8 mm dick, im Insertionsbereich bis über 1 cm hoch; scharfrandig; Hutoberseite an den wachsenden Rändern gelb bis hellbraun, dahinter grau- bis zimtbraun, dunkelbraun, rostbraun bis nahzu schwarz; rillig und farblich gezont, radialrunzelig, anfangs feinhaarig-filzig, verkahlend; Hymenophor jung in Aufsicht hell grau-bräunlich, auf Druck dunkler braun, später rostbraun; lenzitoid mit Anastomosen, kleinflächig daedaleoid bis irpicoid; im Sekantalschnitt 0,5–1,5 Lamellen/mm; Lamellen bei Reife von der Basis zur gekerbten Schneide etwas verschmälert, um 1 cm tief; Trama tabak- bis graubraun, auch rostbraun; Huttrama 1–5 mm dick; Hymenophoraltrama der Huttrama gleichfarben.
Mikromerkmale: Spp. weiß; Sp. zylindrisch bis schmal ellipsoid, oft etwas gekrümmt, hyalin, dünnwandig, glatt, 8–13×3–4 µm; Basidien schmal clavat, viersporig, mit Basalschnalle; Cystiden braun, dickwandig, etwas bauchig, apikal mitunter inkrustiert, die Basidien um 15–20 µm überragend, mit Basalschnalle; Hyphensystem trimitisch; generative Hyphen 2–5 µm Ø, dünnwandig, mit Schnallen; Skeletthyphen braun, dickwandig bis solide, wenig verzweigt, bis 6 µm Ø; Bindehyphen selten, schwer nachweisbar, gelbbraun, bis 5 µm Ø.

Gloeophyllum abietinum ist in Europa und Nordafrika besonders in der südlichen temperaten und in der mediterranen Klimazone verbreitet und kommt auch in Nordamerika vor. Die Art gehört in Mitteleuropa zu den nur zerstreut vorkommenden *Gloeophyllum*-Arten. Sie kann auch an verbautem Holz und an relativ trockenen Substraten Fk. bilden. Durch die entfernt stehenden und gekerbten Lamellen kann *G. abietinum* von den oft sehr ähnlichen Fk.n des in Mitteleuropa häufigem, in Südeuropa aber seltenerem *G. sepiarium* getrennt werden. Beide wurden schon auf demselben Substrat nachgewiesen. *G. trabeum* hat noch enger stehende Lamellen. Die Arten mit teilweise oder überwiegend lenzitoidem Hymenophor unterscheiden sich durch die Anzahl der Lamellen am Fk.-Rand:
– *Gloeophyllum abietinum*: 8–12 Lamellen pro cm
– *Gloeophyllum sepiarium*: 15–20 Lamellen pro cm
– *Gloeophyllum trabeum*: über 25 Lamellen pro cm

Abb. 1: Gruppe von imbricaten, teils an den Huträndern verwachsenen Fk.n an der Schnittfläche eines liegenden *Picea-abies*-Stammes.
Abb. 2: Teil eines aufgebrochenen Fk.s; a – graubraune Huttrama im Bruch; b – daedaleoides Hymenophor.
Abb. 3: Verkahlte Oberseite einer überwinterten Konsole nahe des Hutrandes mit rilligen Zonen (Pfeile).
Abb. 4: Radialschnitt am Rand eines Fk.s mit grob gekerbter Lamellenschneide.
Abb. 5: Aufsicht auf das Hymenophor.
Abb. 6: Segmentierte Aufsicht auf das Hymenophor; auf der eingezeichneten Linie von 5 mm werden vier Lamellen geschnitten: ≙ 0,8 Lamellen/mm.

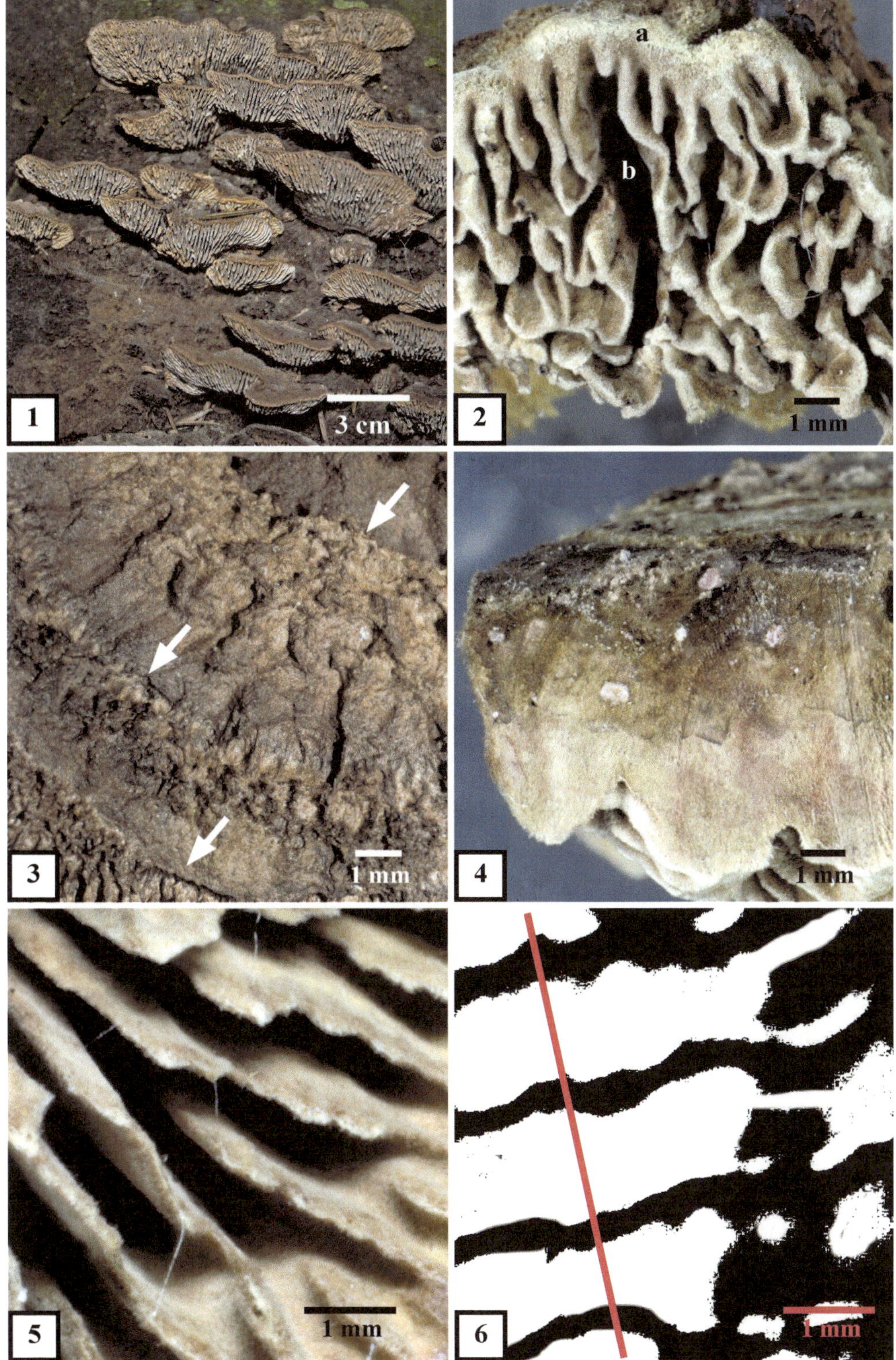
1
3 cm
a
b
2
1 mm
3
1 mm
4
1 mm
5
1 mm
6
1 mm

Gloeophyllum odoratum (Wulfen) Imazeki
[≡ *Osmoporus odoratus* (Wulfen) Singer ≡ *Trametes odorata* (Wulfen) Fr.]
Fenchelporling, Fencheltramete, Wohlriechende Tramete

Fk.-Typ: laterale bis effusoreflexe, oft annuelle, aber auch zwei- bis vierjährige, mono- oder polyzentrische Crustothecien mit polyporoidem Hymenophor.
Habitat: lignicol; saprotroph, besonders in der Optimalphase des Holzabbaus, meistens an Nadelholz, vorzugsweise an *Picea*, selten an *Abies*, *Larix* und *Pinus*; sehr selten an *Alnus*; oft an Stümpfen, auch an aufrechten oder liegenden Stämmen, mitunter an feuchtem, verbautem Holz; Braunfäuleerreger.
Makromerkmale: Fk. zunächst knollig, dann meist konsolenförmig, auch unförmig klumpenartig; auf horizontalen Schnittflächen auch rosettig, an senkrechten Substraten oft mit geringfügig effusen Fruchtkörperteilen am Substrat herablaufend, selten an der Unterseite liegender Stämme auch völlig effuse Krusten bildend, mitunter mehrhütig und imbricat, frisch stets mit deutlichem Anis- oder Fenchelgeruch, der auch an Exsikkaten noch lange nachweisbar ist; Konsistenz korkartig, relativ weich, trocken hart; Hüte bis über 15 cm breit, dickfleischig, mit wulstartigem, stumpfem Rand; wellig-wulstig gezont; an der Insertionsfläche bis 5 cm hoch; bis 10 cm vom Substrat abstehend; oberseits mit feinhaarig-filzigem, zunächst gelbem, dann orangegelbem bis gelbbraunem Tomentum, flockig verkahlend, alt graubraun bis schwarz, aber rau bleibend, nicht verkrustend, Trama dunkelbraun, mit KOH schwarz; wachsendes Hymenophor gelbbraun, dann zimtbraun; Röhren bis über 10 mm lang; Poren an der Hutunterseite und an effusen Krusten horizontaler Substrate rund bis eckig, isodiametrisch, im Übergang zu effusen Fk.-Teilen an senkrechten Substraten gestreckt, mitunter etwas labyrinthisch aufreißend, 1–2 Poren/mm.
Mikromerkmale: Spp. weiß; Sp. gestreckt ellipsoid, nahezu zylindrisch, ventral abgeflacht, glatt, hyalin, 6–9×3–4 µm; Basidien zylindrisch bis clavat, zwei- bis viersporig, mit Basalschnalle; Trama dimitisch, oder an der Fk.-Basis trimitisch; generative Hyphen hyalin, bis 4 µm Ø, mit Schnallen; Skeletthyphen dickwandig, gelbbraun, bis 6 µm Ø; Bindehyphen selten, bis 3 µm Ø.

Gloeophyllum odoratum ist holarktisch verbreitet und kommt in Mitteleuropa vom Flachland bis in die subalpine Höhenstufe überall häufig vor. Der Pilz besiedelt primär das Fichtenareal und gelangte durch Fichtenkulturen ins Areal nemoraler Laubwälder. Er ist durch seinen Anisgeruch, die orangegelben Zuwachszonen, die sich kontrastreich von dunkleren, älteren Fk.-Teilen unterscheiden, und durch die relativ weiche Konsistenz eine gut kenntliche Art.

Abb. 1: Einjähriger, zunächst knolliger, dann hutförmig ausgewachsener Fk. an der Schnittfläche eines *Picea*-Stammes mit einem kleinflächigen, am Substrat herablaufenden Fk.-Anteil.
Abb. 2: Stumpfer Hutrand (oben) und Hymenophor eines wachsenden Fk.s an der Schnittfläche eines *Picea*-Stammes; die zunächst runden Poren werden länglich oder reißen labyrinthisch auf; im Übergang zu effusen Fk.-Teilen sind gestreckte Poren (Pfeile) entstanden.
Abb. 3: Schnitt durch einen dreijährigen, effusen Fk. von der Unterseite eines waagerecht liegenden *Picea*-Stammes; a – Reste des vom Myzel durchwachsenen Substrates; b – die dunkelbraune, bei effusen Fk.n sehr dünne Trama; im Hymenophor sind im Schnitt nur undeutliche Grenzen (Pfeile) des jährlichen Zuwachses nachweisbar.
Abb. 4: Das feinfilzige Tomentum eines wachsenden Hutrandes.
Abb. 5: Oberseite einer Konsole nahe des Randes; a – verkahlender, sich dunkel färbender Teil, das Tomentum verklumpt zu wolligen Flocken; b–d – Zuwachszone des Hutrandes; b – junge Hutoberseite mit Tomentum; c – aufliegendes Laubblatt von *Prunus domestica*, das vom Tomentum umwachsen wurde; d – Flächen der Oberseite mit abgelösten Blättern, die eine normale Ausbildung des Tomentums verhindert haben.
Abb. 6: Aufsicht auf das Hymenophor einer Hutunterseite nahe des Hutrandes.
Abb. 7: Segmentierte Aufsicht; 81 Poren/25 mm² ≙ 3,2 Poren/mm² ≙ 1,8 Poren/mm.

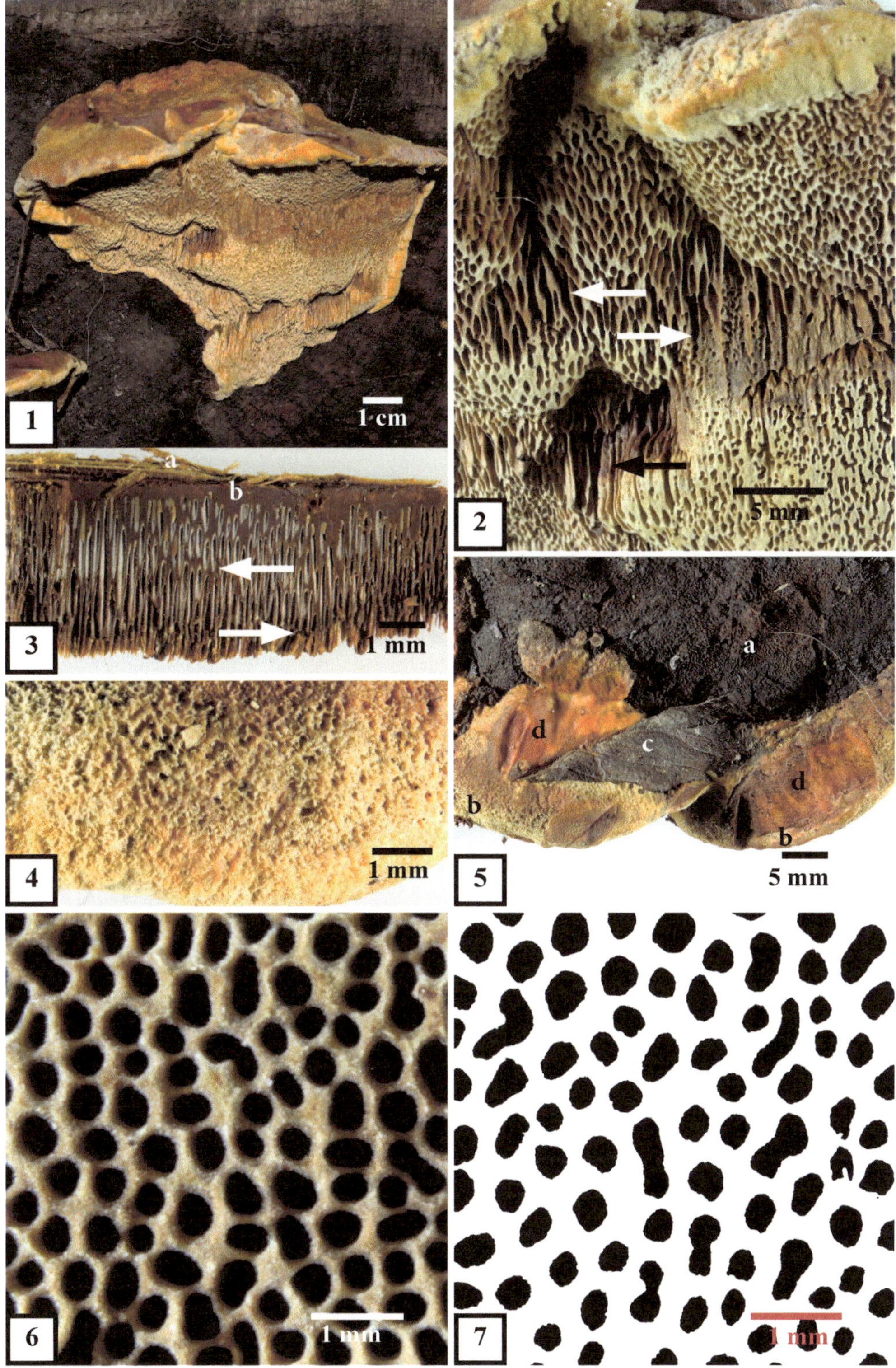
1
1 cm
2
5 mm
a
b
3
1 mm
4
1 mm
a
d
c
d
b
b
5
5 mm
6
1 mm
7
1 mm

Gloeophyllum sepiarium (Wulfen) P. Karst.
[≡ *Agaricus sepiarius* Wulfen ≡ *Daedalea sepiaria* (Wulfen) Fr. ≡ *Lenzites sepiaria* (Wulfen) Fr.]
Zaunblättling

Fk.-Typ: laterale, annuelle bis perennierende, monozentrische, ein- bis vielhütige Crustothecien mit lenzitoidem bis daedaleoidem und selten auch irpicoidem Hymenophor.
Habitat: lignicol; saprotroph auf Holz von Nadelbäumen, in Europa besonders häufig auf *Picea*, aber auch auf *Abies*, *Pinus* und *Larix* u.a., selten an Laubholz, nachgewiesen an *Alnus*, *Betula*, *Fagus*, *Padus*, *Populus*, *Prunus*, *Quercus*, *Salix*, *Sorbus*; von der Initial- bis zur Optimalphase des Holzabbaus; Braunfäuleerreger.
Makromerkmale: Fk. konsolenförmig, an der Oberseite horizontaler Substrate auch rosettenförmig, fächerförmig oft imbricat, randlich mitunter fusionierend; meist ohne oder mit geringen effusen Fk.-Teilen, selten völlig effus an der Unterseite horizontaler Substrate; Konsistenz frisch biegsam, zäh korkig, trocken hart; Einzelhüte bis 12 cm breit, bis 7 cm vom Substrat abstehend, im mittleren Hutbereich 5-8 mm, im Insertionsbereich bis über 1 cm dick; scharfrandig; Hutoberseite an den wachsenden Rändern gelb bis hellbraun, fein haarig, dann goldgelb, striegelig bis filzig, später rostbraun, schließlich graubraun bis nahezu schwarz, verklebt-haarig und verkrustend; farblich und rillig konzentrisch gezont; Hymenophor jung in Aufsicht hell gelbbräunlich, auf Druck dunkler braun, später rostbraun; lenzitoid mit Anastomosen, kleinflächig daedaleoid bis irpicoid; im Sekantalschnitt 1-2 Lamellen/mm, am Hutrand ca. 15 bis 20 Lamellen/cm; Lamellen bei Reife von der Basis zur Schneide verschmälert, im mittleren Bereich des Hutes 3-4 mm tief; Trama tabak- bis rostbraun; Hymenophoraltrama der Huttrama gleichfarben; Aufsicht auf die Lamellenfläche bei wachsenden Exemplaren gelbbraun bis hellbraun.
Mikromerkmale: Spp. weiß; Sporen gestreckt ellipsoid bis zylindrisch, glatt, hyalin, oft etwas gebogen 8-12x3-5 µm; Basidien schmal und gestreckt, fast schlauchförmig, zwei- oder viersporig mit Basalschnalle; Cystidiolen etwas kleiner als die Basidien, dünnwandig mit Basalschnalle; Hyphensystem trimitisch; generative Hyphen dünnwandig, bis 3 µm Ø, mit Schnallen; Skeletthyphen dickwandig, hellbraun, bis 6 µm Ø, Bindehyphen knorrig verzweigt, dickwandig, hellbraun bis 4 µm Ø.

Gloeophyllum sepiarium ist eine holarktisch, circumpolar verbreitete Art. In Europa gehört sie in Nadelwäldern, Nadelholzforsten und Mischwäldern mit Nadelholzanteil zu den häufigsten Porlingen. Die Fk. können längere Trockenperioden in nahezu ausgetrocknetem Zustand überdauern und wachsen nach Befeuchtung weiter; sie erscheinen auch häufig auf verbautem Holz, z.B. an Bahnschwellen, Zaunpfählen, Gartenbänken etc. Ähnliche Arten sind *Gloephyllum abietinum* mit entfernter stehenden Lamellen und *Gloeophyllum trabeum* mit dichter gedrängten Lamellen (vgl. *G. abietinum*).

Abb. 1: imbricate Fk.-Gruppe an einem liegenden *Picea*-Stamm; Einblendung Hutunterseite.
Abb. 2: rosettenförmiger, dreijähriger Fk. auf der Schnittfläche eines *Picea*-Stumpfes; a – gelbe, wachsende Randzonen; b – rostbraune Zonen; c – nackte, teils mehrjährige, graue bis schwarze Zonen; d – Auswüchse mit irregulär irpicoidem Hymenophor.
Abb. 3: Oberseite einer wachsenden Konsole; a – fein tomentoser, weißgelber bis gelber Hutrand; b – filzhaariges, gelbes Tomentum; c – verklebt haarige, dunkelbraune Zone; d – schwarzgraue Oberfäche des ältern Fk.-Teiles.
Abb. 4: Sekantalschnitt im mittleren Bereich eines Hutes; a – verkrustende Oberseite; b – dunkelbraune Huttrama; c – Lamellenquerschnitt mit der braunen Hymenophoraltrama und dem helleren Hymenium am Rand; d – Blick auf die Lamellenfläche mit dem gelb erscheinenden Hymenium.
Abb. 5: Aufsicht auf ein heranwachsendes Hymenophor.
Abb. 6: segmentierte Aufsicht auf das Hymenophor; 8 Lamellen/5 mm ≙ 16 Lamellen/cm.

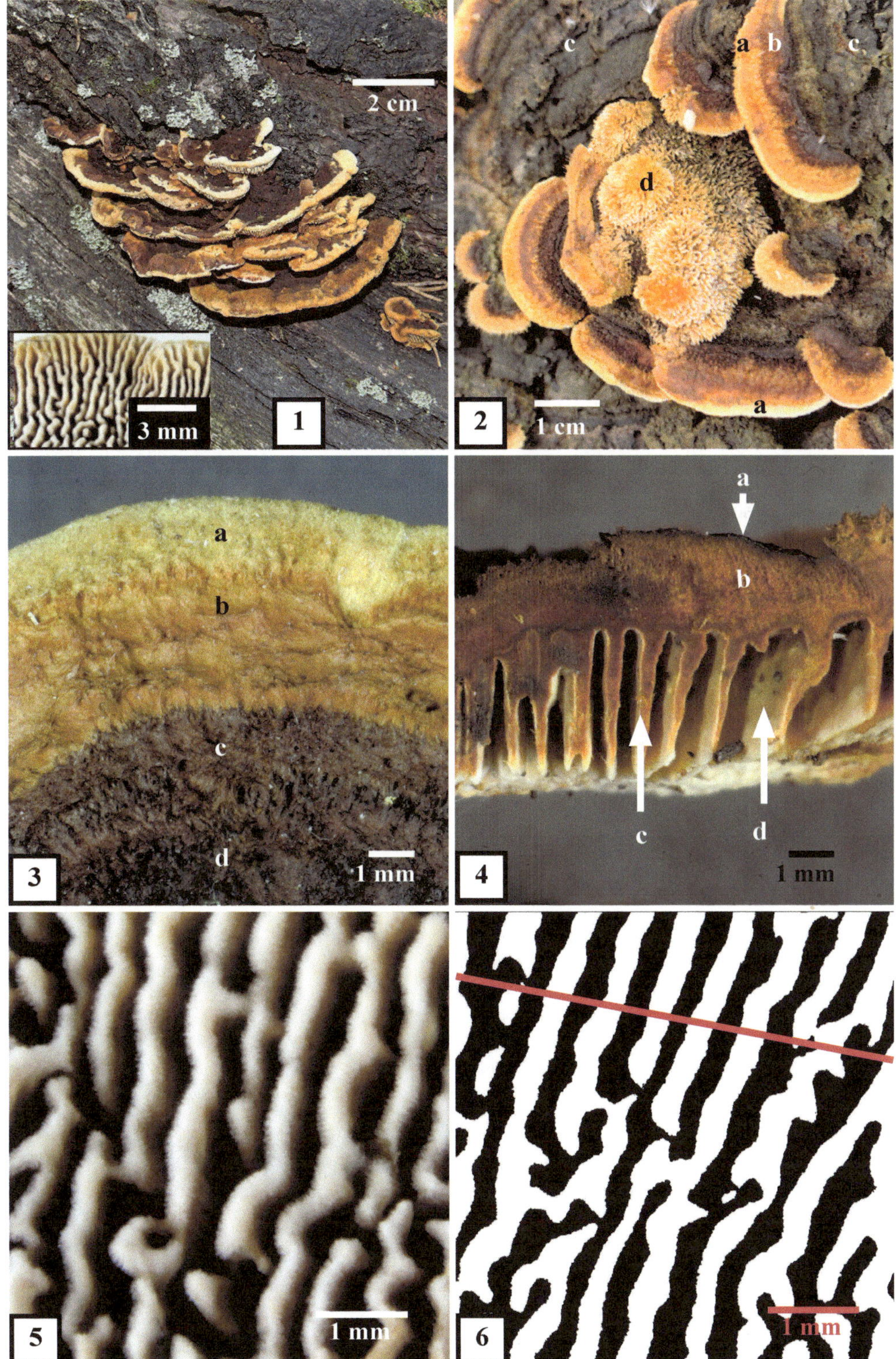
2 cm
3 mm
1
a
b
c
c
d
a
2
1 cm
a
b
c
d
3
1 mm
a
b
c
d
4
1 mm
5
1 mm
6
1 mm

Gloeophyllum trabeum (Pers.) Murrill
[≡ *Agaricus trabeus* Pers. ≡ *Coriolopsis trabea* (Pers.) Bondartsev & Singer ≡ *Daedalea trabea* (Pers.) Fr.]
Balkenblättling

Fk.-Typ: laterale, annuelle bis perennierende, monozentrische Crustothecien mit polyporoidem, daedaleoidem bis lenzitoidem Hymenophor.
Habitat: lignicol; saprotroph, selten auch perthotroph, überwiegend auf Laubholz, aber auch auf Nadelholz nachgewiesen; mit einem sehr breiten Substratspektrum, u.a. auf *Abies*, *Acer*, *Alnus*, *Betula*, *Fagus*, *Fraxinus*, *Larix*, *Malus*, *Picea*, *Pinus*, *Populus*, *Prunus*, *Quercus*, *Salix*, *Sorbus*, *Taxus*, *Tilia* und *Ulmus*; von der Initial- bis zur Optimalphase des Holzabbaus; Braunfäuleerreger.
Makromerkmale: Fk. einzeln oder in Gruppen, konsolenförmig, an der Oberseite horizontaler Substrate auch rosettenförmig, oft seitlich verwachsen und bandartige, conglomerate Formen bildend; ohne oder mit geringen effusen Fk.-Teilen am Substrat herablaufend; Konsistenz korkig, elastisch-zäh, auch trocken etwas biegsam; Hüte bis 8 cm breit, verwachsen auch breiter, an liegenden Stämmen oft in bis über 12 cm langen Reihen, bis 1–3 cm vom Substrat abstehend, im mittleren Hutbereich um 6 mm dick; an der Insertionsfläche bis über 8 cm hoch; Hutoberseite sepia- bis graubraun; ausgeblasst auch hellgrau; Rand heller, wachsende Ränder nahezu weiß, nicht oder undeutlich flachrillig gezont; zunächst fein behaart, später angedrückt faserig, verkrustend; Hutränder zunächst wulstig abgerundet, später scharfrandig; Hymenophor in Aufsicht anfangs weißlich-braun, später tabakbraun, hellbraun, ockerbraun; selten stellenweise etwas rund- bis eckigporig, meist gestreckt-porig bis labyrinthisch oder lenzitoid; oft auch ausschließlich lenzitoid; Dissepimente dünn, bis 4 mm tief; sekantal 2–4 Dissepimente/mm; am Hutrand 28–35 Dissepimente (Lamellen/cm); Trama braun, graubraun; unter der Cortex weicher als über dem Hymenophor; in der Hutmitte 2–5 mm dick; Hymenophoraltrama der Huttrama gleichfarben.
Mikromerkmale: Spp. weiß; Sp. gestreckt ellipsoid bis zylindrisch, glatt, hyalin, oft etwas gebogen 7–11×3–4,5 µm; Basidien gestaucht bis gestreckt clavat, viersporig, mit Basalschnalle; Cystidiolen reichlich vorhanden, keulig oder etwas bauchig, die Basidien mitunter überragend, dünnwandig, mit Basalschnalle; Hyphensystem dimitisch; generative Hyphen dünnwandig, bis 5 µm Ø, mit Schnallen; Skeletthyphen reichlich vorhanden, bräunlich, dickwandig bis nahezu solide, hellbraun, bis 6 µm Ø.

Gloeophyllum trabeum ist eine kosmopolitische Art. In Europa ist sie südlich verbreitet. Sie fehlt in Skandinavien an natürlichen Standorten, kommt aber dort wie in ihrem gesamten Verbreitungsgebiet in Europa oft an verbautem Holz in Gebäuden, Gewächshäusern etc. vor. In Mitteleuropa ist der Pilz selten und bevorzugt sommerwarme Wälder. Ähnliche Arten sind *Gl. abietinum* und *G. sepiarium*; beide haben weniger dicht stehende Lamellen (vgl. *G. abietinum*) und kommen ganz überwiegend auf Nadelholz vor.

Abb. 1: Seitlich zu einer Reihe verwachsene Fk. und einige Einzelkonsolen (Pfeile) .an einem liegenden *Picea-abies*-Stamm.
Abb. 2: Hutoberseite einer wachsenden Konsole.
Abb. 3: Radial aufgebrochener Fk.
Abb. 4: Aufsicht auf ein in Wachstum begriffenes Hymenophor.
Abb. 5: Segmentierte Aufsicht auf ein in Wachstum begriffenes Hymenophor; die 5 mm lange Linie schneidet 14 Lamellen, das entspricht 28 Lamellen/cm.

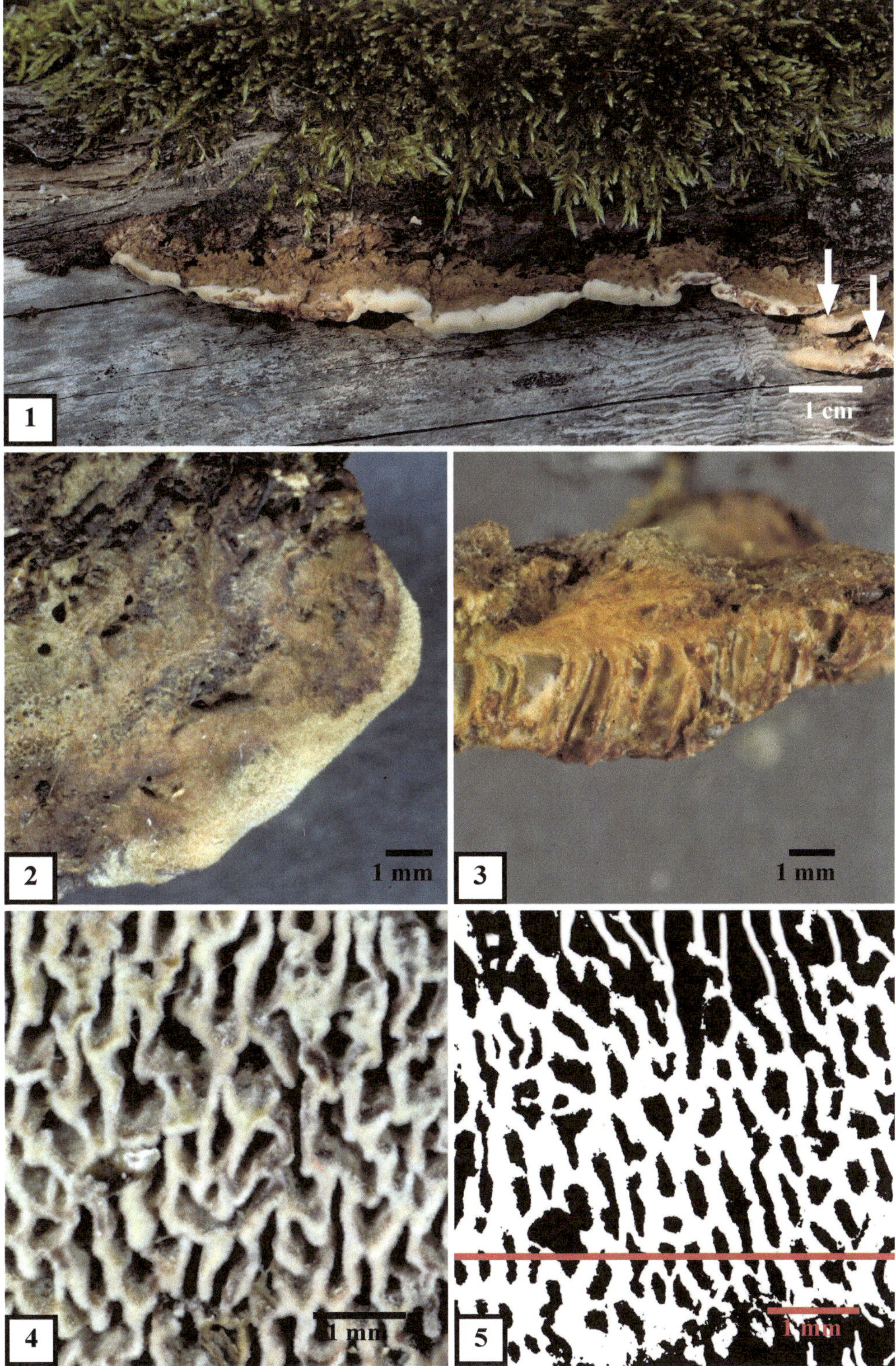

1
1 cm
2
1 mm
3
1 mm
4
1 mm
5
1 mm

Gloeoporus dichrous (Fr.) Bres.
[≡ *Polyporus dichrous* Fr. ≡ *Leptoporus dichrous* (Fr.) Quél. ≡ *Caloporus dichrous* (Fr.) Ryvarden ≡ *Bjerkandera dichroa* (Fr.) P. Karst. ≡ *Gelatoporia dichroa* (Fr.) Ginns]
Zweifarbiger Porling, Zweifarbiger Knorpelporling

Fk.-Typ: effuse, effusoreflexe bis laterale, annuelle, mono- bis polyzentrische Crustothecien mit polyporoidem bis daedaleoidem Hymenophor.
Habitat: lignicol oder fungicol; saprotroph an Laubholz; in Mitteleuropa hauptsächlich an *Betula* und *Populus*, auch nachgewiesen an *Alnus*, *Carpinus*, *Corylus*, *Fagus*, *Fraxinus*, *Prunus*, *Quercus*, *Salix* und einigen anderen Laubgehölzen; selten auch von *Abies* angegeben; mehrfach an abgestorbenen Fk.n von *Phellinus* spp. von *Fomes fomentarius* und *Inonotus* spp., u.a. auf alten Krusten von *Inonotus obliquus*; auf Holz Weißfäuleerreger.
Makromerkmale: Fk. selten einzeln, meist in Gruppen, verwachsen, oft imbricat aus effusen Fk.-Teilen hervorwachsend; Konsistenz jung weich, wachsartig, beim Trocknen stark schrumpfend und Hutränder nach unten einrollend; trocken etwas biegsam, mürbe, bröckelig; Hutoberseite weiß bis cremefarben oder grau-ockerlich; angedrückt filzig bis wollig; verkahlend oder verklebt-zottig bleibend, mitunter durch Algenbewuchs grün; ungezont oder mit undeutlicher Zonierung durch unterschiedliche Farbnuancen; 1–4 cm breit, verwachsen auch breiter; bis 4 cm vom Substrat abstehend; an der Insertionsfläche bis 6 mm hoch, im mittleren Hutbereich um 1–4 mm dick, Hutränder unterseits wie auch die Ränder der effusen Fk.-Teile steril (ohne Hymenophor) und ähnlich der Oberseite der Hüte wollig-zottig strukturiert; Huttrama faserig, weiß, von der wesentlich dunkleren Hymenophoraltrama durch eine gelatinöse Schicht getrennt, die im Schnitt als dunkle Linie erscheint und kontinuierlich in die Hymenophoraltrama übergeht; Hymenophor in Aufsicht jung hell purpurfarben, purpurblau später pupurbraun bis braun, in manchen Fällen braungrau bis fast schwarz; deutlich vom weißen, sterilen Rand abgesetzt; mit runden bis eckigen Poren, selten auch etwas labyrinthisch; Röhren kurz, selten 1 mm erreichend, Dissepimente oft nur ein dünnes Netzwerk bildend, 4–6 Poren/mm.
Mikromerkmale: Spp. weiß; Sp. gestreckt zylindrisch bis allantoid, hyalin 4–6×1–1,5 µm; Basidien clavat, viersporig, mit Basalschnalle; Hymenium ohne sterile Elemente; Schneiden der Dissepimente fertil (mit Hymenium überkleidet); Hyphensystem monomitisch; Septen mit Schnallen; Hyphen der Huttrama dickwandig bis 6 µm Ø; Hyphen der Hymenophoraltrama und der gelatinösen Schicht dünnwandig, agglutiniert, bei getrockneten Exemplaren collabiert, bis 3, selten bis 5 µm Ø.

Der kosmopolitisch verbreitete *Gloeoporus dichrous* ist durch das elastische Hymenophor, das sich von der oberen, faserigen Huttrama lösen lässt, durch die Basidien tragenden Schneiden der Dissepimente und durch den sterilen Hutrand, der den sterilen Rändern der effusen Fk.-Teile entspricht, gut charakterisiert. Die Merkmale des Hymenophors sind auch den merulioiden Hymenophoren eigen, wodurch die Zuordnungen der Gattung *Gloeoporus* zu den Meruliaceae begründet ist. Ältere Fk. von *G. dichrous* können wegen ihres dunklen, von der Huttrama abgesetzten Hymenophors mit *Bjerkandera adusta* verwechselt werden, jedoch fehlt das für *B. adusta* typische Schwärzen der Fk.-Ränder.

Abb. 1: Fk.-Gruppe an einem liegenden, toten *Padus-avium*-Stamm mit Konsolen, die einer effusen Kruste entspringen, und mit einzeln wachsenden Konsolen.
Abb. 2: Wollig-filzige Oberseite eines Hutes.
Abb. 3: Das purpurbraune, am Rand weiß umsäumte (Pfeile) Hymenophor einer Konsole.
Abb. 4: Radialschnitt einer Konsole; a – Hutoberseite; b – Hutunterseite; c – wollige, obere Huttrama; d – gelatinöse, subhymenophorale Tramaschicht; e – Hymenophor; f, g – steriler Hutrand der Hutunterseite von unten (f) und im Schnitt (g).
Abb. 5: Aufsicht auf das Hymenophor im mittleren Bereich einer Konsole.
Abb. 6: Segmentierte Aufsicht auf das Hymenophor; 503 Poren/25 mm^2 ≙ 20,1 Poren/mm^2 ≙ 4,5 Poren/mm.

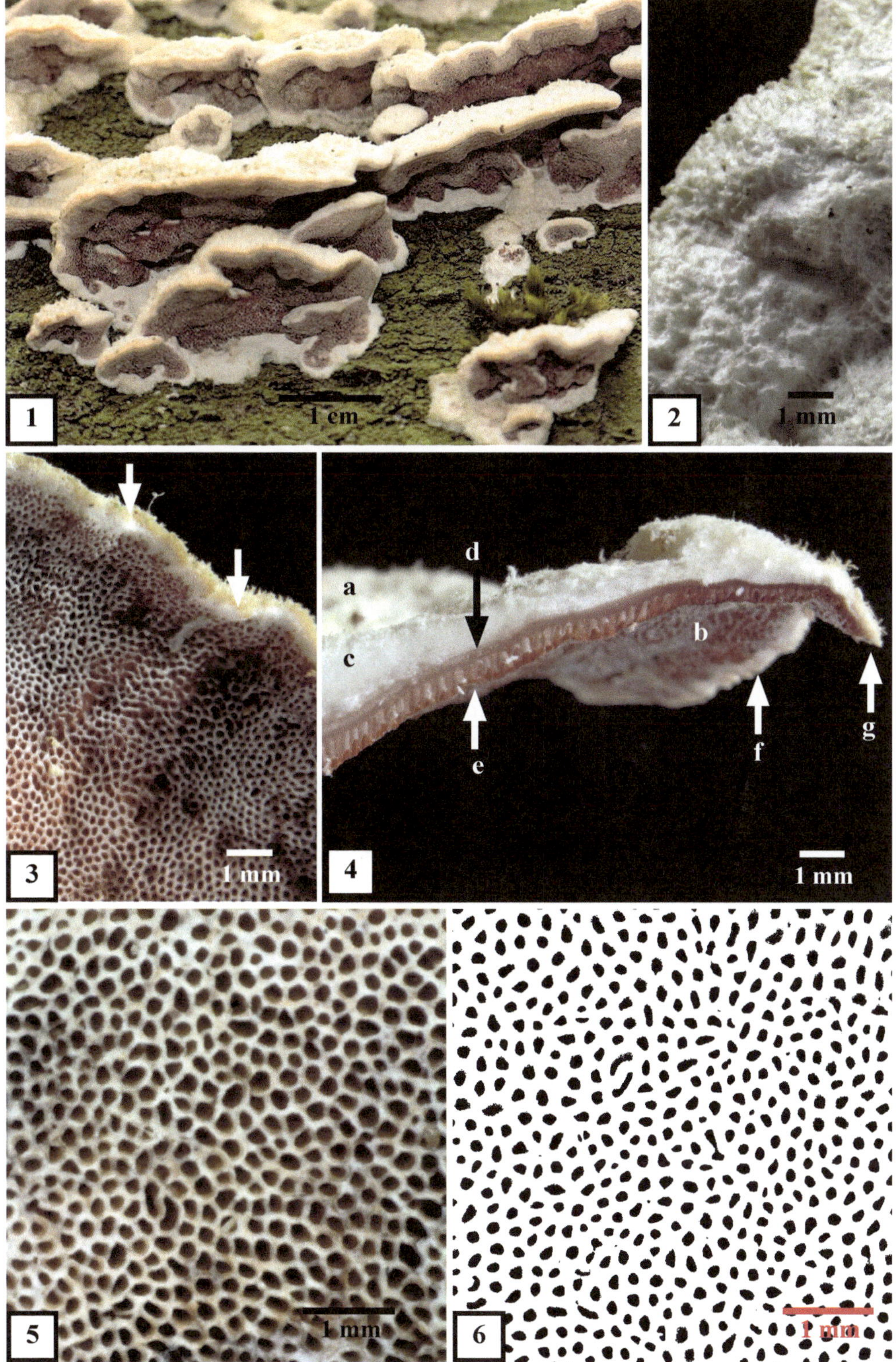
1
1 cm
2
1 mm
3
1 mm
4
a
b
c
d
e
f
g
1 mm
5
1 mm
6
1 mm

Grifola frondosa (Dicks.) S.F. Gray
[≡ *Boletus frondosus* Dicks. ≡ *Polyporus frondosus* (Dicks.) ≡ *Polypilus frondosus* (Dicks.) P. Karst., Fr. = *Polyporus intybaceus* Fr.]
Klapperschwamm, Laubporling, Doldenporling

Fk.-Typ: annuelle, stipitate, mehrhütige, monozentrische Crustothecien mit polyporoidem Hymenophor.
Habitat: lignicol; perthotroph an lebenden Bäumen; saprotroph weiterwachsend; die Fk. erscheinen scheinbar terrestrisch über Wurzelholz, aber auch an der Basis lebender Laubbäume oder an deren Stümpfen, besonders an den Fagaceae *Castanea*, *Fagus* und *Quercus*; aber auch an *Corylus*, *Carpinus* und *Fraxinus* nachgewiesen; besonders in naturnahen Laubwäldern, z.B. in Auwäldern, Buchen- oder Eichenwäldern auf grundwassernahen Standorten, häufig auch in der Kulturlandschaft an einzeln stehenden Bäumen; Weißfäuleerreger.
Makromerkmale: Fk. mehrhütig mit gemeisamem, verzweigtem Strunk, 15–50 cm Ø und bis über 20 cm hoch; Konsistenz jung weichfleischig, trocken brüchig; Einzelhüte fächer-, spatel-, muschel-, halbkreis- oder blattförmig; 3–6, selten bis 12 cm breit, lateral gestielt, Oberseite feinfilzig bis glatt, eingewachsen radial faserig, gelbbraun, ocker-bis graubraun, Hutränder scharf, oft etwas wellig; Huttrama weiß, 3–10 mm dick, radial-faserig; Stieloberfläche weiß, an der Basis und zum gemeinsamen Strunk hin auch etwas beige-bräunlich; kahl, 1–4 cm Ø; Stieltrama weiß; Hymenophor in Aufsicht weißlich, im Alter cremefarben, am Stiel weit herablaufend, oft bis an die oberen Auszweigungen des Stieles; Poren rund bis vieleckig, im mittleren Bereich der Hüte oft radial gestreckt und bis über 1 mm lang, 1–3 Poren/mm an sekantaler Linie; Röhren bis 4 mm lang.
Mikromerkmale: Spp. weiß; Sporen breit ellipsoid, hyalin inamyloid, 5–7×4–5 µm; Hyphensystem monomitisch; Hyphen hyalin, 1–9 µm Ø, teils inflat angeschwollen, dann bis 12 µm Ø; Septen teils mit, teils ohne Schnallen, im Subhymenium stets vorhanden, in der Trama selten; Basidien gestaucht clavat, viersporig, ohne Basalschnalle.

Grifola frondosa ist eine holarktische, circumpolar verbreitete Art. Manche Fk. mit besonders breiten Einzelhüten können *Meripilus giganteus* ähnlich sein, der jedoch durch das Schwärzen an Druckstellen – besonders am Hymenophor – und mikroskopisch durch das völlige Fehlen von Schnallen zu unterscheiden ist. Die vielhütigen Fk. von *Polyporus umbellatus* sind morphologisch ähnlich, besitzen ebenfalls einen verzweigten Strunk, aber die Hüte sind zentral bis exzentrisch, nicht lateral gestielt. Die etwas dickwandigen, stets schnallenlosen und wenig verzweigten Hyphen der Hut- und Stieltrama von *G. frondosa* werden von manchen Autoren als Skelетthyphen und das Hyphensystem damit als dimitisch angesehen. Da aber auch die dünnwandigen Hyphen nur teilweise Septen mit Schnallen aufweisen, sind alle Übergangsformen vorhanden, und man bewertet die frisch weichfleischige Trama meist als monomitisch.

Abb. 1: Vielhütiger Fk. mit zahlreichen, lateral gestielten Einzelhüten am Fuß eines lebenden *Fraxinus*-Stammes.
Abb. 2: Fein tomentose, radial grobrunzelige Oberseite eines jungen Einzelhutes.
Abb. 3: Unterseite zweier, an den Stielen verwachsener Einzelhüte mit weit herablaufendem Hymenophor.
Abb. 4: Teil eines Radialschnittes vom mittleren Bereich eines Einzelhutes; a – fein tomentose Oberseite mit den pigmentierten Hyphen der Cortex; b – die radial faserige Huttrama; c – Hymenophor mit radial gestreckten Poren.
Abb. 5 u. 6: Aufsicht auf Hutunterseiten; Abb. 5 – Unterseite des Hutrandes eines jungen, noch wachsenden Exemplars mit glatter Oberfläche ohne Hymenophor; a – fein tomentoser Hutrand; b – glatte Unterseite mit einsetzender Bildung von Vertiefungen; Abb. 6 – ausgereiftes Hymenophor vom mittleren Hutbereich eines Einzelhutes.
Abb. 7: Segmentierte Aufsicht auf das ausgereifte Hymenophor vom mittleren Hutbereich; 64 Poren/25 mm^2 ≙ 2,6 Poren/mm^2 ≙ 1,6 Poren/mm.

1
5 cm
2
1 mm
a
b
c
3
1cm
4
1 mm
a
b
5
1 mm
6
1 mm
7
1 mm

Hapalopilus nidulans (Fr.) P. Karst.
[≡ *Polyporus nidulans* Fr. ≡ *Phaeolus nidulans* (Fr.) Pat. = *Boletus rutilans* Pers. ≡ *Polyporus rutilans* (Pers.) Fr. ≡ *Hapalopilus rutilans* (Pers.) Murrill]
Zimtfarbener Weichporling

Fk.-Typ: laterale, annuelle, mono- bis polyzentrische, weichfleischige, kurzlebige Crustothecien mit polyporoidem Hymenophor.
Habitat: lignicol; saprotroph, oft an liegenden Ästen und Stämmen, aber auch an toten stehenden Stämmen und Stümpfen zahlreicher Laubgehölze; insbesondere an *Aesculus*, *Alnus*, *Betula*, *Carpinus*, *Fagus*, *Fraxinus*, *Malus*, *Populus*, *Quercus*, *Salix*, *Sorbus* und *Tilia*, aber auch an zahlreichen anderen; selten an Nadelgehölzen; nachgewiesen sind z.B. *Abies*, *Picea* und *Pinus*; Weißfäuleerreger.
Makromerkmale: Fk. einzeln oder in Gruppen; meist konsolenförmig, breit ansitzend, manchmal mit kleinflächigen, effusen Fk.-Teilen am Substrat herablaufend; bis 12 cm breit und bis 10 cm vom Substrat abstehend, meist jedoch kleiner, mitunter mehrere Konsolen verwachsen, an der Insertionsfläche bis 4 cm hoch; in allen Fk.-Teilen etwa gleichfarbig rötlich-zimtbraun bis zimt-orange; alle Fk.-Teile mit Laugen (KOH, NaOH) sofort tiefviolett; Konsistenz weich, saftig, schwammig; trocken mürbe, bröckelig; Hüte oberseits meist leicht kissenförmig gewölbt, randlich oft nach unten gebogen, scharfkantig; oberseits filzig samtig, weich, ohne Kruste oft etwas höckerig. Hymenophor in Aufsicht orange-zimtfarben, oft etwas intensiver als die Hutoberseite; Poren anfangs rund, aber bald eckig, zur Insertionsfläche hin auch radial gestreckt und über 1 mm lang, mitunter fast daedaleoid; meist um 2–4 Poren/mm, Röhren 5–15 mm lang.
Mikromerkmale: Spp. weiß, Sp. hyalin, schmal ellipsoid, glatt, dünnwandig, 4–6×2–3 µm, Basidien clavat, viersporig mit Basalschnalle; Hymenium mit Cystidiolen; Hyphensystem monomitsch; Hyphen hyalin, in der Huttrama z.T. mit Inkrustation, 2–6 µm Ø; Septen mit Schnallen.

Hapalopilus nidulans kommt in der borealen und temperaten Klimazone der Holarktis vor und ist auch von Gebirgen der Tropen bekannt. In Mitteleuropa gehört die Art zu den häufigen Porlingen. Farbe und Konsistenz der Fk. sind sichere Erkennungsmerkmale. Verwechslungen können mit frischen, noch weichen einjährigen Fk.n von *Gloeophyllum odoratum* vorkommen, dessen Trama und Hutoberseite zimtfarben sein können. Mit KOH färben sich diese Strukturen bei *G. odoratum* dunkelbraun, bei *H. nidulans* violett; das ist ein sicheres Unterscheidungsmerkmal. Zudem ist der charakteristische Anisgeruch bei *Gloeophyllum odoratum* im jungen Zustand der Fk. immer gut wahrnehmbar. *H. nidulans* ist aufgrund des Gehaltes an Polyporsäure giftig, was bei Verzehr zu zentralnervösen Störungen, Sehstörungen und Erbrechen führt. Der Urin ist violett verfärbt. Polyporsäure und Atromentin, ebenfalls Inhaltsstoffe des Pilzes, sind Farbstoffe, die zum Wollefärben verwendet werden können.

Abb. 1: Konsolenförmiger Fk. an einem *Quercus*-Stamm in einem naturnahen Laubmischwald.
Abb. 2: Hutoberseite nach Aufbringen eines Tropfens 3%-iger Kalilauge; die Violettverfärbung der Tropfstelle setzt augenblicklich ein.
Abb. 3: Radialschnitt einer Konsole im mittleren Bereich des Hutes.
Abb. 4: Aufsicht auf das Hymenophor des Randbereiches eines Fk.s, neben normalen, runden bis eckigen Poren (a) kommen auch gestreckt-verzweigte bis nahezu labyrinthische (b) und über 1 mm lange, radial gestreckte Poren (c) vor.
Abb. 5: Aufsicht auf das Hymenophor eines Fk.s im mittleren Bereich des Hutes mit runden, eckigen und winkelig gebogenen Poren.
Abb. 6: Segmentierte Aufsicht auf das Hymenophor; 210 Poren/25 mm^2 ≙ 8,4 Poren/mm^2 ≙ 2,9 Poren/mm.

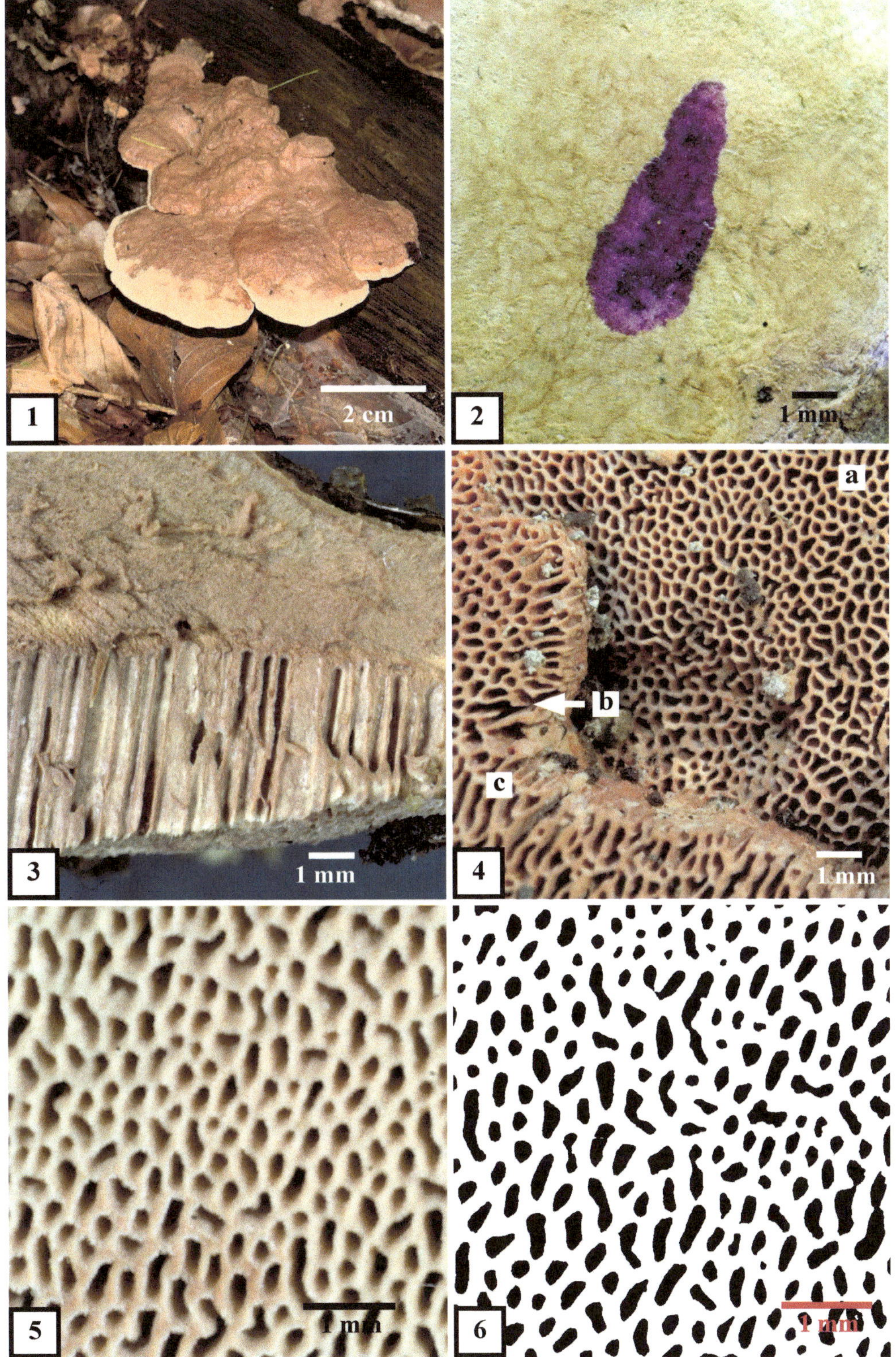
1
2 cm
2
1 mm
3
1 mm
4
a
b
c
1 mm
5
1 mm
6
1 mm

Heterobasidion annosum (Fr.) Bref.
[≡ *Polyporus annosus* Fr. = *Heterobasidion abietinum* Niemelä & Korhonen = *Heterobasidion parviporum* Niemelä & Korhonen]
Wurzelschwamm

Fk.-Typ: effus bis laterale, perennierende, meist monozentrische Crustothecien mit polyporoidem Hymenophor.
Habitat: lignicol; perthotroph (auch biotroph?) am Grunde lebender Stämme eine Stockfäule verursachend; saprotroph weiterlebend; insbesondere an *Pinus* und *Picea*, aber auch an zahlreichen weiteren Koniferen und an vielen Laubgehölzen, z.B. an *Acer*, *Alnus*, *Betula*, *Carpinus*, *Fagus*, *Fraxinus*, *Prunus*, *Salix*, *Sorbus*, und *Ulmus*; auch Sträuchern, z.B. an *Corylus* und *Lonicera*, sogar an Zwergsträuchern der Ericaceae, z.B. an *Calluna* und *Vaccinium*; Befall der Gehölze meist von der Wurzel her den Stamm befallend; Weißfäuleerreger.
Makromerkmale: Fk. häufig effus in den Wurzelauszweigungen des Stammfußes eingenischt, auch über den Wurzeln als Kruste auf dem Boden erscheinend und ein geotropisch negativ wachsendes Hymenophor bildend; laterale Fk einzeln oder in Gruppen mitunter imbricat und aus mehreren Initialen zusammenwachsend; Konsistenz frisch elastisch zäh, trocken hart und holzig; Hüte an senkrechten Substraten oft von der Oberkante effuser Fk. ausgehend gebildet; bis über 15 cm breit, über 10 cm vom Substrat abstehend und an der Insertionsfläche bis 5 cm hoch; Oberseite höckerig, wulstig, vom Rand zur Insertionsfläche zunehmend dunkler; jung dominieren rotbraune, alt schwarze Farbtöne; ungezont bis deutlich gezont, jung und am Rand tomentös, in diesem Bereich oft fein gezont, alt mit fester Kruste, Rand scharfkantig;Trama weiß bis cremefarben, mit Melzers Reagenz dunkel rotbraun; Hymenophor in Aufsicht weiß bis cremefarben, Hymenophoraltrama der Huttrama gleichfarben, Röhren geschichtet, pro Schicht bis 5 mm lang; Poren sehr variabel, rund bis gestreckt, winkelig, 3–6 Poren/mm, nahe der Insertionsfläche mitunter bis über 1 mm lang.
Mikromerkmale: Spp. weiß; Sp. breit ellipsoid bis rund; hyalin, dünn- bis etwas dickwandig, (4–7)×(3–5) µm, mit feinem, warzigem Ornament; Basidien gestaucht clavat, viersporig, ohne Basalschnalle; Hyphensystem dimitisch, in der Huttrama dominieren dickwandige, mitunter solide Skeletthyphen; generative Hyphen dünnwandig, bis 5 µm Ø, mit schnallenlosen Septen, diese schwer nachweisbar; in Kulturen kommen sie reichlich und z.T. mit Schnallen vor; Skeletthyphen bis 5 µm Ø, dextrinoid.

Der holarktisch verbreitete Pilz gehört zu den gefährlichsten Forstschädlingen. Er dringt über die Wurzeln in die Stämme ein; das Holz wird vom Kernholz ausgehend abgebaut und verfärbt sich braun, obwohl der Pilz physiologisch ein Weißfäuleerreger ist. Die Schäden in Monokulturen, z.B. in Kiefernstangenholz und in Fichtenschonungen können verheerend sein. Es haben sich verschiedene, z.T. auf Substrate spezialisierte, infraspezifische Populationen herausgebildet, deren taxonomischer Wert umstritten ist (vgl. Gattungsdiagnose).

Abb. 1: Imbricat angeordnete Einzelhüte eines Fk.s am Fuße einer lebenden Fichte.
Abb. 2: Radialschnitt einer Konsole nahe der Insertionsfläche eines Fk.s von einem *Picea*-Stamm; a – Kruste mit schütterem Bewuchs von Algen und Moosen; b – Blick auf die Oberseite des Fk.s zwischen zwei Höckern; c – Reste von Borketeilen, die bei der Fk.-Bildung umwachsen wurden; d – Huttrama; e – Hymenophor.
Abb. 3 u. 4: Hutoberseite eines jungen, rasch wachsenden Fk.s von einem lebenden *Picea*-Stamm; Abb. 3 – in trockenem Zustand, das Tomentum erscheint als silberweiser Flaum; Abb. 4 – derselbe Fk. mit Wasser besprüht, die rotbraune Farbe der krustenbildenden Cortex tritt zutage.
Abb. 5: Aufsicht auf das Hymenophor im mittleren Bereich des Hutes; die Zitzengallen ähnlichen Strukturen wurden durch Umwachsen von kleinen Zweigen verursacht.
Abb. 6: Aufsicht auf das Hymenophor eines wachsenden Fk.s von einem Fichtenstamm.
Abb. 7: Segmentierte Aufsicht auf das Hymenophor; 119 Poren/25 mm^2 ≙ 4,8 Poren/mm^2 ≙ 2,2 Poren/mm [S. 28 ff].

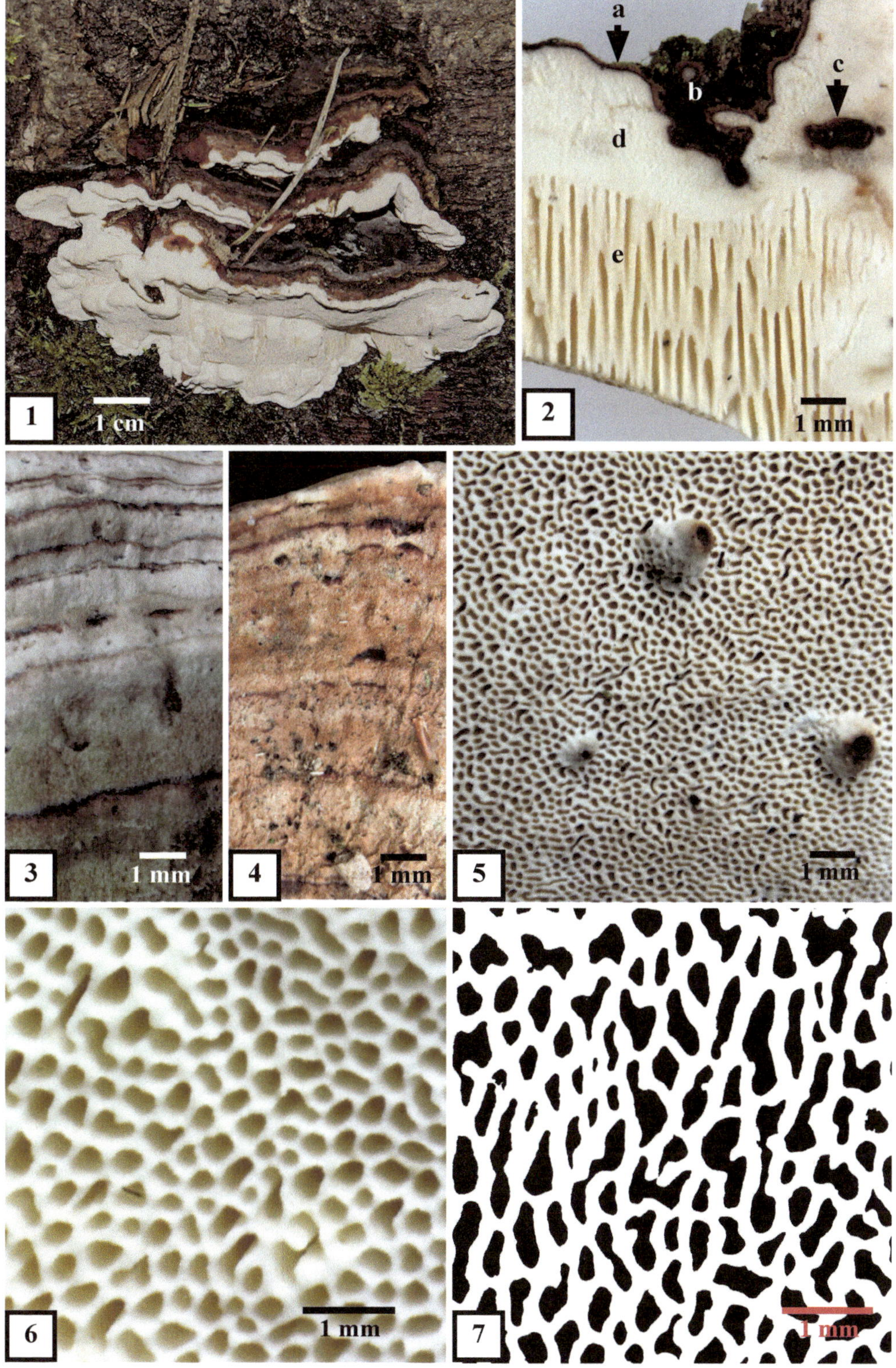
1
1 cm
2
a
b
c
d
e
1 mm
3
1 mm
4
1 mm
5
1 mm
6
1 mm
7
1 mm

Inonotus cuticularis (Bull.) P. Karst.
[≡ *Boletus cuticularis* Bull. ≡ *Polyporus cuticularis* (Bull.) Fr. ≡ *Xanthochrous cuticularis* (Bull.) Pat. = *Xanthochrous fuscovelutinus* Pat.]
Flacher Schillerporling

Fk.-Typ: laterale, annuelle, kurzlebige, mono- bis polyzentrische Crustothecien mit sehr variablem, überwiegend feinporigem, polyporoidem Hymenophor.
Habitat: lignicol; sapro- oder perthotroph an Laubgehölzen; in Mitteleuropa vorwiegend an *Fagus* und *Quercus*, nachgewiesen auch an *Acer*, *Aesculus*, *Carpinus*, *Castagnea*, *Platanus*, *Sambucus* und *Ulmus*; oft an Stammwunden in der Finalphase des Holzabbaus fruktifizierend; Weißfäuleerreger.
Makromerkmale: Fk., selten einzeln, meist in Gruppen oder imbricat; imbricate Fk.-Rasen können bis 1 m vertikale Ausdehnung erreichen; oft mit effusen Fk.-Teilen am Substrat herablaufend; Konsistenz frisch weich, faserig, trocken hart und brüchig; Hüte flach, konsolenförmig, fächerförmig, breit am Substrat angewachsen, bis 22 cm breit, bis 12 cm vom Substrat abstehend, im mittleren Bereich bis 5 cm dick; oberseits gelblich-braun bis schwarzbraun, wachsende Ränder heller; am Rand zottig behaart, später verkahlend, mit radial faseriger Cortex; konzentrisch rillig gezont, Hutränder scharfkantig, oft leicht abwärts gebogen; Hymenophor in Aufsicht gelb- bis ockerbräunlich mit leichtem Olivton; feinporig, Poren rundlich bis vieleckig, meist 2–4 Poren/mm, jedoch mit sehr variabler Dichte, an manchen Stellen Poren bis über 1 mm weit; Aufsicht bei seitlichem Lichteinfall charakteristisch silbrig schimmernd (vgl. Gattungsdiagnose), mitunter Guttationstropfen bildend; Röhren bis über 1 cm lang; Trama gelb- bis rotbraun, im mittleren Bereich der Hüte bis über 3 cm dick; Hymenophoraltrama der Huttrama gleichfarben.
Mikromerkmale: Spp. hellbraun; Sp. gelb bis hellbraun, breit ellipsoid bis ovoid, dickwandig, 5,5–8×4–6 µm; Basidien viersporig, gestaucht clavat, ohne Basalschnalle; Hymenialsetae braun, pfriemförmig bis bauchig, selten bis häufig vorkommend, Basis oft gewinkelt, Setae im Tomentum häufig, braun, verzweigt und mehrspitzig, oft ankerförmig, bis 200 µm lang; Hyphensystem monomitisch; Septen ohne Schnallen; Hyphen hyalin bis braun, dünn- bis dickwandig, 3–7 µm Ø.

Inonotus cuticularis ist eine holarktische Art. Sie ist in Europa besonders im Areal von *Quercus* und *Fagus* des nemoralen und mediterranen Zonobioms verbreitet und wurde auch in Nordafrika nachgewiesen. Sie fehlt in der borealen Nadelwaldzone. *I. cuticularis* ist aufgrund der regelmäßig und häufig auftretenden verzweigten Setae im Tomentum mikroskopisch gut charakterisiert.

Abb. 1: Fk.-Rasen mit imbricat angeordneten Hüten an der Stammwunde eines lebenden *Fagus*-Stammes.
Abb. 2: Sekantalschnitt durch einen wachsenden Fk.; a – die faserige Huttrama; b – älteres Hymenophor; c – wachsende Dissepimente.
Abb. 3: Aufsicht auf das zottige, gelbbraune Tomentum am Hutrand einer wachsenden Konsole.
Abb. 4: Aufsicht auf die Hutunterseite im Randbereich eines Hutes; a – der nach unten abgebogene Hutrand; b – gelblich-braune Oberseite des Hutrandes; c – Aufsicht auf das Hymenophor in Randnähe mit nahezu weißen Dissepimenten und kleinen Poren, die den Hutrand nicht erreichen; d – porenfreie Zone unmittelbar hinter dem Hutrand; e – älteres, in Aufsicht hellbraunes Hymenophor; es kommen Partien mit bis zu 5 Poren/mm vor, sie werden zur Mitte hin größer; Form und Größe sind sehr variabel.
Abb. 5: Aufsicht auf das Hymenophor im mittleren Bereich eines Hutes; an den Dissepimenten sind bis 50 µm hervorstehende Hyphen erkennbar; sie sind für den Eindruck des „Schillerns" (vgl. Gattungsdiagnose, Abb. *Inonotus* 1–3) bei schrägem Lichteinfall verantwortlich.
Abb. 6: Segmentierte Aufsicht auf das Hymenophor im mittleren Bereich eines Hutes; 306 Poren/25 mm² ≙ 12 Poren/mm² ≙ 3,5 Poren/mm.

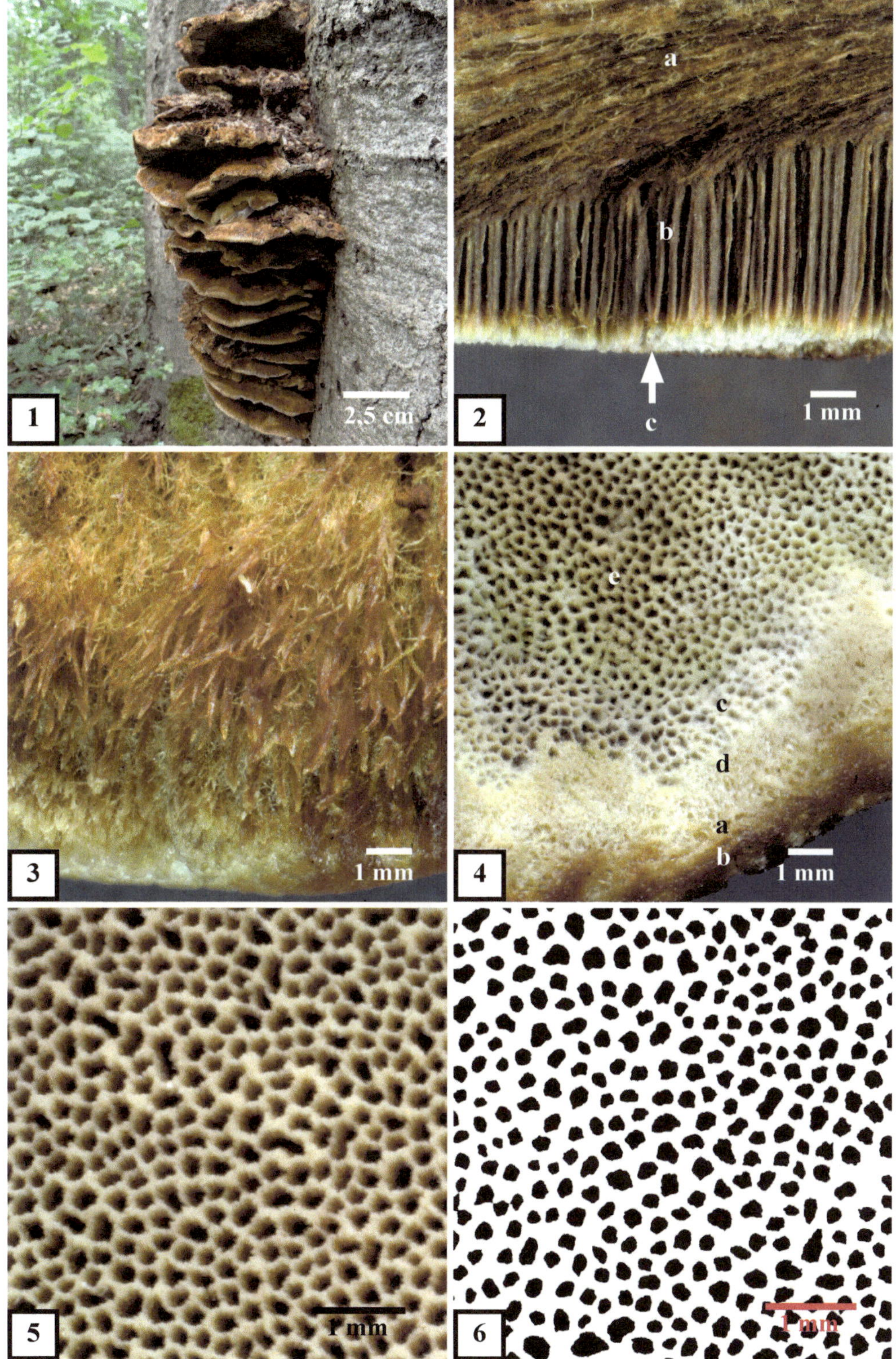
1
2,5 cm
2
a
b
c
1 mm
3
1 mm
4
e
c
d
a
b
1 mm
5
1 mm
6
1 mm

Inonotus dryadeus (Pers.) Murrill
[≡ *Boletus dryadeus* Pers. ≡ *Polyporus dryadeus* Pers.) Fr. ≡ *Ischnoderma dryadeum* (Pers.) P. Karst. ≡ *Placodes dryadeus* (Pers.) Quél. ≡ *Pseudoinonotus dryadeus* (Pers.) T. Wagner & M. Fisch.]
Tropfender Schillerporling, Tränender Schillerporling

Fk.-Typ: laterale, monozentrische, annuelle Crustothecien mit polyporoidem Hymenophor.
Habitat: lignicol; selten saprotroph auf Eichenwurzeln; meist perthophytisch, oft am Grunde lebender Stämme; vorzugsweise an *Quercus*, aber auch an anderen Laubgehölzen; nachgewiesen an *Castaneus*, *Cornus*, *Fagus*, *Malus* und *Pyrus*, in Südosteuropa und Nordamerika auch an *Abies*; Weißfäuleerreger.
Makromerkmale: Fk. groß, meist einzeln, aber auch in kleinen Gruppen oder zu wenigen miteinander verwachsen; knollenförmig, polsterförmig, später dick konsolenförmig mit wulstigen, stumpfen Rändern; breit am Substrat angewachsen; Konsistenz weich und saftig, aber zäh, trocken stark geschrumpft, brüchig und leicht; Hüte 8 bis über 50 cm breit, bis 25 cm vom Substrat abstehend und 12 cm dick; oberseits oder an heranwachsenden knolligen Fk.n auch frontal feinfilzig, cremefarben, ocker- bis orangegelb oder hellbraun und verkrustend; in der Wachstumsphase reichlich mit hellbräunlichen oder bernsteinfarbenen bis dunkelbraunen Guttationströpfchen von 0,5 bis über 3 mm Ø behangen, die auffallende Guttationsgruben hinterlassen; Aufsicht auf das Hymenophor jung cremefarben, hellgelb, ocker bis hellbraun, alt dunkler braun; bei seitlichem Lichteinfall charakteristisch silbrig schimmernd (vgl. Gattungsdiagnose); Poren rund, abgerundet eckig bis etwas irregulär gestreckt, 3–5 Poren/mm; Röhren 0,5–2,5 cm lang; Trama radial faserig anfangs, gelblich, dann hellbraun, rötlich- bis dunkelbraun; Huttrama bis über 8 cm dick, ohne Myzelialkern; Hymenophoraltrama der Huttrama gleichfarben.
Mikromerkmale: Spp. weiß bis gelblich; Sp. breit elliptisch, hyalin bis gelblich, dickwandig, 7,5–8,5×5,5–6,5 µm, dextrinoid; Basidien kurz zylindrisch bis bauchig, viersporig, ohne Basalschnalle; Hymenialsetae spieß- bis hakenförmig, oft gebuckelt, selten zweispitzig; dunkelbraun, dickwandig, um 20–30×10–15µm; Hyphensystem dimitisch; generative Hyphen hyalin, dünnwandig bis etwas wandverdickt und hellbraun, ohne Schnallen, 2–5 µm Ø; Skeletthyphen dickwandig bis solide, hellbraun bis braun, 4–8 µm Ø.

Inonotus dryadeus ist im borealen, nemoralen und mediterranen Zonobiom des holarktischen Florenreiches circumpolar verbreitet. In Mitteleuropa kommt die Art oft auf alten Eichen in thermophilen, grundwasserfernen Laubwäldern vor, aber auch in Auwäldern oder an freistehenden Alteichen. Die Fk. gehören in Mitteleuropa zu den größten Basidiomata. Durch den Wuchsort an Eichen, die tränenden, sterilen Oberflächen in Kombination mit dem regulär polyporoidem Hymenophor ist die Art auch im Gelände determinierbar. *I. dryophilus* bildet ebenfalls große Fk., besitzt einen Myzelialkern und hat eine härtere Konsistenz.

Abb. 1: Noch wachsender Fk. an einem lebenden *Quercus*-Stamm in einer Höhe von ca. 1 m in einem grundwasserfernen Laubmischwald; die noch hellgelbe Hutoberseite und der wachsende Hutrand sind reichlich mit Guttationströpfchen behangen; das Hymenophor erscheint durch den seitlichen Blickwinkel glänzend weiß.
Abb. 2: Blick auf die Unterseite eines heranwachsenden Fk.s; a – durch Umwachsungen untypisch buckelige, helle Randzone mit noch hellgelber Farbe und nur teilweise ausgebildetem Hymenophor; b – bereits ockerfarbenes Hymenophor.
Abb. 3: Teil eines radial aufgebrochenen Fk.s; a – radial faserige, dunkelbraune Huttrama; b u. c – Hymenophor mit der basal dunklen Hymenophoraltrama (b) und den noch wachsenden, weißen Schneiden der Dissepimente (c).
Abb. 4: Noch feinfilzige Hutoberseite mit Guttationströpfchen.
Abb. 5 u. 6: Aufsichten auf noch wachsende Hymenophore; Abb. 6 – segmentierte Aufsicht; 707 Poren/25 mm^2 ≙ 28,3 Poren/mm^2 ≙ 5,3 Poren/mm..

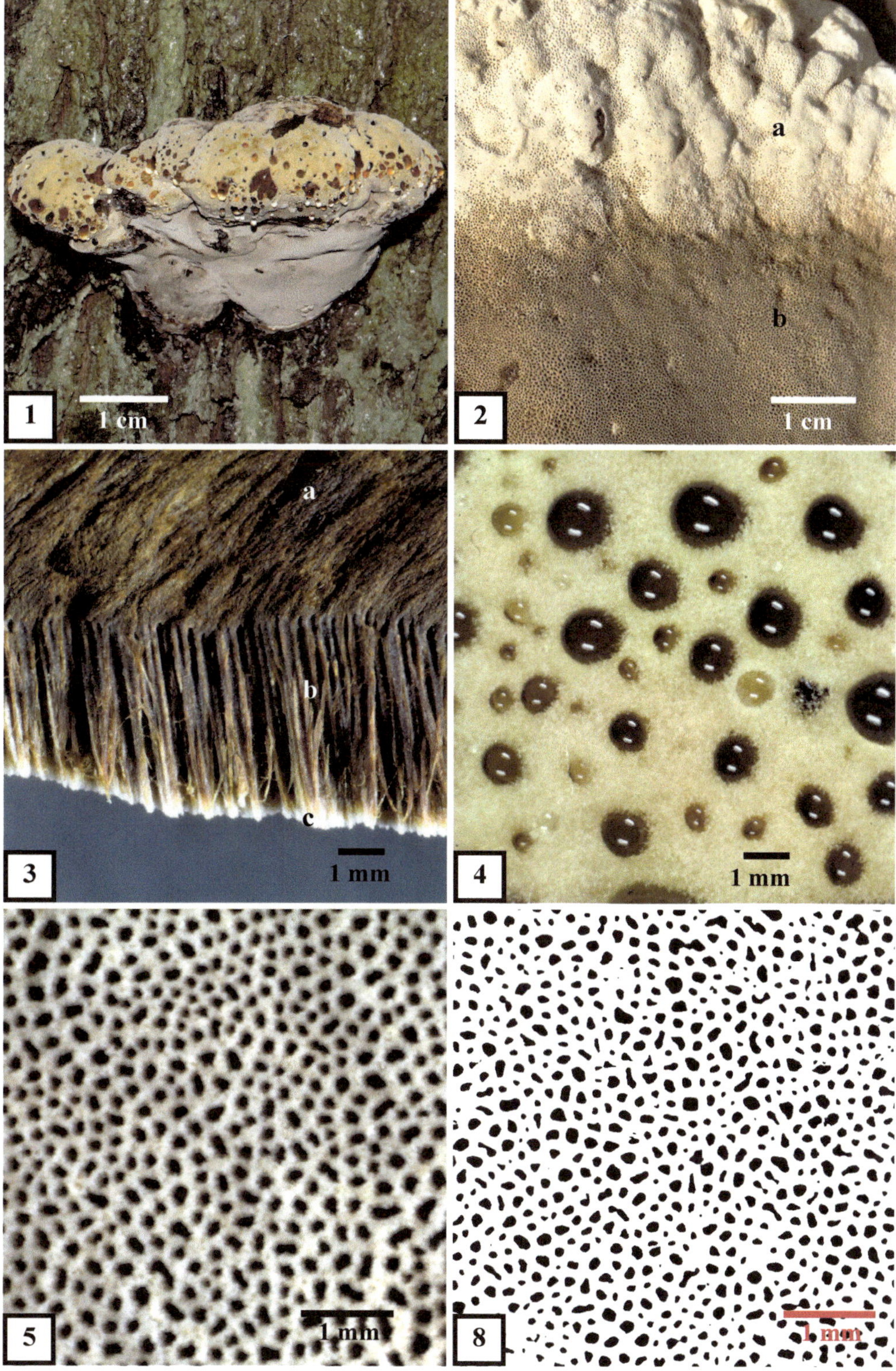
1
1 cm
2
a
b
1 cm
3
a
b
c
1 mm
4
1 mm
5
1 mm
8
1 mm

Inonotus hispidus (Bull.) P. Karst.
[≡ *Boletus hispidus* Bull. ≡ *Polyporus hispidus* (Bull.) Fr. = *Boletus hirsutus* Scop. ≡ *Inonotus hirsutus* (Scop.) Murrill = *Polyporus tinctorius* Quél.]
Zottiger Schillerporling, Fleischigzottiger Porling

Fk.-Typ: laterale, annuelle, monozentrische, kurzlebige Crustothecien mit polyporoidem Hymenophor.
Habitat: lignicol; perthotroph oder saprotroph an zahlreichen Laubgehölzen; häufig auf *Fraxinus* und *Malus*, aber auch nachgewiesen auf *Acer*, *Aesculus*, *Alnus*, *Betula*, *Carpinus*, *Fagus*, *Juglans*, *Pyrus*, *Platanus*, *Populus*, *Prunus, Quercus*, *Robinia*, *Salix*, *Sorbus* u.a.; verursacht mitunter an lebenden Bäumen Deformationen des Holzes; Weißfäuleerreger.
Makromerkmale: Fk. konsolenförmig, sitzend, oft einzeln in Gruppen, aber auch imbricat verwachsen; Konsistenz weichfleischig, saftig, faserig, trocken hart und brüchig; Hüte 5–30 cm breit, bis 25 cm vom Substrat abstehend, in der Hutmitte um 5–8 cm dick; an der Insertionsfläche bis über 10 cm hoch; oberseits anfangs gelb, später rostbraun, alt und trocken – wie der gesamte Fk. – schwarz; stark zottig behaart, Haare oft büschelig verklebt; ungezont oder durch unterschiedliche Färbung des Tomentums mit unscharf getrennten Zonen; Rand wulstig abgerundet; Hymenophor in Aufsicht anfangs gelb, bald gelbbraun mit olivfarbenem Einschlag, erst heller als die Oberseite, später gleichfarben; auf Druck dunkelbraun, trocken schwarz; häufig mit wasserhellen bis goldgelben Guttationstropfen, die vom Hymenophor umwachsen werden und auffallende Guttationsgruben hinterlassen; Aufsicht bei seitlichem Lichteinfall charakteristisch silbrig schimmernd (vgl. Gattungsdiagnose); Poren anfangs rundlich, bald eckig, mitunter irregulär gestreckt, 1–3 Poren/mm; Röhren in der Hutmitte meist um 1–2 cm, selten auch bis über 4 cm lang;Trama jung gelbbraun, dann rostbraun; auf Druck oder im Schnitt sofort dunkler bräunend, alt dunkelbraun, in der Absterbephase schwärzend, trocken schwarz, radial faserig; Huttrama nicht oder undeutlich gezont; im mittleren Hutbereich um 5 cm dick; Hymenophoraltrama der Huttrama gleichfarben.
Mikromerkmale: Spp. braun; Sp. ovoid, breit ellipsoid bis subglobos, dickwandig, 8–11×6–8 µm; Basidien gestaucht clavat, viersporig, ohne Basalschnalle; Hymenialsetae meist, aber nicht immer vorhanden; konisch zugespitzt, dickwandig, braun, um 20×10 µm; Hyphensystem monomitisch; Hyphen gelbbraun, dünnwandig; Septen ohne Schnallen, 3–4 µm Ø.

Inonotus hispidus ist eine holarktische Art; in Europa kommt sie im nemoralen und im mediterranen Zonobiom häufig vor; in Mitteleuropa ist sie thermophil; in nördlicher Richtung und in der submontanen Stufe ist sie selten, in der montanen Höhenstufe fehlt sie völlig. Sie tritt besonders in der Kulturlandschaft auf und besiedelt häufig Straßenbäume, Obstgehölze in Gärten und auf Streuobstwiesen, Bäume in Parkanlagen, auf Friedhöfen etc. In naturnahen Wäldern kommt sie selten vor, z.B. wurde sie in Auwäldern und Eichen-Hainbuchen-Wäldern nachgewiesen. Durch die Wuchsform, die haarige Oberseite und die saftige Konsistenz der gesamten Fk. ist *I. hispidus* bereits im Gelände bestimmbar.

Abb. 1: Imbricate Fk.-Gruppe an einem lebenden *Fraxinus*-Stamm.
Abb. 2: Radial aufgeschnittener, relativ kleiner Fk. von einem lebenden Apfelbaum; a – das filzig-zottige Tomentum; b – die goldgelbe, später bräunende Huttrama; c – gebräunte Fraßgänge von Käferlarven; d – Hymenophor.
Abb. 3: Zottige Hutoberseite nahe des Hutrandes.
Abb. 4: Hutunterseite mit Guttationsgruben (Pfeile), in deren Umgebung abnorm große Poren von über 1 mm Ø vorkommen können.
Abb. 5: Aufsicht auf ein heranwachsendes Hymenophor mit noch nahezu runden Poren und dicken Dissepimenten.
Abb. 6: Segmentierte Aufsicht auf ein heranwachsendes Hymenophor; 177 Poren/25 mm^2 ≙ 7,1 Poren/mm^2 ≙ 2,7 Poren/mm.

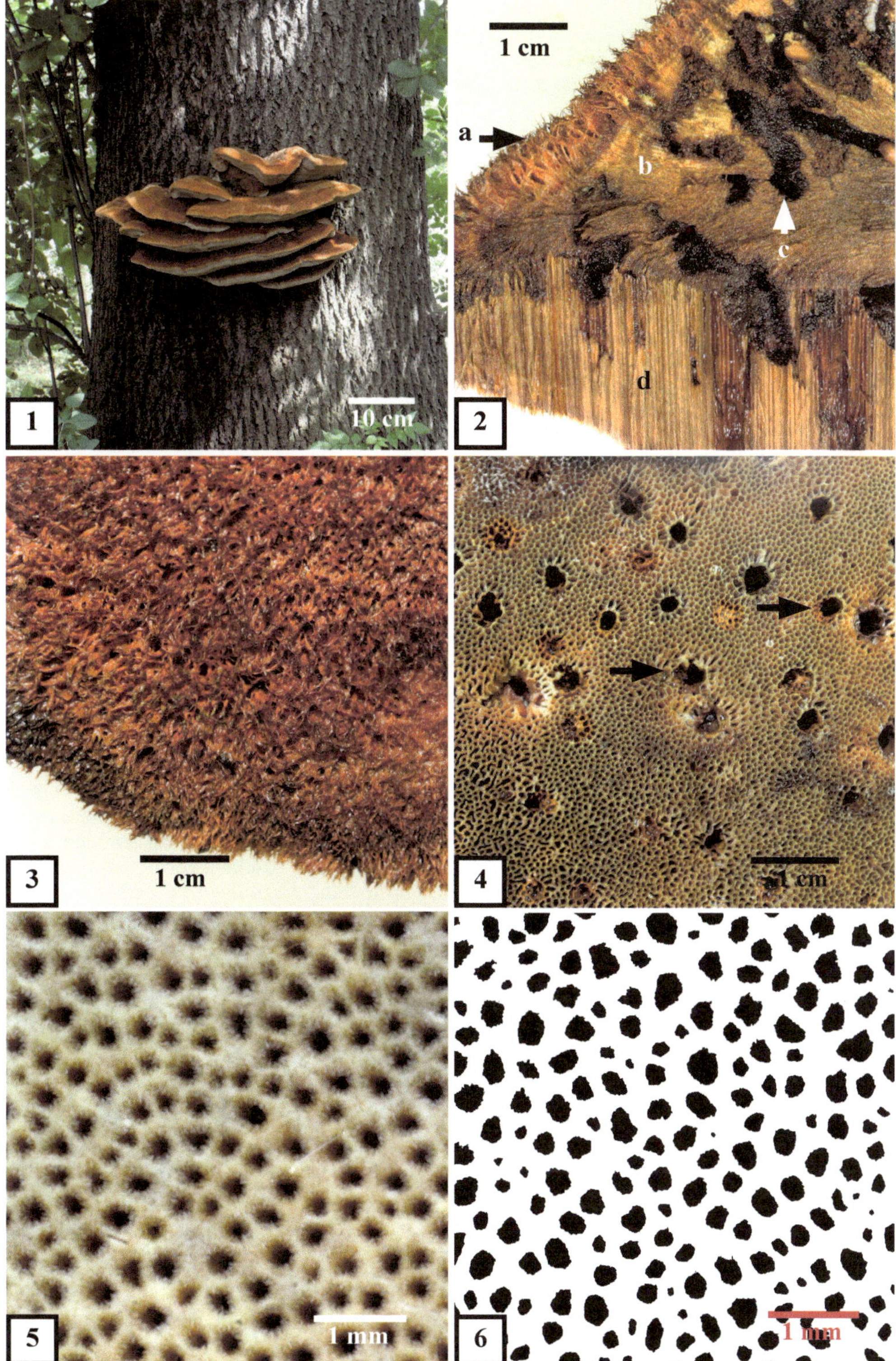
1
10 cm
2
1 cm
a
b
c
d
3
1 cm
4
1 cm
5
1 mm
6
1 mm

Inonotus leporinus (Fr.) Gilb. & Ryvarden
[≡ *Polyporus leporinus* Fr. ≡ *Onnia leporina* (Fr.) H. Jahn ≡ *Inoderma leporinum* (Fr.) P. Karst. = *Onnia circinata* (Fr.) P. Karst.]
Nördlicher Schillerporling, Fichten-Schillerporling, Fichten-Borstenporling

Fk.-Typ: laterale, annuelle, kurzlebige, monozentrische Crustothecien mit polyporoidem Hymenophor.
Habitat: lignicol; perthotroph oder saprotroph, in Europa auf *Picea*, in Asien auch auf *Larix*; Weißfäuleerreger.
Makromerkmale: Fk. konsolenförmig, in Richtung der Insertionsfläche oft etwas stielartig verschmälert, selten auch exzentrisch gestielt; einzeln oder in Gruppen, oft imbricat; Konsistenz frisch saftig, fleischig, beim Eintrocknen stark schrumpfend, trocken bröckelig; Hüte flach, bis über 15 cm breit und bis über 10 cm vom Substrat abstehend; im mittleren Bereich der Konsolen 0,5–2 cm dick; scharfrandig; Hutoberseite anfangs feinfilzig, später durch verklebte, agglutinierte Hyphen, die eine weiche Cortex bilden, glatt; ungezont oder mit undeutlichen Zonen durch verschiedene Brauntöne; Zuwachszonen weiß-bräunlich, gelbbraun, in Richtung der Insertionsebene dunkelbraun; Aufsicht auf das Hymenophor braun, bei seitlichem Lichteinfall charakteristisch silbrig schimmernd (vgl. Gattungsdiagnose); Porendichte sehr variabal; in regulär polyporoiden Abschnitten ca. 4 Poren/mm, bei ausgereiften Fk.n kommen irregulär gestreckte bis leicht labyrinthische und bis über 2 mm weite Poren vor; Röhren bis 1 cm lang; Trama rostbraun, zweischichtig; obere Trama wollig-filzig, untere Trama fester, radial faserig und etwas dunkler als die obere Tramaschicht; Hymenophoraltrama der Huttrama gleichfarben.
Mikromerkmale: Spp. weiß bis hellbraun; Sp. dünnwandig, hyalin bis gelblich, ellipsoid, 6–7×3–4,5 µm; Basidien gestaucht clavat bis zylindrisch, viersporig, ohne Basalschnalle; Hymenialsetae reichlich vorhanden, dickwandig, braun, apikal mit gebogener Spitze; 60 bis über 100 µm lang; Hyphensystem monomitisch; Septen ohne Schnallen; Hyphen zunächst dünnwandig und hyalin, später dickwandig und hell rostbraun.

Inonotus leporinus ist eine auf *Picea* vorkommende, eurasisch-boreal-montan verbreitete Art. Sie kommt hauptsächlich in Fennoskandinavien, hier ausschließlich an toten oder absterbenden *Picea-abies*- und *Picea-obovata*-Stämmen, vor und ist bis an die Waldgrenze verbreitet. Die Art wurde auch in montanen Fichtenwäldern im südlichen Europa nachgewiesen und kommt in der asiatischen Taiga an *Larix* vor. Die Fk. erscheinen meist an abgestorbenem Holz. Sie sind kurzlebig und werden extrem schnell von Insekten zerfressen und durch Schimmel befallen. Die Art steht dem südlich verbreiteten *I. triqueter* (≡ *Onnia triqueter*) nahe, der jedoch dickere Hüte ausbildet, meist exzentrisch gestielte Fk. aufweist und im Wesentlichen an *Pinus* wächst; mikroskopisch stimmen die beiden Arten weitgehend überein. In der Literatur gibt es Konfusionen zwischen beiden Arten.

Abb. 1: Frisch entwickelter Einzel-Fk. an einem schräg liegenden *Picea-obovata*-Stamm eines nordeuropäischen borealen Nadelwaldes.
Abb. 2: Feinfilzige Hutoberseite einer voll entwickelten Konsole.
Abb. 3: Radialschnitt einer Konsole nahe des Hutrandes; a – obere wollige Schicht der Duplextrama des Hutes, die in das feinfilzige Tomentum überleitet; b – derbere und dichtere untere Schicht der Huttrama; c – Hymenophor in einem nahezu regulär polyporoiden Bereich mit runden Poren.
Abb. 4: Aufsicht auf das polymorphe Hymenophor eines ausgereiften Exemplars; a – nahezu reguläre, rundporige Bereiche; b – Bereiche mit irregulär eckigen bis labyrinthischen Poren; c – zerstreutporiger Bereich mit dicken Dissepimenten; d – Bereich mit irregulären, sehr weit aufgerissenen Poren.
Abb. 5 u. 6: Aufsichten auf Hymenophore mit nahezu regulär polyporoiden Bereichen; Abb. 6 segmentierte Aufsicht;74 Poren/25 mm^2 ≙ 3 Poren/mm^2 ≙ 1,7 Poren/mm.

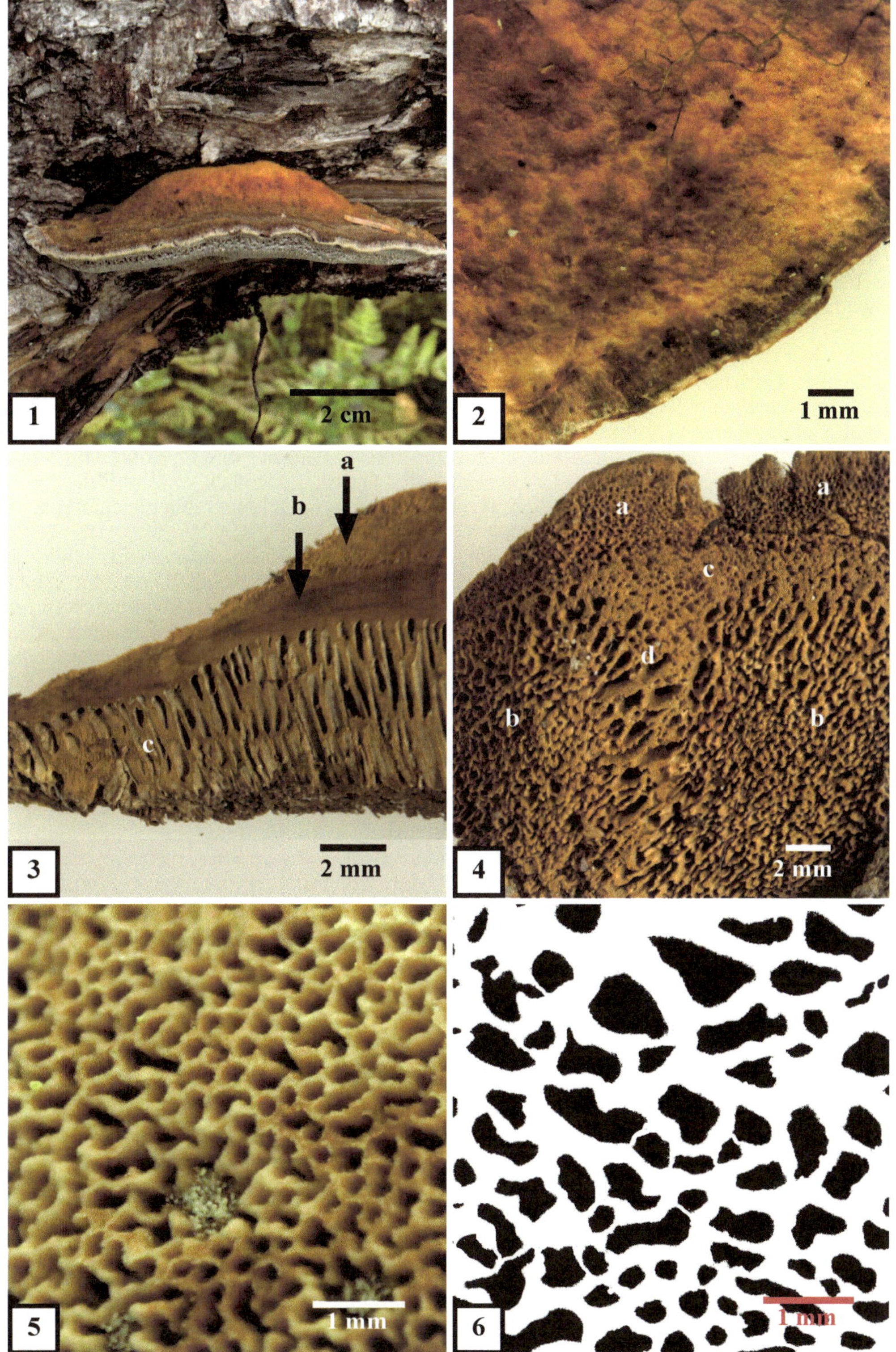
1
2 cm
2
1 mm
3
a
b
c
2 mm
4
a
a
c
d
b
b
2 mm
5
1 mm
6
1 mm

Inonotus nodulosus (Fr.) P. Karst.
[≡ *Polyporus nodulosus* Fr. ≡ *Polystictus nodulosus* (Fr.) Cooke ≡ *Inonotus radiatus* f. *nodulosus* (Fr.) Donk ≡ *Inoderma nodulosum* (Fr.) P. Karst. ≡ *Mensularia nodulosa* (Fr.) T. Wagner & M. Fisch.]
Knotiger Schillerporling

Fk.-Typ: laterale bis effusoreflexe, annuelle, mono- bis polyzentrische Crustothecien mit polyporoidem Hymenophor.
Habitat: lignicol; saprotroph, nahezu ausschließlich auf totem *Fagus*-Holz; selten nachgewiesen auf *Acer*, *Alnus*, *Betula* und *Carpinus*; Weißfäuleerreger.
Makromerkmale: Fk. effus, nodulos bis lateral, vielhütig; einzeln stehende Konsolen sind selten; Konsistenz zäh, trocken hart; Einzelhüte 2–5 cm breit, um 2 cm vom Substrat abstehend und um 2 cm dick; im Radialschnitt dreieckig; Hutoberseite anfangs fein tomentos, ocker- bis gelblich-braun, dann durch verklebende Hyphen runzelig und mit dunkelbraunen Farbtönen und helleren Rändern; farblich konzentrisch gezont, radial runzelig; Hymenophor in Aufsicht anfangs weißlich, dann cremefarben, gelblich, hell- bis rotbraun; in frischem Zustand bei Druck dunkler braun; bei seitlichem Lichteinfall charakteristisch silbrig schimmernd (vgl. Gattungsdiagnose); Poren rund bis abgerundet eckig, Schneiden der Dissepimente im Alter oft etwas gezähnt, 2–4 Poren/mm; einzelne Poren bis über 1 mm Ø; Röhren bis 5 mm lang; Huttrama rost- bis gold- oder zimtbraun; radial faserig, undeutlich konzentrisch gezont; im mittleren Hutbereich um 1 cm dick, Hymenophoraltrama der Huttrama gleichfarben, im Schnitt meist etwas dunkler erscheinend.
Mikromerkmale: Spp. hellbraun; Sp. breit ellipsoid bis subglobos oder ovoid, hyalin bis hellbraun 4,5–5×3,5–4 µm; vor der Sporenreife etwas dextrinoid; Basidien gestaucht clavat, viersporig, ohne Basalschnalle; Hymenialsetae selten bis häufig, die Basidien um 5–15 µm überragend, zugespitzt, apikal gerade, ohne oder mit basalem Fuß; Trama ohne eingebettete Setae; Hyphensystem monomitisch; Hyphen hyalin bis hellbraun, dünnwandig oder etwas wandverdickt, bis 8 µm Ø, ohne Schnallen.

Inonotus nodulosus ist eine auf *Fagus* spezialisierte Art des Buchenareals Europas und Vordersasiens. Sie steht dem überwiegend auf *Alnus* fruktifizierenden *I. radiatus* nahe, der auch sehr selten auf *Fagus* vorkommen kann. Die Arten können nicht allein nach dem Substrat bestimmt werden. Mikroskopisch unterscheidet sich *I. nodulosus* durch die subglobosen bis ovoiden Sporen und die geraden Hymenialsetae von *Inonotus radiatus*, der ellipsoide Sporen und überwiegend hakenförmige Setae hat. Morphologisch sind die Fk. von *I. nodulosus* durchschnittlich kompakter, dicker als die von *Inonotus radiatus* und jung oft knollenförmig. Es kommen auf dürftigen Substraten knotige, sterile Formen vor, die nur schwer zu identifizieren sind.

Abb. 1: Voll ausgereifte Fk.-Gruppe am Fuß eines toten, aufrechten *Fagus-sylvatica*-Stammes.
Abb. 2: Unterseite einer Konsole; a – Hutrand; b – Hymenophor; c – Hymenophor an nodulosen Auszweigungen nahe der Insertionsfläche; durch das geotropisch positiv wachsende Hymenophor entstehen treppenförmige Strukturen.
Abb. 3: Oberseite eines Fk.s; a – heller Rand des letzten Zuwachses; b – stark radial runzelige, ältere Cortex.
Abb. 4: Radialschnitt einer Konsole; a – undeutlich konzentrisch gezonte radial faserige, goldgelbe Huttrama (Pfeile); b – Hymenophor; c – Cortex.
Abb. 5: Aufsicht auf das Hymenophor im mittleren Hutbereich; die Dissepimente sind ein wenig zahnförmig aufgerissen.
Abb. 6: Segmentierte Aufsicht auf ein Hymenophor; 255 Poren/25 mm^2 ≙ 10,2 Poren/mm^2 ≙ 3,2 Poren/mm.

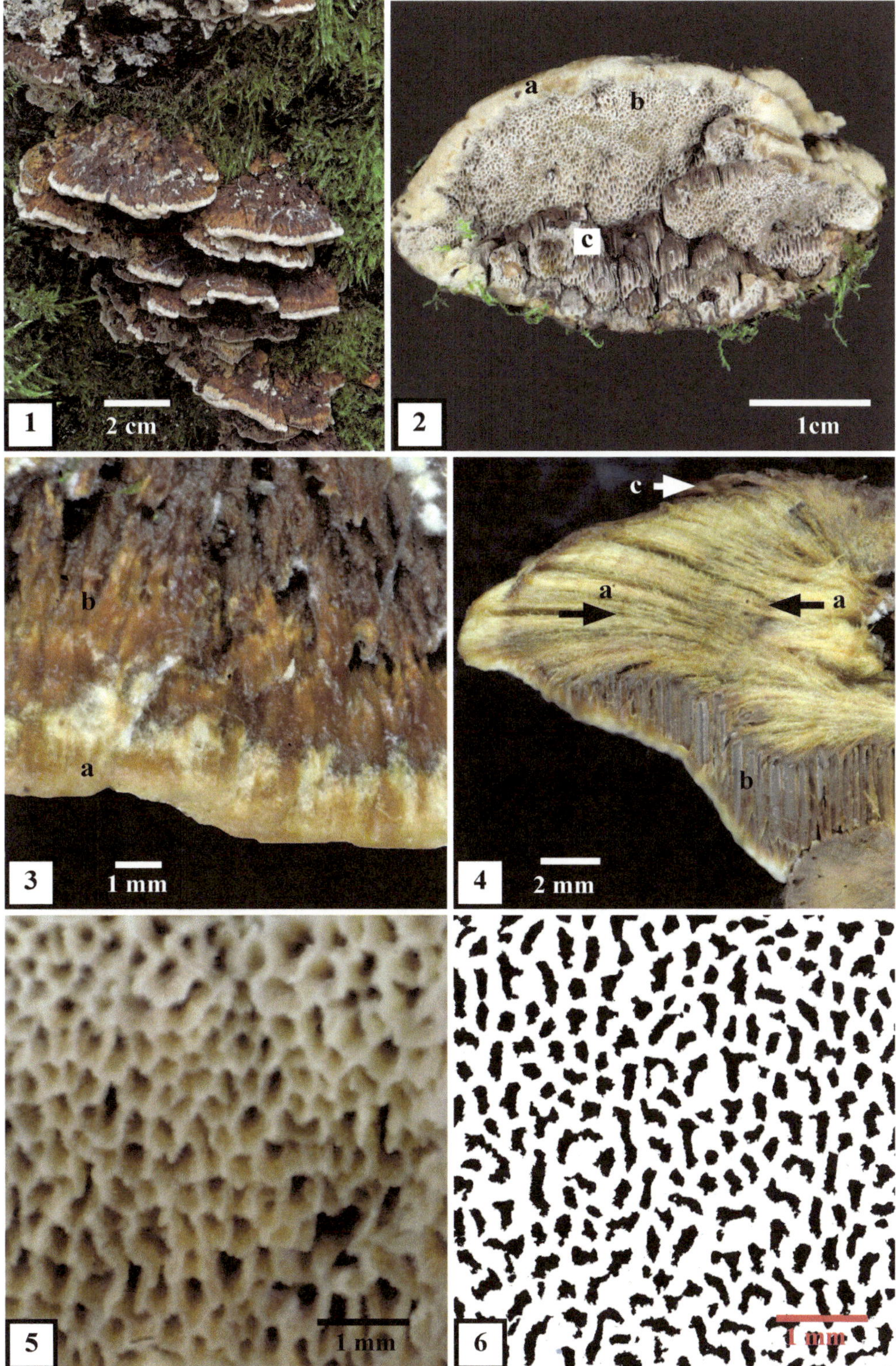
1
2 cm
2
1cm
a
b
c
3
1 mm
a
b
4
2 mm
a
a
b
c
5
1 mm
6
1 mm

Inonotus radiatus (Sowerby: Fr.) P. Karst.
[≡ *Polyporus radiatus* (Sowerby) Fr. ≡ *Xanthoporia radiata* (Sowerby) Tura, Zmitr., Wasser, Raats & Nevo ≡ *Xanthochrous radiatus* (Sowerby) Pat.]
Erlenschillerporling

Fk.-Typ: laterale, annuelle, mono- bis polyzentrische Crustothecien mit polyporoidem Hymenophor.
Habitat: lignicol; saprotroph an *Alnus*-Stämmen und dicken Ästen; selten an anderen Laub- oder Nadelhölzern, meist an feuchten bis nassen Standorten; nachgewiesen an *Abies*, *Betula*, *Carpinus*, *Corylus*, *Fagus*, *Fraxinus*, *Juglans*, *Malus*, *Padus*, *Parrotia*, *Populus*, *Prunus*, *Pyrus*, *Quercus*, *Salix*, *Sambucus*, *Sorbus*, *Syringa*, *Tilia* und *Ulmus*; Weißfäuleerreger.
Makromerkmale: Fk. selten einzeln, fast immer in großen Gruppen, konsolenförmig, leicht ablösbar, meist 4–8, selten bis über 10 cm breit, oft seitlich verwachsen, an liegenden Stämmen bis 1 m lange Reihen bildend; 1–5 cm vom Substrat abstehend, an der Insertionsfläche bis 2 cm hoch; bei imbricaten Fk.-Büscheln auch höher; oft mit herablaufend effusen Fk.-Teilen; an der Unterseite horizontaler Substrate kommen auch als „forma *resupinatus*" beschriebene vollkommen effuse Fk. vor; Konsistenz zäh, saftig, aber gut zerreißbar; trocken hart, brüchig; Hüte oberseits dunkelbraun, mitunter schwarzbraun, mit goldgelbem Farbeinschlag, Hutränder abgerundet, mitunter auch fast scharfkantig, glatt bis wellig oder fast gekerbt; wachsende Ränder weißlich-gelb, bald goldgelb und durch diese Farbunterschiede und unterschiedlich ausgebildetes Tomentum konzentrisch gezont; feinfilzig, im Alter verkahlend; stets uneben höckerig und radial runzelig; Hymenophor in Aufsicht anfangs weißlich, dann cremefarben, gelblich, hell- bis rotbraun; in frischem Zustand bei Druck dunkler braun; bei seitlichem Lichteinfall charakteristisch silbrig schimmernd (vgl. Gattungsdiagnose); eben oder etwas höckerig; zum Rand hin oft etwas radial wellig; zunächst rundporig, Poren aber bald eckig und zerschlitzt, 2–4 Poren/mm; Röhren bis wenig über 1 cm lang; Huttrama rot- bis goldbraun, konzentrisch um die Insertionsfläche durch verschiedene Brauntöne gezont; radialfaserig, im mittleren Hutbereich um 0,5–1 cm dick, Hymenophoraltrama der Huttrama gleichfarben oder etwas dunkler.
Mikromerkmale: Spp. hellbraun; Sp. hell gelbbraun, breit ellipsoid 4,5–7×3,5–5 µm; Basidien viersporig, gestaucht clavat, ohne Basalschnalle; Hymenialsetae ungleichmäßig dickwandig, braun, spießförmig oder unregelmäßig hakenförmig, 15–40×8–15 µm; mit Tramalsetae in der Basis der Dissepimente; Hyphensystem monomitisch; Septen ohne Schnallen; Hyphen hyalin, die dickeren bräunlich, 2–7 µm Ø.

Inonotus radiatus ist eine holarktische, circumpolar verbreitete Art, die in Mitteleuropa zu den charakteristischen Arten von Erlenbruchwäldern, bachbegleitenden Erlenbeständen und ähnlichen nassen Standorten mit *Alnus glutinosa* gehört. Häufig erscheinen die Fk. massenhaft an toten, noch aufrechten, schräg stehenden oder liegenden Stämmen in der Initial- bis zur Optimalphase der Holzzerstörung. Abgestorbene Fk. werden rasch durch Insekten zerfressen.

Abb. 1: Fk.-Gruppe an einem horizontal liegenden, einen Bach überdeckenden *Alnus-glutinosa*-Stamm in einem eutrophierten Eschen-Erlen-Wald.
Abb. 2: Typisch radial runzelige, randlich gezonte Hutoberseite; a – gelbe Zuwachszone mit dem feinfilzigen Tomentum; b – Zonierung durch unterschiedliche Färbung der Hutoberseite und durch unterschiedliche Haardichte des Tomentums; c – verkahlender, dunkel rotbrauner, älterer Teil der Hutoberseite.
Abb. 3: Radialschnitt eines Fk.s; a – gezonte Trama; b – Hymenophor im Schnitt; c – Aufsicht auf das Hymenophor; d – Cortex mit Tomentum; e – Reste der *Alnus*-Borke.
Abb. 4: Radial aufgerissener Fk. im mittleren Hutbereich.
Abb. 5: Aufsicht auf das Hymenophor im Randbereich eines Hutes im Übergang von weißlichen zu bräunlichen Farbtönen.
Abb. 6: Segmentierte Aufsicht auf das Hymenophor im mittleren Bereich eines Hutes;323 Poren/25 mm^2 ≙ 12,9 Poren/mm^2 ≙ 3,6 Poren/mm.

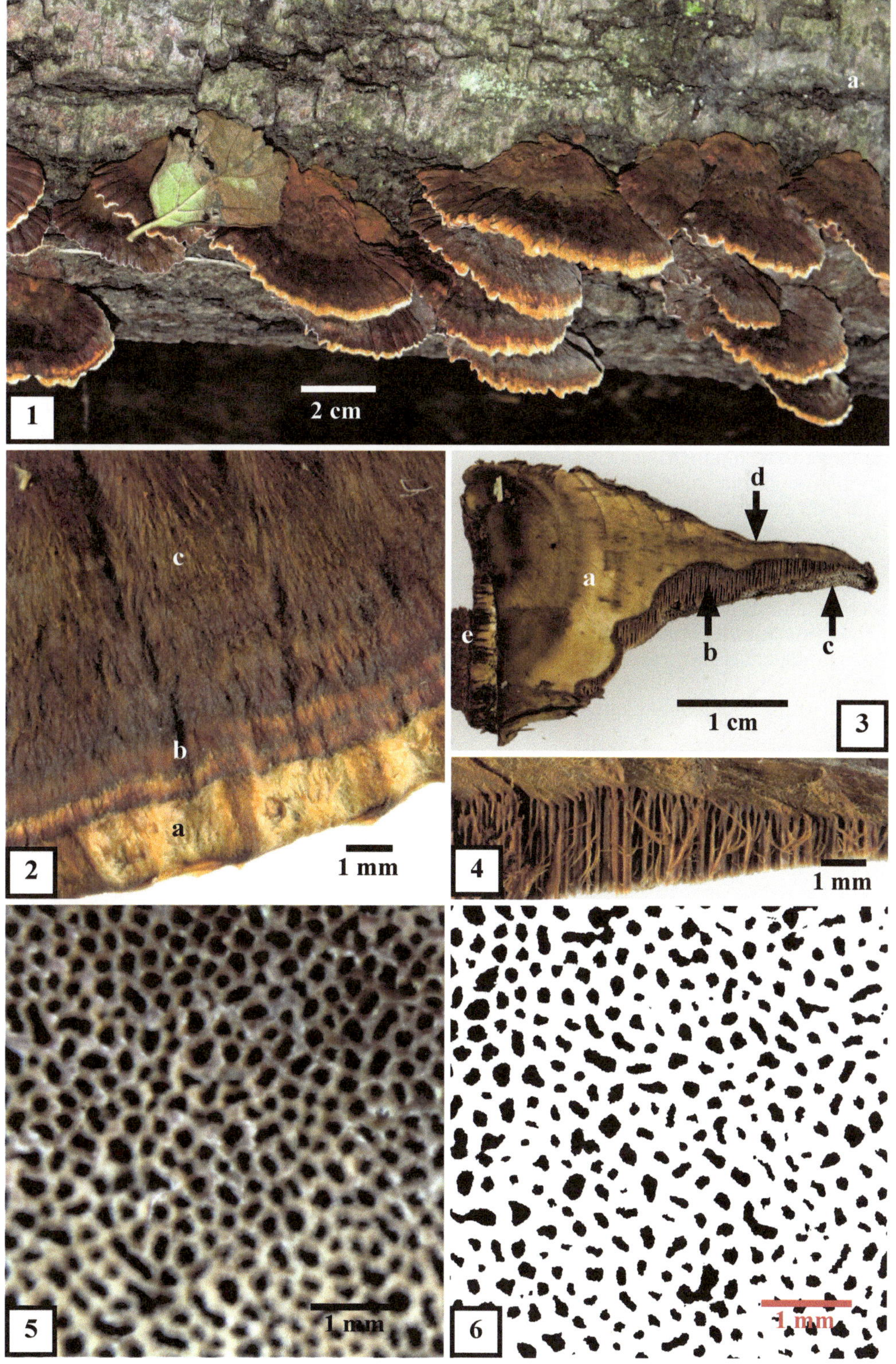
1
a
2 cm
2
c
b
a
1 mm
3
d
a
e
b
c
1 cm
4
1 mm
5
1 mm
6
1 mm

Ischnoderma benzoinum (Wahlenb.) P. Karst.
[≡ *Boletus benzoinus* Wahlenb. ≡ *Trametes benzoina* (Wahlenb.) Fr. ≡ *Polyporus benzoinus* (Wahlenb.) Fr. ≡ *Ischnoderma resinosum* f. *benzoinum* (Wahlenb.) Pilát = *Polyporus pinisylvestris* Alesch. = *Polyporus guttatus* Weinm. = *Polyporus nigrorugosa* Lloyd]
Nadelholzharzporling, Schwarzgebänderter Harzporling

Fk.-Typ: meist laterale, aber auch effusoreflexe, gelegentlich imbricate, annuelle, mono- bis polyzentrische Crustothecien mit polyporoidem Hymenophor.
Habitat: lignicol; saprotroph auf totem Nadelholz; in Mitteleuropa vorzugsweise auf *Picea*, aber auch auf *Larix* und *Pinus* nachgewiesen, wird auch selten auf Laubholz angegeben, z.B. auf *Acer*, *Alnus*, *Betula* und *Sorbus*; Weißfäuleerreger.
Makromerkmale: Fk. sitzend, konsolen-förmig bis fächerförmig; einzeln oder in Gruppen, selten basal verwachsen und imbricat, mitunter mit effusen Fk.-Anteilen am Substrat herablaufend; Konsistenz frisch sehr weichfleischig, saftig, wässrig (leptoporoide Phase), gezont; später persistent, korkig (fomitoide Phase); beim Trocknen stark schrumpfend, trocken hart, brüchig; Hüte bis über 15 cm breit und ebenso weit vom Substrat abstehend, im mittleren Hutbereich um 2 cm dick; Hutoberseite anfangs hell rot-bräunlich, bald dunkel rotbraun mit schwarzbraunen Zonen, später nahezu schwarz, trocken schwarz; oft mit Guttationsgruben; anfangs bzw. randlich zunächst fein tomentös, dann harzig verkrustend mit feinhügeliger, grubig papillöser, rauer Struktur; konzentrisch wellig und farblich gezont, radial runzelig; Aufsicht auf das Hymenophor zunächst weiß, frisch braun fleckend, später ockergelb bis ockerfarben; oft mit Guttationsgruben; Poren rund, später irregulär eckig; Dissepimente im Alter zahnförmig zerklüftet, 4–6 Poren/mm; Röhren bis 1 cm lang; Huttrama um 1 cm dick, anfangs in der leptoporoiden Phase wässrig-weiß, in der fomitoiden Phase hellbraun; Hymenophoraltrama der Huttrama gleichfarben.
Mikromerkmale: Spp. weiß; Sp. hyalin, zylindrisch, leicht gekrümmt, 5–6×2–2,5 µm; Basidien gestaucht clavat, viersporig, mit Basalschnalle; Hyphensystem in der Hymenophoraltrama dimitisch, in der Huttrama monomitisch; generative Hyphen dünnwandig, 3–5 µm Ø; Septen mit Schnallen; Skeletthyphen dickwandig, bis 10 µm Ø, selten septiert, mit Schnallen.

Ischnoderma benzoinum ist im holarktischen Florenreich circumpolar in Nadelwäldern verbreitet; in Mitteleuropa ist die Art seltener als der seit einigen Jahrzehnten sehr häufige Laubholzbewohner *Ischnoderma resinosum*, der *I. benzoinum* sehr nahesteht. Die beiden Sippen wurden früher nicht voneinder getrennt und sind auch mikroskopisch nicht zu unterscheiden. In erster Linie sind neben dem Wuchsort auf Nadelholz die dunklere Trama und die dünneren, stärker abgeflachten Hüte von *Ischnoderma benzoinum* diagnostisch wichtige Unterscheidungsmerkmale. In Nordamerika sind die Kollektionen von Laub- oder Nadelholz nicht zu trennen und werden meist als *I. resinosum* bezeichnet.

Abb. 1: Fk.-Gruppe auf einem morschen *Picea-abies*-Stumpf mit der typischen Zonierung, die eine schwarzbraune „Bänderung" erkennen lässt.
Abb. 2: Hutoberseite eines getrockneten Fk.s; a – schwarze, rauwarzige Cortex; b – oberseitige Guttationsgruben; vom noch etwas tomentosen Rand zur Mitte hin zunehmend verklebt harzig und feinwarzig rau.
Abb. 3: Radial aufgebrochener Fk; a – Hutoberseite; b – Huttrama; c – Zonierung der jungen, noch wässrigen, hellbraunen Huttrama am noch wachsenden Hutrand; d – noch nicht voll ausgereiftes Hymenophor.
Abb. 4: Aufsicht auf das ausgereifte, bereits ockerfarbene Hymenophor vom mittleren Bereich zwischen Hutrand und Insertionsfläche; neben den überwiegend runden kommen irregulär gestreckte Poren vor.
Abb. 5: Segmentierte Aufsicht auf ein Hymenophor im mittleren Hutbereich; 233 Poren/25 $mm^2 \triangleq 9,3$ Poren/$mm^2 \triangleq 3,1$ Poren/mm.

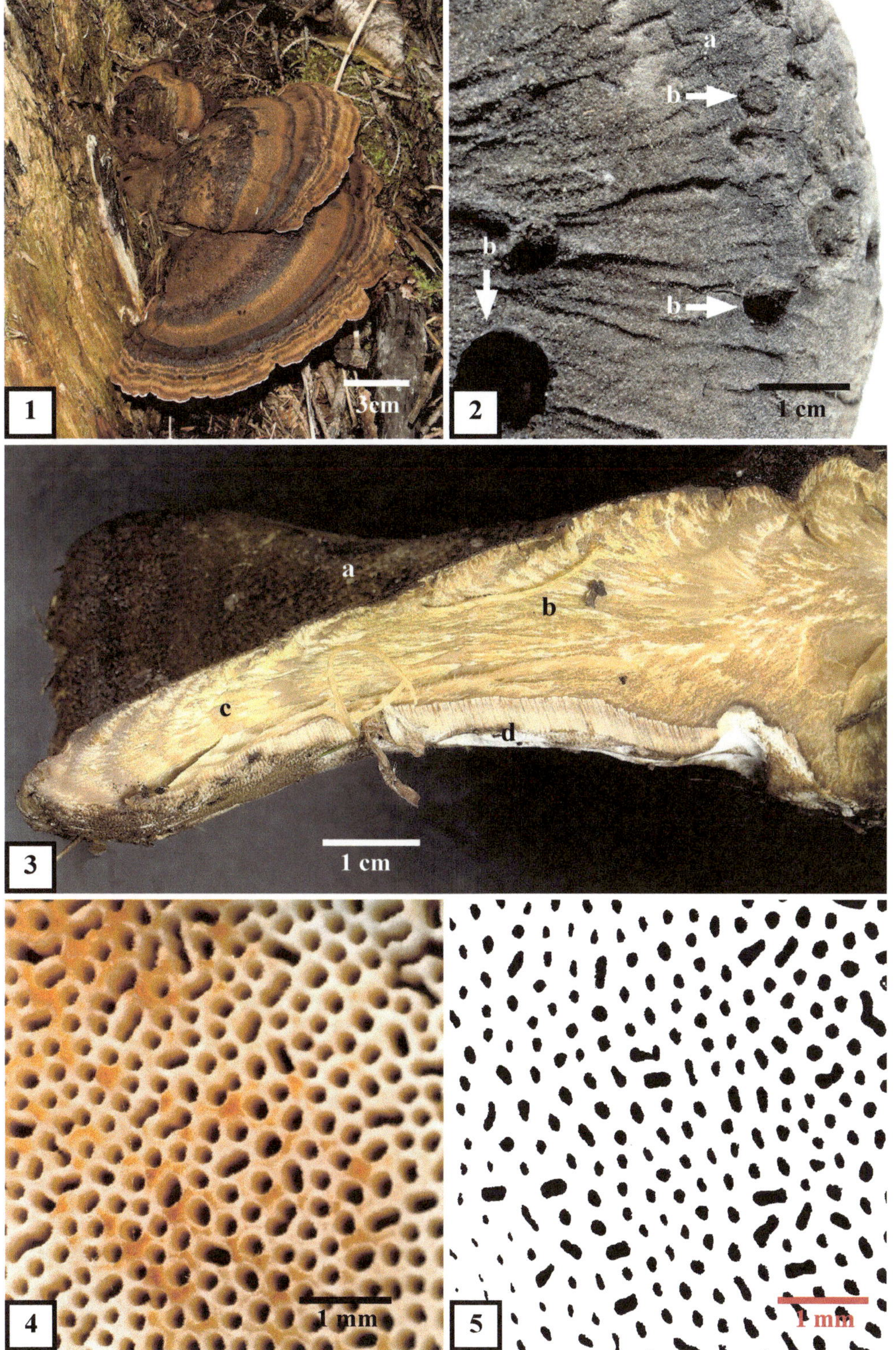
1
3cm
2
a
b
b
b
1 cm
3
a
b
c
d
1 cm
4
1 mm
5
1 mm

Ischnoderma resinosum (Schrad.) P. Karst.
[≡ *Boletus resinosus* Schrad. ≡ *Polyporus resinosus* (Schrad.) Fr. = *Boletus fuliginosus* Scop. ≡ *Ischnoderma fuliginosum* (Scop.) Murrill]
Laubholzharzporling

Fk.-Typ: effusoreflexe bis laterale, annuelle, mono- bis polyzentrische Crustothecien mit polyporoidem Hymenophor.
Habitat: lignicol; saprotroph auf totem Laubholz; in Mitteleuropa vorzugsweise auf *Fagus*, aber auch auf *Acer*, *Alnus*, *Betula*, *Populus*, *Sorbus*, *Tilia* und einigen anderen Gehölzen nachgewiesen; Weißfäuleerreger.
Makromerkmale: Fk. sitzend, konsolenförmig, oft mit effusen Fk.-Anteilen am Substrat herablaufend; an der Unterseite horizontaler Substrate mitunter ausgedehnte effuse Krusten bildend; Konsistenz frisch sehr weichfleischig, saftig, wässrig (leptoporoide Phase), später persistent, korkig (fomitoide Phase); getrocknet stark geschrumpft und hart; Hüte bis 15 cm breit und ebenso weit vom Substrat abstehend, im mittleren Hutbereich 2–4 cm dick; Hutoberseite anfangs gelblich-weiß, dann hell rot-bräunlich, schließlich schwarzbraun bis schwarz oft mit Guttationsgruben; anfangs bzw. randlich zunächst fein tomentös, dann harzig verkrustend mit feinhügeliger, grubig papillöser rauer Struktur; konzentrisch wellig und farblich gezont, radial runzelig; Aufsicht auf das Hymenophor zunächst weiß, später ockergelb bis ockerfarben, auf Druck dunkler; oft mit Guttationsgruben; Poren rund, später irregulär eckig, Dissepimente im Alter zahnförmig zerklüftet, nahezu irpicoid; 4–6 Poren/mm; Röhren bis 1 cm lang; Huttrama anfangs in der leptoporoiden Phase wässrig-weiß, in der fomitoiden Phase gelblich bis hellbraun; Hymenophoraltrama der Huttrama gleichfarben, aber meist etwas heller.
Mikromerkmale: Spp. weiß; Sp. hyalin, zylindrisch, leicht gekrümmt, 5–6×2–2,5 µm; Basidien gestaucht clavat, viersporig, mit Basalschnalle; Hyphensystem in der Hymenophoraltrama dimitisch, in der Huttrama monomitisch; generative Hyphen dünnwandig, 3–5 µm Ø; Septen mit Schnallen; Skeletthyphen dickwandig, stellenweise inkrustiert, bis 10 µm Ø, selten septiert, mit Schnallen.

Ischnoderma resinosum ist eine europäische Art des nemoralen Zonobioms, die bis vor wenigen Jahrzehnten besonders in Südeuropa vorkam und in Mitteleuropa eine Seltenheit war. Sie hat sich am Ende des 20. Jh.s bis zur Gegenwart rasant ausgebreitet und gehört derzeit zu den häufigsten Porlingen auf toten Laubholzstämmen in Mitteleuropa. Durch die anfangs wässrig-weiße, später weiß- bis hellbraune Trama und das Vorkommen auf Laubholz ist die Art von der Nadelholz bewohnenden *I. benzoinum* mit etwas dunklerer Trama gut zu trennen.

Abb. 1: Fk.-Gruppe auf einem liegenden Buchenstamm.
Abb. 2: Hutoberseite; a – helle, noch tomentose Cortex, b – rotbraune Cortex und c – geschwärzte, harzig papillose Cortex; d – Guttationsgrube.
Abb. 3: Radialschnitt eines Fk.s in der fomitoiden Phase der Fk.-Entwicklung; a – helle, faserige Huttrama; b – ausgereiftes Hymenophor.
Abb. 4: Aufsicht auf das Hymenophor eines wachsenden Fk.s nahe des Hutrandes; a – noch tomentoser Hutrand; b – porenfreie Hutunterseite in Randnähe im Stadium der Formierung des Hymenophors; c – Hymenophor mit heranwachsenden Röhren; d – die auf Druck bräunenden Dissepimente.
Abb. 5: Aufsicht auf das ausgereifte, ockerfarbene Hymenophor mit flachen Guttationsgruben (Pfeile).
Abb. 6: Aufsicht auf ein älteres Hymenophor mit zahnförmig aufgespaltenen Schneiden der Dissepimente.
Abb. 7: Segmentierte Aufsicht auf ein junges, noch regulär polyporoides Hymenophor nahe des Hutrandes; 369 Poren/25 mm^2 ≙ 14,8 Poren/mm^2 ≙ 3,8 Poren/mm.

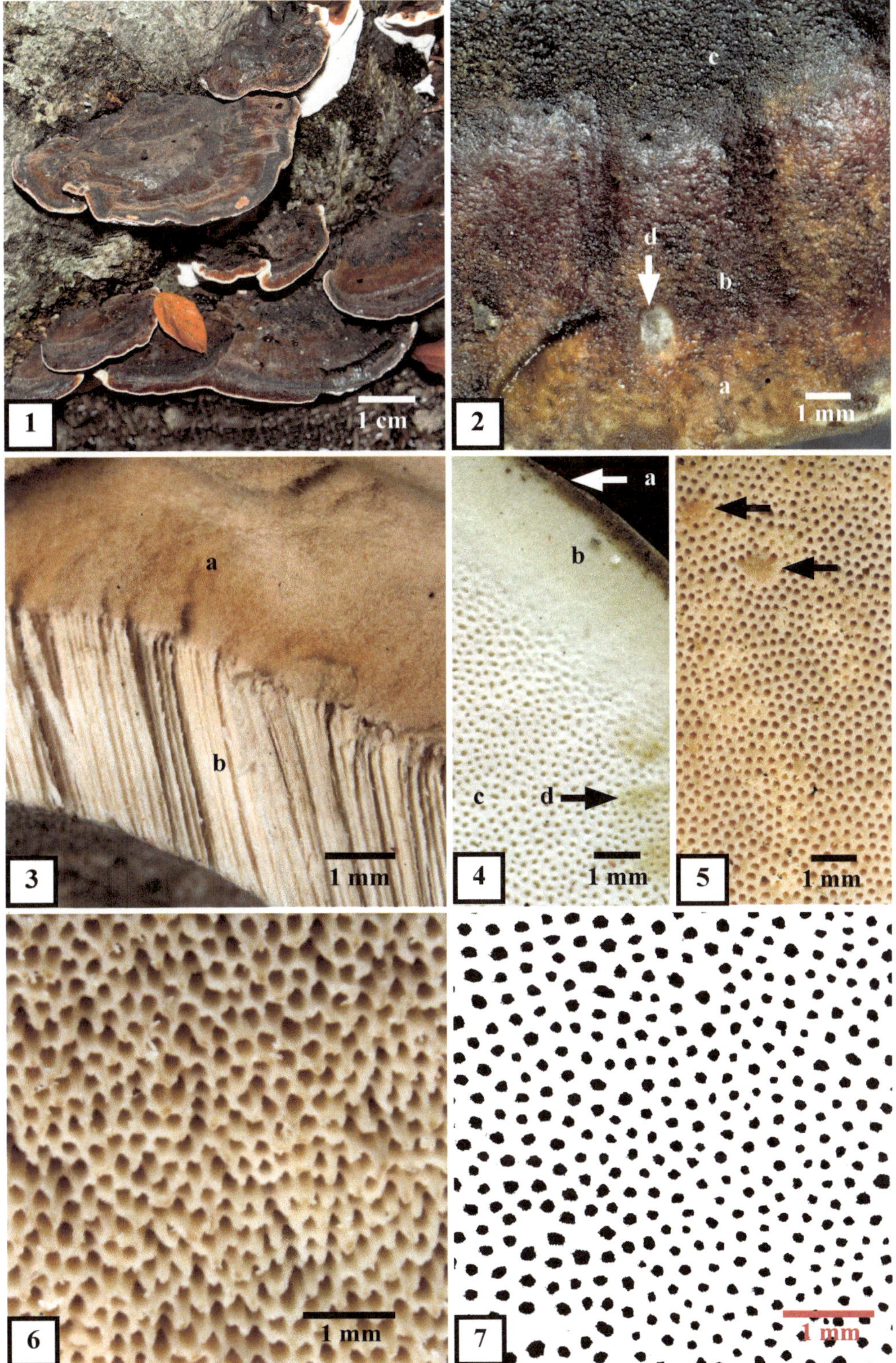
1
1 cm
2
c
d
b
a
1 mm
3
a
b
1 mm
4
a
b
c
d
1 mm
5
1 mm
6
1 mm
7
1 mm

Laetiporus sulphureus (Bull.) Murrill
[≡ *Boletus sulphureus* Bull. ≡ *Polyporus sulphureus* (Bull.) Fr. ≡ *Grifola sulphurea* (Bull.) Pilát. ≡ *Tyromyces sulphureus* (Bull.) Donk = *Ptychogaster aurantiacus* Pat. ≡ *Ceriomyces aurantiacus* (Pat.) Sacc. = *Laetiporus montanus* Černý ex Tomšovský & Jankovský]
Schwefelporling, Schwefelgelber Porling

Fk.-Typ: laterale, annuelle, mono- bis polyzentrische, kurzlebige Crustothecien mit polyporoidem Hymenophor.
Habitat: lignicol; saprotroph oder perthotroph; an lebendem und totem Laubholz, selten an Nadelholz; nachgewiesen sind *Aesculus*, *Alnus*, *Avium*, *Castanea*, *Corylus*, *Fagus*, *Fraxinus*, *Juglans*, *Malus*, *Populus*, *Prunus*, *Pyrus*, *Quercus*, *Robinia*, *Salix*, *Tamarix*, und *Tilia*; an *Larix* vor allem im natürlichen Lärchenareal in den Alpen, Karpaten und in Sibirien sowie in der nördlichen Nadelwaldzone Osteuropas, sehr selten auch an *Picea*, *Pinus* und *Taxus;* Braunfäuleerreger.
Makromerkmale: Fk. anfangs schwefelgelbe bis gelborange, weiche, imbricate, schnell wachsende Konsolen, oft mit wasserklaren Guttationströpfchen; Konsistenz anfangs saftig, sehr weich, später trocken, bröckelig; Hüte konsolenförmig bis fächerförmig, bis 50 cm breit und bis 30 cm vom Substrat abstehend; Konsolenrasen an der Insertionsfläche bis 30 cm hoch; Einzelkonsolen im mittleren Bereich der Hüte bis 5 cm dick; Hutrand wellig; Oberseite anfangs oft gelborange, samtig, trocken mit zerkrümelnden Schüppchen; Hymenophor in Aufsicht schwefelgelb; Poren zunächst rund, später in Form und Größe sehr variabel, rundlich bis gestreckt, bald auch eckig; 1–4 Poren/mm; Röhren zunächst weniger als 1 mm, ausgereift bis über 5 mm lang; Trama hellgelb, schwefelgelb, trocken cremefarben, schmutzig weiß; Hymenophoraltrama der Huttrama gleichfarben, bei trocknenden Fk.n oft intensiver gelb als die Huttrama.
Mikromerkmale: Spp. weiß; Sp. hyalin, glatt, subglobos bis breitellipsoid, 5–7,5×3,5–5 µm; Basidien gestaucht clavat, viersporig; Hyphensystem amphimitisch; generative Hyphen 2–4 µm Ø; Septen ohne Schnallen; Bindehyphen („Leiterhyphen") mit zentralen Hauptästen und zahlreichen knorrigen Auszweigungen, hyalin, dickwandig, 8–15 µm Ø.

Laetiporus sulphureus ist eine holarktische, circumpolar verbreitete Art. Der Pilz ist ein gefürchteter Braunfäuleerreger, der von befallenem Kernholz her in das lebende Holz vordringt. Kirsch- und Pflaumenbäume von Streuobstwiesen und alten Alleen bringt er rasch zum Absterben. In naturnahen Wäldern werden häufig alte Eichen befallen. Neben den normalen Fk.n kann *L. sulphureus* knollen- oder konsolenförmige, am Rand abgerundete, orangegelbe, weiche Anamorphen bilden, die bei Reife nahezu vollkommen in dickwandige, irregulär geformte, runde bis breit ellipsoide Chlamydosporen von 7–20×6–15 µm zerfallen und kein Hymenophor ausbilden, Sie wurden als *Ptychogaster aurantiacus* bzw. *Ceriomyces aurantiacus* beschrieben.

Abb. 1: Aus vielen imbricat angeordneten Einzelkonsolen bestehender Fk. an totem Kernholz eines lebenden *Salix*-Stammes.
Abb. 2: Detail eines jungen, noch wachsenden Fk.s mit Guttationströpfchen; die Unterseiten der Konsolen sind in diesem Zustand noch ohne Hymenophor.
Abb. 3 Radialschnitt durch einen Konsolenrand vor der Ausbildung des Hymenophors.
Abb. 4: Radialschnitt durch eine junge Konsole mit noch nicht voll ausgebildetem, gelbem Hymenophor und bereits hell strohfarbener Trama.
Abb. 5: Hellbraune Oberseite eines am Wuchsort getrockneten Fk.s nach der Sporulationsphase mit zerklüftender, granulär-schülfriger Struktur; in diesem Zustand weisen die Fk. keine schwefelgelben Farbtöne mehr auf, sondern werden strohfarben bis hellbräunlich.
Abb. 6: Aufsicht auf das voll ausgebildete Hymenophor eines Fk.s nach der Sporulation.
Abb. 7: Aufsicht auf ein Hymenophor.
Abb. 8: Segmentierte Aufsicht auf das Hymenophor; 303 Poren /25 mm² ≙ 12,1 Poren/mm² ≙ 3,5 Poren/mm.

1
ca. 4 cm
2
ca. 3 mm
3
10 mm
4
10 mm
5
1 mm
6
1 mm
7
1 mm
8
1 mm

Laricifomes officinalis (Vill.) Kotl. & Pouzar
[≡ *Agaricum officinale* (Vill.) Donk ≡ *Fomitopsis officinalis* (Vill.) Bondartsev & Singer = *Fomes laricis* (F. Rubel) Murrill]
Apothekerschwamm, Lärchenschwamm, Lärchenporling

Fk.-Typ: laterale, perennierende, monozentrische Crustothecien mit polyporoidem Hymenophor.
Habitat: perthotroph an alten lebenden *Larix*-Stämmen, sowohl an der Basis als auch im oberen Stammbereich, saprotroph an *Larix*-Stämmen und -Stümpfen weiterwachsend; Braunfäuleerreger.
Makromerkmale: Fk. einzeln, regulär konsolen- bis hufförmig, oft langgestreckt mit horizontalen Zuwachszonen, aber auch irregulär klumpenförmig; oberseits gewölbt, unterseits meist nahezu horizontal; bis über 30 cm in Extremfällen bis 60 cm hoch, über 20 cm breit und ebenso weit vom Substrat abstehend; Konsistenz fest, trocken hart; Hutoberseite am wachsenden Rand weiß bis cremeweiß, feinsamtig, verkahlend und dann mit einer dünnen Kruste, die rasch rissig wird und sich mit zunehmendem Alter grau bis grauschwarz verfärbt, wobei zwischen den Rissen die weiße Trama sichtbar wird; am Rande wulstförmig in die meist regulär horizontale Hymenophor tragende Unterseite übergehend; Hymenophor in Aufsicht schmutzig weiß, hellgrau- bis cremeweiß, später auch bräunlich; undeutlich geschichtet, bis zu 70 Röhrenschichten; Poren anfangs rund, bald unregelmäßig eckig mit dünnen Dissepimenten, 2–4 Poren/mm; Röhren pro Schicht 5–10 mm lang; Trama weiß, fest, aber brüchig; bröckelig verwitternd, Geschmack sehr bitter.
Mikromerkmale: Spp. weiß; Sp. ellipsoid, hyalin, 5–8×3–4 µm; Basidien clavat, viersporig, mit Basalschnalle; Hymenium mit fusoiden Cystidiolen; Hyphensystem dimitisch; generative Hyphen hyalin, 2–4 µm Ø, dünn- bis etwas dickwandig, mit Schnallen; Skeletthyphen bis 6 µm Ø, hyalin, dickwandig; mit gloeopleren Hyphen in der Huttrama, bis über 5 µm Ø.

Laricifomes officinalis ist eine boreal-hochmontane Art des natürlichen *Larix*-Areals der Nordhemisphäre. In Sibirien ist die Art häufig, in den Hochgebirgen Europas selten. Aufgrund der weißen, bröckeligen Trama und der grauschwarzen, rissigen Oberseite sind kaum Verwechslungen möglich. Lediglich absterbende Fk. können mit *Laetiporus sulphureus* verwechselt werden, der wie *Laricifomes* im Alter eine schmutzig weiße Trama aufweist und ebenfalls an Lärchen vorkommen kann. Diese Art hat jedoch eine amphimitische Trama und schmeckt nicht extrem bitter. *L. officinalis* wird seit der Antike unter dem Namen Agaricon, Agaricus oder Agaricum als Heilpilz genutzt. Die von den Hyphen ausgeschiedene weiße, bittere Substanz enthält Agaricinsäure, die sich als antibiotisch wirksam erwiesen hat.

Abb. 1: Schwachwüchsiger, ca. achtjähriger Fk. mit charakteristisch gestreckt-hufförmiger Wuchsform am Fuße eines lebenden *Larix-sibirica*-Stammes; a – über fünf Jahre alte Fk.-Teile mit nahezu schwarzer, rissiger Oberseite; b–f – fünf- bis einjährige Zuwachszonen; g – wachsendes Hymenophor.
Abb. 2: Vierjähriger Fk. an einem lebenden *Larix*-Stamm in ca. 2 m Höhe; a – alte Fk.-Teile mit geschwärzter, rissiger Oberseite; b – gebräuntes Hymenophor der vorjährigen Zuwachszone; c – filziger Hutrand der letzten Zuwachszone; d – nahezu horizontales Hymenophor.
Abb. 3: Irreglär, nahezu klumpenförmiger Fk. am Fuß eines alten, absterbenden *Larix*-Stammes; a – alte Fk.-Teile mit bereits dunkler Oberseite; b – alter Fk.-Teil mit gebräuntem Hymenophor; c – junges Hymenophor an einem wulstig wachsenden Hutteil; d – wulstiger, gegen einen Felsstein gewachsener Fk.-Rand; e – wulstig wachsende Hutränder mit unterseitigem Hymenophor; Einblendung: gesamter Fk. von über 40 cm Länge.
Abb. 4: Kräftiger, dreijähriger Fk.; a – wachsender, feinflauschiger Fk.-Rand; b – verkahlende, aber noch feinfilzige Oberseite; c – vorjähriger Fk.-Teil mit grauweißer, dünner Kruste; d – dreijährige, bereits etwas geschwärzte, rissige Fk.-Oberseite.
Abb. 5: Aufsicht auf das Hymenophor.
Abb. 6: Segmentierte Aufsicht; 163 Poren /25 mm² ≙ 6,6 Poren/mm² ≙ 2,6 Poren/mm.

1
a
b
c
d
e
f
g
5 cm
2
a
b
c
d
d
5 cm
3
a
5 cm
b
e
d
c
4
d
c
b
a
b
a
2 cm
5
1 mm
6
1 mm

Meripilus giganteus (Pers.) P. Karst.
[≡ *Boletus giganteus* Pers. ≡ *Polyporus giganteus* (Pers.) Fr. ≡ *Grifola gigantea* (Pers.) Pilát ≡ *Merisma giganteum* (Pers.) Gillet = *Grifola lentifrondosa* Murrill]
Riesenporling

Fk-Typ: stipitate, mehrhütige, annuelle, monozentrische Crustothecien mit polyporoidem Hymenophor.
Habitat: lignicol oder terricol über Wurzelholz; saprotroph an Stümpfen oder basal an toten Stämmen und auf totem Wurzelholz, selten auch perthotroph als Schwächeparasit an der Basis von lebenden Laubgehölzen; von der Initial- bis zur Optimalphase des Holzabbaus fruktifizierend; besonders an *Fagus* und *Quercus*, aber auch an *Acer*, *Aesculus*, *Carpinus*, *Fraxinus*, *Platanus*, *Populus*, *Salix*, *Sorbus*, *Tilia*, *Ulmus* und selten auf Nadelgehölzen, z.B. *Abies* nachgewiesen; Weißfäuleerreger.
Makromerkmale: Fk. mehrhütig mit einem gemeinsamen, stielartigen Strunk; bis über 80 cm Ø erreichend; Einzelhüte imbricat, konsolen-, spatel-, fächer- bis zungenförmig; Konsistenz weich, faserig; trocken brüchig, spröde; Einzelhüte 10–20 cm, selten bis 30 cm breit, in der Mitte 1–3 cm dick; mit verschmälerter Basis am Strunk inseriert, Rand glatt, mitunter wellig bis buchtig oder in Loben aufgelöst; vom Rand her im Alter schwärzend; Hutoberseite zunächst hellgelb, gelbocker bis hellbraun, später dunkler braun, konzentrisch gezont, radial mitunter runzelig, glatt, unbehaart, eingewachsen faserig, mitunter stellenweise feinschuppig aufgerissen; Trama weiß bis cremefarben, undeutlich gezont; Hymenophor in Aufsicht weiß, im Alter auch cremefarben; auf Druck erst bräunend, dann charakteristisch schwärzend, Hymenophoraltrama der Huttrama gleichfarben; Röhren bis 8 mm, selten bis 1 cm lang; Poren zunächst rund, später eckig, 2–5 Poren/mm; vereinzelte Poren können bis nahezu 1 mm Ø erreichen; Dissepimente anfangs dick, bei Reife schmal.
Mikromerkmale: Spp. weiß; Sp. hyalin, dünnwandig, breit ellipsoid, subglobos bis kugelig, 5–7×4,5–6,5 µm; Hymenium mit fusoiden Cystidiolen; Basidien gestaucht clavat, viersporig, ohne Basalschnalle; Hyphensystem monomitisch; Hyphen ohne Schnallen, in der Hut- und Stieltrama dickwandig, bis 10 µm Ø, im Subhymeniun dünnwandig, bis 5 µm .

Meripilus giganteus ist holarktisch im gesamten nemoralen Zonobiom verbreitet. In Europa kommt die Art im Wesentlichen im *Fagus*- und *Quercus*-Areal vor. Sie bildet von allen Porlingen Europas die größten Fk. Ihr Durchmesser kann 1 m überschreiten. Aufgrund der Wuchsform, der Schwärzung von Druck- oder Verletzungsstellen, die auch beim Altern meist vom Rand der Hüte aus einsetzt, ist die Art gut von anderen vielhütigen Porlingen wie *Bondarzewia montana*, *Grifola frondosa* oder *Polyporus umbellatus* zu unterscheiden.

Abb. 1: Sporulierender Fk. mit zahlreichen Einzelhüten auf einem Stumpf von *Fagus sylvatica*; einige Einzelhüte sind vom Rand her bereits schwarz gefärbt (a), in der Umgebung des Fk.s ist das Sporenpulver als feiner Belag zu erkennen (b).
Abb. 2: Unterseite eines jungen Fk.s mit zahlreichen Einzelhüten; die Hymenophorbildung setzt relativ spät ein; die Ränder der Einzelhüte sind noch ohne Röhren.
Abb. 3: Die glatte, eingewachsen faserige und stellenweise feinschuppig aufreißende (Pfeile) Hutoberseite eines jungen Hutes.
Abb. 4: Radialschnitt eines Hutes in der Mitte zwischen Stiel und Hutrand; a – radialfaserige, feinschuppige Cortex; b – wässrig-weiße Huttrama; c – feine, mitunter undeutlich konzentrische Zonierung der Huttrama; die Pfeile verweisen auf die Wachstumsrichtung; d – heranwachsendes Hymenophor.
Abb. 5: Aufsicht auf das Hymenophor eines jungen, noch nicht sporulierenden Fk.s.
Abb. 6: Unterseite eines jungen Hutes; durch leichten Druck ist der Hut vom Rand her nach ca. 10–30 Minuten irreversibel schwarz verfärbt.
Abb. 7: Aufsicht auf das Hymenophor eines Fk.s nach der Sporulationsphase.
Abb. 8: Segmentierte Aufsicht; 392 Poren/25 mm² ≙ 15,7 Poren/mm² ≙ 4 Poren/mm.

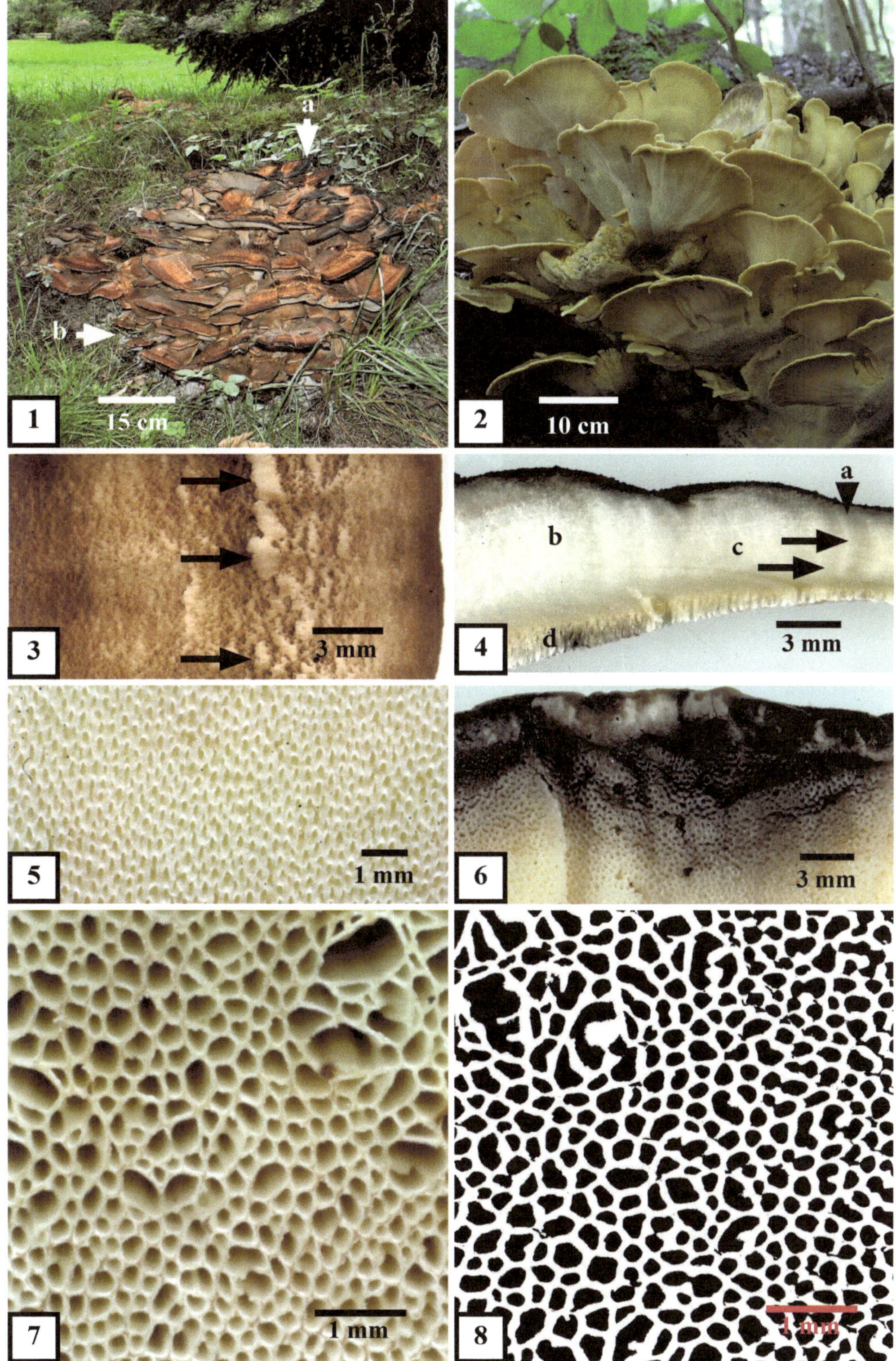

a
b
1
15 cm
2
10 cm
3
3 mm
a
b
c
d
4
3 mm
5
1 mm
6
3 mm
7
1 mm
8
1 mm

Oligoporus ptychogaster (F. Ludw.) Falck & O. Falck
[≡ *Polyporus ptychogaster* F. Ludw. ≡ *Postia ptychogaster* (F. Ludw.) Vesterh. ≡ *Tyromyces ptychogaster* (F. Ludw.) Donk = *Oligoporus ustilaginoides* Bref.]
Anamorphe: [*Ptychogaster fuliginoides* (Pers.) Donk = *Ptychogaster albus* Corda]
Weißer Polsterpilz (Name der Anamorphe)

Fk.-Typ: effuse, mitunter effusoreflexe, sehr selten ausschließlich laterale, annuelle, mono- bis polyzentrische, kurzlebige Crustothecien mit polyporoidem Hymenophor; Fk. in direktem Zusammenhang mit den anamorphen Myzelpolstern oder in deren Nähe entstehend; die Anamorphe ist weitaus häufiger zu finden als die Fk.
Anamorphe: weiche, frisch weiße, kissen- bis halbkugelförmige Myzelpolster, die vom Zentrum her zu braunem Chlamydosporenpulver zerfallen.
Habitat: lignicol; saprotroph hauptsächlich an Nadelholz, besonders an *Picea* von der Optimal- bis zur Finalphase des Holzabbaus, aber auch an *Pinus* und einigen Laubhölzern (*Padus serotina* und *Alnus*) nachgewiesen; Braunfäuleerreger.
Makromerkmale der Teleomorphe: effuse Fk. reinweiße, wässrige, weiche runde bis irregulär geformte Krusten bildend, teils mit freien Rändern, teils auch kleine Hüte bildend; Konsistenz wässrig-weich, trocken bröckelig; Hüte, wenn vorhanden, 1–3 cm breit, bis 1 cm vom Substrat abstehend und bis 1 cm dick; oberseits fein behaart; Aufsicht auf das Hymenophor weiß, Poren irregulär eckig, Dissepimente apikal wellig-gekerbt bis zahnförmig; 2–3 Poren/mm; Röhren bis 4 mm lang.
Makromerkmale der Anamorphe: Myzelpolster 2–5, selten bis über 10 cm Ø, im Schnitt konzentrisch gezont, zunächst weiß, bald hellbraun, dann milchkaffee- bis kakaobraun, zerfallend.
Mikromerkmale der Teleomorphe: Spp. weiß; Sp. 4–5×2–3 µm, gestreckt ellipsoid; Hyphensystem monomitisch, Hyphen bis 6 µm Ø; Septen mit Schnallen; Basidien keulig, viersporig, Cystiden nicht vorhanden.
Mikromerkmale der Anamorphe: Chlamydosporenpulver kakaobraun, Chlamydosporen interkalar an schnallenführenden Hyphen entstehend, ellipsoid, teils trunkat, dickwandig, gelbbraun, 5–10×4–7 µm.

Oligoporus ptychogaster ist eine nord- bis mitteleuropäische Art, die auch aus Nordamerika bekannt ist. In luftfeuchten Gebirgsfichtenwäldern Mitteleuropas ist die Anamorphe des Pilzes häufig an Fichtenholz zu finden. Nach Reife der Chlamydosporen verbleibt nur trockenes Sporenpulver am Wuchsort, das bei flüchtiger Betrachtung einem Myxomyceten zugeordnet werden könnte, auch das Epitheton *ustilaginoides* (brandpilzähnlich) bezieht sich auf dieses Entwicklungsstadium der Anamorphe.

Abb. 1: Mehrere Myzelpolster der *Ptychogaster*-Form an einem von Fichtennadeln bedeckten *Picea*-Stumpf eines Fichtenforstes.
Abb. 2: Radial aufgeschnittenes Myzelpolster, im äußeren Bereich noch weiß, im Zentrum durch die pigmentierten Chlamydosporen bereits braun gefärbt.
Abb. 3: Nahezu runde, effuse bis effusoreflexe Fk. und gleichzeitig wachsendes Myzelpolster der Anamorphe an einem liegenden *Picea*-Stamm; ein Fk. (a) in direktem Zusammenhang mit einem Myzelpolster der Anamorphe (b); ein zweiter Fk. (c) isoliert stehend und mit abstehenden Rändern; ein weiteres Myzelpolster wächst isoliert am gleichen Stamm (d).
Abb 4: Sekantalschnitt eines Fk.-Randes mit Huttrama (a), Hymenophor (b) und Aufsicht auf das Hymenophor (c).
Abb. 5–7: Aufsichten auf das Hymenophor; Abb. 5 – Übersicht mit vielgestaltigen Poren von nahezu runder bis eckiger und irregulär gestreckter Form; Abb. 6 – Hymenophor in fortgeschrittenem Alter mit kerbig-zerschlitzten Schneiden der Dissepimente; Abb. 7 – segmentierte Aufsicht; 213 Poren/25 mm^2 ≙ 8,5 Poren/mm^2 ≙ 2,9 Poren/mm.

1
2 cm
2
1 cm
3
a
b
c
d
1 cm
4
a
b
c
1 mm
5
1 mm
6
1 mm
7
1 mm

Osteina obducta (Berk.) Donk
[≡ *Polyporus obductus* Berk. ≡ *Oligoporus obductus* (Berk.) Gilb. & Ryvarden ≡ *Grifola obducta* (Berk.) Aoshima & H. Furuk. = *Polyporus osseus* Kalchbr.]
Knochenporling, Knochenharter Porling, Beinharter Porling

Fk.-Typ: stipitate, annuelle, monozentrische, meist mehrhütige Crustothecien mit polyporoidem Hymenophor.
Habitat: lignicol; saprotroph, an *Larix*-Wurzeln oder basalen Teilen von *Larix*-Stämmen oder -Stümpfen, selten an anderen Gehölzen, angegeben werden *Pinus*, *Betula* und *Quercus*; Fk. auf Wurzelholz können äußerlich als terricol angesehen werden; Braunfäuleerreger.
Makromerkmale: Fk. selten einhütig, meist mehrstielig und mehrhütig an einem gemeinsamen Strunk; Konsistenz jung weich, dann zäh, im Alter hart, trocken sehr hart; Hüte zentral bis exzentrisch, oder auch lateral gestielt, rund bis irregulär lappig, auch fächerförmig; oberseits selten konvex polsterförmig, meist abgeflacht oder zum Stielansatz hin etwas vertieft, kahl, glatt, ungezont; jung weiß, später creme- bis hell ockerfarben, Rand scharf, jung meist etwas eingerollt, Einzelhüte bis 6 cm Ø, mehrhütige Fk. können bis über 15 cm Ø erreichen; Stiele allmählich in den Hut übergehend, mit herablaufendem Hymenophor; zur Basis bzw. zum Strunk hin verschmälert, mitunter irregulär klumpig, vom Hut bis zum Ansatz am Substrat bis 7 cm lang, in der Mitte um 1cm dick, an sterilen Oberflächen weiß, im Alter der Hutoberseite gleichfarben, aber etwas heller; Trama weiß, im Hut so bleibend, im Stiel zur Basis bzw. zum basalen Strunk hin allmählich in Braun übergehend, im Strunk braun; im mittleren Bereich zwischen Hutrand und Stiel bis 5 mm dick; Hymenophor weiß, röhrig, Röhren kurz, bei Reife bis 2 mm lang; feinporig; Poren rund bis eckig, besonders zum Stiel hin oft ein wenig radial gestreckt; Dissepimente dünn, oft ausgefranst rissig bis gezähnt; auch irregulär zusammenfließend; 4–6 Poren/mm.
Mikromerkmale: Spp. weiß; Sp. gestreckt langellipsoid bis nahezu zylindrisch, ventral meist abgeflacht, glatt, hyalin, 4–6×2–2,5 µm; Basidien gestaucht clavat, viersporig, mit Basalschnalle, Hyphensystem monomitisch, mit Schnallen; Hyphen in der jungen Trama hyalin, dünnwandig, 2 bis über 10 µm Ø, im Alter sehr dickwandig, in der Stielbasis und im Strunk z. T. mit einem Lumen von weniger als 2 µm, reich verzweigt.

Manche Formen von *Osteina obducta* können in jungem, noch weichem Zustand als Saftporlinge (*Tyromyces* spp. s.l.) oder als terrestrische Porlinge (z.B. *Albatrellus* spp.) angesehen werden. Die Fk. beider Gruppen sind zwar jung weich, werden jedoch im Alter nicht hart und sind trocken bröckelig. Die Art wird von manchen Autoren in die Gattung *Polyporus* gestellt, zu der jedoch ausschließlich Weißfäuleerreger mit dimitischer Trama gehören. *O. obducta* ist ein Pilz des natürlichen Lärchenareals der Holarktis. In Europa besiedelt er im Wesentlichen das natürliche Areal von *Larix decidua* in den Alpen und den Karpaten. Angaben aus anderen Regionen und von anderen Substraten sind selten und bedürfen einer exakten Dokumentation.

Abb. 1: Alter, bereits harter, mehrhütiger Fk.; scheinbar terrestrisch einer unterirdischen *Larix*-Wurzel eines lichten, relativ trockenen, borealen Lärchenwaldes entspringend.
Abb. 2: Fk. im Schnitt; mit reinweißer Huttrama und leicht gebräunter Trama im Strunk.
Abb. 3: Aufgeschnittener, junger, noch weicher, von der Basis her erhärtender, mehrhütiger Fk. von unterirdischem *Larix*-Wurzelholz vor der Sporulationsphase mit bereits gebräunter Trama des zum Substrat hin zugespitzten Strunkes.
Abb. 4: Schnittfläche eines Hutes an einem jungen, noch weichen Fk. mit reinweißer Trama und den noch kurzen Röhren.
Abb. 5: Aufsicht auf das feinporige, weiße, noch wachsende Hymenophor eines Fk.s vor der Sporulationsphase.
Abb. 6: Segmentierte Aufsicht auf das Hymenophor, das infolge der unregelmäßigen Länge der Dissepimente stellenweise verzweigte Poren aufweist; 1074 Poren/25 mm² ≙ 43 Poren/mm² ≙ 6,6 Poren/mm (juveniles Exemplar).

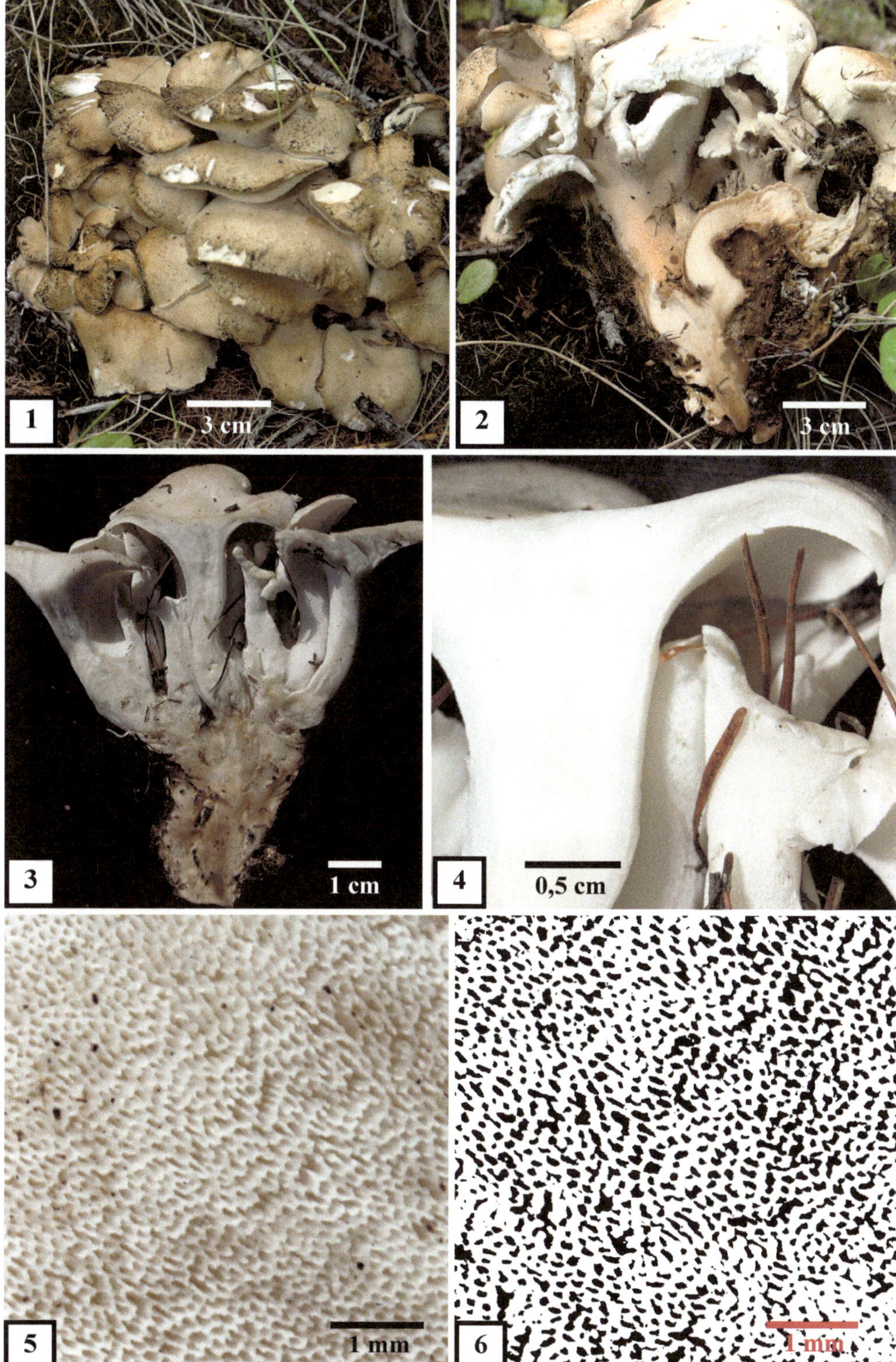
1
3 cm
2
3 cm
3
1 cm
4
0,5 cm
5
1 mm
6
1 mm

Oxyporus populinus (Schumach.) Donk
[≡ *Boletus populinus* Schumach. ≡ *Polyporus populinus* (Schumach.) Fr.]
Treppenförmiger Porling

Fk.-Typ: laterale bis effusoreflexe, selten rein effuse, perennierende, mono- bis polyzentrische Crustothecien mit polyporoidem Hymenophor.
Habitat: lignicol; fast immer perthotroph an lebenden Laubholzstämmen, oft an Astwunden in mehreren Metern Höhe, aber auch am Stammfuß, saprotroph an abgestorbenen Stämmen weiterwachsend, in Mitteleuropa bevorzugt an *Acer*, *Fagus* und *Malus*, aber auch nachgewiesen an *Aesculus*, *Alnus*, *Betula*, *Fraxinus*, *Populus*, *Quercus*, *Salix*, *Tilia*, *Ulmus* und vielen anderen Laubgehölzen in der Initialphase des Holzabbaus; oft an luftfeuchten Standorten, z.B. in Auwäldern, befällt vom Kernholz her die Stämme; Weißfäuleerreger.
Makromerkmale: Fk. selten einzeln, meist in Gruppen, imbricat oder seitlich verwachsen; Konsistenz frisch ledrig, korkig, zäh, etwas biegsam; trocken sehr hart; Einzelhüte konsolenförmig, 3 bis über 10 cm breit, im mittleren Bereich bis über 5 cm dick; an der Insertionsfläche bis 10 cm hoch; bis 6, selten bis über 10 cm vom Substrat abstehend, scharfrandig; Oberseite jung weiß, später cremefarben, ockergrau mit weißen Zuwachsrändern; jung angedrückt filzig, später kahl; häufig mit Moosen bewachsen; Huttrama weiß bis cremefarben, bei alten Exemplaren oft durch eingebettete, abgestorbene Moospartikel schwarz durchsetzt; Hymenophoraltrama jung weiß, später ockerbräunlich; Aufsicht auf das wachsende Hymenophor weiß, später cremefarben; deutlich geschichtet, bis 20 Röhrenschichten ausbildend; Röhren pro Schicht 2–4 mm; sehr dichtporig, Poren unregelmäßig rund bis eckig; 6–7 Poren/mm.
Mikromerkmale: Spp. weiß; Sp. hyalin, glatt, subglobos bis kugelig, 3–4 µm Ø; Hymenium mit zahlreichen dünnwandigen, apikal etwas angeschwollenen Cystiden, diese mit einem charakteristischen Schopf von eckigen Kristallen; Basidien zylindrisch bis gestaucht clavat, viersporig, ohne Basalschnalle; Hyphensystem monomitisch, Septen ohne Schnallen; Hyphen dünnwandig bis etwas wandverdickt, 2–5 µm Ø.

Oxyporus populinus ist eine holarktisch circumpolar verbreitete Art des borealen und nemoralen Zonobioms. Die zahlreichen, gut voneiander abgesetzten Röhrenschichten in Kombination mit den Kristallschopfcystiden und den kleinen runden Sporen sind diagnostisch wichtige Merkmale. Das charakteristische Umwachsen der sehr häufig auf der Oberseite der Fk. lebenden Moose ist möglicherweise eine Lebensstrategie, die mit dem Nährstoffhaushalt des Pilzes im Zusammenhang steht. Effuse Fk. in Höhlen abgestorbener Äste können mit effusen Fk.n anderer *Oxyporus*-Sippen verwechselt werden. *O. obducens* (Pers.) Donk ist mikroskopisch kaum von *O. populinus* zu trennen, ist jedoch annuell und bildet allenfalls knotige Hymenophoralstrukturen, keine oberseits sterilen Hütchen. Diese Sippe wird von manchen Autoren als Varietät von *O. populinus* geführt.

Abb. 1: Fk.-Gruppe am Fuß eines *Acer-pseudoplatanus*-Stammes.
Abb. 2: Oberseite eines ca. vierjährigen Fk.s; a – einjährige, feinfilzige weiße Randzone; b – zweijährige Zone mit verkahlter, grauocker gefärbter Cortex; c – bereits mit Moosen bewachsene, vierjährige Zone.
Abb. 3: Radialschnitt eines ca. zehnjährigen Fk.s; a – Huttrama mit abgestorbenen, umwachsenen Moosen; b – Oberseite mit lebenden Moosen; c – aus zehn Röhrenschichten bestehendes Hymenophor; d – zwei- bis dreijährige, graugelbe Oberseite; e – Oberseite der weißen Zuwachszone; f – Aufsicht auf das dichtporige Hymenophor.
Abb. 4: Sechs Röhrenschichten eines ca. achtjährigen Fk.s; in den älteren Schichten (a) ist die Hymenophoraltrama hell ockerbräunlich; in der jüngsten Schicht (b) reinweiß.
Abb. 5: Aufsicht auf das wachsende Hymenophor eines Fk.s.
Abb. 6: Segmentierte Aufsicht auf das Hymenophor vom mittleren Bereich des Hutes; 799 Poren/25 mm^2 ≙ 32 Poren/mm^2 ≙ 5,7 Poren/mm.

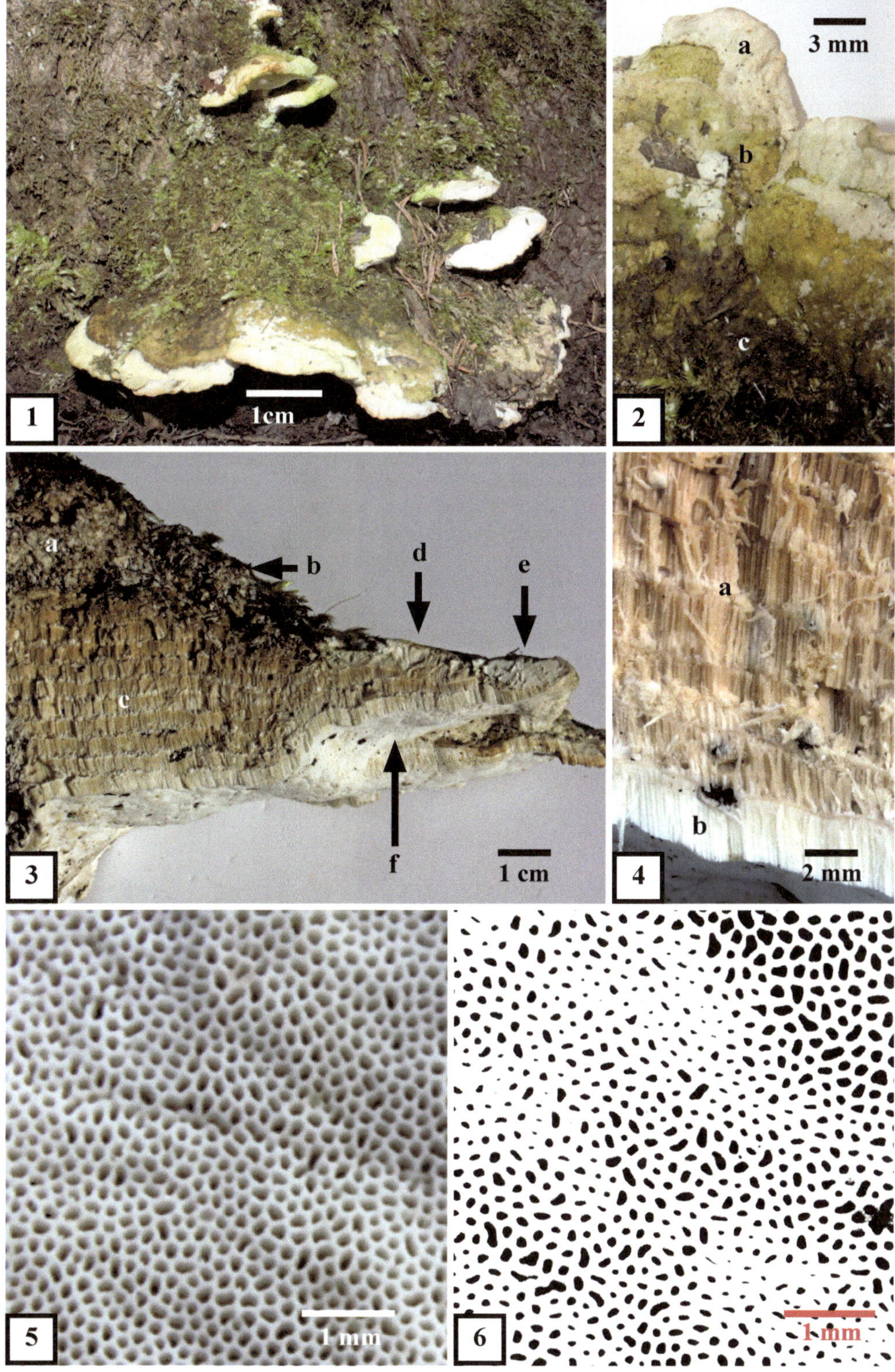
1cm
1
a
3 mm
b
c
2
a
b
d
e
c
f
1 cm
3
a
b
2 mm
4
1 mm
5
1 mm
6

Phaeolus schweinitzii (Fr.) Pat.
[≡ *Polyporus schweinitzii* Fr. ≡ *Hapalopilus schweinitzii* (Fr.) Donk = *Boletus sistotremoides* Alb. & Schwein. ≡ *Phaeolus sistotremoides* (Alb. & Schwein.) Murrill = *Polyporus spongia* Fr. ≡ *Phaeolus spongia* (Fr.) Pat.]
Kiefernbraunporling

Fk.-Typ: laterale bis stipitate, annuelle, kurzlebige, monozentrische Crustothecien mit polyporoidem bis daedaleoidem Hymenophor.
Habitat: lignicol oder terrestrisch über Holz; saprotroph oder perthotroph und an totem Holz weiterwachsend, hauptsächlich an Nadelholz; im Flachland Mitteleuropas besonders an *Pinus*, im Gebirge besonders an *Picea*, aber auch an *Larix*, *Abies* und selten an diversen Laubhölzern, u.a. an *Alnus*, *Betula*, *Carpinus*, *Fagus*, *Fraxinus*, *Populus*, *Prunus*, *Quercus* und *Ulmus*; Braunfäuleerreger.
Makromerkmale: Fk. bis 20 cm hoch und bis 30 cm breit; meist mehrhütig an einer gemeinsamen Basis entspringend; seitlich, bei terrestrischem Wachstum auch zentral kurz gestielt; selten einhütig, konsolenförmig oder mit effusem Fk.-Anteil dem Substrat ansitzend; Konsistenz jung saftig, weich, schwammartig, dann zäh, beim Trocknen stark schrumpfend, trocken schwarzbraun und bröckelig; Hüte zunächst polsterförmig, später flach, oft fächer- oder kreiselförmig bis tellerförmig und imbricat; meist grob hügelig, mit knolligen Auswüchsen; Rand wulstig abgestumpft; Hutoberseite safrangelb, goldgelb, später braun mit gelbem Hutrand; ungezont oder durch die alterungsbedingte farbliche Änderung mit randlich gelben, zentral mit gelb-braunen und in Insertionsnähe dunkelbraunen Zonen; strunkartiger Stiel bis über 5 cm lang und mehr als 4 cm Ø; gesamter Fk. schließlich in allen Teilen dunkel rostbraun; Trama anfangs gelb-braun, später dunkel rostbraun; Hymenophoraltrama erst grünlich-braun, dann ebenfalls rostbraun; Huttrama nicht gezont, in der Mitte der Konsolen bis 15 mm dick; Hymenophor in Aufsicht zunächst orangegelb, dann grünlich-braun, schließlich gelb-braun bis rostbraun, bei Druck sofort bräunend; Poren groß, rund, eckig irregulär gestreckt bis daedaleoid, bis 2 mm lang; im mittleren Hutbereich 1–2 Poren/mm; Röhren ausgereifter Exemplare um 15 mm tief.
Mikromerkmale: Spp. weiß; Sp. ellipsoid bis ovoid, hyalin, glatt, 5–9×4–5 µm; Basidien clavat, viersporig, ohne Basalschnalle, Hymenium mit gloeopleren Hyphen und Cystidiolen, zudem mit Pseudocystiden, die in der Trama inseriert sind und die Basidien um ca. 50 µm überragen; Hyphensystem monomitisch; Hyphen ohne Schnallen, reichlich septiert, gelblich bis braun, 3 bis über15 µm Ø.

Phaeolus schweinitzii ist kosmopolitisch verbreitet. Äußerlich erinnern die Fk. infolge der jung saftigen Konsistenz und der wollhaarigen Hutoberseite an manche schnellwüchsige *Inonotus*-Arten, z.B. an *Inonotus hispidus*. Das trifft auch auf das Schillern der Oberfläche des Hymenophors bei schräger Beleuchtung zu. Die Cystidenformen und der Fäuletyp zeigen jedoch, dass keinerlei Verwandtschaftsbeziehungen zu *Inonotus* vorhanden sind. *Phaeolus-schweinitzii*-Fk. werden zum Färben von Wolle benutzt, wobei schöne gelbe bis braune Farbtöne erzielt werden.

Abb. 1: Fk.-Gruppe in einem *Pinus-merkusii*-Forst; terrestrisch über Wurzelholz.
Abb. 2: Fk. in einem *Picea-abies*-Forst; terrestrisch über Wurzelholz.
Abb. 3 u. 4: Radialschnitte durch einen nahezu ausgereiften (Abb. 3) und einen noch unreifen (Abb. 4) Fk.; die junge, gelbbraune Huttrama verfärbt sich an den Schnittfläche rasch dunkelbraun; die Hymenophoraltrama ist der Huttrama gleichfarben; das Hymenium an den Röhrenwänden ist wesentlich heller.
Abb. 5: Aufsicht auf das nahezu daedaleoide Hymenophor; an den inneren Wänden der Dissepimente sind die das Hymenium überragenden Pseudocystiden bei starker Lupenvergrößerung zu erkennen.
Abb. 6: Segmentierte Aufsicht auf das Hymenophor; 53 Poren/25 $mm^2 \triangleq 2{,}1$ Poren/$mm^2 \triangleq$ 1,5 Poren/mm.

1
2 cm
2
2 cm
3
1 mm
4
5mm
5
1 mm
6
1 mm

Phellinus abietis (P. Karst.) H. Jahn
[≡ *Fomes abietis* P. Karst. ≡ *Phellinus pini* var. *abietis* (P. Karst.) Pilát ≡ *Trametes abietis* (P. Karst.) Sacc.]
Fichtenfeuerschwamm

Fk.-Typ: laterale bis effusoreflexe, perennierende, monozentrische Crustothecien mit polyporoidem bis daedaleoidem Hymenophor.
Habitat: lignicol; perthotroph oder saprotroph ausschließlich an *Picea*; Weißfäuleerreger.
Makromerkmale: Fk. selten einzeln, meist in Gruppen, mitunter imbricat; Konsistenz zäh, trocken hart, Hutränder etwas biegsam bleibend; Hüte flach, bis 8, selten bis über 10 cm breit, bis 5 cm vom Substrat abstehend; im mittleren Bereich um 1 cm dick, an der Insertionsfläche bis über 4 cm hoch; Hutoberseite mit filzig-haarigem Tomentum, alt verkrustend und häufig mit Flechten bewachsen, mit eng stehenden, konzentrisch rilligen Zonen, am Rand hellbraun, dann in Richtung der Insertionsfläche dunkelbraun bis schwarz; Hymenophor in Aufsicht jung gelbbraun, im Alter dunkel graubraun; Poren rund bis eckig bis nahezu daedaleoid; 1–4 Poren/mm; Röhren mehrjähriger Fk. undeutlich geschichtet, pro Schicht bis zu 1 cm lang, Hymenophor insgesamt bis über 2 cm dick; Huttrama rotbraun, im mittleren Hutbereich um 1–2 mm, zum Rand hin weniger als 1 mm dick; verkrustende Cortex alter Fk.-Teile im Schnitt eine schwarze Linie bildend; Hymenophoraltrama der Huttrama gleichfarben.
Mikromerkmale: Spp. weiß bis gelblich-weiß; Sp. ovoid, subglobos bis globos 4,5–6×4–5 µm; Hymenialsetae reichlich, spießförmig, dickwandig, braun, meist scharf zugespitzt; Basidien nahezu zylindrisch, viersporig, ohne Basalschnalle; Hyphensystem dimitisch, alle Hyphen ohne Schnallen; generative Hyphen hyalin bis 4 µm Ø; Skeletthyphen hellbräunlich, dickwandig, bis 5 µm Ø, unseptiert oder mit wenigen Septen; Corticalgeflecht aus dickwandigen, eng verflochtenen, braunen Hyphen bestehend.

Phellinus abietis ist eine holarktisch, circumpolar verbreitete Art des borealen Zonobioms. Sie gehört zum Verwandtschaftskreis von *Phellinus pini*. Die Art steht *Ph. chrysoloma* nahe und wird von manchen Autoren nicht von dieser Art getrennt. Die Fk. von *Ph. abietis* sind jedoch robuster und in der Regel mehrjährig; meist entstehen sie monozentrisch und besitzen häufig keinen oder nur einen geringen effusen Fk.-Anteil, während die Hüte von *Ph. chrysoloma* sich an zunächst effusen Fk.-Matten entwickeln. Die Basidiosporen von *Ph. abietis* sind breit ellipsoid, die von *Ph. chrysoloma* globos bis ovoid. Der in Asien an meist lebenden Stämmen von *Larix sibirica* und *L. dahurica* vorkommende *Ph. laricis* ist eine sehr ähnliche, auf *Larix*-Holz spezialisierte Sippe. Von dem im Wesentlichen auf *Pinus* beschränkten, einzeln stehenden Fk.n des *Ph. pini* unterscheidet sich *Ph. abietis* durch seine Wuchsform in meist dichten Gruppen auf *Picea*-Stämmen, durch kleinere, dünnere Fk. und etwas dichter stehende Poren. *Phellinus abietis* fruktifiziert ausschließlich an lebenden oder jüngst abgestorbenen Fichtenstämmen während der Initialphase der Holzzerstörung.

Abb. 1: Reichlicher Fk.-Besatz an einem etwa 3 m hohen, abgebrochenen *Picea-obovata*-Stamm in Nordeuropa.
Abb. 2: Fk.-Gruppe vom *Picea-obovata*-Stamm aus Abb. 1.
Abb. 3: Hutoberseite am Hutrand mit dem Tomentum und den rillig konzentischen, eng stehenden Zonen (Pfeile).
Abb. 4: Radial aufgebrochener Fk.-Rand; a – wollig-haariges Tomentum; b – faserige, rotbraune Huttrama; c – vom Corticalgeflecht gebildete schwarze Linie; d – Hymenophor mit dem graubraunen Hymenium der Röhrenwände und der braunen Hymenophoraltrama der Dissepimente.
Abb. 5: Aufsicht auf das wachsende polyporoide bis daedaleoide Hymenophor im mittleren Hutbereich.
Abb. 6: Segmentierte Aufsicht; 85 Poren/25 mm^2 ≙ 3,4 Poren/mm^2 ≙ 1,8 Poren/mm.

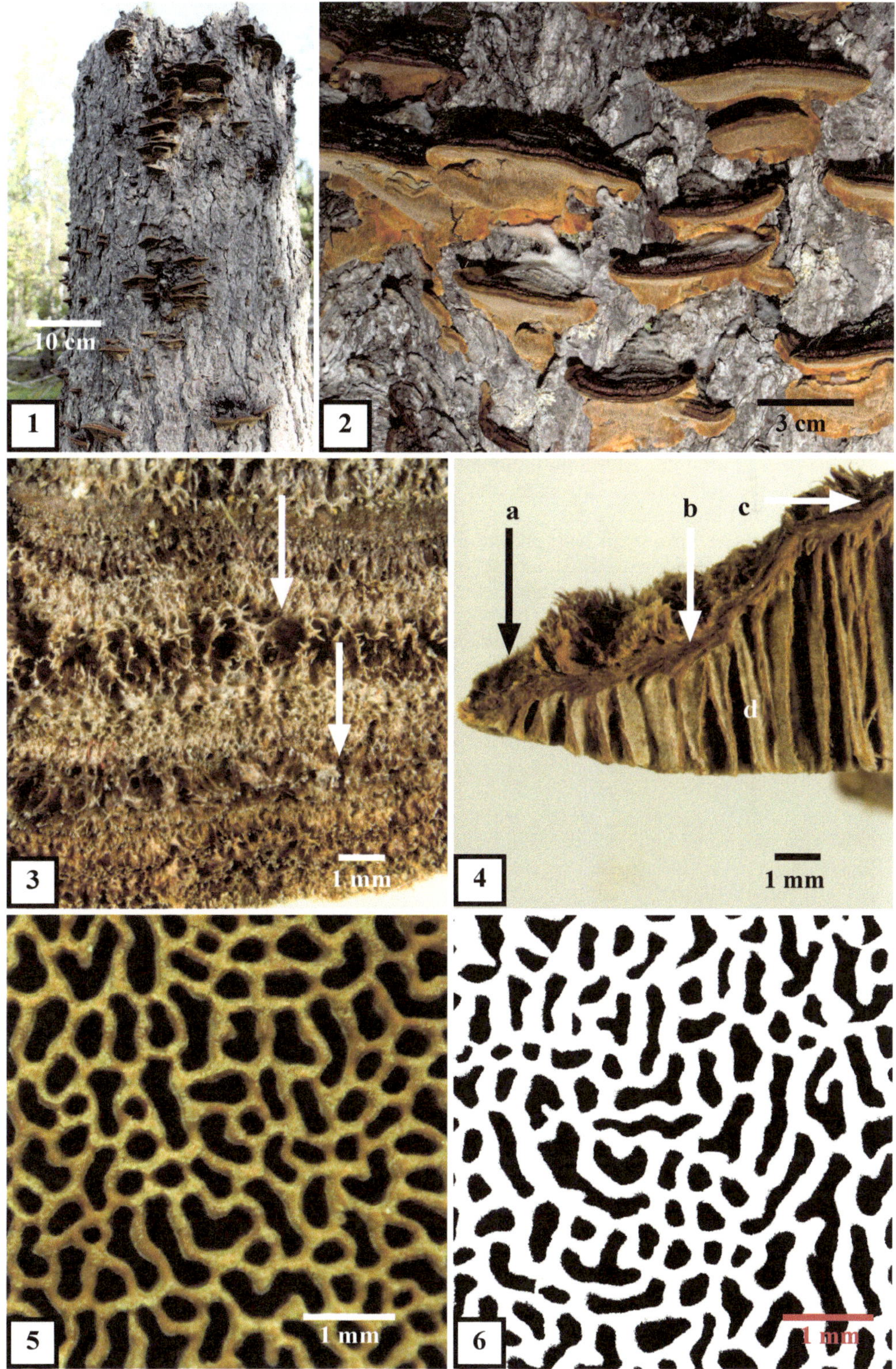
10 cm
1
2
3 cm
3
1 mm
a
b
c
d
4
1 mm
5
1 mm
6
1 mm

Phellinus chrysoloma (Fr.) Donk
[≡ *Daedalea chrysoloma* (Fr.) Cooke & Quél., ≡ *Poria chrysoloma* (Fr.) Cooke ≡ *Porodaedalea chrysoloma* (Fr.) Fiasson & Niemelä]
Goldrandiger Feuerschwamm

Fk.-Typ: effuse bis effusoreflexe, mono- bis polyzentrische, annuelle bis perennierende Crustothecien mit polyporoidem bis daedaleoidem Hymenophor.
Habitat: lignicol; perthotroph oder saprotroph an zahlreichen Nadelhölzern; u.a. sind nachgewiesen *Abies*, *Cedrus* und *Picea* in der Initialphase des Holzabbaus; Weißfäuleerreger.
Makromerkmale: Fk. anfangs effus, pileate Fk. oder Fk.-Teile aus effusen Teilen hervorwachsend, knollenförmig bis konsolenförmig; selten auch aus imbricaten Gruppen mit wenigen Hüten bestehend; effuse Teile an den Rändern oft ohne Hymenophor; Konsistenz zäh, trocken hart; Hüte bis 8 cm breit und bis 6 cm vom Substrat abstehend; im mittleren Bereich 0,5–2 cm dick; Oberseite jung hell rostbraun, rauhaarig; an älteren bzw. mehrjährigen Teilen dunkelbraun bis nahezu schwarz, verkahlend und verkrustend; rillig gezont, am Fk.-Rand mit dichten Zonen; Rand scharf; Trama mattrostbraun, an effusen Fk.-Teilen bis 1 mm dick, Huttrama bis 3 mm dick, in Richtung der Cortex dunkler; Cortex älterer Fk. bzw. Fk.-Teile erscheint im Schnitt als dunkle Linie; Hymenophor in Aufsicht lebhaft rostbraun; Hymenophoraltrama der Huttrama gleichfarben; Röhren mehrjähriger Fk.-Teile undeutlich geschichtet, pro Schicht bis 3 mm lang; ältere Hymenophoralschichten von braunen Hyphen durchwachsen; Poren rund bis eckig, gestreckt bis daedaleoid, 2–3 Poren/mm.
Mikromerkmale: Spp. weiß bis gelb-bräunlich; Sp. hyalin bis gelblich, 4–6×3,5–4,5 µm, ovoid bis breit ellipsoid, glatt; Basidien gestaucht clavat, viersporig; Hymenialsetae häufig ca. 30–60×10 µm; Trama dimitisch, ohne Setae; alle Hyphentypen mit einfachen Septen ohne Schnallen; Skeletthyphen hell-braun bis rötlich-braun, im Tomentum dunkler als in der Trama, bis 6 µm Ø; generative Hyphen hyalin bis gelblich, bis 4 µm Ø.

Phellinus chrysoloma ist eine boreal-montane Art. In Mitteleuropa stammen die meisten Funde von submontanen Bergmischwäldern und besonders aus der Fichtenstufe der Gebirge. Die Art gehört in den Verwandtschaftskreis von *Ph. pini*. Sie unterscheidet sich makroskopisch von *Ph. pini* durch ihre meist effusen bis effusoreflexen Fk. Die unterschiedlichen Substrate und Wuchsorte in Astgabeln, an Bruchstellen und das bevorzugte Vorkommen an lebenden Substraten sind mit einer hohen morphologischen Variabilität verbunden. *Ph. laricis* (Jacz. ex Pilát) Pilát [≡ *Porodaedalea laricis* (Jacz. ex Pilát) Niemelä ≡ *Phellinus pini* var. *laricis* (Jacz. ex Pilát) Parmasto] und *Ph. abietis* stehen *Ph. chrysoloma* ebenfalls nahe. Beide Arten bilden jedoch überwiegend monozentrische, konsolenförmige Fk. *Ph. laricis* ist eine asiatische Art, spezialisiert auf *Larix*; sie wächst meist an lebenden Stämmen und kommt in Europa nicht vor; *Ph. abietis* ist auf *Picea* spezialisiert. Ihr Verbreitungsschwerpunkt in Europa liegt in Fennoskandinavien.

Abb. 1: Effusoreflexer Fk.-Rasen an einem lebenden *Cedrus*-Stamm; a – effuse Ränder ohne Hymenophor; b – eng geriefte Ränder der Hutoberseite; c – labyrinthische und im Übergang zu effusen Fk.-Teilen oft langgestreckte Dissepimente.
Abb. 2: Effusoreflexer Fk.-Rasen an einem toten *Picea*-Stamm.
Abb. 3: Rand eines im Wachstum befindlichen Hutes (von *Picea*) mit gelbbraunen, tomentosen Randzonen (a) und der verkrustenden Cortex (b).
Abb. 4: Radialschnitt einer Konsole (von *Picea*); das Corticalgeflecht ist als dunkle Linie erkennbar (Pfeil).
Abb. 5: Aufsicht auf das Hymenophor eines in Wachstum befindlichen Fk.s (von *Cedrus*).
Abb. 6: Segmentierte Aufsicht auf das Hymenophor einer Konsole (von *Cedrus*); 107 Poren/25 mm² ≙ 4,3 Poren/mm² ≙ 2,1 Poren/mm.

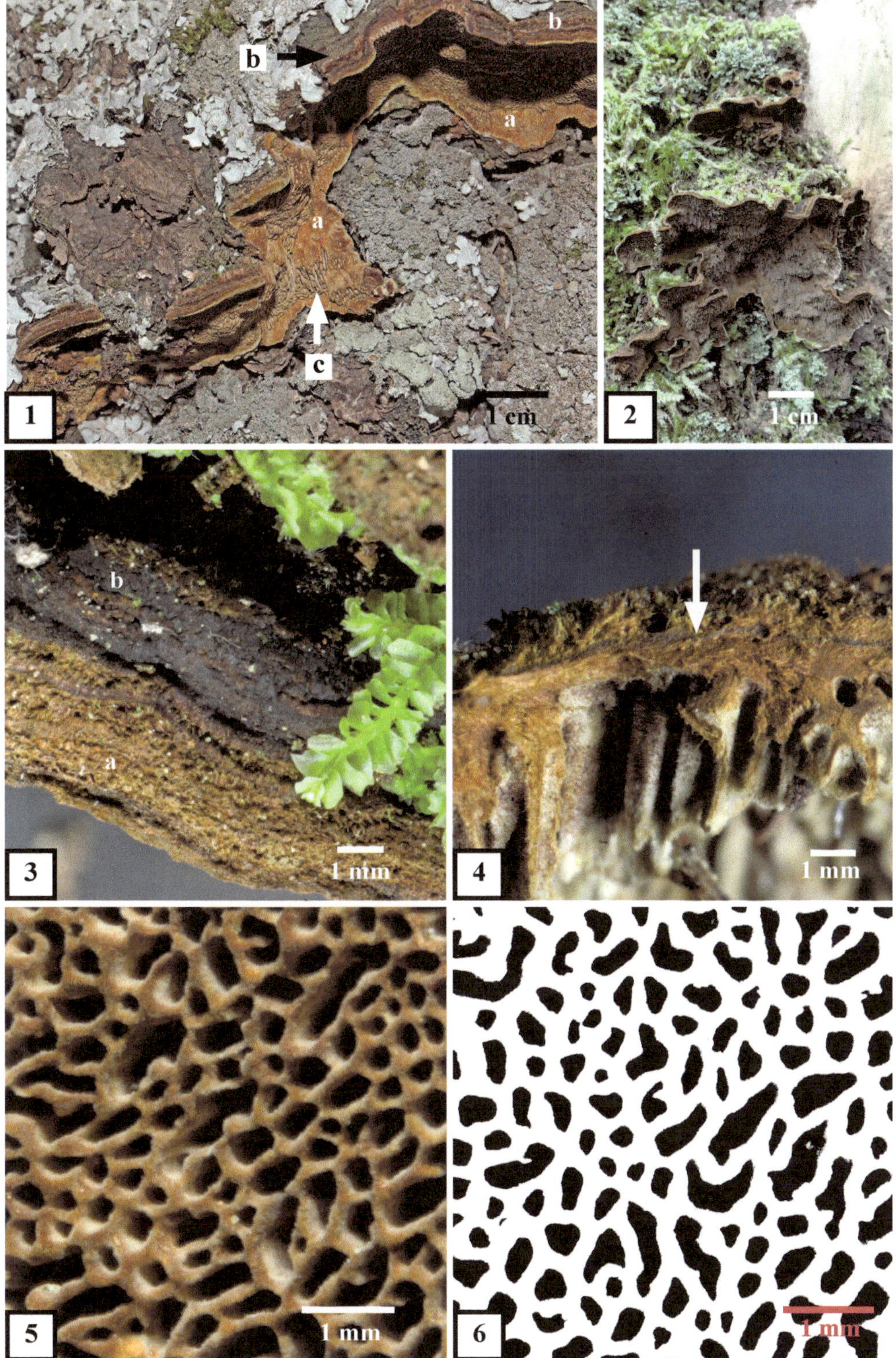
b
b
a
a
c
1 cm
1
2
1 cm
b
a
1 mm
3
1 mm
4
1 mm
5
6
1 mm

Phellinus conchatus (Pers.) Quél.
[≡ *Boletus conchatus* Pers. ≡ *Polyporus conchatus* (Pers.) Fr. ≡ *Trametes conchata* (Pers.) Fr. *Porodaedalea conchata* (Pers.) Fiasson & Niemelä ≡ *Mucronoporus conchatus* (Pers.) Ellis & Everh. ≡ *Phellinopsis conchata* (Pers.) Y.C. Dai ≡ *Boletus salicinus* Pers. ≡ *Polyporus salicinus* (Pers.) Fr.]
Muschelförmiger Feuerschwamm

Fk.-Typ: laterale, effusoreflexe, selten völlig effuse, perennierede, meist polyzentrische Crustothecien mit rundporigem, polyporoidem Hymenophor.
Habitat: lignicol; saprotroph oder perthotroph an Laubholz, in Europa besonders an toten *Salix*-Stämmen in grundwassernahen Wäldern, aber auch an vielen anderen Laubgehölzen nachgewiesen, u.a. an *Alnus*, *Betula*, *Fagus*, *Fraxinus*, *Malus*, *Populus*, *Prunus*, *Pyrus*, *Salix*, *Tilia* und *Ulmus*; Weißfäuleerreger.
Makromerkmale: Fk. selten einzeln, meist in Gruppen und verwachsen, oft imbricat; Konsistenz holzig hart; Hüte konsolen- bis muschelschalenförmig, dünn, um 2–6 cm breit, im mittleren Hutbereich 0,5–1,5 cm dick; Rand scharf bis abgerundet, bis 5 cm vom Substrat abstehend; Hutoberseite jung tomentos, fein behaart, rostbraun, dahinter graubraun, grau, grauschwarz bis schwarz; verkahlend und verkrustend, radial rissig und konzentrisch rillig gezont; Aufsicht auf das wachsende Hymenophor zimtbraun, später rost- bis graubraun; Poren rund, 4–6 Poren/mm; im Randbereich mit geringerer Porendichte; Röhren geschichtet, alte Schichten von Hyphen durchwachsen, Schichtgrenzen dadurch schwer erkennbar; Röhrenschicht insgesamt bis 1 cm dick, pro Schicht bis über 5 mm; Trama im mittleren Hutbereich 1–2 mm dick, dunkel-, rostbraun; im Schnitt mit schwarzer Cortex unter dem Tomentum bzw. mit schwarzer Kruste im verkahlten Bereich.
Mikromerkmale: Spp. weiß bis gelb-bräunlich; Sp. ovoid, breitellipsoid bis subglobos, etwas dickwandig, hyalin, 5–6,5×4–5 µm; Basidien clavat, viersporig, ohne Basalschnalle; Hymenialsetae meist reichlich vorhanden, bis 50×10 µm, dickwandig, zugespitzt, dunkelbraun, oft deformiert, mit Wanddurchbrechungen oder ohne Spitze; Tramalsetae selten; Hyphensystem dimitisch; generative Hyphen dünnwandig, um 2 µm Ø; Septen ohne Schnallen; Skeletthyphen gelb- bis rost-bräunlich, dickwandig, selten verzweigt, 2–4 µm Ø.

Phellinus conchatus ist im holarktischen Florenreich circumpolar verbreitet. Die Art kommt besonders im borealen und nemoralen Zonobiom häufig vor. In Nordeuropa ist sie bis an die nördliche Waldgrenze nachgewiesen. In Mitteleuropa liegt der Verbreitungsschwerpunkt in Weichholzauen, wo die Fk.-Rasen oft hoch an den Stämmen erscheinen. In alten Kopfweidenbeständen kam die Art in der Vergangenheit oft massenhaft vor.

Abb. 1: Effusoreflexer Fk. an einem toten *Salix*-Stamm; a – effuser Fk.-Teil; b – Hutkante; c – Bruchstelle eines abgebrochenen Hutes.
Abb. 2: Oberseite eines mehrjährigen, tief rillig gezonten Hutrandes; a – feinhaariger, noch zimtbrauner Hutrand; b – ältere, ockerfarbene, feinhaarige, verkahlende Zone; c – grauschwarze, verkrustete und verkahlte Zone; d – beginnende radiale Rissbildung in der schwarzen Kruste.
Abb. 3: Hutunterseite am wachsenden Hutrand; a – noch porenfreier Rand; b – Randzone mit geringer Porendichte; c – Hymenophor mit normaler Porendichte.
Abb. 4: Radial aufgebrochener Fk.; a – Reste der angebrochenen Kruste; b – die stets dünne, nur um 1 mm dicke Trama; c – ältere, von Hyphen durchwachsene Röhrenschicht; d – junge Röhrenschicht; e – Aufsicht auf das Hymenophor.
Abb. 5: Aufsicht auf ein Hymenophor im mittleren Hutbereich.
Abb. 6: Segmentierte Aufsicht auf ein Hymenophor; 756 Poren/25 mm² ≙ 30,2 Poren/mm² ≙ 5,5 Poren/mm.

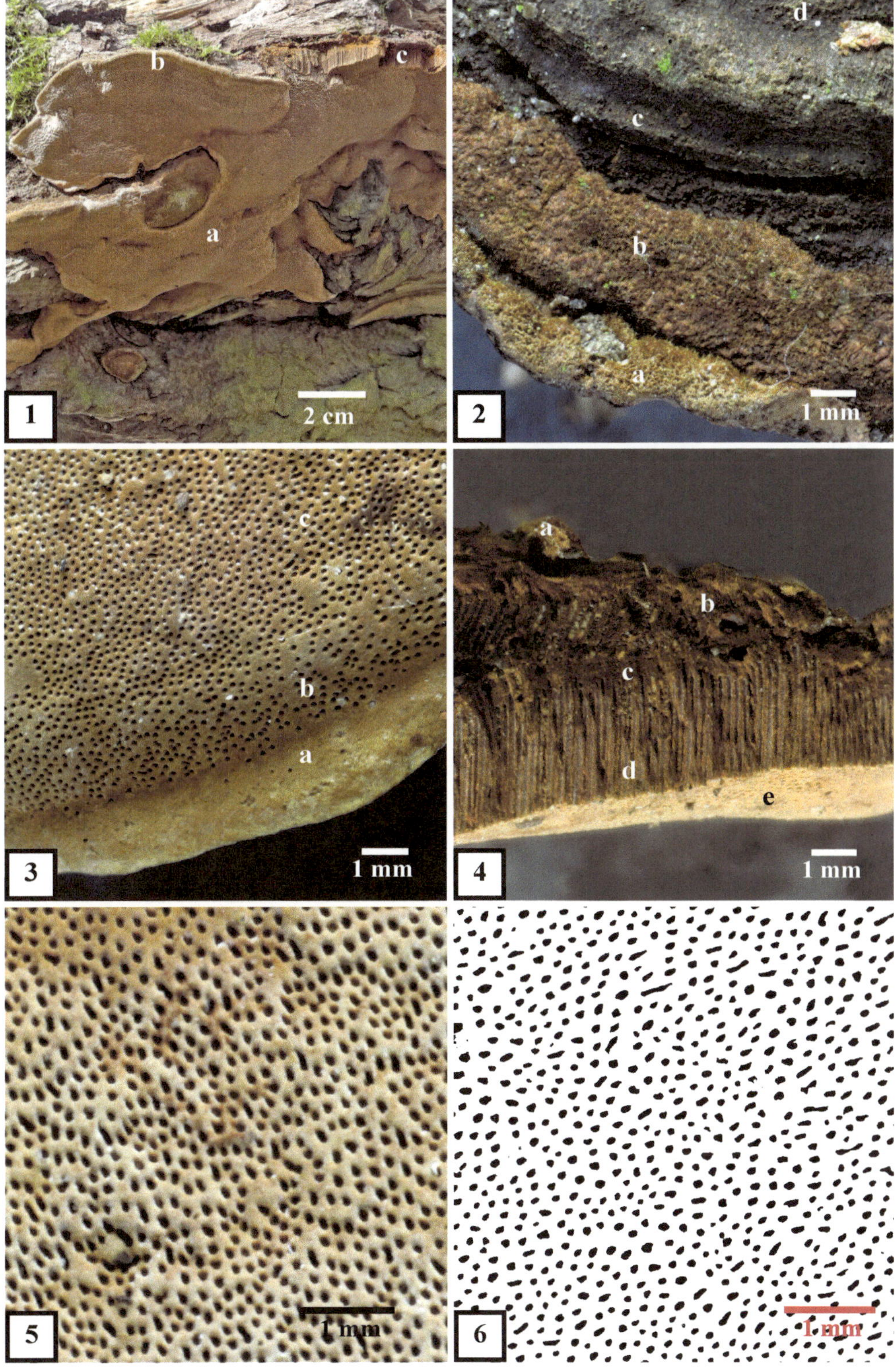

1
a
b
c
2 cm
2
a
b
c
d
1 mm
3
a
b
c
1 mm
4
a
b
c
d
e
1 mm
5
1 mm
6
1 mm

Phellinus hartigii (Allesch. & Schnabl) Pat.
[≡ *Polyporus hartigii* Allesch. & Schnabl ≡ *Fomes hartigii* (Allesch. & Schnabl) Bres.]
Tannenfeuerschwamm

Fk.-Typ: laterale, perennierende, meist monozentrische Crustothecien mit polyporoidem Hymenophor; oft auch effusoreflex mit effusen, am Substrat herablaufenden Fk.-Anteilen.
Habitat: perthotroph; an lebenden Nadelholzstämmen und -ästen, saprotroph an toten Substraten weiterwachsend; an verschiedenen Nadelgehölzen, insbesonders an *Abies* und *Picea*, aber auch an *Juniperus*, *Pinus* und *Taxus* nachgewiesen; Weißfäuleerreger.
Makromerkmale: Fk. jung knollig, später dick, konsolenförmig; 5–20 cm breit, ebenso weit vom Substrat abstehend und an der Insertionsfläche bis 20 cm hoch; Konsistenz holzig hart; Hutoberseite nur randlich zimtbraun, tomentos, dahinter grau, zur Insertionsfläche hin dunkler bis schwarz und zunehmend rissig; grob, meist wulstig gezont; Hutrand abgerundet, bei gut ausgebildeten Exemplaren mit stumpfer Kante; Aufsicht auf das Hymenophor graubraun, zimt- bis dunkel pupur-rostbraun; Hymenophor gleichförmig polyporoid, dichtporig, Poren klein, 4–6 Poren/mm; Röhren geschichtet, pro Schicht 2–5 mm lang, nach der Sporulation rasch mit braunen, aber auch mit weißen, generativen Hyphen durchwachsen, wodurch alte Schichten schwer erkennbar sind; nur selten mit einer dünnen, röhrenfreien braunen Tramaschicht zwischen den Röhrenschichten; Trama dunkel rotbraun; Hymenophoraltrama der Huttrama gleichfarben.
Mikromerkmale: Spp. weiß; Sp. globos bis subglobos, 6–8×5–7 µm, hyalin, glatt, etwas dickwandig, dextrinoid; Hyphensystem dimitisch; generative Hyphen hyalin bis gelblich, dünnwandig, septiert, 2–4 µm Ø; Skeletthyphen dickwandig, gelblich-braun in Melzers Reagenz, kaum septiert, 2–5 µm Ø; Basidien viersporig, clavat, ohne Basalschnalle; Hymenium ohne Setae, mit Cystidiolen.

Phellinus hartigii ist eine europäische Art des *Phellinus-robustus*-Verwandtschaftskreises, die hauptsächlich im Areal von *Abies alba* verbreitet ist. Der Arealtyp wird als alpisch-karpatisch-montan definiert (vgl. *Podofomes trogii*, p. 129). Mikroskopisch ist *Phellinus hartigii* mit *Phellinus robustus* und *Phellinus hippophaëicola* nahezu identisch. Diese drei Arten sind in Europa im Wesentlichen durch ihre Substratspezifität zu unterscheiden und werden von manchen Autoren nur auf infraspezifischen Rangstufen gegliedert.

Abb. 1: Zwei miteinander verwachsene Fk. in ca. 1,5 m Höhe am Stamm eines vitalen *Abies-alba*-Stammes; a – grauschwarze, verkrustete Oberseite; b – zimtbraune, tomentose Oberseite im Randbereich; c – stumpfkantiger Hutrand.
Abb. 2: Stumpfkantiger Fk. in Frontalansicht; a – etwas rissige grauschwarze Kruste der Oberseite; b – tomentose, gelb- bis zimt-graubraune Zuwachszone der Oberseite; stumpf abgerundete Hutkante; c – Aufsicht auf das graubraune Hymenophor.
Abb. 3: Radialschnitt eines Fk.s nahe des Hutrandes; a – dicke, gezonte, dunkel rotbraune Huttrama, die von weißen, generativen Hüphen durchwachsen ist; b – undeutlich geschichtete Röhren des Hymenophors, die ebenfalls von weißen, generativen Hyphen durchwachsen sind; c – stumpf abgerundete Hutkante; d – zimt-graubraune, tomentose Oberseite der Zuwachszone; e – grauschwarze Kruste der älteren Hutoberseite.
Abb. 4: Aufsicht auf das Hymenophor am Hutrand; die Porendichte nimmt vom Inneren (a) zum Rand hin (b) deutlich ab.
Abb. 5: Aufsicht auf das zimtbraune Hymenophor aus dem mittleren Bereich des Hutes.
Abb. 6: Segmentierte Aufsicht auf das Hymenophor; 439 Poren/25 mm^2 ≙ 17,6 Poren/mm^2 ≙ 4,2 Poren/mm.

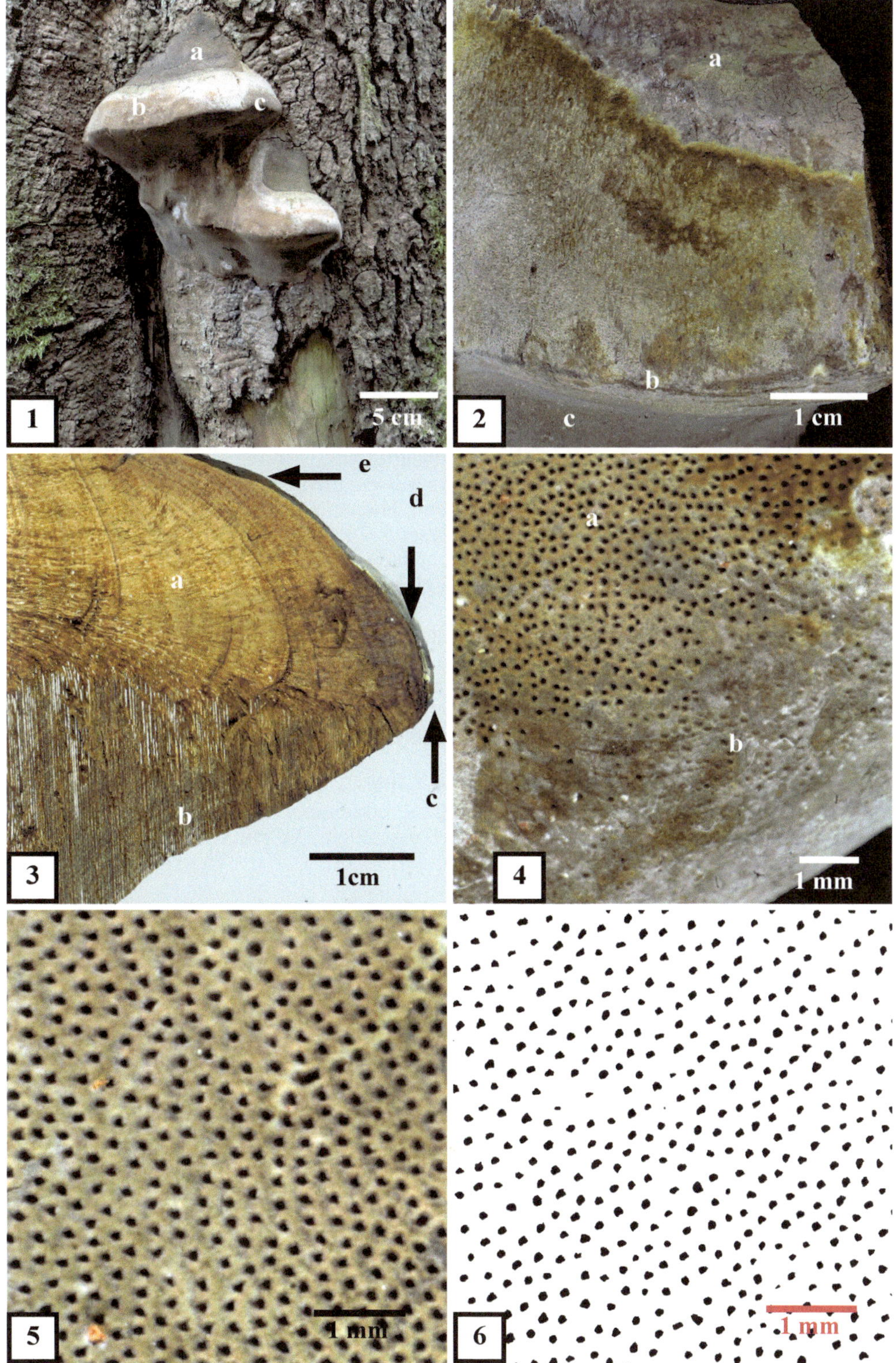
a
b
c
5 cm
1
a
b
c
1 cm
2
e
d
a
c
b
1cm
3
a
b
1 mm
4
1 mm
5
1 mm
6

Phellinus hippophaëicola H. Jahn
[≡ *Fomitiporia hippophaëicola* (H. Jahn) Fiasson & Niemelä =*Phellinus robustus* f. *hippophaës* Donk]
Sanddornporling, Sanddornfeuerschwamm

Fk.-Typ: laterale, perennierende, monozentrische Crustothecien mit polyporoidem Hymenophor.
Habitat: lignicol; perthotroph an lebenden und saprotroph an abgestorbenen Stämmen und Ästen von *Eleagnus angustifolia* (Ölweide) und *Hippophaë rhamnoides* (Sanddorn); Weißfäuleerreger.
Makromerkmale: Fk. meist einzeln, knollenförmig, kissenförmig, konsolenförmig; an der Unterseite horizontaler Substrate mitunter nahezu kreisrund und mit überstehenden Rändern; Ränder stumpf abgerundet; Oberseite meist stärker gewölbt als die Unterseite, am Rand oft nahtlos in das Hymenophor übergehend; bei konsolenförmigen oder runden Fk.n an horizontalen Substraten können aber auch kantige Ränder und waagerechte Unterseiten vorkommen; bis 6 cm breit und bis 4 cm vom Substrat abstehend; an der Insertionsfläche bis 5 cm hoch; Konsistenz jung derb korkartig, zäh bis holzartig hart, im Alter sehr hart; Oberseite mit zimtbraunen bis lebhaft rostbraunen Zuwachszonen, ältere Teile graubraun bis hellgrau, alt dunkelbraun bis nahezu schwarz, jung feinhaarig, samtig, ohne Kruste, bald verkahlend, verkrustend und rissig; oft mit Grünalgen überwachsen; mehrjährige Fk. grob gezont; Zonen nicht mit den Röhrenschichten korrespondierend; Hymenophor in Aufsicht zimt-braun, rost- bis dunkelbraun; Poren rund bis undeutlich eckig, 5–7 Poren/mm; Röhren bei mehrjährigen Fk.n geschichtet, pro Schicht 2–4 mm lang; Schichten oft undeutlich, Trama gelb-bis lebhaft rostbraun; Hymenophoraltrama der Huttrama gleichfarben; ältere Röhrenschichten von Hyphen durchwachsen.
Mikromerkmale: mit *Phellinus robustus* nahezu identisch; Spp. weiß; Sp. hyalin, breit ellipsoid bis subglobos, 6–7,5×5,5–7 µm, glatt, dextrinoid, relativ dickwandig; Basidien gestaucht clavat, viersporig, ohne Basalschnalle, ohne oder mit wenigen Hymenialsetae; Hymenium mit apikal schlauchförmigen Cystiden („Pseudosetae"); Hyphensystem dimitisch; generative Hyphen dünnwandig, hyalin, bis 4 µm Ø, ohne Schnallen; Skeletthyphen braun, dickwandig, bis 8 µm Ø.

Phellinus hippophaëicola ist im *Hippophaë*- und *Eleagnus*-Areal Europas verbreitet und kommt auch in Asien vor. Die Art steht *Ph. robustus* nahe und wird mitunter als substratbedingte Varietät oder Form dieser Art angesehen. Die Porendichte ist jedoch meist etwas geringer als bei *Ph. robustus*; besonders im Randbereich der Hüte kommen mitunter nur 3–4 Poren/mm vor.

Abb. 1: Nahezu kreisrunder Fk. an der Unterseite eines mit Grünalgen bewachsenen, lebenden *Hippophaë*-Ästchens.
Abb. 2: Nahezu radialer, etwas schräg zur Oberseite geführter Schnitt durch einen nahezu knolligen, ca. achtjährigen Fk., dessen Schichtung infolge der Schnittführung gut sichtbar ist; a – Huttrama; b – das geschichtete Hymenophor.
Abb. 3: Oberseite eines konsolenförmigen Fk.s; a – abgerundeter Hutrand mit wenigen Poren im Übergang zum Hymenophor; b – schwach kantige Wölbung des Hutrandes; c – zimtbraune, feinsamtige, junge Zuwachszone; d – graue, verkahlte, ältere Zone; e – verkrustete, mehrere Jahre alte Oberseite nahe der Insertionsfläche; Pfeile – durch unterschiedliche Oberflächenstruktur und unterschiedliche Wölbung entstandene, grobe konzentrische Zonierung.
Abb. 4: Nahezu waagerecht orientiertes Hymenophor eines Fk.s von der Unterseite eines fast horizontal ausgerichteten *Hippophaë*-Zweiges; a – scharf abgesetzter, feinsamtiger Hutrand; b – Übergangszone vom Hutrand zum Hymenophor mit vereinzelten Poren; c – reguläres Hymenophor.
Abb. 5: Aufsicht auf das Hymenophor im mittleren Hutbereich.
Abb. 6: Segmentierte Aufsicht; 1013 Poren/25 mm² ≙ 40,5 Poren/mm² ≙ 6,4 Poren/mm.

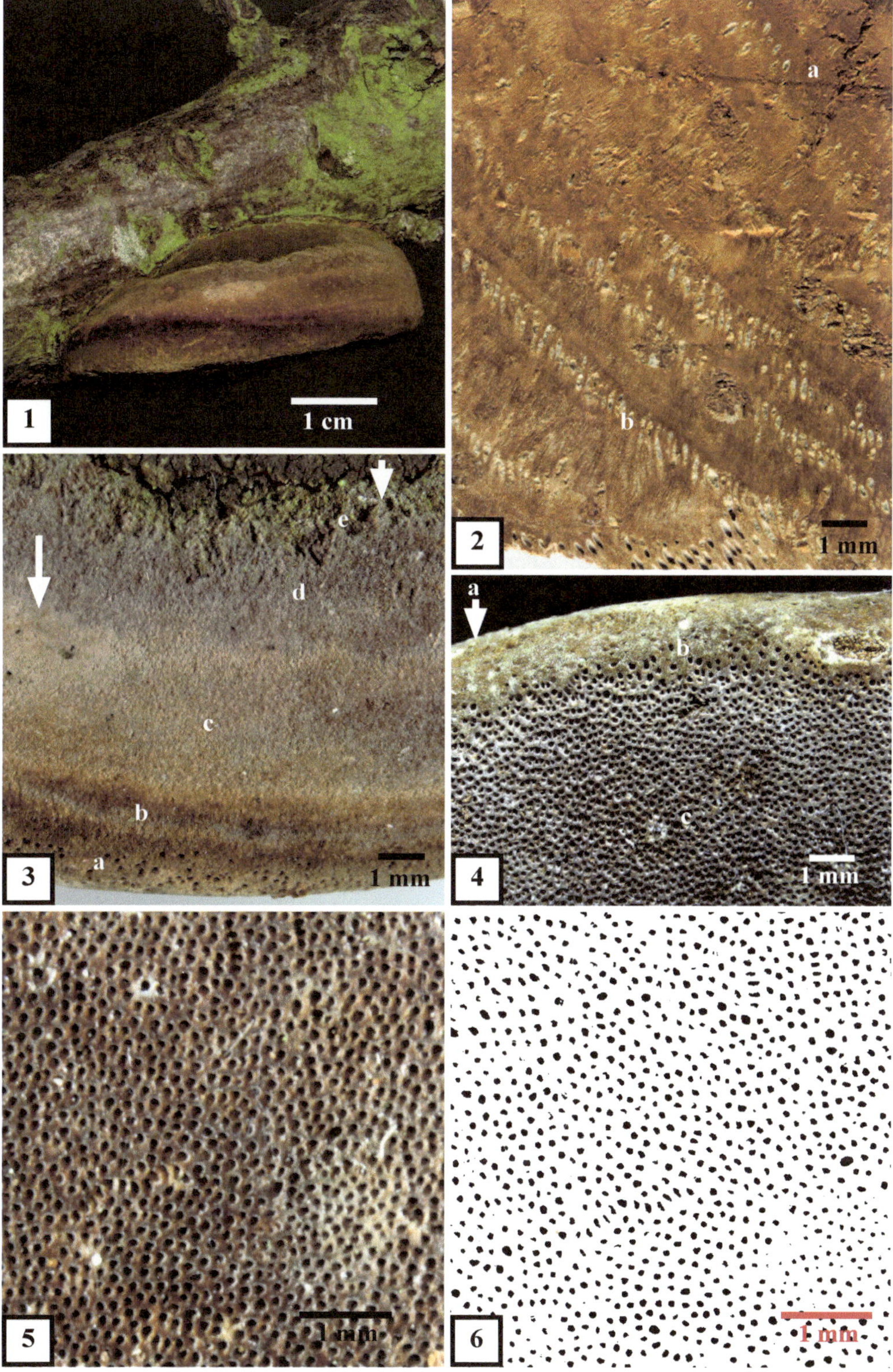
1
1 cm
2
a
b
1 mm
3
a
b
c
d
e
1 mm
4
a
b
c
1 mm
5
1 mm
6
1 mm

Phellinus igniarius (L.) Quél.
[≡ *Boletus igniarius* L. ≡ *Polyporus igniarius* (L.) Fr. ≡ *Fomes igniarius* (L.) Fr. = *Ganoderma triviale* Bres. ≡ *Phellinus trivialis* (Bres.) Kreisel = *Phellinus igniarius* var. *cinereus* Niemelä = *Phellinus cinereus* (Niemelä) Parmasto]
Falscher Zunderschwamm, Gemeiner Feuerschwamm, Grauer Feuerschwamm

Fk.-Typ: laterale, perennierende, meist monozentrische Crustothecien mit polyporoidem Hymenophor; selten effusoreflex mit effusen, am Substrat herablaufenden Fk.-Anteilen.
Habitat: lignicol; perthotroph an lebenden Laubholzstämmen und -ästen; saprotroph an toten Substraten weiterwachsend; sehr häufig an *Alnus*, *Betula* und *Salix*; auch an den Rosaceae *Malus*, *Prunus*, *Pyrus* und *Sorbus* häufig nachgewiesen; ferner angegeben von *Aesculus*, *Corylus*, *Carpinus*, *Fraxinus*, *Juglans*, *Populus*, *Robinia*, *Tilia*, *Ulmus* und vielen andern heimischen und in Mitteleuropa kultivierten Laubgehölzen; Weißfäuleerreger.
Makromerkmale: Fk. jung polster- bis knollenförmig, grau, graubraun, danach konsolenförmig auswachsend, im Alter auch hufförmig, an der Unterseite waagerechter Substrate selten glocken- oder verkehrt tellerförmig; einzeln oder in Gruppen, mitunter etwas effus am Substrat herablaufend; Konsistenz korkig, zäh bis holzartig hart; Hüte im Extrem bis über 30 cm breit und bis über 20 cm vom Substrat abstehend, an der Insertionsfläche bis 15 cm hoch; wachsende Fk. am Rand stumpf abgerundet; zimtbraun, feinfilzig, Oberseite der Hüte von zimtbraun in grau übergehend, dabei verkahlend und mit 1–2 mm dicker Kruste; auch graubraune, hasel- bis rotbraune Farbtöne kommen vor; ältere Teile der Oberseite schließlich grauschwarz bis schwarz und rissig; anfangs breit gezont, Fk. Ränder an alten Exemplaren enger gezont; mit zunehmendem Alter und abnehmendem Zuwachs sind die zimtfarbenen und grauen Ränder schmaler oder fehlen vollständig; zimtfarbene Ränder unterseits in das Hymenophor übergehend; Aufsicht auf das Hymenophor zimtbraun, alt grau; Hymenophor gleichförmig polyporoid, dichtporig, Poren klein, 4–6 Poren/mm, Dissepimente breiter als der Porendurchmesser; Röhren undeutlich geschichtet; pro Schicht 1–5 mm lang; Trama stumpf dunkel rotbraun; Hymenophoraltrama der Huttrama gleichfarben oder etwas heller und dunkel rostfarben.
Mikromerkmale: Spp. weiß; Sp. breit ellipsoid bis nahezu globos, 5–6×4–5,5 µm, hyalin; Hymenium mit pfriemförmigen Setae von 14–17×4–6 µm; Basidien gestaucht clavat, viersporig, ohne Basalschnalle; Hyphensystem dimitisch; generative Hyphen dünnwandig, 2–3 µm Ø, ohne Schnallen; Skeletthyphen dickwandig, braun, 3–4 µm Ø.

Phellinus irgniarius ist in der borealen, temperaten und mediterranen Klimazone der Holarktis weit verbreitet. In Mitteleuropa gehört der Pilz zu den häufigsten großen, pileaten Porlingen. Ohne Zweifel besitzen manche Formen der Art relativ stabile, wiederkehrende Merkmalskombinationen. Die hohe morphologische Variabilität der Fk. ist u.a. von der Art des Substrates und vom Wuchsort am Substrat abhängig (vgl. Gattungsdiagnose: Astkriecher, Asthänger, Stammsitzer). Viele Autoren trennen *Ph. igniarius* (überwiegend an Rosaceae) und *Ph. trivials* (überwiegend an *Salix*) als separate Arten ab. Die Überschneidung der Merkmale ist jedoch so groß, dass bei diesem Artkonzept viele Kollektionen nicht zu bestimmen sind. Es ist anzunehmen, dass es in der Natur genetische Vernetzungen gibt. Die mikroskopischen Unterschiede sind nicht signifikant.

Abb. 1: Ca. drei Jahre alter Fk. an einem lebenden *Salix*-Stamm.
Abb. 2: Zimtfarbener Fk.-Rand im Übergang zum Hymenophor.
Abb. 3: Dunkel rostbraune Huttrama (oben) und das Hymenophor im Radialschnitt eines ca. sechs Jahre alten Fk.s.
Abb. 4: Aufsicht auf das Hymenophor eines Fk.s im mittleren Bereich des Hutes.
Abb. 5: Segmentierte Aufsicht auf dasHymenophor; 511 Poren/25 mm^2 ≙ 20,4 Poren/mm^2 ≙ 4,5 Poren/mm (S. 28).

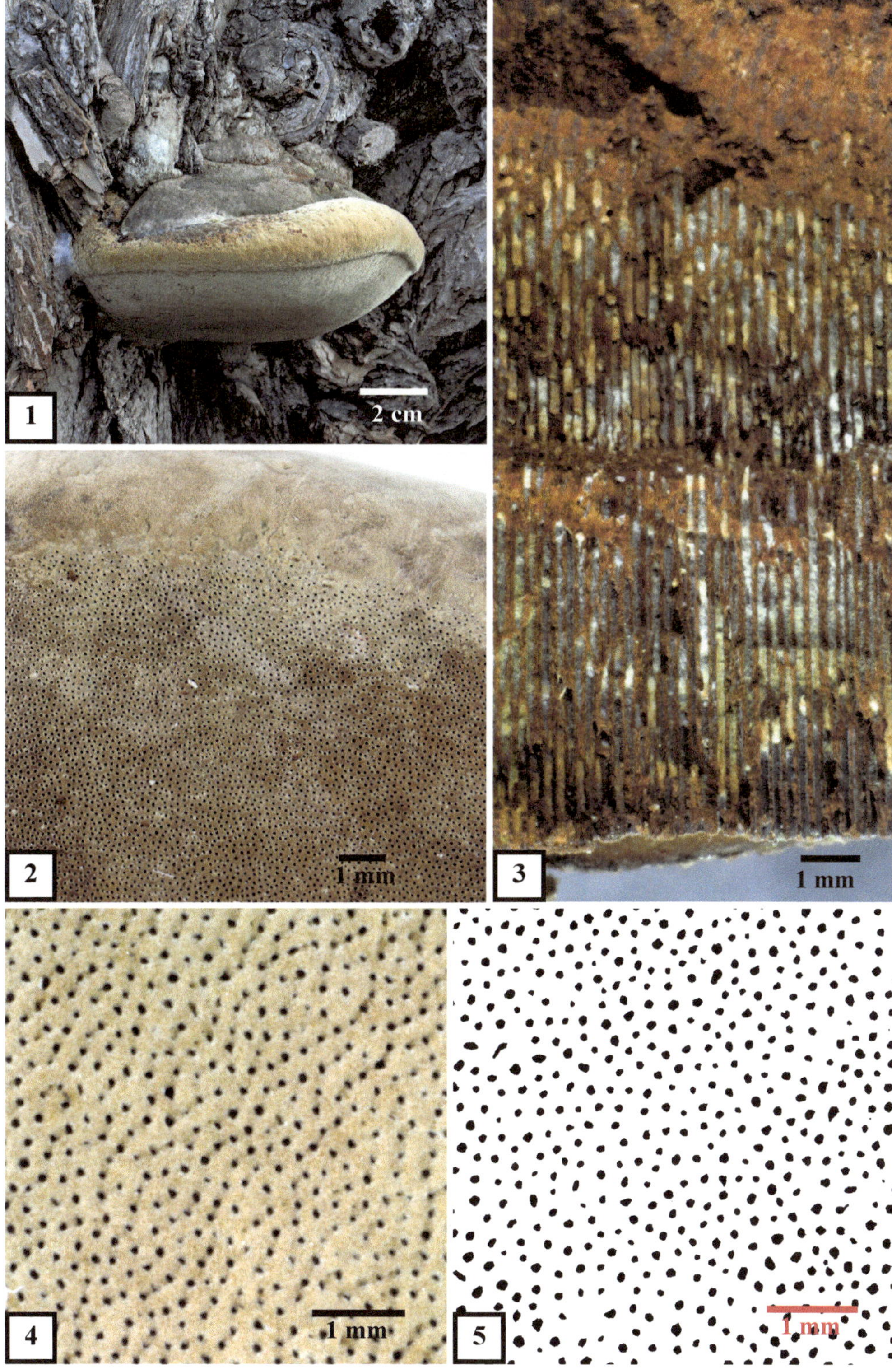
1
2 cm
2
1 mm
3
1 mm
4
1 mm
5
1 mm

Phellinus lundellii Niemelä
[*Ochroporus lundellii* (Niemelä) Niemelä]

Fk.-Typ: effuse bis effusoreflexe, perennierende, mono- bis polyzentrische Crustothecien mit polyporoidem Hymenophor.
Habitat: lignicol; saprotroph auf Laubholz, häufig auf *Betula*, aber auch nachgewiesen auf *Alnus*, *Fraxinus*, *Populus*, *Salix*, *Sorbus* u.a.; Weißfäuleerreger.
Makromerkmale: Fk. effus; infolge des perennierenden Wachstums polster- bis kissenförmig mit sterilen, verkrustenden Rändern und definierter, rillig engzoniger Oberseite; Konsistenz derbkorkig bis holzig, trocken holzig, hart; Oberseite mehrjähriger Fk. wulstig-furchig, engzonig, mit schwarzer Kruste, bis 2, selten sogar bis 4 cm vom Substrat abstehend, unterseits mit effusen Fk.-Teilen am Substrat herablaufend; im Alter auch mit verkrusteten effusen Fk.-Teilen; Kruste um 0,1–0,25 mm dick; Aufsicht auf das Hymenophor zimt- bis rostbraun; Poren rund, Dissepimente etwa so dick wie der Porendurchmesser, 4–6 Poren/mm; Röhren geschichtet, pro Schicht um 2–5 mm lang; alte Schichten von weißen Hyphen durchwachsen; Trama dunkel rotbraun, am Substrat unter dem Hymenophor um 1 mm, unter der gezonten Oberseite bis 2 mm dick.
Mikromerkmale: Spp. weiß; Sp. ovoid, subglobos bis breit ellipsoid, etwas dickwandig, 4,5–5,5×4–5 µm; Basidien gestaucht clavat, viersporig, ohne Basalschnalle; Hymenialsetae reichlich vorhanden, etwas bauchig, scharf zugespitzt, dickwandig, bis 25×7 µm; Hyphensystem dimitisch; generative Hyphen hyalin, dünnwandig bis geringfügig wandverdickt, ohne Schnallen, bis 2,5 µm Ø; Skeletthyphen dickwandig, selten verzweigt, gelblich-braun, bis 4 µm Ø.

Phellinus lundellii ist eine europäische, überwiegend boreal-montan verbreitete Art. Infolge von Konfusionen mit dem stets effusen *Ph. laevigatus* (Fr.) Bourdot & Galzin ist die Verbreitung jedoch nur lückenhaft erfasst. Die Wuchsform der Fk. kann prinzipiell als effus eingeschätzt werden, wobei jedoch die oberseitigen sterilen Ränder an vertikalen Substraten durch die Schichtung eine engzonige Oberseite bilden, die bereits im zweiten Jahr eine schwarze Kruste bildet. Wenn am unteren Rand der Fk. bei der Regeneration des Hymenophors sich nicht mehr das gesamte Hymenophor regeneriert, entsteht auch dort eine verkrustende Oberfläche, an der mitunter noch verkrustendes Hymenophor zu finden ist. Da die Fk. über zehn Jahre alt werden können, ähnelt bei alten Exemplaren der oberseitige sterile Rand einer zonierten Hutoberseite anderer Arten.

Abb. 1-4: Etwa 14 Jahre alter exsikkierter Fk. mit einer entsprechenden Anzahl von Röhrenschichten, die Röhren sind 1–5 mm je Schicht lang, der Fk. ist unter dem jungen Hymenophor nahezu 5 cm dick.
Abb. 1: Übersicht der vertikal stehenden Oberfläche; a – mit schwarzer Kruste bedecktes Hymenphor, das nur ein bis drei Röhrenschichten überdeckt; b – eng stehende Zonen der Oberseite der über 4 cm dicken Kruste; c – Aufsicht auf das junge Hymenophor, die jüngste Schicht ist durch Insektenfraß (dunkle Flecken) beschädigt.
Abb. 2: Radialschnitt der Kruste aus Abb. 1; a – Oberseite; b – Aufsicht auf den Rand; c – die undeutlich geschichteten, von weißen Hyphen durchwachsenen Röhren; d – röhrenfreie Trama des oberen Randes.
Abb. 3: Aufsicht auf den oberen Krustenrand; a – junge porenfreie Randzone; b – vorjährige verkrustete Randzone mit wenigen alten Poren; c – die porenfreie Trama überdeckende, zonierte Oberseite der Kruste.
Abb. 4: Aufsicht auf das Hymenophor; a, b – jüngste Schicht mit Poren (a) und dem tomentosen, sterilen Rand (b); c – verkrustete Randbereiche von der alljährlich geringer werdenden Regenerationsfläche.
Abb. 5 u. 6: Aufsicht auf das Hymenophor eines Fk.s im Randbereich (Abb. 5) und im mittleren Bereich (Abb. 6).
Abb. 7: Segmentierte Aufsicht auf das Hymenophor; 519 Poren/25 mm^2 ≙ 20,8 Poren/mm^2 ≙ 4,6 Poren/mm.

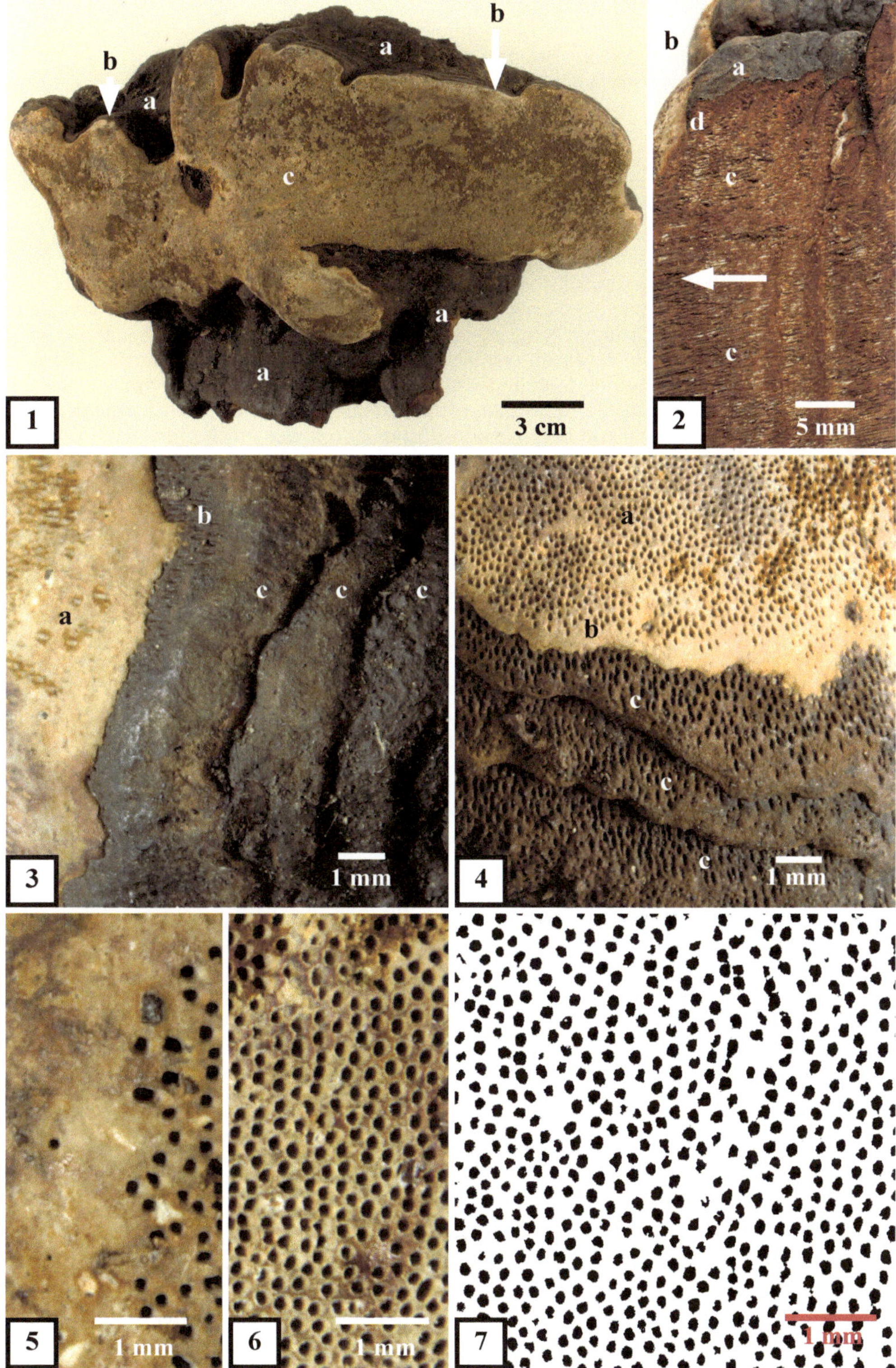

a
b
c
d
1
2
3
4
5
6
7
3 cm
5 mm
1 mm

Phellinus nigricans (Fr.) P. Karst.
[≡ *Polyporus nigricans* Fr. ≡ *Fomes nigricans* (Fr.) Gillet ≡ *Placodes nigricans* (Fr.) Quél. ≡ *Phellinus igniarius* ssp. *nigricans* Bourdot & Galzin]
Schwarzer Feuerschwamm, Glänzendschwarzer Schichtporling

Fk.-Typ: laterale, monozentrische, perennierende Crustothecien mit regulär polyporoidem Hymenophor.
Habitat: lignicol; perthotroph bis saprotroph an *Betula*, selten an anderen Laubbäumen; nachgewiesen auf *Fagus*, *Prunus*, *Quercus*, *Salix* und *Sorbus*; Weißfäuleerreger.
Makromerkmale: Fk. konsolenförmig, selten etwas hufförmig; oberseits abgeflacht bis leicht gewölbt, ohne effuse Fk.-Teile, im Schnitt meist dreieckig, scharfrandig; relativ leicht vom Substrat lösbar, Insertionsfläche reichlich von weißen Hyphen durchwachsen; dem Subtrat anliegende Fk.-Teile neben der Insertionsfläche mit einer, der Oberseite ähnlichen, verkrusteten, schwarzen Struktur; Konsistenz holzig hart; Hüte 4–18, selten bis 23 cm breit, vom Substrat abstehend, an der Insertionsfläche bis 10 cm hoch, relativ eng gezont; der feinfilzigen, braunen Zuwachszone folgen eine wenig auffallende verkrustete, graue Zone und zahlreiche relativ eng stehende, schwarze, oft glänzende, verkrustete, radial rissige Zonen; Huttrama dunkel rostbraun, von der Insertionsfläche her mit weißen Hyphen durchwachsen; Aufsicht auf das Hymenophor zimt- bis rostbraun; Poren rund, 3–5 Poren/mm, Röhren geschichtet, Schichtung undeutlich, gesamte Röhrenschicht bis 5 cm dick; Röhren pro Schicht bis 1 cm lang; Hymenophoraltrama der Huttrama gleichfarben.
Mikromerkmale: Spp. weiß; Sp. hyalin, dickwandig, rund bis subglobos, 5–6×4–6 µm; Basidien clavat, viersporig, ohne Basalschnalle; Hymenialsetae dickwandig, dunkelbraun, spießförmig, scharf zugespitzt, 10–20 µm lang, 4–8 µm Ø; Hyphensystem dimitisch; Septen ohne Schnallen; generative Hyphen hyalin, dünnwandig, 2–3 µm Ø; Skeletthyphen braun, dickwandig, unseptiert, bis 5 µm Ø.

Phellinus nigricans ist eine überwiegend boreal verbreitete Art. In den Taigawäldern Nordeuropas ist der Pilz neben *Fomes fomentarius* und *Inonotus obliquus* der häufigste Porling an *Betula pubescens* ssp. *tortuosa*. *Ph. nigricans* kommt bis an die Waldgrenze nördlich des 70. Beitengrades vor. In Mitteleuropa ist er selten und im Wesentlichen montan verbreitet. Infolge der Konfusion mit *Ph. igniarius* in der Literatur gibt es bezüglich der Verbreitung Unsicherheiten. *Ph. nigricans* wird von manchen Autoren zu *Ph. igniarius* gestellt bzw. als infraspezifisches Taxon von *Ph. igniarius* aufgefasst. Die Art ist jedoch durch mehrere Merkmale deutlich von *Ph. igniarius* verschieden. Die stets monozentrische Fk.-Entwicklung, die relativ kleinen, von weißen generativen Hyphen durchzogenen Insertionsflächen am Substrat sind die Ursache, dass die Fk. im Gegensatz zu *Ph. igniarius* leicht vom Substrat zu lösen sind. Zudem ist die enge Zonierung der Hutoberseite ein gutes diagnostisches Merkmal.

Abb. 1: Ein verhältnismäßig großer Fk. an einem lebenden Stamm von *Betula pubescens* ssp. *tortuosa* in einem borealen Taigamischwald.
Abb. 2: Rissige, verkrustete Hutoberseite mit eng stehenden, leicht vertieften Zonen (Pfeile).
Abb. 3: Radial aufgebrochener Fk.; a – Huttrama; b – von weißen Hyphen durchzogene Trama nahe der Insertionsfläche; die Hut- und Hymenophoraltrama wird von diesen Hyphen in Richtung der wachsenden Dissepimente des Hymenophors durchwachsen; c – verkrustete, rissige Hutoberseite; d – dem Substrat anliegende, aber nicht mit ihm verwachsene, schwarze Krusten nahe der Insertionsfläche; e – Hymenophor.
Abb. 4: Blick auf einen Hutrand; a – verkrustete, rissige Hutoberseite, die aus diesem Blickwinkel einer grob warzigen Struktur ähnelt; b – schwarze, verkrustete, rissige und gezonte Hutoberseite nahe des Hutrandes; c – schmale, graue Zone der Hutoberseite am Hutrand; d – feinfilzige, braune Hutrandzone; e – feinporiges Hymenophor.
Abb. 5 u. 6: Aufsicht auf wachsende Hymenophore mit den relativ dicken Dissepimenten; Abb. 6 – segmentierte Aufsicht; 478 Poren/25 mm^2 ≙ 19,1 Poren/mm^2 ≙ 4,4 Poren/mm.

1
5 cm
2
1 mm
3
d
a
c
b
d
e
2 cm
4
a
b
c
d
e
1 cm
5
1 mm
6
1 mm

Phellinus pini (Brot.) A. Ames
[≡ *Boletus pini* Brot. ≡ *Daedalea pini* (Brot.) Fr. ≡ *Fomes pini* (Brot.) P. Karst. ≡ *Porodaedalea pini* (Brot.) Murrill]
Kiefernporling, Kiefernbaumschwamm

Fk.-Typ: laterale, monozentrische, perennierende Crustothecien ohne effuse Fk.-Teile mit polyporoidem bis daedaleoidem Hymenophor.
Habitat: lignicol; in Europa ganz überwiegend perthotroph oder hemibiotroph an lebenden oder kürzlich gefallenen Stämmen von *Pinus sylvestris*, selten an anderen *Pinus*-Arten, sehr selten an *Picea*; mit einer deutlichen kontinentalen Verbreitungstendenz; Erreger der Wabenfäule, einer besonderen Form der Weißfäule.
Makromerkmale: Fk. knollen-, bis konsolenförmig, relativ kleinflächig mit dem Substrat verbunden, aber in der gesamten Breite lose mit der oberflächlichen Borke verwachsen, dadurch leicht ablösbar; effuse Fk.-Teile fehlen meist oder bedecken nur kleine Substratflächen am unteren Fk.-Rand; Konsistenz zäh, derbkorkig, trocken sehr hart; Hüte meist konsolenförmig mit kantigem Rand, 5 bis über 15 cm hoch, über 25 cm breit und bis 20 cm vom Substrat abstehend; Oberseite meist horizontal orientiert, zunächst kurzhaarig-samtig und braun, unmittelbar hinter dem wachsenden Rand verkahlend, krustig verhärtend, dunkelbraun bis schwarz und rissig; engrillig gezont; meist reichlich mit Algen, Flechten und Moosen bewachsen; Hymenophor vom Hutrand meist schräg zum Substrat verlaufend; in Aufsicht rost- bis graubraun, Poren rund bis irregulär und nahezu daedaleoid, oft radial gestreckt, an vertikal orientierten Abschnitten stellenweise bis über 10 mm lang; durchschnittlich 1–2 Poren/mm; Röhrenschichten undeutlich voneinander getrennt, ältere Schichten von Hyphen durchwachsen; Röhren pro Schicht bis 6 mm lang, Huttrama gold- bis rostbraun; Hymenophoraltrama der Huttrama gleichfarben.
Mikromerkmale: Spp. weiß bis hellgelblich; Sp. hyalin bis hellgelblich, 4,5–5,5×4–5 µm, subglobos; Basidien clavat, viersporig, ohne Basalschnalle; Hyphensystem dimitisch, Skeletthyphen rostbraun, 3,5–7 µm Ø, dickwandig; generative Hyphen hyalin bis hellgelblich, 1,5–3,5 µm Ø; Hyphen ohne Schnallen; Hymenialsetae häufig, 40–80×10–20 µm, dunkelbraun, dickwandig.

Phellinus pini ist im *Pinus*-Areal des holarktischen Florenreiches verbreitet. Die Art ist ein gefürchteter Schädling in Kiefernforsten. Die Fk. erscheinen häufig in größeren Abständen am Stamm, oft an Stammwunden, selten bodennah oder an stärkeren Ästen, meist in einer Höhe von 1–15 m. Sie sterben meist nach ca. fünf Jahren ab, erreichen selten ein Alter von zehn Jahren und hinterlassen an den Stämmen Wundstellen. *Ph. chrysoloma* und *Ph.abietis* stehen *Ph. pini* nahe, sind aber durch Wuchsform und Mikromerkmale gut zu trennen; ihre Fk. besitzen meist effus herablaufende Anteile.

Abb. 1: Etwa zehn Jahre alter, nahezu 30 cm breiter und 15 cm hoher, konsolenförmiger Fk. an einem über 200 Jahre alten *Pinus-sylvestris*-Stamm in einer Höhe von ca. 10 m.
Abb. 2: Etwa fünf Jahre alter, knollenförmiger Fk. an einem ca. 70–80-jährigen *Pinus-sylvestris*-Stamm in einer Höhe von ca. 2 m.
Abb. 3: Verhärtete, rissige Hutoberseite hinter dem Hutrand mit geringem Algenbewuchs.
Abb. 4: Verhärtete, rissige Hutoberseiten unweit des Hutrandes mit Apothecien der meist Borke bewohnenden Flechte *Dimerella pineti* (Pfeile).
Abb. 5: Radialschnitt eines Fk.-Randes; a – wachsender, noch filzig-brauner, kantiger Hutrand; b – verhärtete, rissige Kruste und mit engen Zonen versehene Hutoberseite; c – Hutoberseite mit üppigem Bewuchs von Moosen, Algen und Flechten; d – Huttrama; e – undeutlich geschichtetes Hymenophor.
Abb. 6: Blick auf einen wachsenden, filzig-feinhaarigen, braunen, kantigen Hutrand; a – Hutoberseite; b – randnahes noch regulär polyporoides Hymenophor; c – Hutrand.
Abb. 7 u. 8: Aufsichten auf Hymenophore; Abb. 7 – runde Poren, Abb. 8 – gestreckten Poren.
Abb. 9: Segmentierte Aufsicht; 64 Poren/25 mm^2 ≙ 2,6 Poren/mm^2 ≙ 1,6 Poren/mm.

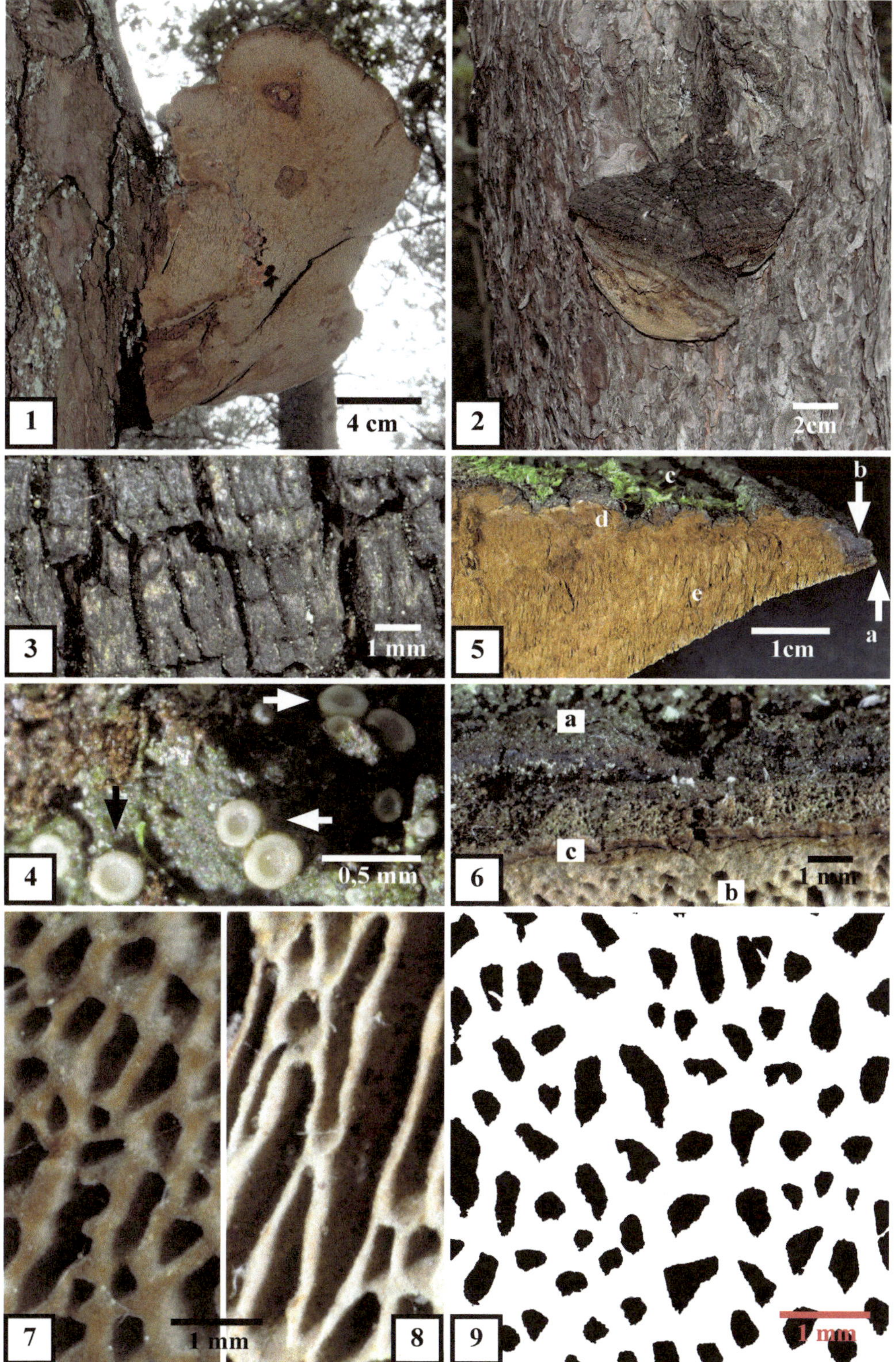
1
4 cm
2
2cm
3
1 mm
5
c
d
b
e
1cm
a
4
0,5 mm
6
a
c
1 mm
b
7
1 mm
8
9
1 mm

Phellinus pomaceus (Pers.) Mre.
[= *Phellinus tuberculosus* Niemelä = *Pseudofomes prunicola* Lázaro Ibiza = *Polyporus sorbi* Velen.]
Pflaumenbaumporling, Pflaumenfeuerschwamm

Fk.-Typ: laterale, perennierende, mono- bis polyzentrische, überwiegend konsolenförmige oder knollige, selten auch effusoreflexe Crustothecien mit polyporoidem Hymenophor.
Habitat: lignicol; in Laub- und Mischwäldern, Gebüschen und Obstanlagen perthotroph, überwiegend an lebenden Stämmen und Ästen von *Prunus*- Arten (incl. *Avium*- und *Cerasus*-Arten), selten auch an anderen Rosaceae, nachgewiesen an *Crataegus*, *Malus*, *Pyrus* und *Sorbus*; wird aber auch von anderen Laubgehölzen angegeben, z.B. *Acer*, *Alnus*, *Carpinus*, *Ceratonia*, *Citrus*, *Cornus*, *Corylus*, *Fagus*, *Juglans*, *Populus*, *Quercus*, *Salix* und *Ulmus*; saprotroph an abgestorbenem Holz weiterwachsend; Weißfäuleerreger.
Makromerkmale: Fk. einzeln oder in Gruppen, auch miteinander verwachsend, mitunter imbricat, Hüte an senkrechten Substraten erst knollenförmig, dann oberseits etwa waagerecht, unterseits herablaufend; 2–9 cm breit und ebenso weit von Substrat abstehend, Rand wulstig abgerundet, ausgereifte große Exemplare auch stellenweise stumpfkantig; an der Unterseite horizontaler Substrate oft nahezu kreisrund mit seitlich überstehenden Rändern; Konsistenz frisch derb korkartig, zäh; getrocknet hart; Hutoberseite mit zimtbraunen Zuwachszonen später graubraun bis hellgrau, samtig, ohne Kruste; alt dunkelbraun, dunkelgrau bis nahezu schwarz und krustig verhärtend, oft durch Algen grün; Hymenophor in Aufsicht je nach Entwicklungsphase zimtgelb, grau- bis goldbraun; Poren rund bis eckig, 5–6/mm; Röhren bei mehrjährigen Fk.n geschichtet, Schichten oft undeutlich, Röhren pro Schicht bis 15 mm lang; Trama gelb-bis lebhaft rostbraun; Hymenophoraltrama gleichfarben; ältere Röhrenschichten von Hyphen durchwachsen; alte, absterbende Fk. oft nur mit partieller Verjüngung.
Mikromerkmale: Spp. weiß; Sp. breit ellipsoid, Wände meist etwas verdickt, hellgelblich, 5,5–6,5×4,5–5 µm; Basidien gestaucht clavat, viersporig, ohne Basalschnalle; Hyphensystem dimitisch, generative Hyphen 2–3 µm Ø, hyalin bis hellgelblich, ohne Schnallen; Skeletthyphen gelbbraun, 3–7 µm Ø, dickwandig; Hymenialsetae häufig, 14–25×5–8 µm, konisch, braun; Trama- oder Substratsetae fehlen.

Phellinus pomaceus ist im holarktischen Florenreich an *Prunus*-Arten weit verbreitet und kommt auch in Nordeuropa in den Anbaugebieten von Steinobst vor. In alten Obstanlagen mit *Prunus domestica* ist er regelmäßig anzutreffen. An dürftigen Substraten kommen knollige, kleine Fk. vor, die sehr alt werden können. Alte Fk. sind oft reichlich von Käferlarven zerfressen. Mit Insektenkot angefüllte Fraßgänge können mit hellen Hyphen durchwachsen sein.

Abb. 1: Etwa vierjähriger, im Wachstum begriffener Fk. mit schwarzer, verhärteter Oberseite an den älteren Fk.-Teilen (a) und samtigem, hell graubraunem Zuwachs (b); mit abgerundeten (c), teilweise stumpfkantigen (d) Huträndern und hell zimtbrauem Zuwachs der Dissepimente des Hymenophors (e).
Abb. 2: Basal regeneriertes Hymenophor (a) mit einem neuen Fk.-Rand (b) an einem oberseits absterbenden, von Insektenlarven zerfressenen Fk.-Teil mit freiliegender, dunkelbrauner Trama (c) und verhärteter, mit Algen überwachsener Oberseite (d).
Abb. 3: Oberseite eines wachsenden Fk.s; a – braune Zuwachszone; b – graue, verhärtende vorjährige Fk.-Teile; c – verkrustete, nahezu schwarze, mehrjährige Fk.-Teile.
Abb. 4: Radialer Bruch des Hymenophors eines über fünfjährigen Fk.s; a – alte, undeutlich voneinander unterscheidbare Röhrenschichten; b – jüngste Röhrenschicht mit sporulierenden Basidien; c – Fraßgang; d – Fraßgang mit Käferlarven; e – Fraßgang mit Myzel durchwachsenen Insektenexkrementen.
Abb. 5: Aufsicht auf das Hymenophor.
Abb. 6: Segmentierte Aufsicht auf das Hymenophor; 525 Poren/25 mm^2 ≙ 23 Poren/mm^2 ≙ 4,8 Poren/mm.

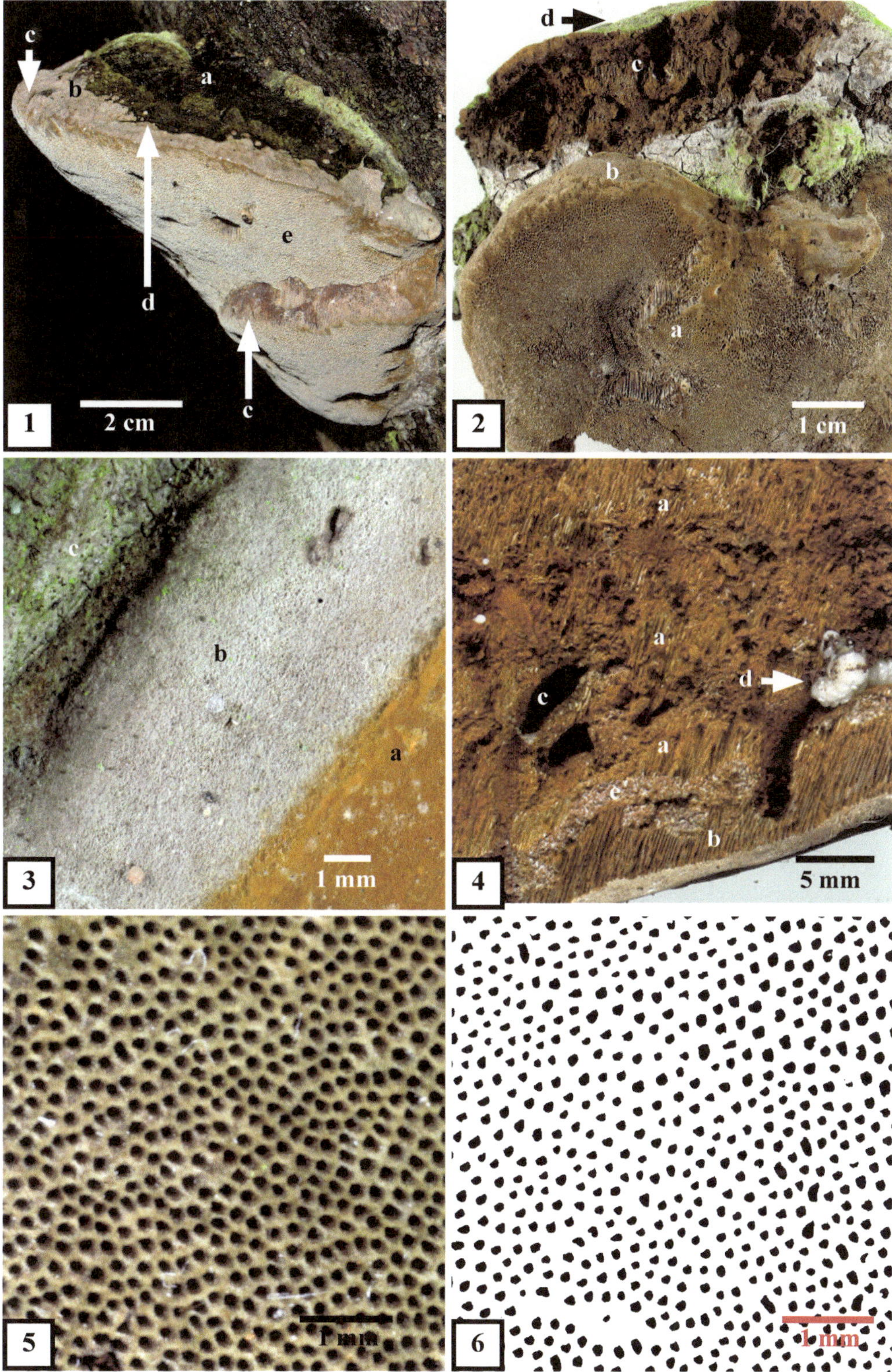
c
b
a
d
e
c
2 cm
1
d
c
b
a
1 cm
2
c
b
a
1 mm
3
a
a
d
c
a
e
b
5 mm
4
1 mm
5
1 mm
6

Phellinus robustus (P. Karst.) Bourdot & Galzin
[≡ *Fomes robustus* P. Karst. ≡ *Polyporus robustus* (P. Karst.) S. Lundell & Nannf. ≡ *Fomitiporia robusta* (P. Karst.) Fiasson & Niemelä]
Eichenporling, Eichenfeuerschwamm

Fk.-Typ: laterale, kissen-, polster-, knollen- bis konsolenförmige, perennierende, monozentrische Crustothecien mit polyporoidem Hymenophor.
Habitat: perthotroph bis saprotroph in der Initialphase des Holzabbaus an Laubbäumen; bevorzugt an *Quercus*, mitunter bis mehrere Meter hoch an Stämmen oder dicken Ästen, jedoch auch an liegenden Stämmen; nachgewiesen auch an zahlreichen anderen Laubgehölzen, z.B. an *Carpinus*, *Castanea*, *Fagus*, *Fraxinus*, *Platanus*, *Robinia* und *Ulmus*; Weißfäuleerreger.
Makromerkmale: Fk. einzeln oder in Gruppen; zunächst flach und effus, dann knollig auswachsend und später huf- bis konsolenförmig, mitunter am Substrat etwas herablaufend; oft viele Jahre hindurch knollenförmig randlos bleibend und dennoch sporulierend, gut ausgebildete, abgeflachte Fk. mit stumpfem Rand; Konsistenz von Anfang an sehr hart, holzartig; Hüte bis 25 cm breit und bis 12 cm vom Substrat abstehend, an der Insertionsfläche bis 20 cm hoch; grobrillig gezont; im Zuwachsbereich hell zimtbraun und feinsamtig tomentos, bald verkahlend, krustig verhärtend, graubraun bis nahezu schwarz und rissig, oft durch Algen grünlich überhaucht, mitunter auch von Moosen bewachsen; Aufsicht auf das Hymenophor gelbbraun, zimtfarben bis graubraun; Poren rund, 6–8 Poren/mm; Röhren geschichtet, pro Schicht 2–5mm lang, nach der Sporulation rasch mit braunen Hyphen durchwachsen und dadurch alte Schichten schwer erkennbar; fast immer mit einer dünnen röhrenfreien Trama zwischen den Röhrenschichten; Huttrama dunkel zimtbraun bis lebhaft rostbraun; Hymenophoraltrama der Huttrama gleichfarben.
Mikromerkmale: Spp. weiß; Sp. hyalin, breit ellipsoid bis subglobos, 6–7,5×5,5–7 µm, glatt, dextrinoid, relativ dickwandig; Basidien gestaucht clavat, viersporig, ohne Basalschnalle, ohne oder mit wenigen Hymenialsetae; Hymenium mit apikal schlauchförmigen Cystiden („Pseudosetae"); Hyphensystem dimitisch; generative Hyphen dünnwandig, hyalin, bis 4 µm Ø, ohne Schnallen; Skeletthyphen braun, dickwandig, bis 8 µm Ø.

Phellinus robustus ist kosmopolitisch verbreitet. In Europa kommt die Art im gesamten *Quercus*-Areal vor, wird aber von Süd nach Nord deutlich seltener. In Mitteleuropa gilt sie als thermophil und besiedelt besonders Eichen in grundwasserfernen, sommerwarmen Laubwäldern. Befallene, lebende Stämme brechen oft in 3–5 m Höhe ab, die Fk. wachsen dann an den liegenden Stämmen noch einige Jahre weiter. *Phellinus robustus* steht *Phellinus hippophaëicola* nahe. Beide werden von manchen Autoren nicht getrennt.

Abb. 1: Konsolenförmig auswachsender Fk. mit etwas am Substrat herablaufendem, effusem Fk.-Anteil an einer überwachsenen Astwunde eines *Quercus-robur*-Stammes.
Abb. 2: Radial aufgeschnittener, knollenförmiger Fk. von einem liegenden *Quercus*-Stamm mit ca. 20 Röhrenschichten, Schnittfläche etwas angeschliffen; a – Holzreste des Substrates; b – röhrenfreie Trama; c – e Röhrenschichten; c – über zehn Jahre alt; d – ca. fünf bis zehn Jahre alt; e – ein bis ca. fünf Jahre alt; f – Tramaschichten zwischen den Röhrenschichten g – randlich röhrenfreie Trama; h – Kruste am Knollenrand und auf der Knollen-oberseite.
Abb. 3: Grob rillig gezonte Oberseite eines Fk.s; a – noch unverkrustete, ockergelbe Randzone; b – verkrustete graubraune Zone mit beginnender rissiger Zerklüftung.
Abb. 4: Radialschnitt eines Fk.s; a – Tramaschichten zwischen den Röhrenschichten; b – alte Röhrenschichten, deren Röhrenstruktur nicht mehr erkennbar ist; c – junge Röhrenschichten mit noch erkennbarer Röhrenstruktur.
Abb. 5: Aufsicht auf ein Hymenophor, dessen Dissepimente auswachsen und eine dünne Tramaschicht bilden, auf der die nächste Röhrenschicht entstehen wird; Regionen mit noch unverschlossenen Poren (a), mit nahezu verschlossenen Poren (b) und mit auswachsenden generativen Hyphen (c).
Abb. 6: Segmentierte Aufsicht; 610 Poren/25 mm^2 ≙ 24,4 Poren/mm^2 ≙ 4,9 Poren/mm.

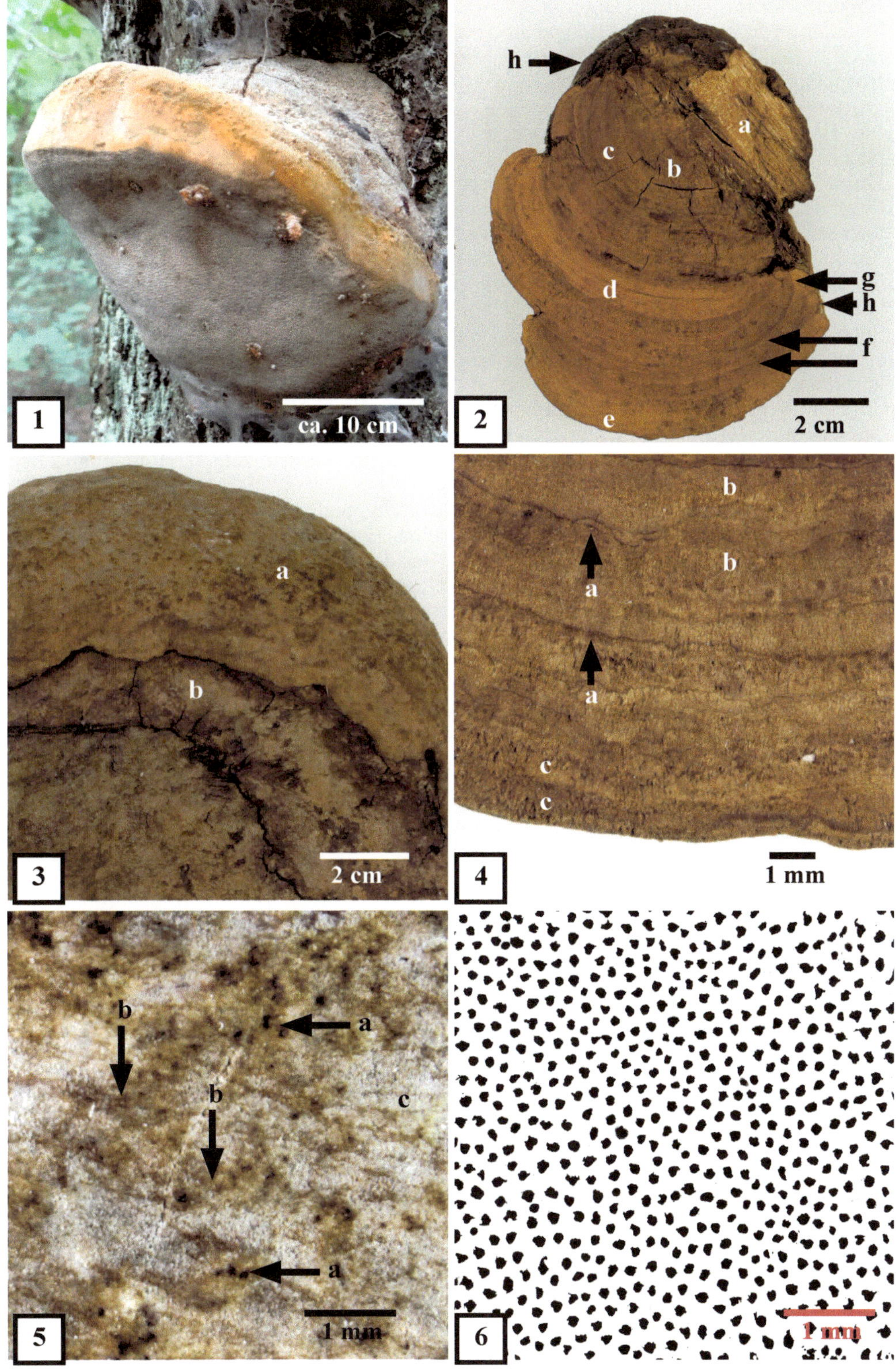
1
ca. 10 cm
h
a
c
b
g
d
h
f
2 cm
2
e
a
b
2 cm
3
b
b
a
a
c
c
1 mm
4
b
a
b
c
a
1 mm
5
1 mm
6

Phellinus torulosus (Pers.) Bourdot & Galzin
[≡ *Boletus torulosus* Pers. ≡ *Polyporus torulosus* (Pers.) Pers. = *Polyporus fuscopurpureus* Boud. = *Polyporus rubriporus* Quél. ≡ *Phellinus rubriporus* (Quél.) Quél.]
Rotporiger Feuerschwamm

Fk.-Typ: laterale, perennierende, monozentrische Crustothecien mit polyporoidem Hymenophor.
Habitat: lignicol; perthotroph oder saprotroph, in Mitteleuropa hauptsächlich an Altholz von *Quercus*, selten an *Acer* und *Castanea*; meist in Bodennähe am Grund alter lebender oder toter Stämme; in Südeuropa sehr häufig an zahlreichen heimischen und angepflanzten Gehölzen aus über 50 Gehölzgattungen; Weißfäuleerreger.
Makromerkmale: Fk. einzeln oder in Gruppen, selten imbricat, konsolenförmig; Konsistenz holzig hart; Hüte 10–30 cm, selten bis 50 cm breit, meist um 10–20 cm, selten bis 30 cm vom Substrat abstehend, an der Insertionsfläche bis über 15 cm hoch, Rand wulstig abgerundet; Hutoberseite meist nahezu horizontal, anfangs fein tomentos, gelbbraun, ältere Partien dunkler braun, später dunkelgrau bis schwarz, oft reichlich mit Moosen bewachsen; Aufsicht auf das Hymenophor gelbbraun, zimtfarben mit orangefarbener Nuance, dichtporig, Poren rund, 5–7 Poren/mm, Röhrenschichtung undeutlich, alte Schichten von braunen Hyphen durchwachsen; pro Schicht 2 mm lang, Trama gelb- bis rostbraun, fein zoniert, Huttrama bis über 10 cm dick.
Mikromerkmale: Spp. weiß; Sp. hyalin, dünnwandig, breit ellipsoid bis subglobos, 4–6×3–4 µm; Basidien gestaucht clavat, viersporig, ohne Basalschnalle; Hymenialsetae reichlich vorhanden, braun, dickwandig, zugespitzt, die Basidien um 15–25 µm überragend; Hyphensystem dimitisch, alle Hyphen ohne Schnallen; generative Hyphen dünnwandig, hyalin, wenig verzweigt, selten septiert, 2–4 µm Ø; Skeletthyphen dickwandig, wenig verzweigt, selten septiert, hellbraun, 3–5 µm Ø.

Phellinus torulosus ist eine holarktische, in Mitteleuropa thermophile Art, die überwiegend im nemoralen und mediterranen Zonobiom verbreitet ist. Die Fk. werden sehr alt, wachsen langsam und sind oberseits oft reichlich von Algen, Moosen und Flechten überwachsen. Dieser Aufwuchs wird randlich von Hyphen eingeschlossen und gelangt dadurch in die Huttrama, wo er wahrscheinlich auch als Nahrungsquelle vom Pilz genutzt wird. *Ph. torulosus* wird in Mitteleuropa aufgrund der Bindung an Altholz vielfach als gefährdete Art angesehen, wird sich aber im Zusammenhang mit der Klimaerwärmung wahrscheinlich weiter ausbreiten.

Abb. 1: Fk.-Gruppe am Fuße von einem ca. 200-jährigen *Quercus-robur*-Stamm eines Eichen-Elsbeeren-Trockenwaldes.
Abb. 2 u. 3: Unterseite eines Fk.s; durch bodennahes Wachstum werden vom Hymenophor oft Teile der verrottenden Streu vom wachsenden Hymenophor umschlossen (Pfeil) und gelangen in das Innere des Fk.s.
Abb. 4: Radialschnitt an einem Fk.-Rand; a – mit Moosen bewachsene, zwei- bis ca. fünfjährige Oberseite der Konsole; b – umwachsene Moosreste in der Huttrama; c – fein zonierte Huttrama nahe des Hutrandes; d – wulstig abgerundeter, oberseits fein tomentoser Hutrand; e – undeutlich geschichtetes Hymenophor; ältere Teile sind von generativen Hyphen und von braunen Skeletthyphen durchwachsen; f – von weißen generativen Hyphen durchwachsene Teile der Huttrama; g – Aufsicht auf die Unterseite.
Abb. 5: Hutoberseite einer Konsole mit dem gelbbraunen, fein tomentosen Hutrand (a) und den folgenden von Moosen überwachsenen älteren Teilen (b).
Abb. 6: Aufsicht auf das engporige Hymenophor einer Konsole im mittleren Bereich zwischen Hutrand und Insertionsfläche.
Abb. 7: Segmentierte Aufsicht auf das Hymenophor; 513 Poren/25 mm^2 ≙ 20,5 Poren/mm^2 ≙ 4,5 Poren/mm.

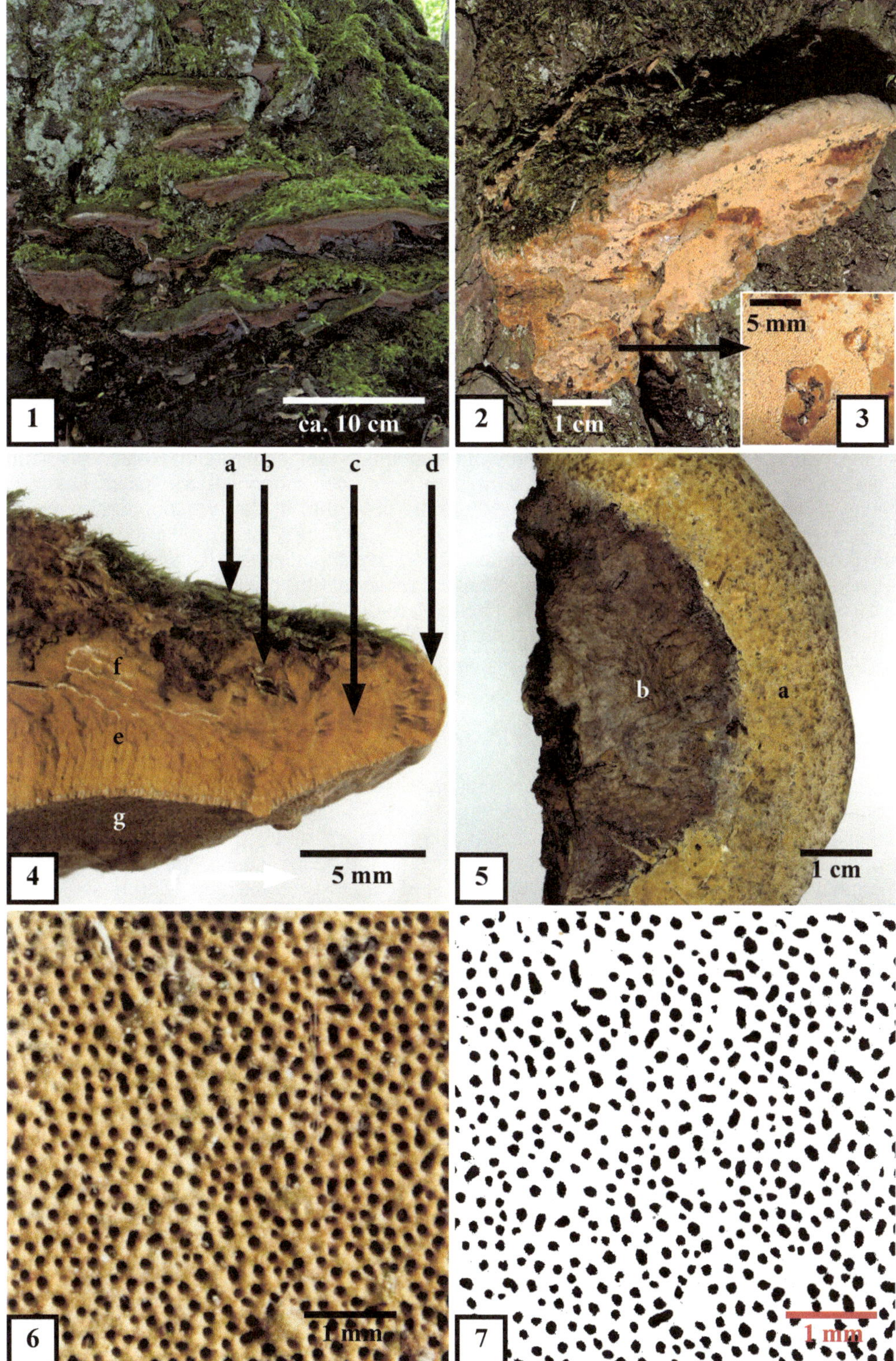
1
ca. 10 cm
2
1 cm
5 mm
3
a
b
c
d
f
e
g
4
5 mm
b
a
5
1 cm
6
1 mm
7
1 mm

Phellinus viticola **(Schwein.) Donk**
[≡ *Polyporus viticola* Schwein. = *Trametes isabellina* Fr. ≡ *Phellinus isabellinus* (Fr.) Bourdot & Galzin ≡ *Poria isabellina* (Fr.) Overh. = *Boletus superficialis* Schwein. ≡ *Poria superficialis* (Schwein.) Cooke = *Fomes tenuis* P. Karst. ≡ *Polyporus tenuis* (P. Karst.) Romell]
Dünner Feuerschwamm

Fk.-Typ: effuse bis effusoreflexe, selten laterale, perennierende, meist polyzentrische Crustothecien mit polyporoidem Hymenophor.
Habitat: lignicol; saprotroph besonders an *Picea*-Holz, aber auch an *Pinus* und sehr selten an Laubholz nachgewiesen; in naturnahen Nadelwäldern; Weißfäuleerreger.
Makromerkmale: Fk. selten einzeln, meist in Gruppen und miteinander verwachsen; effuse Matten bis zu 30 cm Länge erreichend; Konsistenz frisch zäh, korkig-faserig, trocken hart; Hüte zunächst kleinknollig, dann meist halbkreisförmig, von der Insertionsfläche aus zum Rand hin oft etwas abgerundet; dicht rillig gezont; oberseits rötlich-braun, dunkelbraun, dunkel graubraun bis schwarz; während der Wachstumsphase am scharfen Rand gelblichbraun, Rand tomentos bis fein striegelhaarig, verkahlend und verkrustend; bis 6 cm breit, bis 3 cm vom Substrat abstehend und im Insertionsbereich bis 1,5 cm hoch; Aufsicht auf das Hymenophor gelbbraun, im Alter dunkler; regulär rund- bis etwas eckigporig, 4–6 Poren/mm; Dissepimente so breit wie der Porendurchmesser, apikal breit abgerundet; Röhren bis 5 mm lang; Schichtung bei mehrjährigen Exemplaren nicht oder undeutlich erkennbar; Huttrama jung gelbbraun, später rostbraun, in der Hutmitte bis 3 mm dick; Hymenophoraltrama der Huttrama gleichfarben.
Mikromerkmale: Spp. weiß; Sp. hyalin, schmal zylindrisch, oft etwas allantoid 6–9×1,5–2 µm; Basidien clavat, viersporig, ohne Basalschnalle; Hymenialsetae die Basidien weit überragend, 40–60×5–8 µm, dickwandig, braun; Hyphensystem dimitisch; generative Hyphen dünnwandig, hyalin, wenig verzweigt, reichlich septiert, ohne Schnallen, bis 3 µm Ø; Skeletthyphen hellbraun, dickwandig, selten septiert, bis 5 µm Ø.

Phellinus viticola ist im holarktischen Florenreich circumpolar in Nadelwäldern verbreitet. In Europa kommt die Art im borealen Zonobiom bis an die nördliche Waldgrenze vor, in Mittel- und Südeuropa ist sie montan verbreitet und erreicht auch die subalpine Höhenstufe. Der Pilz hat in Mitteleuropa eine deutliche kontinentale Verbreitungstendenz mit Häufungszentren in den östlichen Mittelgebirgen. In Nordamerika kommt die Art neben *Picea* und *Pinus* an zahlreichen weiteren Nadelgehölzen und selten auch an Laubholz, u.a. an *Vitis*, vor. Die langen, schmalen Sporen und die relativ langen Setae sind diagnostisch wichtige Merkmale.

Abb. 1: Effusoreflexes Fk.-Konglomerat von einem liegenden *Picea*-Stamm; a – gut entwickelte Konsole mit scharfem Hutrand am oberen Rand des Konglomerates; b – noch knollenförmige Ansätze von Hüten; c – effuser Fk.-Teil.
Abb. 2: Radial aufgebrochene Konsole; a – tomentose Cortex nahe des Fk.-Randes; b – verkrustete schwarze Cortex; c – Huttrama; d – aufgebrochenes, einjähriges Hymenophor; e – mehrjähriges Hymenophor ohne erkennbare Schichtung; f – braune Hymenophoraltrama; g – hymenientragene, weißliche, innere Oberfläche der Röhren; h – Aufsicht auf das regulär polyporoide Hymenophor.
Abb. 3: Oberseite einer Konsole am Hutrand mit enger, konzentrischer, rilliger Zonierung; a – brauner, tomentoser Randbereich; b – schwarzer, verkahlter und radial faserig verkrusteter Bereich.
Abb. 4: Aufsicht auf ein Hymenophor im mittleren Bereich zwischen Hutrand und Insertionsfläche.
Abb. 5: Segmentierte Aufsicht auf ein Hymenophor; 356 Poren/25 mm^2 ≙ 14,2 Poren/mm^2 ≙ 3,8 Poren/mm.

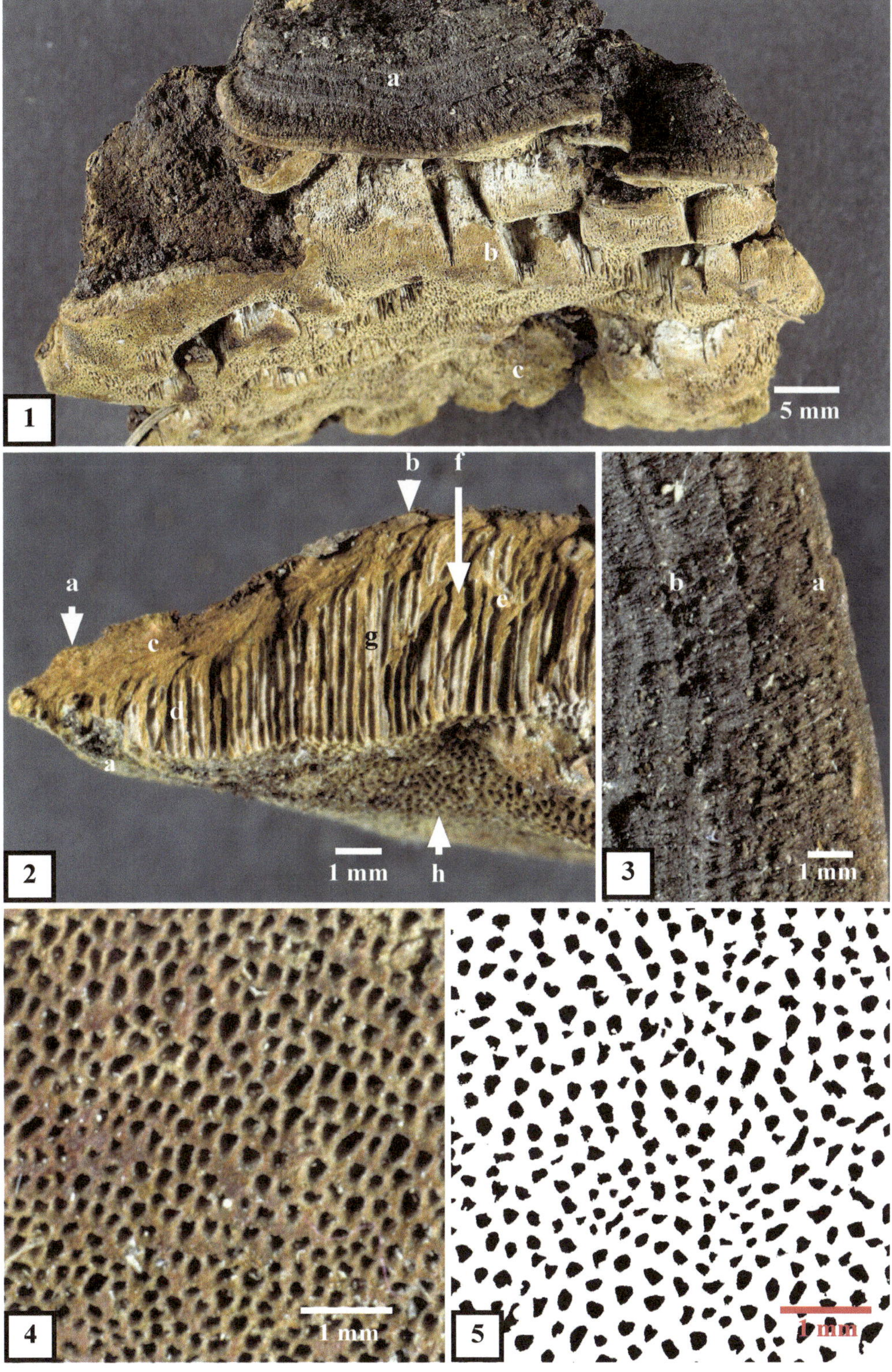
a
b
c
1
5 mm
b
f
a
c
g
e
d
a
h
2
1 mm
b
a
3
1 mm
4
1 mm
5
1 mm

Phylloporia ribis (Schumach.) Ryvarden
[≡ *Polyporus ribis* (Schumach.) Fr. ≡ *Phellinus ribis* (Schumach.) Quél. ≡ *Inonotus ribis* (Schumach.) Maire = *Polyporus lonicerae* Weinm. = *Trametes euonymi* Fuckel]
Stachelbeerporling, Stachelbeerfeuerschwamm, Johannisbeerporling, Strauchporling, Strauchfeuerschwamm

Fk.-Typ: laterale, selten effusoreflexe bis effuse, mehrjährige Crustothecien mit polyporoidem Hymenophor.
Habitat: lignicol, perthotroph (auch biotroph?), besonders an der Basis lebender *Ribes* spp. und an *Euonymus europaea*; selten auch auf zahlreichen anderen Laubgehölzen nachgewiesen, u.a. auf *Acer*, *Berberis*, *Calluna*, *Cerasus*, *Cornus*, *Corylus*, *Crataegus*, *Cytisinus*, *Fagus*, *Fraxinus*, *Lonicera*, *Pyrus*, *Prunus*, *Quercus*, *Rosa*, *Sambucus* und *Ulmus*, an diesen Substraten oft effus; Weißfäuleerreger..
Makromerkmale: Fk. meist konsolenförmig, oft imbricat und miteinander verwachsend; oft dünne Stämmchen des Substrates umschließend; Konsistenz frisch weich, biegsam; trocken korkig, ledrig bis holzig; Hüte oberseits flach, 4–12, selten bis über 15 cm breit, 3–6 cm vom Substrat abstehend, 0,5–2 cm dick; an der Insertionsfläche bis 4 cm hoch; Hutoberseite jung gelblich, später gelb-, dunkel- bis schwarzbraun mit senfgelben scharfen Zuwachsrändern; konzentrisch rillig gezont, jung behaart, Tomentum verkahlend, oft durch Algen grün, an luftfeuchten Standorten auch von Moosen überwachsen; Cortex aus verkrusteten, eng stehenden Hyphen bestehend, keine harte Kruste, aber im Schnitt eine dunkle Linie zwischen Trama und Tomentum bildend; Huttrama korkig, zimtfarben bis dunkelbraun, im mittleren Hutbereich 1–5 mm dick; Hymenophoraltrama der Huttrama gleichfarben; Hutunterseite am Rand oft mit porenfreier Zone; Hymenophor in Aufsicht braun, klein- und dichtporig, 6–7 Poren/mm, Röhren mehrjähriger Fk. deutlich geschichtet, pro Schicht 1–2, selten bis 3 mm lang.
Mikromerkmale: Spp. hellbräunlich; Sp. breit ellipsoid bis subglobos, glatt, hyalin bis gelblich, 3–5,5×2,5–4,5 µm; Basidien zwei- bis viersporig, gestaucht clavat, ohne Basalschnalle; Hyphensystem monomitisch, im Alter auch dimitisch; Hyphen dünn- bis dickwandig, 1,5–7 µm Ø, im Tomentum 2–5 µm Ø; Septen stets ohne Schnallen; Hymenium ohne Setae oder andere sterile Elemente.

Phylloporia ribis ist holarktisch im borealen und nemoralen Zonobiom verbreitet. Die Art kommt in Europa in naturnahen Laubwäldern, z.B. in Blockschuttwäldern, Bach-Eschenwäldern und Auwäldern vor, in denen *Ribes* spp. in der Strauchschicht natürlicherweise vorhanden sind. Weitaus verbreiteter ist der Pilz aber synanthrop in der Kulturlandschaft, z.B. an kultivierten Stachel- und Johannisbeersträuchern in Gartenanlagen anzutreffen. Er besiedelt alte, absterbende Stämmchen, ohne die Innovation der Sträucher wesentlich zu beeinflussen fruktifiziert er viele Jahre hindurch am selben Strauch. Im Gelände ist die *Ph. ribis* an *Ribes*- und *Euonymus*-Sträuchern durch die extrem kleinen und dichten Poren, durch die dünnen, braunen, oft verwachsenen Konsolen und durch das Substrat sicher zu erkennen. Die scharfrandigen Konsolen haben eine gewisse Ähnlichkeit mit denen von *Phellinus conchatus*, die aber gewöhnlich an Weidenstämmen, nicht an deren Grunde erscheinen. Effuse Fk. von *Ph. ribis* ohne die Merkmale der Konsolen können mit effusen *Phellinus*-Fk.n verschiedener Arten verwechselt werden.

Abb. 1: Mehrjährige, teilweise von Algen und Moos überwachsene Konsolen am Fuße eines *Euonymus-europaeus*-Stämmchens im Waldmantel eines Laubmischwaldes.
Abb. 2: Hutoberseite; am Rande mit Tomentum (a); dahinter verkahlt (b).
Abb. 3: Ca. 5 mm dicker, radial aufgebrochener Fk. mit geschichtetem Hymenophor; a – c – drei Röhrenschichten; d – Huttrama; e – Hutoberseite.
Abb. 4 u. 5: Aufsichten auf wachsende Hymenophore in verschiedener Vergrößerung.
Abb. 6: Segmentierte Aufsicht auf ein wachsendes Hymenophor; 1478 Poren/25 mm^2 ≙ 59,1 Poren/mm^2 ≙ 7,7 Poren/mm.

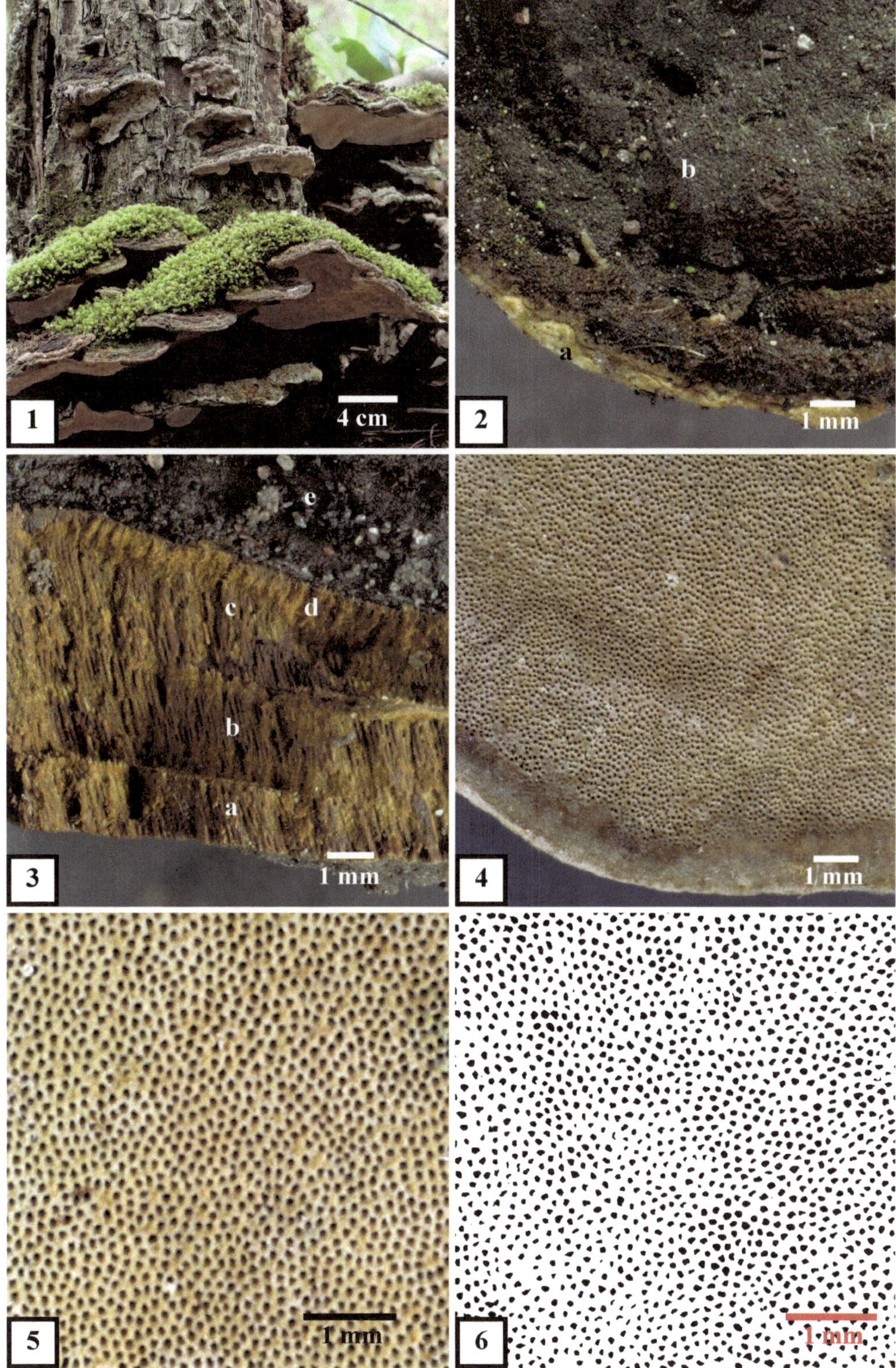
1
4 cm
2
a
b
1 mm
3
a
b
c
d
e
1 mm
4
1 mm
5
1 mm
6
1 mm

Piptoporus betulinus (Bull.) P. Karst.
[≡ *Boletus betulinus* Bull. ≡ *Ungulina betulina* (Bull.) Pat. ≡ *Fomitopsis betulina* (Bull.) B.K. Cui, M.L. Han & Y.C. Dai = *Boletus suberosus* Batsch]
Birkenporling

Fk.-Typ: laterale, kurz gestielte, annuelle, selten bis dreijährige, monozentrische Crustothecien mit polyporoidem Hymenophor.
Habitat: lignicol; ausschließlich an *Betula*; in Laub- und Mischwäldern, auch an freistehenden Birken, perthotroph an lebenden Stämmen; vom Kernholz her den gesamten Stamm durchwachsend; Fk. oft in großer Höhe am Stamm; saprotroph an aufrechten, toten und liegenden Stämmen weiterwachsend, auch an dickeren Ästen, selten an Ästchen von weniger als 3 cm Ø, aber nicht an Stümpfen gefällter Birken; Braunfäuleerreger.
Makromerkmale: Fk. einzeln, mitunter gesellig, aber nicht miteinander verwachsend; nahezu kreisrund, halbrund bis fächerförmig; lateral, zur Insertionsfläche hin stielartig verschmälert; an der Unterseite waagerecht liegender Substrate können resupinate Formen entstehen, deren Stiel an der Hutoberseite ansitzt; Konsistenz frisch weich, zäh und saftig; getrocknet schwammig-korkig; sporulierende Fk. meist 5–15, an kräftigen Substraten bis über 35 cm breit und ebenso weit vom Substrat abstehend; an kleinen Ästchen auch sporulierende Fk. von weniger als 3 cm Ø. Oberseite kissenförmig gewölbt, glatt, lederartig behäutet, ungezont, jung schmutzig weiß, dann cremefarben, im Alter hell- bis graubraun, Rand etwas eingerollt und unterseits das Hymenophor umsäumend; Hymenophor jung weiß, im Alter auch cremegelblich; röhrig, fast immer einschichtig und nach der Sporulationsphase mit dem gesamten Fk. absterbend; besonders an bodennah überwinterten Fk.n mitunter eine dünne zweite Röhrenschicht, in Ausnahmefällen drei Schichten bildend; Röhren 3–5 mm, selten bis 1 cm lang; Poren rund, im Alter oft eckig und irregulär gestreckt, 3–4 Poren/mm; Trama weiß, Hymenophoraltrama trocken grau bis bräunlich und etwas dunkler als die Huttrama.
Mikromerkmale: Spp. weiß; Sp. hyalin, gestreckt, gekrümmt, ventral abgeflacht 5–6,5×1,5–2 µm; Basidien clavat, zwei- bis viersporig, mit Basalschnalle; Hyphensystem dimitisch; generative Hyphen mit Schnallen, bis 3 µm Ø; Skeletthyphen dickwandig, bis 7 µm Ø.

Piptoporus betulinus wächst an allen baumförmigen *Betula*-Arten des holarktischen Florenreiches. In aufwachsenden, nemoralen Wäldern, die Birkenpionierwälder überwachsen, ist der Pilz regelmäßig in allen Absterbephasen der Birken von der Initial- bis zur Optimalphase des Holzabbaues anzutreffen. An dürftigen Substraten entwickeln sich monozentrisch knollenförmige, weiße Fk.-Initialen, die mitunter nicht zu sporulierenden Fk.n heranwachsen. Bei zwei-, selten dreijährigen Fk.n sind nur die Hymenophore, nicht die sterilen Fk.-Teile am sekundären Zuwachs beteiligt, und es kommt bereits im Frühjahr zur Sporulation. Das Hymenophor überragt bei solchen Formen mitunter den eingerollten Hutrand.

Abb. 1: Aufrecht stehender *Betula-pendula*-Stamm mit jungen, knolligen Fk.n, die noch kein Hymenophor ausgebildet haben (a), einem voll entwickelten Fk. mit gewölbter Oberseite und horizontal orientiertem Hymenophor an der Unterseite (b) und einem bereits verwitterten Fk. vom Vorjahr (c) während der Vegetationsperiode.
Abb. 2: Voll entwickelter Fk. an einem liegenden *Betula-pendula*-Stamm; a – kurzer stielförmiger Ansatz am Substrat; b – bräunliche, konvex gewölbte Oberseite; c – Hymenophor.
Abb. 3: Hymenophor eines voll entwickelten Fk.s; die primär runden Poren können im Alter teilweise zu unregelmäßig gestreckten Poren zusammenfließen (a); der Fk.-Rand ist durch die eingerollte, von der Cortex bedeckte Trama gesäumt (b).
Abb. 4: Teils radial geschnittener, teils aufgerissener Fk.; a –Trama geschnitten; b – Trama gerissen; c – Röhren geschnitten; d – Röhren gerissen; e – Hymenophor in Aufsicht; f – hautartig-derbe Cortex in Aufsicht; g – hautartig-derbe Cortex im Schnitt; h – Wölbung der Trama am Rand.
Abb. 5: Aufsicht auf das Hymenophor eines jungen Fk.s mit noch runden Poren.
Abb. 6: Segmentierte Aufsicht; 293 Poren/25 mm^2 ≙ 11,7 Poren/mm^2 ≙ 3,4 Poren/mm [15 Fk.: 2,8–3,9].

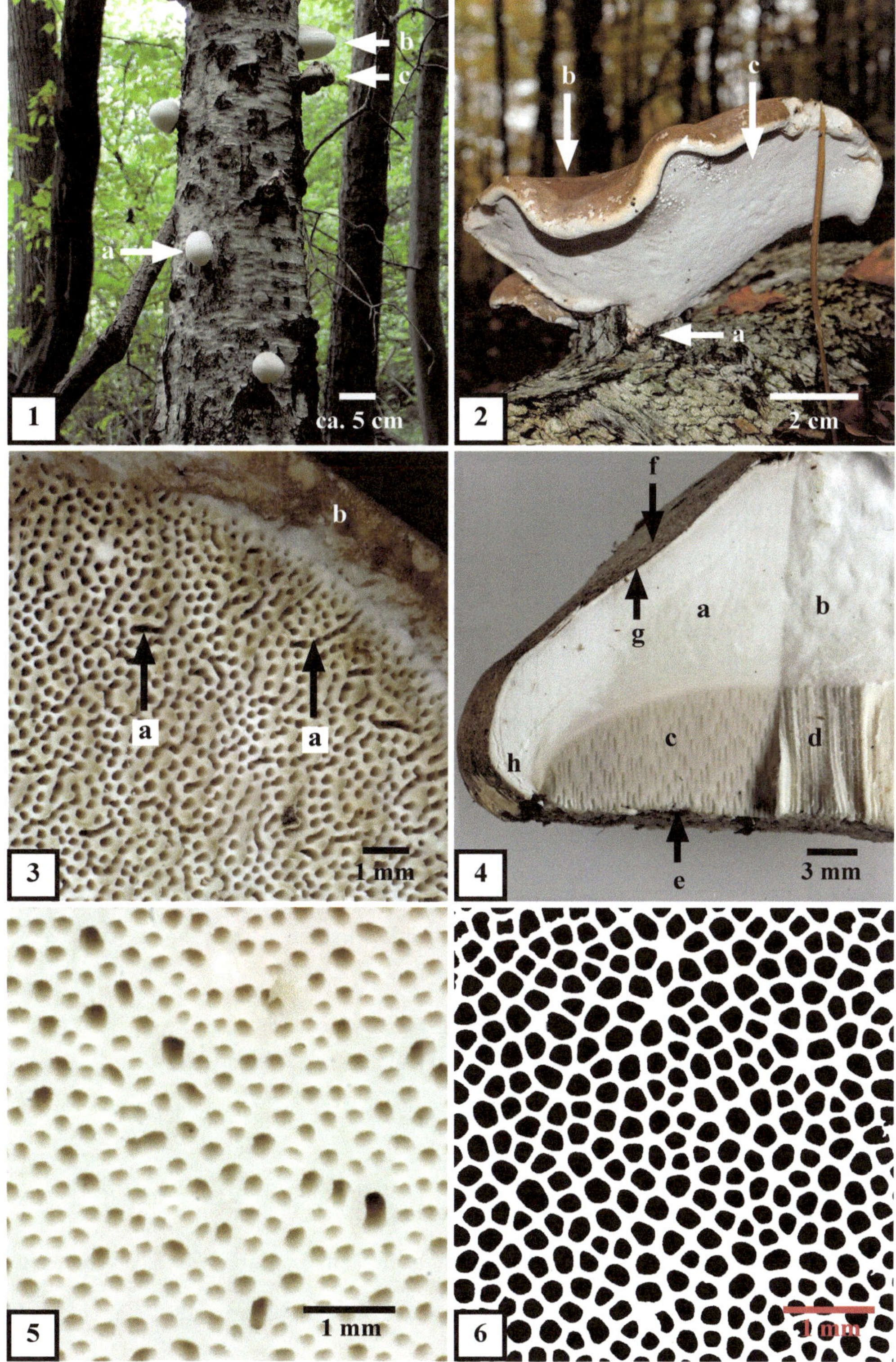
1
a
b
c
ca. 5 cm
2
a
b
c
2 cm
3
a
a
b
1 mm
4
a
b
c
d
e
f
g
h
3 mm
5
1 mm
6
1 mm

Polyporus arcularius (Batsch) Fr.
[≡ *Boletus arcularius* Batsch ≡ *Leucoporus arcularius* (Batsch) Quél. = *Boletus alveolarius* Bosc. ≡ *Polyporus alveolarius* (Bosc.) Fr.]
Weitlöchriger Porling, Borstrandiger Porling

Fk.-Typ: stipitate, sommerannuelle, monozentrische Crustothecien mit polyporoidem Hymenophor.
Habitat: lignicol; in Wäldern, aber auch im Offenland saprotroph an Laubholz; nachgewiesen an *Aesculus*, *Acer*, *Alnus*, *Betula*, *Castanea*, *Cerasus*, *Corylus*, *Crataegus*, *Fagus*, *Juglans*, *Malus*, *Morus*, *Prunus*, *Quercus*, *Populus*, *Salix*, und *Ulmus*; von der Optimal- bis zur Finalphase der Holzzerstörung; oft an relativ trockenen Standorten, z.B. Holz in Xerothermrasen; in sommerwarmen Gebieten Mitteleuropas häufig, fehlt in Nordeuropa und in kühlen Regionen; Fk.-Bildung vom zeitigen Frühjahr bis zum Herbst; Weißfäuleerreger.
Makromerkmale: Fk. zentral bis etwas exzentrisch gestielt, Hüte meist nahezu rund, um 2–4 cm, selten über 5 cm Ø; flach konvex gewölbt, so bleibend oder etwas vertieft; Konsistenz korkig, zäh, trocken hart; Oberseite graubraun, filzig bis filzig-schuppig, Cortex ockerfarben, Rand scharf, jung eingerollt, nach Entfaltung bewimpert, Stiel zylindrisch, 1–4 cm lang, bis 8 mm Ø, graubraun, mit bräunlich-grauem Filz bedeckt, der in feine filzige Schuppen aufreißen kann; Stielbasis etwas verdickt, stets ohne schwarze Cortex; Hymenophor mit eckigen, radial gestreckten Poren, diese im mittleren Bereich ausgereifter Hüte bis 2,5 mm lang und bis 1 mm breit, meist 0,5–2 Poren/mm, am Stiel geringfügig herablaufend; Röhren bis 3 mm lang; Trama schmutzig weiß bis hell graubraun; Huttrama im mittleren Bereich um 1 mm, in Stielnähe bis 3 mm dick, Huttrama über dem Hymenophor verdichtet („Lederschicht“, *coriaceous layer*), darüber aufgelockert.
Mikromerkmale: Spp. weiß; Sp. glatt, hyalin, gestreckt-ellipsoid bis zylindrisch; ventral etwas abgeflacht 7–8×2,5–3,5 µm; Basidien clavat, viersporig, mit Basalschnalle; Hyphensystem dimitisch; generative Hyphen 4 bis über10 µm Ø, mit Schnallen; Skeletthyphen dickwandig, 2–5 µm Ø.

Polyporus arcularius ist kosmopolitisch verbreitet. In Mitteleuropa ist die Art thermophil und kann auch an relativ trockenem Holz fruktifizieren, z.B. an Eichenholz in Xerothermrasen von Grenzwaldstandorten. *P. arcularius* kann mit *P. brumalis* und mit *P. mori* verwechselt werden. Beide sind ebenfalls relativ großporig. Mit *P. brumalis*, der besonders vom Herbst bis zum Frühjahr fruktifiziert, hat er die „Lederschicht“ gemeinsam, die im Sekantalschnitt makroskopisch erkennbar ist. *P. arcularius* ist aber durchschnittlich kleiner, hat deutlich größere Poren und erscheint vom Frühjahr bis zum Herbst. *P. mori* hat noch größere Poren als *P. arcularius* und besitzt keine „Lederschicht“ in der Huttrama und ist zudem oft nicht zentral, sondern seitlich gestielt.

Abb. 1: Drei voll entfaltete Fk. mit fein ciliaten Huträndern auf einem morschen *Crataegus*-Stamm.
Abb. 2: Hutunterseite und Stielansatz mit leicht herablaufendem Hymenophor und der feinfilzig-schuppigen Stieloberfläche.
Abb. 3: Feinfilzig-schuppige Hutoberseite mit radial orientiertem Hyphenverlauf und noch eingerolltem Hutrand.
Abb. 4: Filzige Stieloberfläche eines noch sehr jungen, nicht voll entfalteten Fk.s.
Abb. 5: Hutunterseite des Exemplars aus Abb. 3.
Abb. 6: Aufsicht auf das Hymenophor im mittleren Hutbereich mit den radial gestreckten Poren.
Abb. 7: Segmentierte Aufsicht auf das Hymenophor; 42 Poren/25 mm^2 ≙ 1,7 Poren/mm^2 ≙ 1,3 Poren/mm.

1
ca. 2 cm
2
1 mm
3
1 mm
4
1 mm
5
1 mm
6
1 mm
7
1 mm

Polyporus badius (Pers.) Schwein.
[≡ *Boletus badius* Pers. ≡ *Royoporus badius* (Pers.) A.B. De ≡ *Picipes badius* (Pers.) Zmitr. & Kovalenko = *Polyporus picipes* Fr. = *Boletus perennis* Batsch (non L.) = *Polyporus durus* (Timm) Kreisel]
Kastanienbrauner Porling, Schwarzroter Porling, Süßriechender Schwarzporling

Fk.-Typ: stipitate, sommerannuelle, monozentrische Crustothecien mit polyporoidem Hymenophor.
Habitat: lignicol; saprotroph an Laubholz; nachgewiesen an *Aesculus*, *Alnus*, *Carpinus*, *Fagus*, *Fraxinus*, *Populus*, und *Salix*; von der Optimal- bis zur Finalphase der Holzzerstörung, oft an wechselfeucht liegenden Weichholzstämmen in Auwäldern. Fk.-Bildung vom zeitigen Frühjahr bis zum Herbst; Weißfäuleerreger.
Makromerkmale: Fk. exzentrisch, seitlich, selten zentral gestielt, einzeln, oft in Gruppen; selten sekundär verwachsen; jung flach konvex gewölbt, bald zum Stiel hin vertieft und dadurch trichter-, kreisel- bis fächerförmig; am scharfkantigen Rand oft grobwellig verbogen; meist 10–25, auch bis über 30 cm Ø; Konsistenz zäh, trocken hart; Oberseite der Hüte kahl, glatt bis deutlich radial runzelig; dunkel rotbraun, von der dunkelbraunen, mitunter fast schwarzbraunen Mitte über dem Stielansatz zum Rand hin heller braun bis ockerfarben; Stiel kurz, zur Basis hin verschmälert, oben in den Hut mit dem herablaufenden Hymenophor übergehend, 1–5, selten bis 8 cm lang; 0,5–2 cm Ø; Stielbasis stets mit schwarzer Cortex, die von dem am Stiel herablaufenden Hymenophor scharf abgegrenzt ist; Hymenophor weiß bis hellbraun; dichtporig, Poren rund bis eckig, selten irregulär gestreckt, 5–8 Poren/mm; Röhren bis 2 mm lang; Trama weiß bis schmutzig grauweiß, im mittleren Hutbereich um 2–4 mm dick.
Mikromerkmale: Spp. weiß; Sp. glatt, hyalin, gestreckt ellipsoid, nahezu zylindrisch, ventral abgeflacht; 6,5-8,5×3-4 µm; Basidien clavat, viersporig, ohne Basalschnalle; Hymenium mit fusoiden Cystidiolen; Hyphensystem dimitisch; generative Hyphen 2–3 µm Ø, dünnwandig, ohne Schnallen; Skeletthyphen dickwandig, teilweise knorrig und verzweigt, bis über 5 µm Ø, selten septiert, mitunter an den Auszweigungen mit Septen.

Polyporus badius ist kosmopolitisch verbreitet. Die Art wird mitunter mit *P. melanopus* verwechselt, der jedoch eine feinfilzige, zur Mitte hin niemals dunkelbraune Hutoberseite und Schnallen an den Septen der generativen Hyphen aufweist. Die stets glatte Hutoberseite von *P. badius* glänzt etwas und erinnert frisch an eine gebräunte Speckschwarte. Auch *P. varius* besitzt eine schwarze Stielbasis, ist jedoch kleiner und hat eine hellere, gelbbraune Hutoberseite.

Abb. 1: Dicht beieinanderstehende Fk. auf einem liegenden Laubholzstamm; a – trichterförmige Exemplare; b – ein seitlich gestieltes, fächerförmiges Exemplar.
Abb. 2: Rand eines ausgereiften Exemplares mit deutlicher radialer Runzelung.
Abb. 3: Fk.-Gruppe auf einem liegenden Laubholzstamm; die Stiele sind zur Basis hin verschmälert, die basale schwarze Cortex reicht bis an das herablaufende Hymenophor (Pfeile).
Abb. 4: Radialschnitt des Hutes eines frischen Exemplars im mittleren Bereich zwischen Stiel und Hutrand; a – braune Cortex der Hutoberseite; b – durchfeuchtete Huttrama unter der Cortex; c – Huttrama; d – Hymenophor im Längsschnitt der Röhren; e – Aufsicht auf das Hymenophor.
Abb. 5: Differenzierungsbereich zwischen Hymenophor und schwarzer Cortex; a – weiße Oberfläche mit beginnender Porenbildung; b – schwarze, oft etwas runzelige Cortex der Stielbasis; c – Grenzbereiche, in denen zunächst angelegtes junges Hymenophor von den Cortex bildenden Hyphen durchwachsen wird; es entstehen verkrustete, schwarze, steril bleibende Poren.
Abb. 6: Aufsicht auf das Hymenophor im mittlerem Bereich zwischen Hutrand und Stiel; Poren zunächst rund, später eckig und stellenweise irregulär gestreckt.
Abb. 7: Segmentierte Aufsicht; 676 Poren/25 $mm^2 \triangleq 27{,}0$ Poren/$mm^2 \triangleq 5{,}2$ Poren/mm.

1
a
b
ca. 5 cm
2
10 mm
3
ca. 5 cm
4
a
1 mm
b
c
d
e
5
a
a
b
c
c
c
b
1 mm
6
1 mm
7
1 mm

Polyporus brumalis (Pers.) Fr.
[= *Polyporus subarcularius* (Donk) Bondartsev = *Polyporus cyathoides* Quél.]
Winterporling

Fk.-Typ: stipitate, winterannuelle, monozentrische Crustothecien mit polyporoidem Hymenophor.
Habitat: lignicol; saprotroph an zahlreichen Laubholzarten, selten auch an Nadelholz; nachgewiesen an *Alnus*, *Betula*, *Carpinus*, *Corylus*, *Fagus*, *Juglans*, *Padus*, *Populus*, *Prunus*, *Quercus*, *Robinia*, *Salix*, *Sorbus*, *Tilia*, und *Ulmus*; von der Optimal- bis zur Finalphase der Holzzerstörung; Fk.-Bildung etwa von September bis Mai, auch in milden Wintermonaten; Weißfäuleerreger.
Makromerkmale: Fk. einzeln oder in Gruppen; zentral bis etwas exzentrisch gestielt, Konsistenz zäh-elastisch, trocken hart; Hüte meist kreisförmig; 2–8 cm, selten bis 12 cm Ø; auf dünnen Ästen können Zwergformen mit nur 1–2 cm breiten Hüten vorkommen; Hutoberseite anfangs flach konvex gewölbt, dann flach und oft über dem Stielansatz etwas vertieft, feinfilzig bis faserschuppig, mitunter sind die Fasern zu Borsten vereint, im Alter verkahlend, oft haselbraun, aber auch in vielen Farbvarianten von hell- bis dunkelbraun, mitunter undeutlich gezont; Rand scharf, an großen Exemplaren oft wellig und gekerbt; Stiel 1 bis über 5 cm lang, 0,2 bis nahezu 1 cm Ø, feinfaserig bis faserschuppig, das leicht herablaufende Hymenophor oft in ein faseriges Netzmuster übergehend; jung mitunter fast weiß, später dem Hut gleichfarben oder etwas heller, Stielbasis oft dunkler, aber stets ohne schwarze Cortex; Hymenophor weiß, schmutzig weiß, im Alter auch hellbeige, Poren zunächst nahezu rund, mit zunehmendem Alter eckig, isodiametrisch, zum Stiel hin radial gestreckt, bis 1 mm lang und 0,5 mm breit, bei Reife in Stielnähe 1–2, in der Hutmitte 2–4 Poren/mm; Röhren bis 4 mm lang; Dissepimente dünn, im Alter oft gezähnt; Trama schmutzig weiß bis hellbeige; Hymenophoraltrama gleichfarben; Huttrama über dem Hymenophor mit verdichtetem Plectenchym („Lederschicht", *coriaceous layer*, „glasige Schicht"), darüber aufgelockert; Stieltrama zentral weiß bis hellbeige, peripher dunkler.
Mikromerkmale: Spp. weiß; Sp. hyalin, gestreckt ellipsoid bis zylindrisch, ventral abgeflacht, meist etwas allantoid, mit geringfügiger Hilardepression, 5–7×2–2,5 µm; Basidien clavat, viersporig, selten auch ein-, zwei- oder dreisporig, mit Basalschnalle; Hyphensystem dimitisch; dünnwandige, generative Hyphen mit Schnallen, bis 4 µm Ø; dickwandige Skeletthyphen bis 10 µm Ø.

Polyporus brumalis ist im holarktischen Florenreich circumpolar verbreitet. Die Art kann mit *P. arcularius* und *P. ciliatus* verwechselt werden. Die Hutränder aller drei Arten sind im jungen, aber voll entfalteten Zustand ciliat, die von *P. arcularius* am deutlichsten. *P. ciliatus* hat wesentlich feinere, auch in Stielnähe runde, nicht gestreckte Poren, während die von *P. arcularius* wesentlich größer, bis 2 mm lang, radial gestreckt und in Stielnähe wie bei *P. brumalis* nahezu eckig sind. Die Fruktifikationsperiode der drei Arten kann sich besonders im April/Mai überschneiden, wenn die ersten Exemplare von *P. arcularius* und *P. ciliatus* und die letzten von *P. brumalis* gebildet werden. *P. brumalis* und *P. ciliatus* besiedeln ähnliche Standorte, fruktifizieren zu dieser Zeit mitunter auf demselben Substrat.

Abb. 1: Fk.-Gruppe auf einem Laubholzast.
Abb. 2: Stiel eines jungen Fk. mit herablaufendem Hymenophor.
Abb. 3: Fein faserfilzige Hutoberseite mit einer durch Farbe und Oberflächenstruktur abgesetzten, undeutlichen Zonierung; a – leicht vertiefte Hutmitte; b – Zone zwischen Hutmitte und Hutrand; c – noch etwas eingerollter, filziger Hutrand.
Abb. 4: Hutunterseite mit isodiametrischen (a), zum Stiel hin radial gestreckten (b) Poren und am Stiel leicht herablaufendem Hymenophor (c).
Abb. 5: Aufsicht auf das Hymenophor eines adulten Fk.s mit gezähnten Dissepimenten.
Abb. 6: Segmentierte Aufsicht auf das Hymenophor im mittlerem Bereich zwischen Hutrand und Stiel; 112 Poren/25 mm^2 ≙ 4,5 Poren/mm^2 ≙ 2,1 Poren/mm.

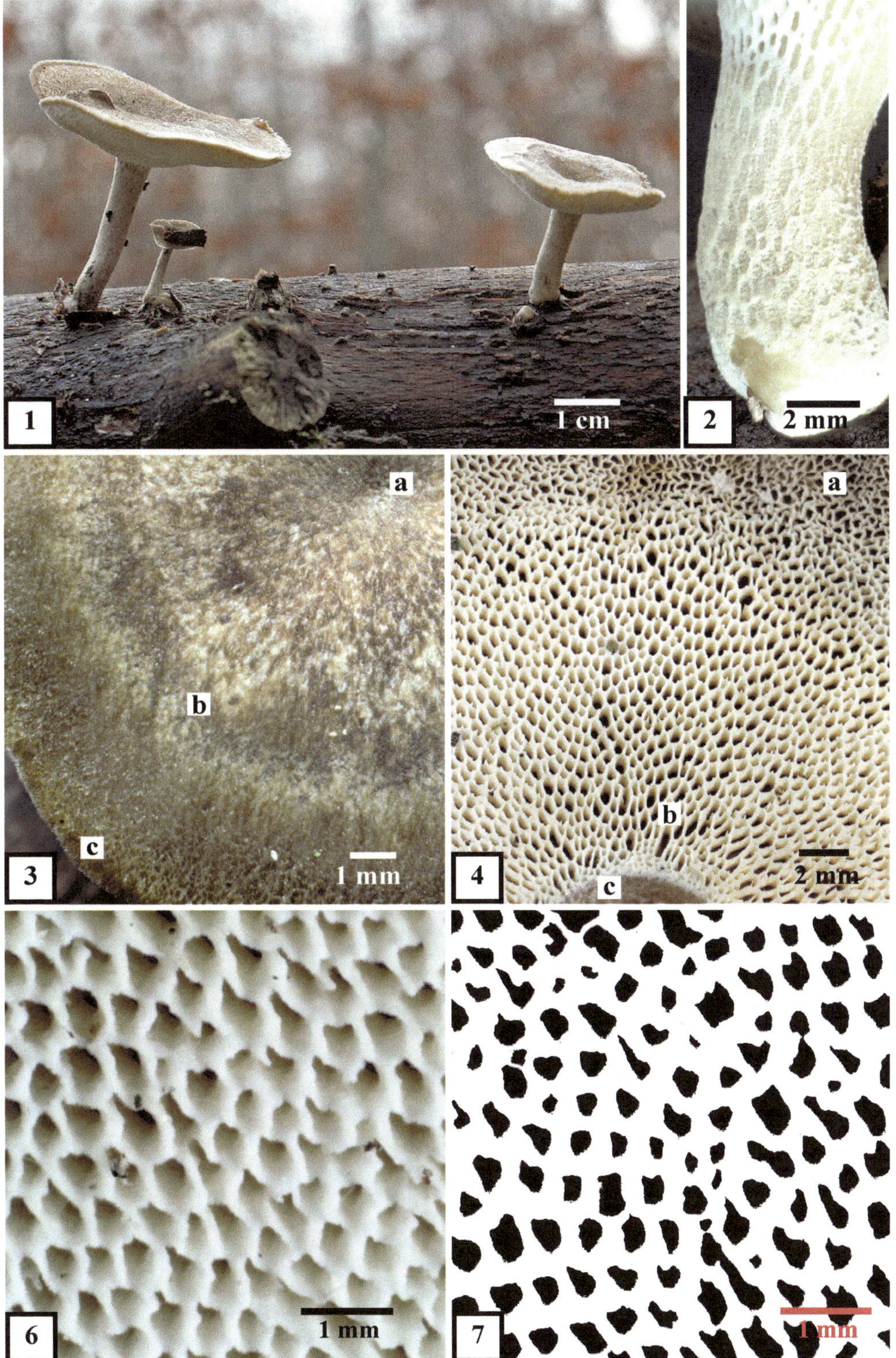
1
1 cm
2
2 mm
a
b
c
3
1 mm
a
b
c
4
2 mm
6
1 mm
7
1 mm

Polyporus ciliatus Fr.: Fr.
[≡ *Leucoporus brumalis* (Pers.) Fr. var. *ciliatus* (Fr.) Quél. = *Polyporus lepideus* Fr. = *Polyporus vernalis* (Quél.) Fr.]
Maiporling, Sommerporling

Fk.-Typ: stipitate, sommerannuelle, monozentrische Crustothecien mit polyporoidem Hymenophor.
Habitat: lignicol; saprotroph an Laubholz, nachgewiesen an *Acer*, *Alnus*, *Betula*, *Carpinus*, *Cerasus*, *Corylus*, *Fagus*, *Fraxinus*, *Malus*, *Populus*, *Prunus*, *Quercus*, *Salix*, *Sorbus*, *Tilia*, *Ulmus*; von der Optimal- bis zur Finalphase der Holzzerstörung; Fk.-Bildung in Mitteleuropa bevorzugt im Mai/Juni; Weißfäuleerreger.
Makromerkmale: Fk. einzeln, oft in Gruppen wachsend; zentral bis leicht exzentrisch gestielt; Konsistenz zäh, trocken hart; Hüte flach konvex gewölbt, im Alter auch in der Mitte vertieft und leicht trichterförmig; oft nahezu kreisrund, seltener am Rand wellig verbogen und gekerbt; von hellbeige bis dunkelbraun in vielen Farbvarianten; meist 3–8, selten bis über 10 cm Ø. Oberseite glatt, eingewachsen faserig bis feinfilzig oder filzig-schuppig aufgerissen, am scharfkantigen Rand bewimpert, trocken wollig; Stiel 1–7 cm lang, 0,2–1 cm Ø, an der Basis oft etwas verdickt, dem Hut gleichfarben, aber meist etwas heller, an der Basis oft dunkler als der übrige Stiel; feinfilzig bis filzig-schuppig; die Dissepimente des schwach herablaufenden Hymenophors im oberen Stielbereich in den Stielfilz übergehend; Stielbasis stets ohne schwarze Cortex; Hymenophor weiß, feinporig, Poren rund bis eckig, isodiametrisch, selten auch irregulär radial gestreckt und bis 1 mm lang, im mittleren Hutbereich 5–6 Poren/mm, Dissepimente dünn, im Alter oft gezähnt; Röhren 2–4 mm lang; Trama weiß, schmutzig grauweiß bis hellbeige, im mittleren Hutbereich um 2–4, selten bis über 5 mm dick, zäh, über dem Hymenophor mit verdichtetem Plectenchym („Lederschicht“, *coriaceous layer*, „glasige Schicht“), darüber aufgelockert, zäh-elastisch; Stieltrama zentral weiß bis hellbeige, zum Rand hin verdichtet („glasig“) und dunkler.
Mikomerkmale: Spp. weiß, Sp. glatt, hyalin, gestreckt ellipsoid, nahezu zylindrisch bis schwach gekrümmt, ventral abgeflacht, 5,5–7,0×1,5–2,5 µm; Basidien clavat, viersporig, mit Basalschnalle; Hyphensystem dimitisch; generative Hyphen 2–4 µm Ø, dünnwandig, mit Schnallen; Skeletthyphen (dickwandige Bindehyphen) bis über 10 µm Ø, verzweigt, selten septiert; Septen mitunter an den Auszweigungen.

Polyporus ciliatus ist im holarktischen Florenreich von der borealen bis zur meridionalen Klimazone circumpolar verbreitet. *P. ciliatus* (Sommerporling) hat wie *P. brumalis* (Winterporling) eine geschichtete Trama mit einer „Lederschicht“ aus verdichtetem Plectenchym. Die beiden Arten sind durch ihre Porendichte und die Erscheinungszeit gut zu unterscheiden. Mitunter werden die kräftigen Formen von *P. ciliatus* als *P. lepideus* geführt.

Abb. 1: Fk.-Gruppe an relativ trocken liegendem Laubholz.
Abb. 2: Zwei an der Stielbasis verwachsene, sporulierende Fk. von einem relativ feucht liegenden *Alnus*-Stamm; durch kräftigen Wuchs sind die Hutränder wellig gebogen.
Abb. 3 u. 4: Hutrand eines jungen (Abb. 3) und eines älteren (Abb. 4) Exemplars; die feinhaarige Hutoberseite mit dem ciliaten Hutrand reißt bei zunehmender Entfaltung des Hutes auf und bildet aus Härchen bestehende Schüppchen.
Abb. 5: Stieloberfläche im Grenzbereich zum Hymenophor der Hutunterseite; die Dissepimente des meist nur wenig herablaufenden Hymenophors gehen in die reihig angeordneten Härchen der filzig-feinhaarigen Stieloberfläche über.
Abb. 6 u. 7: Sekantaler (Abb. 6) und radialer (Abb. 7) Schnitt des Hutes; die geschichtete Trama ist im Sekantalschnitt (Abb. 6) deutlicher als im Radialschnitt (Abb. 7) erkennbar; a – aufgelockertes, weißes Plectenchym; b – verdichtetes Plectenchym der Lederschicht.
Abb. 8 u. 9: Aufsicht auf das Hymenophor aus der Mitte zwischen Hutrand und Stiel (Abb. 8) und am Hutrand eines großen Exemplars mit gestreckten Poren (Abb. 9).
Abb. 10: Segmentierte Aufsicht; 550 Poren/25 mm² ≙ 22 Poren/mm² ≙ 4,7 Poren/mm.

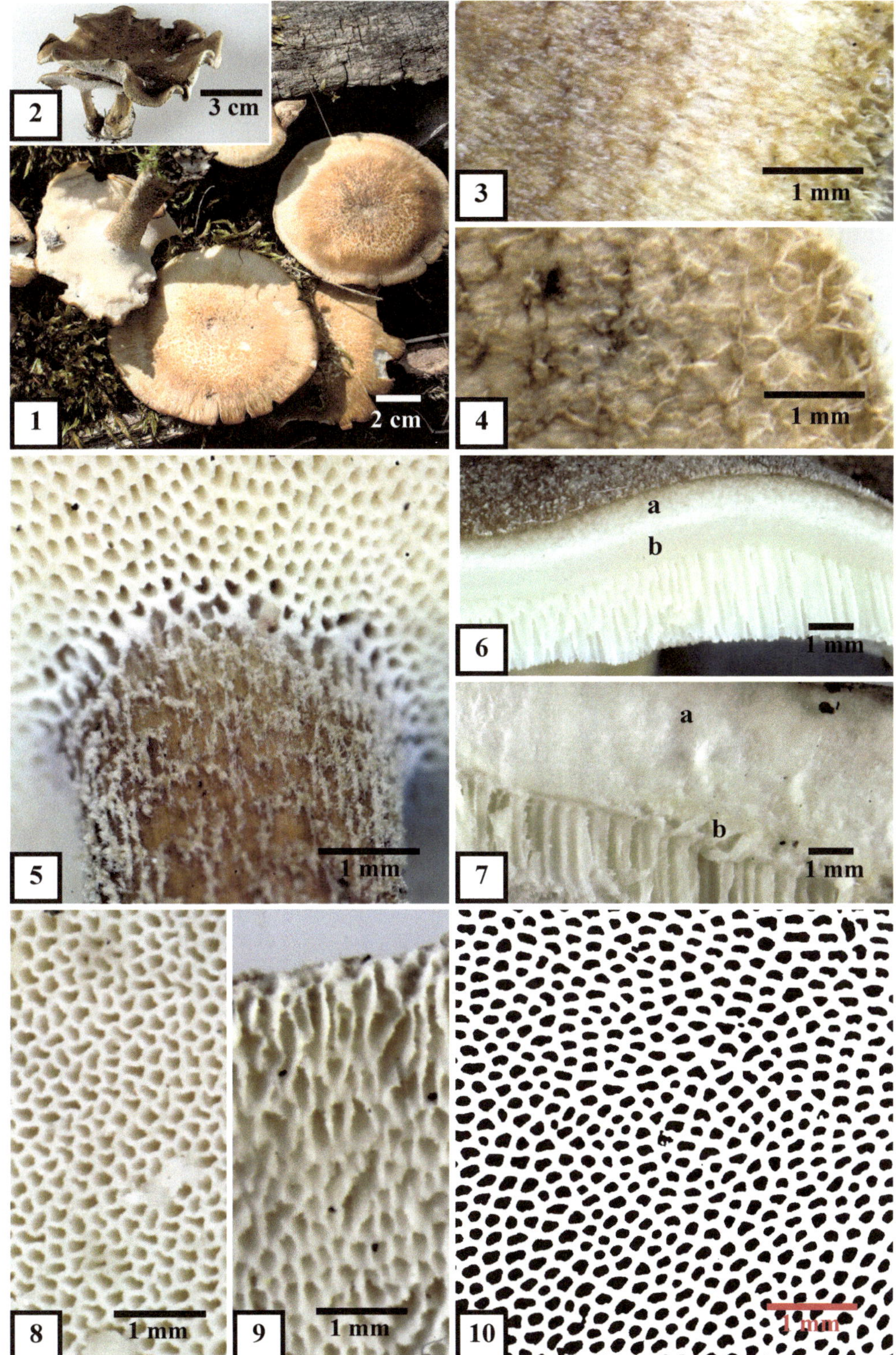
2
3 cm
1
2 cm
3
1 mm
4
1 mm
5
1 mm
6
a
b
1 mm
7
a
b
1 mm
8
1 mm
9
1 mm
10
1 mm

Polyporus melanopus (Pers.) Fr.
[≡ *Boletus melanopus* Pers. ≡ *Polyporellus melanopus* (Pers.) P. Karst. ≡ *Leucoporus melanopus* (Pers.) Quél. ≡ *Boletus infundibuliformis* var. *melanopus* (Pers.) Pers. ≡ *Melanopus varius* subsp. *melanopus* (Pers.) Bourdot & Galzin ≡ *Picipes melanopus* (Pers.) Zmitr. & Kovalenko]
Schwarzfußporling, Schwarzfußstielporling

Fk.-Typ: stipitate, annuelle, monozentrische Crustothecien mit polyporoidem Hymenophor.
Habitat: lignicol; oft scheinbar terricol, über Wurzel- oder vergrabenem Holz; an zahlreichen Laubhölzern, in Mitteleuropa u.a. anderem an *Acer*, *Alnus*, *Betula*, *Fagus*, *Fraxinus* und *Quercus*, selten auch an verschiedenen Nadelgehölzen; Weißfäuleerreger.
Makromerkmale: Fk. einzeln oder in kleinen Gruppen, mitunter basal verwachsen, meist zentral oder etwas exzentrisch gestielt; Konsistenz ledrig, zäh, elastisch, trocken hart; Hüte meist nahezu rund, oberseits abgeflacht oder über dem Stiel etwas genabelt, selten trichterförmig, bis 10 cm Ø; Hutoberseite jung matt, hell ocker bis gelblich-braun, zunächst fein-flaumig, alt glatt und mit rot-bräunlicher bis rußbrauner Cortex; Rand glatt bis wellig, scharf; Stiel zylindrisch, 1–5 cm lang, 2–10 mm Ø, jung dunkelbraun, feinsamtig behaart, alt schwarzbraun, verkahlend, an unterirdischem Holz Stielteile oft irregulär wellig, fast sklerotioid oder mit Anhängseln oder unentwickelten Nebenstielen; Hymenophor in Aufsicht weiß bis cremefarben, am Stiel herablaufend; Poren rund bis abgerundet eckig, 2–4 Poren/mm, Dissepimente etwa so dick wie der Porendurchmesser, Röhren bis 3 mm lang; Huttrama im mittleren Hutbereich bis 5 mm dick, weiß, im oberen Teil unter der Cortex oft etwas dunkler; Hymenophoraltrama weiß mit leicht grauem Farbton, oft etwas dunkler als die Huttrama.
Mikromerkmale: Spp. weiß; Sp. glatt, hyalin, gestreckt ellipsoid bis zylindrisch; 7–10×3–4 µm; Basidien clavat, viersporig, mit Basalschnalle; Hymenium mit fusoiden Cystidiolen; Hyphensystem dimitisch; generative Hyphen 3–5 µm Ø; Septen mit Schnallen; Skeletthyphen dickwandig, mit sich ausdünnenden Auszweigungen, bis 7 µm Ø; Cortex mit palisadenförmig angeordneten, dickwandigen braunen Hyphenenden.

Polyporus melanopus ist in der temperaten Klimazone des holarktischen Florenreiches circumpolar in Waldbiotopen verbreitet. Verwechslungen mit den ebenfalls basal schwarzstieligen Arten *P. badius* und *P. varius* kommen häufig vor. Die schwarzkrustige Stielbasis reicht bei *P. badius* und *P. melanopus* fast immer bis an das am Stiel herablaufende Hymenophor heran, während bei *P. varius* oft eine sterile, helle Stieloberfläche zwischen der schwarzen Basis und dem Ansatz des herablaufenden Hymenophors vorkommt. Zudem ist die Hutoberseite von *P. varius* bei Reife nicht samtig, sondern glatt und radialfaserig. *P. badius* ist im Gegensatz zu *P. melanopus* und *P. varius* in der Hutmitte oberseits dunkelbraun bis nahezu schwarz gefärbt und weist einen speckigen Glanz auf.

Abb. 1: Fk. von *P. melanopus* mit am Stiel herablaufendem Hymenophor (a) und der noch samtigen, braunschwarzen Stielbasis (b) (Foto: M. Theiss).
Abb. 2: Feinsamtige, gelbliche Oberseite eines Hutes am scharfen Hutrand.
Abb. 3: Sekantalschnitt eines Hutes im mittleren Bereich zwischen Hutrand und Stiel; a – wässrig-weiße Huttrama; b – Hymenophor; c – Cortex; d – Aufsicht auf das Hymenophor.
Abb. 4: Oberfläche des Stieles im Bereich des herablaufenden Hymenophors (a) und der verkrusteten, schwarzen Stieloberfläche (b).
Abb. 5: Aufsicht auf ein Hymenophor im mittleren Bereich zwischen Hutrand und Stiel.
Abb. 6: Segmentierte Aufsicht auf ein Hymenophor; 208 Poren/25 mm^2 ≙ 8,3 Poren/mm^2 ≙ 2,9 Poren/mm.

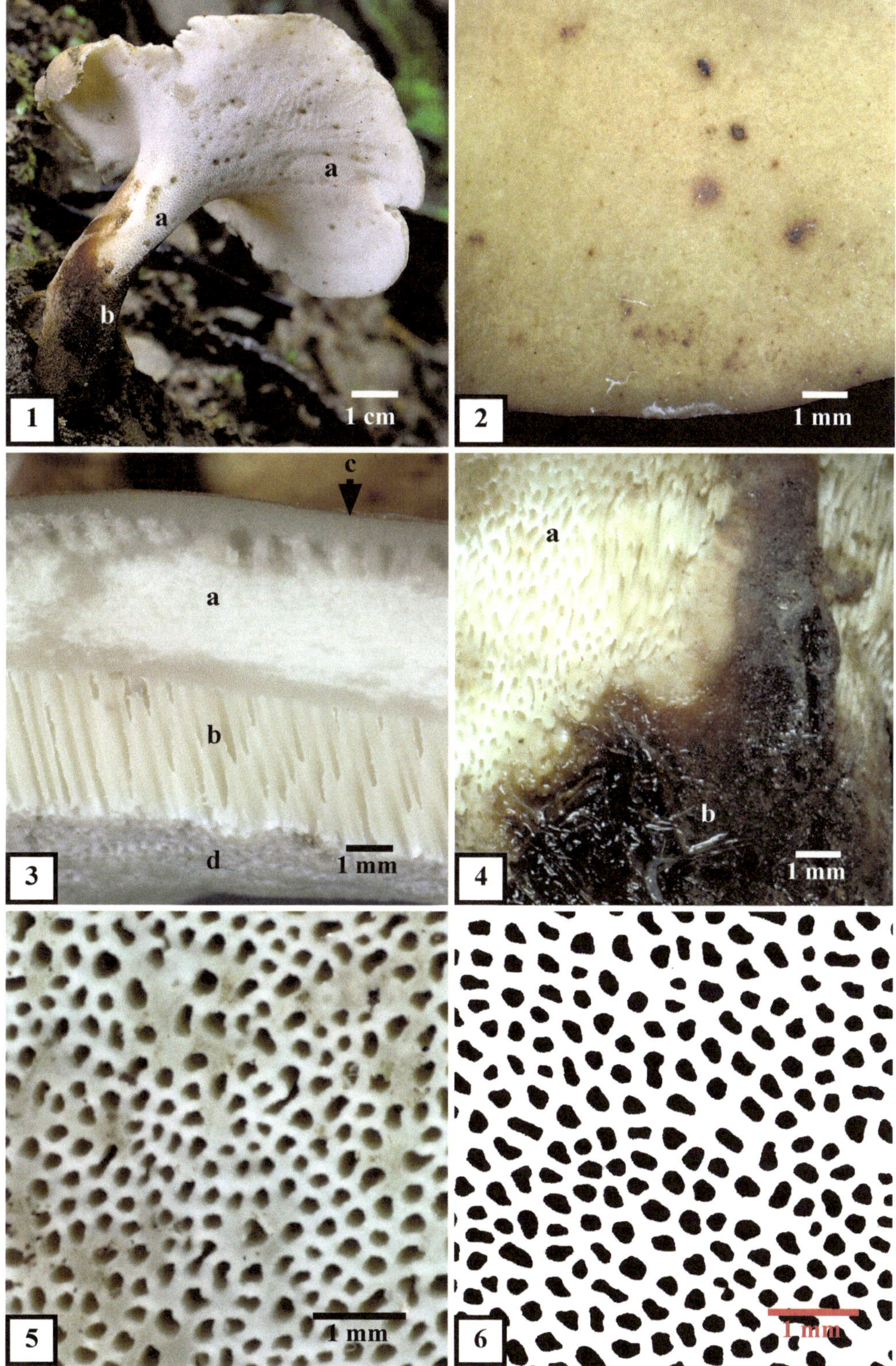

1
a
a
b
1 cm
2
1 mm
3
c
a
b
d
1 mm
4
a
b
1 mm
5
1 mm
6
1 mm

Polyporus rhizophilus Pat.
[≡ *Leucoporus rhizophilus* (Pat.) Pat. = *Polyporus cryptopus* Ellis & Barthol.]
Steppenporling

Fk.-Typ: stipitate, annuelle, monozentrische Crustothecien mit polyporoidem Hymenophor.
Habitat: herbicol; saprotroph an toten Teilen von Horsten lebender, thermophiler Gräser, besonders an *Stipa*, aber auch an *Agropyron*, *Digitaria*, und *Festuca* in Steppen und Xerothermrasen sommerwarmer Gebiete.
Makromerkmale: Fk. zentral bis etwas exzentrisch gestielt, Konsistenz zäh, trocken hart; Hüte meist nahezu rund, um 1–4 cm, selten über 5 cm Ø; konvex gewölbt, später abgeflacht und etwas vertieft; Oberseite feinfilzig, verkahlend; grau bis grauocker; Rand scharf, jung etwas eingerollt; bei Reife auch etwas wellig oder leicht gekerbt; Stiel zylindrisch, 1–4 cm lang, 2–5 mm Ø, jung oben schmutzig weiß, unten grau bis graubraun, im Alter und trocken etwas dunkler, feinfilzig; Stielbekleidung mitunter schuppig aufgerissen, dem Hut gleichfarben; basal mit Myzelfilz im Boden neben oder an dem Substrat verankert; den Blattscheiden der Substratgräser oft fest angefügt, basal stets ohne schwarze Cortex; Hymenophor in Aufsicht schmutzig weiß bis cremefarben oder grau; Poren am Hutrand rund bis eckig, zum Stiel hin radial gestreckt, mitunter auch bis zum Hutrand gestreckt, im mittleren Hutbereich um 0,5–2 mm lang und 0,5 mm breit, selten auch bis nahezu 3 mm lang; zum Hutrand hin meist kleiner, aber mitunter auch bis zum Hutrand gestreckt; Hymenophor in sehr variabler Weise am Stiel herablaufend, fast abgesetzt oder weit herablaufend und allmählich in die Stieloberfläche übergehend, in diesem Bereich mit gestreckten Poren; Röhren im mittleren Hutbereich um 1 mm lang, am Stiel herablaufend; Trama schmutzig weiß, in der Hutmitte um 2 mm, in Stielnähe bis 5 mm dick.
Mikromerkmale: Spp. weiß; Sp. glatt, hyalin, gestreckt ellipsoid bis zylindrisch; ventral etwas abgeflacht, 7–9×3–5 µm; Basidien clavat, viersporig, mit Basalschnalle; Hyphensystem dimitisch, generative Hyphen dünnwandig, mit Schnallen; Skeletthyphen dickwandig, verzweigt, beide Hyphentypen um 4, aber auch bis über 10 µm Ø.

Polyporus rhizophilus ist in Europa, Nordafrika und Asien verbreitet. Es ist die einzige *Polyporus*-Art, die nicht an Holz wächst; die Fk. erscheinen in kontinentalen Steppengebieten Eurasiens nach Regenzeiten, in subkontinentalen Gebieten der temperaten Klimazone Europas im Herbst und im Frühjahr. Aufgrund des außergewöhnlichen Substrates sind Verwechslungen nicht möglich. Die Lebensweise der Art ist nicht vollständig geklärt, einige Autoren vermuten Parasitismus an lebenden Teilen der Gräser.

Es ist nicht auszuschließen, dass Formen, wie sie in Abb. 1 dargestellt sind (Mongolei), mit grauen Farben, abgesetztem Hymenophor und nur radial gestreckten Poren von den Formen mit helleren Farben und am Stiel herablaufendem Hymenophor (Abb. 2–5) auf Artrang getrennt werden können.

Abb. 1: Drei Fk. von einem *Stipa-capillata*-Horst einer Bergsteppe Asiens.
Abb. 2: Zwei Fk. in einem kontinentalen Steppenrasen am Rande eines Zieselbaues.
Abb. 3: Unterseite des Fk.s aus Abb. 2 mit weit herablaufendem Hymenophor, mit basal myzelfilzigem Stiel im Detritus der Grasreste verankert.
Abb. 4: Verkahlte Oberseite des Fk.s aus Abb. 2.
Abb. 5: Aufsicht auf das Hymenophor im mittleren Bereich zwischen Hutrand und Stiel.
Abb. 6: Segmentierte Aufsicht auf das Hymenophor; 63 Poren/25 mm² ≙ 2,5 Poren/mm² ≙ 1,6 Poren/mm.

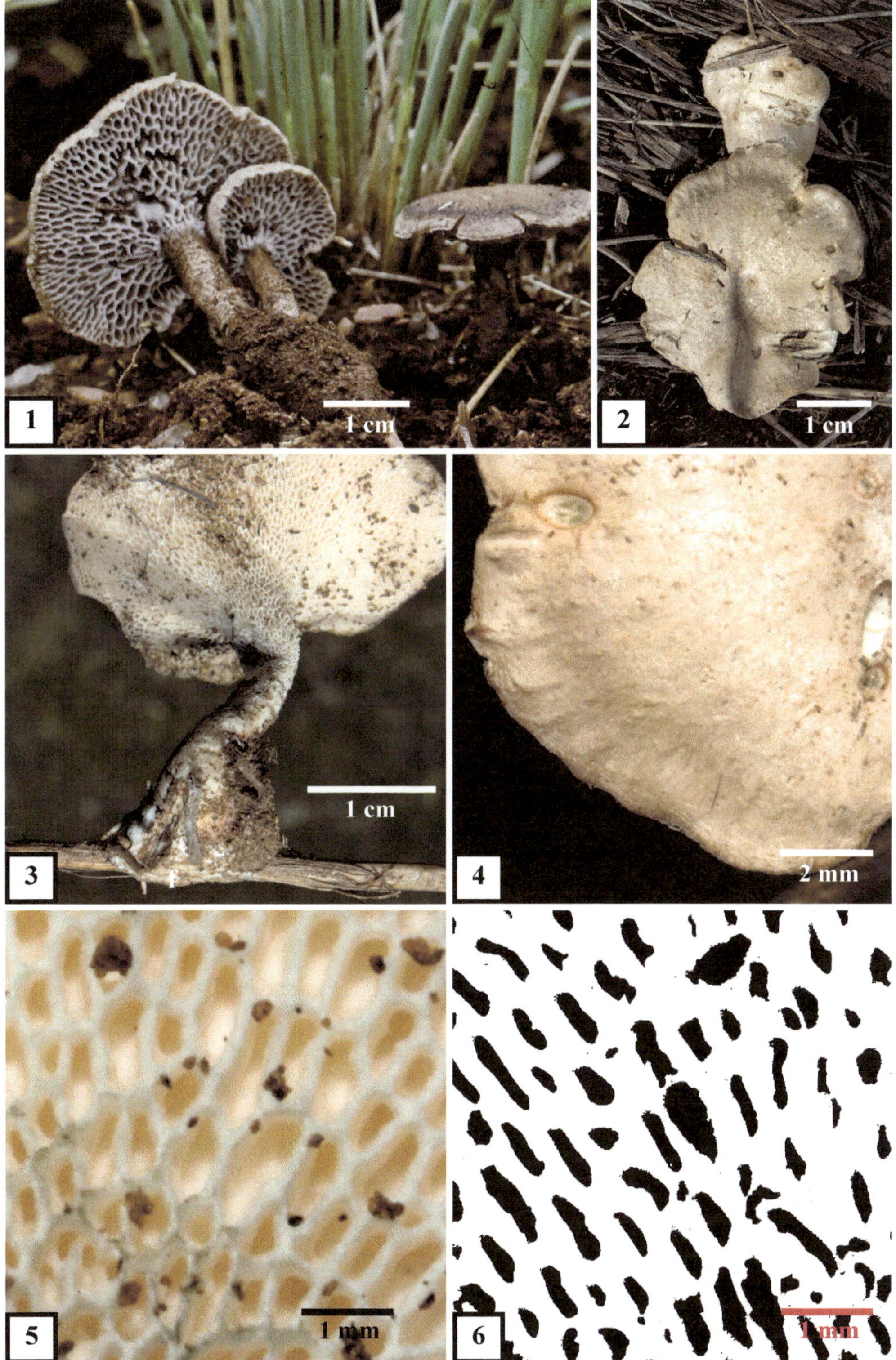
1
1 cm
2
1 cm
3
1 cm
4
2 mm
5
1 mm
6
1 mm

Polyporus squamosus (Huds.) Fr.
[≡ *Boletus squamosus* Huds. ≡ *Melanopus squamosus* (Huds.) Pat. ≡ *Polyporellus squamosus* (Huds.) P. Karst. ≡ *Cerioporus squamosus* (Huds.) Quél.]
Schuppiger Porling, Schuppiger Schwarzfußporling

Fk.-Typ: stipitate, annuelle, monozentrische Crustothecien mit polyporoidem Hymenophor.
Habitat: lignicol; perthotroph oder saprotroph an nahezu allen Laubbäumen Europas, in Mitteleuropa besonders häufig an *Acer*, *Aesculus*, *Alnus*, *Betula*, *Fagus*, *Fraxinus*, *Populus* und *Quercus*; Weißfäuleerreger.
Makromerkmale: Fk. einzeln oder in kleinen, mitunter basal verwachsenen Gruppen; lateral, exzentrisch, selten auch zentral gestielt; Konsistenz anfangs weichfleischig, später zäh, trocken hart; Hüte meist fächerförmig, nierenförmig oder nahezu rund, anfangs konvex gewölbt, später zum Stiel hin vertieft; meist 10–30, selten bis über 60 cm, an dürftigen Substraten auch unter 5 cm Ø; im mittleren Bereich zwischen Rand und Stiel 1–5 cm dick; Hutoberseite cremefarben bis beige mit dunklen, radial faserigen, anliegenden Schuppen; Rand dünn abgerundet, jung nach unten eingerollt; Hymenophor in Aufsicht weiß bis cremefarben, am Stiel herablaufend, Poren rund bis eckig, manchmal fast quadratisch, oft etwas radial gestreckt, 0,5–2 mm breit, 1 bis über 3 mm, in Stielnähe sogar bis 7 mm lang; im mittleren Hutbereich 1–2 Poren/mm, Röhren bis 1 cm lang, Stiel kurz, 3–10 cm lang, 1–5 cm Ø; Stieloberfläche unterhalb des Hymenophors weiß bis hellbeige, fein tomentos, mitunter aufreißend; Basis im Alter stets schwarzkrustig; Trama weiß bis hell cremefarben; Hymenophoraltrama der Hut- und Stieltrama gleichfarben.
Mikromerkmale: Spp. weiß; Sp. glatt, hyalin, 10–17×4–6 µm; gestreckt ellipsoid, ventral, mitunter abgeflacht; Basidien zylindrisch bis clavat, viersporig, mit Basalschnalle; Hymenium mit Cystidiolen; Hyphensystem dimitisch; generative Hyphen hyalin, dünnwandig bis etwas wandverdickt, mitunter etwas inflat, 2–6 µm Ø, mit Schnallen; Skeletthyphen dickwandig bis solide, verzweigt, in der Trama hyalin, zum Stieltomentum und zur Cortex hin braun, 4–10 µm, z.T. angeschwollen und dann bis 20 µm Ø.

Polyporus squamosus ist im holarktischen Florenreich circumpolar verbreitet. Die Fk. von dieser Art gehören zu den weltweit größten Basidiomata. Sie erscheinen oft in großer Höhe an Laubbäumen, in Gärten, an Straßenbäumen etc., wachsen aber auch an liegenden Stämmen, Stümpfen oder erscheinen scheinbar terricol über unterirdischem Wurzelholz. Die Sporenfreisetzung kann simultan erfolgen, wobei auffallende Sporenwolken beobachtet werden können. Hüte oder Hutränder junger, weicher Fk., in denen die Hyphenwände noch unverdickt sind, werden zu Speisezwecken genutzt; der Geruch junger, wachsender Fk. erinnert an Mehl bzw. frisch aufgeschnittene Gurken. Die auffallend flach anliegenden Schuppen der Hutoberseite sind in Kombination mit der schwarzen Stielbasis diagnostisch wichtige Merkmale für *P. squamosus*. Ähnlich dunkle Schuppen kommen auch bei *P. tuberaster* vor, jedoch sind sie bei dieser nicht völlig flächig aufliegend, sondern randlich mit aufrecht abstehenden Fäserchen versehen. Außerdem fehlt den holzbewohnenden Fk.n von *P. tuberaster* die schwarze Stielbasis.

Abb. 1: Zwei basal verwachsene, lateral gestielte Fk. an einem lebenden Eschenstamm.
Abb. 2: Exzentrisch gestielter Fk. an einem liegenden, toten Buchenstamm; a – vorerst ansatzweise schwarzkrustige Basis des Stieles; b – gefeldert aufgerissene krustige Stieloberfläche, die sich von der Basis her weiter schwarz verfärbt.
Abb. 3: Detail der schuppigen Hutoberseite; die flach anliegenden, radial faserigen Schuppen entstehen aus einer faserigen, dunklen, zunächst geschlossenen Cortex, die schuppig aufreißt und den tieferliegenden, helleren Cortexschichten aufliegt.
Abb. 4: Radialschnitt eines Hutes; a – Cortex; b – Huttrama; c – Hymenophor.
Abb. 5: Aufsicht auf das Hymenophor im mittleren Hutbereich.
Abb. 6: Segmentierte Aufsicht auf das Hymenophor im mittleren Hutbereich; 16 Poren/25 mm² ≙ 0,6 Poren/mm² ≙ 0,8 Poren/mm.

3 cm
1
1 cm
a
b
2
1 mm
3
a
b
c
1 mm
4
1 mm
5
1 mm
6

Polyporus tubaeformis (P. Karst.) Ryvarden & Gilb.
[≡ *Polyporellus varius* ssp. *tubaeformis* P. Karst. ≡ *Polyporellus tubaeformis* (P. Karst.) P. Karst.]

Fk.-Typ: annuelle, stipitate, monozentrische Crustothecien mit polyporoidem Hymenophor.
Habitat: lignicol; saprotroph an zahlreichen Laubhölzern, selten auch an Nadelholz; besonders an *Alnus*, *Betula* und *Salix*, aber auch an *Corylus*, *Fraxinus*, *Populus*, *Pyrus*, *Rubus*, *Sorbus* und sehr selten auf *Picea*; Fk. häufig auf dünnen, toten Ästchen; Weißfäuleerreger.
Makromerkmale: Fk. einzeln, oder in Gruppen; zentral bis etwas exzentrisch gestielt; Konsistenz jung ledrig, zäh, alt etwas knorpelig, trocken hart; Hüte meist kreisförmig; randlich mitunter wellig; bis 6 cm Ø, über dem Stielansatz trichterförmig vertieft; Hutoberseite anfangs grauweiß und feinsamtig, dann rot- bis orangebraun, mit radial faserigen, feinstrippigen Linien, und anfangs mit zerstreuten Resten des Tomentums, im Alter sattbraun, nahezu schwarzbraun und kahl, mit einer dünnen, zur Mitte hin meist etwas dunkleren Cortex; Hutrand dünn und scharf, im Alter meist etwas nach unten gebogen; Stiel 1–6 cm lang, selten über 5 mm Ø, zunächst sepiabraun und samtig, rasch verkahlend und schwarz, im Alter rillig, oben mit herablaufendem Hymenophor, Hymenophor in Aufsicht zunächst weiß, dann zunehmend stroh- bis ockerfarben; Poren nahezu rund, mit zunehmendem Alter abgerundet eckig, 5–7 Poren/mm, Röhren weniger als 1–2 mm lang, Trama weiß, schmutzig weiß bis grauweiß, dichtfaserig, im mittleren Bereich zwischen Hutrand und Stiel, 2–4 mm dick.
Mikromerkmale: Spp. weiß; Sp. hyalin, zylindrisch bis leicht ellipsoid, 7–9×3–3,5 µm; Basidien viersporig, clavat, mit Basalschnalle; Hymenium mit fusoiden Cystidiolen; Hyphensystem dimitisch; generative Hyphen dünnwandig, hyalin, bis 4 µm Ø, mit Schnallen; Skeletthyphen („Skelettobindehyphen“) hyalin, dickwandig, bis 6 µm Ø, mit langen, zum Ende hin bis unter 2 µm Ø ausgedünnten Auszweigungen.

Polyporus tubaeformis ist eine europäische, überwiegend boreal verbreitete Art. In Nordeuropa kommt der Pilz bis an die nördliche Waldgrenze vor; in Mitteleuropa ist er selten und fehlt im mediterranen Zonobiom vollkommen. Im Gelände ist *P. tubaeformis* durch die trompetenähnlichen Hüte und die warmen, rotbraunen Farbtöne der Hutoberseite in Verbindung mit dem schwarzen Stiel gut zu erkennen. *P. badius* hat eine ähnlich strukturierte und gefärbte Hutoberseite wie *P. tubaeformis*, besitzt jedoch meist exzentrisch bis lateral gestielte Fk. und schnallenlose Septen. *P. varius* hat blassere, gelbockerfarbene Hüte und größere, um 9–12 µm lange Sporen. *P. tubaeformis* kann auch mit *P. melanopus* verwechselt werden, dieser unterscheidet sich jedoch durch flache, allenfalls zentral leicht vertiefte, aber niemals tief trichterförmige Hutformen, durch hellere Hutfarben und das deutlich weitporigere Hymenophor mit 3–4 Poren/mm.

Abb. 1: Fk.-Gruppe auf einem liegendem Laubholz Ast; a – charakteristisch schwarze Stieloberfläche; b – Hymenophor; c – ungezonte bis undeutlich farblich gezonte, feinfaserige Hutoberseite (Foto: M. Theiss).
Abb. 2: Aufsicht auf den Hut eines adulten Fk.s mit der trompetenförmigen Vertiefung über dem Stiel in der Hutmitte und der nahezu schwarzbraunen, feinfaserig-rilligen Cortex.
Abb. 3: Sekantalschnitt eines Hutes im mittleren Bereich zwischen Rand und Hutmitte; a – Cortex in Aufsicht; b – Cortex im Schnitt; c – Huttrama; d – Hymenophor mit den auffallend kurzen Röhren.
Abb. 4: Aufsicht auf das Hymenophor eines adulten Fk.s im mittleren Bereich zwischen Hutrand und Stiel mit den dicht stehenden, bereits eckigen Poren.
Abb. 5: Segmentierte Aufsicht auf das Hymenophor im mittlerem Bereich zwischen Hutrand und Stiel; 602 Poren/25 mm^2 ≙ 24 Poren/mm^2 ≙ 4,9 Poren/mm.

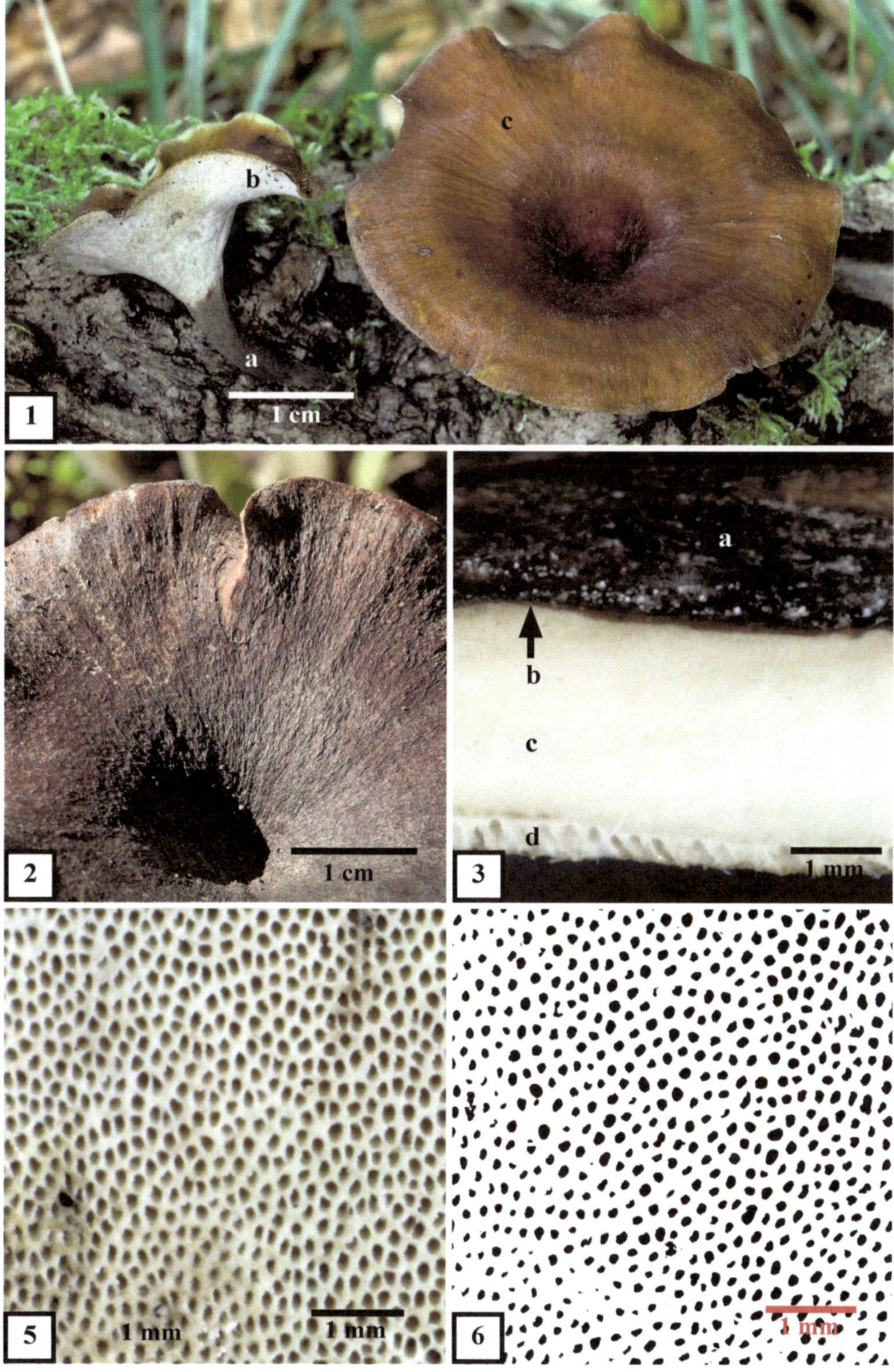
c
b
a
1 cm
1
1 cm
2
a
b
c
d
1 mm
3
1 mm
1 mm
5
1 mm
6

Polyporus tuberaster (Jacq. ex Pers.) Fr.
[≡ *Boletus tuberaster* Jacq. = *Polyporus forquignonii* Quél. = *Polyporus lentus* Berk.]
Sklerotienporling, Sklerotienstielporling, Klumpenporling

Fk.-Typ: stipitate, annuelle, monozentrische Crustothecien mit polyporoidem Hymenophor.
Habitat: lignicol oder terricol; saprotroph auf Holz, nachgewiesen auf zahlreichen Laubgehölzen, in Mitteleuropa insbesondere auf *Carpinus*, *Fagus*, *Malus* und *Quercus*; Weißfäuleerreger; selten terricol unterirdischen Pseudosklerotien entspringend.
Makromerkmale: Fk. auf Holz meist einzeln, zentral bis exzentrisch, selten auch lateral gestielt; auf Sklerotien selten einzeln, meist in kleinen Gruppen und zentral bis exzentrisch gestielt; Konsistenz jung weichfleischig, alt hart und brüchig; Hüte erst flach, am Rand nach unten eingerollt, später ausgebreitet und über dem Stielansatz etwas trichterförmig vertieft, bis 15 cm Ø, Kümmerexemplare an dünnen Ästen mitunter nur 1 cm breit, Hutoberseite ockergelb bis hellbraun, glatt, eingewachsen radial faserig, mit dunkelbraunen, faserigen, zum Rand hin abstehend bewimperten Schuppen besetzt; Hutrand scharf, im mittleren Bereich zwischen Rand und Stiel 0,3 –1,5 cm dick; Stiel 1–8 cm lang, 0,5–1,5 cm Ø; oben mit herablaufendem Hymenophor bewachsen; an der Basis weiß hellocker, feinhaarig; terricol wachsende Exemplare durch eine außen schwarze, innen bräunlich-weiße, mit den Bodenteilen verwachsene Pseudorhiza mit dem Pseudosklerotium verbunden; Hymenophor in Aufsicht weiß bis gelblich-weiß, am Stiel herablaufend; großporig, 0,5–1,5 Poren/mm; Poren unregelmäßig eckig zum Stiel hin radial gestreckt bis über 1 mm lang, Röhren 1–5 mm lang, Röhrenmündungen im Alter oft zähnchenartig ausgefranst; Hut- und Stieltrama weißlich bis hellocker; Hymenophoraltrama der Huttrama nahezu gleichfarben.
Mikromerkmale: Spp. weiß; Sp. glatt, hyalin, dünnwandig, gestreckt ellipsoid, 9–16×4–6 µm; Basidien clavat mit Basalschnalle, viersporig, einzelne Basidien zweisporig; Hymenium mit fusoiden Cystidiolen; Hyphensystem dimitisch; generative Hyphen hyalin, dünnwandig, 3–9 µm Ø, mit Schnallen; verzweigte dickwandige Skeletthyphen mit oft nahezu soliden dünnen Auszweigungen 3–10 µm Ø.

Polyporus tuberaster ist im borealen, nemoralen und mediterranen Zonobiom der Holarktis verbreitet. Die Fk. dieser Art erscheinen in Mitteleuropa meist auf Holz; nur selten entspringen sie den fakultativ ausgebildeten Pseudosklerotien, die sich bis zu 10 cm tief im Boden entwickeln. Sie sind unregelmäßig geformt und schwarz berindet. In Südeuropa kommen Pseudosklerotien häufiger vor. Sie sind als „Pilzsteine" (*Pietra fungaja*) bekannt und können ein Gewicht von über 10 kg erreichen.

P. tuberaster steht *P. squamosus* nahe. Beide Arten werden oft verwechselt. Jedoch besitzt die Stielbasis von *P. tuberaster* im Gegensatz zu *P. squamosus* keine schwarzkrustige Oberfläche. Die Hutschuppen von *P. tuberaster* sind zudem durch aufrecht stehende Fasern charakterisiert, während die von *P. squamosus* flach anliegen. Die oft kreisrunden Hüte von *P. tuberaster* sind zentral bis exzentrisch gestielt, nur sehr selten seitlich, und sie erreichen nicht die Größe der oft weitaus üppigeren Fk. von *P. squamosus.*

Abb. 1: In einem Eichentrockenwald aus einer Bodentiefe von 4–12 cm ausgegrabenes ca.13×7×10 cm großes Pseudosklerotium mit einem basal an der Pseudorhiza verwachsenen Büschel aus 3 Fk.n.
Abb. 2: Hutoberseite eines sporulierenden Fk.s.
Abb. 3: Längsschnitt durch die Mitte eines Fk.s; a – Hut- und Stieltrama; b – gewundene, nur teilweise angeschnittene Pseudorhiza; c – oberer Teil des Pseudosklerotiums.
Abb. 4: Gereinigte, harte Oberfläche eines Pseudosklerotiums.
Abb. 5: Schnittfläche eines Pseudosklerotiums.
Abb. 6: Aufsicht auf das Hymenophor im mittleren Bereich zwischen Hutrand und Stielansatz.
Abb. 7: Segmentierte Aufsicht auf ein Hymenophor; 31 Poren/25 mm² ≙ 1,2 Poren/mm² ≙ 1,1 Poren/mm.

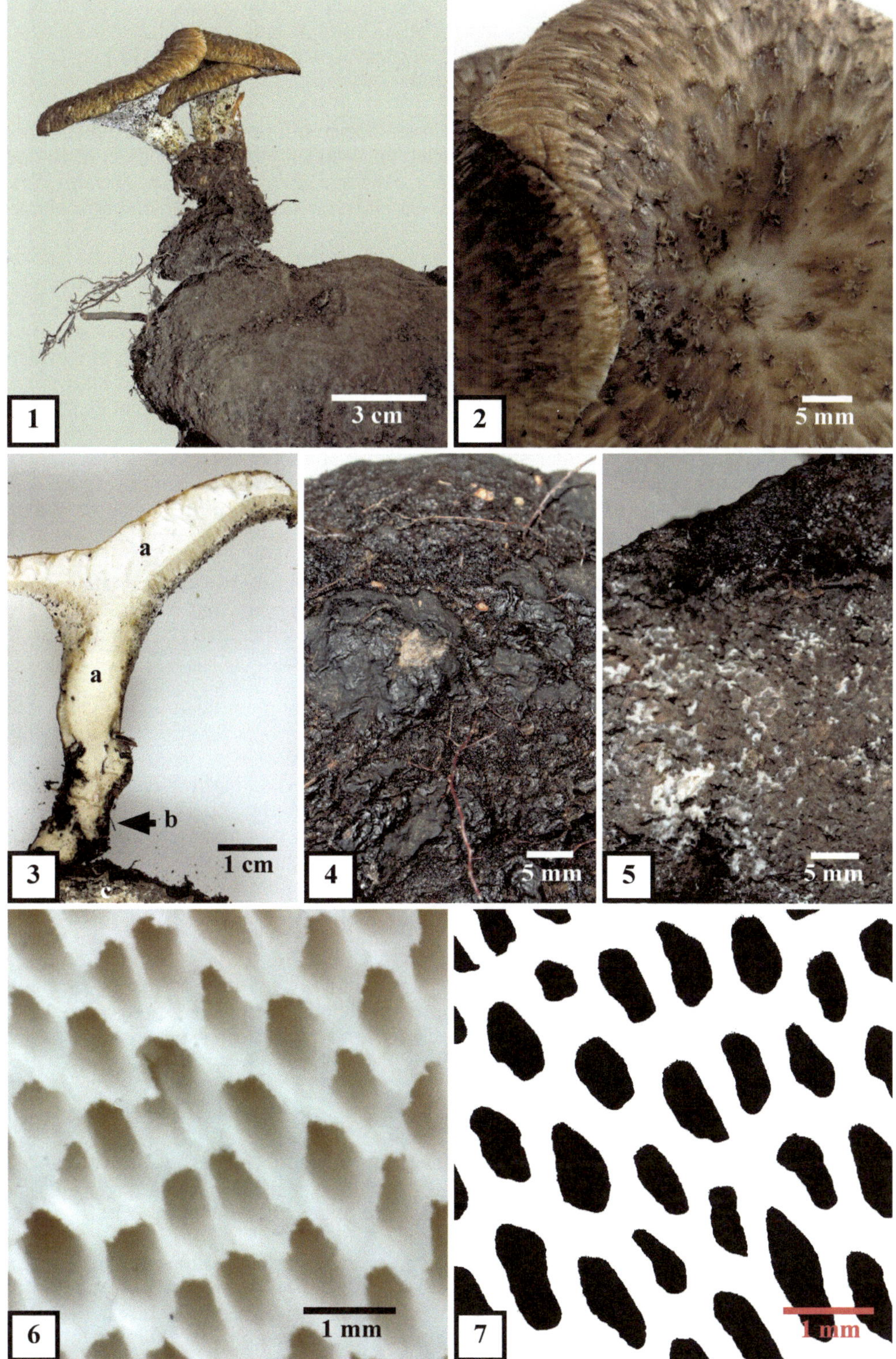
1
3 cm
2
5 mm
3
a
a
b
c
1 cm
4
5 mm
5
5 mm
6
1 mm
7
1 mm

Polyporus varius (Pers.) Fr.
[≡ *Boletus varius* Pers. ≡ *Cerioporus varius* (Pers.) Zmitr. & Kovalenko = *Boletus elegans* Bull. = *Polyporus nummularius* (Bull.) Fr. = *Polyporus leptocephalus* (Jacq.) Fr.]
Löwengelber Porling, Verhärtender Schwarzfuß

Fk.-Typ: stipitate, annuelle, monozentrische Crustothecien mit polyporoidem Hymenophor.
Habitat: lignicol; saprotroph an Laubholz, selten an Wunden lebender Gehölze; häufig auf *Fagus*, aber auch nachgewiesen an *Alnus*, *Betula*, *Carpinus*, *Fraxinus*, *Malus*, *Populus*, *Salix* und *Tilia*; von der Initial- bis zur Optimalphase der Holzzerstörung in feuchten bis trockenen Laubwaldbiotopen; Weißfäuleerreger.
Makromerkmale: Fk. zentral bis etwas exzentrisch, selten auch lateral gestielt, Konsistenz zäh, trocken hart; Hüte oft nahezu rund, besonders große Exemplare auch randlich gewellt und gebogen, anfangs flach konvex gewölbt, dann abgeflacht, später etwas vertieft bis trichterförmig; auf dünnen Ästchen um 1–2, an kräftigen Substraten bis über 10, selten bis 15 cm Ø; Oberseite jung gelb, gelbbraun, ockerfarben bis orangebraun; kahl, eingewachsen radial faserig, Rand scharf; Stiel zylindrisch, basal verjüngt, wenn im Substrat eingesenkt oder wenn dem Substrat ansitzend, etwas verdickt, 1–4 cm lang, 0,2 –1 cm Ø, stets mit schwarzer Basis, die oft bis an das herablaufende Hymenophor heranreicht, aber oben auch mit creme- bis ockerfarbener, glatter, steriler Oberfläche; Hymenophor in Aufsicht schmutzig weiß bis cremefarben, trocken hellbräunlich, am Stiel herablaufend; Poren anfangs rund, später eckig, 4–6 Poren/mm; Röhren 0,5–3 mm lang; Trama schmutzig weiß bis hell gelbbraun; Huttrama gleichfarben oder etwas dunkler, im mittleren Hutbereich bis 3 mm, in Stielnähe bis 7 mm dick.
Mikromerkmale: Spp. weiß; Sp. glatt, hyalin, gestreckt ellipsoid bis zylindrisch; ventral etwas abgeflacht, 7–8(–10)×2,5–4 µm; Basidien clavat, viersporig, mit Basalschnalle; Hymenium mit fusoiden Cystidiolen; Hyphensystem dimitisch; generative Hyphen, 2-5 µm Ø, Septen z.T. mit Schnallen; Skeletthyphen dickwandig, verzweigt, bis 5 µm Ø.

Polyporus varius ist in der Holarktis circumpolar im borealen, nemoralen und mediterranen Zonobiom verbreitet. Die Art ist im gesamten Buchenareal Europas häufig. Sie ist bezüglich der Fk.-Größe extrem variabel und bildet auf armen Substraten, z.B. dünnen Laubholzästchen, kleine, meist zentral, aber mitunter auch seitlich gestielte Fk., die von manchen Autoren als Varietät, Subspezies oder als Art aufgefasst und unter dem Epitheton *nummularius* geführt werden. Das sind jedoch Hungerformen, die nicht als Taxon bewertet werden können. Abgestorbene, trockene Fk. können oberseits ausbleichen und nahezu grauweiß aussehen. Die schwarze Stielbasis ist in solchen Fällen ein gutes Erkennungsmerkmal.

Verwechslungen mit den ebenfalls basal schwarzstieligen Arten *P. melanopus* und *P. badius* kommen häufig vor. *P. badius* ist in der Hutmitte oberseits dunkelbraun bis nahezu schwarz gefärbt und geht zum Rand hin in hellere Brauntöne über. Für *P. melanopus* ist eine feinsamtige Hutoberseite charakteristisch; die schwarzkrustige Stielbasis reicht bei diesen beiden Arten fast immer bis an das am Stiel herablaufende Hymenophor heran, während bei *P. varius* oft sterile, helle Stieloberflächen zwischen der schwarzen Basis und dem Ansatz des herablaufenden Hymenophors vorkommen.

Abb. 1: Zwei große, basal verwachsene Fk. auf einem *Fagus*-Stamm; die Stiele sind tief im morschen Holz verankert.
Abb. 2: Verdickte Stielbasis eines kleinen Fk.s, der noch festem Holz eines *Fagus*-Stammes aufsitzt.
Abb. 3: Radialschnitt vom mittleren Bereich des Hutes eines großen Fk.s; a – Huttrama; b – Hymenophor; c – Aufsicht auf das Hymenophor.
Abb. 4: Hutansicht nahe des Hutrandes mit der charakteristisch eingewachsenen, radial strukturierten, aber glatten Oberseite.
Abb. 5: Aufsicht auf ein Hymenophor im mittleren Bereich zwischen Hutrand und Stiel.
Abb. 6: Segmentierte Aufsicht; 605 Poren/25 mm^2 ≙ 24,2 Poren/mm^2 ≙ 4,9 Poren/mm.

1
1 cm
2
2 mm
3
a
b
c
1 mm
4
a
1 mm
5
1 mm
6
1 mm

Postia caesia (Schrad.) P. Karst.
[≡ *Boletus caesius* Schrad. ≡ *Polyporus caesius* (Schrad.) Fr. ≡ *Oligoporus caesius* (Schrad.) Gilb. & Ryvarden ≡ *Tyromyces caesius* (Schrad.) Murrill = *Boletus coeruleus* Schumach. ≡ *Polyporus coeruleus* (Schumach.) Pers. = *Tyromyces subcaesius* David ≡ *Oligoporus subcaesius* (A. David) Ryvarden & Gilb. ≡ *Postia subcaesia* (A. David) Jülich]
Blauer Saftporling, Blaugrauer Saftporling

Fk.-Typ: annuelle, laterale bis effusoreflexe, mono- bis polyzentrische Crustothecien mit polyporoidem Hymenophor.
Habitat: lignicol; saprotroph, vorwiegend auf Nadelholz; nachgewiesen sind *Abies*, *Cupressus*, *Juniperus*, *Larix*, *Picea* und *Pinus*, selten auch auf Laubholz, u.a. auf *Acer*, *Alnus*, *Betula*, *Castanea*, *Corylus*, *Crataegus*, *Carpinus*, *Fagus*; *Fraxinus*, *Populus*, *Prunus*, *Quercus*, *Salix*, *Sambucus* und *Sorbus*; Braunfäuleerreger.
Makromerkmale: Fk. oft einzeln, aber auch in Gruppen, meist konsolen-förmig oder fächerförmig, mitunter imbricat oder seitlich verwachsen, Geschmack mild; Konsistenz frisch weich und saftig, trocken hart, aber brüchig und sehr zerbrechlich; Hüte meist konsolenförmig, bis 6 cm breit, bis 4 cm vom Substrat abstehend, in der Hutmitte bis 1 cm dick, Rand scharfkantig; Hutoberseite behaart, Haare verklebend, ungezont, frisch weiß, grau, graubraun, meist mit blauem Farbeinschlag, oft auch intensiv und vollkommen blau; auf Druck dunkler blau, trocken grau bis graubraun; Trama über den Poren weiß, zur Cortex hin weiß bleibend, grau bis bläulich oder blaugrau; Huttrama im mittleren Hutbereich um 1 cm dick; Aufsicht auf das Hymenophor weiß, hellgrau oder graublau, auf Druck blau verfärbend; Poren rund bis abgerundet eckig, 3–5 Poren/mm; Röhren bis 8 mm lang; Hymenophoraltrama der Huttrama gleichfarben.
Mikromerkmale: Spp. weiß; Sp. sehr schmal, zylindrisch bis gestreckt ellipsoid mitunter allantoid, hyalin, 4,5–5,5×1–2 µm; Basidien clavat, mit Basalschnalle, viersporig; Hymenium ohne sterile Elemente; Hyphensystem monomitisch; Hyphen 2–4 µm Ø, dünn bis dickwandig, mit Schnallen.

Postia caesia ist im holarktischen Florenreich circumpolar in den Arealen von Nadelgehölzen verbreitet. Aufgrund von Konfusionen mit *P. subcaesia* ist jedoch bei Akzeptanz letzterer Sippe keine sichere Eingrenzung des Areals möglich, da beide Sippen weder makro- noch mikroskopisch sicher zu trennen sind (zu den systematischen Problemen S. 136). *P. caesia* ist in Mitteleuropa besonders an *Picea abies* einer der häufigsten, saprotrophen Holzbewohner – sowohl in naturnahen Wäldern als auch in Fichtenforsten.

Abb. 1: Fk.-Gruppe auf der bemoosten Schnittfläche eines *Picea-abies*-Stumpfes mit intensiv blauer Hutoberseite.
Abb. 2: Oberseite eines Hutes mit randlich blauem und anschließend graubraunem Farbton und zottig verklebten Haaren.
Abb. 3: Aufsicht auf das Hymenophor nahe des Hutrandes; a – von Hymenophor freier Hutrand; b – Ausbildung des Hymenophors durch Pegs als Initialen der Röhrenwände; c – voll ausgebildetes Hymenophor.
Abb. 4: Radialschnitt einer Konsole am Hutrand; a – bläulich-weiße Farbtöne der Hutoberseite; b – verklebt-haarige Hutoberseite mit weißen bis graubraunen Farbtönen; c – Huttrama; d – überwiegend weißes, aber stellenweise auch bläuliches Hymenophor.
Abb. 5: Aufsicht auf ein noch wachsendes Hymenophor aus der Hutmitte mit weißen, weißbläulichen und weiß-bräunlichen Farbtönen; die aus Pegs hervorgegangenen Dissepimente enden noch wulstig und bilden noch keine einheitliche Ebene.
Abb. 6: Segmentierte Aufsicht auf ein Hymenophor aus der Hutmitte; 466 Poren/25 mm² ≙ 18,6 Poren/mm² ≙ 4,3 Poren/mm.

1
1cm
2
1 mm
3
a
b
c
1 mm
4
a
b
c
d
2 mm
5
1 mm
6
1 mm

Postia fragilis (Fr.) Gilb & Ryvarden
[≡ *Polyporus fragilis Fr.* ≡ *Tyromyces fragilis* (Fr.) Donk ≡ *Oligoporus fragilis* (Fr.) Gilb. & Ryvarden ≡ *Spongipellis fragilis* (Fr.) Murrill = *Polyporus weinmannii* Fr. ≡ *Postia weinmannii* (Fr.) P. Karst.]
Vergänglicher Saftporling, Gebrechlicher Saftporling, Fleckender Saftporling

Fk.-Typ: laterale, annuelle, monozentrische bis polyzentrische, kurzlebige Crustothecien mit polyporoidem bis daedaleoidem Hymenophor.
Habitat: lignicol; saprotroph an totem Nadelholz, hauptsächlich an *Picea*, aber auch an *Abies*, *Juniperus*, *Larix* und *Pinus*; Braunfäuleerreger.
Makromerkmale: Fk. konsolen- bis fächerförmig, einzeln oder in Gruppen, mitunter imbricat, oft auch seitlich verwachsen; alle Fk.-Teile auf Druck erst gelblich, dann rot-bräunlich bis orange-bräunlich fleckend, ebenso beim Altern und Trocknen verfärbend. Geschmack mild; Konsistenz frisch weichfleischig, beim Trocknen stark schrumpfend; trocken brüchig und leicht; Hüte bis 6 cm breit, 3–5 cm vom Substrat abstehend; an der Insertionsfläche bis über 1 cm hoch; Hüte oberseits jung weiß, feinfilzig; Hutränder leicht wellig, scharfkantig; ungezont oder undeutlich gezont, im Alter besonders vom Hutrand her unregelmäßig fleckig rötlich- bis orangebraun verfärbend; Trama wässrig-weiß, Huttrama im mittleren Bereich des Hutes bis 1 cm dick; über dem Hymenophor faserig, Hymenophoraltrama der Huttrama gleichfarben oder etwas dunkler; Hymenophor in Aufsicht weiß, sehr polymorph, Poren eckig bis labyrinthisch, 2–3 Poren/mm, Röhren bis über 5 mm lang
Mikromerkmale: Spp. weiß; Sp. hyalin, zylindrisch bis allantoid, 4,5–5,5×1,5–2 µm, Basidien viersporig, keulig mit Basalschnalle; Hymenium ohne sterile Elemente; Trama monomitisch; Hyphen hyalin, dünn bis leicht dickwandig, in der Huttrama bis 6 µm Ø, mitunter reichlich verzweigt; Hyphen der Hymenophoraltrama dünnwandig, glatt, bis 4 µm Ø; Septen mit Schnallen.

Postia fragilis ist boreal-montan im gesamten *Picea*-Areal des holarktischen Florenreiches verbreitet und kommt nur selten in den Nadelholzforsten außerhalb des *Picea*-Areals vor. In sommerwarmen Regionen der kollinen und planaren Höhenstufe fehlt die Art auch in den Fichtenforsten. Frische Fk. dieser Art sind an der gelblich bis rotbraunen Verfärbung, dem milden Geschmack, der weichen, saftigen Konsistenz und dem überwiegenden Vorkommen an *Picea*-Holz schon im Gelände zu erkennen.

Abb. 1: Fk.-Gruppe mit mehreren Einzelkonsolen und imbricaten, verwachsenen Fk.n an einem liegenden Stamm von *Picea abies* in einem submontanen Fichtenforst; die Oberseiten der älteren Exemplare beginnen sich von der Insertionsfläche von weiß nach orange-gelblich zu verfärben.
Abb. 2: Oberseite des Fk.-Randes einer sich von weiß nach hell orange verfärbenden Konsole; a – wattiges bis feinfilziges Tomentum über dem bereits etwas verfärbten Corticalgeflecht; b – durch Druck rasch und intensiv verfärbter Teil des Hutrandes.
Abb. 3: Unterseite eines noch wachsenden Hutrandes; a – noch porenfreier Hutrand; b – Zone mit jungen, runden bis eckigen Poren; c – älteres Hymenophor mit leicht zerschlitzten Schneiden der Dissepimente.
Abb. 4: Radial aufgebrochener Hut; a –faserige Trama des Hutes; b – Hymenophor mit der etwas dunkleren Hymenophoraltrama.
Abb. 5: Aufsicht auf einen Bereich des Hymenophors mit nahezu regelmäßig angeordneten Poren; die Schneiden der schmalen Dissepimente sind zerschlitzt gekerbt.
Abb. 6: Segmentierte Aufsicht auf einen nahezu regulär polyporoiden Abschnitt eines Hymenophors; 267 Poren/25 mm² ≙ 10,7 Poren/mm² ≙ 3,3 Poren/mm.

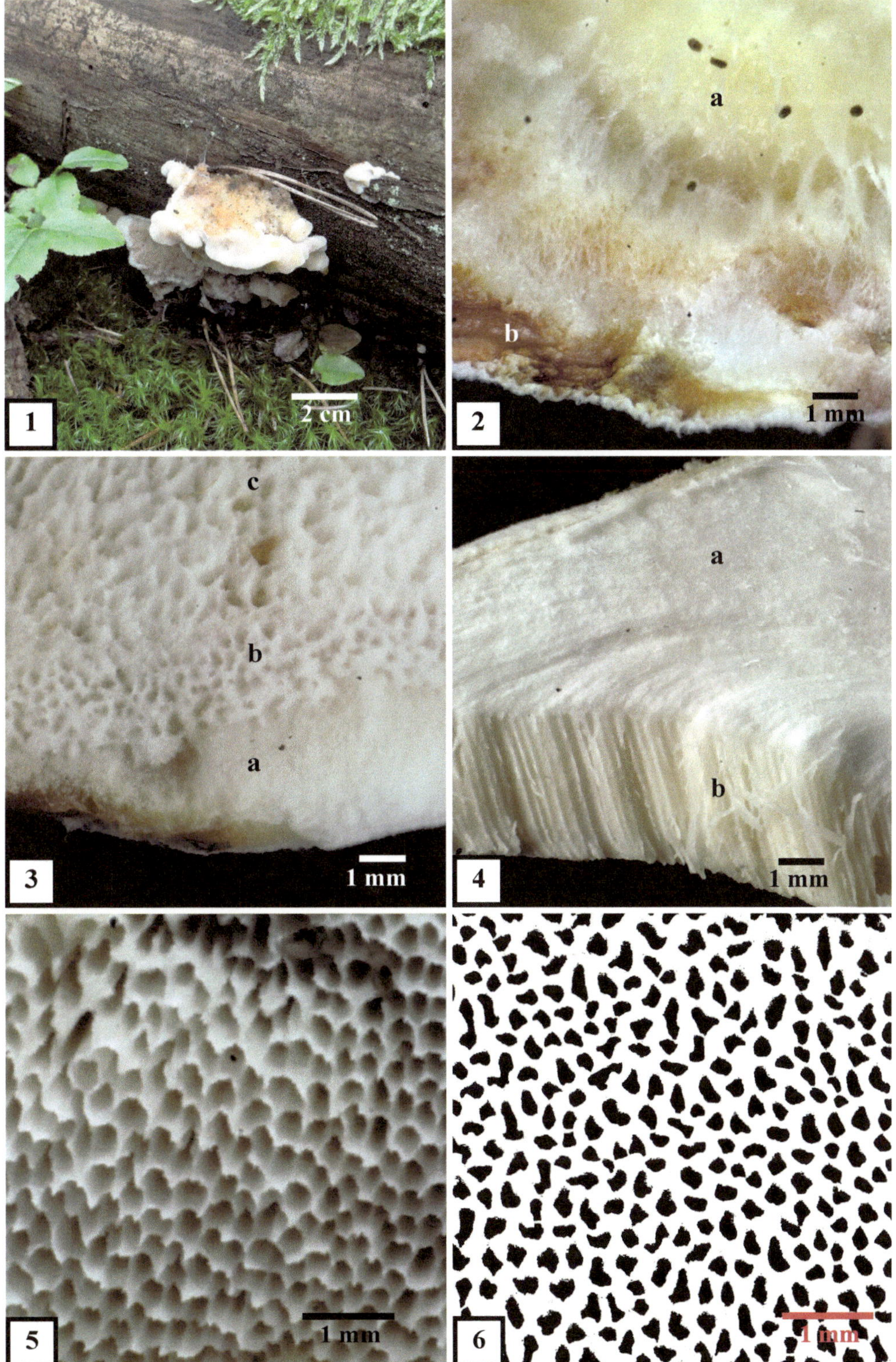
1
2 cm
a
b
2
1 mm
c
b
a
3
1 mm
a
b
4
1 mm
5
1 mm
6
1 mm

Postia guttulata (Sacc.) Jülich
[≡ *Polyporus guttulatus* Sacc. ≡ *Spongiporus guttulatus* (Sacc.) A. David ≡ *Oligoporus guttulatus* (Sacc.) Gilb. & Ryvarden ≡ *Tyromyces guttulatus* (Sacc.) Murrill = *Tyromyces stipticus* f. *guttulatus* (Sacc.) Domański, Orloś & Skirg. = *Polyporus maculatus* Peck]
Tränender Saftporling, Getropfter Saftporling

Fk.-Typ: laterale, mitunter substipitate, selten effusoreflexe, annuelle, weichfleischige Crustothecien mit polyporoidem Hymenophor.
Habitat: lignicol; saprotroph an verrottetem Nadelholz, in Mitteleuropa insbesondere an *Picea*, aber auch an *Pinus* und *Larix* in der Optimalphase des Holzabbaus, sowohl in naturnahen Wäldern als auch in Forsten; Braunfäuleerreger.
Makromerkmale: Fk. einzeln oder in Gruppen, mitunter imbricat, meist fächerförmig und zur Insertionsfläche hin verschmälert, aber auch konsolenförmig und breit angewachsen, selten mit kleinen effusen Fk.-Teilen am Substrat herablaufend; Konsistenz weichfleischig, saftig, trocken hart, Geschmack bitter; in wachsendem Zustand reichlich mit Guttationströpfchen behaftet, die flache Guttationsgruben von 1 bis über 5 mm Ø auf dem Hymenophor und auch auf der Hutoberseite hinterlassen; Hüte bis 10 cm breit, bis 9 cm vom Substrat abstehend im mittleren Hutbereich ca. 1–2,5 cm dick, scharfrandig; Hutoberseite frisch weiß, später weiß-bräunlich, oft rot-bräunlich; ungezont bis deutlich rillig und farblich gezont, radial runzelig bis höckerig mit glatter Cortex; Aufsicht auf das Hymenophor weiß, später cremefarben; Poren rund bis abgerundet eckig, 4–6 Poren/mm; Röhren bis über 5 mm lang; Trama frisch weiß, nicht oder undeutlich gezont, trocken cremefarben, Huttrama um 1 cm, selten bis nahezu 2 cm dick.
Mikromerkmale: Spp. weiß; Sp. hyalin, zylindrisch bis schmal ellipsoid, ventral abgeflacht, 4–5×2–2,5 µm, JKJ negativ; Basidien gestaucht clavat, viersporig, mit Basalschnalle; Hymenium mit Cystidiolen; Hyphensystem monomitisch; Hyphen dünn bis dickwandig, 4–10 µm Ø, mit Schnallen.

Postia guttulata ist im holarktischen Florenreich circumpolar in borealen Nadelwäldern verbreitet und kommt auch in den Nadelgehölzen der Gebirge und des Flachlandes der temperaten Klimazone vor. In Mitteleuropa hat sich die früher seltene Art in den letzten Jahrzehnten deutlich ausgebreitet. Die meist nahezu substipitate Fk.-Form in Kombination mit dem bitteren Geschmack und die reichlichen Guttationströpfchen bzw. -gruben ermöglichen bei typisch ausgebildeten Fk.n die Determination im Gelände.

Abb. 1: Kräftiger, rasch heranwachsender Fk. an einem morschen *Picea-abies*-Stumpf eines naturnahen Gebirgsfichtenwaldes; a – nahezu stielartige Fk.-Basis an der Insertionsfläche; b – rotbrauner, bereits absterbender Teil des Fk.s; c – höckerige bis radial runzelige, gezonte Oberseite des Hutes; d – wachsender Hutrand mit reichlichem Besatz von Guttationströpfchen; e – vom Fk. umwachsener Fichtenkeimling und eingewachsene Fichtennadeln.
Abb. 2: Hutoberseite an einem Fk.-Rand; a – rillige, konzentrische Zonen; b – radial runzelige bis höckerige Fläche, konzentrisch verfärbende Oberfläche; durch Druck etwas verfärbte Fläche des Hutrandes.
Abb. 3: Radial aufgeschnittener bzw. aufgebrochener Fk.; a – angeschnittene, wässrig-weiße Huttrama; b – angeschnittenes Hymenophor; c – aufgebrochene, faserige Huttrama; d – aufgebrochenes Hymenophor.
Abb. 4: Sekantal aufgebrochener Hut; a – faserige Huttrama; b – aufgebrochenes Hymenophor; c – Aufsicht auf das Hymenophor.
Abb. 5: Aufsicht auf ein Hymenophor in der Hutmitte mit runden bis abgerundet eckigen Poren und variabler Porendichte; a – relativ dicht stehende Poren; b – relativ weit stehende Poren; a – um 6 Poren/mm; b – um 4 Poren/mm.
Abb. 6: Segmentierte Aufsicht auf ein Hymenophor; 440 Poren/25 mm² ≙ 17,6 Poren/mm² ≙ 4,2 Poren/mm.

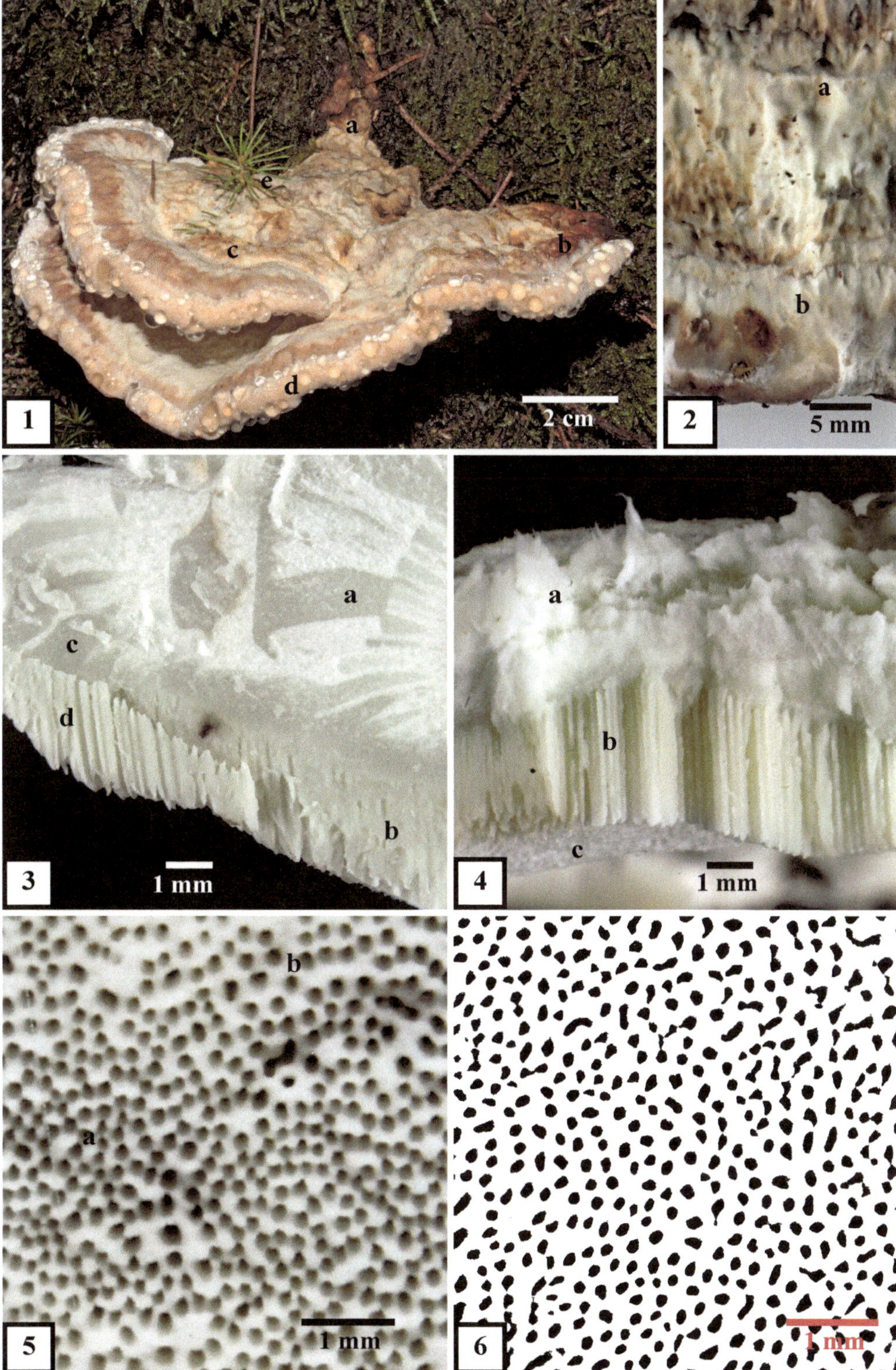
a
e
c
b
d
2 cm
1
a
b
5 mm
2
a
c
d
b
1 mm
3
a
b
c
1 mm
4
b
a
1 mm
5
1 mm
6

Postia lactea (Fr.) P. Karst.
[≡ *Polyporus lacteus* Fr. ≡ *Oligoporus lacteus* (Fr.) Gilb. & Ryvarden ≡ *Tyromyces lacteus* (Fr.) Murrill = *Polyporus tephroleucus* Fr. ≡ *Postia tephroleuca* (Fr.) Jülich ≡ *Oligoporus tephroleucus* (Fr.) Gilb. & Ryvarden ≡ *Tyromyces tephroleucus* (Fr.) Donk]
Milchweißer Saftporling, Grauweißer Saftporling

Fk.-Typ: laterale, annuelle, monozentrische Crustothecien mit polyporoidem Hymenophor.
Habitat: lignicol; saprotroph vorwiegend auf Laubbäumen, in Mitteleuropa besonders häufig auf *Fagus sylvatica*; nachgewiesen auch auf *Acer*, *Alnus*, *Betula*, *Castanea*, *Corylus*, *Crataegus*, *Frangula*, *Fraxinus*, *Juglans*, *Malus*, *Populus*, *Prunus*, *Pyrus*, *Quercus*, *Salix*, *Sorbus*, *Tilia* und *Ulmus*, aber auch auf Nadelgehölzen, besonders auf *Picea* und *Pinus*; Braunfäuleerreger.
Makromerkmale: Fk. konsolenförmig, mitunter mit effusen Fk.-Teilen am Substrat herablaufend; selten einzeln, meistens in Gruppen; Konsistenz frisch weich, wässrig; beim Trocknen auf nahezu 50% seines Volumens schrumpfend, trocken hart; Hüte oberseits reinweiß bis weißgrau, mausgrau auch mit cremefarbenen oder hellbräunlichen Farbnuancen, ungezont; zunächst feinfilzig, später zu einer dünnen Cortex verklebend, die besonders an getrockneten Fk.n nachweisbar ist; Hüte meist um 3–4, selten bis über 10 cm breit, um 3–4, selten bis 7 cm vom Substrat abstehend, an der Insertionsfläche bis 5 cm hoch, im Radialschnitt dreieckig; Rand dünn, oft etwas wellig, feinfilzig; Trama weiß, aus faserigen, radial verlaufenden Hyphen bestehend, meist konzentrisch gezont; Hymenophor in Aufsicht weiß; Poren rund bis eckig, oft am selben Fk. sehr variabel; Schneiden der Dissepimente anfangs glatt, später fein zerschlitzt bis gezähnelt; 3–5 Poren/mm, Röhren bis 1 cm lang.
Mikromerkmale: Spp. weiß; Sp. schmal, zylindrisch bis leicht gekrümmt, hyalin, 3,5–6×1–1,8 µm; Sporenbreite auch im Extrem stets unter 2 µm; Basidien viersporig, zylindrisch bis clavat, mit Basalschnalle; Hyphensystem monomitisch; Hyphen 2–6 µm Ø, in der Huttrama bis 8 µm Ø, dünn bis etwas dickwandig, Septen mit Schnallen, in Kresylblau Hyphenwände blauviolett.

Postia lactea ist gleichermaßen in naturnahen Wäldern und in Forsten des nemoralen und des borealen Zonobioms der Holarktis circumpolar verbreitet. In Nordeuropa kommt die Art bis an die boreale Waldgrenze vor. *P. tephroleuca* wurde vielfach von *P. lactea* getrennt. Als differenzierende Merkmale galten die grauweiße Hutoberseite und der milde Geschmack von *P. tephroleuca* bzw. die weiße Hutoberseite und der leicht bitterliche Geschmack von *P. lactea*. Die Unterschiede liegen jedoch im Variationsbereich der Art. Die ähnliche *P. stiptica* ist durch den stark zusammenziehend bitteren Geschmack, der auch getrocknet nach längerem Kauen noch eine Zeit lang wahrnehmbar ist, bereits im Gelände gut zu unterscheiden. Mikroskopisch stimmen die weißen bzw. weißgrauen Formen von *P. lactea* vollständig überein.

Abb. 1: Fk.-Gruppe mit grauweißer Hutoberseite an der Schnittfläche eines gefällten *Fagus-sylvatica*-Stammes.
Abb. 2: Feinfilziges Tomentum der Oberseite eines Hutes.
Abb. 3: Radial aufgebrochener Fk. mit der faserigen Struktur der monomitischen Trama aus radial orientierten Hyphen (a), dem etwas dunkleren Hymenophor (b) und dem feinfilzigen Tomentum (c).
Abb. 4: Aufsicht auf das polyporoide, noch im Wachstum begriffene Hymenophor eines Fk.-Randes; a – porenfreier Hutrand; b – reguläres Hymenophor mit runden bis abgerundet-eckigen Poren.
Abb. 5: Aufsicht auf ein Hymenophor mit bereits etwas aufgeschlitzten Schneiden der Dissepimente.
Abb. 6: Segmentierte Aufsicht auf ein Hymenophor; 382 Poren/25 mm^2 ≙ 15,3 Poren/mm^2 ≙ 3,9 Poren/mm.

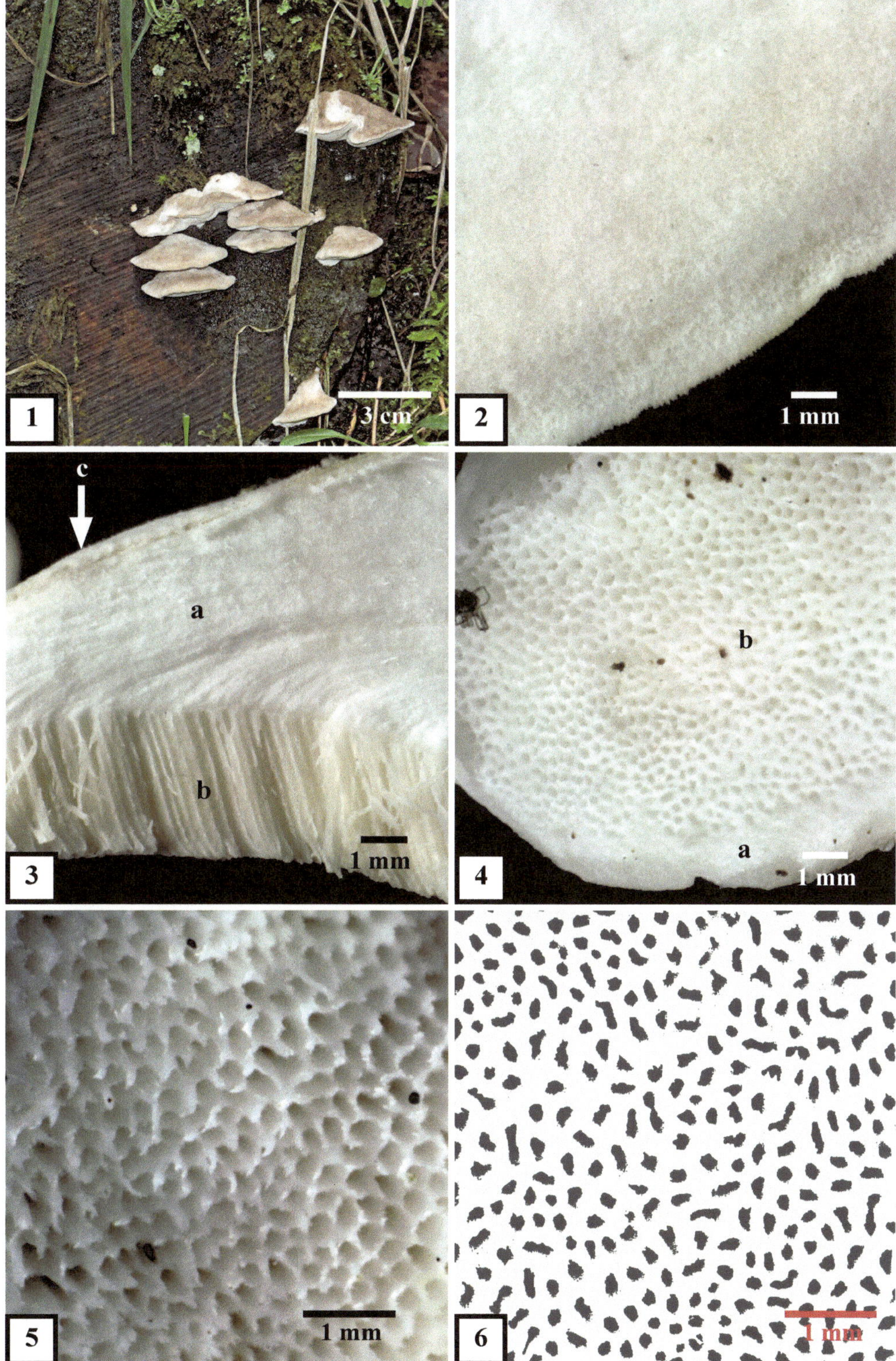
1
3 cm
2
1 mm
c
a
b
3
1 mm
b
a
4
1 mm
5
1 mm
6
1 mm

Postia stiptica (Pers.) Jülich
[≡ *Boletus stipticus* Pers. ≡ *Polyporus stipticus* (Pers.) Fr. ≡ *Polyporus stipticus* (Pers.) Fr. ≡ *Bjerkandera stiptica* (Pers.) P. Karst. ≡ *Oligoporus stipticus* (Pers.) Gilb. & Ryvarden ≡ *Tyromyces stipticus* (Pers.) Kotl. & Pouzar = *Boletus albidus* Schaeff. ≡ *Polyporus albidus* (Schaeff.) Trog ≡ *Tyromyces albidus* (Schaeff.) Donk]
Bitterer Saftporling, Herber Saftporling

Fk.-Typ: laterale, mitunter effusoreflexe, annuelle, monozentrische Crustothecien mit polyporoidem Hymenophor.
Habitat: lignicol; saprotroph, vorwiegend an totem Nadelholz, sehr häufig auf *Picea*, aber auch auf *Abies*, *Cedrus*, *Cupressus*, *Juniperus*, *Larix*, *Pinus* und *Taxus*; selten auch auf Laubholz, u.a. auf *Acer*, *Alnus*, *Betula*, *Corylus*, *Carpinus*, *Fagus*, *Fraxinus* und *Prunus*; von der Initial- bis zur Optimalphase der Holzzerstörung; Braunfäuleerreger.
Makromerkmale: Fk. einzeln oder in Gruppen, mitunter imbricat; konsolenförmig, ohne oder mit geringen effusen Fk.-Teilen am Substrat herablaufend; im Querschnitt dreieckig; Geschmack sehr bitter und herb; Konsistenz frisch wässrig-weich, fleischig; trocken spröde und brüchig; Hüte sitzend, oft halbkreisförmig, mitunter imbricat; meist 2–8 cm, selten bis über 10 cm breit, 2–6 cm vom Substrat abstehend, dünnrandig, Rand wellig; in der Hutmitte meist um 1,5 cm, selten bis über 2 cm dick, an der Insertionsfläche bis 4 cm hoch, imbricat verwachsene Fk. auch höher, Oberseite jung weiß, meist höckerig-wellig, selten eben; zur Insertionsfläche hin cremefarben, trocken cremefarben-ocker; jung feinfilzig behaart, nicht oder undeutlich konzentrisch durch Vertiefungen gezont; Trama weiß, dichtfaserig; Huttrama in der Hutmitte um 1 cm dick; Hymenophor in Aufsicht meist etwas wellig bis warzig; jung reinweiß, im Alter und trocken creme-gelblich, dichtporig; Poren rund bis abgerundet eckig, im Alter auch etwas labyrinthisch oder aufgerissen, vereinzelt kommen Poren von über 1 mm Ø vor ; Röhren 3–7, mm selten bis über 1 cm lang; 4–6 Poren/mm; Hymenophoraltrama der Huttrama gleichfarben.
Mikromerkmale: Spp. weiß; Sp. nahezu zylindrisch bis schmal ellipsoid, ventral etwas abgeflacht, glatt, hyalin, 3,5–5,5×1,5–2,5 µm; Basidien viersporig, zylindrisch bis clavat, mit Basalschnalle; Hymenium mit fusoiden Cystidiolen; Hyphensystem monomitisch; Hyphen 2–6 µm, in der Huttrama bis 8 µm Ø, dünn bis dickwandig, mitunter Skeletthyphen ähnlich; Septen mit Schnallen.

Postia stiptica ist eine holarktische, circumpolar verbreitete Art. Sie kommt in sehr verschiedenen Biotopen mit Nadelgehölzen vor, in Nadelholzforsten auf Laubwaldstandorten ebenso wie in naturnahen Wäldern mit Nadelholzanteilen. An toten Fichtenstämmen ist sie regelmäßig anzutreffen; in Fichtenforsten mit Windbruchstämmen kann sie als Massenpilz auftreten. In Mitteleuropa gehört *P. stiptica* zu den häufigsten, weichfleischigen, weißen Porlingsarten. Sie ist durch ihre saftige Konsistenz, die überwiegend weiße Färbung, die dicht stehenden Poren in Kombination mit dem sehr bitteren Geschmack auch im Gelände bestimmbar.

Abb. 1: Fk.-Gruppe an einem aufrechten, toten *Picea*-Stamm eines Fichtenforstes.
Abb. 2: Die unruhig wellige, feinfilzige Hutoberseite.
Abb. 3: Radial aufgebrochener wachsender Fk. nahe des Hutrandes; a – radial faserige Huttrama; b – Hymenophor.
Abb. 4: Aufsicht auf das Hymenophor in der Nähe des Hutrandes; a – Hutrand; b – welliges, feinporiges Hymenophor.
Abb. 5: Aufsicht auf ein wachsendes, normal polyporoides Hymenophor.
Abb. 6: Segmentierte Aufsicht auf ein Hymenophor; 552 Poren/25mm² ≙ 22,1 Poren/mm² ≙ 4,7 Poren/mm.

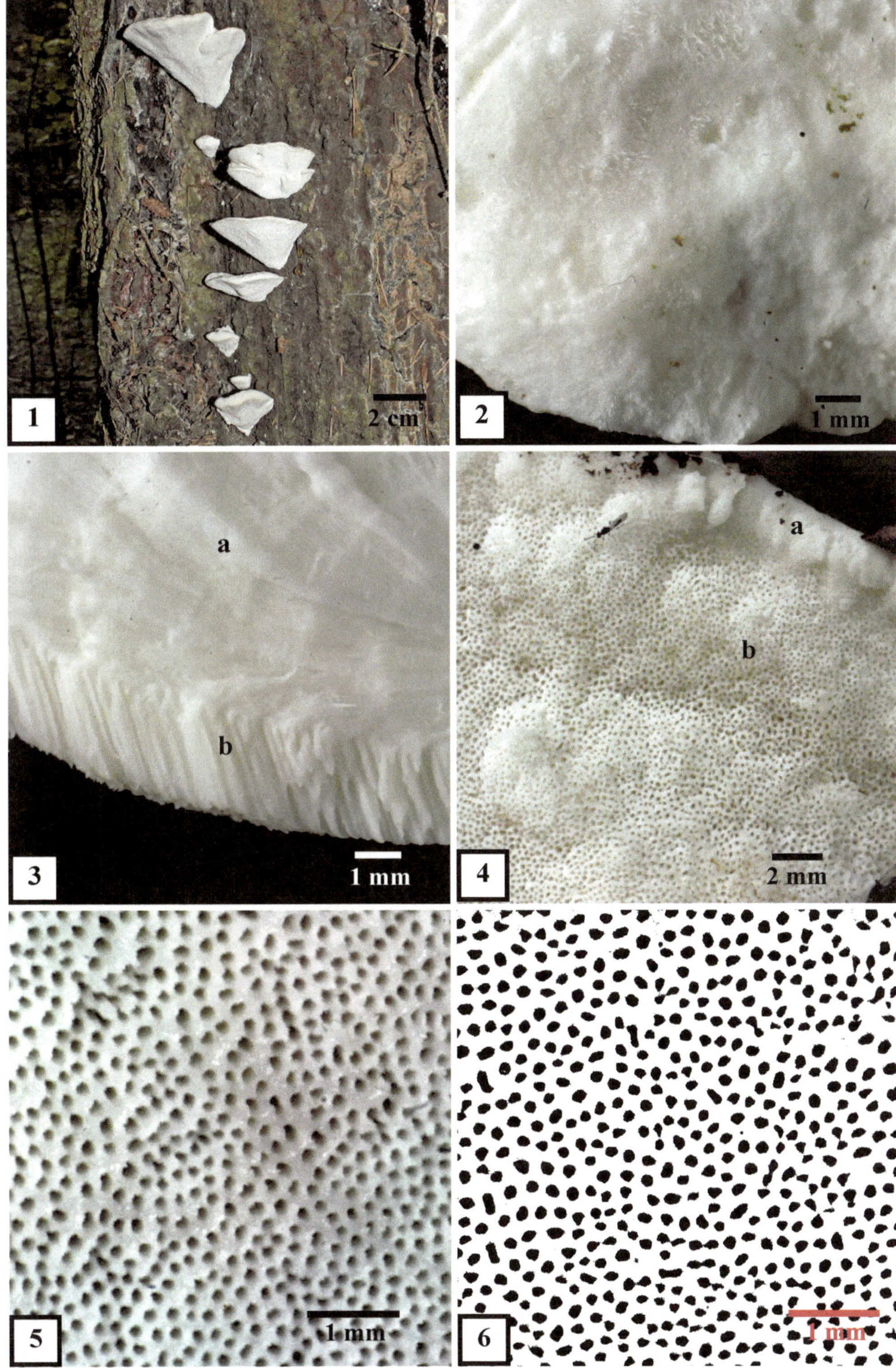
1
2 cm
2
1 mm
a
b
3
1 mm
a
b
4
2 mm
5
1 mm
6
1 mm

Pycnoporellus fulgens (Fr.) Donk
[≡ *Hydnum fulgens* Fr. = *Polyporus fibrillosus* P. Karst. = *Polystictus aurantiacus* (Peck) Cooke]
Leuchtender Orangeporling, Oranger Weichporling

Fk.-Typ: laterale bis effusoreflexe, an der Unterseite horizontaler Substrate auch effuse, annuelle, meist monozentrische Crustothecien mit polyporoidem bis irpicoidem Hymenophor.
Habitat: lignicol; saprotroph; hauptsächlich an Nadelholz, besonders an *Picea*, aber auch an *Abies* und *Pinus,* selten an Laubholz; nachgewiesen sind *Alnus*, *Betula*, *Fagus*, *Populus* und *Tilia*; an aufrechten oder liegenden, toten Stämmen, dicken Ästen und Stümpfen in der Optimalphase des Holzabbaues, oft gemeinsam mit *Fomitopsis pinicola*; Braunfäuleerreger.
Makromerkmale: Fk. einzeln oder in Reihen, oft imbricat, konsolen- bis fächerförmig, auch miteinander verwachsen; effuse Fk. sind nicht ganzflächig, sondern nur punktuell mit dem Substrat verwachsen und neigen randlich zur Hutbildung und weisen eine der Oberseite konsolenförmiger Fk. ähnliche Faserstruktur auf; Konsistenz im frischen Zustand saftig und weich, trocken brüchig. Hüte 1–5, selten bis 10 cm breit und ebenso weit vom Substrat abstehend; im mittleren Bereich 0,5–2 cm, an der Insertionsfläche bis 3 cm hoch, scharfrandig, oberseits fein behaart oder glatt und eingewachsen faserig, oft radial feinrunzelig und konzentrisch gezont; leuchtend rotorange bis rostrot, am wachsenden Hutrand heller; Hymenophor in Aufsicht gelblich-weiß bis hellgelb oder ocker, hellorange bis ziegelrot; Poren eckig, mitunter fast labyrinthisch, später zahnförmig gespalten, im polyporoiden Bereich des Hymenophors 1–2 Poren/mm; Röhren bis über 5 mm lang, ihre Länge übersteigt die Dicke der Huttrama; diese bis 2,5 mm dick, cremefarben, hellocker bis hellorange, zur Hutoberseite hin dunkler und mit Rottönen, Hymenophoraltrama gleichfarben, in Richtung der Poren heller.
Mikromerkmale: Spp weiß; Sp. langellipsoid bis nahezu zylindrisch, hyalin, glatt, 6–10×2,5–4 µm; Basidien viersporig, ohne Basalschnalle; Hymenialcystiden hyalin, dünnwandig, 40–60×4–8 µm; Hyphensystem monomitisch, Hyphen ohne Schnallen, reich verzweigt, dünn- bis dickwandig, 4–10 µm Ø.

Pycnoporellus fulgens ist eine holarktische Art mit einem überwiegend boreal-montanen Areal. Der Pilz gehört zu den farbenprächtigsten Porlingen und gilt in Europa als seltene Art naturnaher Wälder. Seit einigen Jahrzehnten hat sich *P. fulgens* in Mitteleuropa deutlich ausgebreitet. Er erinnert an *Pycnoporus cinnabarinus*, von dem er sich aber durch das helle und polymorphe Hymenophor unterscheidet.

Abb. 1: Frischer, sporulierender Fk. an einem liegenden *Picea-abies*-Stamm eines naturnahen Fichtenwaldes.
Abb. 2: Radialschnitt im mittleren Hutbereich eines frischen Fk.s; a – faserige Hutoberseite; b – rostrote, zum Hymenophor hin hellgelbe Huttrama; c – Hymenophor mit teilweise bereits zahnförmig aufgespaltenen Röhren; von der oberen Huttrama geht die Farbe in Richtung der Poren kontinuierlich von rotbraun zu gelb in weiß über.
Abb. 3: Hutoberseite am Hutrand eines frischen Exemplars mit relativ engen, konzentrischen Zonen und feiner, radial runzeliger Stuktur; a – glatter Hutrand mit radial orientierter, dicht anliegender Hyphenstruktur; b – durch geringfügige Vertiefung und unterschiedliche Behaarung geprägte konzentrische Zonen; c – aus geringfügigen Vertiefungen hervorgehende, feine, radiale, runzelige Strukturierung; beide Oberflächenstrukturen treten bei trockenen Fk.n stärker hervor.
Abb. 4: Labyrinthisches Hymenophor von einem effusen Fk. an der Unterseite eines liegenden Fichtenstammes.
Abb. 5: Aufsicht auf das eckigporige Hymenophor am Hutrand eines frischen Fk.s.
Abb. 6: Zahnförmig aufgelöstes Hymenophor vom mittleren Hutbereich eines frischen Fk.s.
Abb. 7: Segmentierte Aufsicht auf das Hymenophor; 84 Poren/25 mm² ≙ 3,4 Poren/mm² ≙ 1,8 Poren/mm.

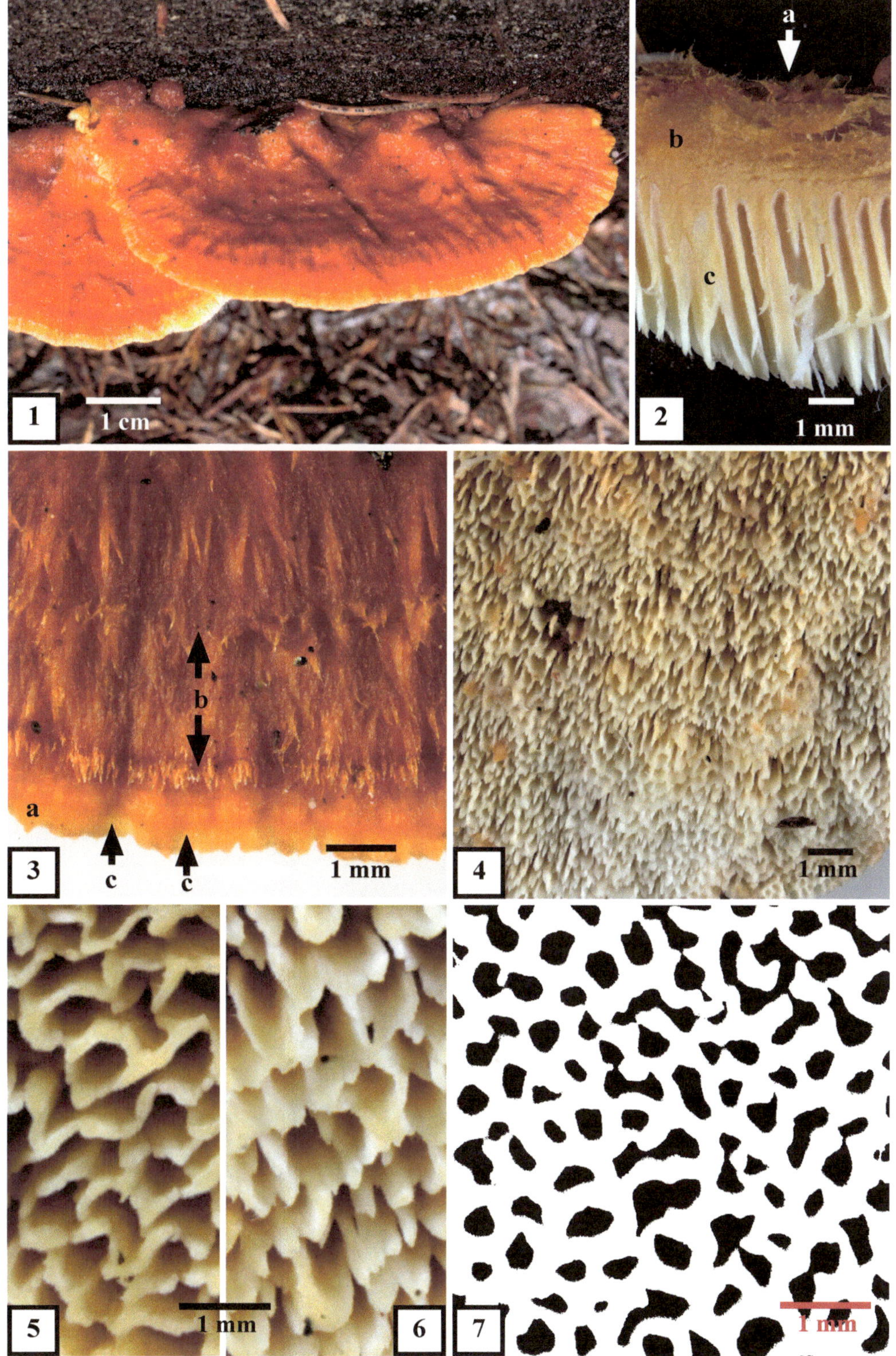
1
1 cm
a
b
c
2
1 mm
b
a
c
c
3
1 mm
4
1 mm
5
1 mm
6
7
1 mm

Pycnoporus cinnabarinus (Jacq.) P. Karst.
[≡ *Boletus cinnabarinus* Jacq. ≡ *Trametes cinnabarina* (Jacq.) Fr. ≡ *Polystictus cinnabarinus* (Jacq.) Cooke]
Zinnoberrote Tramete, Zinnoberschwamm

Fk.-Typ: annuelle, meist monozentrische, laterale, selten auch effusoreflexe Crustothecien mit polyporoidem Hymenophor.
Habitat: lignicol; saprotroph von der Initial- bis zur Optimalphase des Holzabbaus; vorwiegend auf Laubholz; in Europa besonders auf *Betula*, *Fagus* und *Quercus*, aber auch auf anderen Laubgehölzen, z.B. auf *Acer*, *Aesculus*, *Alnus*, *Fraxinus*, *Malus Populus*, *Prunus*, *Quercus*, *Salix*, *Sorbus* und *Ulmus*, selten auf Nadelgehölzen, z.B. auf *Abies*, *Picea* und *Pinus*; Weißfäuleerreger.
Makromerkmale: Fk. oft in Gruppen, selten einzeln, meist konsolenförmig, mitunter effusoreflex, auf der Oberseite liegender Substrate auch rosettenförmig; Konsistenz faserig-korkig, trocken hart, Hüte 3 bis über 10 cm breit; bis 8 cm vom Substrat abstehend, im mittleren Hutbereich um 1 cm dick, an der Insertionsfläche bis über 2 cm hoch; Hutoberseite rot, Zuwachszonen gelblich-rot, aprikosenfarben, im Alter ausblassend; am wachsenden Fk.-Rand fein tomentos, dann angedrückt faserig, später mit glatter Cortex, aber meist warzig, runzelig; mitunter nahezu ungezont, meist jedoch rillig und farblich konzentrisch undeutlich bis deutlich gezont; Rand wulstig abgerundet, oft etwas nach unten gebogen; Aufsicht auf das Hymenophor intensiv zinnoberrot, Poren jung rund bis abgerundet eckig, Dissepimente anfangs dicker als der Porendurchmesser und tomentos, später oft irregulär mit aufreißenden und teils zahnförmig einreißenden Poren, 3–4 Poren/mm; Trama rot, orangerot bis weißlich-rot, trocken ausblassend; Huttrama bis über 8 mm dick; Hymenophoraltrama intensiver als die Huttrama gefärbt.
Mikromerkmale: Spp. weiß; Sp. hyalin, glatt, dünnwandig, schmal ellipsoid bis zylindrisch, ventral abgeflacht, 5–6×2–2,5 µm; Hyphensystem trimitisch; generative Hyphen wenig verzweigt bis 5 µm Ø, mit Schnallen; Basidien gestaucht clavat, viersporig, mit Basalschnalle; Skeletthyphen dickwandig, selten verzweigt, unseptiert bis 10 µm Ø; Bindehyphen verzweigt, dickwandig, unseptiert, bis 5 µm Ø.

Pycnoporus cinnabarinus ist im holarktischen Florenreich circumpolar verbreitet und kommt besonders im nemoralen, aber auch im borealen Zonobiom vor. Von dem dünnfleischigen *P. sanguineus* ist *P. cinnabarinus* durch wesentlich dickere, massivere Konsolen und durch die geringere Porendichte gut zu unterscheiden. Die ebenfalls auffallend rot gefärbten Fk. des überwiegend Nadelholz besiedelnden *Pycnoporellus fulgens* haben eine weichere, saftige, monomitische Trama sowie weiter entfernt stehende und im Alter regulär aufreißende Poren. Die Hüte sind zudem bei Reife scharfrandiger als bei dem überwiegend Laubholz besiedelnden *P. cinnabarinus.*

Abb. 1: Ausgereifte, schwach gezonte Einzelkonsole an einem liegenden *Fagus*-Stamm nach der Sporulationsphase.
Abb. 2: Huttrand einer wachsenden Konsole; a – aprikosenfarbener, fein tomentoser Hutrand; b – verkahlte, warzig-höckerige Hutoberseite.
Abb. 3: Radial aufgebrochene Konsole eines getrockneten Fk.s; a – weißlich-rote Huttrama; b – Hymenophor mit der intensiver als die Huttrama gefärbten Hymenophoraltrama.
Abb. 4 u. 5: Aufsicht auf zwei Hymenophore; a, b – noch wachsendes Hymenophor vor der Sporulation; c, d – Hymenophor nach der Sporulation; a – Hutrand im Bereich der Bildung des Hymenophors; b – wachsendes Hymenophor mit noch dicken Dissepimenten; c – Hymenophor mit irregulär geformten, schmalen Dissepimenten; d – Hymenophor mit teilweise zahnfömig zerklüfteten Dissepimenten.
Abb. 6: Aufsicht auf ein wachsendes Hymenophor vom mittleren Hutbereich.
Abb. 7: Segmentierte Aufsicht; 205 Poren/25 mm^2 ≙ 8,2 Poren/mm^2 ≙ 2,9 Poren/mm.

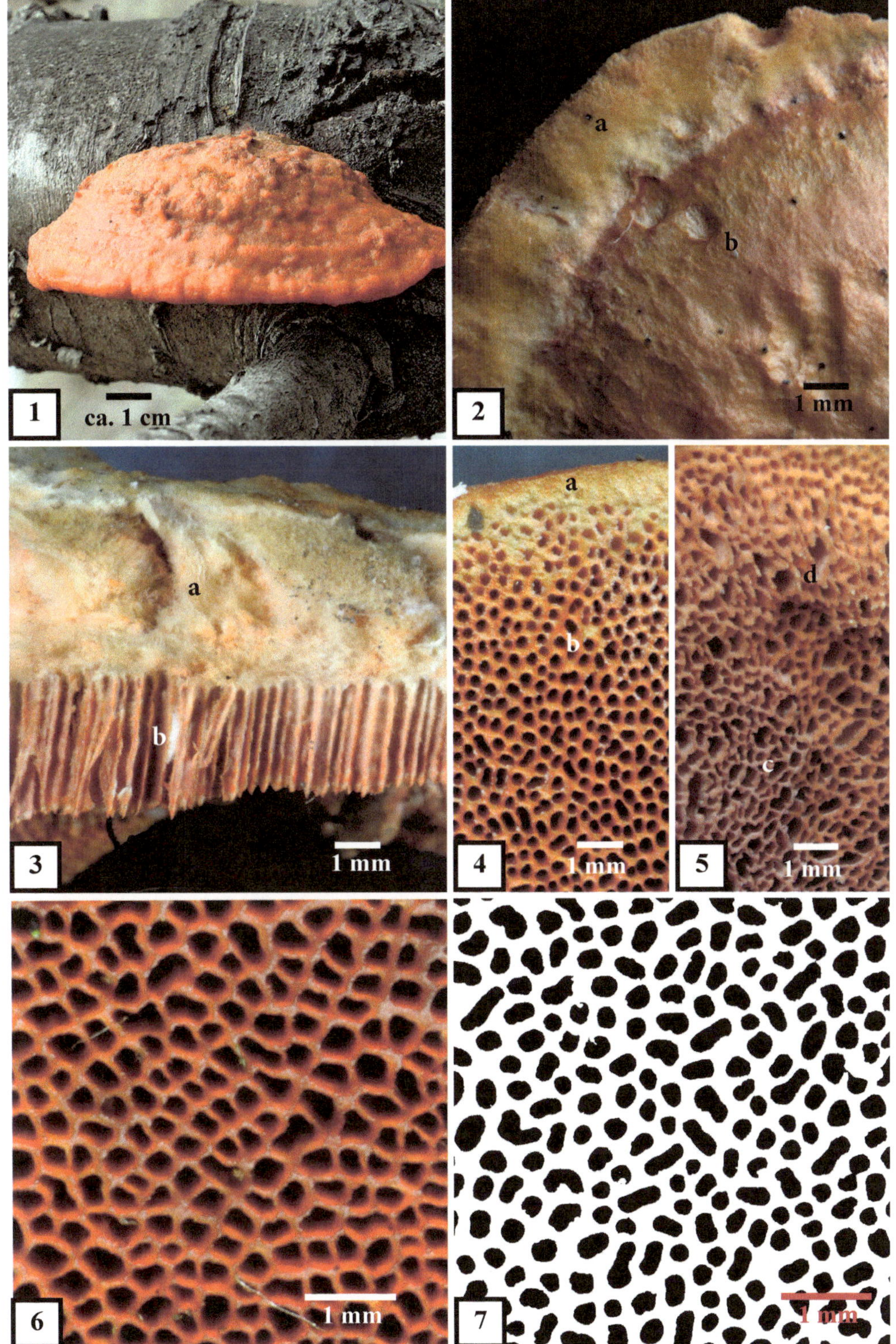
1
ca. 1 cm
2
a
b
1 mm
3
a
b
1 mm
4
a
b
1 mm
5
d
c
1 mm
6
1 mm
7
1 mm

Pycnoporus sanguineus (L.) Murrill
[≡ *Boletus sanguineus* L. ≡ *Polyporus sanguineus* (L.) Fr. ≡ *Microporus sanguineus* (L.) Pat.= *Polyporus coccineus* Fr. ≡ *Pycnoporus coccineus* (Fr.) Bondartsev & Singer]
Blutrote Tramete

Fk.-Typ: laterale bis substipitate, selten effusoreflexe, annuelle, monozentrische Crustothecien mit polyporoidem Hymenophor.
Habitat: lignicol; saprotroph auf Laubgehölzen zahlreicher Gehölzgattungen; auch auf Holz von Gymnospermen; Weißfäuleerreger.
Makromerkmale: Fk. selten einzeln, meist in Gruppen, selten imbricat; mitunter kurz gestielt, oft ohne, selten mit geringen, effusen Fk.-Teilen, mitunter etwas am Substrat herablaufend, selten an der Unterseite horizontaler Substrate effus und mit nur randlicher Hutbildung; Konsistenz korkig, faserig, trocken hart, etwas biegsam; Hüte meist konsolen- bis fächerförmig, besonders auf horizontalen Substraten auch rosettig, bis 10 cm breit, bis 6 cm vom Substrat abstehend, dünnfleischig, im mittleren Hutbereich um 1–2,5, an der Insertionsfläche bis 5 mm dick; Oberseite frisch leuchtend rot bis orange, ohne oder mit undeutlichen, leicht rilligen Zonen; mitunter kommen auch durch verschiedene Rottöne geprägte Zonen vor; oft etwas radial runzelig; wachsende Ränder leuchtend gelblich-rot, anfangs feinsamtig, bald glatt und ziegel- bis blutrot, absterbend grau-rötlich bis dunkelgrau; Aufsicht auf das Hymenophor jung leuchtend rot, später ziegel- bis blutrot, Hutunterseite mit porenfreiem Rand; dichtporig, 5–7 Poren/mm, im Alter oft aufgerissene, größere Poren, im Übergang zu effusen Fk.-Teilen auch gestreckte Poren von über 1 mm Länge; Röhren um 0,5 mm lang; Huttrama weißlich-rot, hellrot, dünn, in der Hutmitte um 0,5–2 mm dick, mitunter gezont; Hymenophoraltrama der Huttrama gleichfarben oder etwas dunkler.
Mikromerkmale: Spp. weiß; Sp. hyalin, dünnwandig, glatt etwas gebogen, 5–6×2–3 µm; Basidien viersporig, gestaucht clavat, mit Basalschnalle; Hymenium ohne sterile Strukturen; Hyphensystem trimitisch; generative Hyphen dünnwandig, hyalin, reichlich septiert, 2–4 µm Ø, mit Schnallen, in der Hymenophoraltrama stark dextrinoid; Skeletthyphen dickwandig, hyalin, nicht septiert, selten verzweigt, bis 9 µm Ø; Bindehyphen reich verzweigt, dickwandig, bis 4 µm Ø.

Pycnoporus sanguineus ist eine pantropische Art. Sie gehört in den tropischen Klimazonen zu den auffallendsten und häufigsten Porlingen. In der australen und der temperaten Klimazone kommt sie im warmtemperierten und im meridionalen Zonobiom vor. In Europa ist die Art nur von Südfrankreich bekannt. Es ist infolge der Klimaerwärmung mit einer weiteren Ausbreitung zu rechnen. Von *P. cinnabarinus* ist die Art durch ihre geringere Dicke und die dichter stehenden Poren problemlos zu unterscheiden.

Abb. 1: Teils gestielte, noch nicht sporulierende, junge, heranwachsende Fk. auf einem Laubholzstamm.
Abb. 2: Unterseite eines ausgereiften Fk.s mit leuchtend rotem Hymenophor und dem porenfreien Rand.
Abb. 3: Oberseite eines Fk.s; a – heller, noch fein tomentoser Hutrand; b – glatte, matt glänzende, lebhaft rote Cortex.
Abb. 4: Radialschnitt vom Hutrand (oben) und von der Insertionsfläche (unten) einer ungestielten Konsole; a – Substratreste; b – Cortex der Hutoberseite; c – rot bis rötlich-weiß bis rosa-bräunlich gezonte Huttrama; d – kurzröhriges Hymenophor; e – effuser, am Substrat herablaufender Anteil des Fk.s.
Abb. 5: Aufsicht auf das Hymenophor vom mittleren Hutbereich eines Fk.s mit runden bis eckigen Poren.
Abb. 6: Segmentierte Aufsicht auf das Hymenophor eines ausgereiften Fk.s; 1436 Poren/25 $mm^2 \triangleq 57$ Poren/$mm^2 \triangleq 7{,}5$ Poren/mm.

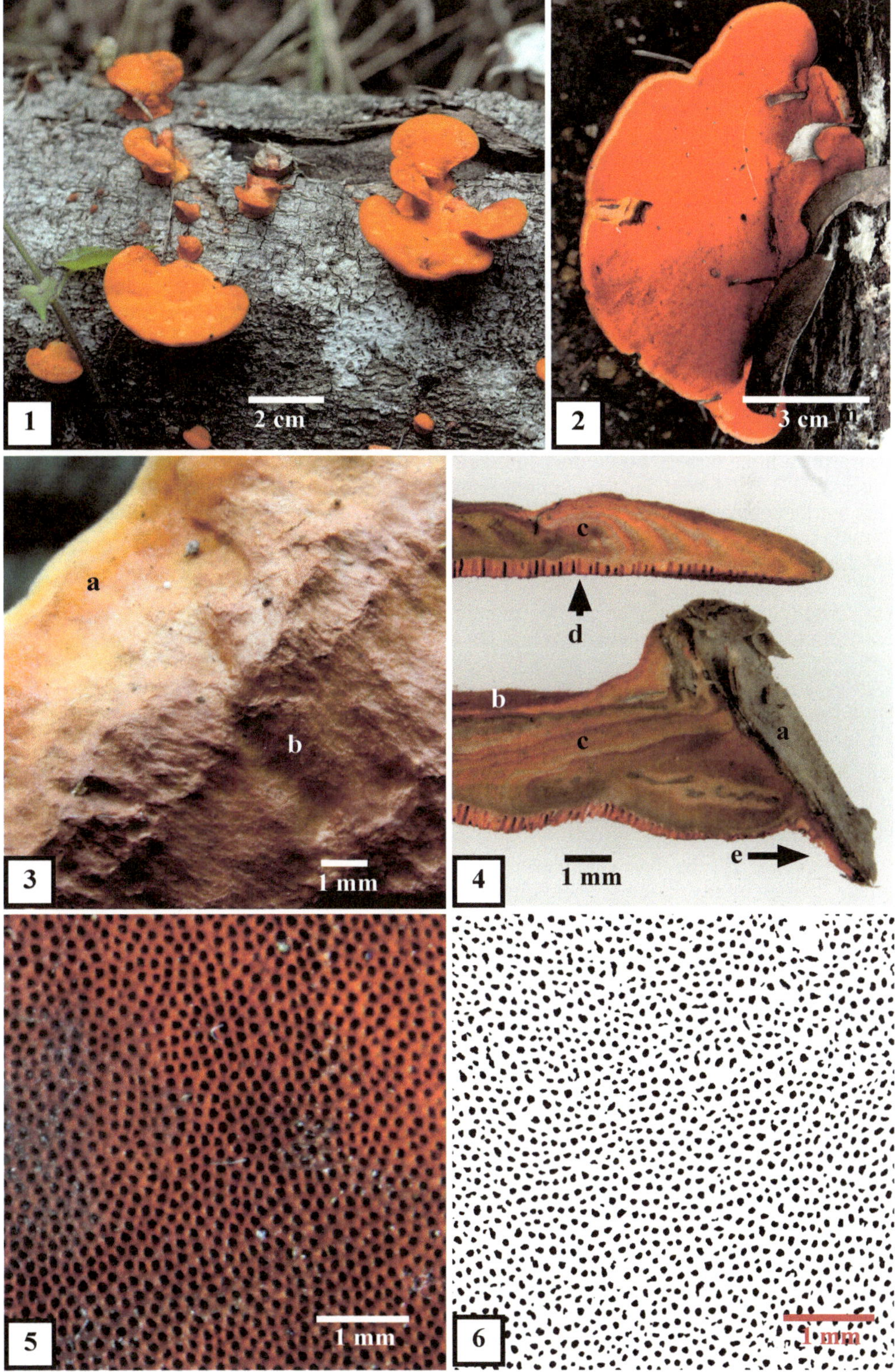
1
2 cm
2
3 cm
3
a
b
1 mm
4
c
d
b
c
a
e
1 mm
5
1 mm
6
1 mm

Sarcoporia polyspora **P. Karst.**
[= *Polyporus transmutans* Overholz ≡ *Parmastomyces transmutans* (Overholz) Ryvarden & Gilb. = *Tyromyces kravtzevianus* Bondarzev & Parmasto ≡ *Tyromyces kravtzevianus* Bondarzev & Parmasto ≡ *Parmastomyces kravtzevianus* (Bondartsev & Parmasto) Kotl. & Pouzar]
Fleischige Porenkruste

Fk.-Typ: effuse bis effusoreflexe, selten ausschließlich laterale, meist polyzentrische, miteinander verwachsende Crustothecien mit polyporoidem Hymenophor.
Habitat: lignicol; saprotroph auf Nadelholz, hauptsächlich an *Picea* und *Pinus*; Braunfäuleerreger.
Makromerkmale: Fk. oft bis mehrere Quadratdezimeter große, ausgedehnte, effuse bis 6 mm dicke Matten bildend, an denen sich besonders an Fk.-Rändern senkrechter Substrate Hütchen bilden können, welche sehr selten auch als rein laterale Fk. vorkommen; Konsistenz saftig, weich, ledrig, trocken bröckelig; Hüte oberseits zunächst weiß, auf Druck rötlichbraun fleckig, ausgereift von der Insertionsfläche zum hell bleibenden Rand hin rötlich-braun, trocken völlig rötlich- braun; ungezont, angedrückt verflochten behaart, irregulär bis radial feinrunzelig; Hymenophor in Aufsicht weiß bis hellgelb, Druckstellen gelb bis rötlich-braun, trocken hellbraun; in der Wachstumsphase mit reichlichen Guttationströpfchen, die Guttationsgruben hinterlassen; Poren der Hutunterseite rund bis abgerundet eckig bis irregulär gestreckt, 2–3 Poren/mm, an senkrechten Substraten stellenweise mit gestreckten, über 2 mm langen Dissepimenten und treppenförmig abgesetzt, Röhren 1, selten bis über 2 mm lang; Trama weiß, über dem Hymenophor mit grauer, gelatinöser Schicht.
Mikromerkmale: Spp. weiß; Sp. 4–6×2–3 µm, kurz zylindrisch bis ellipsoid, glatt, hyalin, etwas dickwandig, stark dextrinoid und cyanophil; Basidien clavat, viersporig, mit Basalschnalle; Hymenium ohne sterile Elemente; Hyphensystem monomitisch; Hyphen hyalin, 2–5 µm Ø, mitunter angeschwollen und bis 10 µm Ø, mit Schnallen.

Sarcoporia polyspora ist im holarktischen Florenreich circumpolar verbreitet. In Europa kommt die Art besonders in Osteuropa (z.B. Finnland, Baltikum, Polen, Tschechien) an Nadelholz vor. In Mitteleuropa ist sie sehr selten, in Nordamerika häufiger; dort fruktifiziert sie auch auf Laubgehölzen. Bei flüchtiger Betrachtung sind effuse Matten denen von *Antrodia serialis* ähnlich. Die Verfärbung der Fk. von *S. polyspora* bei Druck und beim Trocknen erinnert an die Farbveränderung bei *Postia fragilis*, die Verfärbung tritt bei *P. fragilis* jedoch rascher ein. Die dextrinoiden Sporen in Kombination mit der gelatinösen Trama über dem Hymenophor und der Farbveränderung an Druckstellen sind diagnostisch wichtige Merkmale. An den Fk.n sind meist reichlich Sporen zu finden, worauf das Epitheton zurückgeht.

Abb. 1: Mehrere effusoreflexe Fk.-Matten an einem liegenden *Picea*-Stamm; a – noch völlig weiße, junge, zusammenfließende Fk.; b – wachsender, im mittleren Bereich bereits sporulierender Fk.; c – wachsende Randzone, die mit weiteren Fk.-Initialen verschmilzt; d – bereits rötlich-braun gefärbte, feinrunzelige Hutoberseite; e – wachsendes Hymenophor in der Sporulationsphase; f – Guttationströpfchen.
Abb. 2: Fein angedrückt behaarte Hutoberseite; a – bereits verfärbte, irregulär feinrunzelige Oberseite nahe der Insertionsfläche; b – mittlerer, gefärbter Hutbereich mit etwas radialer Orientierung der Runzelung; c – weißer, etwas nach unten gebogener, scharfer und fein welliger Hutrand.
Abb. 3: Hymenophor im Übergangsbereich von der Hutunterseite zum effusen, am Substrat herablaufenden Fk.-Teil; a – polyporoides Hymenophor nahe der Hutunterseite; b – gestreckte Dissepimente des Hymenophors am senkrechten Substrat; c – Guttationsgrube.
Abb. 4: Aufsicht auf das Hymenophor der Hutunterseite mit runden bis abgerundet eckigen (a) und etwas gestreckten (b) Poren.
Abb. 5: Segmentierte Aufsicht auf das Hymenophor einer Hutunterseite; 70 Poren/25 mm^2 ≙ 2,8 Poren/mm^2 ≙ 1,7 Poren/mm.

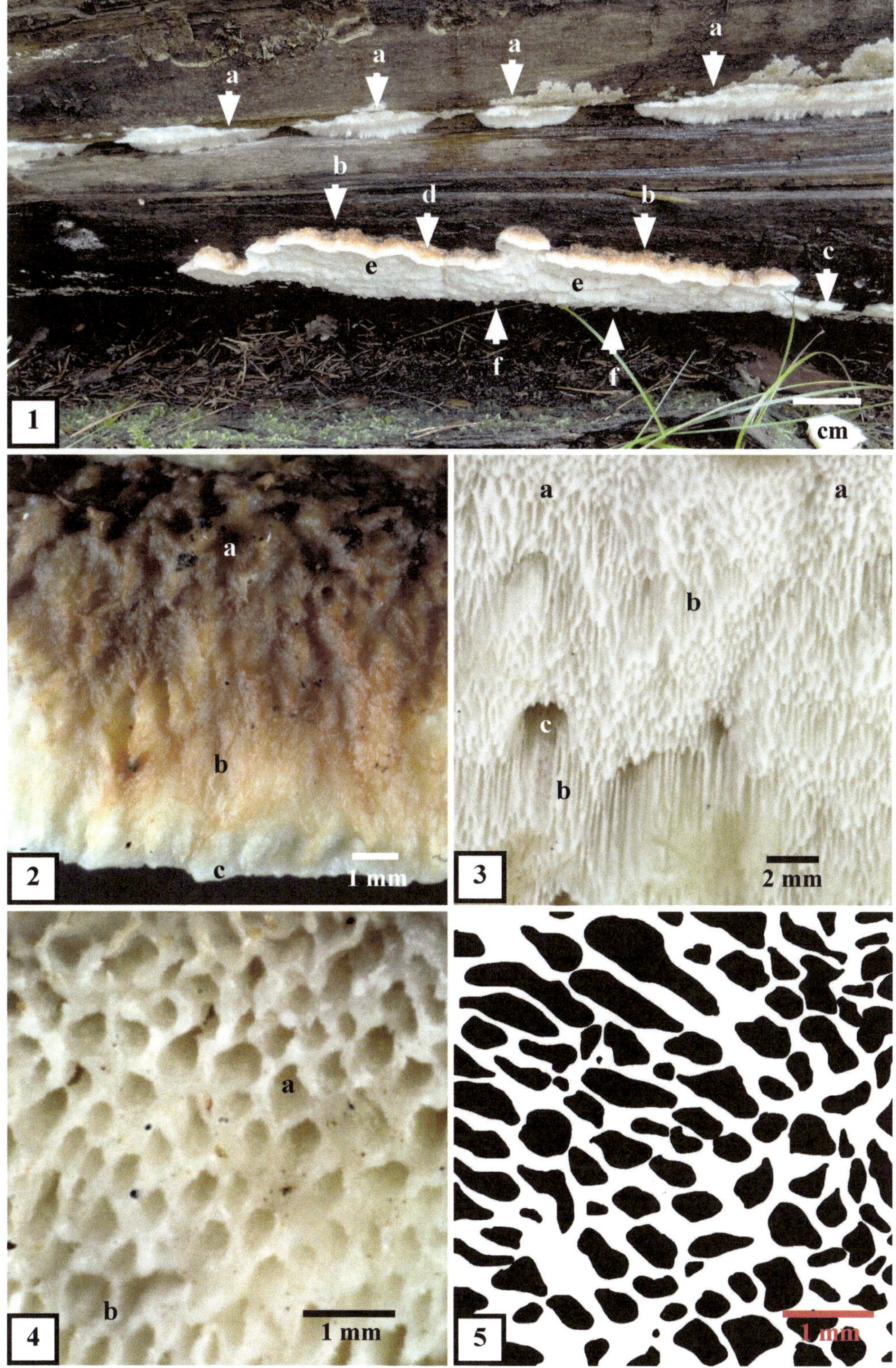
a
a
a
a
b
d
b
e
e
c
f
f
1
2 cm
a
b
c
2
1 mm
a
a
b
c
b
3
2 mm
a
b
4
1 mm
5
1 mm

Schizophyllum commune Fr.
[= *Schizophyllum alneum* (L.) J. Schröt. = *Daedalea commune* (Fr.) P. Kumm. = *Schizophyllum multifidum* (Batsch) Fr. = *Schizophyllum flabellare* Fr.]
Gewöhnlicher Spaltblättling

Fk.-Typ: laterale, annuelle Pilothecien mit Pseudolamellen (vgl. Gattungsdiagnose, S. 143).
Habitat: meist lignicol und saprotroph; nachgewiesen auf zahlreichen Laub- und Nadelgehölzen an Ästen, Stämmen, besonders häufig an *Alnus*, *Fagus*, *Quercus*, *Tilia*, aber auch an *Acer*, *Aesculus*, *Betula*, *Carpinus*, *Cerasus*, *Corylus*, *Frangula*, *Fraxinus*, *Gleditschia*, *Laburnum*, *Malus*, *Picea*, *Pinus*, *Populus*, *Prunus*, *Salix* und *Sorbus*; selten herbicol, z.B. an Getreidestroh, an basalen *Fragaria*-Sprossachsen oder zoocol an Knochen, an Horn; selten perthotroph an lebenden Gehölzen oder in der Myzelform biotroph und humanpathogen; kosmopolitisch verbreitet; auf Holz Weißfäuleerreger.
Makromerkmale: Fk. muschel- bis fächerförmig, an der Unterseite horizontaler Substrate auch glockenförmig, an der Oberseite rosettenförmig; oft stielförmig in die Insertionsfläche verschmälert, selten einzeln, meist in Gruppen, oft imbricat; Konsistenz zäh, ledrig, trocken derbkorkig bis hart, je nach Luftfeuchte etwas biegsam; Hüte 1–3, selten bis 4 cm breit und ebenso weit vom Substrat abstehend; oberseits filzig behaart, weiß bis grau, Rand scharf, wellig gekerbt; Hymenophor aus Pseudolamellen mit Längsspalt bestehend; 2–3 Pseudolamellen/mm, Aufsicht auf das Hymenium graubraun mit rosaviolettem Farbeinschlag, Spalt der Pseudolamellen weißlich-grau, tomentos, dem Tomentum der Hutoberseite gleichgestaltet; Trama oben weißlich-grau, locker filzig, dem Tomentum gleichfarben und strukturiert, darunter aus dichtfaserigem, graubraunem Plectenchym, die beiden Schichten durch eine dunkle Linie getrennt; Tomentum des Spaltes bei Langlamellen mit oberer Tramaschicht und Tomentum der Oberseite direkt verbunden.
Mikromerkmale: Spp. fast weiß bis rosa oder rosa-bräunlich; Sp. zylindrisch bis allantoid, hyalin, zweikernig, 3–4×1–1,5 µm; Basidien schmal keulenförmig bis nahezu zylindrisch; mit Basalschnalle, viersporig, mit langen Sterigmata; Hyphensystem dimitisch; Hyphen des Plectenchyms der unteren Trama und des Subhymeniums dünnwandig, mit Schnallen; Hyphen der wolligen Trama und des Tomentums dickwandig.

Schizophyllum commune ist kosmopolitisch verbreitet. Die Fk. dieser Art ertragen relativ starkes Austrocknen der besiedelten Substrate. Die hygroskopische Bewegung ermöglicht es, die hymeniumtragenden Oberflächen bei Trockenheit in geschlossenen Kammern vor Austrocknung zu schützen. Die Art kommt besonders in der Initialphase der Holzzerstörung vor und tritt auch auf relativ trockenem Holz, z.B. auf besonnten Kahlschlägen, häufig auf.

Abb. 1: Imbricates Fk.-Büschel mit mehreren fächerförmigen Hüten auf einem liegenden Buchenstamm.
Abb. 2: Hutoberseite eines gealterten Fk.s; das zunächst weiße, wollig-filzige Tomentum ist grau gefärbt und durch Grünalgenbewuchs stellenweise grünlich (Pfeil).
Abb. 3: Unterseite eines fächerförmigen Hutes im trockenen Zustand; a – spreizend gewölbte, das Hymenium und die kurzen Pseudolamelletten überdeckende Spalthälften der langen Pseudolamellen; b – stark nach unten eingerollter Hutrand.
Abb. 4: Dieselbe Hutunterseite wie in Abb. 3 im feuchten Zustand; a – gestreckte Spalthälften der Pseudolamellen; b – freiliegendes Hymenium; c – nahezu gestreckter Hutrand.
Abb. 5: Sekantalschnitt eines trockenen, fächerförmigen Hutes; einheitlich filzige Struktur des Tomentums (a), der weißen, lockeren, oberseitigen Trama (b) und der Behaarung der spreizenden Pseudolamellen (c); d – braune Trennlinie zwischen den Tramaschichten; engfaserige, untere Trama mit der etwas helleren, subhymenialen, stark quellfähigen Schicht (e) und der schwach quellfähigen, etwas dunkleren Schicht (f).
Abb. 6: Segmentierte Aufsicht auf die Unterseite eines fächerförmigen Fk.s; Sekante am unteren Bildrand; 11 Pseudolamellen/5 mm ≙ 2,2 Pseudolamellen/mm.

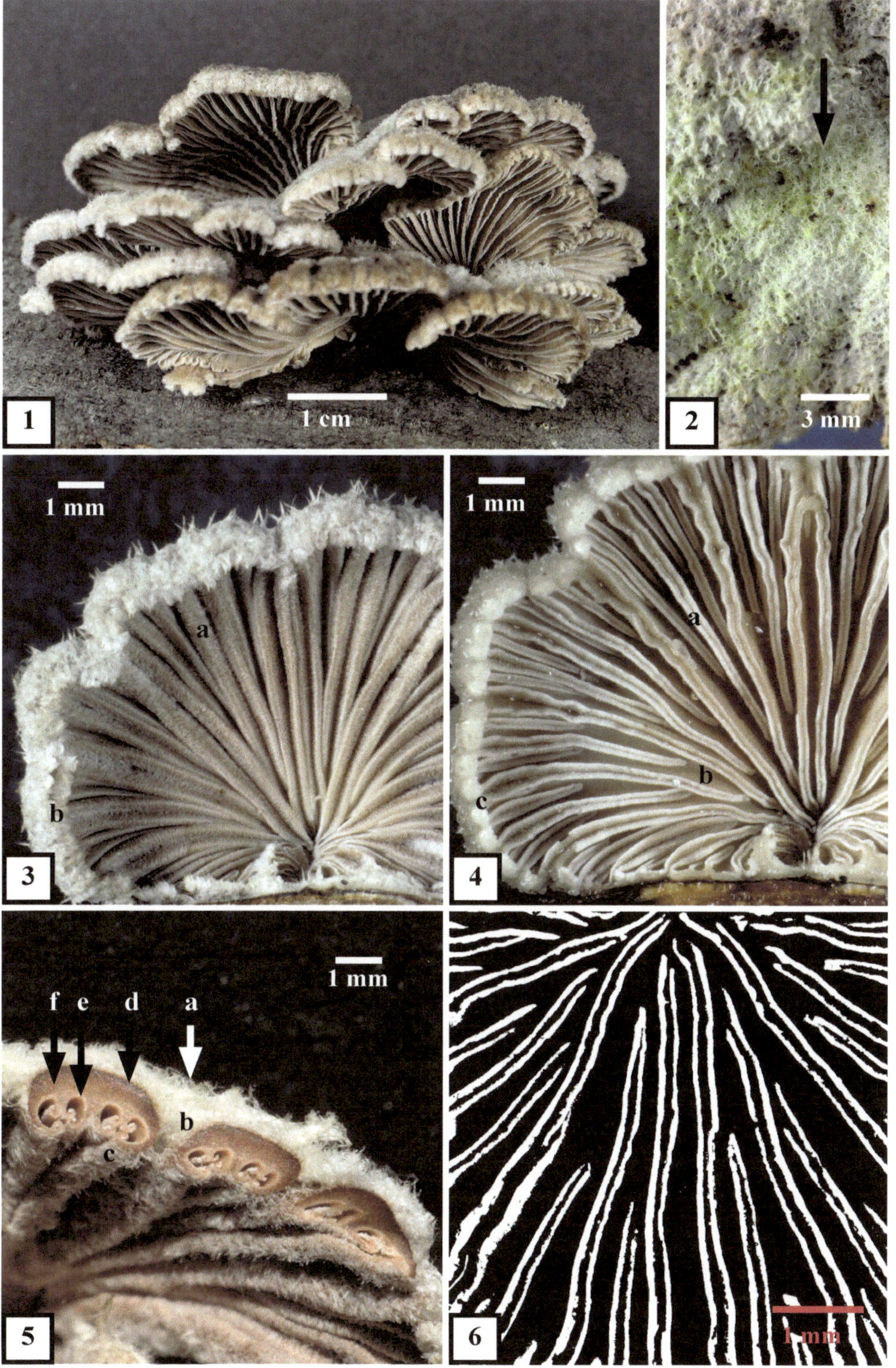
1
1 cm
2
3 mm
1 mm
a
b
3
1 mm
a
b
c
4
1 mm
f e d a
b
c
5
1 mm
6

Sistotrema confluens Pers.
[≡ *Hydnotrema confluens* (Pers.) Link ≡ *Irpex confluens* (Pers.) P. Kumm. = *Irpex anomalus* Wettst.= *Sistotrema sublamellosum* (Bull.) Quél. = *Sistotrema ericetorum* (Bourdot & Galzin) Sacc. & Trotter]
Kreiselförmiger Schütterzahn

Fk.-Typ: stipitate, substipitate bis effusoreflexe, selten auch völlig effuse, zierliche, annuelle Crustothecien mit polyporoidem bis daedaleoidem und irpicoidem Hymenophor.
Habitat: terricol bis lignicol an verschiedenen verrotteten Rohhumusbestandteilen, z.B. Blättern, Moosresten, Ästchen; auch lignicol in der Optimal- bis Fianalphase des Holzabbaus von Laub- und Nadelhölzern, u.a. an *Fagus*, *Fraxinus*, *Larix*, *Pinus*, *Populus* und *Quercus*; an Holz; Weißfäuleerreger.
Makromerkmale: Fk. selten einzeln, meist in Gruppen; lateral, selten auch exzentrisch bis zentral gestielt, oft spatelförmig; an der Unterseite horizontaler Substrate auch völlig effus, oder effusoreflex; Konsistenz weich, saftig, mit etwas zäher Trama, trocken hart, bröckelig; Hüte wenige Millimeter bis 2 cm breit und bis 2 cm im Radius, im mittleren Hutbereich bis 3 mm dick; irregulär rund bis fächerförmig; oberseits tomentos bis feinfilzig; schmutzig weiß bis cremefarben, hellocker, selten auch hell zitronengelb, größere Exemplare fein gezont; Rand jung abgerundet, später scharf, oft irregulär wellig oder gekerbt; Stiel wenige Millimeter bis 2 cm lang und bis 3 mm Ø, schmutzig weiß bis gelblich, der Hutoberseite etwa gleichfarben; fein tomentos bis glatt; Aufsicht auf das Hymenophor weiß bis cremefarben oder hellocker; randlich mitunter polyporoid mit rundlichen bis abgerundet eckigen Poren, oft aber beiderseits am Rand gestrecktporig oder schon jung zahnförmig aufgelöst, im mittleren Hutbereich irregulär gestrecktporig, bis daedaleoid oder irpicoid bis hydnoid aufgelöst, am Stiel meist etwas herablaufend; an regulär polyporoiden Hymenophorabschnitten ca. 2–3 Poren/mm; Dissepimente nur anfangs abgerundet, später fransig bis gezähnt; Röhren bzw. Zähne bis 2 mm lang, Trama schmutzig weiß bis hellocker; Huttrama bis 1 mm dick; Hymenophoraltrama der Huttrama gleichfarben
Mikromerkmale: Spp. weiß; Sp. hyalin, glatt, ellipsoid, 4–6×2–3 µm; Basidien selten zwei- bis vier-, meist sechssporig, gestaucht clavat, urnenförmig, mit Basalschnalle; Hymenium ohne Cystiden; Hyphensystem monomitisch; Hyphen in der Hymenophoraltrama bis 4, in der Huttrama bis 6 µm Ø, hyalin, dünnwandig, reichlich septiert; Septen stets mit Schnallen.

Sistotrema confluens ist eine circumpolar verbreitete Art des holarktischen Florenreiches. In Europa ist sie in verschiedenen Waldbiotopen weit verbreitet. Die Art kann u.U. makroskopisch mit anderen weichfleischigen, kleinen Porlingen verwechselt werden, ist aber mikroskopisch durch die gestauchten Basidien mit irregulärer Sterigmenzahl gut zu trennen.

Abb. 1: Mehrere seitlich gestielte, lignicole Fk. auf einem *Fraxinus-excelsior*-Stammholzteil; a – Reste der *Fraxinus*-Borke; b – weißfaules Holz; c – dem hinteren Hutrand lateral ansitzender Stiel; d – Hutoberseite; e – Hymenophor; f – scharfer Hutrand.
Abb. 2: Unterseite zweier verwachsener, exzentrisch gestieler Fk. und drei kleinere, seitlich gestielte Exemplare; a – an den Stielen leicht herablaufendes Hymenophor; b – Stiel; c – Hutoberseite lateral gestielter Exemplare (Foto: M. Theiss).
Abb. 3: Noch in Wachstum begriffener, exzentrisch gestielter Fk. mit aufwärts gebogenem Hutrand auf bemoostem, feuchtem Rohhumus; a – nahezu völlig zahnförmig aufgespaltenes Hymenophor; b – noch wachsender, wulstiger Hutrand; c – Stiel.
Abb. 4: Radial aufgerissener Fk-Rand; a – fein filzige Hutoberseite; b – wässrig-weiße Huttrama; c – Hymenophor.
Abb. 5: Fein gezonte Hutoberseite.
Abb. 6-8: Hymenophoraufsichten von Hutunterseiten; nahezu regulär polyporoid (Abb. 6), stärker gestrecktporig (Abb. 7), nahezu daedaleoid (Abb. 8).
Abb. 9: Segmentierte Aufsicht auf ein waagerecht orientiertes Hymenophor einer Hutunterseite; 151 Poren/25 mm^2 ≙ 6 Poren/mm^2 ≙ 2,5 Poren/mm.

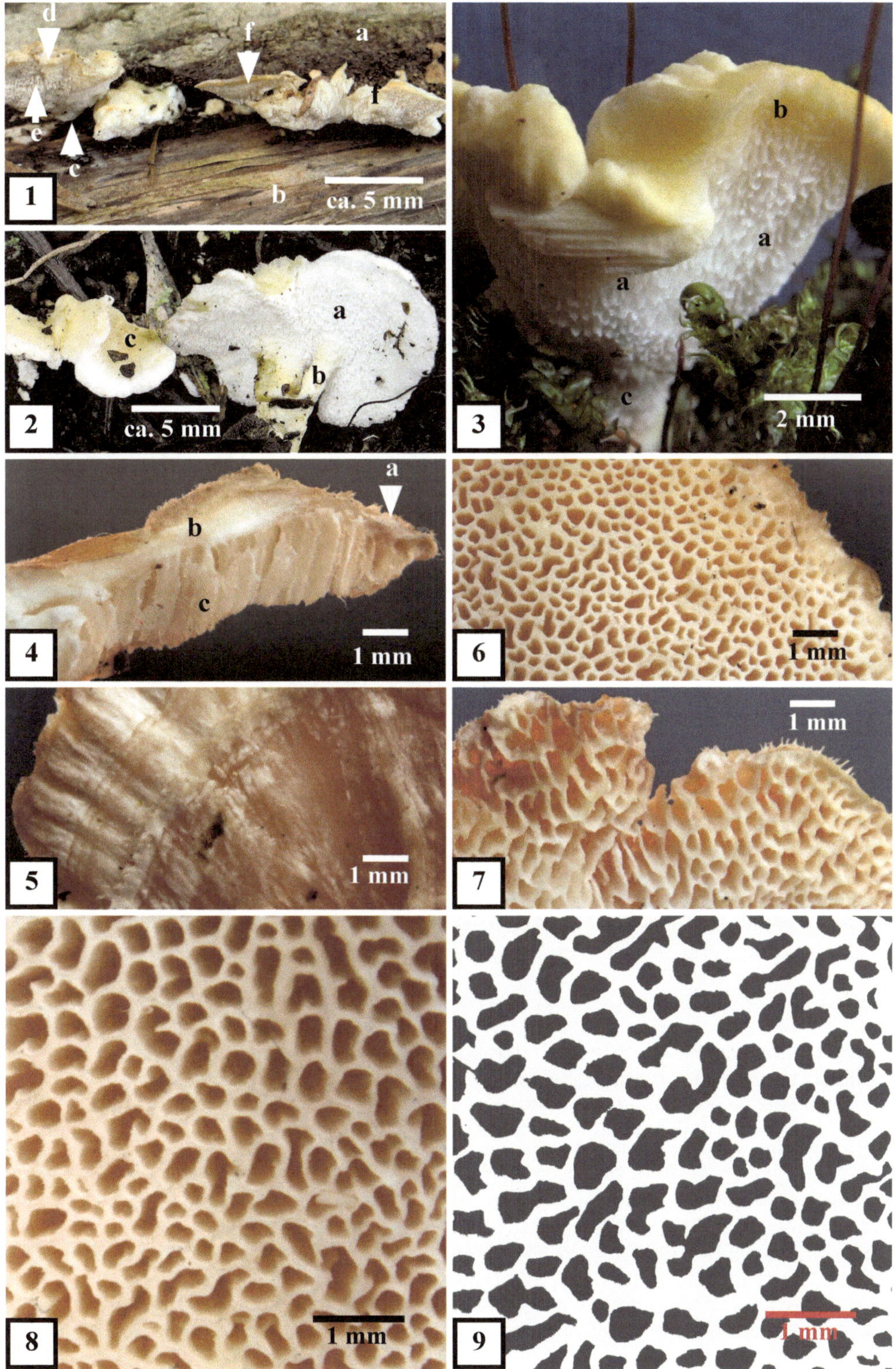
1
a
b
c
d
e
f
f
ca. 5 mm
2
a
b
c
ca. 5 mm
3
a
a
b
c
2 mm
4
a
b
c
1 mm
5
1 mm
6
1 mm
7
1 mm
8
1 mm
9
1 mm

Skeletocutis amorpha (Fr.) Kotl. & Pouzar
[≡ *Polyporus amorphus* Fr. ≡ *Bjerkandera amorpha* (Fr.) P. Karst. ≡ *Tyromyces amorphus* (Fr.) Murrill ≡ *Leptoporus amorphus* (Fr.) Quél. ≡ *Gloeoporus amorphus* (Fr.) Killerm. = *Bjerkandera mollusca* P. Karst.]
Unförmiger Weichporling, Unförmiger Knorpelporling, Orangeporiger Knorpelporling

Fk.-Typ: laterale bis effusoreflexe, selten rein effuse, annuelle, mono- bis polyzentrische Crustothecien mit polyporoidem Hymenophor.
Habitat: lignicol; saprotroph, überwiegend an Nadelholz, hauptsächlich an *Pinus*, aber auch nachgewiesen an *Abies*, *Larix*, *Picea* und sehr selten an diversen Laubhölzern; in Mitteleuropa besonders an Stümpfen und liegenden Stämmen von *Pinus sylvestris*; Weißfäuleerreger.
Makromerkmale: Fk. selten einzeln, meist in Gruppen, oft seitlich verwachsen oder imbricat; zunächst reinweiß, später Hymenophor gelblich; Konsistenz weich, ledrig, trocken bröckelig, Geschmack bitter; Hüte bis 10 cm breit, 2–4, selten bis 6 cm vom Substrat abstehend, konsolenförmig, oft radial etwas gestreckt; flach, im mittleren Hutbereich um 3–5mm dick; oberseits reinweiß bis weißgrau; nicht oder undeutlich konzentrisch gezont; filzig bis angedrückt behaart, oft radial grobwellig gefurcht; Rand bewimpert, meist wellig, scharf, oft etwas nach unten gebogen; Hymenophor in Aufsicht anfangs weiß, später gelblich, gelb-rötlich bis hell orangefarben; Röhren um 1 mm lang; Poren rund bis eckig, 4–6 Poren/mm; Hutrand unterseits steril; Trama zweischichtig; Röhrentrama und die kontinuierlich anschließende, darüberliegende Schicht der Huttrama dicht und wachsartig, weiß bis cremefarben, rötlich in KOH; über dieser eine lockere wollige Schicht, die zur filzigen Hutoberseite vermittelt; jede Schicht der Huttrama um 1 –2 mm dick.
Mikromerkmale: Spp. weiß; Sp. hyalin, 3–5×1–2 µm; zylindrisch bis allantoid, glatt; Basidien clavat bis nahezu zylindisch, viersporig, mit Basalschnalle; Hymenium mit reichlich breit spindelförmigen Cystidiolen, diese dünnwandig und mit Basalschnalle; Hyphensystem dimitisch; generative Hyphen dünn- bis dickwandig, in KOH schwellend, mit Schnallen, 2–6 µm Ø; Skeletthyphen besonders in der oberen filzigen Trama vorhanden, hyalin, dickwandig bis nahezu solide, unseptiert, wenig verzweigt, bis 6 µm Ø.

Skeletocutis amorpha ist im holarktischen Florenbreich circumpolar im gesamten *Pinus*-Areal, besonders aber im borealen Zonobiom verbreitet. Das Areal erreicht die nördliche Baumgrenze. In Mitteleuropa ist die Art auch in Nadelholzforsten der temperaten Klimazone zu finden. Typisch ausgebildete Exemplare sind an dem hell gelb-rötlichen bis orangefarbenen Hymenophor und dem bevorzugten Vorkommen an *Pinus*-Holz zu erkennen. Unterschiede zu der ebenfalls häufigen, aber laubholzbewohnenden *S. nivea* sind zudem die weniger dicht stehenden Poren und die nicht verfärbenden Hutoberseiten von *S. amorpha*.

Abb. 1: Imbricate Fk.-Gruppe an Kiefernholz.
Abb. 2: Hutoberseite einer undeutlich gezonten Konsole nahe des Hutrandes; a – weiß bis grauweiß filziges Tomentum der Randzone: b – grauweiße, anliegend haarige Zone; c – durch Algenbewuchs grünlich gefärbte, hintere Zone.
Abb. 3: Hutunterseite nahe des Hutrandes; a – sterile Regionen der Randzone ohne Hymenophor; b – in Wachstum mit Röhrenbildung befindliche Regionen; c, d – normal ausgebildetes Hymenophor mit runden bis abgerundet eckigen Poren; die ursprünglich weiße Farbe der Dissepimente nimmt eine hell cremefarbene (c) bis hell orangefarbene (d) Tönung an.
Abb. 4: Sekantalschnitt einer Konsole; a – Tomentum; b – lockere, wollige Huttrama; c – dichte, etwas gelatinöse Huttrama; d – Hymenophor.
Abb. 5: Aufsicht auf ein normal ausgebildetes Hymenophor vom mittleren Hutbereich.
Abb. 6: Segmentierte Aufsicht auf ein Hymenophor; 666 Poren/25 mm^2 ≙ 26,6 Poren/mm^2 ≙ 5,2 Poren/mm.

1
13 mm
2
1 mm
a
b
c
3
1 mm
a
b
c
d
4
1 mm
a
b
c
d
5
1 mm
6
1 mm

Skeletocutis nivea (Jungh.) Jean Keller
[≡ *Polyporus niveus* Jungh. ≡ *Incrustoporia nivea* (Jungh.) Ryvarden ≡ *Microporus niveus* (Jungh.) Kuntze = *Tyromyces semipileatus* (Peck) Murrill ≡ *Incrustoporia semipileata* (Peck) Domański ≡ *Leptoporus semipileatus* (Peck) Pilát]
Dichtporiger Weichporling

Fk.-Typ: meist effusoreflexe, selten rein effuse oder rein laterale, meist annuelle, selten zweijährige, mono- bis polyzentrische Crustothecien mit polyporoidem Hymenophor.
Habitat: lignicol; saprotroph, überwiegend an Laubholz, meist an bodennah liegenden Ästen von *Betula*, *Corylus*, *Fraxinus* und *Fagus*, aber auch an vielen weiteren Laubgehölzen und selten an Nadelholz in der Optimalphase des Holzabbaus; an berindeten Ästen können effuse Fk.-Teile zwischen dem sich lösenden Periderm und der Oberfläche des Substrates vorkommen; Weißfäuleerreger.
Makromerkmale: Fk. einzeln oder etwas imbricat, oft in Reihen von 2 bis über 6 cm Breite angeordnet; zunächst reinweiß, später oberseits gilbend; Konsistenz frisch korkig, saftig, aber zäh, trocken hart; Hüte bis 3 cm vom Substrat abstehend, oberseits feinfilzig, höckerig oder nahzu eben, gilbend, im Alter oberseits auch völlig gebräunt und mit heller, randlicher Zuwachszone versehen; zweijährige Partien der Oberseiten nahe der Insertionsfläche mitunter fast schwarz; ungezont oder mit konzentrischen Rillen; im mittleren Hutbreich bis 3 mm, im Insertionsbereich im Übergang zu effusen Fk.-Teilen bis über 5 mm dick; an zweijährigen Stellen des Fk.s Röhren geschichtet; Hymenophor in Aufsicht weiß bis cremefarben; Röhren weiß bis wenig über 1 mm lang, an den Hutunterseiten polyporoid mit sehr dicht stehenden kleinen Poren, 7–9 Poren/mm; an effusen Fk.-teilen vertikaler Substrate auch mit gestreckten Poren; Trama weiß, faserig.
Mikromerkmale: Spp. weiß; Sp. hyalin, 3–5×0,5–1 µm; zylindrisch, oft etwas gebogen; Basidien clavat, viersporig mit Basalschnalle; Hyphensystem trimitisch; generative Hyphen dünnwandig, bis 4 µm Ø, mit Schnallen, besonders in den Dissepimenten inkrustiert; Skeletthyphen dickwandig, manchmal durch ungleiche Wandverdickung etwas wellig; unseptiert; bis 8, meist um 5 µm Ø, mitunter verzweigt; Bindehyphen dickwandig, unseptiert, stark knorrig verzweigt, bis 2 µm Ø.

Skeletocutis nivea ist kosmopolitisch verbreitet. Die Art weist sehr variable Formen von effusen bis konsolenförmigen Fk.n auf. Ein wichtiges Erkennungszeichen im Gelände sind die sehr eng stehenden Poren. An effusen Fk.-Teilen vertikal verlaufender Substrate kommen gestreckte Poren mit längsparallelen kurz-lamellenförmigen Dissepimenten vor; an diesen Stellen sind 7×9 Dissepimente/mm in horizontaler Richtung ausgebildet. Die sehr schmalen, weniger als 1 µm breiten, zylindrischen bis schwach gebogenen Sporen wirken wie stäbchenförmige Bakterien und sind nur bei Ölimmersion sicher nachzuweisen.

Abb. 1: Effusoreflexer Fk. an der Seitenfläche eines liegenden *Betula-pendula*-Astes.
Abb. 2: Oberseite eines Hutes; vom Hutrand zur Insertionsfläche von weiß über braun in schwarz übergehend.
Abb. 3: Unterseite eines Hutes mit randlich noch nicht voll ausgebildetem Hymenophor.
Abb. 4: Aufgespaltener Fk.; a – weißfaules Holz, dem der leicht ablösbare Fk. entspringt; b – faserige, weiße Huttrama; c – wenig über 1 mm lange Röhren; d – Hutunterseite; infolge der erdnahen Lage mit anhaftenden Erdpartikeln; e – Hutoberseite, die nahe der Insertionsfläche bereits bräunliche Farbtöne aufweist.
Abb. 5: Unterseite eines zweijährigen Hutes mit randlich nicht vollständig regeneriertem Hymenophor; a – abgestorbenes, vorjähriges Hymenophor; b – regeneriertes Hymenophor.
Abb. 6: Aufsicht auf das Hymenophor im Übergangsbereich von einer Hutunterseite zum effusen Fk.-Teil, das ein vertikal stehendes Substrat an der Seitenfläche eines Astes überkleidet; es entstehen z.T. kurze, lamellenförmige Abschnitte.
Abb. 7: Segmentierte Aufsicht auf das Hymenophor;1874 Poren/25 mm^2 ≙ 75 Poren/mm^2 ≙ 8,7 Poren/mm.

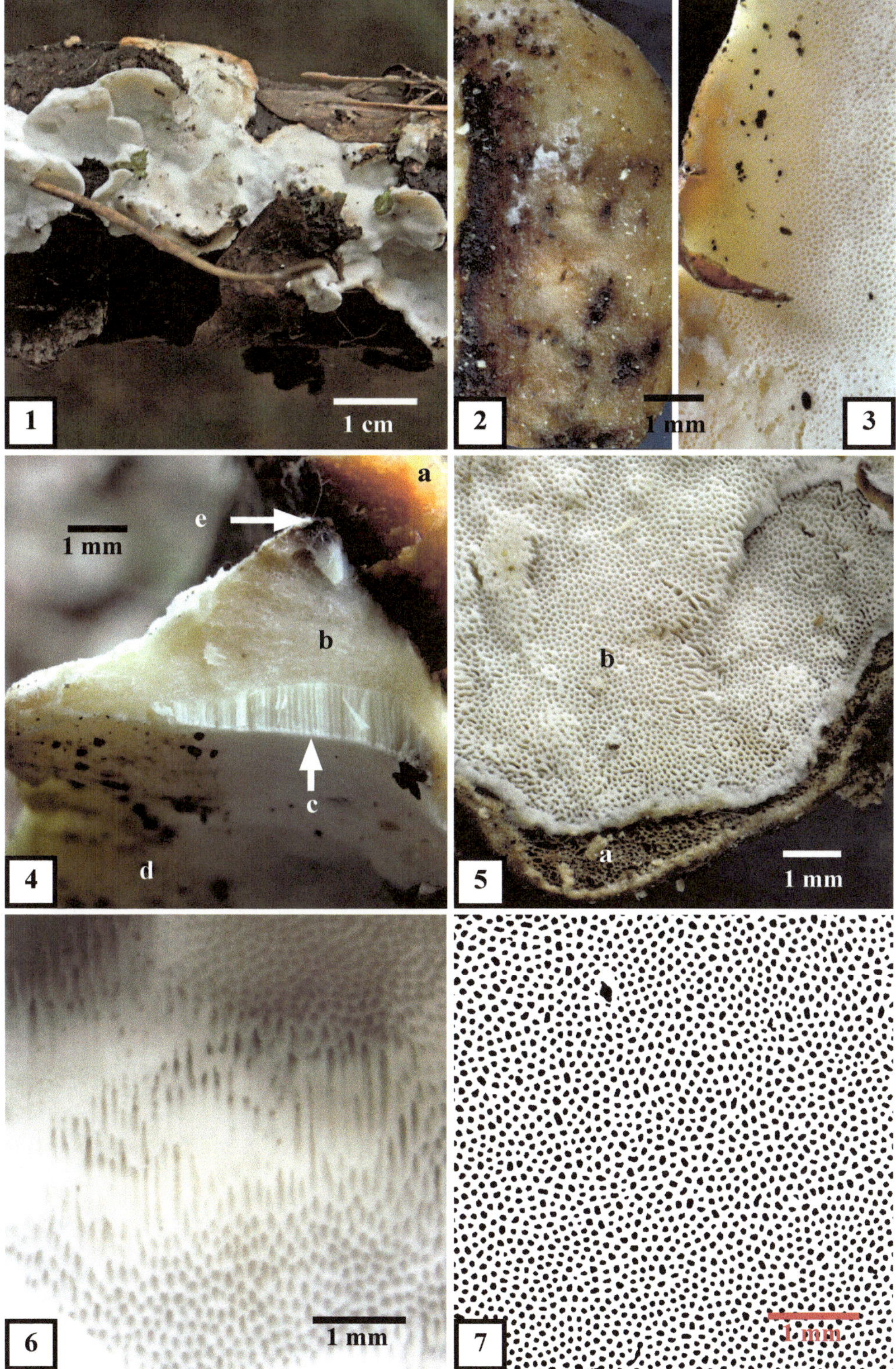
1
1 cm
2
1 mm
3
4
1 mm
a
b
c
d
e
5
a
b
1 mm
6
1 mm
7
1 mm

Trametes betulina (L.) Pilát
[≡ *Agaricus betulinus* L. ≡ *Lenzites betulina* (L.) Fr. ≡ *Daedalea betulina* (L.) Rebent.]
Birkenblättling

Fk.-Typ: laterale, annuelle, monozentrische, Crustothecien mit lenzitoidem Hymenophor.
Habitat: lignicol; saprotroph an vielen Laubgehölzen, in Mitteleuropa häufig an *Betula*, *Fagus* und *Quercus*, auch nachgewiesen an *Acer*, *Castanea*, *Corylus*, *Fraxinus*, *Juglans*, *Malus*, *Populus*, *Prunus*, *Salix*, *Sorbus*, *Tilia* und *Ulmus*, selten an verschiedenen Nadelgehölzen u.a. an *Picea* und *Pinus*; Weißfäuleerreger.
Makromerkmale: Fk. selten einzeln, meist in Gruppen, meist konsolen- bis fächerförmig, an horizontalen Substraten auch tellerförmig und nahezu kurz gestielt; mitunter mehrhütige Büschel bildend; an senkrechten Substraten auch mit kleinen effusen Fk.-Teilen; bis über 10 cm breit und bis 5 cm vom Substrat abstehend, an der Insertionsfläche bis 15 mm dick; Konsistenz zäh, korkig, trocken etwas biegsam; Hüte flach mit scharfem, oft gelapptem Rand; Oberseite weiß, grau, auch randlich hellbraune Exemplare kommen vor; fein- bis grob-zottig behaart; konzentrisch durch unterschiedliche Behaarung oft auch durch Vertiefungen und Farben gezont; häufig durch Algenbewuchs grün; Huttrama weiß, faserig, auffallend dünn, um 1–2 mm dick; meist heller als die Hymenophoraltrama; Hymenophor in Aufsicht anfangs weiß, später ockerbraun; lenzitoid mit dünnen, radial orientierten Lamellen, diese zum Hutrand hin mitunter gegabelt, am Hutrand häufig mit Lamelletten; tangential im mittleren Bereich 1–2 Lamellen/mm; bei Trockenheit undulat; bis über 1 cm tief, Schneide selten glatt, meist fein gekerbt, in größeren Abständen auch mit groben Kerben.
Mikromerkmale: Spp. weiß; Sp. gestreckt langellipsoid bis nahezu zylindrisch, 5–6×2–3 µm; Basidien clavat, viersporig, mit Basalschnalle; Hyphensystem trimitisch; Hyphen hyalin; generative Hyphen mit Schnallen, 2–4 µm Ø; Skeletthyphen dickwandig, oft nahezu solide, 3-7 µm Ø, unseptiert; Bindehyphen dickwandig, reich verzweigt, bis 10 µm Ø.

Trametes betulina ist kosmopolitisch verbreitet. Manche Formen dieser Art können oberseits denen von *Trametes hirsuta* so täuschend ähnlich sein, dass man zwingend das völlig andersartige Hymenophor anschauen muss, wenn beide Arten auf demselben Substrat wachsen. Die Ähnlichkeit der Oberseite trifft sogar für die oft bräunliche Randzone frischer Exemplare zu. Verwechslungen im Gelände sind durch die zottige Oberseite in Kombination mit dem lamellenförmigen Hymenophor nicht möglich. Allenfalls können einige Formen von *Daedaleposis confragosa*, wenn diese ein rein lenzitoides Hymenophor haben, als *T. betulina* angesehen werden, jedoch ist die Trama von *Daedaleopsis* nichtrein weiß, sondern bei Reife bräunlich, und die Oberseite der Hüte ist nicht zottig behaart.

Abb. 1: Fk.-Büschel und mehrere einzeln stehende Fk. auf einem toten *Fagus-sylvatica*-Stamm; von den Fk.-Rändern zur Mitte durch Algenbewuchs zunehmend dunkelgrün.
Abb. 2: Unterseite eines fächerförmigen Fk.s von der Schnittfäche eines *Quercus-petraea*-Stammes; von der Insertionsfläche zum Fk.-Rand hin sind zunehmend Lamelletten vorhanden; die Lamellenschneiden sind unregelmäßig wellig bis gekerbt.
Abb. 3: Teil eines radial aufgerissenen Fk.s; a – Lamellenschneide mit feiner und grober Kerbung; b – Lamellengrund; die Tiefe des Hymenophors (a und b), übertrifft stets die Dicke der Huttrama beträchtlich; c – zähfaserige, weiße Huttrama; d – zottiges Tomentum mit leichtem Grünalgenbewuchs.
Abb. 4: Oberseite eines Fk.s mit dem charakteristischen, am Hutrand feinen, zur Ansatzstelle hin zottigen Tomentum und konzentrischen, leicht vertieften Zonen.
Abb. 5: Aufsicht auf das Hymenophor nahe des Fk.-Randes mit unregelmäßigen Kerbungen der Lamellenschneide und kleinen randlichen Lamelletten.
Abb. 6: Segmentierte Aufsicht auf das Hymenophor mit einer sekantal eingezeichneten Linie von 5 mm Länge ≙ 1,2 Lamellen/mm.

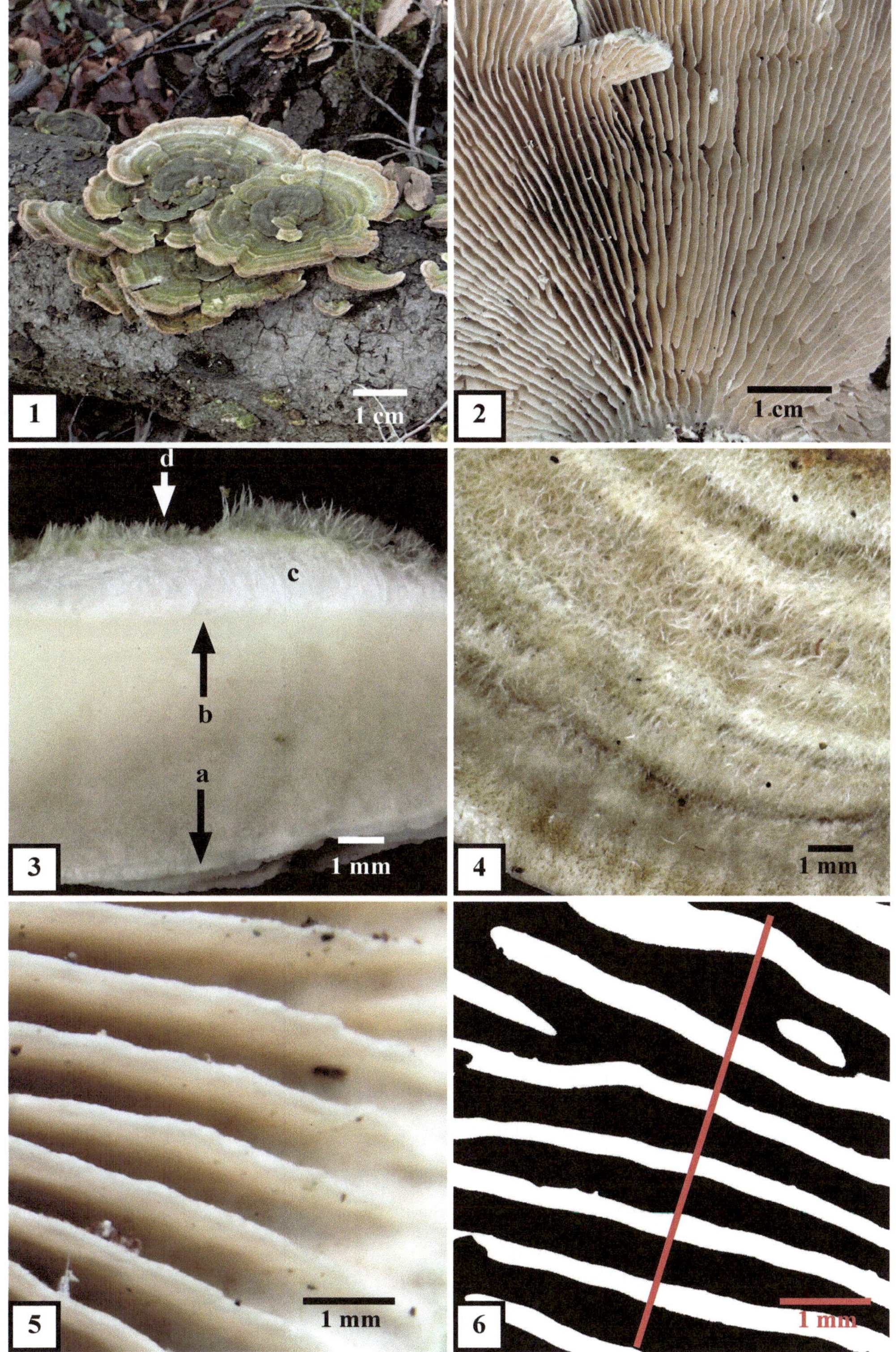
1
1 cm
2
1 cm
d
c
b
a
3
1 mm
4
1 mm
5
1 mm
6
1 mm

Trametes gibbosa (Pers.) Fr.
[≡ *Merulius gibbosus* Pers. ≡ *Daedalea gibbosa* (Pers.) Pers. ≡ *Lenzites gibbosa* (Pers.) Hemmi]
Buckeltramete

Fk.-Typ: laterale, annuelle, polyzentrische Crustothecien mit polyporoidem bis lenzitoidem Hymenophor.
Habitat: lignicol; saprotroph; im *Fagus*-Areal besonders an *Fagus*-Stümpfen, aber auch an einigen anderen Laubhölzern; in Mitteleuropa nachgewiesen an *Aesculus*, *Alnus*, *Betula*, *Carpinus*, *Fraxinus*, *Populus*, *Quercus*, *Salix* und *Tilia*, selten an Wunden lebender Bäume; besonders in der Optimalphase der Holzzersetzung fruktifizierend, lebende Fk. häufig stark von Insektenlarven befallen; Weißfäuleerreger.
Makromerkmale: Fk. einjährig, sehr selten nach Überwinterung randlich weiterwachsend; konsolen- bis fächerförmig, an waagerechten Substraten auch rosetten- bis schüsselförmig, einzeln oder gesellig bis imbricat; Konsistenz sehr zäh; trocken fest, hart, nur wenig biegsam; Hüte bei Reife um 5 bis 20 cm breit und bis 15 cm vom Substrat abstehend, flach, scharfrandig, an der Insertionsfläche bis 4 cm dick, Oberseite höckerig gebuckelt, meist konzentrisch wellig gezont; durch Härchen fein filzig samtig, im Alter verkahlend; an den Zuwachszonen weiß, dann weiß-bräunlich, oft mit einem rosa Farbton und durch kokkale Grünalgen zonal abgestuft oder vollständig grün gefärbt, besonders im Insertionsbereich manchmal mit untypischen rundporigen Terata; Hymenophor mit charakteristisch radial gestreckten bis über 1 cm langen Poren, nur am Hutrand oft nahezu rundporig; 1–2,5 Poren/mm der Sekante im mittleren Fk.-Bereich; Hymenophor bis über 1 cm dick; Huttrama weiß, alt auch cremeweiß, Hymenophoraltrama der Huttrama gleichfarben; Geschmack leicht bitterlich; Geruch wachsender Fk. etwas hefeartig.
Mikromerkmale: Spp. weiß; Sp. hyalin, gestreckt ellipsoid, nahezu zylindrisch, glatt, 4–5×2–2,5 µm; Basidien clavat, viersporig, mit Basalschnalle; Hymenium mit fusoiden Cystidiolen; Hyphensystem trimitisch; generative Hyphen mit Schnallen, ca. 3–4 µm Ø, Skeletthypen dickwandig bis 8 µm Ø; Bindehyphen dickwandig, knorrig verzweigt, bis 3 µm Ø.

Trametes gibbosa ist im nemoralen Zonobiom der Holarktis circumpolar verbreitet. Die Art gehört zu den häufigen pileaten Porlingen Mitteleuropas. Aufgrund der radial gestreckten Poren und Dissepimente, der weißen Trama und der feinfilzigen, buckeligen Hutoberseite ist es eine gut kenntliche Art, die kaum verwechselt werden kann. Problematisch sind allenfalls knollige Fk.-Formen mit irregulär rundporigem, nicht geotropisch orientiertem Hymenophor, die mitunter an horizotalen Substraten, z.B. an der Schnittfläche von Stümpfen oder oberseits an liegenden Stämmen, vorkommen, jedoch meist gemeinsam mit normalen Fk.n auftreten. Außerhalb des *Fagus*-Areals in Osteuropa sind *Quercus*- und *Tilia*-Arten die wichtigsten Substratgehölze von *T. gibbosa*.

Abb. 1 u. 2: Konsolenförmige (a), fächerförmige (b) und schüssel- bis tellerförmige (c) Fk. an Buchenstümpfen; Abb. 1 mit nur leichtem, Abb. 2 mit starkem Grünalgenbewuchs; nahe der Insertionsfläche mit charakteristischer Buckelbildung (Abb. 1, Pfeil).
Abb. 3: Aufsicht auf das untypische, geotropisch negativ ausgerichtete Hymenophor eines buckeligen Fk.s auf der Oberseite eines liegenden *Fagus-sylvatica*-Stammes.
Abb. 4: Wulstig gezonte, feinfilzige Hutoberseite mit reinweißer Zuwachszone (a), leicht cremefarbenen älteren Zonen (b) und noch sehr schwachem Algenbewuchs (c).
Abb. 5: Aufsicht auf das Hymenophor mit charakteristisch gestreckten Poren und Dissepimenten (a), die zum Hutrand hin nahezu rundporig ausgebildet sind (b, Pfeile).
Abb. 6: Aufsicht auf das Hymenophor eines jungen Fk.s im mittleren Bereich zwischen Hutrand und Insertionsfläche; neben den charakteristisch in radialer Richtung der Konsole gestreckten Poren kommen auch nahezu runde Poren vor.
Abb. 7: Darstellung der Berechnung der Porenzahl/mm bei den radial gestreckten Poren; Linie = 6,2 mm; angeschnittene Poren 16 ≙ 2,4 Poren/mm.

ca. 5 cm
a
1
b
c
ca. 5 cm
2
3
3 mm
b
c
a
ca. 1 cm
4
b
a
2 mm
5
1 mm
6
1 mm
7

Trametes hirsuta (Wulfen) Lloyd
[≡ *Boletus hirsutus* Wulfen ≡ *Polyporus hirsutus* (Wulfen) Fr. ≡ *Coriolus hirsutus* (Wulfen) Pat.
Raue Tramete, Striegelige Tramete

Fk.-Typ: laterale bis effusoreflexe, annuelle, mono- bis polyzentrische Crustothecien mit polyporoidem Hymenophor.
Habitat: lignicol; saprotroph, mitunter auch perthotroph auf Laubholz, in Europa auf *Alnus*, *Betula*, *Carpinus*, *Fagus*, *Malus*, *Populus Prunus*, *Quercus*, *Salix*, *Sorbus* und *Tilia*, selten auch auf Nadelholz, u.a. auf *Abies*, *Juniperus*, *Picea* und *Pinus*; Weißfäuleerreger.
Makromerkmale: Fk. meist konsolenförmig, auf horizontalen Substraten auch tellerförmig, selten völlig effuse Krusten bildend; Konsistenz ledrig, trocken hart; Hüte 4–10 cm breit, 3–7 cm vom Substrat abstehend, an der Insertionsfläche 3–10 mm hoch, oberseits jung weiß bis grauweiß, mitunter zweifarbig mit grauer Mitte und braunem Rand; stets mit rauhaarigem Tomentum, Haare bis 3 mm lang, alte Exemplare sehr häufig durch Algenbewuchs grün, rillig gezont, Zonen selten auch verschiedenfarbig und verschieden lang behaart; Hutränder scharfkantig; Trama weiß; meist deutlich zweischichtig; mit einem dichteren, helleren bis 4 mm hohen Plectenchym über den Poren, darüber mit einer etwas dunkleren, dünneren Schicht; Hymenophor in Aufsicht weiß, im Alter cremefarben bis grau; röhrig; Röhren 1–4 mm lang; Poren anfangs rund, bald eckig, selten auch etwas labyrinthisch, 2–4 Poren/mm.
Mikromerkmale: Spp. weiß; Sp. zylindrisch, hyalin, glatt, 5–7×1,5–2,5 µm; Basidien viersporig, clavat, mit Basalschnalle; Hymenium mit fusoiden Cystidiolen; Hyphensystem trimitisch; generative Hyphen 2–4 µm Ø, dünnwandig mit Schnallen, Skeletthyphen reichlich vorhanden, hyalin ca. 3–8 µm Ø, dickwandig; Bindehyphen hyalin, ca. 2–6 µm Ø, dickwandig, verzweigt.

Trametes hirsuta ist im holarktischen Florenreich circumpolar verbreitet. In Mitteleuropa gehört die Art mit ihrem weiten Substratspektrum zu den häufigsten Porlingen. Sie kommt in mäßig feuchten bis trockenen Wäldern vor und besiedelt auch in der Kulturlandschaft viele ökologische Nischen, z.B. Totholz auf Streuobstwiesen oder in Xerothermrasen, wo der Pilz zusammen mit thermo- und xerophytischen Holzzerstörern wie *Polyporus arcularius*, *Pycnoporus cinnabarinus* oder *Schizophyllum commune* auf *Prunus avium* oder *Quercus robur* gemeinsam eine lignicole Pilzgesellschaft bilden kann. *T. hirsuta* ist durch die Behaarung der Oberseite in Kombination mit der weißen Trama und dem primär rundporigen Hymenophor nicht zu verwechseln. Die oberseits ähnlich gestalteten Fk. von *T. betulina* besitzen lamellenförmiges Hymenophor, *T. gibbosa* hat viel kürzere Haare und radial gestreckte Poren. Die ebenfalls haarige *Funalia gallica* ist in allen Teilen dunkler gefärbt und hat eine braune Trama. Problematisch kann die Bestimmung alter Exemplare mit verkahlender, gelblich verfärbender Oberseite und gelblich-grauem, nahezu labyrinthischem Hymenophor sein.

Abb. 1: Gruppe junger, noch nicht voll entwickelter Fk. auf einem Laubholzstumpf mit auffallenden, durch Cortexbehaarung gebräunten Fk.-Rändern.
Abb. 2: Alter, durch konzentrische Rillen, unterschiedliche Behaarung und unterschiedlichen Algenbewuchs deutlich gezonter Fk.
Abb. 3: Aufsicht auf ein typisches Tomentum über einer weißen Cortex.
Abb. 4: Aufsicht auf den braunen Fk.-Rand eines Exemplars aus Abb. 1.
Abb. 5: Radialschnitt eines Fk.s mit der Duplextrama; a – untere weiße Schicht der Trama; b – obere etwas dunklere Schicht der Trama; c – Tomentum mit leichtem Algenbewuchs.
Abb. 6: Nahezu labyrinthisches Hymenophor eines adulten Fk.s.
Abb. 7: Aufsicht auf das Hymenophor eines konsolenförmigen Fk.s im mittleren Bereich zwischen Hutrand und Substrat.
Abb. 8: Segmentierte Aufsicht; 25 Poren/25 mm² ≙ 9 Poren/mm² ≙ 3 Poren/mm [13 Fk.: 1,7–3,7].

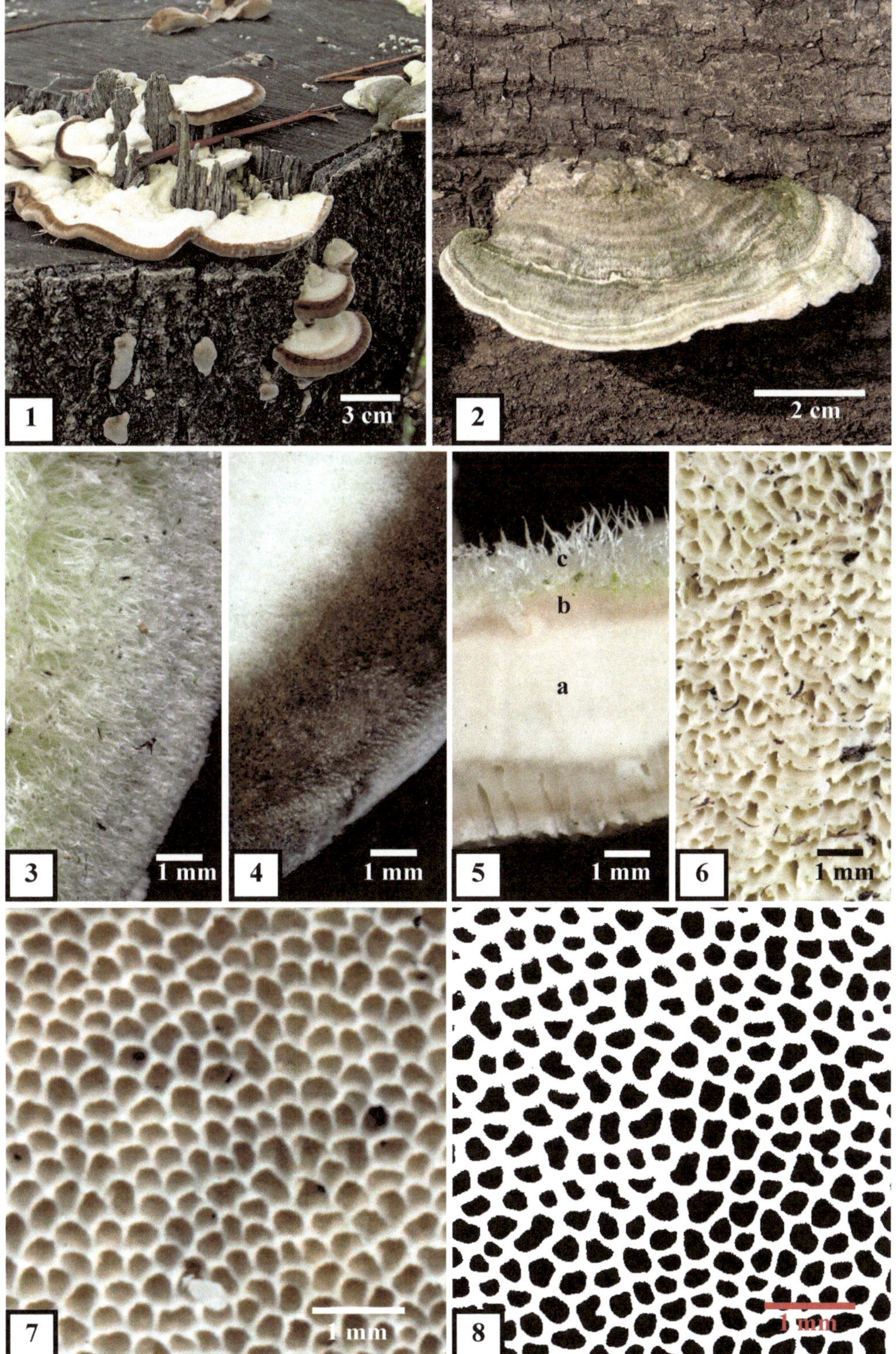
1
3 cm
2
2 cm
c
b
a
3
1 mm
4
1 mm
5
1 mm
6
1 mm
7
1 mm
8
1 mm

Trametes ochracea (Pers.) Gilb. & Ryvarden
[≡ *Boletus ochraceus* Pers. = *Polyporus zonatus* Nees ≡ *Trametes zonata* (Nees) Pilát (non *Trametes zonata* Wettst.) = *Trametes multicolor* (Schaeff.) Jülich]
Zonenporling, Gezonte Tramete, Zonentramete

Fk.-Typ: annuelle, effusoreflexe bis laterale, mono- bis polyzentrische Crustothecien mit polyporoidem Hymenophor.
Habitat: lignicol; saprotroph auf Laubgehölzen, besonders häufig auf *Betula pubescens* und *Populus tremula* in grundwassernahen Wäldern, aber auch auf anderen Laubgehölzen; nachgewiesen auf *Acer*, *Alnus*, *Betula*, *Carpinus*, *Corylus*, *Fraxinus*, *Populus*, *Quercus*, *Salix*, *Tilia* und vielen anderen; Weißfäuleerreger.
Makromerkmale: Fk. selten einzeln, meist in Gruppen, mit effusen Fk.-Teilen; Konsistenz frisch ledrig, zäh, trocken hart, etwas biegsam; Hüte meist konsolenförmig, oft imbricat oder seitlich verwachsen; 2–7 cm breit, verwachsene Reihen auch breiter, 2–4 cm vom Substrat abstehend, von dem scharfen Rand zur Insertionsregion hin meist kontinuierlich verdickt, daher im Radialschnitt gestreckt dreieckig, Einzelhüte in der Mitte um 5 mm dick, an der Isertionsfläche oft mit einem kleinen Buckel am Substrat angewachsen und bis über 15 mm hoch; Hutoberseite eben bis leicht wellig, kurz behaart, matt, mit hellgelben, gelben, ockerfarbenen und hell- bis dunkel rotbraunen Zonen, am Hutrand heller, mitunter nahezu weiß, zur Insertionsfläche hin dunkler; Zonen oft mit unterschiedlich langen Härchen, aber ohne flachliegende, seidenglanzartige Zonen, mitunter etwas radial runzelig; Trama weiß, im Alter auch cremefarben, im mittleren Hutbereich 2–3 mm dick durch eine dünne, bräunliche, vom pigmentierten Corticalgeflecht gebildete Linie vom Tomentum abgesetzt; Hymenophor in Aufsicht nur jung weiß, bald cremefarben bis grau, trocken mitunter dunkelgrau; Röhren bis 4 mm lang; Hymenophoraltrama der Huttrama gleichfarben; Poren rund bis eckig, 3–4 Poren/mm.
Mikromerkmale: Spp. weiß; Sp. zylindrisch, hyalin, 5,5–7×2–3 µm; Basidien clavat, viersporig, mit Basalschnalle; Hyphensystem trimitisch: generative Hyphen 2–4 µm Ø, mit Schnallen, Skeletthyphen dickwandig, hyalin um 3–8 µm Ø, Bindehyphen hyalin, um 2–6 µm Ø, dickwandig, verzweigt.

Trametes ochracea ist im holarktischen Florenreich circumpolar verbreitet. Die Trennung der Art von *T. versicolor* ist in der Praxis oft problematisch, weil auch *T. versicolor* überwiegend braune Hutfarben haben kann. Gute differenzierende Merkmale sind neben den Farben der Hutoberseite die Fk.-Form und die Beschaffenheit des Tomentums. *T. ochracea* hat im Gegensatz zu *T. versicolor* keine so bunten bis ins Blauschwarz reichenden Zonen und auch keine anliegend behaarten Zonen mit Seidenglanz. Weiterhin ist bei typisch ausgebildeten Fk.n von *T. ochracea* die kontinuierlich zunehmende Dicke vom Rand zur Insertionsfläche ein Unterscheidungsmerkmal gegenüber der vergleichsweise im gesamten mittleren Hutbereich gleichbleibenden Dicke von *T. versicolor*.

Abb. 1: Fk.-Gruppe an einem liegenden Stamm von *Betula pendula*; bereits im lebenden Zustand werden die Fk. oft von Käferlarven befallen, deren Kotballen durch unverdauliche Skeletthyphen weiß gefärbt sind und als Krümel auf der Oberseite der unteren Fk. liegen.
Abb. 2: Hutunterseite; das zum Rande hin grauende Hymenophor (a) eines trocknenden Fk.s mit charakteristisch nach unten gerolltem Hutrand (b).
Abb. 3: Sekantalschnitt einer Konsole im mittleren Bereich zwischen Hutrand und Insertionsfläche mit deutlicher, brauner, von den pigmentierten Hyphen der Cortex gebildeten Linie zwischen Huttrama und Tomentum.
Abb. 4: Radialschnitt einer Konsole im mittleren Hutbereich; a – Huttrama nahe der Insertionsfläche; b – Huttrama nahe des Fk.-Randes; c – Hymenophor.
Abb. 5: Filzig behaarte Hutoberseite am Fk.-Rand.
Abb. 6 u. 7: Aufsicht auf normal ausgebildete Hymenophore; Abb. 7 – segmentiert; 214 Poren/25 mm^2 ≙ 8,6 Poren/mm^2 ≙ 2,9 Poren/mm.

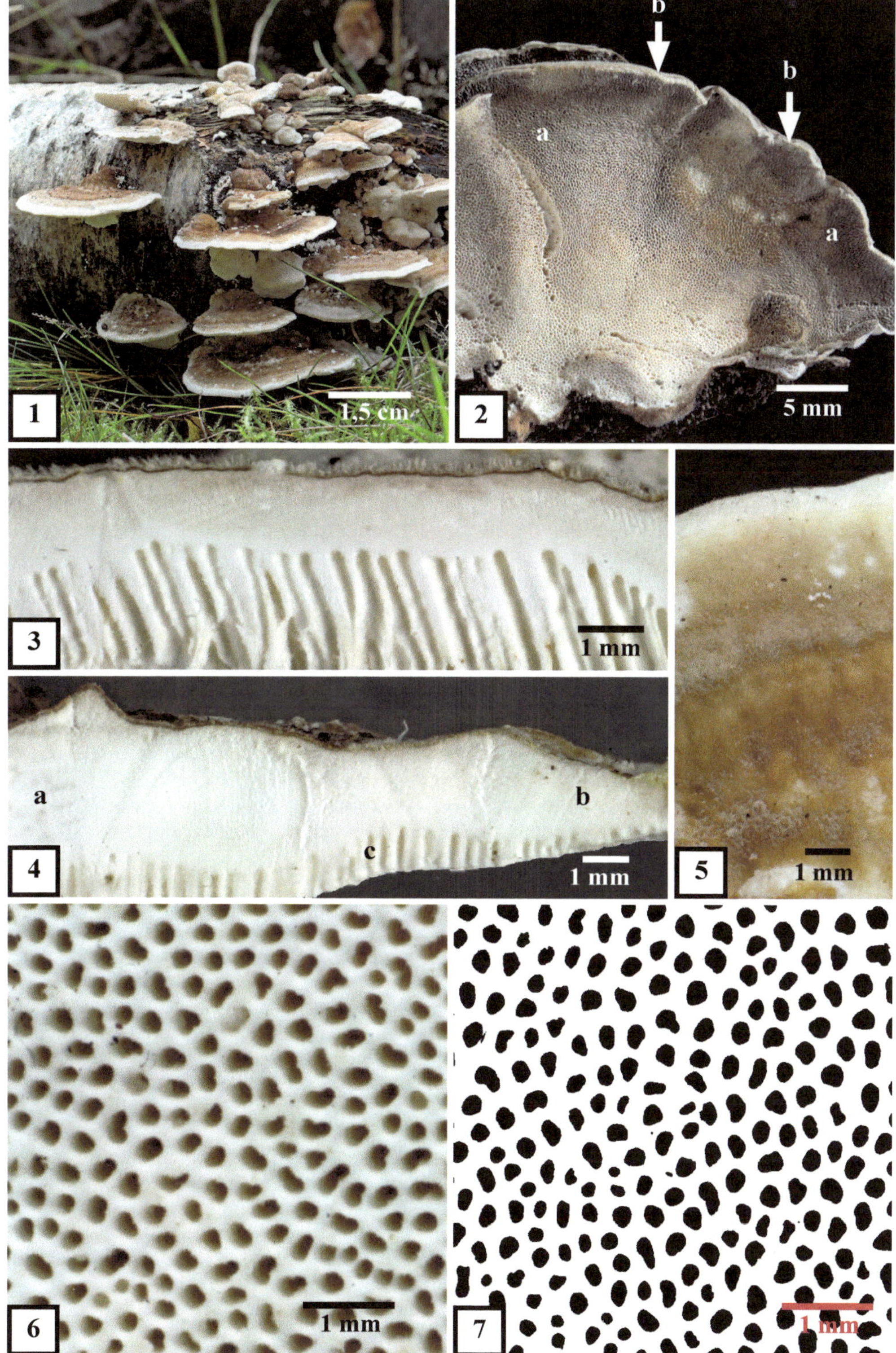
1
1,5 cm
2
b
b
a
a
5 mm
3
1 mm
4
a
b
c
1 mm
5
1 mm
6
1 mm
7
1 mm

Trametes pubescens (Schumach.) Pilát
[≡ *Boletus pubescens* Schumach. ≡ *Polyporus pubescens* (Schumach.) Fr. ≡ *Bjerkandera pubescens* (Schumach.) P. Karst. ≡ *Polyporus pubescens* (Schumach.) Fr. ≡ *Coriolus pubescens* (Schumach.) Quél.]
Samtige Tramete

Fk.-Typ: effusoreflexe bis laterale, bisweilen auch substipitate, annuelle, mono- bis polyzentrische Crustothecien mit polyporoidem Hymenophor.
Habitat: lignicol; saprotroph an Laubholz, bevorzugt an *Alnus*, *Betula* und *Populus*, aber auch nachgewiesen an *Acer*, *Alnus*, *Castanea*, *Corylus*, *Fagus*, *Prunus*, *Quercus*, *Salix*, *Tilia* und *Ulmus*; Weißfäuleerreger.
Makromerkmale: Fk. selten einzeln, meist in Gruppen, oft imbricat basal verwachsen, breit ansitzend; Konsistenz ledrig, zäh, trocken hart, nicht biegsam; bröckelig-brüchig; Hüte 3–10 cm breit, und 1–7 cm vom Substrat abstehend; im mittleren Hutbereich bis 1 cm dick; oberseits zunächst rein weiß, bald gelblich-weiß, hellgelb und ungezont, später intensiver gelb mit feinen, farblichen Zonen; am Rand fein samtig, dann samthaarig; Härchen 0,5–1 mm lang; im Alter oft mit grauen und braunen Zonen und völlig ohne Gelbton, wobei aber das Tomentum erhalten bleibt, scharfrandig; Aufsicht auf das Hymenophor erst weiß, später charakteristisch strohfarben; Poren nur anfangs rund, später irregulär eckig; nahe der Insertionsfläche mitunter irregulär gestreckt und wenigstens ansatzweise etwas labyrinthisch; bei Eintrocknen oft mit einzelnen, großen Poren bis nahezu 0,5 mm Ø zwischen kleineren; 3–6 Poren/mm; Röhren 1–3, selten bis 5 mm lang; Huttrama weiß bis cremefarben, wattefaserig; Hymenophoraltrama der Huttrama gleichfarben, alt etwas dunkler.
Mikromerkmale: Spp. weiß; Sp. zylindrisch, oft etwas gebogen, hyalin, glatt, dünnwandig, 5–7×2–2,5 µm; Basidien zylindrisch bis clavat, viersporig, mit Basalschnalle; Hymenium mit fusoiden Cystidiolen; Hyphensystem trimitisch; generative Hyphen dünnwandig, hyalin, mit Schnallen, bis 4 µm Ø; Skeletthyphen dickwandig, unverzweigt, hyalin, bis 6 µm Ø; Bindehyphen knorrig verzweigt, dickwandig, bis 4 µm Ø.

Trametes pubescens ist im holarktischen Florenreich circumpolar im nemoralen und borealen Zonobiom verbreitet. In Europa zeichnet sich eine boreal-montane Verbreitung ab. In Mitteleuropa ist die Art selten und wird oft mit untypischen Fk.n von *T. ochracea*, *T. versicolor* oder *T. hirsuta* verwechselt. Zahlreiche Angaben beruhen auf Fehlbestimmungen. Von den genannten Arten ist *T. pubescens* durch die überwiegend gelben Farbtöne, die feine pubescente Behaarung und das strohgelbe Hymenophor gut zu trennen. Alte Fk. mit dunklen, grau- bis schwarzbraunen Zonen und grauem Hymenophor sind von jungen Fk.n sehr verschieden, was zu Irritationen führen kann.

Abb. 1: Zwei miteiander verwachsene Fk. an einem *Betula*-Ästchen in einem borealen Mischwald.
Abb. 2: Unterseite einer Konsole; a – fein pubescenter Hutrand aus gekräuselten Härchen; b – Hymenophor am Hutrand mit irregulär gestreckten Poren und zerschlitzten Dissepimenten; c – normal ausgebildetes, polyporoides Hymenophor; d – irregulär vergrößerte Poren.
Abb. 3: Radialschnitt einer Konsole am Hutrand; a – weiße bis hell cremefarbene Huttrama; b – Tomentum aus feingekäuselten, weichen Haaren; c – Hymenophor; d – Aufsicht auf das Hymenophor.
Abb. 4: Oberseite einer nahezu ungezonten Konsole; a – der fein pubescente Hutrand; b – stärker filzig-haarige Region nahe der Insertionsfläche.
Abb. 5: Oberseite einer alten Konsole mit Resten der ursprünglich gelben Farbe (a) und graubraunen Zonen (b).
Abb. 6: Aufsicht auf ein typisch strohgelbes Hymenophor vom mittleren Bereich einer Konsole.
Abb. 7: Segmentierte Aufsicht auf ein Hymenophor; 300 Poren/25 mm^2 ≙ 12 Poren/mm^2 ≙ 3,5 Poren/mm.

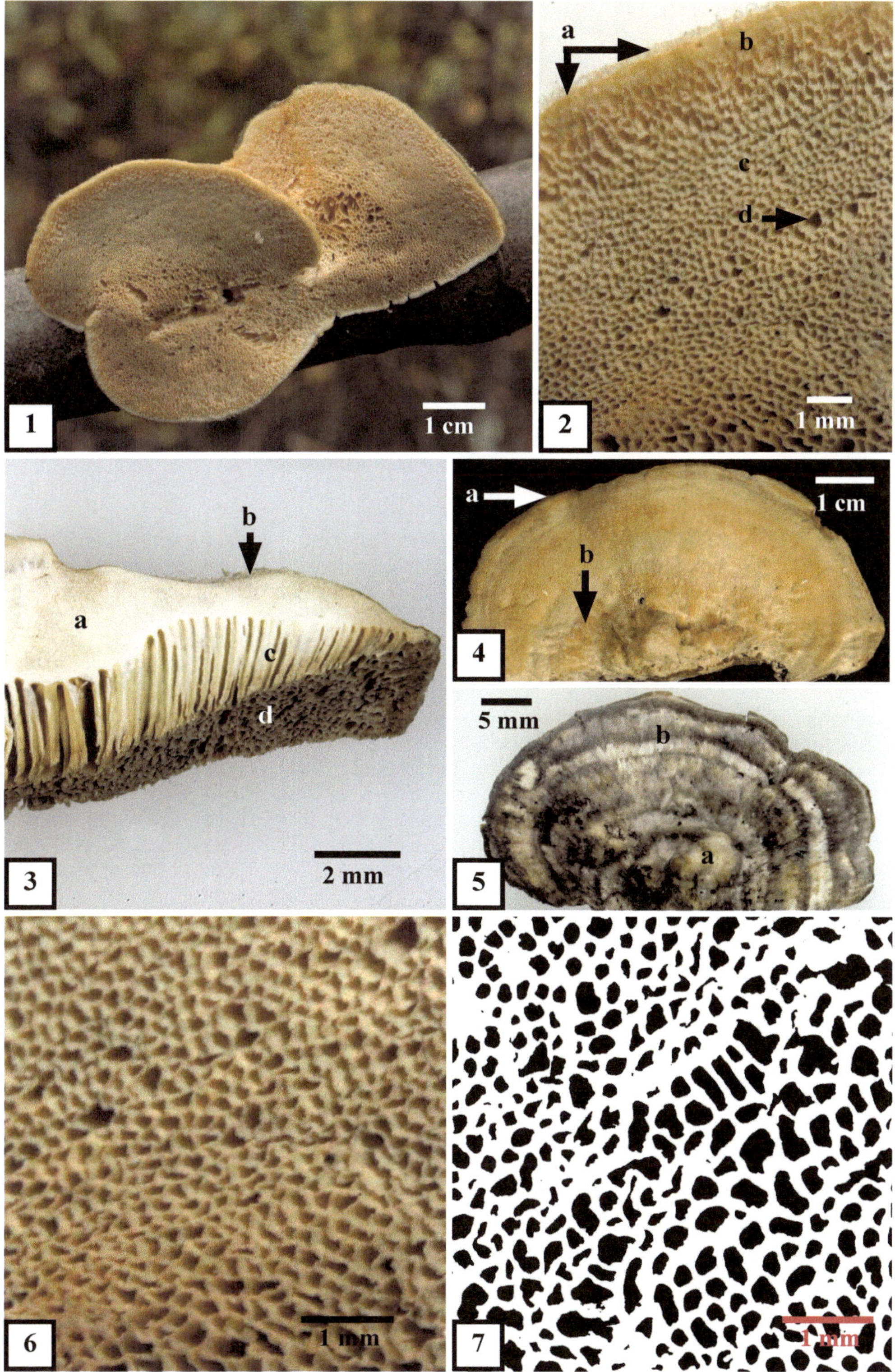
1
1 cm
2
a
b
c
d
1 mm
3
a
b
c
d
2 mm
4
a
b
1 cm
5
5 mm
a
b
6
1 mm
7
1 mm

Trametes suaveolens (L.) Fr.
[≡ *Boletus suaveolens* L. ≡ *Polyporus suaveolens* (L.) Fr. ≡ *Haploporus suaveolens* (L.) Donk = *Polyporus bulliardii* (Fr.) Pers.]
Anistramete, Duftende Tramete

Fk.-Typ: laterale, annuelle, meist monozentrische Crustothecien mit polyporoidem Hymenophor.
Habitat: lignicol; saprotroph oder perthotroph an alten Stämmen und Ästen überwiegend von *Salix*, aber auch von anderen Laubgehölzen, insbesondere von *Populus*, selten auch von *Aesculus*, *Alnus*, *Betula*, *Carpinus*, *Fagus*, *Fraxinus*, *Malus*, *Quercus*, *Tilia* und *Ulmus*; Weißfäuleerreger.
Makromerkmale: Fk. einzeln, mitunter gesellig und geringfügig imbricat, auch miteinander verwachsend; breit angewachsen, konsolenförmig, ohne oder mit kleinflächig effusen Fk.-Teilen am Substrat herablaufend, mit deutlichem Anisgeruch; Konsistenz ledrig, zäh, trocken hart; Hüte oberseits gewölbt, unterseits horizontal orientiert; 3–10, selten bis 15 cm breit, bis 10 cm vom Substrat abstehend, an der Insertionsfläche bis 5 cm hoch; Oberseite fein behaart, samtig bis filzig, verkahlend, oft etwas wellig, weiß, weißgrau, im Alter auch ocker, ungezont; Rand scharfkantig; Hymenophor jung weiß, später grau bis graubraun; Poren rund bis eckig, mitunter etwas radial gestreckt, selten sogar bis 3 mm lang, im Alter auch zerschlitzt; Röhren bis 1 cm, selten bis 1,5 cm lang; 2–3 Poren/mm; Trama weiß, bis 4 cm dick, Hymenophoraltrama der Huttrama jung gleichfarben, im Alter dunkler.
Mikromerkmale: Spp. weiß; Sp. hyalin, glatt, nahezu zylindrisch, ventral abgeflacht, 7–11×3–4 µm; Basidien viersporig, clavat, mit Basalschnalle; Hyphensystem trimitisch, alle Hyphentypen hyalin; generative Hyphen 2–4 µm Ø, dünnwandig, mit Schnallen; Skeletthyphen 3–7 µm Ø, dickwandig, mitunter nahezu solide; Bindehyphen verzweigt, 2–5 µm Ø, dickwandig.

Trametes suaveolens ist in der temperaten Klimazone des holarktischen Florenreiches circumpolar verbreitet. In Europa ist die Art hauptsächlich im nemoralen Zonobiom weit verbreitet und kommt vorzugsweise in Bruch- und Auwäldern, an Seeufern, an bach- oder flussbegleitenden Weiden und Pappeln – oft an *Salix fragilis*, *Salix alba* und an *Populus alba* –, aber auch in Parkanlagen, auf Friedhöfen und in Feldgehölzen vor. Sie war früher in alten Kulturbeständen von Kopfweiden ein besonders häufiger Altholzbewohner. Durch den charakteristischen Anisgeruch, der auch an gut getrockneten Fk.n noch lange Zeit wahrnehmbar ist, durch die relativ langen Sporen und die kompakte Fk.-Form mit relativ dicker Trama ist *T. suaveolens* von allen anderen hellen Trameten gut zu unterscheiden.

Abb. 1: Absterbende Fk.-Gruppe nach der Sporulation an einem *Salix*-Stamm, teilweise mit geringfügigen, effusen Fk.-Anteilen am Substrat herablaufend (a); Ränder der Oberseite teilweise grau verfärbt (b).
Abb. 2: Oberseite eines jungen Fk.s mit samtig-filzigem Rand (a) und beginnender Verkahlung (b).
Abb. 3: Aufsicht auf die Unterseite eines noch wachsenden Fk.-Randes, an dem noch neue Poren gebildet werden (Pfeil).
Abb. 4-6: Aufsicht auf verschiedene Hymenophore in mittleren Fk.-Bereichen zur Dokumentation des Alterungsprozesses.
Abb. 4: Junges, noch wachsendes, reinweißes Hymenophor mit nahezu runden bis etwas gestreckten, abgerundet eckigen Poren.
Abb. 5: Grau-bräunliches Hymenophor mit stärker eckigen Poren nach der Sporulation.
Abb. 6: Zerschlitzt-eckiges Hymenophor eines absterbenden Fk.s; die Dissepimente beginnen von ihrem Scheitel her einzutrocknen und nehmen einen graubraunen Farbton mit violettem Einschlag an.
Abb. 7: Aufsicht auf das Hymenophor der Hutmitte in der Wachstumsphase.
Abb. 8: Segmentierte Aufsicht; 72 Poren/25 mm^2 ≙ 2,9 Poren/ mm^2 ≙ 1,7 Poren/mm.

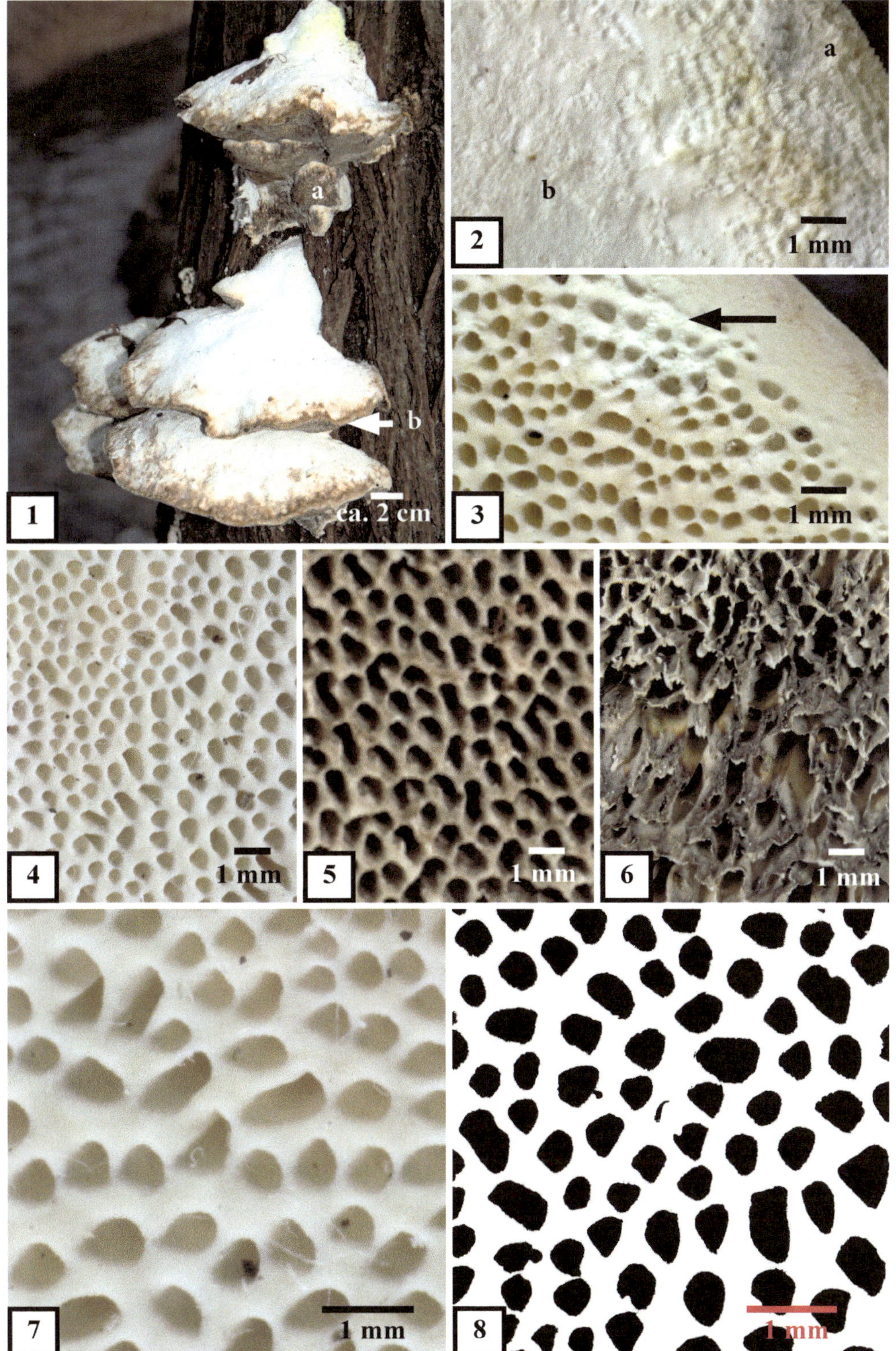
a
b
ca. 2 cm
1
a
b
1 mm
2
1 mm
3
1 mm
4
1 mm
5
1 mm
6
1 mm
7
1 mm
8

Trametes versicolor (L.) Lloyd
[≡ *Boletus versicolor* L. ≡ *Polystictus versicolor* (L.) Fr. ≡ *Polyporus versicolor* (L.) Fr. ≡ *Coriolus versicolor* (L.) Quél.]
Schmetterlingstramete, Schmetterlingsporling, Bunte Tramete, Verschiedenfarbige Tramete

Fk.-Typ: effusoreflexe bis laterale, annuelle, polyzentrische Crustothecien mit polyporoidem Hymenophor.
Habitat: saprotroph, besonders häufig auf *Fagus*, aber auch an vielen anderen Laubhölzern, selten auch an Nadelgehölzen; nachgewiesen sind: *Alnus*, *Betula*, *Crataegus*, *Fraxinus*, *Juglans*, *Juniperus*, *Larix*, *Malus*, *Picea*, *Populus*, *Prunus*, *Quercus*, *Rhamnus*, *Syringa* und *Tilia*; besonders in der Optimalphase der Holzzersetzung, auch an relativ trockenen Substraten; selten auch an abgestorbenem Holz von Wunden lebender Bäume; Weißfäuleerreger.
Makromerkmale: Fk. meist in großer Zahl imbricat übereinander; konsolen- bis fächerförmig, auf horizontalen Substraten auch rosettig; Konsistenz zäh, ledrig-biegsam, beim Trocknen wenig schrumpfend, trocken fest, etwas biegsam; Hüte dünnfleischig, im mittleren Bereich 1–3 mm dick, mit anfangs stumpfem, ausgereift stets mit scharfem Rand, in der Insertionsregion bis 5 mm hoch, oft miteinander verwachsen, mitunter mit kleinen effusen Fk.-Teilen am Substrat herablaufend, aber ohne ausgedehnte effuse Krusten; bis 5 cm vom Substrat abstehend; oberseits durch bis 0,5 mm lange Härchen feinfilzig bis samtig, konzentrisch gezont durch die Pigmente der Cortex unter dem Tomentum, aber auch durch unterschiedliche Struktur des Tomentums; mit abwechselnd rotbraunen, ockerfarbigen, gelblichen, dunkel- bis blaugrauen oder fast blauschwarzen Farbtönen, im Alter meist dunkler werdend und mitunter durch Algenbewuchs grünlich; Zonen mit anliegenden Haaren seidig glänzend; Rand glatt bis unregelmäßig wellig gekerbt; Hymenophor röhrig; Röhren bis 4 mm lang; 3–5 Poren/mm; weiß bis cremefarben, Poren rundlich bis eckig, sehr vielgestaltig, gelegentlich sogar labyrinthisch bis zahnförmig aufgespalten; Trama frisch reinweiß, im Alter oder trocken auch cremefarben; Huttrama im Schnitt scharf vom pigmentierten Corticalgeflecht abgesetzt; Hymenophoraltrama der Huttrama gleichfarben oder in Richtung der Poren stärker cremefarben, bei alten Exemplaren auch ockerbraun.
Mikromerkmale: Spp. weiß; Sp. zylindrisch, bis allantoid, glatt, hyalin, 5–7×1,5–2 µm; Basidien zwei- bis viersporig, clavat, mit Basalschnalle; Hymenium mit fusoiden Cystidiolen; Hyphensystem trimitisch; generative Hyphen mit Schnallen; Skeletthyphen dickwandig, ca. 2,5–5 µm Ø, Bindehyphen; dickwandig, ca. 2–5 µm Ø.

Trametes versicolor ist kosmopolitisch verbreitet und gehört zu den häufigsten pileaten Porlingen Mitteleuropas. In der borealen Klimazone und in den Tropen ist die Art selten. Die breite ökologische Amplitude der Art verursacht eine große morphologische Variabilität der Fk. Die verschiedenen Ausbildungsformen entsprechen wahrscheinlich einer genetisch vernetzten Vielfalt, die taxonomisch jedoch nicht relevant ist. Verwechslungen sind besonders mit *T. ochracea* möglich. Letztere wird als genetisch konstante Sippe angesehen. Dieser Art fehlen die seidig glänzenden Zonen der Hutoberfläche, und an der Insertionsfläche sind die Fk. höher. *T. pubescens* ist wenigstens im jungen Zustand ungezont und hat ausschließlich gelbliche Farbtöne und ebenfalls keine seidig glänzende Behaarung.

Abb. 1: Fk.-Gruppe an einem *Betula-pendula*-Stamm.
Abb. 2 u. 3: Oberseite zweier Fk. mit zonal unterschiedlich stark entwickeltem Tomentum und unterschiedlicher Pigmentierung der Cortex.
Abb. 4: Radialschnitt eines Fk.s; a – Hutoberseite; b – Tomentum; c – pigmentierte Cortex; d – Huttrama; e – Hymenophor im Schnitt; f – Hymenophor in Aufsicht.
Abb. 5-8: Aufsicht auf verschiedene Hymenophore; Abb. 5 u. 6 – weitporige, teils labyrinthische Hymenophore; frisches (Abb. 5) und altes, gebräuntes (Abb. 6) Hymenophor; Abb. 7 u. 8: normale Hymenophore; Abb. 8: segmentiert; 463 Poren/25 mm² ≙ 18,5 Poren/mm² ≙ 4,3 Poren/mm [33 Fk.: 2,4–4,7].

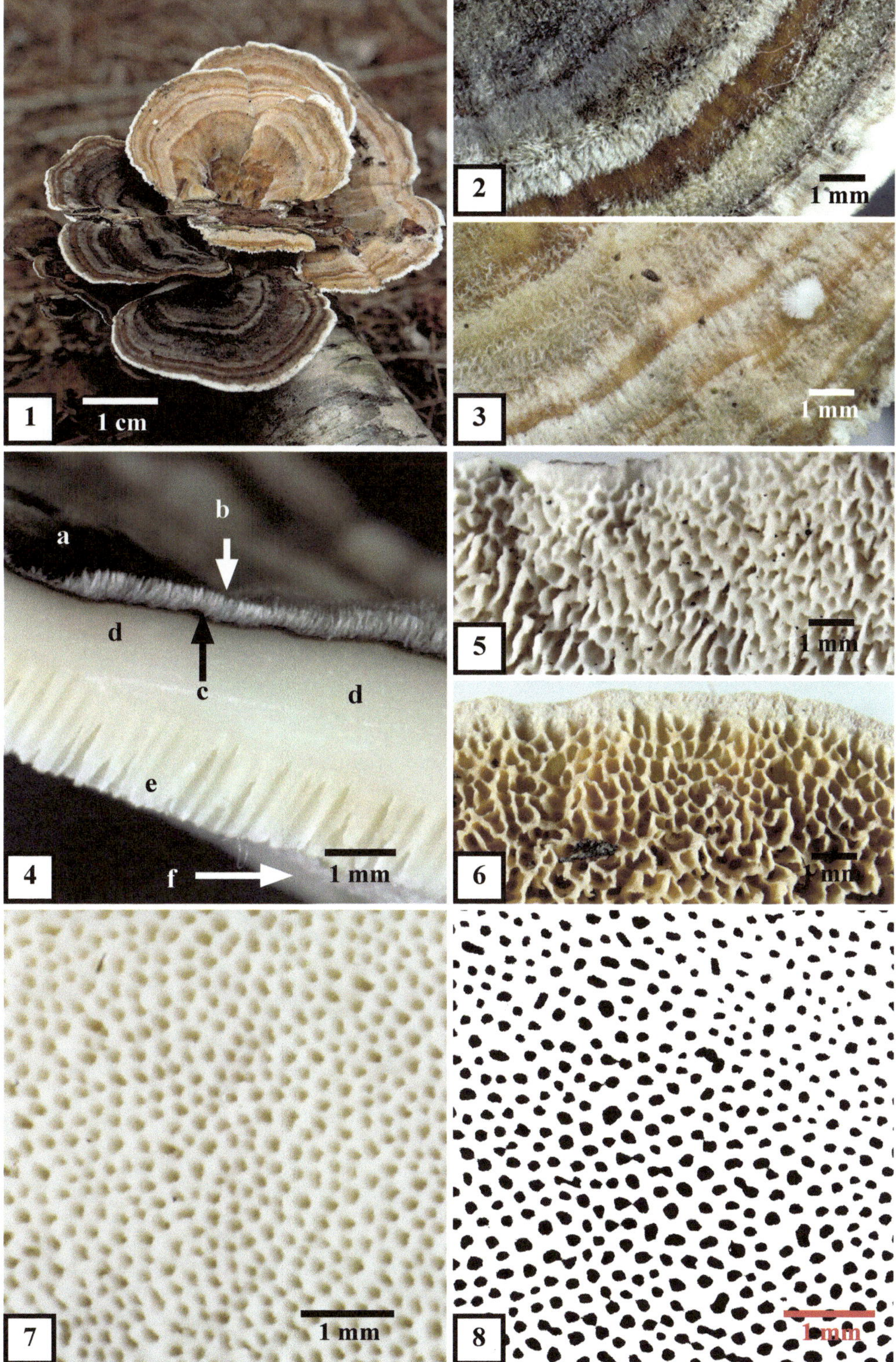
1
1 cm
2
1 mm
3
1 mm
4
a
b
c
d
d
e
f
1 mm
5
1 mm
6
1 mm
7
1 mm
8
1 mm

Trichaptum abietinum (Dicks.) Ryvarden
[≡ *Boletus abietinus* Dicks. ≡ *Hirschioporus abietinus* (Dicks.) Donk ≡ *Trametes abietina* (Dicks.) Pilát]
Tannentramete, Gewöhnlicher Violettporling

Fk.-Typ: effuse, effusoreflexe bis laterale, annuelle, selten auch zweijährige, polyzentrische Crustothecien mit polyporoidem bis daedaleoidem Hymenophor.
Habitat: lignicol; saprotroph, hauptsächlich an Nadelholz, besonders an *Pinus*, *Picea*, *Abies* und *Larix*; an aufrechten oder liegenden Stämmen, an Ästen und Stümpfen, selten an Laubholz, u.a. an *Alnus*, *Betula*, *Corylus*, *Populus*, meist an noch festem Holz in der Initialphase des Holzabbaues; Weißfäuleerreger.
Makromerkmale: Fk. selten einzeln, meist in großen Gruppen, oft zu Reihen verwachsen, auch imbricat, aus effusen Fk.-Teilen oft eine große Anzahl von Hüten hervorwachsend; an der Unterseite horizontaler Substrate häufig ausgedehnte, meterlange effuse Fk.-Matten bildend, an vertikalen Substratteilen meist ausschließlich konsolen- bis fächerförmig; Konsistenz zäh, wachsartig, trocken biegsam; Hüte dünnfleischig, 1–3 mm dick, bis ca. 2 cm vom Substrat abstehend; in voller Breite mit dem Substrat verwachsen, scharfrandig, oberseits mit striegelhaarigem bis filzigem, weißem bis weißgrauem Tomentum, am Rand oft mit einem violetten Farbton; verkahlend, eben oder etwas höckerig, mitunter durch Algenbewuchs grünlich, Rand glatt oder wellig gekerbt, bei Trockenheit nach unten einrollend, Trama über dem Hymenophor bräunlich, bei trockenen Exemplaren eine dunkle Linie bildend, darüber weiß, locker-filzig; Hymenophor jung röhrig, Röhren bis 2 mm lang; Poren rund bis eckig, am Rand meist so bleibend, an älteren Fk.-Teilen labyrinthisch aufreißend, mitunter nahezu irpicoid, jung intensiv hellviolett, alt violett-bräunlich; wenigstens randlich noch mit violetten Tönen; 3–5 Poren/mm.
Mikromerkmale: Spp. weiß; Sp. gestreckt ellipsoid, nahezu zylindrisch, ventral meist abgeflacht, glatt, hyalin, 7–8×2,5–4 µm; Basidien viersporig, clavat, mit Basalschnalle; Hymenialcystiden dickwandig, apikal mit Kristallen; Hyphensystem dimitisch; generative Hyphen mit Schnallen, um 3 µm Ø; Skeletthyphen englumig um 5–7 µm Ø.

Trichaptum abietinum ist im holarktischen Florenreich circumpolar verbreitet und kommt auch in der Paläotropis vor. In Europa gehört die Art vom Flachland bis in die hochmontane Höhenstufe zu den häufigsten nadelholzbewohnenden Porlingen. Verwechslungen mit *T. fuscoviolaceum* beruhen auf alten Exemplaren, deren Hymenophor labyrinthisch aufgespalten ist. *T. fuscovioloaceum* ist auf *Pinus*-Holz beschränkt und in borealen Wäldern weit verbreitet. Sein Hymenophor ist von Anfang an auch am Hutrand labyrinthisch und später in einzelne, bis 4 mm lange Zähne aufgespalten. Die Areale beider Arten überlappen sich im nördlichen Europa, es kommen jedoch keine Übergangsformen vor.

Abb. 1: Mehrere lebende Fk. an einem toten, liegenden *Pinus-sylvestris*-Stamm; auf nacktem Holz (a) oder auf Borke (b), mitunter zu langen Reihen verwachsen (c); in horizontaler Lage mit ausgedehnten, effusen polyzentrischen Fk.-Matten (d).
Abb. 2: Mehrere Fk. auf nacktem *Pinus-sylvestris*-Holz; heranwachsende Fk. haben zwei Nadeln eines abgefallenen Kurztriebes umwachsen und effuse Fruchtkörperabschnitte gebildet (a), von der weitgehend ausdifferenzierten Oberseite eines Fk.s eine Nadel beiseite gedrückt, umwachsen, aber nicht eingeschlossen (b).
Abb. 3: Zwei Fk. aus Abb. 2 in angetrocknetem Zustand; die Fk.-Ränder rollen sich nach unten ein, das weiße Tomentum bildet einen wattigen Filz, das Hymenophor erscheint etwas dunkler (Pfeile), am Fk.-rand ist ein typisch violetter Farbeinschlag erkennbar.
Abb. 4: Weißes Tomentum eines frisch gewachsenen Fk.s mit randlich violettem Farbton.
Abb. 5: Poriges, an älteren Fk.-Teilen labyrinthisch aufreißendes, purpurviolettes Hymenophor eines lebenden Fk.s.
Abb. 6: Hymenophoraufsicht aus einer Fk.-Mitte, segmentiert; 336 Poren/25 mm² ≙ 13,4 Poren/mm² ≙ 3,7 Poren/mm.

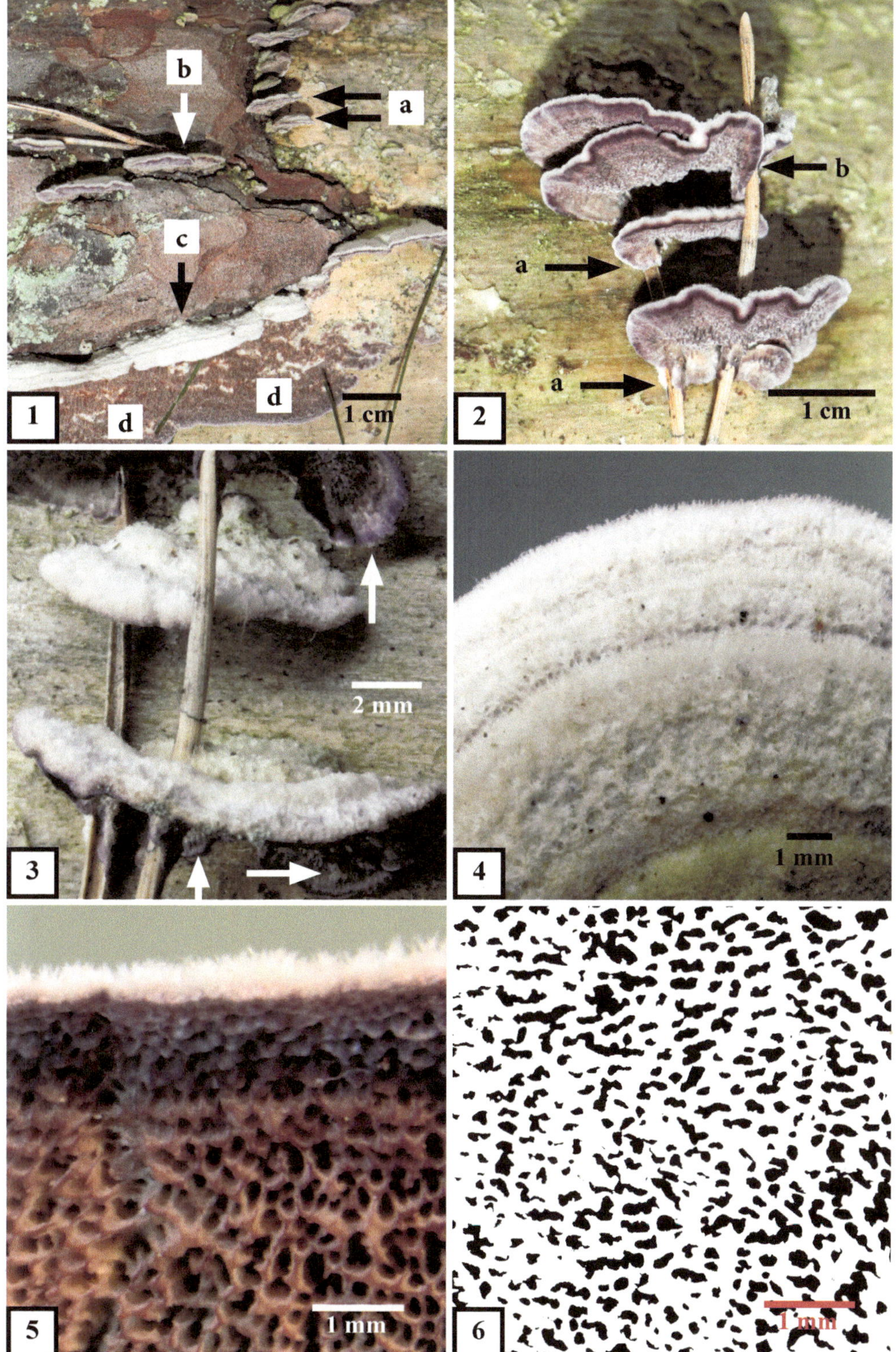
b
a
c
d
d
1 cm
1
b
a
a
1 cm
2
2 mm
3
1 mm
4
1 mm
5
1 mm
6

Tyromyces fissilis (Berk. & M.A. Curtis) Donk
[≡ *Polyporus fissilis* Berk. & M.A. Curtis ≡ *Aurantiporus fissilis* (Berk. & M.A. Curtis) H. Jahn ex Ryvarden ≡ *Leptoporus fissilis* (Berk. & M.A. Curtis) Pilát ≡ *Spongipellis fissilis* (Berk. & M.A. Curtis) Murrill = *Polyporus albosordescens* Romell]
Apfelbaumsaftporling

Fk.Typ: laterale, mono- bis polyzentrische, annuelle Crustothecien mit polyporoidem Hymenophor.
Habitat: lignicol; saprotroph bis perthotroph; in Mitteleuropa bevorzugt auf Stämmen und massiven Ästen von lebenden *Malus*-Bäumen, aber auch auf anderen Laubgehölzen; nachgewiesen u.a. auf *Aesculus*, *Alnus*, *Betula*, *Castanea*, *Fagus*, *Fraxinus*, *Juglans*, *Platanus*, *Populus*, *Prunus*, *Pyrus*, *Quercus*, *Salix*, *Sorbus*, *Tilia* und *Ulmus*; oft an Ast- oder Stammwunden lebender Bäume; Weißfäuleerreger.
Makromerkmale: Fk. knollig bis konsolenförmig, meist mit stumpfem Rand, selten mit undeutlicher Kante; oft einzeln oder in kleinen Gruppen, auch miteinander verwachsen; ohne oder mit geringen effusen Fk.-Teilen breit ansitzend, selten an den Insertionsflächen etwas stielartig verschmälert; Konsistenz frisch weich, saftig, faserig und schwammig; beim Eintrocknen stark schrumpfend; trocken hornartig hart, etwas biegsam, brechbar; Geruch säuerlich, Geschmack mild bis leicht bitter; Hüte bei Sporenreife 8–25 cm breit und bis 18 cm vom Substrat abstehend, im mittleren Hutbereich 4–6 cm dick, an der Insertionsfläche bis über 10 cm hoch; Hutoberseite feinfilzig, ungezont, zunächst weiß, später mit gelblichen oder hellbräunlichen Farbtönen, oft mit rosafarbenem Einschlag; Hymenophor in Aufsicht weiß, im Alter auch gelblich; Poren rund bis abgerundet eckig, mitunter etwas radial gestreckt, 1–3 Poren/mm; Röhren im mittleren Hutbereich 0,5 bis über 2 cm lang; Trama weiß, im Alter auch etwas gelblich, hellbräunlich und mit einem rosa Farbton, deutlich radial faserig, schwach konzentrisch gezont; Hymenophoraltrama oft – vor allem trocken – etwas dunkler als die Huttrama.
Mikromerkmale: Spp. weiß; Sp. hyalin, breit ellipsoid bis subglobos, auch ovoid, 4–5,5×3–4 µm; Basidien zylindrisch bis undeutlich clavat, viersporig, mit Basalschnalle; Hyphensystem monomitisch: Septen mit Schnallen; Hyphen dünn- bis dickwandig, 2–5 µm Ø; mit runden, dickwandigen Chlamydosporen von 4–10 µm in der Huttrama.

Tyromyces fissilis ist eine seltene Art des nemoralen Zonobioms der Holarktis. Die Art kann mit *Spongipellis spumeus* verwechselt werden. Letztere besitzt jedoch im Gegensatz zu *T. fissilis* eine zweischichtige Trama und hat größere Basidiosporen. Zudem sind die Chlamydosporen in der Huttrama von *T. fissilis* ein diagnostisch wichtiges Merkmal.

Abb. 1: Sporulierender Fk. (a) und mit ihm verwachsene, verformte Fk.-Ansätze (b) mit effusen Fk.-anteilen auf morschem Kernholz in einer schmalen Stammwunde im bodennahen Bereich eines *Fraxinus-excelsior*-Stammes; der Fk.-Rand überwächst die lebende Borke nahe der Stammwunde (c), in Richtung der Insertionsfläche am Substrat in der Astwunde ist der Fk. nahezu stielartig verschmälert (d).
Abb. 2: Feinfilzige Hutoberseite (a) eines ausgereiften, sporulierenden Fk.s mit dem etwas zottig-filzigen Hutrand, der einen gelb-bräunlichen Farbton aufweist (b).
Abb. 3: Radial aufgerissener, stumpfer Hutrand mit der weißen, radial faserigen Huttrama (a), die feine Zonen (b) aufweist; das noch wachsende Hymenophor (c) besitzt einen gelblich-weißen Farbton, die wachsenden Dissepimente (d) sind hingegen noch reinweiß.
Abb. 4: Aufsicht auf das Hymenophor in der Mitte eines Fk.s.
Abb. 5: Segmentierte Aufsicht auf das Hymenophor; 116 Poren/25 mm^2 ≙ 4,6 Poren/mm^2 ≙ 2,2 Poren/mm.

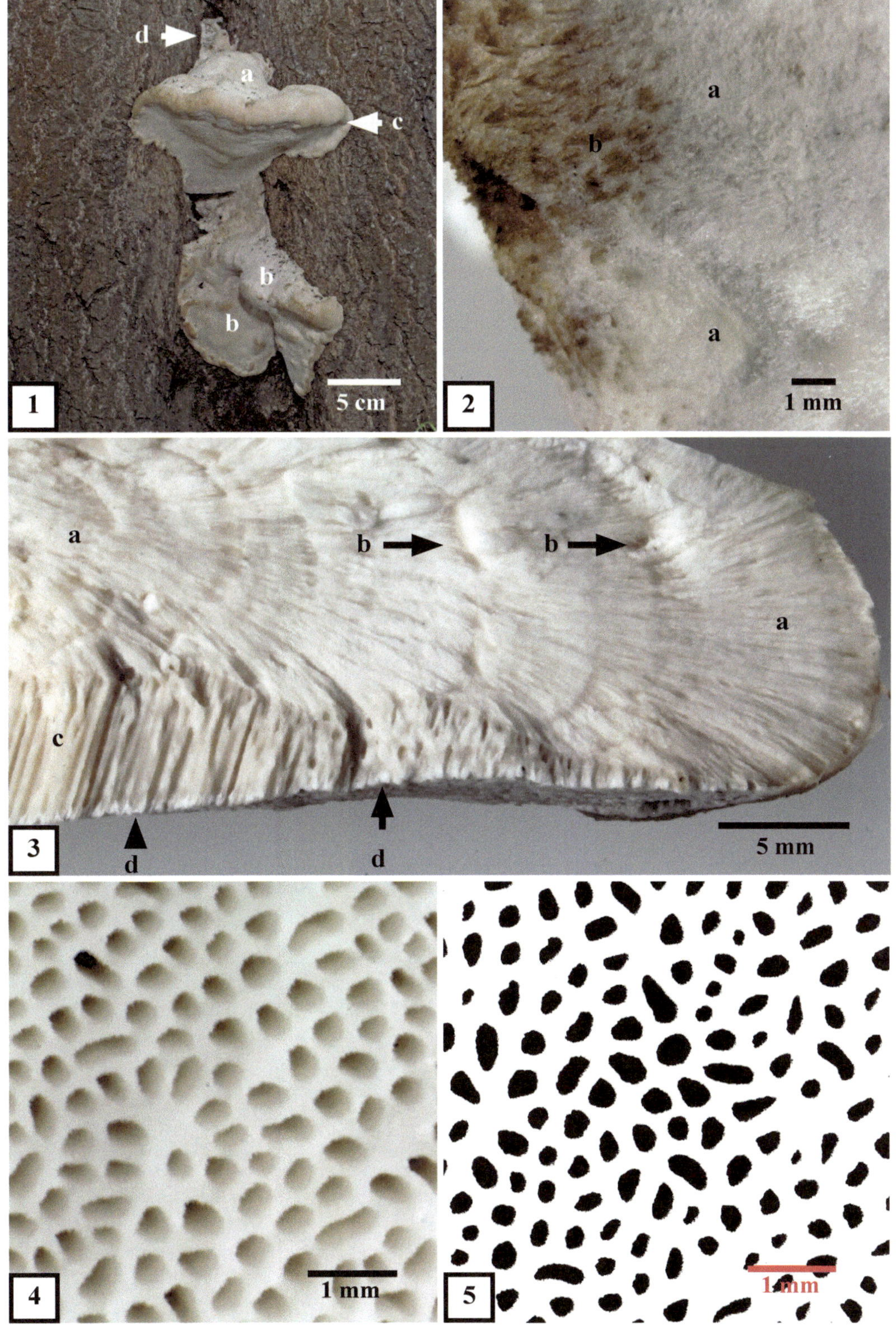
d
a
c
b
b
b
5 cm
1
a
b
a
1 mm
2
a
b
b
a
c
d
d
5 mm
3
1 mm
4
1 mm
5

Tyromyces kmetii (Bres.) Bondartsev & Singer
[≡ *Polyporus kmetii* Bres. ≡ *Leptoporus kmetii* (Bres.) Pilát = *Polyporus ferroaurantius* Romell]
Orangefarbiger Saftporling

Fk.-Typ: laterale, annuelle, mono- bis polyzentrische Crustothecien mit polyporoidem bis daedaleoidem oder nahezu irpicoidem Hymenophor.
Habitat: lignicol; saprotroph an Laubholz in der Optimalphase des Holzabbaus, besonders an *Fagus*, auch nachgewiesen an *Betula*, *Carpinus*, *Corylus*, *Prunus*, *Quercus*, *Sorbus* und *Tilia*; Braunfäuleerreger.
Makromerkmale: Fk. konsolen- bis fächerförmig, einzeln oder in Gruppen, mitunter imbricat, bis 5 cm breit, bis 4 cm vom Substrat abstehend; mehrhütige Fk. an der Insertionsfläche bis über 2,5 cm hoch; Konsistenz frisch weichfleischig, trocken brüchig, stark schrumpfend; Geschmack mild; Hüte oberseits hell orange- bis aprikosenfarben, filzig; kleine Hüte unter größeren können ungefärbt und völlig weiß sein, desgleichen an dunklen Orten, z.B. unterseits an horizontalen Substraten wachsende Hüte; Hutränder ciliat durch meist zu kleinen Büscheln verklebte Haare; Hymenophor sehr polymorph, an horizontalen Hutunterseiten polyporoid mit runden, gestreckten oder leicht labyrinthischen Poren, an schräg verlaufenden Partien der Unterseite irregulär labyrinthisch, auch mit zahnförmig aufgespaltenen und apikal gekerbten Dissepimenten, diese stets exakt geotropisch positiv wachsend; Röhren im Bereich polyporoiden Hymenophors bis 5 mm lang, 3–4 Poren/mm; Trama wässrig weiß, über dem Hymenophor faserig, dann zur orangen Oberseite hin locker filzig, oberer Teil der Trama in KOH rosa, zur orangen Oberfläche hin blutrot; Fk. mit weißer Oberseite ohne diese Reaktion; Trama im mittleren Hutbereich bis 5 mm dick; Hymenophoraltrama der Huttrama gleichfarben.
Mikromerkmale: Spp. weiß, Sp. hyalin, glatt, ellipsoid, 4–5×2–3 µm, Basidien viersporig, nahezu zylindrisch mit Basalschnalle; Cystidiolen wie die Basidien bis 20×6 µm, ebenfalls mit Basalschnalle; Trama monomitisch; Septen mit Schnallen; Hyphen hyalin, dünnwandig, glatt, in der Huttrama oft mit kurzen unseptierten Seitenzweigen, bis 6 µm Ø, in der Hymenophoraltrama meist um 3 µm Ø.

Tyromyces kmetii ist in Europa im nemoralen und borealen Zonobiom verbreitet und wurde auch in Nordamerika nachgewiesen. Frische, gut ausgebildete Fk. dieser Art sind durch ihre hell orangefarbene Oberseite, ihre weiche Konsistenz, ihr polymorphes Hymenophor und die charakteristisch bewimperten Hutränder schon im Gelände bei Lupenvergrößerung zu erkennen. Mikroskopisch ist die durchgehend monomitische Trama ein diagnostisch wichtiges Merkmal, durch das sich die Art von der ähnlichen *T. chioneus* mit dimitischer Trama und größeren Fk.n unterscheidet.

Abb. 1: Fk.-Gruppe mit mehreren Einzelkonsolen und imbricaten Fk.n an einem liegenden Ast von *Fagus sylvatica*; untere Hüte imbricater Fk. (a) mit weißer Oberseite und ohne KOH-Reaktion der Trama; das knollige Wachstum an der Basis des rechten Fk.s ist durch das Überwachsen abgestorbener Fk. von *Trametes versicolor* verursacht (b).
Abb. 2: Konsolenförmiger Fk. an einem liegenden *Fagus*-Ast; die charakteristische Färbung und der ciliate Hutrand sind erkennbar.
Abb. 3: Radial aufgespaltener Hut in der Nähe des Hutrandes; a – filzig-faseriges Tomentum aus verklebten Haaren; b – obere lockere Schicht der Huttrama; c – untere faserige Schicht der Huttrama; d – irregulär polyporoides Hymenophor; e – Dissepimente mit irregulär gekerbten Röhrenmündungen.
Abb. 4: Aufsicht auf einen Bereich des Hymenophors mit teils zahnförmig aufgespaltenen und apikal gekerbten Dissepimenten.
Abb. 5: Aufsicht auf ein normal ausgebildetes Hymenophor im mittleren Hutbereich.
Abb. 6: Segmentierte Aufsicht auf einen nahezu regulär polyporoiden Abschnitt des Hymenophors; 302 Poren/25 mm² ≙ 12,1 Poren/mm² ≙ 3,5 Poren/mm.

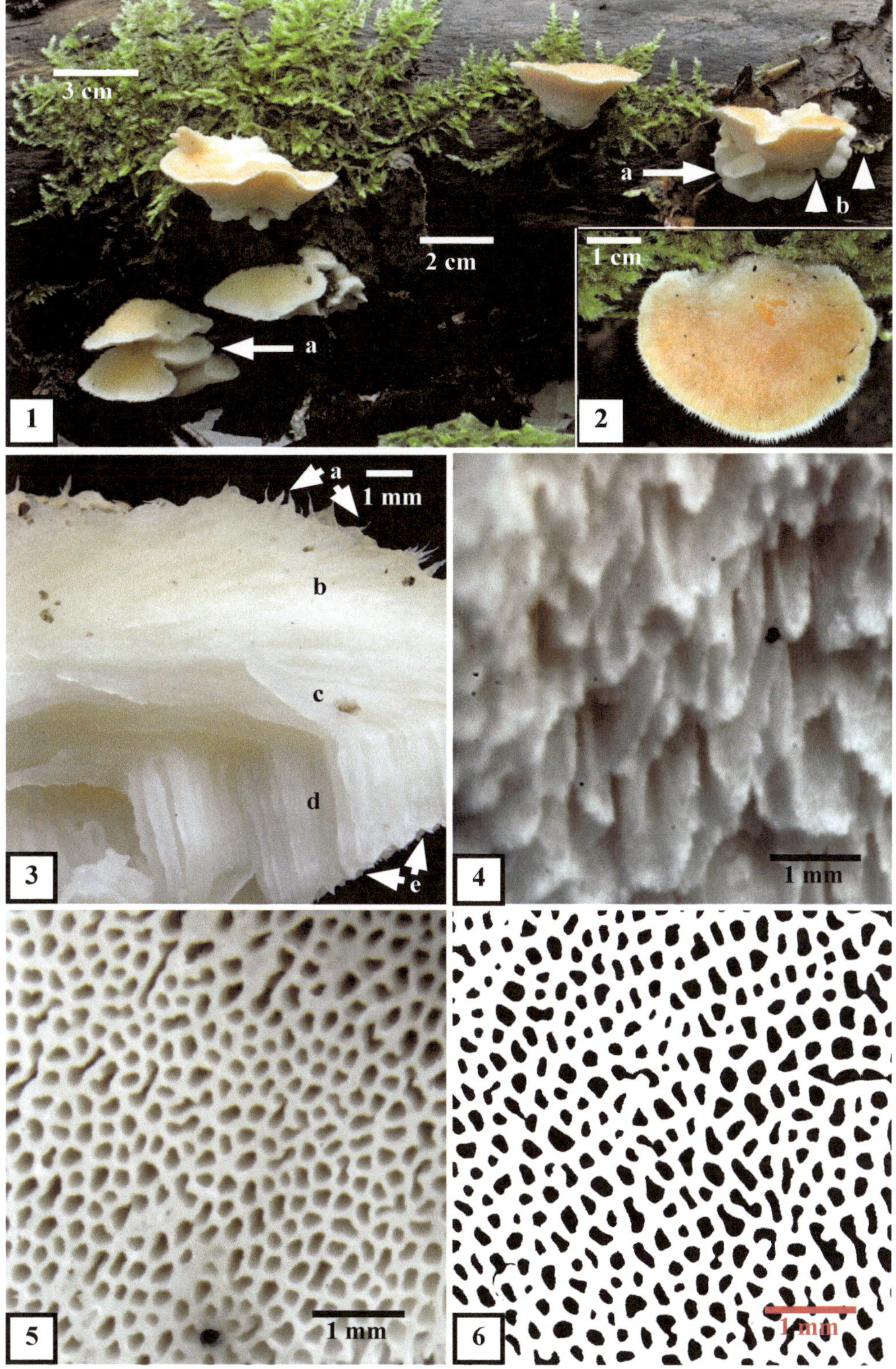
3 cm
2 cm
a
a
b
1 cm
1
2
a
1 mm
b
c
d
e
3
4
1 mm
5
1 mm
6
1 mm

Glossar

Die folgenden kurzen Erläuterungen beziehen sich nur auf die Verwendung der Begriffe in der Mykologie, viele dieser Termini werden in anderen Fachgebieten für andere Zusammenhänge oder andere Strukturen benutzt. Es sei Anfängern zur Einarbeitung empfohlen, die Abschnitte des Allgemeinen Teiles (S.15–40) geschlossen durchzusehen.

amphimtisch: Hyphensystem mit generativen Hyphen und Bindehyphen (S. 21).

amyloid: s. JKJ.

Anatomie: Lehre vom inneren Bau der Organismen.

austral: südlich; biogeografisch die gemäßigte Zone der Südhemisphäre in Südamerika, Tasmanien, Neuseeland (s. temperat).

Basidiolen: unreife Basidien, noch ohne Sterigmata (S. 25).

Basionym: Name einer Sippe, auf dem eine neue Kombination beruht; z.B. Name der Erstbeschreibung einer Art, die in eine andere Gattung gestellt wird.

bilateral: zweiseitig; z.B. sind bei der bilateralen Hymenophoraltrama der Agaricomycetes die Hyphen der Dissepimente beidseitig von der Mitte aus parallel in Richtung des Hymeniums orientiert.

Biom: großflächig umgrenzter Lebensraum; z.B. Zonobiom – in Abhängikeit der Klimazone, Orobiom – in Abhängigkeit von der Höhenstufe, Pedobiom – in Abhängigkeit von dominierenden Böden.

biotroph: ein Typ des Parasitismus, bei dem sich der Parasit von lebenden Strukturen des Wirtes ernährt.

boreal: nördlich.

boreales Zonobiom: Lebensraum der nordhemisphärischen, kalt temperierten Wälder (Taiga).

Braunfäule: ein Typ des Holzabbaus (S. 33–35).

circumpolar: rings um den Pol; Verbreitungstyp auf allen Kontinenten der Nordhemisphäre im Bereich einer oder mehrerer Klimazonen, z.B. der arktischen, borealen oder temperaten Zone.

Context: Huttrama (S. 16 ff.).

Cortex: sterile Abschlussstruktur (S. 22–23).

Crustothecium: morphologisch definierter Typ der Basidiomata, z.B. die meisten Krustenpilze (S. 18).

cyanophil: in Baumwollblau (Methylenblau) anfärbbar.

Cystiden: sterile Zellen im Hymenium der Basidiomata (S. 26).

H. Dörfelt und E. Ruske, *Die pileaten Porlinge Mitteleuropas*,
https://doi.org/10.1007/978-3-662-56760-9

Cystidiolen: jungen Basidien ähnliche Cystiden (S. 26).

daedaleoid: labyrinthisch (s. Hymenophor, S. 23–24).

dendroid: baumähnlich; bäumchenartig verzweigt.

dextrinoid: s. JKJ.

dichotom: zweiteilig; in zwei Teile gespalten; dichotomer Bestimmungsschlüssel: zwei alternative Merkmale oder Merkmalskombinationen führen in vorgegebener Folge zu einem Ergebnis.

dimidiat: konsolenförmig, halbkreisförmig (S. 19).

dimitisch: ein Hyphensystem mit generativen Hyphen und Skeletthyphen (S. 21).

Dissepimente: die vom Hymenium überkleideten Röhrenwände von boletoiden, polyporoiden oder daedaeleoiden Hymenophoren (S. 16).

dorsal: rückenseitig; z.B. bei Basidiosporen die von der Längsachse der Basidie abgekehrte Seite im Gegensatz zur ventralen (bauchseitigen) Fläche, die der Basidienachse zugekehrt ist.

fusiform: spindelförmig.

effus: flächig ausgebreitet (S. 16 ff).

effusoreflex: flächig ausgebreitet und mit abstehenden Hüten (S. 16 ff).

fistulinoid: ähnlich wie in der Gattung *Fistulina*, z.B. das isoliert-röhrenförmige Hymenophor (S. 23–24).

fomitoid: ähnlich wie in der Gattung *Fomes*, z.B. die Fruchtkörperkonsistenz oder die Fruchtkörperorphologie.

Gloeocystiden: Cystiden mit saftigem Inhalt (S. 21).

gloeodimitisch: Hyphensystem mit generativen und gloeopleren Hyphen (S. 21).

gloeopler: saftführend (S. 21).

Gymnospermen: nacktsamige Blütenflanzen mit freistehenden primär unbedeckten Samenanlagen ohne Fruchtbildung, z.B. Nadelgehölze wie *Picea* und *Pinus.*

herbicol: krautige Pflanzen (bzw. deren Reste) bewohnend.

Holarktis: das Florenreich der Nordhalbkugel der Erde nördlich der Tropenzonen.

Hymenialseta: eine auf der Ebene der Basidien inserierte Seta im Hymenium (S. 26).

Hymenium: Fruchthäutchen; die aus sporenbildenden Zellen bestehende Schicht (S. 24–26).

Hymenophor: Hymenienträger (S. 23 f., 26–30).

Hymenophoraltrama: s. Trama.

hyphal pegs: s. peg.

Hyphidien: hyphenartige sterile Elemente im Hymenium (S. 26).

ICBN: Internationaler Code der Botanischen Nomenklatur; Regelwerk für die wissenschaftlichen Namen von Pflanzen und Pilzen.

imbricat: dachziegelartige Anordnung von Schuppen, Konsolen etc.

inflat (auch **ventricos):** angeschwollen, z.B. zwischen den Septen verdickt.

infraspezifisch: innerhalb der Art; z.B. eine systematische Kategorie unterhalb der Rangstufe der Art wie Unterart (ssp. – *subspecies*), Varietät (var. – *varietas*) oder Form (f. – *forma*).

isodiametrisch: in allen Richtungen annähernd gleiche Ausmaße; z.B. Zellen und Porendurchmesser.

JKJ amyloid: eine mit Jod-Jodkalium (Kaliumjodid) behandelte Struktur färbt sich blau.

JKJ dextrinoid: eine mit Jod-Jodkalium (Kaliumjodid) behandelte Struktur färbt sich violett bis rotbraun.

JKJ negativ: es erfolgt keine Farbreaktion durch die Behandlung mit Jod-Jodkalium (Kaliumjodid).

lateral: seitlich ansitzend (S. 16 ff).

lenzitoid: ähnlich wie in der Gattung *Lenzites*, z.B. das derb lamellenförmige Hymenophor (S. 23 f.).

lignicol: auf Holz lebend.

Lignin: Holzstoff; wichtiger, chemisch definierter Hauptbestandteil des Holzes; (S. 33 –37).

Loben: Lappen; z.B. flache Ausbuchtungen von Flechtenthalli, Ausbuchtungen von mehrhütigen Fruchtkörpern.

Lumen: Licht, Fenster; in der Biologie u.a. das Innere, die lichte Weite eines Innenraumes, z.B. das Innere dickwandiger Skeletthyphen.

mediterran: auf das Mittelmeergebiet bezogen; z.B. das mediterrane Zonobiom.

meridional: circumpolare Klimazone, die auch das Mittelmeergebiet umfasst.

monomitisch: Hyphensystem, das ausschließlich aus generativen Hyphen besteht (S 21).

monotypisch: nur einen Typus umfassend; z.B. eine Gattung mit nur einer einzigen Art.

monozentrisch: mit nur einem einzigen Bildungszentrum (S. 20).

montan: das Gebirge betreffend; z.B. die montane Höhenstufe zwischen dem (planaren) Flachland dem (collinen) Hügelland und der höher liegenden alpinen Stufe.

Morphologie: Formlehre; Lehre von dem äußeren Bau der Organismen.

Myzel: aus Hyphen bestehendes Pilzgeflecht.

myzelial: direkt aus dem Myzel entstehend (S. 18).

Myzelialkern: von der übrigen Huttrama abweichender, myzelartig strukturierter Kern an der Insertionsfläche einiger monozentrischer Fruchrkörper (S. 22).

nemoral: zum Hain (Laubwald) gehörend; z.B. das nemorale Zonobiom, der Lebensraum der sommergrünen, im Winter laubwerfenden Breitlaubwälder.

nodulär: knotig; bei der Fruchtkörperentwicklung ein Entwicklungstyp, der von einem primordialen Knoten (Nodulus) ausgeht (S. 18).

pantropisch: überall in den Tropen, sowohl in der Paläo- als auch in der Neotropis.

peg: Bündel; in der Mykologie Hyphenbündel (*hyphal pegs*) im Hymenophor, die mit der Bildung der Dissepimente im Zusammenhang stehen.

perennierend: ausdauernd, mehrjährig.

persistent: fest, dauerhaft.

perthotroph: Form des Parsitismus (S. 33).

pileat: hutförmig (S. 16 ff).

Pilothecium: morphologisch definierter Typ der Basidiomata, z.B. nodulär entstehender Hutpilz (S. 18).

polyporoid: ähnlich wie in der Gattung *Polyporus*, z.B. das Hymenophor (S. 23 f.).

polyzentrisch: mit mehreren Bildungszentren (S. 20).

Porendichte: Anzahl der Poren pro Flächeneinheit (S. 26–30).

Primordium: Vorstufe einer Struktur, z.B. eines Blattes, einer Wurzel, eines pilzlichen Fruchtkörpers.

Pseudocystide: Scheincystide; eine ins Hymenium ragende, cystidenähnliche Endzelle einer Hyphe, die nicht auf der Ebene von Basidien, sondern in der Hymenophoraltrama inseriert ist.

Pseudorhiza: Scheinwurzel (auch Appendix rhizomorpha); wurzelähnliche Stielverlängerung, meist eine plectenchymatische Verbindung zwischen Fruchtkörpern und Substrat, z.B. unterirdischem Holz.

Pseudosklerotium: Scheinsklerotium; es besteht im Inneren der festen Umrindung nicht nur aus pilzlichen Substanzen, wie ein Sklerotium, sondern es sind Bodenteile mit eingeschlossen.

pubescent: flaumig.

saprotroph: Ernährung von toten organischen Stoffen (S. 33).

schizophylloid: ähnlich wie in der Gattung *Schizophyllum*, z.B. das Hymenophor (S. 23).

Seta: zugespitzte, dickwandige Abschlusszelle einer Hyphe (oft einer Skeletthyphe) (S. 26).

Sporodochium: anamorphes Myzelpolster mit conidiogenen Zellen.

stipitat: gestielt (S. 16 ff).

Subiculum: Trama zwischen dem Substrat und dem Hymenophor effuser Fruchtkörper oder Fruchtkörperteile (S. 16).

substipitat: nahezu gestielt, stielartig verschmälert, aber ohne echten Stiel.

temperat: gemäßigt; biogeografische Region zwischen der borealen und meridionalen Vegetationszone der Nordhemisphäre mit dem nemoralen und kontinentalem Zonobiom.

Tomentum: samtige bis haarige Bekleidung steriler Oberflächen (S. 23).

Trama: die Plectenchyme zwischen den Oberflächen (das „Pilzfleisch"); Hymenophoraltrama – die Trama zwischen den Hymenien; Huttrama – die Trama des Hutes; Stieltrama – die Trama des Stieles. (Der Terminus wird von manchen Autoren ausschließlich für die Hymenophoraltrama benutzt.) (S. 21–22).

trimitisch: Hyphensystem mit generativen Hyphen, Skeletthyphen und Bindehyphen (S. 21.

truncat: abgestutzt, z.B. apikal abgeflachte Sporen.

urniform: urnenförmig.

Varietät, var.: s. infraspezifisch.

ventral: bauchseitig (s. dorsal).

ventricos: s. inflat.

velutinos: samtig.

Weißfäule: ein Typ des Holzabbaus (S. 33–35).

xylophag: holzabbauend.

Zonobiom: s. Biom.

zoocol: Tiere bewohnend, an lebenden oder abgestorbenen Tieren.

Literatur

Das Verzeichnis enthält die bibliografischen Angaben zu den im allgemeinen Text (S. 15 ff.) zitierten Arbeiten und zu den Monografien, die für die Bearbeitung der einzelnen Gattungen und der zugehörigen Arten vorrangig benutzt wurden. Über die zitierten monografischen Werke sind zahleiche Originalarbeiten, z.B. zu den Erstbeschreibungen der Typusarten oder zu den Verbreitungsangaben zu ermitteln.

[1] Adaskaveg, J.E. (1986): Studies of *Ganoderma lucidum* and *Ganoderma tsugae*. Dissertation University of Arizona

[2] Alexopoulos, C.J., Mims, C.W. (1979) Indroductory mycology. ed. 3, New York, Chichester, Brisbane u.a.

[3] Andersen, J., hanssen, O., Ødegaard, F. (2003): *Baranowskiella ehnstromi* Sörensson, (Coleoptera, Ptiliidae), the smallest known beetle in Europe, recorded in Norway. Norwegian Journal of Entomology 50 139–144

[4] Arantes, V., Goodell, B. (2014): Current understanding of brown-rot fungal biodegradation mechanisms: A Review. In: Schultz et al.: Deterioration and protection of sustainable biomaterials ACS Symposium Series; American Chemical Society, Washington DC p 3-21

[5] Asiegbu, F.O., Adomas, A., Stenlid, J. (2005): Conifer root and butt rot caused by *Heterobasidion annosum* (Fr.) Bref. Molecular Plant Pathology 6 395-409

[6] Bavendamm, W. (1928): Über das Vorkommen und den Nachweis von Oxidasen bei holzzerstörenden Pilzen. Zeitschrift für Pflanzenkrankheiten und Pflanzenschutz 38 257-276

[7] Benick, L. (1952): Pilzkäfer und Käferpilze. Helsingforsiae

[8] Benkert, D. (1979): *Onnia leporina* – ein für die DDR neuer Porling. Boletus 3 30-31

[9] Bernicchia, A. (2005): Polyporaceae s.l. Fungi Europaei, Vol. 10, Alassio

[10] Besl, H., Helfer, W., Luschka, N. (1989): Basidiomyceten auf alten Porlingsfruchtkörpern. Berichte der Bayerischen Botanischen Gesellschaft 60 133−145

[11] Binder, M., Justo, A., Riley, R., Salamov, A., Lopez-Giraldez, F., Sjökvist, E., Copeland, A., Foster, B., Sun, H., Larsson, E., Larsson, K.-H., Townsend, J., Grigoriev, I.V., Hibbett, D. (2013): Phylogenetic and phylogenomic overview of the Polyporales. Mycologia 105 1350−1373

[12] Blanchette, R.A. (1984): Screening wood decayed by white rot fungi for preferential lignin degradation. Applied and Environmental Microbiology 48 647−653

[13] Bollmann, A., Gminder, A., Reil, P. (2002): Abbildungsverzeichnis europäischer Großpilze. Jahrbuch der Schwarzwälder Pilzlehrschau ed. 3, Bd. 2, Hornberg

[14] Boudier, E. (1895): Description de quelques nouvelles espéces de Champignons récoltées dans les regions élevées des Alpes du Valais, en aoùt 1894. Bulletin de la Société Mycologique de France 11 27−30

[15] Breitenbach, J., Kränzlin, F. (1986): Pilze der Schweiz, Bd. 2 (Nichtblätterpilze). Luzern

H. Dörfelt und E. Ruske, *Die pileaten Porlinge Mitteleuropas*,
https://doi.org/10.1007/978-3-662-56760-9

[16] Breitenbach, J., Kränzlin F. (1991): Pilze der Schweiz, Bd. 3 (Röhrlinge und Blätterpilze 1. Teil). Luzern

[17] Clemençon, H. (1981): Pilze im Wandel der Jahreszeiten. Bd. 1, Lausanne

[18] Clemençon, H. (1997): Anatomie der Hymenomyceten. Teufern

[19] Clemençon, H. (2004): Cytology and plectology of the Hymenomycetes. Bibliotheca Mycologia, Bd. 199, Berlin, Stuttgart

[20] Conrad, R., Brückner, T. (1990): Boletus-Farbtafel 6 / *Bondarzewia mesenterica* (Schaeff.) Kreisel. Beilage zu Boletus 14 (1)

[21] Conrad, R., Brückner, T. (1991): Boletus-Farbtafel 5 / *Flaviporus brownii* (Humb.) Donk. Beilage zu Boletus 15 (1)

[22] Conrad, R. (1992): Kartierung von Pilzkäfern. – Beiträge zur Kenntnis der Pilze Mitteleuropas 8 65–84

[23] Conrad, R., Dunger, I., Otto, P., Benkert, D., Kreisel, H., Täglich, U. (1995): Karten zur Pilzverbreitung in Ostdeutschland / 12. Serie: Ausgewählte Porlinge. Gleditschia 23 101–143

[24] Coray, A. (2014): Hotel Pilz: Baumpilze und ihre Bewohner. Naturhistorisches Museum Basel

[25] Corner, E.J.H. (1983–1987): Ad Polyporaceas I, II & III, IV. Beihefte zur Nova Hedwigia Heft 75, 78, 86, Vaduz, Berlin, Stuttgart

[26] Dalman, K., Olson, A., Stenlid, J. (2010): Evolutionary history of the conifer root rot fungus *Heterobasidion annosum* sensu lato Molecular Ecology 19 4979–4993

[27] David A. (1974): Une nouvelle espèce de Polyporaceae: *Tyromyces subcaesius*. Bulletin mensuel de la Société linnéenne de Lyon 43 119–126

[28] Dietrich, W. (2010): Beobachtung einiger Pilzkäferarten (Coleoptera). Entomologische Nachrichten und Berichte 54 67–69

[29] Dietrich, W. (2013): Beobachtung einiger Käferarten an und in Pilzen (Coleoptera). Entomologische Nachrichten und Berichte 57 158–162

[30] Domanski, S. (1965): Fungi (Grzyby) Polyporaceae I (resupinatae), Mucronoporaceae I (resupinate). translated from Polish (1972), Warsaw, Springfield

[31] Domanski, S., Orlos, H., Skiergiello, A. (1967): Fungi (Grzyby) Polyporaceae II (pileatae), Mucronoporaceae (pileatae) Ganodermataceae, Bondarzewiaceae, Boletopsidaceae, Fistulinaceae. translated from Polish (1973), Warsaw, Springfield

[32] Donisthorpe, H. (1935): The British fungicolous Coleóptera. The Entomologist's Monthly Magazine 71 21–31

[33] Donk, M.A. (1974): Check list of European Polypores. Verhandelingen der Koninklije Nederlandse Akademie van Wetenschappen, AFD. Natuurkunde, Tweete reeks Deel 62 North-Holland publishing company, Amsterdam, London

[34] Dörfelt, H. (1970): *Piptoporus betulinus* (Bull. ex Fr.) P. Karst. – Birkenporling mit einer zweiten Röhrenschicht. Mykologisches Mitteilungsblatt 14 86–89

[35] Dörfelt, H. (1974): Mykofloristische, mykocoenologische und mykogeographische Studien in Naturschutzgebieten mit Xerothermstandorten im Süden der DDR unter besonderer Berücksichtigung der Gebiete Leutratal, Steinklöbe und Neue Göhle. 3 Bde., Dissertation Universität Halle / S.

[36] Dörfelt, H., Bresinsky, A. (2003): Die Verbreitung und Ökologie ausgewählter Makromyceten Deutschlands. Zeitschrift für Mykologie 69 177–286

[37] Dörfelt, H., Görner, H. (1989): Die Welt der Pilze. Leipzig, Jena, Berlin

[38] Dörfelt, H., Heklau, H. (1998): Die Geschichte der Mykologie. Schwäbisch Gmünd

[39] Dörfelt, H., Jetschke, G. (2001): Wörterbuch der Mycologie. Heidelberg. Berlin

[40] Dörfelt, H., Roth, L. (1987): Kleine Pilzgeographie des Vogtlandes. Vogtland-Museum Plauen, Schriftenreihe Heft 56, Plauen

[41] Dörfelt, H., Roth, L. (2015): *Pycnoporellus fulgens* – ein Neubürger im Vogtland (Sachsen). Boletus 36 25–30

[42] Dörfelt, H., Ruske, E. (2008): Die Welt der Pilze. ed. 2, Jena

[43] Dörfelt, H., Ruske, E. (2014): Morphologie der Großpilze. Heidelberg, Berlin

[44] Ebert, P. (1967): *Trametes heteromorpha* (Fr.) Bres. im Erzgebirge. Mykologisches Mitteilungsblatt 11 37–40

[45] Eisfelder I. (1961): Käferpilze und Pilzkäfer. Zeitschrift für Pilzkunde 27 44–54

[46] Eisfelder, I., Herschel, K. (1966): *Agathomya wankowiczi* Schnabl, die „Zitzengallenfliege“ aus *Ganoderma applanatum*. Westfälische Pilzbriefe 6 (1966/67) 5–10

[47] Eriksson, K.-E.L., Blanchette, R., Ander, P. (1990): Microbial and enzymatic degradation of wood and wood components. Berlin

[48] Esser, K. (1986): Kryptogamen, Cyanobakterien, Algen, Pilze, Flechten / Praktikum und Lehrbuch. ed. 2, Berlin, Heidelberg, New York u.a.

[49] Essig, F.M. (1922): The morphology, development and economic aspects of *Schizophyllum commune* Fries. University of California Publications in Botany 7 447–598

[50] Etzold, H. (2002): Simultan Färbung von Pflanzenschnitten mit Fuchsin, Chrysoidin und Astrablau. Mikrokosmos 91 316–318

[51] Eugster, C.H. (1973): Pilzfarbstoffe, ein Überblick aus chemischer Sicht mit besonderer Berücksichtigung der Russulae. Zeitschrift für Pilzkunde 39 45–96

[52] Falck, R. (1926): Über korrosive und destruktive Holzzersetzung und ihre biologische Bedeutung. Berichte der Deutschen Botanischen Gesellschaft 44 652–664

[53] Fries, E.M. (1821–1832): Systema mycologicum, sistens fungorum ordines, genera et

species, hucusque cognitas, quas ad normam methodi naturalis determinavit, disposuit atque descripsit. 3 Bde., Lund, Berlin, Greifswald

[54] Fritzsche, W., Herschel, K. (1968): Beobachtungen an *Trametes extenuata* Dur. Et Mont. im Leipziger Raume. Westfälische Pilzbriefe 7 48–56

[55] Gäumann, E. (1964): Die Pilze / Grundzüge ihrer Entwicklungsgeschichte und Morphologie. Basel, Stuttgart

[56] Gilbertson, R.L., Ryvarden, L. (1986–1987): North American Polypores, Vol. 1–2, Fungiflora, Oslo

[57] Gill, M. (1994–2003): Pigments of fungi (macromycetes). Natural product reports 11 67–91, 13 513–528, 16 301–317, 20 615–640

[58] Gill, M., Steglich, W. (1987): Pigments of fungi (Macromycetes). Progress in the chemistry of organic natural products 19 1–317

[59] Gminder, A., Karasch, P., Winter, M.-B., Bässler, C. (2017): Zur Ökologie und Verbreitung von *Fomitopsis rosea* (Alb. & Schwein.) P. Karst. / Mykologische Berichte aus deutschen Nationalparks, Teil 1 (Berchtesgaden). Zeitschrift für Mykologie 83 3–21

[60] Grosse-Brauckmann, H., Jahn, H. (1983): *Antrodiella onychoides* (Egeland) Niemelä / Erste Funde in Mitteleuropa, Unterschiede gegenüber *Antrodiella semisupina* (Berk. & Curt.) Ryv. Westfälische Pilzbriefe 10/11 (1976–1986) 237–248

[61] Hanel, J. (1930): Namensverzeichnis der farbigen Lichtbilder / Kryptogamen. Hennersdorf, csl. Schlesien [Bild 2282. *Polyporus umbellatus* Fr.]

[62] Hanson, J.R. (2008): The chemistry of fungi. RSC Publishing, Connecticut

[63] Helfer, W. (1991): Pilze auf Pilzfruchtkörpern Untersuchungen zur Ökologie, Systematik und Chemie. Eching

[64] Hirsch, G. (2010): Kommen und Gehen von Pilzarten. Landschaftspflege und Naturschutz in Thüringen 47 [Sonderheft Pilze / Leben im Untergrund] 170–172

[65] Hong, S.G., Hack, S.J. (2004): Phylogenetic analysis of *Ganoderma* based on nearly complete mitochondrial small-subunit ribosomal DNA sequences. Mycologia, 96 742–755

[66] Hubert, E.E. (1924): The diagnosis of decay in wood. Journal of Agricultural Research 29 523–567

[67] Jahn, H. (1961): Der Zonen-Porling *Trametes zonata*. Westfälische Pilzbriefe 3 10–12

[68] Jahn, H. (1963): Mitteleuropäische Porlinge (Polyporaceae s. lato) und ihr Vorkommen in Westfalen (unter Ausschluß der resupinaten Arten). Westfälische Pilzbriefe 4 1–143

[69] Jahn, H. (1964/65): Entwicklung und Formen der Fruchtkörper beim Zunderschwamm, *Fomes fomentarius*. Westfälische Pilzbriefe 5 117–131

[70] Jahn, H. (1966/67): Die resupinaten *Phellinus*-Arten in Mitteleuropa mit Hinweisen auf die resupinaten *Inonotus*-Arten und *Poria expansa* (Desm.) [= *Polyporus megaloporus* Pers.]. Westfälische Pilzbriefe 6 37–125

[71] JAHN, H. (1967/1): Zwei seltene Porlinge in Hessen gefunden: *Hapalopilus croceus* und *Buglossoporus quercinus.* Westfälische Pilzbriefe 6 (1966/67) 145–152

[72] JAHN, H. (1967/2): *Trametes hoehnelii* (Bres.) und *Gloeoporus dichrous* (Fr.) als Nachfolger von *Inonotus*-Arten. Westfälische Pilzbriefe 6 (1966/67) 159–162

[73] JAHN, H. (1968): Pilze an Weißtanne (*Abies alba*). Westfälische Pilzbriefe 7 (1968/69) 17–40

[74] JAHN, H. (1969/1): Zur Pilzflora der subalpinen Fichtenwälder (Piceetum subalpinum) im Oberen Harz. Westfälische Pilzbriefe 7 (1968/69) 93–102

[75] JAHN, H. (1969/2): Einige resupinate und halbresupinate „Stachelpilze" in Deutschland. Westfälische Pilzbriefe 7 (1968/69) 113–144

[76] JAHN, H. (1972/73): *Polyporus melanopus* und *P. badius* (*picipes*) – ein Vergleich. Westfälische Pilzbriefe 9 (1972/73) 50–60

[77] JAHN, H. (1976): *Phellinus hartigii* (All. & Schn.) Pat. und *Ph. robustus* (P. Karst.) Bourd. & G. Westfälische Pilzbriefe 10/11 (1976–1986) 1–15

[78] JAHN, H. (1977/1): *Inonotus nodulosus* (Fr.) Karst. und *Inonotus radiatus* (Sow. ex Fr.) Karst. / ein Vergleich. Westfälische Pilzbriefe 10/11 (1976–1986) 43–55

[79] JAHN, H. (1977/2): *Phellinus lundellii* Niemelä und sein Vorkommen in Deutschland (BRD) Westfälische Pilzbriefe 10/11 (1976–1986) 59–66

[80] JAHN, H. (1978/1): Die Gattung *Onnia* P. Karst., Filzporlinge. Westfälische Pilzbriefe 10/11 (1976–1986) 79–93

[81] JAHN, H. (1978/2): *Albatrellus hirtus* (Quél.) Donk, ein für Deutschland (BRD) neuer Porling. Westfälische Pilzbriefe 10/11 (1976–1986) 79–93

[82] JAHN, H. (1979): Pilze die an Holz wachsen. Herford

[83] JAHN, H. (1980/1): Der Sklerotienporling, *Polyporus tuberaster* (Pers. ex Fr.) Fr. (*P. lentus* Berkeley). Westfälische Pilzbriefe 10/11 (1976–1986) 125–144

[84] JAHN, H. (1980/2): *Polyporus arcularius* (Batsch) ex Fr., der Borstrandige Porling. Westfälische Pilzbriefe 10/11 (1976–1986) 162–180

[85] JAHN, H. (1983): Einige in der Bundesrepublik Deutschland neue, seltene oder wenig bekannte Porlinge [Polyporaceae s. lato], II: *Antrodia malicola* (Berk. & C.) Donk und *Trametes cervina* (Schw.) Bres. Westfälische Pilzbriefe 10/11 (1976–1986) 220–237

[86] JAHN, H. (1983): *Skeletocutis carneogrisea* David, ein Doppelgänger von *S. amorpha* – Funde aus Deutschland. Westfälische Pilzbriefe 10/11 (1976–1986) 271–277

[87] JAHN, H. (1986): Zur Trennung von *Coltricia cinnamomea* und *C. perennis*. – Westfälische Pilzbriefe 10/11 (1976–1986) 382–384

[88] JAHN, H. (2005): Pilze an Bäumen. ed. 3, Bearb. REINARTZ, H., SCHLAG, M., Berlin, Hannover

[89] Jahn, H., Kotlaba, F., Pouzar, Z. (1980): *Ganoderma atkinsonii* Jahn, Kotl. et Pouz. spec. nova, a parallel species to *Ganoderma lucidum*. Westfälische Pilzbriefe 10/11 (1976–1986) 97–113

[90] Jahn, H., Kotlaba, F., Pouzar, Z. (1986): Notes on *Ganoderma carnosum* Pat. (*G. atkonsonii* Jahn, Kotl. & Pouz.): Westfälische Pilzbriefe 10/11 (1976–1986) 378–382

[91] Jülich, W. (1976): Studies in hydnoid fungi I. On some genera with hyphal pegs. Persoonia 8 447–458

[92] Jülich, W. (1981): Higher Taxa of Basidiomycetes. Vaduz

[93] Jülich, W. (1984): Die Nichtblätterpilze, Gallertpilze und Bauchpilze. Kleine Kryptogamenflora, Bd. IIb/1 Basidiomyceten, 1. Teil, Jena

[94] Kirk, P.F., Cannon, D.W., Minter; J.A., Stalpers, D.A.P. (2008): Ainsworth & Bisby's Dictionary of the fungi. 10. ed. CAB International, Wallingford

[95] Kotlaba, F. (1991): *Flaviporus brownii* (Humb.) Donk / Zur Verbreitung und Ökologie. Boletus 15 (2) 37–38

[96] Kreisel, H. (1963): Über *Polyporus brumalis* und verwandte Arten. Feddes Repertorium 68 129–138

[97] Kreisel, H. (1969): Grundzüge eines natürlichen Systems der Pilze. Jena

[98] Kreisel, H. (1985): Pilzsoziologie. In: Michael, E., Hennig, B., Kreisel, H. Handbuch für Pilzfreunde, Bd. 4, ed. 3. Jena

[99] Kreisel, H. (1987/1): *Schizophyllum*. – In: Michael, E., Hennig, B., Kreisel, H.: Handbuch für Pilzfreunde, Bd. 3 ed. 4. Jena

[100] Kreisel, H. [ed.] (1987/2): Pilzflora der Deutschen Demokratischen Republik / Basidiomycetes (Gallert-, Hut- und Bauchpilze). Jena

[101] Kreisel, H. (2011): Pilze von Mecklenburg-Vorpommern/Arteninventar, Habitatbindung, Dynamik. Jena

[102] Kreisel, H., Dörfelt, H., Benkert, D. (1980): Karten zur Pflanzenverbeitung in der DDR/3. Serie: Ausgewählte Makromyzeten. Hercynia NF 17 232–291

[103] Krieglsteiner, G. J. (1987/2): Zur Situation im *Phellinus-igniarius*-Komplex. Mitteilungsblatt der Arbeitsgemeinschaft Pilzkunde Niederrhein 5(2b) 173–181

[104] Krieglsteiner, G. J. (1988): Anmerkungen zu Vorkommen, Ökologie und Nomenklatur des „Eschen-Baumschwamms", *Perenniporia fraxinea* (Bull.: Fr.) Ryvarden ad int., in Deutschland, Europa und in der Holarktis. Mitteilungsblatt der Arbeitsgemeinschaft Pilzkunde Niederrhein 6 (1)51–71

[105] Łakomy, P., Broda, Z., Werner, A. (2007): Genetic diversity of *Heterobasidion* spp. – in: Scots pine, Norway spruce and European silver fir stands. Acta Mycologica 42 203–210

[106] Leisola, M., Pastinen, O., Axe, D.D. (2012): Lignin − designed randomness. Biocomplexity 3 1–11

[107] Li-Wei Zhou ,Yun Cao, Sheng-Hua Wu, Josef Vlasák , De-Wei Li , Meng-Jie Li, Yu-Cheng Dai (2015): Global diversity of the *Ganoderma lucidum* complex (Ganodermataceae, Polyporales) inferred from morphology and multilocus phylogeny. Phytochemistry 114 7–15

[108] Lohwag, H. (1963): Anatomie der Asco- und Basidiomyceten. Handbuch der Pflanzenanatomie, Bd. 6, Teil 8, phototechn. Nachdruck, Berlin

[109] Luthardt, W. (1963): Myko-Holz-Herstellung, Eigenschaften und Verwendung. In: Holzzerstörung durch Pilze, Internationales Symposium Eberswalde 1962, Berlin

[110] Meusel, H., Jäger, E.J. [Hrsg.] (1992): Vergleichende Chorologie der Zentraleuropäischen Flora, Band 3. Jena

[111] Möller, G. (2005): Habitatstrukturen holzbewohnender Insekten und Pilze. Mitteilungen der Landesanstalt für Ökologie, Bodenordnung und Forsten Nordrhein-Westfalen 3 30–35

[112] Müller, G., Jahn, H. (1966): Der Eschen-Baumschwamm, *Fomitopsis cytisina*, im Rheinland gefunden. Westfälische Pilzbriefe 6 (1966/67) 13–17

[113] Nakano, J., Meshitsuka, G. (1992): The detection of lignin. In: Lin S.Y. und Dence C.W. Methods in lignin chemistry, Berlin

[114] Niemelä, T., Kinnunen, J., Larsson, K.H., Schigel, D.S., Larsson, E. (2005): Genus revisions and new combinations of some North European polypores. Karstenia 45 75–80

[115] Niemelä, T., Korhonen, K. (1998): Taxonomy of the Genus *Heterobasidion*. In: Woodward, S., Stenlid, J. Karjalainen, R., Hüttermann, A. (eds.): *Heterobasidion annosum.* Biology, ecology, impact and control. – CAB International, Wallingford

[116] Niemelä T., Miettinen O. (2008): The identity of *Ganoderma applanatum* (Basidiomycota). Taxon 57 963–966

[117] Nobles, M.K. (1948): Studies in forest pathology VI. Identification of cultures of woodrotting fungi. Canadian Journal of Research Sect. C 26 281–431

[118] Nuss I. (1975): Zur Ökologie der Porlinge. Bibliotheca Mycologica, Bd. 45, Vaduz

[119] Ortiz-Santana, B., Lindner, D.L., Miettinen O., Hibbett J.D.S. (2013): A phylogenetic overview of the *Antrodia* clade (Basidiomycota, Polyporales). – Mycologia 105 1391–1411

[120] Overholts, L.O. (1953): Polyporaceae of the United States, Alaska and Canada. University of Michigan Studies 19

[121] Patouillard, N. (1889): *Ganoderma resinaceum* Boud. Bulletin de la Société Mycologique de France 5 72–73

[122] Pfoser, K. (1958): Vergleichende Versuche über Verholzungsreaktionen und Fluoreszenz. Sitzungsberichte mathem.-naturw. Kl., Abt. I, Bd. 168, Heft 6, 523–539

[123] Piątek, M. (2003): Notes on Polish Polypores. 1. Oligoporus alni, comb. nov. Polish Botanical Journal 48(1) 17–20

[124] Pilát, A. (1936–1942): Atlas des Champignons de l'Europe, Bd. III *Polyporaceae*. Praha

[125] Rajchenberg, M. (1994): A taxonomic study of the subantarctic *Piptoporus* (Polyporaceae, Basidiomycetes) I. Nordic Journal of Botany 14 435–449

[126] Rajchenberg, M. (1995): A taxonomic study of the subantarctic *Piptoporus* (Polyporaceae, Basidiomycetes) II. Nordic Journal of Botany 15 105–119

[127] Rajchenberg, M. (2011): Nuclear behavior of the mycelium and the phylogeny of Polypores (Basidiomycota). Mycologia 103 677–702

[128] Ricken, A. (1920): Vademecum für Pilzfreunde. Leipzig

[129] Ritter, G. (1979): Zum Vorkommen von *Fomitopsis rosea* in der DDR. Boletus 3 7–10

[130] Ritter, G. (1981): Zur Verbreitung von *Inonotus obliquus* in der DDR. Gleditschia 8 183–191

[131] Ritter, G., Dörfelt, H. (1991): *Aurantioporus croceus* (Pers.: Fr.) Kotl. et Pouz.; Safrangelber Weichporling. Boletus 17 (1), 3. Umschlagseite

[132] Roberts, P., Evans, S. (2011): The book of fungi. East Sussex, UK

[133] Roth, H.J. (2012): Pilze und Flechten als Produzenten von Pigmenten. Deutsche Apotheker Zeitung 11 94–99

[134] Rothmaler, W. [Begr.] (2011): Exkursionsflora von Deutschland / Gefäßpflanzen: Grundband. ed. 20, bearbeitet v. JÄGER, E.J., Heidelberg

[135] Ruske, E., Dörfelt, H. (2015): Bestimmung der Porendichte polyporoider Hymenophore. Boletus 36 31–38

[136] Ryman, S., Fransson. P., Johannaaon,H., Danell, E. (2003): *Albatrellus citrinus* sp. nov. connected to *Picea abies* on lime rich soils. Mycological Research 107 1243–1246

[137] Ryvarden, L. (1991): Genera of Polypores / Nomenclature and Taxonomie. Synopsis Fungorum, Vol. 5, Fungiflora Oslo

[138] Ryvarden, L., Gilbertson, R. L. (1993/94): European Polypores. Part 1 & 2; Synopsis Fungorum, Vol. 6&7, Fungiflora Oslo

[139] Ryvarden, L., Melo, I. (2014). Poroid fungi of Europe. Synopsis Fungorum, Vol. 31, Fungiflora, Oslo

[140] Sautter, C. (1978): Vergleichende morphologische und anatomische Untersuchungen an Polyporaceen. Dissertation Universität Tübingen

[141] Scheerpeltz, O., Höfler, K. (1948): Käfer und Pilze. Wien

[142] Schigel, S. (2011): Polypore-beetle associations in Finland Annales Botanici Fennici 48 319–348

[143] Schmidt, O. (1994): Holz- und Baumpilze. Berlin, Heidelberg

[144] Setliff, E.C. (1988): Hyphal Deterioration in *Ganoderma applanatum.* Mycologia

80 447–454

[145] Soon Gyu Hong, Hack Sung Jung (2004): Phylogenetic analysis of *Ganoderma* based on nearly complete mitochondrial small-subunit ribosomal DNA sequences Mycologia 96 742–755

[146] Stalpers, J.A. (1978): Identification of wood inhabiting Aphyllophorales in pure culture. Studies in Mycology 16 CBS Baarn

[147] Stammer, H.-J. (1933): Zur Biologie und Anatomie der leuchtenden Pilzmückenlarve von *Ceroplatus testaceus* Dalm. (Diptera, Fungivoridae). Zeitschrift für Morphologie und Ökologie der Tiere 26 135–146

[148] Steyaert, R.L. (1961): Genus *Ganoderma* (Polyporaceae) Taxa nova I. Bulletin du Jardin botanique de l'État a Bruxelles 31 69–83

[149] Strasburger, E., Noll, F., Schenck, H., Schimper, A.F.W. [Begr.] (2009): Lehrbuch der Botanik für Hochschulen. ed. 36, bearbeitet v. Bresinsky, A., Körner, C., Kadereit, J. W., Neuhaus, G., Sonnewald, U., Heidelberg, Berlin

[150] Tomsovsky, M., Sedlak, P., Jankovsky, L. (2010): Species recognition and phylogenetic relationships of European *Porodaedalea* (Basidiomycota, Hymenochaetales). Mycological Progress 9 225–233

[151] Vampola, P., Ordynets, A., Vlasák, J. (2014): The identity of *Postia lowei* (Basidiomycota, Polyporales) and notes on related or similar species. Czech Mycology 66 39–52

[152] Vlasák, J., Kout, J (2010): *Sarcoporia polyspora* and *Jahnoporus hirtus*: two rare polypores collected in South Bohemia, Czech Republic. Czech Mycolology 61 187–195

[153] Vlasák, J., Vlasák, J.jr., Kinnunuen J., Spirin V. (2015): Geographic distribution of *Sarcoporia polyspora* and *S. longitubulata* sp. nov. Mycotaxon 130 279–287

[154] Volbracht, C. (2006): Myko Libri / Die Bibliothek der Pilzbücher. Hamburg

[155] Wagenitz, G. (2003): Wörterbuch der Botanik / Morphologie, Anatomie, Taxonomie, Evolution ed. 2, Heidelberg, Berlin

[156] Wagner, T., Fischer, M. (2002): Proceedings towards a natural classification of the worldwide taxa *Phellinus* s.l. and *Inonotus* s.l. and phylogenetic relationships of allied genera. Mycologia 94 998–1016

[157] Walter, H., Breckle, S.-W. (1991–2004): Ökologie der Erde. – 4 Bde.; Bd. 1 ed. 2 1991 Stuttgart, Jena; Bd. 2 ed. 3 2004, München; Bd. 3 ed. 2 1994, München, Jena, Stuttgart u.a.; Bd. 4 ed. 2 1994, München, Stuttgart, Tübingen

[158] Weber, H. [ed.] (1993): Allgemeine Mykologie. Jena, Stuttgart

[159] Webster, J. (1983): Pilze / Eine Einführung. Berlin, Heidelberg, New York

[160] Weidner, H. & Schremmer, F. (1962): Zur Erforschungsgeschichte, zur Morphologie und Biologie der Larve von *Agathomia wankowiczii* Schnabl. Entomologische Mitteilungen aus dem zoologischen Staatsinstitut und zoologisches Museum Hamburg 2 1–12

[161] Welti, S., Pierre- Moreau, A., Favel, A., Courtecuisse, R. Haon, M. Navarro, D., Taussac, S., Lesage-Meessen, l. (2012): Molecular phylogeny of *Trametes* and related genera, and description of a new genus *Leiotrametes*. Fungal Diversity 55 47–64

[162] Wiesner, J. (1878): Über Phloroglucin zur Nachweisung der Holzsubstanz. Dinglers Polytechnisches Journal 227 397–398

[163] Yao Y.J., Pegler D.N., Chase M.W. (2005): Molecular variation in the *Postia caesia* complex. FEMS Microbiology Letters 242 109–116

[164] Zhong-Yu Zhou, Ji-Kai Liu (2010): Pigments of fungi (macromycetes). Natural Product Reports 27 1531–1570

Namensregister

Verzeichnis der Pilznamen inkl. der Synonyme, akzeptierte wissenschaftliche Artnamen von Porlingen in Fettdruck; die fett geschriebenen Zahlen verweisen auf Abbildungen.

H. Dörfelt und E. Ruske, *Die pileaten Porlinge Mitteleuropas*,
https://doi.org/10.1007/978-3-662-56760-9